Nr. 34 1954
S. 7575—7798 25. August

Chemisches Zentralblatt

Vollständiges Repertorium für alle Zweige der reinen und angewandten Chemie

1830 gegründet. 1897—1945 von der Deutschen Chemischen Gesellschaft fortgeführt.
Im Auftrage der Deutschen Akademie der Wissenschaften zu Berlin, der Chemischen Gesellschaft in der Deutschen Demokratischen Republik, der Akademie der Wissenschaften zu Göttingen und der Gesellschaft Deutscher Chemiker
herausgegeben von Prof. Dr. **Maximilian Pflücke**

125. Jahrgang

1954

Chefredakteure: Dr. Eugen Klever und Prof. Dr. Maximilian Pflücke

Akademie-Verlag GmbH., Berlin — Verlag Chemie, GmbH., Weinheim/Bergstr.

Inhalt

Namenregister

Chemisches Zentralblatt

1954 Nr. 34 25. August

A. Allgemeine und physikalische Chemie.

A_1. Kernphysik und Kernchemie.

Boris Leaf, *Das Kontinuum in der speziellen Relativität.* 2. Mitt. (1. vgl. C. **1952.** 4401.) Ableitung der Bewegungsgleichung u. Aufstellung von Formeln für die thermodynam. Zustandsfunktionen u. die Koeffizienten der Diffusion, Wärmeleitfähigkeit u. Diffusion. (Physic. Rev. [2] **90.** 1090—1101. 15/6. 1953. Manhattan, Kans., State Coll., Dep. of Phys.) KIRSCHSTEIN. 80

M. Schönberg, *Eine statistische Verallgemeinerung der Quantenmechanik.* 1. Mitt. Die gewöhnliche SCHRÖDINGER-Gleichung für ein dynam. Syst. kann durch eine allg. Gleichung ersetzt werden, die die Form der SCHRÖDINGER-Gleichung eines gequantelten BOSE-Feldes hat, dessen Quanten die dynam. Systeme sind. Es zeigt sich, daß die Ersetzung der Wellenfunktion Ψ durch eine Funktionsgröße $\chi[\Psi^*]$ einer Verallgemeinerung des Feldmodelles entspricht u. z. B. auch auf die klass. elektromagnet. Theorie angewandt werden kann. Die Standardmeth. der Behandlung inkohärenter Felder entspricht der Einführung einer Art von Dichtematrix. Der χ-Formalismus liefert eine direkte Verallgemeinerung der Feldgrößen an Stelle der bilinearen Kombinationen von Feldgrößen der Dichtematrixmethode. (Nuovo Cimento [9] **10.** 1499 bis 1538. 1/11. 1953. São Paulo, Univ., Ci. e Letr., Fac. de Filos.) GERHARD SCHMIDT. 80

Saul T. Epstein, *Die Kausaldarstellung der Quantenmechanik.* (Vgl. C. **1953.** 7014.) Vf. leitet im Zusammenhang mit der l. c. angegebenen Diskussion eine mit der SCHRÖDINGER-Funktion im Impulsraum gekoppelte HAMILTON-JACOBI-Gleichung ab. Einige „Extra“-Terme in dieser Gleichung scheinen quantenmechan. Ursprungs zu sein. (Physic. Rev. [2] **91.** 985. 15/8. 1953. Boston, Mass., Boston Univ.) GERHARD SCHMIDT. 80

A. K. Das, *Kann Materie aus der Höhenstrahlung erzeugt werden?* Vf. diskutiert die Entstehung eines Protons u. eines Elektrons beim Zusammenstoß zweier Photonen gleicher Frequenz. Wenn die Photonen Teile eines Hohlraums der Temp. T sind, so entspricht die kinet. Energie von Proton u. Elektron dann dieser Temp. T. Sie wird zu $1{,}5 \cdot 10^{12}$ Grad K abgeschätzt. Ferner wird die allg. Beziehung zwischen h u. e bestätigt, u. zwar wird die Formel $h = M \cdot e^2/(\pi - 1) \cdot m \cdot c$ erhalten (M = Protonen-, m = Elektronenmasse). Da neuere astrophysikal. Beobachtungen auf Elektronentempp. bis zu 10^{14} °K schließen lassen, nimmt Vf. an, die oben gestellte Frage bejahen zu können. (Naturwissenschaften **40.** 433—34. Aug. 1953. India Kodaikanal Observ.) WIEDEMANN. 85

M. Conversi, G. Martelli und P. Rothwell, *Über das Verhältnis zwischen Neutronen- und Protonenzahl und einige Eigenschaften der Nucleonenkomponente in einer Seehöhe von 3500 m.* Mit einer von 22 GEIGER-MÜLLER-Zählern umgebenen Ionisationskammer wird die Nucleonenkomponente in einer Seehöhe von 3500 m untersucht, wobei 13000 Sterne registriert werden. Das Verhältnis ϱ der von Neutronen u. Protonen erzeugten Sterne ohne Zacken nach rückwärts wird zu $1{,}67 \pm 0{,}08$ bestimmt; für Sterne mit mindestens einer Zacke ist $\varrho = 1{,}53 \pm 0{,}04$ (Mittelwert), für Sterne ohne nachweisbare Zacken $\varrho_0 = 22{,}9 \pm 0{,}4$. Von den an den Sternen beobachteten Kernwechselwirkungen finden ~15% im Gas u. 85% an den Kammerwänden statt. Die dabei ausgesandten Teilchen sind Protonen von einer Energie über ~25 MeV u. Mesonen von einer Energie über ~10 MeV. Der hohe Wert von ϱ_0 läßt sich bei Berücksichtigung der COULOMB-Schwelle verstehen. Von den Sternen mit mindestens einer Zacke haben ~30% mindestens eine Rückwärtszacke. Die Zenitwinkelverteilung der Protonen von 35 MeV entspricht dem $\cos^{2,8} \zeta$-Gesetz. (Nuovo Cimento [9] **10.** 898—914. 1/7. 1953. Pisa, Univ., Ist. di Fis., Ist. Naz. di Fis. Nucl.) R. K. MÜLLER. 85

G. Lovera, L. Barbanti Silva, C. Bonacini, C. De Pietri, R. Perilli Fedeli und A. Roveri, *Über ein Paar benachbarter aufeinander bezogener Sterne.* Auf einer 8 Std. in einer Höhe von 22 km ausgesetzten ILFORD G 5-Platte werden 2 durch eine Bahnspur miteinander verbundene Sterne im Abstand von kaum 2 μ gefunden, ein größerer, der aus einer Energie von 1200 MeV (oder 2 GeV?) stammt, der kleinere enthält 4 schwarze Zacken. (Nuovo Cimento [9] **10.** 986—87. 1 Tafel. 1/7. 1953. Modena, Univ., Ist. di Fis., Sec. di Torino, Ist. Naz. di Fis. Nucl.) R. K. Müller. 85

G. Bertolino, A. Debenedetti, G. Lovera und **M. Vigone,** *Über die „jets" von Mesonen in Kernemulsionen.* In einer Emulsion in 22 km Höhe werden mehrere Mesonenschauer mit u. ohne graue oder schwarze Bahnen („jets") gefunden; die Verteilung dieser Bahnen wird statist. untersucht u. die wahrscheinlichste Zahl $N_{\pm}$ geladener Mesonen in jedem Schauer gegen die Primärenergie γ_c aufgetragen. (Nuovo Cimento [9] **10.** 991—92. 1/7. 1953. Torino, Univ., Ist. di Fis.) R. K. Müller. 85

W. D. Walker, *Wechselwirkungen von μ-Mesonen.* (Vgl. C. **1952.** 2620.) Aus der Messung des Energiespektr. von durch μ-Mesonen angestoßenen Elektronen in einem weiten Energiebereich (2—1000 MeV) ergibt sich, daß die von Bhabha abgeleiteten theoret. Querschnitte sich bis in den Bereich von 1 GeV gut mit den empir. Werten decken. Eine gegebenenfalls vorhandene Teilchenstruktur scheint keinen Einfl. auf Stöße zu haben, deren Stoßparameter bei $> 6 \cdot 10^{-13}$ cm liegt. Der theoret. Querschnitt für direkte Paarbldg. aus μ-Mesonen wird von der richtigen Größenordnung gefunden. Als Querschnitt für die Erzeugung einer durchdringenden Sekundärstrahlung ergibt sich der obere Grenzwert $2 \cdot 10^{-29}$ cm² pro Nucleon. (Physic. Rev. [2] **90.** 234—38; Sitzungsbericht: 349. 15/4. 1953. Berkeley, Calif., Univ. of California, Dep. of Phys.) Weigel. 90

W. F. Fry und **George R. White,** *Reichweiteverteilung von μ-Mesonen aus dem π-Mesonzerfall in photographischer Emulsion.* (Vgl. C. **1953.** 9056.) Messung der Länge von μ-Mesonenbahnen aus 1000 π-Mesonzerfällen in Ilford C 2 (200 μ Schichtdicke)-Platten, welche in einem Spektrometeransatz des Berkeley-Cyclotrons exponiert wurden. Mit dem Schrumpffaktor für die Platten wurden die wahren Reichweiten der π-Mesonen berechnet, die eine Gauss-Verteilung haben, deren Mittel 597 ± 1 μ bei einer mittleren Abweichung von 29,1 ± 0,7 μ ist. Der Streuparameter für 4,1 MeV-μ-Mesonen in einer photograph. Emulsion ist 4,86 ± 0,12%. Die experimentellen Unsicherheiten dieser Werte liegen bei 0,1%. (Physic. Rev. [2] **90.** 207—10. 15/4. 1953. Ames, Io., Iowa State Coll., Dep. of Phys. and Inst. for Atomic Res.) Eichhoff. 90

W. F. Fry, *Anomale π-μ-Zerfälle in photographischen Emulsionen.* Ausführliche Darst. der C. **1953.** 3187 referierten Arbeit mit genaueren Angaben der Anomalitätswahrscheinlichkeit. (Physic. Rev. [2] **91.** 130—34. 1/7. 1953. Chicago, Ill., Univ. of Chicago, Dep. of Phys.; Ames, Io., Iowa State Coll., Dep. of Phys.) Eichhoff. 90

Dora F. Sherman, *Erzeugung von negativen μ-Mesonen und ihr Verhalten in Kernemulsionen.* Ergänzend zu der C. **1953.** 1434 referierten Arbeit wird mitgeteilt, daß 2,7 ± 1% der μ-Mesonen Einzackensterne erzeugen. 2 Zweizackensterne mit Zackenlängen von 2—3 μ wurden beobachtet, die μ^--induzierte Spaltungen von leichten Kernen zu sein scheinen. 32% der μ^--Mesonen enden in Kornanhäufungen mit ~1 μ Durchmesser oder haben 2 kleine Zacken von ~1 μ Länge, die als Auger-Elektronen oder in einigen Fällen als Spaltprodd. des einfangenden Kerns angesehen werden. Als obere Grenze des Wirkungsquerschnittes (σ) für eine direkte Erzeugung von μ^--Mesonen in Vorwärtsrichtung bei 129 MeV wurde das 0,015fache von σ für die Erzeugung von π^--Mesonen im gleichen Intervall bestimmt. (Physic. Rev. [2] **90.** 469—72. 1/5. 1953. Berkeley, Calif., Univ. of California, Dep. of Phys., Radiat. Labor.) Eichhoff. 90

F. Reines und **C. L. Cowan jr.,** *Vorschlag für einen Versuch zum Nachweis des freien Neutrinos.* Mittels eines großen Flüssigkeitsscintillators (10 ft³) sollten Neutrinos durch die Umwandlung der Protonen in Neutronen unter Emission eines Positrons mit einem Wirkungsquerschnitt von ca. 10^{-44} cm² nachweisbar sein. In der Min. sind einige 10^{-1} derartiger Ereignisse zu erwarten. Die Möglichkeiten zur Herabsetzung des Untergrunds, z. B. durch Versetzen der Scintillationslsg. mit B oder Cd u. verzögerte Koinzidenzmessungen zwischen dem Neutroneneinfang-γ-Strahl u. dem Positron, werden diskutiert. (Physic. Rev. [2] **90.** 492—543. 1/5. 1953. Los Alamos, N. Mex., Univ. of California, Los Alamos Scient. Labor.) Wiedemann. 90

I. R. Senitzky, *Wechselwirkung zwischen klassischem Elektron und gequanteltem elektromagnetischen Feld.* Ausführliche Darst. der C. **1953.** 1435 referierten Arbeit. (Physic. Rev. [2] **91.** 1309—11. 15/9. 1953. Fort Monmouth, N. J., Signal Corps Engng. Labors.) Gerhard Schmidt. 90

H. P. Stapp, *Bemerkung über die Elektron-Eigenenergie zweiter Ordnung.* (Sitzungsbericht.) Theoret. Betrachtungen aus der Matrixformulierung der Störungstheorie. (Physic. Rev. [2] **92.** 540. 15/10. 1953. Berkeley, Calif., Univ. of California.) Gerhard Schmidt. 90

L. Kolodziejczyk, *Über den Einfluß magnetischer Impulse auf die kinetische Energie des Elektrons.* Ableitung einer Beziehung für die Änderung der Bewegungsenergie eines Elektrons unter dem Einfl. eines sehr kurzzeitig wirkenden Magnetfeldes. (C. R. hebd. Séances Acad. Sci. **236.** 1476–78. 13/4. 1953.) LENZ. 90

Hans Freistadt, *Elektromagnetische Masse und ein Teilchenmodell in der Darlingschen Theorie der Elementarteilchen.* (Vgl. C. **1954.** 2101.) Die in der nichtlokalen Feldtheorie aufgestellten Differentialgleichungen werden auf die DARLINGsche Theorie (vgl. C. **1952.** 4088) der Elementarteilchen angewandt u. die Folgerungen einer solchen Darst. erklärt. Als ein Ergebnis wird die Korrektur für die elektromagnet. M. als eine Funktion der effektiven M. in Einheiten der Elektronenmasse angegeben. (Physic. Rev. [2] **92.** 1015–16. 15/11. 1953. Newark, N. J., Newark Coll. of Engng.) GERHARD SCHMIDT. 90

Hans Freistadt, *Elektromagnetische Masse in der Darlingschen Theorie der Elementarteilchen.* Sitzungsbericht zu vorst. referierter Arbeit. (Physic. Rev. [2] **91.** 478. 15/7. 1953.) GERHARD SCHMIDT. 90

Stefan Machlup, *Aus einem Streuungsmodell abgeleitete Nyquist- und Einstein-Beziehungen.* (Sitzungsbericht.) Um aus einem Modell die NYQUIST- u. EINSTEIN-Beziehungen ableiten zu können, muß dieses Modell statist. sein, da die Streuung, z. B. durch Gitterschwingungen oder Verunreinigungen, ein regelloser Prozeß ist. Wenn man Wechselwirkungen zwischen Elektronen vernachlässigt, dann ist ein Modell vollständig durch die Elektronenverteilungsfunktion f u. die Übergangswahrscheinlichkeiten bestimmt. Aus den letzteren erhält man für jeden Elektronenzustand eine Relaxationszeit τ. Man findet, daß die Elektronenbeweglichkeit, das therm. Rauschspektr. u. der Elektronendiffusionskoeff. alle proportional zur gleichen Funktion von f u. τ sind, wobei ihre Verhältnisse den klass. Beziehungen gehorchen. (Physic. Rev. [2] **91.** 240. 1/7. 1953. Bell Telephone Labor.) GOTTFRIED. 90

E. Clementel und **A. Coen,** *Über die Streuung geladener Teilchen durch Kerne.* Mathemat. Ableitung einer Gleichung für $f(\vartheta)$. (Nuovo Cimento [9] **10.** 988–90. 1/7. 1953. Padova, Univ., Ist. di Fis., Ist. Naz. di Fis. Nucl.) R. K. MÜLLER. 90

R. B. Raphael und **J. Schwinger,** *Über energiereiche Nucleonenstreuung und Isobare.* (Sitzungsbericht.) Die räumlich konz. Kraft, die bei der p–p-Streuung wirksam zu sein scheint, kann von der Anregung isobarer Kernzustände bei Zusammenstößen in geringem Abstand herrühren. Enthält die für diese Anregung zuständige Kopplung eine Tensorkraft, so hat sie eine geschwindigkeitsabhängige Spin–Bahn-Wechselwrkg. zur Folge. (Physic. Rev. [2] **90.** 373. 15/4. 1953. Harvard Univ.) KIRSCHSTEIN. 90

P. C. Gugelot und **H. A. Lauter,** *Unelastische Streuung von 18,3 MeV-Protonen.* (Sitzungsbericht.) Nach der elast. Streuung (vgl. C. **1954.** 239) wurde an den gleichen Elementen die unelast. Streuung unter 60 u. 150° gemessen. Die Intensitäten der gestreuten Protonen sind bei niedrigen Energien gleich, bei höheren Energien in der Vorwärtsrichtung größer. Die D. der Anregungsniveaus der streuenden Kerne wird diskutiert. (Physic. Rev. [2] **91.** 486. 15/7. 1953. Princeton, N. J., Univ.) KIRSCHSTEIN. 90

J. M. Dickson und **D. C. Salter,** *Protonenpolarisation bei ~130 MeV.* Das ursprünglich unpolarisierte Protonenbündel des Cyclotrons wurde um 20° an einem 10 MeV dicken Cu- oder C-Target gestreut u. aus der Maschine mittels eines magnet. Deflektors ausgeblendet. Das polarisierte Protonenbündel aus dem ersten C-Target hatte einen Strom von $3 \cdot 10^5$ Protonen/sec/cm² beim zweiten Target, das sich hinter einer 6 ft dicken Abschirmung u. in einer Entfernung von 25 ft vom ersten Target befand. Das Bündel aus dem Cu-Target bestand aus 10^5 Protonen/sec/cm². Die an dem zweiten Target gestreuten Protonen wurden in einem Dreifachkoinzidenz-Scintillationszählerteleskop gezählt. Aus den Messungen geht hervor, daß die Asymmetrie für unelast. Streuung viel kleiner als für elast. Streuung ist. Unterhalb 70 MeV zeigten die gestreuten Protonen keine merkliche Asymmetrie. Zwischen den p–p-Polarisationen bei 130, 200 u. 300 MeV traten keine großen Differenzen auf. Es zeigt sich, daß die elast. Streuung an C Protonen bei 20 u. 30° liefert, die sehr stark polarisiert sind (>80 bzw. >60%). Diese Werte sind angenähert das Vierfache der freien p–p-Polarisation bei diesen Winkeln. Die elast. Streuung an U bei 20° liefert angenähert die doppelte Polarisation der freien p–p-Polarisation bei diesem Winkel. Unelast. Ereignisse können ebenfalls höhere Polarisationen als bei der p–p-Streuung ergeben. Das Vorzeichen der Polarisationseffekte ist jedoch das gleiche für Kern- u. p–p-Polarisationen. (Nature [London] **173.** 946–48. 15/5. 1954. Harwell, Didcot, A. E. R. E.) GERHARD SCHMIDT. 90

P. O. Brundell und **B. Enander,** *Das Neutronen–Protonen-System mit exponentiellem Zentralpotential.* 1. Mitt. Die Wechselwrkg. zwischen einem Neutron u. einem Proton im ^{3}S- u. ^{1}S-Zustand wird für ein Potential der Form $- B\, e^{-\lambda \cdot r}$ unter der Annahme berechnet, daß die Reichweite $1/\lambda$ für beide Zustände gleich, die Potentialhöhe B aber unterschiedlich ist. Für E = 2,226 ± 0,003 MeV werden der epitherm. Streuquerschnitt σ_0 u. die kohärente Streuamplitude f berechnet. Es ergeben sich zwei Kombinationen der Parameter B_t, B_s u. λ, bei denen die theoret. u. experimentellen Werte für σ_0 u. f übereinstimmen. Die Berechnung der effektiven Reichweite des Potentials r_0 zeigt, daß das eine Paar physikal. unannehmbar ist, da es zu große Werte liefert. Mit der anderen Kombination wird für Neutronenenergien, bei denen der Anteil der P-Zustände vernachlässigt werden kann ($<$ 5 MeV), der Streuquerschnitt mit Hilfe der effektiven Reichweite berechnet u. dafür wie auch für den berechneten Einfangquerschnitt gute Übereinstimmung mit den experimentellen Werten gefunden. (Kungl. Tekn. Högskolans Handl. Nr. 60. 1–14. 1952. Stockholm, KTH.) NELKOWSKI. 90

L. Goldstein, H. S. Sommers jr. und **J. G. Dash,** *Der Durchgang langsamer Neutronen durch flüssiges Helium.* (Sitzungsbericht.) Zwischen 2 u. 4° K ist der Gesamtstreuquerschnitt von He für langsame Neutronen für Energien bei 3,5° K an zunächst energieunabhängig, nimmt dann rasch zu u. geht für Energien um 100° K asymptot. gegen den Streuquerschnitt für freie He-Atome. Die Atomanordnung scheint ähnlich wie in festen Körpern zu sein. (Physic. Rev. [2] **91.** 490. 15/7. 1953. Los Alamos Scient. Labor.) KIRSCHSTEIN. 90

F. L. Friedman und **W. Tobocman,** *Eine angenäherte wellenmechanische Beschreibung des Abstreifprozesses des Deuterons.* Ausführliche Darst. der C. **1953.** 2066 referierten Arbeit. (Physic. Rev. [2] **92.** 93–100. 1/10. 1953. Cambridge, Mass., MIT, Dep. of Phys. and Labor. for Nucl. Sci. and Engng.) GERHARD SCHMIDT. 90

M. D. Goldberg und **J. A. Harvey,** *Kohärente Wirkungsquerschnitte von Eisen und Nickel.* (Sitzungsbericht.) Vff. zeigen, daß kohärente Streuquerschnitte aus freien Atom- (σ_{fa}) u. inkohärenten Streuquerschnitten erhalten werden können. Vff. bestimmen die σ_{fa}-Werte von Fe u. Ni aus Messungen des Gesamtquerschnittes, wobei Energieverteilungen von Meilerneutronen über ein breites Energiegebiet verwendet werden. Wird der σ_{fa}-Wert (9,28 ± 0,02 barn) von Bi als Bezugswert genommen, so ergeben sich für Fe u. Ni σ_{fa}-Werte von 11,39 ± 0,04 barn bzw. 17,43 ± 0,05 barn. Der inkohärente Streuquerschnitt für Fe berechnet sich zu 0,43 ± 0,03 barn, woraus sich ein kohärenter Streuquerschnitt von 11,37 ± 0,05 barn ergibt. Eine Berechnung des inkohärenten Streuquerschnitts von Ni liefert 5,0 ± 0,3 barn. (Physic. Rev. [2] **91.** 451. 15/7. 1953. Brookhaven Nat. Labor.) GERHARD SCHMIDT. 90

Marcos Moshinsky, *Pole der S-Matrix für Resonanzreaktionen.* (Vgl. C. **1952.** 5041.) Vf. erhält die Beschränkungen auf die Lage der Pole der S-Matrix für Resonanz-Rkk., die eine Folge der Definition der S-Matrix in Termen der WIGNERschen R-Matrix sind. (Physic. Rev. [2] **91.** 984–85. 15/8.; Sitzungsbericht: [2] **90.** 365. 15/4. 1953. Mexico, Cindad Univ., Univ. de Mexico e Inst. Nac. de la Invest. Cient.) GERHARD SCHMIDT. 95

Aage Winther, *Matrixelemente für Spiegelübergänge.* Erweiterung der Unterss. von KOFOED-HANSEN u. WINTHER (C. **1953.** **644**) u. Ausdehnung der Berechnung auf alle Spiegelübergänge. (Physica **18.** 1079–82. Dez. 1952. Kopenhagen, Inst. for teoret. Fys.) GERHARD SCHMIDT. 95

D. J. Hughes und **J. A. Harvey,** *Strahlungsbreiten von Kernenergieniveaus.* Eine Übersicht der vorliegenden Strahlungsbreiten aus Resonanzen mit langsamen Neutronen erschließt wichtige Regularitäten u. ist für die Kernstruktur von ausschlaggebender Bedeutung. Die tabellierten Strahlungsbreiten sind mit einer Genauigkeit in der Größenordnung von 20% gemessen worden. Die Strahlungsbreiten scheinen eine merkliche Konstanz mit der einzigen Ausnahme einer dreifachen Diskrepanz für *Au*, u. zwar für verschied. Niveauabstände, verschied. J-Werte u. verschied. Arten von Einfang-γ-Zerfallsschemata, zu besitzen. (Nature [London] **173.** 942–43. 15/5. 1954. New York, N. Y., Brookhaven Nat. Labor.; Oxford, Clarendon Labor.) GERHARD SCHMIDT. 95

H. S. W. Massey und **B. L. Moiseiwitsch,** *Berechnung des 1s–2s-Elektron-Anregungsquerschnitts von Wasserstoff mit Hilfe einer Variationsmethode.* Mit Hilfe der Variationsmethoden von HULTHÉN u. von KOHN, erweitert für unelast. Stöße, wird der Wirkungsquerschnitt für die Anregung des 2s-Niveaus von H vom Grundzustand durch Elektronenstoß für verschied. Elektronenenergien berechnet u. mit den Werten der BORN-OPPENHEIMER-Näherung (BO) sowie der Näherung von ERSKINE u. MASSEY (EM) verglichen. Der Wirkungsquerschnitt Q_{01}^+ für den symm. Fall ist viel größer als Q_{01}^- für den antisymm. Fall in Übereinstimmung mit der EM-Meth. u. im Gegensatz zur

BO-Näherung. Andererseits ergeben sich bei kleinen Elektronenenergien viel kleinere Q-Werte als nach der EM-Methode. Die Diskrepanzen werden diskutiert. (Proc. physic. Soc., Sect. A **66.** 406—08. 1/4. 1953. London, Univ. Coll.; Belfast, Queen's Univ.) RUDOLPH. 95

A. M. Lane, *Untersuchungen über mittlere Kopplung: Die Energiezustände von ^{13}C und ^{13}N bei der 1 p^9-Konfiguration.* Das Kernschalenmodell wird benutzt, um alle beobachtbaren Eigg. (magnet. Dipolübergangsstärke, magnet. Moment, red. Breite für Nucleonenemission) der Kernenergiezustände, von denen anzunehmen ist, daß sie nur wenig von der Kernwechselwirkungsenergie sowie von der Kopplungsart abhängen, theoret. zu berechnen. Bei leichten Kernen gibt die L–S-, bei schwereren die j–j-Kopplung bessere Übereinstimmung mit den experimentellen Werten. Für das Übergangsgebiet werden die Formeln für eine mittlere Kopplung abgeleitet. Ihre Anwendung auf die niedrigen Energiezustände ungerader Parität von ^{13}C u. ^{13}N zeigt befriedigende Übereinstimmung. Die Ursache für die unterschiedliche Größe des anzunehmenden Kopplungsgrades (0,4—0,55 j—j-Kopplung) für die verschied. Kerneigg. wird diskutiert. (Proc. physic. Soc., Sect. A **66.** 977—94. 1/11. 1953. Birmingham, Univ., Dep. of Math. Phys.) NELKOWSKI. 95

H. Kuhn und **G. K. Woodgate,** *Kernspin und magnetisches Moment von Rhodium $^{103}_{45}Rh$.* Die Strahlung einer Rh enthaltenden Hohlkathode wurde 4 mal durch einen Rh-Atomstrahl geschickt, wobei Absorption in 8 Linien beobachtet wurde, 4 davon zeigten Hyperfeinstrukturdubletts mit einer Aufspaltung von 0,023 cm^{-1}. Die Aufspaltung konnte dem Grundzustand $4d^85s^4F_{9/2}$ zugeschrieben werden. Der Spin des ^{103}Rh-Kerns besitzt den Wert I = 1/2. Die relativen Intensitäten der Komponenten ergeben, daß das magnet. Moment negativ ist. Die beobachtete Aufspaltung führt zu einem Wert von $\mu = -0{,}10$ Kernmagnetonen. Die Werte von I u. μ ergeben für die letzten 7 Protonen im Rh-Kern nach dem Modell von GOEPPERT-MAYER die Konfiguration $(5g_{9/2})_6p_{1/2}$. (Proc. physic. Soc., Sect. A **64.** 1090—97. 1/12. 1951. Oxford, Clarendon Labor.) v. HARLEM. 95

Jean Blaise und **Henri Chantrel,** *Spin und Kernmomente von Palladium 105.* Vff. untersuchen die Hyperfeinstruktur von 6 violetten Strahlen des Bogenspektr. von natürlichem Pd mit einer Interferenzmethode. In Verbindung mit den Werten von BRIX u. STEUDEL (C. **1952.** 6488) läßt sich der Spinwert 5/2 für ^{105}Pd bestätigen. Dieses Ergebnis stimmt mit dem Kernschalenmodell überein, das einen $d_{5/2}$-Zustand für N = 59 vorsieht. In gleicher Weise wird der Wert des magnet. Moments $\mu = -0{,}57$ Kernmagnetonen bestätigt. (J. Physique Radium **14.** 135. Febr. 1953. Bellevue, C. N. R. S., Labor. Aimé Cotton.) GERHARD SCHMIDT. 95

G. Sprague und **D. H. Tomboulian,** *Die Quadrupolmomente von ^{121}Sb und ^{123}Sb.* Inhaltlich ident. mit der C. **1954.** 3860 referierten Arbeit (vgl. auch DEHMELT u. KRÜGER, C. **1952.** 6009). (Physic. Rev. [2] **92.** 105—08. 1/10. 1953. Ithaca, N. Y., Cornell Univ.) v. HARLEM. 95

S. E. Hunt, *Die Energiebestimmung der Protonen-γ-Resonanzen und ihre Anwendung zur Prüfung der Kernstrukturtheorien* 1. Mitt. Zur Best. der Energieniveaus des Compound-Kerns aus der Ausbeute der (p,γ)-Rk. werden Methoden zur Messung der Protonenenergien angeführt, wobei der Meth. der elektrostat. Ablenkung wegen ihrer hohen absol. Genauigkeit (~ $1/10^3$) der Vorzug gegeben wird. Vf. führt verschied. Verff. zur Targetherst. u. zum γ-Nachw. (GEIGER-MÜLLER-Zähler u. Scintillationszähler) an. Ausführliches Literaturverzeichnis. — (Atomics **5.** 163—67. 87. Juni 1954. Aldermaston, Berks., Assoc. Electr. Ind. Ltd., Res. Labor.) GERHARD SCHMIDT. 103

F. G. Hess, *Einige Richtungskorrelationsfunktionen für sukzessive Kernstrahlungen.* Vf. entwickelt eine Meth. zur Best. der Summen der Drehimpulskoeffizienten, die in der Richtungskorrelationsfunktion für sukzessive Kernstrahlungen auftreten. Die Summen werden für die einfachsten Fälle angegeben u. die α–γ- u. γ–γ-Korrelationsfunktionen für diese Fälle berechnet. Die Drehimpulsquantenzahl eines der emittierten Teilchen ist beliebig, diejenige des anderen Teilchens 1 oder 2. (Canad. J. Physics **30.** 130—46. März 1952. Vancouver, B. C., Univ. of Brit. Columbia.) GERHARD SCHMIDT. 103

S. A. Moszkowski und **V. L. Telegdi,** *Doppelte Kern-γ-Emission.* (Sitzungsbericht.) Ausgehend von Berechnungen, die sich auf das Einteilchenmodell gründen, um die Lebensdauer des gewöhnlichen γ-Zerfalls sowie die Möglichkeit des Nachw. schwacher Übergänge zu erklären, wird der doppelte γ-Zerfall erneut betrachtet. Die Unterss., die sich auf Übergänge mit Spinänderungen bis zu 4, das heißt bis zu 2 Quadrupolquanten erstrecken, bestätigen die Berechnungen für den Fall $L_1 + L_2 = \Delta$ J. (Physic. Rev. [2] **90.** 366. 15/4. 1953. Columbia Univ.; Univ. of Chicago.) GERHARD SCHMIDT. 103

R. S. Rochlin, *Das γ-Spektrum und die Ausbeute aus mit Protonen beschossenem Tritium.* Vf. bestimmt das Energiespektr. u. die γ-Ausbeute der Rk. $T(p,\gamma)^4He$ mittels γ-Paarspektrometer. An einem Zr-Target absorbiertes T wurde mit (0,96 ± 0,06) MeV-Cyclotronprotonen beschossen; die Konz. von T betrug 0,47 ± 0,05 T-Atome pro Zr-Atom. Die γ-Strahlung wurde unter 54,5° zum einfallenden Bündel beobachtet. Der Bereich von 3—22 MeV wurde mit Hilfe eines 0,003 in.-Pb-Strahlers u. eines 0,002 in.-Cu-Strahlers untersucht, gefunden wurde eine einzelne γ-Linie bei 20,4 ± 0,2 MeV, woraus sich ein Q-Wert von 19,7 ± 0,3 MeV in guter Übereinstimmung mit dem theoret. Wert ergibt. Die Ausbeute der Rk. $T(p,\gamma)^4He$ wurde relativ zur 17,6 MeV-γ-Strahlung aus $^7Li(p,\gamma)^8Be$ gemessen; für das Ausbeuteverhältnis (T + Zr)/Li wurde der Wert 0,016 ± 0,004 gefunden. (Physic. Rev. [2] **84.** 165. 1/10. 1951. Ithaca, N. Y., Cornell Univ.) WEIGEL. 103

J. E. Perry jr. und **S. J. Bame jr.,** *Die Tritium (p, γ)-Reaktion.* (Sitzungsbericht.) Es wird die Erzeugung von 20 MeV-γ-Strahlen durch Protonenbeschuß von gasförmigen T_2-Targets untersucht. Als Nachweisgeräte dienten NaJ-Scintillationszähler. Die Ausbeuten an γ-Strahlen werden aus den beobachteten differentiellen Impulshöhenverteilungen berechnet. Die Verteilungen zeigen die erwartete Verschiebung der maximalen Impulshöhe mit der γ-Energie. Bei den Messungen der Winkelverteilungen wird eine DOPPLER-Verschiebung der γ-Frequenzen beobachtet. Unter der Annahme, daß die differentielle Impulshöhenverteilung im Bereich von 19,8—23 MeV nur ihren Maßstab nicht aber ihre Gestalt ändert, werden folgende Ergebnisse erhalten. 1. Die absol. Querschnitte unterhalb von 90° zeigen einen stetigen Verlauf mit den Werten 4, 8, 10 u. $11 \cdot 10^{-30}$ cm²/Raumwinkel bei 1, 2, 3 bzw. 4,3 MeV, 2. die Winkelverteilung ist angenähert sin 2 Θ, wobei die Ausbeute bei 0° ~1—2% derjenigen bei 90° beträgt u. 3. um 90° tritt eine geringe Asymmetrie auf; das Verhältnis 60 : 120° beträgt ~ 1,2. (Physic. Rev. [2] **90.** 380. 15/4. 1953. Los Alamos Scient. Labor.) WEIGEL. 103

N. P. Heydenburg und **G. M. Temmer,** *Energieniveaus in ^{18}F aus α-Teilchen-Reaktionen in Stickstoff.* Ausführliche Darst. der C. **1954.** 3856 referierten Arbeit. Die genaueren Werte für die Niveaus in ^{18}F sind **6,69** u. 8,85 MeV. (Physic. Rev. [2] **92.** 89—92. 1/10. 1953. Washington, Carnegie Inst. of Washington, Dep. of Terrestr. Magnetism; Nat. Bur. of Stand.) GERHARD SCHMIDT. 103

D. L. Pursey, *Theoretische Diskussion des β-Zerfalls von ^{32}P.* Vf. diskutiert den „verbotenen" β-Zerfall von ^{32}P auf Grund seiner Theorie der Wechselwrkg. (vgl. C. **1952.** 3767). (Proc. physic. Soc., Sect. A **64.** 1138—39. 1/12. 1951. Glasgow, Univ., Dep. of Natural Philos.) v. HARLEM. 103

Bernard L. Cohen, *Gallium 64.* Vf. beschießt natürliches *Zn* u. isotop. angereichertes ^{64}Zn mit Cyclotronprotonen hoher Energie u. beobachtet eine 2,5 Min.-β^+-Aktivität, die auf Grund der gemessenen Anregungsfunktion der am angereicherten ^{64}Zn gefundenen Intensität u. mittels chem. Abtrennung dem ^{64}Ga zugeordnet wird, das durch die Rk. $^{64}Zn(p,n)$ entstanden ist. Im Zerfallsschema treten γ-Quanten von 0,97, 3,8 u. möglicherweise 2,2 MeV auf, $E_{\beta max}$ beträgt ca. 5 MeV; der Schwellenwert der Rk. wird zu 8,1 ± 0,5 MeV gemessen. (Physic. Rev. [2] **91.** 74—75. 1/7. 1953. Oak Ridge, Tenn., O. R. N. L.) WEIGEL. 103

W. Wayne Meinke, *Halbwertszeit von ^{109}Pd und Aktivierungsquerschnitt von ^{102}Pd für Neutronen.* Nach einer Literaturübersicht über die Halbwertszeiten der Pd-Isotope werden Verss. mit einem Ar-gefüllten Endfenster-GEIGER-MÜLLER-Zähler beschrieben, bei denen die Halbwertszeit von ^{109}Pd zu 13,6 ± 0,1 Std. bestimmt wurde. Die Aktivierungsquerschnitte für Meilerneutronen sind bei ^{102}Pd u. ^{108}Pd 4,8 bzw. 11,7 barn. (Physic. Rev. [2] **90.** 410—12. 1/5. 1953. Ann Arbor, Mich., Univ. of Michigan, Dep. of Chem.) KIRSCHSTEIN. 103

J. M. Cork, J. M. LeBlanc, W. H. Nester und **M. K. Brice,** *Kernniveau im ^{131}Cs.* Vff. aktivieren angereichertes ^{130}Ba mit Meilerneutronen u. untersuchen spektrometr. die Strahlung des durch (n,γ)-Rk. gebildeten ^{131}Ba (11,8 Tage-K-Strahler). Gefunden werden 13 γ-Quanten folgender Energie in keV, die als vom ^{131}Cs herrührend angenommen werden (in Klammern Multipolzuordnung, soweit bestimmt): 55,2 (E 2), 78,7 (M 1), 92,3, 123,8 (M 1 + E 2), 133,4 (M 1 + E 2), 215,8 (M 1), 239,3, 248,8, 373,5 (E 2), 488,5, 497,5 (E 2), 585 u. 620. Diese γ-Quanten lassen sich in ein Zerfallsschema einordnen, in dem für ^{131}Cs folgende Niveaus (in keV) angenommen werden: 0 (Grundzustand), 78,7, 133,4, 327,7, 496,5, 621 u. 713. (Physic. Rev. [2] **91.** 76—77. 1/7. 1953. Ann Arbor, Mich., Univ. of Michigan, Dep. of Phys.) WEIGEL. 103

J. W. Mihelich und **A. de-Shalit,** *Der Zerfall von ^{197m}Au.* (Vgl. HUBER u. Mitarbeiter, C. **1952.** 6005.) Es wird über eine Neuunters. der Konversionselektronenspektren von ^{197m}Hg u. ^{197m}Au berichtet u. gezeigt, daß die 7,4 Sek.-Lebensdauer von

^{197m}Au von einem bisher unaufgelösten 130,2 keV-E 3-Übergang bestimmt wird, dessen Übergangswahrscheinlichkeit um den Faktor $3 \cdot 10^{-3}$ kleiner ist als die nach der WEISSKOPFschen Schätzung zu erwartende. Die Multipolarität eines unverzögerten 77,4 keV-Überganges in ^{197}Au wird zu M 1 + E 2 bestimmt (Verhältnis der M : E-Übergänge = 1,5). Das Zerfallsschema des Syst. ^{197}Hg–^{197}Au wird aufgestellt. (Physic. Rev. [2] **91.** 78–81. 1/7. 1953. Upton, N. Y., Brookhaven Nat. Labor.; Princeton, N. J., Princeton Univ., Palmer Phys. Labor.) WEIGEL. 103

C. J. D. Jarvis, *Durch innere Konversion emittierte Elektronen beim Zerfall von Ionium und Radiothorium.* KODAK NT 4-Kernplatten wurden mit einer neutralen Lsg. von Ammonium–Ioniumoxalat getränkt. Die Unters. zeigt mit großer Wahrscheinlichkeit, daß von den Elektronenpaaren, die den gleichen Ursprung wie die α-Teilchen haben, mindestens ein Elektron von einem Kernübergang mit weniger als 70 keV stammt. Eine Unters. bei RdTh ergab, daß 241 von 569 α-Bahnen zusammen mit Konversionselektronenbahnen auftreten, die drei Energiegruppen angehören. Die Gruppen höherer Energie können als K- u. M-Konversionselektronen der 84 keV-γ-Strahlung gedeutet werden. α-Teilchen, die gleichzeitig mit diesen Elektronen auftreten, zeigen eine um 0,5 μ geringere Reichweite. Bei der dritten Gruppe von Elektronen weisen die α-Teilchen eine um 1,2 μ geringere Reichweite auf. Die Elektronen können durch L- oder K-Konversion der γ-Strahlung beim Übergang in den 84 keV- oder den Grundzustand entstanden sein. (Proc. physic. Soc., Sect. A **66.** 1074–75. 1/11. 1953. Englefield Green, Surrey, Univ. of London, Roy. Holloway Coll.) NELKOWSKI. 103

Paul Falk-Vairant und **Michel Riou,** *Untersuchung der die Umwandlung* $^{231}_{91}Pa \xrightarrow{\alpha} {}^{227}_{89}Ac$ *begleitenden γ-Strahlungen.* Vff. stellen die Ergebnisse über die γ- u. Röntgenstrahlen sowie über die Konversionselektronen zusammen u. vergleichen sie mit experimentellen Ergebnissen anderer Autoren u. dem Zerfallsschema Pa → Ac. Die Messungen wurden mit einem Halbkreis-β-Spektrographen mit permanentem Magneten durchgeführt, der Detektor bestand aus Spezial-ILFORD G 5-Emulsionen. Die Strahlen starker Intensität entsprechen im allg. den von MEITNER angegebenen, jedoch liegen die Werte ca. 2,5% höher. Die Strahlen bei 170 u. 135 keV sind auf den Aufnahmen diffus u. können aus der Überlagerung benachbarter Strahlen gebildet sein. Von den Strahlen von 24,9 u. 20 keV wird angenommen, daß sie die N- u. M_1-Strahlen des γ-Strahls von 27 keV sind. Die Einordnung der γ-Strahlen von 259, 82,3 u. 33,6 keV in das durch die Feinstruktur gegebene Zerfallsschema bereitet Schwierigkeiten. Für die einzelnen beobachteten Strahlen wird versucht, die Multipolarität u. Intensität zu bestimmen. (J. Physique Radium **14.** 65–71. Febr. 1953. Paris, Inst. du Radium, Labor. Curie.) GERHARD SCHMIDT. 103

R. Elson, W. Bentley, A. Ghiorso und **Q. Van Winkle,** *Der Spaltungs- und Einfangquerschnitt von* ^{232}U *für thermische Neutronen.* Durch Beschuß von ^{231}Pa mit Neutronen u. β-Zerfall des entstehenden ^{232}Pa wurde ^{232}U gebildet, das mit Ae. von Pa getrennt wurde. Der Querschnitt für die Spaltung von ^{232}U durch therm. Neutronen beträgt 83 ± 1,5 barn, der Einfangquerschnitt ca. 200 barn; für diesen Wert ist die Genauigkeit gering, er ist aber niedriger als 500 barn. (Physic. Rev. [2] **89.** 320. 1/1. 1953. Lemont, Ill., Argonne Nat. Labor.) KIRSCHSTEIN. 103

H. S. Turner, *Neuere Anwendungen von Isotopen auf die Untersuchung chemischer Reaktionen.* 2. Mitt. (1. vgl. **1952.** 6485.) Zusammenfassender Bericht über die Aufklärung von Reaktionsmechanismen mit Hilfe von ^{14}C-, ^{15}N- u. ^{18}O-markierten Reaktionspartnern. Folgende Rkk. werden behandelt: Cyanatdarst. aus Harnstoff u. K_2CO_3, WILLGERODTsche Rk., Benzidinumlagerung, therm. Abbau von Phenylhydrazin, Struktur des Diazoniumions aus Kopplungs-Rkk., ROWEsche Umlagerung, Bldg. von Aldoseacetamiden, Esterverseifung, γ-Lactonverseifung, Wasseraustausch zwischen Lösungsm. u. hydratisierten Kationen. — 32 Literaturzitate. (Chem. Products chem. News [N. S.] **15.** 132–35. April 1952. D. S. F. R., Chem. Res. Labor.) WEIGEL. 106

Andrew Gemant, *Tracer-Diffusion im Boden bei der radioaktiven Lecksuche.* Es wird rechner. untersucht, wie das radioakt. Gas im Boden diffundiert, wenn man es zum Aufsuchen von Löchern in unterird. Rohrleitungen verwendet. Man kann aus den Ergebnissen entnehmen, welche Mengen von radioakt. Gasen (Beispiele: ^{14}C als β-Strahler in CO, ^{82}Br als γ-Strahler in Methylbromid) zum Nachw. eines Lecks benötigt werden. (J. appl. Physics **24.** 93–95. Jan. 1953. Detroit, Mich., Detroit Edison Co., Engng. Labor. and Res. Dep.) LENZ. 106

E. W. Titterton, *Atomenergieerzeugung und Verwendung.* 3. Mitt. (2. vgl. C. **1954.** 5453.) Übersicht über die 3 Haupttypen von Reaktoren, eingeteilt nach den verschied.

Geschwindigkeiten der die Spaltung auslösenden Neutronen, sowie über ein kurzfristiges Entwicklungsprogramm energieerzeugender Reaktoren unter Berücksichtigung ihrer Wirtschaftlichkeit. (Atomics 5. 169—73. Juni 1954. Canberra, Austral. Nat. Univ., Dep. of Nucl. Phys.) GERHARD SCHMIDT. 110

D. J. Littler, E. E. Lockett und **B. T. Price**, *Der G. L. E. E. P. als ein absoluter Standard für die Dichte thermischer Neutronen.* Der GLEEP läßt sich im Gebiet von 10 Neutronen/cm³ bis $2 \cdot 10^4$ Neutronen/cm³ als Standard benutzen, die D. ist dabei innerhalb von $\pm 5\%$ bekannt. Als therm. Neutronen wurden solche mit Energie $<$ 0,4 eV betrachtet. (Proc. physic. Soc., Sect. A **64.** 1139—40. 1/12. 1951. Harwell, Didcot, Berks., A. E. R. E.) v. HARLEM. 110

E. R. Rae und **E. M. Bowey**, *Ein Scintillationsdetektor für Neutronen mittlerer Energie.* Die γ-Strahlen aus der Rk. $^{10}B(n,\alpha)^7L^* \rightarrow {}^7L + \gamma$ (480 keV) werden in einem Zylinder aus amorphem ^{10}B ausgelöst, an dessen beiden Seiten in einer Ebene senkrecht zum Neutronenstrahl NaJ-Kristalle mit Multipliern liegen. Die Analyse erfolgt mit einem Einkanalanalysator. Erreicht wurde ein Wirkungsgrad von ca. 2,6% bei Neutronenenergien bis 1000 eV, von 2,2% bei 5 keV u. 1,3% bei 50 keV. Bei Neutronenenergien von mehr als 10 eV ist dieser nur 3 cm lange Detektor besser als der $^{10}BF_3$-Proportionalzähler von 10 cm Länge. Auch ist seine Anzeigezeit wesentlich kürzer (0,1 statt 1—2 μ-Sek.). (Proc. physic. Soc., Sect. A **66.** 1073—74. 1/11. 1953. Harwell, Didcot, Berks., A. E. R. E.) NELKOWSKI. 112

Roy S. Anderson, *Eine einfache Kombination von Mikromikroamperemeter und Röntgenstrahlen-Ionisationskammer.* Vf. beschreibt eine Dosimeteranordnung für Röntgenanlagen, bestehend aus einer Luftionisationskammer (Vol. 1850 cm³), einem Verstärker mit Mikroamperemeter u. einem Netzgleichrichter. Die Ionisationskammer arbeitet bei Sättigungsspannung (400 V). Der geringste noch meßbare Strom in der Ionisationskammer beträgt $1{,}25 \cdot 10^{-11}$ A, das entspricht einer Röntgenintensität in der Kammer von $2{,}2 \cdot 10^{-5}$ r/Sekunde. Die Dimensionen der Kammer u. der Blenden u. die Verstärkerschaltung werden eingehend beschrieben. (Amer. J. Physics **18.** 119—24. März 1950. Hanover, N. H., Dartmouth Coll.) REUSSE. 112

M. L. Smith, *Wiedergewinnung von isotopenreinem Bor und Lithium aus Kernemulsionen.* Durch analyt. Unters. der bei der Verarbeitung von Kernemulsionen verwendeten Lsgg. wurde festgestellt, daß bei B_2O_3-haltigen Emulsionen 90% von B_2O_3 sich in dem dest. W. wiederfinden, in welchem die Platte (200 μ) 1 Std. lang vorgebadet wurde, der Rest in dem Entwickler (50 Min. Entw.). Im Falle von Li_2SO_4 finden sich $^2/_3$ in dem Vorbadewasser, $^1/_3$ im Entwickler u. eine kleine Menge in dem 10%ig. KBr-Stopbad (30 Min.). In den übrigen Lsgg. u. der Gelatine bleiben keine erkennbaren Mengen von B oder Li zurück. (Nature [London] **172.** 1054. 5/12. 1953. Harwell, Berks., Electromagnet. Separation Group, Gen. Phys. Div., A. E. R. E.) EICHHOFF. 112

R. A. Dudley und **S. R. Pelc**, *Automatischer Kornzähler zur quantitativen Auswertung von Autoradiographien mit hoher Auflösung.* Mitt. der Arbeitsweise einer App. zur automat. Kornzählung in nach der Abstreiffilmmeth. gewonnenen Autoradiographien. Ag-Körner der Emulsion verursachen eine Absorption von 30—50%, welche in einen elektr. Impuls umgewandelt wird, der auf einen Amplitudendiskriminator u. ein Zählwerk gegeben wird. Die App. arbeitet mit einer Reproduzierbarkeit von 2—3%, erreicht eine Empfindlichkeit von 2 Körnern/100 μ^2 (entsprechend einer Schwärzung von $6 \cdot 10^{-4}$). Der mittlere Fehler bei der Auszählung von 27 Stellen einer gleichmäßig belichteten Emulsionsstelle beträgt 6%. (Nature [London] **172.** 992—93. 28/11. 1953. London, Hammersmith Hosp., Med. Res. Counc. Radio therap. Res. Unit.) EICHHOFF. 112

Laurie M. Brown, *Korndichte in Kernemulsionen.* Diskussion eines einfachen Modells einer Kernemulsion, bei dem angenommen wird, daß ein Korn nur dann entwickelbar gemacht wird, wenn ein geladenes Teilchen in diesem eine Energie verliert, welche einen Schwellenwert η überschreitet. Es wird abgeschätzt, daß ein Teilchen mit minimaler Ionisierung im Mittel eine Energie der Größenordnung η verliert, wenn es das Korn längs eines Durchmessers durchdringt. Die Form der Korndichte–Energie-Kurve, bes. die prozentuale relativist. Zunahme der Korndichte, sind gegen kleine Änderungen von η empfindlich. (Physic. Rev. [2] **90.** 95—97. 1/4. 1953. Princeton, N. J., Inst. for Adv. Stud.) EICHHOFF. 112

Walther Bothe und Siegfried Flügge, Hrsg. Kernphysik und kosmische Strahlen. T. 2. Weinheim/Bergstr.: Verl. Chemie. 1953. = Naturforschung und Medizin in Deutschland 1939—1946. Bd. 14. 2. (198 S. m. Abb.) DM 13,—.

A_2. Optisches Verhalten der Materie.

R. Tousey, *Raketenspektroskopie.* Übersicht über die Resultate von spektroskop. Unterss. mit Raketen. Mit Spektrographen wurde die spektrale Intensitätsverteilung des Sonnenlichtes bis 2000 Å bestimmt u. das FRAUNHOFER-Spektr. bis 2300 Å mit einer Auflösung bis zu 0,6 Å aufgenommen. Das *Mg*-Dublett bei 2800 Å zeigt intensive Emissionskerne im Zentrum der stark verbreiterten Absorptionslinien. Diese Erscheinung ist reproduzierbar u. wird der Emission einer unter niederem Druck u. hoher Temp. stehenden Schicht in großer Höhe der Sonnenatmosphäre zugeschrieben. Durch photometr. Vgl. von Spektren, die während des Aufstieges bis zu einer Höhe von 70 km aufgenommen wurden, ließ sich die vertikale O_3-Verteilung bestimmen u. aus dieser der tägliche Temperaturgang der Atmosphäre in Höhen von 20—80 km berechnen. Die Resultate sind in guter Übereinstimmung mit photochem. Berechnungen u. Temperaturmessungen aus Raketenaufstiegen. Mit einem thermoluminescenten Leuchtstoff wurde die Energiedichte des Sonnenspektr. im Gebiet von 1040—1230 Å zu $\sim$ 0,04, im Gebiet von 1230—1340 Å zu $\sim$0,02 μW/cm² bestimmt. Diese Werte liegen in der Größenordnung, welche für eine Sonnentemp. von 5000° K zu erwarten ist, mit einer starken Emission, der LYMAN-α-Linie bei 1216 Å. Aus Messungen mit bei 1475 Å maximal empfindlichen Photonenzählern ist zu schließen, daß in 100 km Höhe die Dissoziation des O_2 beginnt. Eine solare Röntgenstrahlung von 5—7 Å u. einer Intensität von 10^{-4} erg/cm²·sec wurde mit Be-Fensterzählrohr in Höhen $>$87 km, wo die E-Schicht der Ionosphäre beginnt, beobachtet. Diskussion dieser Resultate hinsichtlich der Bldg. der E-Schicht. (J. opt. Soc. America **43.** 245—51. April 1953. Washington, D. C., Naval Res. Labor.) EICHHOFF. 113

R. N. Sedra, *Intensität der Ultraviolettstrahlung von Sonnenfackeln.* Vf. untersucht den Zusammenhang zwischen den Sonnenfackeln u. der von ihnen ausgesandten Strahlung einerseits u. den sie begleitenden magnet. Störungen, die „chrochets" genannt werden, andererseits. Er gibt eine Formel an, die das magnet. Feld zu berechnen gestattet, wenn man sich die vom Sonnenausbruch erzeugte Ionenwolke, die sich in einer Höhe von ca. 200 km über der Erde befindet, durch einen Stabmagneten, dessen Südende 300 km dick u. 1000 km breit ist, ersetzt denkt u. dessen Nordpol man vernachlässigt. Aus einer weiteren Formel wird der Zusammenhang zwischen der Ionenerzeugung u. der Intensität der einfallenden Strahlung hergeleitet. Die Berechnungen werden mit Beobachtungen von NEWTON verglichen. (Physic. Rev. [2] **83.** 190. 1/7. 1951. Cairo, Fouad I Univ., Fac. of Sci.) GUDZENT. 113

G. H. Dieke und **F. S. Tomkins,** *Die 3 $p^3\,\Sigma \rightarrow 2\,s^3\,\Sigma$-Banden von TH und T_2.* Es werden die Molekularspektren von TH u. T_2 aufgenommen, das Bandensyst. 3 $p^3\,\Sigma \rightarrow$ 2 $s^3\,\Sigma$ untersucht u. die Molekularkonstanten des 3 $p^3\,\Sigma$-Zustands angegeben. Durch die Wechselwrkg. mit dem 3 $p^3\,\Pi$-Zustand treten Störungen auf. Dieses Syst. mit 58 bekannten Banden u. mehr als 1150 klassifizierten Linien ist für T_2 sehr viel besser bekannt als für andere Arten von H-Moll., einschließlich H_2. (Physic. Rev. [2] **82.** 796 bis 807. 15/6. 1951. Baltimore, Md., Johns Hopkins Univ., Chicago, Ill., Argonne Nat. Labor.) D. HAHN. 118

Paul F. Yergin, Willis E. Lamb jr., Edgar Lipworth und **Robert Novick,** *Die Feinstruktur von einfach ionisiertem Helium.* (Sitzungsbericht.) Der metastabile $2\,^2S_{1/2}$-Zustand des He^+-Ions wurde durch Elektronenbeschuß, der $2\,^2P_{1/2} - 2\,^2S_{1/2}$-Übergang durch Mikrowellenimpulse angeregt. An der nachfolgend emittierten Strahlung stellten Vff. fest, daß die Energiedifferenz zwischen dem $2\,^2S_{1/2}$- u. dem $2\,^2P_{1/2}$-Niveau 14021 ± 60 MHz beträgt. (Physic. Rev. [2] **90.** 377. 15/4. 1953. New York, N. Y., Columbia Univ.) KIRSCHSTEIN. 118

K. Krebs und **H. Nelkowski,** *Zur Isotopieverschiebung in den Resonanzlinien des Ytterbiums.* PÉROT-FABRY-Aufnahmen von Hyperfeinstrukturen der Yb-Resonanzlinien bei 5556 u. 3988 Å werden wiedergegeben u. unter erstmaliger Berücksichtigung des ^{170}Yb-Isotops Isotopielagen der Yb-Isotope 170, 171, 172, 173, 174 u. 176 in der Linie 5556 Å berechnet. Ein Vgl. der Meßwerte an der Singulettresonanzlinie bei 3988 Å mit rechner. aus den Aufspaltungsfaktoren der Linie 5556 Å ermittelten Worten ergibt eine Verschiebung des Terms $^1P_1$ (bezogen auf $^3P_1$) von $\Delta\nu$ (176—170) $\geq$ $46 \cdot 10^{-3}$ cm^{-1}. (Naturwissenschaften **40.** 268. Mai 1953. Berlin-Charlottenburg, Techn. Univ., Phys. Inst.) HEINSOHN. 118

William F. Meggers, Bourdon F. Scribner und **William R. Bozman,** *Absorptions- und Emissionsspektren von Promethium.* Zwischen 3500 u. 10 000 Å werden Aufnahmen des Absorptionsspektr. von ^{147}Pm gemacht. Die Hauptbanden liegen bei 494,5, 548,5, 568,0, 685,5, 735,5 mμ. In der Pm-Probe werden Spuren von Sm gefunden, in welches

Pm zerfällt. Zwischen 2200 u. 6900 Å werden die Emissionsspektren von Pm aufgenommen u. die Wellenlängen u. relativen Intensitäten von mehr als 2200 neuen Spektrallinien bestimmt (Tabelle). Es war aber nicht möglich, Pm I- u. Pm II-Linien zu unterscheiden. Die stärksten Pm-Linien besitzen die Wellenlängen 3892,16, 3910,26, 3919,09, 3957,74 u. 3998,96 $\pm$0,02 Å. In einigen Pm-Linien wird Hyperfeinstruktur vermutet, die zeigt, daß der ^{147}Pm-Kern mechan. u. magnet. Momente besitzt. Sowohl Absorptions- als auch Emissionsspektren weisen auf ein Element des Seltenen Erden-Typus mit der Ordnungszahl 61 hin. (J. Res. nat. Bur. Standards **46.** 85—98. Febr. 1951. Washington.) D. HAHN. 118

Janine Granier-Mayence und **Jacques Romand,** *Ergänzung zur Untersuchung des Absorptionsspektrums von festem Stickoxydul im Schumann-Gebiet.* Die Absorption von festem N_2O wird bei einer Temp. von 20° K untersucht. Das anomale Verh. im Gebiet von 2000—2400 Å wird durch das Auftreten eines photochem. Dissoziationsprod. erklärt, dessen Natur nicht sicher festgelegt werden kann. Schwankungen im Gebiet des Absorptionsmaximums bei 1780°, welche auch bei gasförmigem N_2O erscheinen, sind nicht durch Interferenz bedingt. (J. Physique Radium **14.** 428—29. Juni 1953. Sorbonne, Labor. de Phys.-Enseign.) EICHHOFF. 118

Albin Lagerqvist, *Das Bandenspektrum des Calciumoxyds in dem violetten und ultravioletten Gebiet.* Das in einem Lichtbogen zwischen Ca-Elektroden angeregte Spektr. von CaO wurde mit einem Gitter spektrographen im Gebiet von 3000—5000 Å photographiert. Eine Rotationsanalyse der 0,2, 2,0 u. 3,0-Banden bei 3657, 3347 u. 3287 Å ordnet diese den $^1\Sigma - ^1\Sigma$-Übergängen zu. Die Analyse der 0,2-Bande bei 4084 Å ergibt $^1\Pi - ^1\Sigma$-Übergänge für ihr System. Die Konstanten der violetten u. UV-Systeme ($C^1\Sigma - X^1\Sigma$ u. $B^1\Pi - X^1\Sigma$) sind angegeben. (Naturwissenschaften **40.** 268—69. Mai 1953. Stockholm, Univ., Phys. Inst.) HEINSOHN. 118

Alvin J. Cohen, *Regelmäßigkeit der F-Zentren-Maxima im Quarzglas und α-Quarz.* Vf. findet in Rauchquarz aus dem Dinkey-Lakes-Gebiet (Calif.) sowohl parallel als auch senkrecht zur opt. Achse Absorptionsmaxima bei 425 u. 625 mμ, die bei 400° rasch verschwinden u. durch Röntgenbestrahlung wieder hervorgerufen werden. Parallel zur opt. Achse geschnittene Platten von farblosem brasilian. α-Quarz zeigen nach Bestrahlung mit $3 \cdot 10^6$ r γ-Strahlung die gleichen Absorptionsmaxima. Vf. vergleicht seine Ergebnisse mit denen anderer Autoren u. diskutiert die vermutlich zugrunde liegenden Fehlordnungsmöglichkeiten. (J. chem. Physics **22.** 570. März 1954. Pittsburgh, Pa., Mellon Inst.) R. STEIN. 118

Philip H. Yuster und **Charles J. Delbecq,** *Einige optische Eigenschaften von Kaliumjodid–Thallium-Phosphoren.* Die Absorptionsspektren von KJ-Schmelzflußkristallen mit wechselndem Tl-Geh. wurden bei den Tempp. von fl. N_2 u. He zwischen 2200 u. 3100 Å gemessen. Es wurden 8 dem Tl zuzuschreibende schmale Absorptionsbanden gefunden. Die (maximalen) Absorptionskoeffizienten wachsen mit dem Tl-Geh. u. zwar bei 4 Banden (224, 233, 244 u. 282 mμ) linear u. den 4 anderen (250, 252, 290 u. 293 mμ) quadratisch. Die ersten werden deshalb einzelnen Tl^+-Ionen, deren Umgebung kub. ist, zugeschrieben, während die restlichen Banden Aggregaten von je 2 Tl^+-Ionen zugeschrieben werden, da die Zunahme dieser gerade quadrat. mit der Tl-Konz. wachsen sollte. In diesen Aggregaten besteht keine kub. Symmetrie der elektr. Felder für ein Tl^+ mehr, sodaß weitere Aufspaltung der Tl^+-Niveaus erfolgt. (J. chem. Physics **21.** 892—98. Mai 1953. Chicago, Ill., Argonne Nat. Labor., Chem. Div.) BRAUER. 118

Alexander Smakula, *Entfärbung von röntgenstrahlverfärbten CaF_2-Kristallen.* Synthet. CaF_2-Kristalle, die nach Röntgenbestrahlung oder nach additiver Verfärbung die 4 Farbbanden 1. 5800, 2. 4000, 3. 3350 u. 4. 2250 Å zeigen, können durch Lichteinstrahlung bei Raumtemp. in Bande 1 nicht entfärbt werden. Dagegen erniedrigt Lichteinstrahlung in Bande 2 diese u. es entsteht eine neue Bande um 4850 Å (5). Die anderen Banden bleiben unverändert. Die Entfärbung kann therm. oder durch Lichteinstrahlung in Bande 1 rückgängig gemacht werden. Gleichzeitige Bestrahlung mit Licht im Gebiet der Banden 1 u. 2 erniedrigt beide Banden unter Aufbau von Bande 5. Die Banden werden Elektronen in Haftstellen zugeschrieben; Bande 1 entspricht Übergängen zu Niveaus einige Zehntel eV unter dem Leitungsband, Bande 2 Übergängen ins Leitungsband selbst. Bande 2 u. ihre Umwandlung in 5 ähnelt sehr den F- u. M-Zentren der Alkalihalogenide. (Physic. Rev. [2] **91.** 1570—71. 15/9. 1953. Cambridge, Mass., Massachusetts Inst. of Technol., Labor. for Insulat. Res.) RUDOLPH. 118

K. Keith Innes, Paul C. Cross und **Paul A. Giguère,** *Der asymmetrische Rotor.* 9. Mitt. *Die Banden des schweren Wassers bei 2787 cm^{-1} und 5373 cm^{-1}.* (8. vgl. ALLEN, CROSS u. WILSON, J. chem. Physics **18.** [1950.] 691; 7. vgl. C. **1950.** II. 2036.) Es wird die Kombinationsbande (1 1 0) der zwei Streckungsfundamentalbanden von D_2O zu $\nu_0 = 5373,2\ cm^{-1}$ bestimmt u. die Trägheitsmomente der erregten Zustände zu 1,910, 3,931 u. $5,929 \cdot 10^{-40}\ g \cdot cm^2$ gefunden. Für die unsymm. Fundamentalbande (1 0 0) ergibt sich entsprechend $\nu_0 = 2787,5\ cm^{-1}$ u. die Trägheitmomente 1,881, 3,876 u. $5,843 \cdot 10^{-40}\ g \cdot cm^2$. (J. chem. Physics **19.** 1086—88. Sept. 1951. Seattle, Wash., Univ. of Washington, Dep. of Chem. and Chem. Engng.) D. Hahn. 120

Harry C. Allen jr., Paul C. Cross und **M. K. Wilson,** *Der asymmetrische Rotor.* 10. Mitt. *Das Schwefelwasserstoffspektrum im 5150 cm^{-1}-Bereich.* (9. vgl. vorst. Ref.) Um genaue Werte der Frequenzen der zwei Schwingungsübergänge u. die Trägheitsparameter der erregten Zustände zu erhalten, hat Vf. das Absorptionsspektr. (Abb. u. Tabellen) von H_2S im Gebiet zwischen 5000 u. 5250 cm^{-1} ausgemessen u. die Rotationsfeinstruktur analysiert. Die Struktur kann aus zwei Schwingungsübergängen entstanden sein. Es zeigt sich eine A-Typ-Bande mit Zentrum bei 5147 cm^{-1} u. eine B-Typ-Bande mit Zentrum bei 5145 cm^{-1}. Die Konstanten des erregten Zustandes der A-Typ-Bande lauten $A^* = 10,04$, $B^* = 8,68$, $C^* = 4,61\ cm^{-1}$ u. der B-Typ-Bande: $A^* = 10,08$, $B^* = 8,68$, $C^* = 4,59\ cm^{-1}$. (J. chem. Physics **20.** 1709—10. Nov. 1952.) D. Hahn. 120

K. Keith Innes, Paul C. Cross und **Edward J. Bair,** *Der asymmetrische Rotor.* 11. Mitt. *Schwefelwasserstoffabsorption in den Gebieten 8700 cm^{-1} und 11000 cm^{-1}.* (10. vgl. vorst. Ref.) Unter Verwendung von Absorptionswegen bis zu 350 Fuß werden 60 H_2S-Linien im Gebiet von 10870—11100 cm^{-1} gefunden, als Rotationsstruktur einer A-Typ-Bande analysiert u. als niedrige Komponente des Resonanzpaares (131)(311) identifiziert (n_σ, n_π, n_δ). Im Gebiet zwischen 8560 u. 8830 cm^{-1} werden gleichfalls 80 H_2S-Absorptionslinien gefunden u. einer A-Typ-Bande zugordnet. Hierbei handelt es sich um die niedrige Komponente des Resonanzpaares (121) (301). Mehrere weitere Linien, die nicht durch H_2O zustande kommen, deuten eine überlagerte B-Typ-Bande an. Die Zustandsparameter sind bei (121): $\nu_0 = 8697,3$, $A = 10,29$, $B = 8,75$, $C = 4,48$ u. bei (131): $\nu_0 = 11008,78$, $A = 10,197$, $B = 8,559$, $C = 4,411\ cm^{-1}$. (J. chem. Physics **21.** 545—47. März 1953.) D. Hahn. 120

Llewellyn H. Jones, *Polarisiertes Ultrarotspektrum des KAu(CN)$_2$.* Die Unters. eines Einkristalls von $KAu(CN)_2$ mit polarisierter Ultrarotstrahlung ergab im Bereich 400—4000 cm^{-1} zwei starke Banden, bei 427 u. 2140 cm^{-1}, beide polarisiert parallel zur C-Achse des rhomboedr. Kristalls. Sie werden der asymm. C—Au—C- u. C—N-Valenzschwingung zugeordnet. Die Unters. zeigt, daß die N—C—Au—C—N-Gruppen linear u. parallel zur C-Achse angeordnet sind. — Einige schwächere Banden werden isotopen Moll. zugeordnet. (J. chem. Physics **21.** 1891—92. Okt. 1953. Los Alamos, N. Mex., Univ. of California, Los Alamos Scient. Labor.) H. J. Becher. 120

R. D. Shelton, A. H. Nielsen und **W. H. Fletcher,** *Das infrarote Absorptionsspektrum von SO$_2$.* (Sitzungsbericht.) Registrierung des infraroten Absorptionsspektr. von SO_2 mit einem Gitterspektrometer im Bereich von 470—8000 cm^{-1}. Den Bandenzentren von ν_2, ν_1, ν_3, $\nu_2 + \nu_3$, $2\nu_1$, $\nu_1 + \nu_3$, $2\nu_3$, $2\nu_1 + \nu_2$, $\nu_1 + \nu_2 + \nu_3$, $3\nu_1$, $2\nu_1 + \nu_3$, $3\nu_3$, $3\nu_1 + \nu_3$ u. $\nu_1 + 3\nu_3$ wurden die Frequenzen 517,76; 1151,30; 1361,11; 1875,58; 2295,82; 2499,55; 2715,30; 2815,98; 3011,25; 3431,19; 3629,57; 4054,26; 4751,23 u. 5165,64 cm^{-1} zugeordnet. Aus Kombinationsbeziehungen ergaben sich für $(A'' - B'')$ die Werte 1,7009; 1,6903; 1,7144 u. 1,7044 cm^{-1}, für $(A' - B' - A'' + B'') = -0,00035$; $+0,0370$; $-0,0538$; u. $-0,0367\ cm^{-1}$, für $B'' = 0,3023$, für $(B' - B'') = -0,00010$ u. für $A'' = 2,0048\ cm^{-1}$ verglichen mit $A'' = 2,0271\ cm^{-1}$ aus Mikrowellendaten. Die Berechnung der harmon. u. anharmon. Konstanten ergab: $\omega_1{}^0 = 1155,62$; $\omega_3{}^0 = 1368,06$; $x_{11} = -3,95$; $x_{33} = -5,52$; $x_{12} = +1,20$; $x_{23} = -3,59$ u. $x_{13} = -13,52$. (Physic. Rev. [2] **91.** 235. 1/7. 1953. Univ. of Tennessee.) Eichhoff. 120

Lawrence K. Akers und **Ernest A. Jones,** *Raman-Spektrum, Kraftkonstanten und berechnete thermodynamische Eigenschaften von Germaniumtetrafluorid.* (Sitzungsbericht). Die symm. Grundschwingung ν_1 wurde aus dem Raman-Spektr. von gasförmigem GeF_4 erhalten. Mit dieser u. anderen früher mitgeteilten (Woltz u. Nielsen, C. **1953.** 9) Grundschwingungen wurden unter Benutzung verschied. Potentialfunktionen Kraftkonstanten berechnet. Aus spektroskop. Daten wurden mit den üblichen Näherungen durch harmon. Oscillator u. starren Rotor Wärmeinhalt, freie Energie, spezif. Wärme u. Entropie für 760 Torr u. 100—1000° K unter der Voraussetzung eines idealen Gases berechnet. (Physic. Rev. [2] **91.** 236. 1/7. 1953. Vanderbilt Univ.) Eichhoff. 120

Sol Nudelman und **Frank Matossi,** *Einfluß elektrischer Felder auf die Luminescenz.* (Sitzungsbericht.) Ein *ZnS·Cu*-Phosphor zeigte unter dauernder UV-Bestrahlung bei Anlegen eines elektr. Wechselfeldes während 3—5 Perioden eine Aufhellung. Es folgte eine Feldauslöschung, darauf (bei immer angelegtem Feld) langsame Wiedererhellung auf einen Endwert, der kleiner war als ohne Feld. An- oder Abschalten eines Gleichfeldes gab eine kurze (ca. 10^{-4} Sek.) Aufhellung. (Physic. Rev. [2] **90.** 363. 15/4. 1953. Naval Ordnance Labor.) BRAUER. 125

James Schenck, *Aktivierung von Lithiumjodid mit Europium.* Ein LiJ-Einkristall mit 0,05 Mol-%. $EuCl_2$, der aus der Schmelze gezogen wurde, erweist sich als ein relativ guter Scintillationszähler. Der klare, schwach purpurrote Kristall fluoresciert bei Erregung mit 2537 Å blau. In Verbindung mit einem Photovervielfacher beträgt seine Luminescenzempfindlichkeit für γ-Strahlen 36% der eines KJ·Tl-Kristalles bei einer Abklingkonstanten von 2 μSekunden. Die „Auflösung" (Halbwertsbreite) des Maximums in der Kurve „Zählungen pro Sek. über Impulshöhe" beträgt bei Zählung langsamer Neutronen z. B. 6%. Weitere Impulshöhenspektren im Original. (Nature [London] **171.** 518—19. 21/3. 1953. Oak Ridge, Tenn., Oak Ridge Nat. Labor.) BRAUER. 125

C. E. Mandeville und **H. O. Albrecht,** *Die durch α-Teilchen induzierte Phosphorescenz von silberaktiviertem Natriumchlorid.* (Vgl. C. **1951.** I. 2999.) Bei der Bestrahlung von NaCl(Ag)-Kristallen mit α-Teilchen tritt eine Fluorescenz u. Phosphorescenz auf, die in 2 Banden bei ~2500 Å (I) u. ~4000 Å (**II**) emittiert wird. Das Abklingen von **I** wird in lichtempfindlichen GEIGER-Zählern, das von **II** mit RCA-5819-Photomultipliern gemessen. Das gemeinsame Abklingen beider Banden wird mit RCA-IP 28-Photoröhren ebenfalls verfolgt. Das Abklingen beider Banden gehorcht verschied. Potenzgesetzen. Im doppelt logarithm. Maßstab zeigt **I** eine Neigung von —2,48, **II** eine solche von —1,83. (Physic. Rev. [2] **90.** 25—28. 1/4. 1953. Swarthmore, Pa., Bartol Res. Found. of the Franklin Inst.) WEIGEL. 125

Keith H. Butler, *Erdalkaliorthophosphatphosphore.* Es wird über die Auffindung von Leuchtstoffen berichtet, die aus den *Orthophosphaten* des *Ca, Sr, Ba* oder mehreren von diesen bestehen u. mit *Sn* u. *Mn* aktiviert sind. Sn absorbiert die erregende Strahlung, ist in der Lage (kurzwellig) zu emittieren, vor allem aber die langwellige Mn-Emission hervorzurufen. Nur im Falle von β-Ca-Phosphat (oder -Mischphosphaten) gibt Sn eine rote Emission u. Sn u. Mn eine tiefrote (um 6700 Å). Angaben über die Darst. u. Präpp. verschied. Zus. im Original. Einige Sn-aktivierte Erdalkaliphosphate haben Emissionsbanden im UV. Die Erregungsspektren, die in komplizierter Weise von der Zus. abhängen, erstrecken sich von 2200—3200 Å u. liegen im allg. günstig in bezug auf 2537 Å, so daß die Ausbeute der Leuchtstoffe sehr gut ist. (J. electrochem. Soc. **100.** 250—55. Mai 1953. Salem, Mass., Sylvania Electric Prod. Inc.) BRAUER. 125

Simon Larach und **John Turkevich,** *Wechselwirkung von Manganaktivator-Ionen in Zinkorthosilicatphosphoren.* An Zn_2SiO_4·Mn-Phosphoren verschied. Mn-Geh. (0,1 bis 10 Gew.-%) werden Messungen der magnet. Susceptibilität u. der Kathodoluminescenz gemacht. Der colorimetr. mit Bismutat am geglühten Phosphor bestimmte Mn-Geh. ist sehr nahe gleich dem eingewogenen (im Gegensatz zu RUPP, Ann. Physik **78.** [1925.] 505). Die mit der magnet. Waage bestimmte spezif. diamagnet. Susceptibilität des reinen Zn_2SiO_4 betrug (unabhängig von der Temp. zwischen 77 u. 300° K) —(0,289 ±0,003)·10^{-6} in ungefährer Übereinstimmung mit theoret. Werten, bei denen Additivität der Ionenwerte vorausgesetzt wurde. Bei Mn-aktivierten Phosphoren nimmt das effektive magnet. Moment mit wachsendem Mn-Geh. linear ab; Extrapolation auf verschwindenden Mn-Geh. ergibt 5,90 BOHRsche Magnetonen (theoret. [Spin-] Wert 5,92 für Mn^{2+}). Die Emissionsbande der Kathodoluminescenz wird mit wachsendem Mn-Geh. schmaler u. verschiebt sich etwas nach größeren Wellenlängen. Die Abklingzeit nimmt nur bei hohem Mn-Geh. merklich mit der Intensität zu. Die Ursache für die genannten Abhängigkeiten (weitere im Original) von der Mn-Konz. beruhen auf der Wechselwrkg. der Mn^{2+}-Ionen. (Physic. Rev. [2] **89.** 1060—65. 1/3. 1953. Princeton, N. J., Radio Corp. of Amer., RCA Labors. Div.; Princeton Univ.) BRAUER. 125

A_3. Elektrizität. Magnetismus. Elektrochemie.

James R. Hooper jr., *Die Ausbreitung von Mikrowellen durch eine elektronische Raumladung in einem magnetischen Feld.* (Sitzungsbericht.) Die Berechnung der Ausbreitung einer linear polarisierten elektromagnet. Welle in einer Elektronen-Raumladung bei Vorhandensein eines zur Fortpflanzungsrichtung parallelen Magnetfeldes geschieht durch Zerlegung der Welle in zwei gegenläufige, zirkular polarisierte Komponenten. Die Elektronenbewegung liefert einen Beitrag zur scheinbaren DK., die Dämpfung durch Restgasmoll. wird berücksichtigt. Für den Fall, daß ein Wellenleiter mit der Raumladung abgeschlossen ist, wird der Reflexionskoeff. bestimmt. (Physic. Rev. [2] **85.** 705. 15/2. 1952; Bull. Amer. physic. Soc. **26.** Nr. 6. 9. 24/10. 1951. Harvard Univ.) PIEPLOW. 130

P. Parzen, *Der Einfluß der thermischen Geschwindigkeitsverteilung auf das Verhalten von Dioden bei Mikrowellen.* (Sitzungsbericht.) Durch Einführung der therm. Geschwindigkeitsverteilung der Elektronen in die Bewegungsgleichungen lassen sich Wechselstromimpedanz u. Rauschpegel von Dioden berechnen. Nieder- u. Hochfrequenz sind dabei im Verhältnis zur Plasmafrequenz der virtuellen Kathode zu verstehen. (Physic. Rev. [2] **85.** 704—05. 15/2. 1952; Bull. Amer. physic. Soc. **26.** Nr. 6. 8. 24/10. 1951. Federal Telecomm. Labors., Inc.) PIEPLOW. 130

Peter K. Weyl, *Der Energieverlust der Ionen von H_2, He, N_2 und Ne in Gasen.* Mit einem COCKCROFT-WALTON-Generator werden Protonen, Deuteronen, He, N_2 u. Ne-Ionen auf 150—450 keV beschleunigt u. der Energieverlust in den Gasen H_2, *He*, *Ar* u. *Luft* in Einstrahlungsrichtung elektrostat. gemessen. Für He- u. Ne-Ionen sind die Wirkungsquerschnitte etwa gleich. N_2-Ionen werden 1,3—1,9 mal stärker gebremst als Ne-Ionen. Bei einigen Ionen ist der Wirkungsquerschnitt etwa der Wurzel der Ionenenergie proportional. (Physic. Rev. [2] **91.** 289—96. 15/7. 1953. Chicago, Ill., Univ., Dep. of Phys.) M. DRECHSLER. 131

Homer D. Hagstrum, *Die Wirkung der Adsorption gewöhnlicher Gase auf die Elektronenejektion durch Edelgasionen.* (Sitzungsbericht.) Die Einw. der Adsorption von H_2 u. N_2 auf die totale Ausbeute u. die Verteilung der kinet. Energie der durch He^+- u. Ne^+-Ionen (Ionenenergie 200 eV) aus *W* emittierten Elektronen wird gemessen. Die Adsorption von H_2 u. N_2 red. die totale Elektronenausbeute bei beiden Ionenarten um ca. 20% u. red. den Anteil langsamer Elektronen. (Physic. Rev. [2] **89.** 338. 1/1. 1953. Bell Telephone Labors.) WERNER SCHULZ. 131

D. D. Errett und **F. F. Rieke,** *Elektronendriftgeschwindigkeit in reinen Gasen.* (Sitzungsbericht.) Mit einer geschätzten Genauigkeit von ca. 3% werden Driftgeschwindigkeiten in *Ar, He,* H_2, N_2 u. CO_2, sowie in *Wasserdampf* (I) als Funktion von E/p gemessen. Soweit vorhanden, decken sich die Ergebnisse mit älteren Messungen u. Berechnungen u. weichen lediglich für I merklich von früheren Werten ab. In I ist die Anlagerung von Elektronen an neutrale Moll. klein für $E/p < 10$, groß für $10 < E/p < 16$ V/cm je mm Hg u. sinkt dann wieder mit noch höheren Werten von E/p. (Physic. Rev. [2] **85.** 706. 15/2. 1952; Bull. Amer. physic. Soc. **26.** Nr. 6. 10. 24/10. 1951. Purdue Univ.) PIEPLOW. 131

F. F. Rieke und **D. D. Errett,** *Elektronendriftgeschwindigkeit in Gasgemischen.* (Vgl. vorst. Ref.) (Sitzungsbericht.) Die Messungen im Druckbereich zwischen 10 u. 100 mm Hg u. in 12 verschied. *Ar*–H_2-, *Ar*–N_2- u. *Ar*–CO_2-Gemischen als Funktion von E/p erweisen erneut ein erhebliches Ansteigen der Driftgeschwindigkeit bei Ggw. geringster Mengen eines mehratomigen Gases. Für $E/p = 1$ V/cm je mm Hg wächst die Driftgeschwindigkeit von 0,38 cm/μsec in reinem Ar auf 1,0 cm/μsec bei Zusatz von 1% H_2, auf 2,3 cm/μsec bei Zusatz von 1% N_2 u. auf 1,9 cm/μsec bei Zusatz von 1% CO. (Physic. Rev. [2] **85.** 706. 15/2. 1952; Bull. Amer. physic. Soc. **26.** Nr. 6. 10. 24/10.1951. Purdue Univ.) PIEPLOW. 131

M. J. Reddan, *Aufzehrung von He in einer Bogenentladung.* (Sitzungsbericht.) In Fortführung früherer Unterss. (C. **1952.** **6650**) untersucht Vf. die Aufzehrung von He durch eine *Mo*-Sonde, die dem Beschuß von He-Ionen im Bereich 200—600 V ausgesetzt war. Der Effekt wird durch Best. des mittels Induktionsheizung bei 1000° aus der Sonde ausgetriebenen Gases gemessen. Die Aufzehrungsgeschwindigkeit ist zeitabhängig u. fällt im Verlaufe eines gegebenen Vers. rasch ab. Bei einem Sondenpotential von —250 V gegen die Anode wird z. B. in den ersten 30 Sek. das Äquivalent von 8 einatomigen He-Schichten aufgenommen, während in den folgenden 300 Sek. nur 2 weitere Schichten absorbiert werden. Die Rolle der Zerstäubung bei der Gasaufzehrung wird untersucht, die von zerstäubtem Sondenmaterial aufgenommenen Gasmengen gemessen. Weiterhin wird versucht, das Potential der zerstäubten Schicht zu messen u. zu kontrollieren. Es wird gezeigt, daß aus der zerstäubten Schicht ca. 2 bis 3 mal mehr Gas zurückgewonnen werden kann als aus der Sonde. Die Aufzehrungsgeschwindigkeit seitens der zerstäubten Schicht scheint nicht von dem Vorzeichen ihres Potentials abzuhängen. (Physic. Rev. [2] **89.** 339. 1/1. 1953. Washington, Nat. Bur. of Stand.) WEIGEL. 131

W. P. Dyke, J. K. Trolan, E. E. Martin und **J. P. Barbour,** *Durch Feldemission ausgelöste Bogenentladung.* 1. Mitt. *Experimente über die Zündung des Bogens.* (Vgl. C. **1953.** 8283.) Die Auslösung einer elektr. Bogenentladung durch Feldemissions-Zündung zwischen reinen Metallelektroden wird bei exakten Bedingungen untersucht. Da die Feldemissionsspitzen mit dem Durchbruch in weniger als einer μSek. zerstört werden, werden nur Spannungsimpulse verwendet. Die Bogenentladung zündet bei einer krit. Feldemissionsstromdichte von ca. 10^8 A/cm². Hohe elektr. Felder u. hohe

Tempp. gehen dem Durchbruch voraus. Zur Zündung ist ein Beschuß der Kathode mit Anodenmaterial oder Restgasen nicht erforderlich. (Physic. Rev. [2] **91.** 1043—54. 1/9. 1953. Mc Minnville, Ore., Linfield Coll., Phys. Dep.) M. DRECHSLER. 131

W. W. Dolan, W. P. Dyke und **J. K. Trolan,** *Durch Feldemission ausgelöste Bogenentladung.* 2. Mitt. *Die durch Widerstandsheizung erwärmte Emissionsspitze.* (1. vgl. vorst. Ref.) Aus dem spezif. Widerstand des Metalles der Spitze, dem Emissionsstrom u. der Spitzengeometrie wird die Stromwärme u. daraus der Temperaturanstieg der Spitze berechnet. Die berechneten Stromdichten, die zum Schmelzen der Spitze erforderlich sind, stimmen mit den gemessenen krit. Stromdichten (10^8 A/cm²) einigermaßen überein. (Physic. Rev. [2] **91.** 1054—57. 1/9. 1953.) M. DRECHSLER. 131

F. Llewellyn Jones und **C. G. Morgan,** *Oberflächenschichten und Feldelektronenemission.* In H_2, Ar u. Luft wird die Feldelektronenemission zwischen Plattenelektroden aus Stahl, Ni, Cu u. einer Al–Mg-Legierung indirekt gemessen. Befinden sich positive Ionen in der Oberflächenschicht von 10^{-7} cm Dicke, so tritt die Feldemission bereits bei Feldstärken von 10^4 bis 10^5 V/cm auf. Die Ergebnisse werden im Hinblick auf Zündungen von Gasentladungen u. den elektr. Durchschlag bei Atmosphärendruck diskutiert. (Proc. Roy. Soc. [London], Ser. A **218.** 88—103. 9/6. 1953. Swansea, Univ. Coll., Dep. of Phys.) M. DRECHSLER. 131

Georges Philbert, *Die Emission von Elektronen durch Stoß von Ionen auf Molybdän- und Kohlenstoffflächen.* Ionen, z. B. CO_2^+ u. $C_2H_5^+$, von 1—2 keV werden senkrecht auf Mo- u. Graphitflächen geschossen. Die Zahl der dort ausgelösten Elektronen wächst schwächer als linear mit der Energie der einfallenden Ionen, ist abhängig von der Ionenart u. unabhängig von der Flächenart. Die Energieverteilung der Elektronen ist unabhängig von Art u. Energie der Ionen. (C. R. hebd. Séances Acad. Sci. **237.** 882—83. 19/10. 1953.) M. DRECHSLER. 131

K. Lehovec, *Über den Einfluß des Feldes auf die thermische Sättigungsemission von halbleitenden Kathoden.* (Sitzungsbericht.) Ein angelegtes elektr. Feld induziert eine negative Ladungsschicht auf einer Halbleiterkathode, das entsprechende Potential beträgt einige Zehntel V u. modifiziert die Austrittsarbeit. Die Spannung quer zur Raumladungsschicht wird als Funktion der Größe u. Richtung der Feldstärke sowie des Oberflächenionisierungsgrades berechnet. Die Ergebnisse werden mit der Theorie von SCHOTTKY verglichen. (Physic. Rev. [2] **85.** 705. 15/2. 1952; Bull. Amer. physic. Soc. **26.** Nr. 6. 9. 24/10. 1951. Signal Corps Engng. Labors.) PIEPLOW. 134

T. B. Tomlinson, *Temperaturabhängigkeit von Niederfrequenzschwankungen bei thermischer Elektronenemission.* In Dioden mit Oxydkathoden wird die Temperaturabhängigkeit der Niederfrequenzschwankungen (Funkeleffekt) des Emissionsstromes gemessen. Da der Effekt bei 1000° K ein Minimum zeigt, nimmt Vf. an, daß sich ein Effekt mit fallender u. ein Effekt mit steigender Temperaturcharakteristik überlagern. Die Messungen stimmen mit Theorien von MACFARLANE, SCHOTTKY oder VAN DER ZIEL nicht völlig überein. (J. appl. Physics **24.** 611—15. Mai 1953. Southampton, Univ., Dep. of Electronics.) M. DRECHSLER. 134

H. Aberdam, *Anwendungen des photoelektrischen Effektes.* Zusammenfassender Bericht über Eigg. von Photozellen, Verff. zur Verstärkung von lichtelektr. Strömen u. Anwendungen der verschied. Photozellentypen. Abschließend wird auf die Eigg. der neuen französ. Vakuumzellen B. G. mit Cs–Ag- u. Cs–Sb-Schichten hingewiesen. (Electronique **1954.** Nr. 86. 23—28. Jan. L'École Polytechn.) RUDOLPH. 134

H. B. Huntington und **L. Apker,** *Übergangswahrscheinlichkeit für die photoelektrische Emission von Halbleitern.* Ausführliche Mitt. zu der C. **1953.** 6419 referierten Arbeit. (Physic. Rev. [2] **89.** 352—56. 15/1. 1953. Schenectady, N. Y., Gen. Electr. Res. Labor.) FUCHS. 134

C. J. Gallagher, *Ätzgrübchen in plastisch verformtem Germanium.* (Sitzungsbericht.) Vf. beobachtet im Anschluß an plast. Fließen bei Ge Ätzgrübchen auf (1 1 1)-Flächen. Ähnliche Grübchen werden auf (1 1 1)-Flächen von Material festgestellt, das einem therm. Schlag ausgesetzt war, ohne daß dabei äußerlich ein Gleitvorgang zu erkennen war. Auf anderen Flächen verschwinden die Gleitlinien beim Ätzen, ohne daß Grübchen entstehen. Thermoelektr. Messungen an Ge von hohem Widerstand, das bei Tempp. unter 500° verformt worden war, zeigen, daß der verformte Bereich immer mehr dem p-Typ angehört, wahrscheinlich infolge der Bldg. von Elektronenhaftstellen im Verlauf der Entstehung von Gitterfehlern. Die Mindestlebensdauer der Träger beträgt bei diesem Material weniger als einige Mikrosekunden. (Physic. Rev. [2] **92.** 846—47. 1/11.; Bull. Amer. physic. Soc. **28.** Nr. 4. 10—11. 18/6. 1953. Gen. Electric. Res. Labor.) B. REUTER. 135

N. Sclar, E. Burstein, W. J. Turner und **J. W. Davisson,** *„Durchschlag"-Effekt in Germanium bei tiefer Temperatur.* (Sitzungsbericht.) Unterhalb 4° K wird von einem engen Spannungsbereich die Stromdichte in n- u. p-Ge um mehrere Größenordnungen verstärkt, vermutlich infolge Stoßionisation. Die Kristalle werden bei dieser Stromerhöhung nicht zerstört. (Physic. Rev. [2] **91.** 215. 1/7. 1953. Naval Res. Labor.) KIRSCHSTEIN. 135

J. H. Forster, H. Y. Fan und **K. Lark-Horovitz,** *Deuteronenbestrahlung von Germanium nahe der Temperatur des flüssigen Stickstoffs.* Bei ca. 100° K wurden Ge durch Beschuß mit Deuteronen von 9,3 MeV p-leitend, während bei p-leitenden Proben die Leitfähigkeit abnahm. Wurden die Proben anschließend erwärmt, so werden der Widerstand u. der HALL-Koeff. zeitlich variabel. Vff. schließen daraus, daß die durch den Deuteronenbeschuß erzeugten Fehlstellen bei verhältnismäßig niedrigen Tempp. nicht nur ihre Konz., sondern auch ihre Verteilung ändern; möglicherweise bilden sich örtliche Anhäufungen der Fehlstellen. (Physic. Rev. [2] **91.** 229—30. 1/7. 1953. Purdue Univ.) KIRSCHSTEIN. 135

E. E. Hahn, *Einige elektrische Eigenschaften von Zinkoxydhalbleitern.* Von mehreren durch Sintern von spektroskop. reinem *ZnO*-Pulver bei 900—1460° hergestellten Proben wurde unter Verwendung einer Wechselstrommeth. (f = 4000 Hz) zwischen 100 u. 1000° K die elektr. Dunkelleitfähigkeit σ gemessen. Zwischen 100 u. 625° K ist $\ln \sigma$ nicht linear mit 1/T, vielmehr treten Maxima auf, die bei um so höheren T- u. σ-Werten liegen, je höher die Sintertemp. lag. Oberhalb 650° K ändert sich $\ln \sigma$ linear mit 1/T mit einer Ionisierungsenergie von 1,4—2,4 eV. Aus dem HALL-Koeff. berechnet sich die Konz. der Donatoren zu $1{,}6 \cdot 10^{16}$—$9{,}0 \cdot 10^{17}$ pro cm^3 mit 0,017 bis 0,045 eV unterhalb des Leitfähigkeitsbandes; mit zunehmender Sintertemp. steigen die Ionisationsenergie u. die Trägerkonz. an. Röntgenunterss. zeigen, daß bei der Sinterung eine Zunahme des Gitterabstandes stattfindet, vermutlich infolge der Bldg. von Zn-Atomen. Der Bandabstand beträgt ca. 3 eV, entsprechend einer UV-Absorptionskante von 3,2 eV; beim Erhitzen verschiebt sich diese Kante nach dem Sichtbaren. Weiter wurde bei 300° K zwischen 500 u. 30000 kHz die Impedanz gemessen; infolge der kapazitiven Wrkg. der isolierenden Zwischenschichten zwischen den ZnO-Körnern liegt eine starke Frequenzabhängigkeit vor. Die niederfrequente Leitfähigkeit wird durch den Widerstand u. die Dicke dieser Schichten bestimmt, der HALL-Koeff. aber durch die Konz. der Ladungsträger; die Verwendung zu niedriger Frequenzen würde daher zu unrichtigen Angaben über die Eigg. der ZnO-Körner führen. Schließlich werden noch einige bei 300° K ausgeführte σ-Messungen an ZnO-Kristallen, die 0,01% *Pb* als Verunreinigung enthalten, mitgeteilt (Messungen bei f = 0 u. 4000 Hz); die Beweglichkeit der Ladungsträger ist mehr als doppelt so groß wie die der gesinterten Proben. Der Effekt ist zum Teil auf die Wrkg. der erwähnten Zwischenschichten zurückzuführen. (J. appl. Physics **22.** 855—63. Juli 1951. Philadelphia, Pa., Univ., Randal Morgan Labor. of Phys.) FUCHS. 135

R. Smoluchowski, *Über die Änderung der metallischen Leitfähigkeit durch Änderung der thermischen Streuung.* (Sitzungsbericht.) Die in vielen Fällen beobachteten Änderungen der elektr. Leitfähigkeit von Metallen kann durch wechselnde Periodizität der Gitter oder durch die Entstehung von Fehlstellen gedeutet werden. Diese Erscheinungen sind jedoch von Änderungen im Schwingungsspektr. u. in der therm. Streuung von Leitungselektronen begleitet. Die Erscheinungen wurden im Vgl. mit experimentellen Daten diskutiert. (Physic. Rev. [2] **91.** 245. 1/7. 1953. Carnegie Inst. of Technol.) SIEWERT. 136

R. L. Dolecek, *Adiabatische Magnetisierung einer supraleitenden Kugel.* (Sitzungsbericht.) Im Temperaturbereich von 2,2—5,0° K wurde die Abkühlung einer *Pb*-Kugel infolge adiabat. Magnetisierung gemessen. Die Temperaturänderung hängt linear von der magnet. Feldstärke ab; somit ist die Vorstellung über die Entropie eines Supraleiters im Zwischenzustand bestätigt. (Physic. Rev. [2] **91.** 216. 1/7., 490. 15/7. 1953. Naval Res. Labor.) KIRSCHSTEIN. 136

W. T. Ziegler und **R. A. Young,** *Prüfung von Verbindungen auf Supraleitfähigkeit.* (Vgl. MATTHIAS u. HULM, C. **1953.** 9073.) Nach der magnet. Induktionsmeth. wurden 15 Verbb., deren röntgenograph. Prüfung eingehend beschrieben wird, auf Supraleitfähigkeit untersucht. *TiC*, *VC*, *ZrC*, *TaC*, *WC*, TiB_x (x = 2,0—2,5), NbB_2, ZrB_2, TaB_2 u. $LaH_{2,45}$ wurden oberhalb 1,8° K nicht supraleitend, ebensowenig ThB_2 u. *WB* oberhalb 1,77° u. *MoB* oberhalb 1,74° K. Von den untersuchten Nitriden zeigte nur *NbN* Supraleitfähigkeit, *CeN* u. *LaN* aber nicht. Die Gründe dafür, daß verschied. Autoren andere Ergebnisse erhalten hatten, werden diskutiert. — 39 Literaturzitate. (Physic. Rev. [2] **90.** 115—19. 1/4. 1953. Atlanta, Ga., Inst. of Technol.) KIRSCHSTEIN. 136

Paul M. Marcus, *Theorie der Druckwirkungen auf die Supraleitungssprungtemperaturen.* (Sitzungsbericht.) Die Abnahme der Sprungtemp. bei steigendem Druck kann nach der BARDEENschen Theorie der Wechselwrkg. der Gitterschwingungen (vgl. C. **1951.** I. 3302) erklärt werden; man erhält für *In* $-2{,}1 \cdot 10^{-11}$ gegenüber einem experimentellen Wert $-4{,}7 \cdot 10^{-11}$ Grad cm²/dyn. (Physic. Rev. [2] **91.** 216. 1/7. 1953. Carnegie Inst. of Technol.) KIRSCHSTEIN. 136

H. W. Lewis, *Suche nach dem Hall-Effekt in einem Supraleiter.* (Sitzungsbericht.) An einer supraleitenden *V*-Probe konnte der HALL-Effekt nicht beobachtet werden. (Physic. Rev. [2] **91.** 216. 1/7. 1953. Bell Telephone Labor.) KIRSCHSTEIN. 136

F. Burhorn, H. Griem und **W. Lochte-Holtgreven,** *Erzeugung von magnetischen Feldern in flüssigem Quecksilber durch mechanische Bewegung.* (Vgl. C. **1954.** 7347.) In einem mit fl. Hg gefülltem Gefäß wurde die obere Hälfte mechan. in Umdrehung versetzt (Winkelgeschwindigkeit 20—35 Hz), während die untere Hälfte in Ruhe gehalten wurde. Hierdurch entsteht eine kreis- u. ringförmige Bewegung des fl. Hg. Ist kein äußeres Magnetfeld vorhanden, so scheinen die Elektronen den Ionen etwas vorauszueilen, so daß ein ringförmiger elektr. Strom um die Rotationsachse entsteht. Es gelang, das dadurch entstehende Magnetfeld nachzuweisen, seine Größe betrug 10^{-4} Oe, in Übereinstimmung mit den theoret. Erwartungen. (Vgl. auch nachst. Referat.) (Nature [London] **172.** 1053—54. 5/12. 1953. Kiel, Univ., Inst. für Experimentalphysik.) v. HARLEM. 137

P. Schilling und **W. Lochte-Holtgreven,** *Magnetische Felder, gemessen in Flammen, die mechanisch in Rotationsbewegung versetzt sind.* Werden Gasflammen in Rotationsbewegung versetzt, so entstehen in den Flammen ringförmige Magnetfelder, die sich längs den Plasmawirbeln bewegen. Hieraus wird auf das Vorhandensein elektr. Ströme geschlossen, die im Plasma die Bewegung des Plasmas begleiten. Diese Ströme können der Geschwindigkeitsdifferenz zwischen Ionen u. Elektronen in jedem Wirbel zugeschrieben werden. Die Elektronen werden gegenüber den Ionen verzögert, da sie eine größere Diffusionsgeschwindigkeit nach u. heraus aus den kälteren Teilen des Gases haben. (Nature [London] **172.** 1054. 5/12. 1953. Kiel, Univ., Inst. für Experimentalphysik.) v. HARLEM. 137

A. B. Lidiard, *Über die Theorie des freien Elektronen-Ferromagnetismus.* Bei einem Syst. von Elektronen werden unter Verwendung von ebenen Wellenfunktionen u. BLOCHschen Austauschintegralen die ferromagnet. Eigg. berechnet. Die Rechnung führt zu Existenz einer CURIE-Temp. T_c, oberhalb derer das Modell paramagnet. ist. Unterhalb T_c herrscht spontane Magnetisierung, die mit zunehmender Temp. abnimmt u. bei T_c steil auf Null abfällt. Abweichungen dieser Theorie vom Experiment werden durch die Vernachlässigung von Ortskorrelationen unter den Elektronen zu erklären versucht. (Proc. physic. Soc., Sect. A **64.** 814—25. 1/9. 1951. London, King's Coll., Dep. of Theoret. Phys.) FAHLENBRACH. 137

A. Kastler, *Über die Möglichkeit der Untersuchung der Kernmagnetisierung von langer Dauer und seiner Relaxation mit einfachen Methoden.* Die große Relaxationszeit bestimmter Atomkernmagnetisierungen, die mehrere Min. beträgt, gestattet es, den Kernmagnetismus nach der Fortnahme des magnetisierenden äußeren Feldes mit klass. Versuchsmethoden (Magnetometer, magnet. Waagen) zu messen. Ebenso wird die Unters. des Relaxationsmechanismus auf diese Weise sehr vereinfacht. Vf. rechnet quantitativ aus, daß die Größe des Kernparamagnetismus, bes. bei tiefen Tempp., für eine Best. nach klass. Meßmethoden ausreichend groß ist. (J. Physique Radium **12.** 567—69. April 1951. Paris, École Normale Imperieure, Labor. de Phys.) FAHLENBRACH. 137

E. P. Wohlfarth, *Energie einer Bloch-Wand nach dem Bandbild.* Es werden krit. Bemerkungen zu den beiden Arbeiten von HERRING unter dem gleichen Titel (C. **1953.** 12; 3040) über den Ursprung u. die Größe der sogenannten Steifheitskonstante A, die die Charakteristik der Elementarbereichswände in ferromagnet. Stoffen bestimmt, gemacht. (Proc. physic. Soc., Sect. A **65.** 1053—54. 1/12. 1952. London, Imp. Coll., Dep. of Mathematics.) v. HARLEM. 137

L. F. Bates, *Neue magnetische Stoffe mit hoher Koerzitivkraft.* Kurze Übersicht über moderne magnet. Werkstoffe mit hoher Koerzitivkraft. Es werden besprochen die „*Gecalloy Micropowder Magnets*" aus sehr feinkörnigem Fe-Pulver, die nur die halbe D. der früheren Magnete haben, Polschuhe aus gesinterten *Alcomax* (*Sincomax*), die *Alnico*-Magnete, darunter das neu entwickelte „*Columax*" mit gerichteten Stengelkristallen ($B_r = 13000$ Gauß, $H_c = 700-740$, $(B.\,H.)_{max} = 6{,}8 \cdot 10^6$ Gauß·Oe.) das neue *Bismanol* (MnBi), das *Silmanal* (Ag–Mn–Cu) u. die *Ferroxdure.* (Nature [London] **172.** 97. 18/7. 1953.) v. HARLEM. 137

Louis Weil, *Koerzitivkraft von Pulvern aus Eisen–Nickel-Legierungen. Einfluß des Preßdruckes und der Sinterung.* An Fe–Ni-Legierungen mit einem Fe-Geh. zwischen 19 u. 49% wird in feinster Pulverform (red. Oxalat) unter verschied. Preßdrucken die Koerzitivkraft H_c zwischen 300 u. −193° gemessen. Da die Anisotropiekonstanten u. die Werte der Magnetostriktion bei diesen Legierungen sehr genau bekannt sind, kann über den Einfl. der Kristallanisotropie u. der Spannungsanisotropie auf die H_c dieser Pulver sehr genau entschieden werden. Es zeigte sich, daß bei allen nichterhitzten Pulvern H_c auf Drehprozesse durch Formanisotropie zurückgeführt werden kann u. H_c vom Porenvol. linear abhängt. Ferner ist H_c proportional der Sättigungsmagnetisierung. Infolge der Kornvergrößerungen bei der Erwärmung bilden sich BLOCH-Wände an den Kornkontaktstellen. Die Abnahme der Koerzitivkraft bei der Erwärmung kann durch die BROWNsche Bewegung dieser Kontaktstellen in der Weise erklärt werden, daß immer mehr Wandverschiebungen an der Entmagnetisierung beteiligt werden. (J. Physique Radium **12.** 520–26. April 1951. Grenoble, Labor. d'Electrostat. et de Phys. du Métal.) FAHLENBRACH. 137

A. W. Simpson und **R. H. Tredgold,** *Die innere Magnetisierung von Platin–Kobalt-Legierungen.* Es werden die Temperatur–Magnetisierungs-Kurven von Pt-reichen Pt–Co-Legierungen (bis zu 30 At.-% Co) in der Umgebung des CURIE-Punktes gemessen. Oberhalb 13% Co machten sich in den Kurven der CURIE-Punktsabhängigkeit vom Co-Geh. für den geglühten u. den abgeschreckten Zustand Unterschiede u. damit die Existenz der Pt_3Co-Überstruktur bemerkbar. Auch die Temperatur–Magnetisierungs-Kurven sind in beiden Zuständen verschieden. Im Gegensatz zu Ni_3Fe liegt die Kurve des Ordnungszustandes bei gleichen CURIE-Punkten unter der des ungeordneten Zustandes. Die Art des Ordnungszustandes bei Pt_3Co wird auch mit der bei Pt–Ni-Legierungen verglichen. Im Ordnungszustand sollte jedes Co-Atom nur Pt-Atome als nächste Nachbarn besitzen. Das erfordert ferromagnet. Austauschwechselwrkg. des Co mit übernächsten Nachbarn oder mit Pt. (Proc. physic. Soc., Sect. B **67.** 38–41. 1/1. 1954. Nottingham, Univ., Dep. of Phys.) FAHLENBRACH. 137

L. F. Bates und **D. Hughes,** *Die magnetische Susceptibilität von metallischem Uran.* Mit einer magnet. Waage vom GOUY-Typ wird zwischen 15 u. 920° die magnet. Susceptibilität von metall. U gemessen. Dabei machen sich die Phasenumwandlungen α–β bei 660° u. β–γ bei 767° allerdings mit starker Temperaturhysterese jeweils durch einen starken Sprung der Susceptibilität zu stärkerem Paramagnetismus hin deutlich bemerkbar. Im Bereich der α-Phase steigt die Susceptibilität mit wachsender Temp., während theoret. das Gegenteil zu erwarten gewesen wäre. Im Bereich der β- u. der γ-Phase ist die Susceptibilität in erster Näherung unabhängig von der Temperatur. Eine Erklärung des thermomagnet. Verh. steht bei allen drei Phasen noch offen. (Proc. physic. Soc., Sect. B **67.** 28–37. 1/1. 1954. Nottingham, Univ., Dep. of Phys.) FAHLENBRACH. 137

J. Uebersfeld und **J. Combrisson,** *Elektronische paramagnetische Resonanz. Geschichte und hauptsächliche Ergebnisse.* Berichtigungen zu der C. **1953.** 6422 referierten Arbeit. (J. Physique Radium **14.** 730. Dez. 1953.) v. HARLEM. 137

Robert D. Brown, W. B. Bunger, William L. Marshall und **C. H. Secoy,** *Die elektrische Leitfähigkeit von Uranylsulfat in wässeriger Lösung.* Die Leitfähigkeit von 10^{-4} bis 7,28n wss. UO_2SO_4-Lsgg. wurden bei 0, 25, 50, 90, 125 u. 200° bestimmt. Mit Hilfe der Methoden von SHEDLOVSKY u. FUOSS u. KRAUS wurde auf die Äquivalentleitfähigkeit bei unendlicher Verdünnung extrapoliert. Bei 25° wird hierfür unter Berücksichtigung der durch die infolge von Hydrolyse vorhandenen Ionen H^+, $U_2O_5^{2+}$ u. HSO_4^- notwendigen Korrekturen ein Wert von 131 $Ohm^{-1}\cdot cm^2$/Äquivalent berechnet, was einer Einzelleitfähigkeit des UO_2^{2+} von 51 $Ohm^{-1}\cdot cm^2$/Äquivalent entspricht. Aus den Leitfähigkeitsdaten wurde der Grad der Dissoziation des UO_2SO_4 in einfache Ionen u. wahrscheinliche Werte für die Aktivitätskoeffizienten berechnet. Hieraus ergibt sich für den Konzentrationsbereich $5\cdot10^{-5}$ bis $5\cdot10^{-3}$ mol. eine Dissoziationskonstante von $5{,}93\cdot10^{-4}$. Mit Hilfe von konduktometr. Titrationen von UO_2SO_4-Lsgg., die gelöstes UO_3 enthalten, mit H_2SO_4 wird gezeigt, daß UO_3 in wss. Lsg. die Eigg. einer schwachen Base hat u. starke Pufferwrkg. aufweist. (J. Amer. chem. Soc. **76.** 1532–35. 20/3. 1954. Oak Ridge, Tenn., Oak Ridge National Labor.) R. LEVI. 138

B. F. Wishaw und **R. H. Stokes,** *Die Diffusionskoeffizienten und Leitfähigkeiten einiger konzentrierter Elektrolytlösungen bei 25°.* Mit dem schon früher (vgl. HALL, WISHAW u. STOKES, C. **1954.** 5022) beschriebenen GOUY-Diffusiometer untersuchten Vff. die Diffusion bei 25° in konz. Lsgg. (0,1–8,0 Mol/Liter) von NH_4NO_3, $LiNO_3$ u. $(NH_4)_2SO_4$. Außerdem wurden die elektr. Leitfähigkeiten der Lsgg. gemessen. Die

Herst. der Lsgg. u. Durchführung der Messungen werden beschrieben. Ein Vgl. der experimentellen Ergebnisse mit der Theorie der Diffusion u. Leitfähigkeit von 1 : 1-Elektrolyten ergibt befriedigende Übereinstimmung. Beim NH_4NO_3 scheint merkliche Ionenpaar-Bldg. vorzuliegen, deren Ausmaß aus den Leitfähigkeitsmessungen abgeschätzt u. zur Interpretation der Diffusionswerte herangezogen wird. (J. Amer. chem. Soc. **76.** 2065—71. 20/4. 1954. Nedlands, Western Australia, Univ. of Western Australia, Chem. Dep.) KARUTZ. 138

Arthur L. Levy, *Ionenhydratation und Stokessches Gesetz.* Nach einer kurzen Wiedergabe der Hydratationszahlberechnungen von MUKHERJEE (Indian J. Physics Proc. Indian Assoc. Cultivat. Sci. **24.** [1950.] 137), die für den Radius des W. den sich aus der EÖTVÖSschen Beziehung unter der Annahme teilweiser Assoziation sich ergebenden Wert von 2,06 Å benutzt, zeigt Vf., daß eine bessere Übereinstimmung mit den experimentell aus Überführungsmessungen bestimmten Werten besteht, wenn man den sich aus der Theorie von BERNAL u. FOWLER ergebenden Wert von 1,38 Å einsetzt. Es wird darin eine Bestätigung dieser Theorie gesehen u. ein Beweis dafür, daß die Annahme von Assoziationsvorgängen im W. nicht erforderlich ist. Der Vers., die Theorie von ONSAGER-FUOSS der Diffusionsvorgänge von Elektrolyten in wss. Lsgg. durch die auf einem modifizierten STOKESschen Gesetz beruhenden obigen Berechnungen der Hydratation zu ergänzen u. ihre Ergebnisse hinsichtlich der Diffusionskoeffizienten zu prüfen, scheitert wegen der zu kleinen Differenzen, so daß es den Anschein hat, als ob in Bezug auf die elektrolyt. Diffusion das n. Gesetz von STOKES u. seine Modifikation von MILLIKAN zu gleichen Ergebnissen führen. (J. chem. Physics **21.** 566—67. März 1953. Troy, N. Y., Rensselaer Polytechn. Inst., Dep. of Chem.) NIEMITZ. 138

Geneviève Sutra, *Ein Kriterium der elektrolytischen Dissoziation für geschmolzene Salze.* Unter der Annahme, daß beim Schmelzen zur Bldg. eines „Loches" eine Energie von $^3/_2$ kT benötigt wird u. bei schmelzenden Salzen sich pro dissoziierendes Ion ein „Loch" bildet, ergibt sich die Art der Dissoziation beim Schmelzen eines Salzes aus der Schmelzentropie. Pro Ion sollte sich eine Entropie von 3 cal/Grad ergeben. Vf. stellt eine Anzahl Daten für einatomige Stoffe u. aus zwei u. drei Ionen bestehende Salze zusammen u. findet weitgehende Richtigkeit dieser Regel. (C. R. hebd. Séances Acad. Sci. **234.** 1283—84. 17/3. 1952.) R. LEVI. 139

H. Flood, T. Förland und **K. Motzfeldt,** *Über die Sauerstoffelektrode in geschmolzenen Salzen.* Die von LUX über die O_2-Elektrode in geschmolzenen Salzen erhaltenen Ergebnisse führen Vff. auf ungeeignete Zellenkonstruktion u. Wahl des Salzsyst. zurück. Für die Unters. der O-Ionenaktivitäten in den Systemen Na_2SO_4–Na_2CO_3–CO_2 (1.) u. K_2CrO_4–$K_2Cr_2O_7$ (2.) haben Vff. eine aus 2, durch eine Salzbrücke verbundenen Tiegeln bestehende Zelle benutzt, in denen verschied., aber bestimmte O-Aktivitäten eingestellt werden können — die für 1. erhaltenen EMK.-Werte lassen sich mit guter Genauigkeit durch $E = RT/2F \ln N_{II}/N_I$ wiedergeben, wobei N_{II} u. N_I die Molenbrücke des Carbonats in den Tiegeln I u. II bedeuten. Aus der Gültigkeit dieser Gleichung bis zu hohen Carbonatgehh. schließen Vff. auf die Bldg. idealer Mischungen zwischen Na_2SO_4 u. Na_2CO_3. Im Syst. 2. sind die experimentell erhaltenen Werte um ca. 15% kleiner als die nach $E = RT/2F \ln N^2_{\text{Chromat II}} \cdot N_{\text{Dichromat I}}/N^2_{\text{Chromat I}} \cdot N_{\text{Dichromat II}}$ berechneten. (Acta chem. scand. **6.** 257—69. 1952. Trondheim, Techn. Univ., Inst. of Silicate Science, Royal Norweg. Council for Sci. and Ind. Res.) WOELK. 140

M. H. Lietzke und **R. W. Stoughton,** *Das Verhalten der Silber–Silbersulfat- und der Quecksilber–Quecksilber(I)-sulfat-Elektroden bei hohen Temperaturen.* Zwecks Entw. einer Bezugselektrode für Tempp. oberhalb 100° untersuchten Vff. das Verh. des Elektrodenpaares Ag–Ag_2SO_4 u. Hg–Hg_2SO_4 in 0,05, 0,2 u. 0,5 mol. H_2SO_4 von 25—250°. Die experimentellen Ergebnisse werden mit den theoret. berechneten Werten verglichen. Bei der Berechnung des Potentials aus Literaturdaten erhielten Vff. für die spezif. Wärmen die Funktionen $C_p(Ag) = 5{,}09 + 2{,}04 \cdot 10^{-3}\,T + 0{,}36 \cdot 10^4\,T^{-2}$; $C_p(Hg_2SO_4) = 13{,}13 + 64{,}0 \cdot 10^{-3}\,T$; $C_p(Hg) = 7{,}010 - 1{,}092 \cdot 10^{-3}\,T$ u. $C_p(Ag_2SO_4) \doteq 23{,}1 + 27{,}9 \cdot 10^{-3}\,T$ u. daraus für die freie Energie der Zellen-Rk. $2\,Hg + Ag_2SO_4 \rightarrow Hg_2SO_4 + 2\,Ag$: $\Delta F = -4358 + 31{,}9\,T \log T - 21{,}2 \cdot 10^{-3}\,T^2 - 0{,}36 \cdot 10^5/T - 64{,}3T$. Der Vgl. ergab, daß das Potential der Zelle mit 0,5 mol. H_2SO_4 der Theorie entspricht. Bei geringeren H_2SO_4-Konzz. wird das Potential oberhalb 100° stärker negativ, was auf eine hydrolyt. Spaltung des Hg_2SO_4, das heißt Überlagerung der ursprünglichen Zellen-Rk. mit der Rk. $Hg + Ag_2SO_4 + H_2O \rightarrow 2\,Ag + HgO + H_2SO_4$ oder Zwischen-Rkk. zurückgeführt wird. (J. Amer. chem. Soc. **75.** 5226—27. 5/11. 1953. Oak Ridge, Tenn., Oak Ridge Nat. Labor., Chem. Div.) KARUTZ. 140

Richard J. Bearman, *Die Onsager-Thermodynamik von galvanischen Zellen mit flüssig-flüssigen Verbindungen.* Vf. gibt eine auf der ONSAGERschen Thermodynamik der irreversiblen Prozesse beruhende strenge Ableitung der von KOENIG gegebenen „qrc-Bedingung" (J. physic. Chem. **44.** [1940.] 463), die unter Berücksichtigung von Gravitationseffekten zu einer allg. Theorie der galvan. Zellen mit fl.-fl. Verbindung führt. (J. chem. Physics **22.** 585—87. April 1954. Stanford, Calif., Univ., Dep. of Chem.) R. LEVI. 140

Talivaldis Berzins und **Paul Delahay,** *Theorie der Elektrolyse bei konstantem Strom in ungerührter Lösung.* 2. Mitt. *Elektrochemische Folgereaktionen.* (1. vgl. C. **1954.** 2768.) Die folgenden Arten von Elektrodenprozessen werden einer strengen mathemat. Analyse unterworfen: 1. Kathod. Prozesse, denen eine Rückoxydation infolge von Umkehrung des Zellenstroms folgt. 2. Red. eines Zweikomponentensyst. in zwei aufeinanderfolgenden Schritten. 3. Schrittweise Red. einer einzigen Substanz. Die Konzz. der an den Elektrodenprozessen teilnehmenden Stoffe werden mit Hilfe von FOURIER- u. LAPLACE-Transformationen abgeleitet u. die entsprechenden Übergangszeiten werden berechnet. Im 1. Fall beträgt die Übergangszeit ein Drittel derjenigen für den vorangehenden kathod. Prozeß. Vorausgesetzt, daß die kathod. u. anod. Überspannungen 0,1 Volt überschreiten, ist es möglich, mit Hilfe einer Analyse der Potential-Zeitkurven die Geschwindigkeitskonstanten beim Nullpotential, die Übergangskoeffizienten α, die freien Aktivierungsenergien der Rkk. in beiden Richtungen u. das Normalpotential des an der Rk. teilnehmenden Ionenpaares zu bestimmen. Im 2. Fall hängt die Übergangszeit für die schwerer zu reduzierende Substanz außer von ihrer eigenen Konz. auch von derjenigen der leichter zu reduzierenden ab. Es werden quantitative Beziehungen für diese Größe für beide Schritte entwickelt. Für den 3. Fall ist das Verhältnis der Übergangszeiten nicht proportional dem Verhältnis der an der Rk. beteiligten Elektronen. Es ergibt sich die Beziehung $\tau_2 = \tau_1[2(n_2/n_1) + (n_2/n_1)^2]$. Die Ergebnisse werden mit Hilfe von Messungen an *Tl, Cd, Zn, Chinon* u. *Zinktetrammin*-Ionen für den 1. Fall, an Mischungen von Zn- u. Cd-Ionen für den 2. Fall u. an *Sauerstoff* u. *Uranyl*-Ionen für den 3. Fall bestätigt. (J. Amer. chem. Soc. **75.** 4205—13. 5/9. 1953. Baton Rouge, La., Louisiana State Univ., Coates Chem. Labor.) R. LEVI. 141

E. H. Boult und **H. R. Thirsk,** *Die Struktur von auf Quecksilber in Salzlösungen anodisch gebildeten Filmen.* In 0,01—2n Lsgg. von *HCl, HBr, HJ, KCl, KBr* u. *KJ* wurden bei Stromdichten von 0,025—2,5 mA/cm² 50—100 Å dicke Oberflächenschichten von Hg-Salzen unter Aufnahme der Polarisationskurven anod. hergestellt. Die Filme wurden opt., mit dem Elektronenmikroskop u. mit Hilfe von Elektronenbeugungsaufnahmen untersucht. Die in Jodidlsgg. entstandenen Kriställchen waren völlig unorientiert u. bestanden aus Mischungen von Hg_2J_2, HgJ_2 u. HgO. Auch bei Zusatz von n/100 HNO_3 zur Verhinderung der Oxydbldg. zeigte sich keine Orientierung. Die Chlorid- u. Bromidfilme sind dagegen mit ihren 1 1 0-Flächen parallel zur Hg-Oberfläche ausgerichtet u. greifen wahrscheinlich an ihren Begrenzungen ineinander. Die Änderungen der elektronenmkr. u. der Elektronenbeugungsbilder mit den Versuchsbedingungen werden besprochen u. die Ergebnisse ausführlich diskutiert. (Trans. Faraday Soc. **50.** 404—12. April 1954. Newcastle-upon-Tyne, Univ. of Durham, King's Coll., Phys. Chem. Labors.) R. LEVI. 142

G. W. D. Briggs und **H. R. Thirsk,** *Eine Untersuchung des Verhaltens polarisierter Elektroden.* 3. Mitt. *Das Verhalten des Silber/Silberchloridsystems während der elektrolytischen Reduktion.* (2. vgl. C. **1952.** 4261.) Die kathod. Red. von anod. gebildetem AgCl u. das Wachstum des Ag in der AgCl-Schicht während der Red. haben Vff. als Funktion der Stromdichte u. der Cl-Ionenkonz. der Lsgg. untersucht. Die Unters. erfolgte elektrochem. durch Aufnahme der Polarisationskurven u. Ermittlung der anod. u. kathod. Stromausbeuten sowie mkr. durch Prüfung der Struktur der AgCl-Schichten u. Best. der Reduktionszentren. Die Ergebnisse dieser Unterss. zeigen, daß die Form der Polarisationskurven des AgCl durch Änderungen des elektr. Widerstandes der Schichten bedingt wird. In weiten Konzentrations- u. Stromdichtebereichen läßt sich sowohl die anod. Bldg. des AgCl als auch seine kathod. Red. durch die Gleichung $Ag + Cl^- \rightleftharpoons AgCl_{fest} + e$ wiedergeben. (Trans. Faraday Soc. **48.** 1171—78. Dez. 1952. Newcastle-upon-Tyne, Univ. of Durham, King's Coll., Phys. Chem. Labors.) WOELK. 142

Ss. I. Shdanow und **A. N. Frumkin,** *Reduktion von Hydroxylamin an der Quecksilbertropfkathode.* Bei der Polarographie von *Hydroxylamin* (I)-*chlorid* treten 2 Wellen auf, von denen die erste bei den angewandten Konzz. prakt. unabhängig von der Wertigkeit u. Natur des Kations des zugesetzten Elektrolyten ist. Sie fällt bei Zusatz von Alkali u. verschwindet prakt. ganz bei der äquivalenten Menge Alkali. Sie ist im Halbwellenpotential sehr nahe der Welle der H^+-Entladung u. ist vermutlich auf Dissoziation von NH_4O^+ durch Hydrolyse unter H^+-Bldg. zurückzuführen. Die zweite Welle hat größere Ähnlichkeit mit der Reduktionswelle von NO_3^- u. verschiebt sich nach der positiven Seite beim Übergang von $(CH_3)_4N^+$ zu Ca^{2+} u. La^{3+}. Bei Ggw. von La^{3+} zeigt sie einen scharfen Stromsprung, der bei Säure- u. Alkalizusatz verschwindet, nachdem sich die Welle nach der negativen bzw. positiven Seite verschoben hat. Es ist anzunehmen, daß sie der Red. von I nach $NH_2OH + H_2O + 2e^- = NH_3 + 2\ OH^-$ entspricht, die in Ggw. von La^{3+} u. bei Red. von NO_3^- u. NO_2^- durch Bldg. von OH^- autokatalysiert wird, vielleicht unter Bldg. von NH_2O^-. (Доклады Академии Наук СССР [Ber. Akad. Wiss. UdSSR] [N. S.] **92.** 789—91. 1/10. 1953.) R. K. MÜLLER. 142

K. Nagel, *Zur Konzentrationsüberspannung an einfachen Elektroden.* 1. Mitt. *Theoretische Überspannungs-Zeit-Kurven von Me^+-Elektroden Metall/Metallsalzlösung.* Am Beispiel der einfachen Elektrode Metall-Metallsalzlsg. mit den Metallionen als potentialbestimmenden Ionen wird der Fall, daß die Elektroden-Rk. an der Phasengrenze Metall—Lsg. durch die Diffusion der Reaktionsteilnehmer in einer zwischen Phasengrenze u. Lösungsinnerem liegenden Diffusionsschicht bestimmt wird, also nur Konzentrationsüberspannung auftritt, behandelt. Nach Betrachtung der Gleichgewichts-GALVANIspannung u. den Vorgängen beim Aufbau der Diffusionsschicht wird durch Integration des 2. FICKschen Gesetzes eine Formel für das durch Konvektion nicht beeinflußte „Anklingen" der Konzentrationsüberspannung bei Belastung mit konstantem Strom erhalten. Diese Formel wird als Größengleichung u. als Zahlenwertgleichung für den Sonderfall der Ag^+-Elektrode angegeben. Weiter wird die Möglichkeit einer Störung des Anklingvorganges infolge des Ionenbedarfs für die Änderung der elektrochem. Doppelschicht quantitativ behandelt u. ein Überblick über andere Störmöglichkeiten bei der Ausbldg. einer reinen Konzentrationsüberspannung gegeben. (Z. Elektrochem., Ber. Bunsenges. physik. Chem. **57.** 908—13. 1953. Erlangen, Univ., Inst. für physik. Chem.) R. LEVI. 143

F. Fianda und **K. Nagel,** *Zur Konzentrationsüberspannung an einfachen Elektroden.* 2. Mitt. *Polarisations-Zeit-Kurven von Silberelektroden Silber/Silbernitratlösung mit überschüssigem Fremdelektrolyt.* (1. vgl. vorst. Ref.) Zur Prüfung der l. c. genannten Voraussetzungen für das Auftreten reiner Konzentrationsüberspannung wird in Anschluß an die Aufnahme stationärer Strom-Polarisationskurven an Ag-Elektroden (NAGEL u. RENNER, C. **1951.** II. 2986) das durch Konvektion nicht gestörte Anklingen der Polarisation an mit konstantem Strom belasteten Elektroden bei verschied. Stromdichten u. verschied. $AgNO_3$-Konzz. bei großem Überschuß an KNO_3 als Fremdelektrolyten untersucht. Im Konzentrationsbereich 10^{-5} bis 10^{-3} mol. stimmen die experimentellen Kurven mit den theoret. aus der Integration des 2. FICKschen folgenden bis auf einen Korrekturfaktor überein. Dieser Faktor beruht wahrscheinlich auf einem Einfl. der Oberflächenstruktur u. könnte somit als Maß für die Rauhigkeit der Elektrode angesehen werden. Unterhalb 10^{-5} mol. wird die Elektrode undefiniert. Wahrscheinlich treten hier schlecht definierte Elektroden-Rkk. in Erscheinung. Oberhalb 10^{-3} mol. tritt eine Polarisationserhöhung ein, die einer stärkeren Mitwrkg. einer Aktivierungsüberspannung zugeschrieben wird. In 10^{-1} mol. Lsg. durchläuft die Kurve ein Maximum, das bei wiederholter Belastung verschwindet. Außerdem zeigt sich eine Abhängigkeit der Polarisation von der Wartezeit nach dem Abätzen der Elektrode. Auf die Möglichkeit einer Erklärung dieser Effekte durch Durchtrittshemmungen für die Ag^+-Ionen infolge der Bldg. kleiner Ag-Kriställchen oder durch die Mitwrkg. anderer Elektroden-Rkk. z. B. infolge Deckschichtbldg. wird hingewiesen. (Z. Elektrochem., Ber. Bunsenges. physik. Chem. **57.** 913—16. 1953.) R. LEVI. 143

G. F. Stockdale, The dielectric constant and dissipation factor of soda-potassia-silica glasses at frequencies of 1 to 300 kilocycles at room temperature. Urbana: Univ. of Ill. 1953. $ —,30.

A₄. Thermodynamik. Thermochemie.

Klaus Clusius, *Bemerkung zur Arbeit „Über Temperatur und Transenergiegehalt".* Vf. nimmt zu der Arbeit von LANGE (C. **1953.** 6822) Stellung u. wendet sich gegen die Einführung der Energieeinheit „1 Bolz" u. die Gleichsetzung $T = E_{kin}$, wobei die Temp. anstatt der ihr zukommenden Dimension [Energie/Entropie] die Dimension [Energie] bekommt. (Z. Elektrochem., Ber. Bunsenges. physik. Chem. **57.** 957—59. 1953. Zürich, Univ., Physikal.-Chem. Inst.) R. LEVI. 146

Erich Lange, *Zum Transenergiemaß: 1 Boltz = 12,46 Joule. Erwiderung auf die vorstehende Bemerkung.* Kurze Erwiderung auf vorst. Referat. (Z. Elektrochem., Ber. Bunsenges. physik. Chem. **57.** 959. 1953. Erlangen, Univ., Inst. für Physik. Chem.) R. LEVI. 146

J. C. White und **R. R. Miller**, *Dichte und Gefrierpunkte von Natriumpermanganat-Lösungen.* Ein Phasendiagramm für das Syst. $NaMnO_4$–H_2O wurde für einen Bereich von 0—96 Gew.-% $NaMnO_4$ aufgestellt. Ferner wurde die D. für mehrere Tempp. zwischen 1 u. 37° bei $NaMnO_4$-Konz. von 5—25 Gew.-% gemessen. (J. Amer. chem. Soc. **75.** 3282—83. 5/7. 1953. Naval Res. Labor.) CRAMER. 148

W. J. Leivo, *Dichteänderung von protonenbestrahltem Kaliumchlorid.* (Sitzungsbericht.) Vf. bestrahlt KCl-Einkristalle mit $10^{15}/cm^2$ 360 MeV-Protonen aus dem Synchrocyclotron des Carnegie Inst. of Technology. Die Bestrahlung war ziemlich gleichmäßig, wie aus der Bldg. von Farbzentren im Kristall entnommen werden konnte. Es zeigte sich ein Abfall der D. in den bestrahlten Kristallen. Die Kristalle wurden in einem dünnwandigen Al-Behälter, gefüllt mit He, in 1.3-Dibrompropan den Strahlen ausgesetzt; aus der Temperaturänderung des Lösungsm. konnte nach 1std. Bestrahlung ein Dichteverlust von $5 \cdot 10^{-5}$ g/cm³ bestimmt werden. (Physic. Rev. [2] **91.** 245. 1/7. 1953. Carnegie Inst. of Technol.) SIEWERT. 148

L. D. Roberts und **R. A. Erickson**, *Die Temperaturskala im Bereich des flüssigen Heliums.* (Sitzungsbericht.) Kurze Mitt. über den Vgl. zwischen der aus Dampfdruckdaten u. der magnet. bestimmten Temperatur. (Physic. Rev. [2] **91.** 488. 15/7. 1953. Oak Ridge, Tenn., Univ. of Tennessee, Nat. Labor.) KIRSCHSTEIN. 149

D. H. Rogers und **Melvin A. Herlin**, *Thermomechanischer Effekt in flüssigem Helium II bis 0,9°K.* (Sitzungsbericht.) Bei den tiefsten Tempp. ist der Anteil der Phononen an der Gesamtentropie größer als 50%. Durch die Änderung der Entropie mit der Temp. ist die nichtlineare Abhängigkeit des thermomechan. Druckes von der Temperaturdifferenz gut zu erklären. (Physic. Rev. [2] **91.** 489. 15/7. 1953. Massachusetts Inst. of Technol.) KIRSCHSTEIN. 149

B. Smith und **H. A. Boorse**, *Transportgeschwindigkeiten des HeII-Films über verschiedene Flächen.* (Vgl. CHANDRASEKHAR, C. **1952.** 7777.) Die Geschwindigkeiten, mit denen der HeII-Film über *Lucit, Ni, Pyrex, Quarz* u. *Th* zwischen 1,0 u. 2,0°K fließt, sind in Tabellenform angegeben. Die größten Geschwindigkeiten wurden bei Th erhalten. Entsprechende Ergebnisse anderer Autoren werden diskutiert. Die Temperaturabhängigkeit der Fließgeschwindigkeit ist für die untersuchten Stoffe nicht einheitlich. (Physic. Rev. [2] **90.** 156—57. 1/4. 1953. New York, N. Y., Columbia Univ., Pupin Physics Labors.) KIRSCHSTEIN. 149

H. S. Sommers jr., **W. E. Keller** und **J. G. Dash**, *Mischungswärme von ^3He in ^4He.* (Sitzungsbericht.) Durch adiabat. Mischen von fl. ^3He u. ^4He bei 1,1°K wurde eine beträchtliche Temperatursenkung verursacht. Die Mischungswärme stimmt mit dem vorausgesagten Wert 3,2 cal/Mol (vgl. C. **1953.** 9079) gut überein. (Physic. Rev. [2] **91.** 489. 15/7. 1953. Los Alamos.) KIRSCHSTEIN. 149

C. E. Chase, *Ultraschallmessungen in flüssigem Helium.* (Sitzungsbericht.) Zwischen 0,85°K u. dem n. Kp. wurde die Geschwindigkeit u. die Dämpfung von Ultraschall (2, 6 u. 12 MHz) in fl. He gemessen. Eine Dispersion war nicht zu beobachten; die Geschwindigkeit ist unterhalb 1,4°K kaum noch temperaturabhängig u. erreicht bei 0°K den Wert 239 ± 2 m/sec. Die Dämpfung nimmt unterhalb 1,6°K stark zu. (Physic. Rev. [2] **91.** 489. 15/7. 1953. Massachusetts Inst. of Technol.) KIRSCHSTEIN. 149

W. Opitz, *Zur Kondensation von Metalldämpfen an heißen Flächen.* Die Temp., bei der die Kondensation von Metalldämpfen an heißen W-Flächen einsetzt, wird als Funktion des mit einem Radiometer gemessenen Dampfstrahldruckes (p) bestimmt. Die Geraden ln p gegen 1/T laufen zu den Sättigungsdruck-Kurven parallel oder flacher. (Z. Physik **135.** 1—12. 1953. Erlangen, Univ., Inst. für angew. Physik.) M. DRECHSLER. 150

B. R. Burgan, **R. C. Hall** und **R. F. Hehemann**, *Ein abgeändertes Taupunkt-Verfahren für Dampfdruck-Messungen von Blei–Quecksilber-Legierungen.* Mit dem Verf. wird der Dampfdruck von Hg über mehreren Hg–Pb-Legierungen in Abhängigkeit von der Temp. bestimmt. Die Aktivitäten von Hg u. Pb für 324° werden berechnet; die Ergebnisse stehen mit den Angaben von HILDEBRAND, FOSTER u. BEEBE in guter Übereinstimmung. (J. Inst. Metals **80.** 413—14. März 1952. Cleveland, O., Case Inst. of Technol.) HOCHSTEIN. 150

P. H. Keesom, **K. Lark-Horovitz** und **N. Pearlman**, *Der Einfluß des Neutronenbeschusses auf die Atomwärme des Siliciums bei tiefen Temperaturen.* (Vgl. C. **1953.** 8788.) Ein 250 g-Regulus aus Si (Menge an Verunreinigungen unbekannt) wurde mit einem Neutronenfluß von $5 \cdot 10^{18}$ Neutronen/cm³ bestrahlt u. es wurde die Atomwärme bei Tempp. < 5°K vor u. nach der Bestrahlung gemessen. Die

Probe wurde anschließend je 24 Std. bei 135, 253, 472 u. 780° u. 48 Std. bei 455° getempert u. nach jedem Tempern abermals die Atomwärme gemessen. Wird C_v bei tiefen Tempp. dargestellt durch $C_v = \alpha T^3 + \gamma T$ (T = Temp.), so ergibt sich, daß der lineare Term γ durch die Bestrahlung sehr stark abnimmt; erst Anlassen auf 780° stellt den ursprünglichen Wert wieder her. Die DEBYE-Temp. θ sinkt bei der Bestrahlung um ca. 30°, erlangt jedoch ebenfalls nach dem Anlassen auf 780° wieder den alten Wert. Dieses Verh. von Θ läßt sich so deuten, daß die durch das Auftreten von Gitterfehlstellen bedingte Verkleinerung der elast. Konstanten ihre Vergrößerung durch Zwischengitteratome überwiegt. Ein solcher Effekt wird durch ein weiträumiges Gitter, wie das Diamantgitter, in dem Si krist., begünstigt. (Science [Washington] **116.** 630—31. 5/12. 1952. West Lafayette, Ind., Purdue Univ.) WEIGEL. 151

A. F. Kapusstinski und **Ju. M. Golutwin,** *Thermochemie und Atomstruktur.* 5. Mitt. *Bildungswärme von Aluminiumverbindungen mit den Elementen der 6. Gruppe des Periodischen Systems von D. I. Mendelejew.* (4. vgl. C. **1954.** 2343.) In der BERTHELOT-ROTH-Mikrobombe erfolgt die erstmalige Best. der Bildungswärme von Al_2Se_3 (**I**) u. Al_2Te_3 (**II**) u. die Nachprüfung der Bildungswärme von Al_2S_3 (**III**). Sie beträgt —135,5 ± 2,6 (kcal/Mol) für **I**, —78 ± 5 für **II** u. —172,9 ± 4,3 für **III**. Verantwortlich für den zu geringen **III**-Wert nach SABATIER (—140,5 kcal/Mol) sind die unvollständige **III**-Zers. durch W. u. die Bldg. von amorphem Al_2O_3 (**IV**) mit wechselndem Wassergeh. für den zu geringen **III**-Wert nach KORSCHUNOW (—121,55 ± 0,4 kcal/Mol) die falsche Annahme, daß aus dem Reaktionstiegel der Bombe Metall, S u. **III** in proportionalen Mengen entweichen. Werden die $\Delta H^0_{298,1}$-Werte von **I, II, III, IV** mittels der Beziehung von $\sqrt{-H^0/\omega}$ zu $(\varrho_K - \varrho_A)$ (l. c.) miteinander verglichen, dann ergibt sich eine Übereinstimmung, so daß alle 4 Punkte auf einer Geraden liegen. Hierbei werden unter Anwendung der Literaturwerte für die Bildungswärme von gasförmigem S_2, Se_2 u. Te_2 die Versuchszahlen entsprechend der Gleichung 2 Al (krist.) + $3/2 X_2$ (Gas) = Al_2X_3 (krist.) ausgewertet, um vergleichbare Werte zu erhalten. (Известия Академии Наук СССР, Отделение Химических Наук [Nachr. Akad. Wiss. UdSSR, Abt. chem. Wiss.] **1951.** 192—200. März/April. Moskau, Chem.-Technol. Inst.) LEBTAG. 155

J. H. E. Jeffes, F. D. Richardson und **J. Pearson,** *Die Bildungswärmen von Manganorthosilicat und Mangansulfid.* Vff. bestimmten die Lösungswärmen von Mn_2SiO_4 (*Tephroit*) (—81800 ± 530 cal) u. *α-Quarz* (—32770 ± 190 cal) bei 25° in 10n*HF* sowie von *MnO* (—30400 ± 25 cal) u. MnS (—9430 ± 250 cal) in SiO_2-haltiger 10n HF. Die Kombination dieser Ergebnisse mit Literaturwerten führte zu folgenden Werten: Bildungswärmen von Mn_2SiO_4 (Tephroit) nach der Rk. 2 MnO(f) + SiO_2 (α-Quarz) = Mn_2SiO_4(f) $H_{298°K}$ = —11770 ± 560 cal u. von MnS nach der Rk. Mn(f) + S(rh) = MnS(f) $H_{298°K}$ = —49490 ± 310 cal. Eingehende Beschreibung des für alle anorgan. Säuren brauchbaren Calorimeters. (Trans. Faraday Soc. **50.** 364—70. April 1954. London, Brit. Iron and Steel Res. Ass.) KARUTZ. 155

Norman O. Smith und **Patrick N. Walsh,** *Dissoziationsdrucke und ähnliche Messungen am System Aluminiumsulfat–Wasser.* Die Dissoziationsdrucke verschied. $Al_2(SO_4)_3$ (**A**)–W.-Gemische bekannter Zus. wurden unter langsamer Entfernung des W. bei konst. Tempp. (0,4 u. 25°) mittels einer stat. manometr. Meth. gemessen. Gleichgewichtseinstellung konnte nur für die höheren Hydrate erreicht werden. Vff. schließen aus den Ergebnissen, daß sowohl **A**·17 H_2O als auch **A**·16 H_2O existieren. Aus den Geraden im log p—1/T-Diagramm ergaben sich folgende Werte für ΔH/Mol gebildeten H_2O-Dampfes: Syst. Fl. $\rightleftharpoons$ **A**·17 H_2O(f) + Dampf (I) 10700 ± 50 cal, Syst. Fl. $\rightleftharpoons$ **A**·x H_2O(f) + Dampf (II) 12400 ± 2000 cal u. Syst. **A**·16 H_2O(f)–A·x H_2O(f) + Dampf (III) 14300 ± 2000 cal mit $x < 16$. Dabei entspricht die Neigung der I-Geraden derjenigen des Syst. H_2O(f)–H_2O(fl.) Weiterhin wurden Eiskurve, eutekt. Punkt u. Löslichkeitskurve von **A**·17 H_2O bestimmt. Die Eiskurve unterscheidet sich von früheren Messungen. Schmelzpunktsunterss. ergaben Umwandlungspunkte bei ~111° u. ~128°. Die Siedekurve von **A**-Lsgg. in Abhängigkeit von der Konz. wurde untersucht. (J. Amer. chem. Soc. **76.** 2054—57. 20/4. 1954. New York, N. Y., Fordham Univ., Dep. of Chem.) KARUTZ. 155

Francis F. Carini und **Arthur E. Martell,** *Thermodynamische Funktionen der Reaktion zwischen Äthylendiamintetraacetat- und Erdalkaliionen.* Aus EMK.-Daten von Zellen des Typus Pt–H_2, $K^+(m_1)$, $M^{2+}(m_2)$, $Cl^-(m_3)$, $H_nV^{n-4}(m_4)$, AgCl–Ag bei verschied. Tempp. u. Ionenstärken wurden die thermodynam. Gleichgewichtskonstanten für Rkk. zwischen Erdalkaliionen (M^{2+}aq) u. Äthylendiamintetraacetationen (V^{-4}aq) berechnet. Mit Hilfe der DEBYE-HÜCKELschen Formel wurden die Werte bei jeder Temp. auf unendliche Verdünnung extrapoliert u. die Geschwindigkeitskonstante der Chelatbldg. berechnet. Im Temperaturbereich 0—30° werden freie Energie, Enthalpie (Mg —2,9; Ca —2,5; Sr —4,1 u. Ba —4,1 kcal) u. Entropie (Mg 32, Ca 42, Sr 26 u. Ba 22 Entropieeinheiten) angegeben. Die Ergebnisse werden im Hinblick auf die Theorien über die Metallchelatbldg. in wss. Lsgg. diskutiert. (J. Amer. chem. Soc. **76.** 2153—57. 20/4. 1954. Worcester, Mass., Clark Univ., Dep. of Chem.) KARUTZ. 156

Nelson S. Ging und **Julian M. Sturtevant,** *Die Hydrolisierungswärme von anorganischen Pyrophosphaten.* Die durch kristalline *Hefe-Pyrophosphatase* (KUNITZ, C. **1952.** 7833) katalysierte Hydrolyse anorgan. Pyrophosphate bei 25° wurde unter Zusatz von *Mg*-Ionen zur Aktivierung des Enzyms untersucht. Die Arbeit steht im Zusammenhang mit Untersuchungen über den Mechanismus der Atmung (Umwandlung von freier Energie in Arbeit), für welche genaue thermodynam. Daten der Einzelvorgänge von Wichtigkeit sind. Die verwendete calorimetr. Meth. wurde bereits (vgl. BUZZELL u. STURTEVANT C. **1952.** 4981) beschrieben. Als Puffersubstanzen wurden *Veronal* (0,05 m) u. *Orthophosphat* verwendet. Für die Hydrolyse bei p_H 7,3 wurde eine Enthalpieänderung von -5810 ± 130 cal/Mol Pyrophosphat gefunden. Vff. nehmen an, daß dieser Wert keine Anteile aus einer Änderung des Ionisationsgrades des Puffers oder der Differenz zwischen Wärmeinhalt von Mg-Ortho- u. -Pyrophosphaten enthält. (J. Amer. chem. Soc. **76.** 2087—91. 20/4. 1954. New Haven, Conn., Yale Univ., Sterling Chem. Labor.) KARUTZ. 156

C. W. Koch und **B. B. Cunningham,** *Die Wasserdampfhydrolyse der Halogenide der Seltenen Erden.* 2. Mitt. *Reaktionswärme und freie Energie der Reaktionen* $SmCl_3(f) + H_2O(g) = SmOCl(f) + 2\,HCl(g)$ *und* $GdCl_3(f) + H_2O(g) = GdOCl(f) + 2\,HCl(g)$. (1. vgl. C. **1953.** 5790.) Vff. messen die Gleichgewichtskonstante der Rk. $XCl_3(f) + H_2O(g) = XOCl(f) + 2\,HCl(g)$ mit X = Sm oder Gd zwischen 700 u. 900°K. Die aus den Gleichgewichtskonstanten berechneten Werte für die freie Energie lassen sich mit ca. 1% Genauigkeit in dem angegebenen Temperaturintervall durch die Gleichung $\Delta F^0(\text{kcal}) = 21{,}56 + (6{,}4\,T \log T/1000) + 1{,}8\cdot 10^{-7}\,T^2 - (22/T) - (53{,}01\,T/1000)$ u. $\Delta F^0(\text{kcal}) = 19{,}96 + (6{,}4\,T \log T/1000) + 1{,}8\cdot 10^{-7}\,T^2 - (22/T) - (51{,}88\,T/1000)$ berechnen. Bei Extrapolation auf 298°K ist der Fehler merklich größer. Für beide Rkk. ergibt sich ΔS_{785} zu $30{,}8 \pm 0{,}6$ cal·Mol^{-1}·Grad^{-1}. Es zeigt sich, daß die Reaktionswärmen u. freien Energien der Hydrolyse mit Zunahme der Ordnungszahl von X mehr u. mehr abnehmen. (J. Amer. chem. Soc. **75.** 796—97. 20/2. 1953. Berkeley, Calif., Univ., Dep. of Chem. and Radiation Labor.) HARTMANN. 156

W. Jost und **L. Sieg,** *Untersuchungen über Flammen.* 4. Mitt. *Untersuchung der Zündung explosiver Gasgemische durch Funken.* (3. vgl. C. **1954.** 1656.) Vff. untersuchen die Zündfähigkeit durch Funken von Gemischen der folgenden Stoffe mit Luft: CH_4, *n-Heptan, Bzl.,* C_2H_2, *CO,* H_2. Es wird jedesmal zuerst die Zus. der Mischung für optimale Zündung ermittelt u. die weiteren Verss. bei dieser Zus. ausgeführt. Es werden Elektroden verwendet, deren Ende halbkugelförmig ist u. die aus Drähten von 1 mm Durchmesser aus *W, Ag, Cu, Pt* hergestellt werden. W ergibt die am besten reproduzierbaren Resultate. Der Abstand zwischen den Elektroden beträgt 0,1—0,5 mm. Die verwendeten Kondensatoren haben Kapazitäten von 100 bis 1000 pF bei Spannungen von 7—16 kV. Die elektr. Anordnung wird beschrieben. Bei manchen Verss. springt der Funke 10000 mal u. mehr, bis Zündung eintritt; bleibt diese aus, so führt oft Umpolung der Elektroden zur Zündung. Zur Erzielung regelmäßiger Funkenfolge (ca. 1 Funke in 2 Sek.) wird die Meß- u. die Zündfunkenstrecke mit UV-Licht bestrahlt. Die niedrigsten Zündenergien werden bei H_2 mit $0{,}9\cdot 12^{-2}$ Wattsekunden u. C_2H_2 beobachtet. Aus Funkenoscillogrammen ergibt sich bei 700 pF u. 6,3 kV eine Funkenenergie von ca. 5.10^{-4}, während die Gesamtenergie des Stromkreises ca. $1{,}4\cdot 10^{-2}$ Wattsek. beträgt. Durch Verss. mit nichtzündenden Funken (bis zu 20000) wird bei H_2- u. CH_4–Luft-Gemischen nach entsprechender Analyse der Umsatz zu $2-6\cdot 10^{-2}$ mm³ Gemisch pro Funken bestimmt. (Z. Elektrochem. angew. physik. Chem. **55.** 13—17. Jan. 1951. Marburg/Lahn, Univ., Physik.-Chem. Inst.) FREIWALD. 157

W. Jost, *Untersuchungen zur Flammengeschwindigkeit.* 5. Mitt. *Weitere Diskussion der Funkenzündung.* (4. vgl. vorst. Ref.) Aus früher abgeleiteten Beziehungen (vgl. 3. Mitt.) werden die folgenden Ausdrücke für die Mindestzündenergie von Funken W_0 u. für den krit. Radius r_0 des Rohres, durch das die Flamme fortschreitet, erhalten: $W_0 = (6\,\pi)^{3/2}\cdot q\,(x/\Lambda)^3$, bzw. $r_0 = (243\,\pi/2)^{1/6}\cdot x/\Lambda$, wobei q = Verbrennungswärme pro cm³; x = Temperaturleitfähigkeit; Λ = n. Verbrennungsgeschwindigkeit. Wie der Vgl. mit Verss. über sichere Spaltweiten für Zünddurchschlag zeigt, gibt die Gleichung für r_0 Werte in der richtigen Größenordnung. Vf. stellt Überlegungen zur

Funkenzündung unter Berücksichtigung der Ableitung an die Elektroden an. Die Erhitzungsgleichung wird unter gewissen Annahmen u. unter Berücksichtigung von halbkugelförmig abgerundeten Elektroden gelöst. Die Ergebnisse geben Werte von W_0 in der richtigen Größenordnung u. etwas höher als die ohne Berücksichtigung der Kühlwrkg. der Elektroden erhaltenen. (Z. Elektrochem. angew. physik. Chem. **55.** 17–19. Jan. 1951.) ——————— FREIWALD. 157

Eugen Klappler, Hrsg., Physik der Flüssigkeiten und Gase. Weinheim/Bergstr.: Verl. Chemie. 1953. (348 S. m. Abb.) = Naturforschung und Medizin in Deutschland 1939—1946. Bd. 10. DM 20,—.

A_5. Kolloidchemie. Grenzschichtforschung.

I. Je. Neimark und **I. B. Slinjakowa,** *Einfluß der Herstellungsbedingungen für kreideartige Silicagele auf ihre Eigenschaften und Struktur.* Die *Silicagele* (I) wurden nach HOLMES unter Anwendung von $NiCl_2$ als Fällungsmittel hergestellt. Es zeigte sich, daß das Sorptionsgrenzvol. V_s mit abnehmender Alkalität der Lsg. zunimmt, während das Vol. der Makroporen abnimmt (fast bis Null). Bei Zusatz von wenig *Glucose* als Hydrophilisator nimmt V_s stark zu. Mehr als 0,1% Glucose führen zu keiner weiteren Zunahme von V_s. Das Vol. der Makroporen nimmt mit steigender Hydrophilie zu. Werden in den Makroporen des kreideartigen I glasartige I abgeschieden, so nimmt das Sorptionsvermögen zu, das Vol. der Makroporen ab. Die zur Entfernung der Metallhydroxyde angewandte Säure ist ohne Einfl. auf die Struktur des Endproduktes. Eine Erhöhung der Temp., der Säure u. des Waschwassers führt zu einer schwachen Zunahme der Makroporen von I. (Коллоидный Журнал [Kolloid-J.] **15.** 277–83. Juli/Aug. 1953. Kiew, Pissarshewski-Inst. für physik. Chem. der Akad. der Wiss. der UkrSSR.) LEBTAG. 161

Arvind Mohan Sriwasstawa, *Untersuchung von Gelen mit Hilfe von Ultraschall.* Untersucht wurde der Einfl. von Temp. u. Alter auf die Eigg. des *Fe-Silicat*-Gels bei der Behandlung mit Ultraschall. Auf Grund der Ergebnisse der vorliegenden u. früherer Arbeiten des Vf. (C. **1953.** 9082) wird angenommen, daß im Gel beständige elast. Atomgruppen vorliegen, deren Kohäsionskräfte gering u. homogen sind. Aus der lockeren Struktur des Gels ergibt sich eine Verflechtung dieser Komplexe zu einem Raumgitter, aus dem Fehlen einer Anisotropie ihre Ungeordnetheit. Der große Wassergeh. des Gels erklärt sich aus der Verflechtung zu einem Raumgitter, wodurch viel freier Raum dafür zur Verfügung steht. (Коллоидный Журнал [Kolloid-J.] **15.** 289–91. Juli/Aug. 1953. Allahabad, Univ., Abt. für Physik.) LEBTAG. 162

Herbert A. Pohl, *Die Bewegung und Abscheidung von Suspensoiden in divergenten elektrischen Feldern.* Unter der „Dielektrophorese" versteht Vf. die Bewegung von suspendierten Teilchen relativ zum umgebenden fl. Dispersionsmittel auf Grund von Polarisationskräften, die von einem angelegten inhomogenen elektr. Feld herrühren (zum Unterschied von der Elektrophorese, die nur bei geladenen Teilchen auftritt). Tritt bei der Dielektrophorese eine Abscheidung des suspendierten Mediums auf, so spricht Vf. von einer „Dielektrofällung". Eine Abschätzung des Einfl. der Größe u. Inhomogenität der angelegten Spannung, des Teilchenradius, der DK.-Werte beider Medien, der Viscosität u. a. auf die Größe des Effektes wird gegeben. Daraus sowie aus experimentellen Daten folgt, daß es im allg. schwierig ist, eine reine Dielektrophorese zu beobachten, da meistens geladene Teilchen vorhanden sind, u. die Elektrophorese dann die Dielektrophorese überdeckt. Unter bestimmten Bedingungen konnte aber auch Dielektrophorese allein erhalten werden (z. B. Entfernung von Rußteilchen aus der Lsg. von Polyvinylchlorid in Diisopropylketon). Beide Erscheinungen lassen sich vorteilhaft zur Entfernung von suspendierten Verunreinigungen in Hochpolymerlsgg. verwenden. (J. appl. Physics **22.** 869–71. Juli 1951. Anacosta, D. C., Naval Res. Labor.) FUCHS. 168

D. A. Fridrichsberg und **K. M. Gutman,** *Elektrophorese durch Kollodiummembranen.* Auf Grund der Unterss. über ζ-Potential, Überführungszahl u. Oberflächenleitfähigkeit von Kollodiummembranen in den wss. Lsgg. von *Kongorot, Methylenblau, Albumin* u. *Au-Sol* wird angenommen, daß die Elektrophorese durch die Membran durch den elektroosmot. Gegenstrom der Fl. teilweise oder ganz unterdrückt wird. Dies wird dadurch bestätigt, daß im geschlossenen Gefäß ohne Elektroosmose die Stromausbeute im Vgl. zum offenen Gefäß (Elektroosmose möglich) auf das 10–15fache ansteigt, ferner dadurch, daß die experimentellen Werte für den elektroosmot. Anteil der Überführungszahländerung mit den theoret. Werten gut übereinstimmt. Auf Grund der Ergebnisse wird empfohlen, die Elektrodialyse von Farbstoffen, Alkaloiden u. anderen komplizierten organ. Ionen in einem in der Praxis noch nicht verwendet luftdicht abgeschlossenen Dialysator durchzuführen. (Коллоидный Журнал

[Kolloid-J.] **15.** 299—307. Juli/Aug. 1953. Leningrad, Shdanow-Univ., Lehrstuhl für Kolloidchemie.) LEBTAG. 168

Herbert S. Harned und **Francesco M. Polestra,** *Die differentiellen Diffusionskoeffizienten von Magnesium- und Bariumchlorid in verdünnten wässerigen Lösungen bei 25°.* Mittels einer konduktometr. Meth. bestimmten Vff. die differentiellen Diffusionskoeffizienten von $MgCl_2$ u. $BaCl_2$ in wss. Lsgg. bei 25° u. Konzz. zwischen 0,0005 u. 0,006 Mol/Liter. In Übereinstimmung mit früheren Unterss. (HARNED u. Mitarbeiter, C. **1950.** I. 2077; C. **1954.** 5467) an $CaCl_2$ u. $SrCl_2$ stimmen die gemessenen Diffusionskoeffizienten gut mit den nach der Theorie von NERNST-ONSAGER u. FUOSS berechneten Werten überein. (J. Amer. chem. Soc. **76.** 2064—65. 20/4. 1954. New Haven, Conn., Yale Univ., Dep. of Chem.) KARUTZ. 170

W. James Lyons, *Viscoelastische Eigenschaften als Funktionen der Verteilung von Aktivierungsenergien.* (Sitzungsbericht.) Unter der Annahme, daß im elementaren Mol.-Deformationsvorgang elast. u. plast. Verformungen entsprechend dem MAXWELL-Modell additiv sind, u. daß die elast. u. plast. Kräfte Funktionen der Aktivierungsenergie sind, werden Integrale für den dynam. Modul u. die dynam. Viscosität (innere Reibung) abgeleitet. Die Verteilungsfunktion der Aktivierungsenergien, die die absol. Temp. umfaßt, wird entwickelt. Wenn diese Funktion in die obigen Integrale eingesetzt wird, dann sagen die integrierten Ergebnisse die Temperatur- u. Frequenzabhängigkeiten richtig voraus. (Physic. Rev. [2] **89.** **342.** 1/1. 1953. Firestone Tire & Rubber Co.) SCHÄFF. 172

Robert Fricke und **Otto Eberspächer,** *Röntgenographische Klein- und Weitwinkelstreuung an γ-Al_2O_3.* Durch Aufnahme von Kleinwinkeldiagrammen u. Messung der Linienbreite von DEBYE-SCHERRER-Aufnahmen (Weitwinkeldiagramme) mit an einem Pentaerythritkristall, streng monochromatisierter $Cu_{K\alpha}$-Strahlung wurden die Entwässerungsprodd. des ***Böhmits*** u. ***Bayerits*** zwischen 400 u. 1000° untersucht. Der aus aktiviertem Rein-Al dargestellte Böhmit bestand aus fadenförmigen Bauelementen mit einer mittleren Primärteilchengröße von 90 Å, mittlerer Schwerpunktsabstand 160 Å. Zwischen 400 u. 1000° bildet sich γ-Al_2O_3. Während die mittlere Primärteilchengröße mit steigender Temp. wächst, nimmt der mittlere Schwerpunktsabstand bis 800° ab, bei der darüber einsetzenden Rekristallisation von α-Al_2O_3 jedoch wieder zu. — Auch Bayerit mit einer übermkr. ermittelten Sekundärteilchengröße von einigen 1000 Å, bei dem die Primärteilchengröße eine Größenordnung tiefer liegt, entstand durch Entwässerung zwischen 400 u. 1000° γ-Al_2O_3. Die Primärteilchengröße steigt mit steigender Temp.; von Porenbldg. abgesehen, bleibt die äußere Kristallform erhalten. Die Präpp. erzeugten nur Kleinwinkelstreuung. Es wird angenommen, daß diese Präpp. aus dichtgepackten Paketen von ca. 1000 Å bestehen. — γ-Al_2O_3 ist aus flüssigkeitsähnlich angeordneten Einkristallen aufgebaut, die verwachsen sind. Es können dabei sek. Ordnungsbereiche mit idealer Verwachsung der Einkristalle bestehen, die Transversalnetzebenen würden dabei gleichzeitig mehreren Bauelementen des Sekundärgitters angehören. (Z. anorg. allg. Chem. **265.** 21—40. Juni 1951. Berlin-Siemensstadt, Siemens & Halske Akt.-Ges., Werkstoffhauptlabor.) SIEWERT. 175

R. Fricke und **K. Jockers,** *Porosität und Oberfläche verschiedener Aluminiumhydroxyde und Aluminiumoxyde.* (Vgl. C. **1951.** I. 441.) Vff. bestimmen die Scheindichte, die D. u. die Adsorptionsisothermen nach der Strömungsmeth. mit Bzl. als Adsorbendum während der Umwandlung von Al-Hydroxyd in γ-Al_2O_3 u. α-Al_2O_3 an Präpp., die aus ***Böhmit*** u. ***Bayerit*** erhalten wurden. Monomol. Bedeckungen, Hauptporendurchmesser, Primärteilchengröße, Adsorptionswärmen u. Oberflächenwerte wurden aus den Meßergebnissen berechnet. Es zeigt sich, daß Bayerit aus kompakten Kriställchen besteht, Böhmit dagegen porös ohne Makroporen ist. Demzufolge sind die Oxyde aus Böhmit zugänglicher für Fremdstoffe u. auch therm. stabiler als die aus Bayerit dargestellten Oxyde. (Z. anorg. allg. Chem. **265.** 41—48. Juni 1951. Stuttgart, TH, Labor. für anorg. Chem.) SIEWERT. 175

K. Jockers, *Emaniervermögen und Oberflächengröße verschiedener Aluminiumhydroxyde und Aluminiumoxyde.* Aus der Größe des Emaniervermögens (EV) von Al-Oxyden, die bei Tempp. von 400—1200° hergestellt u. zum Teil bei der Darst., zum Teil nachträglich mit *Radiothor* indiziert wurden, berechnet Vf. die Oberflächen der Stoffe. Die aus der monomol. Schicht berechneten Oberflächen (O_s) können durch die Beziehung $O_s = k \cdot EV$ wiedergegeben werden. Zur Oberflächenberechnung müssen die Präpp. als feine Pulver vorliegen; die in feuchter Luft erhaltenen EV-Werte sind nicht zur Oberflächenberechnung verwendbar. Nachträgliche Indizierung fertiger Präpp. ergab brauchbare Näherungswerte. (Z. anorg. allg. Chem. **265.** 49—55. Juni 1951.) SIEWERT. 175

Swarup Narain Tewari und **Satyeshwar Ghosh,** *Untersuchungen über die Natur des hydratisierten Aluminiumoxyds. 3. Mitt. Die Abhängigkeit des Oxydcharakters von der Adsorption verschiedenartiger Ionen an verschiedenen Proben amphoterer Oxyde.* (2. vgl. C. **1954.** 7369.) Vff. führten Unterss. über die Adsorption verschied. Ionenarten an wss. Al_2O_3 in Abhängigkeit von der Herstellungsart der Oxyde durch. Die drei untersuchten Al_2O_3-Proben wurden aus einer $AlCl_3$-Lsg. mit verschied. Mengen NaOH gefällt: Probe A mit 10% Alkaliüberschuß, Probe B mit äquivalentem Alkali u. Probe C mit 10% Alkaliüberschuß. Die Adsorptionsdauer betrug 24 Stunden. Die Adsorptionskapazität für die untersuchten Kationen (Cu^{2+} u. Ag^+) nimmt von Probe A über B nach C ab. Die Adsorptionsordnung ist bei allen Proben $Ag^+ > Cu^{2+}$. Bei den untersuchten Anionen [CrO_4^{2-}, $Fe(CN)_6^{4-}$, MnO_4^-, $S_2O_3^{2-}$ u. $C_2O_4^{2-}$] ist die Adsorptionsordnung bei den dreiProben verschieden. Alterung vermindert in jedem Falle die Adsorptionskapazität. Aus den Versuchsergebnissen geht hervor, daß die sauren oder bas. Eigg. eines Oxydes von seiner Protonenaufnahmekapazität abhängen, die durch die H-Ionenkonz. des Fällungsmediums bestimmt ist. (Kolloid-Z. **130.** 167—69. März 1953.) G. HEINRICH. 176

D. M. Young, R. A. Beebe und **H. Bienes,** *Die Adsorption von n-Heptan an festen Stoffen bei niedrigem Druck.* Es wurden die Adsorptionsisothermen für n-Heptan an *Graphit, Fe_2O_3* u. *red. Ag* bei niedrigen Drucken bestimmt. Die Isothermen zeigen, daß in den untersuchten Systemen keinerlei Anzeichen für Phasenumwandlungen 1. Ordnung vorliegen. Dieses Ergebnis steht in Übereinstimmung mit den Ansichten von SMITH (C. **1953.** 1296), während nach JURA u. Mitarbeitern (C. **1948.** I. 980) eine Phasenumwandlung 1. Ordnung bei den untersuchten Systemen stattfindet. (Trans. Faraday Soc. **49.** 1086—89. Sept. 1953. Amherst, Mass., Amherst Coll., Moore Labor. of Chem.) G. HEINRICH. 176

Hans A. Benesi, *Gefärbte Komplexe mit auf Silicagel aufgebrachten anorganischen Salzen.* Vf. untersucht die Farb-Rkk. von *Mesitylen* (I) nach JURA u. Mitarbeitern (Amer. chem. Soc. Meeting Abstr., Sept. 1950. 56) mit auf Silicagel aufgebrachtem *Cu-, Zn-, Mg-* u. *Al-Sulfat.* Dabei zeigt ein aus Aceton hergestelltes I die Rk. stark, ein durch Teerdest. gewonnenes Prod. die Rk. nur schwach. Durch fraktionierte Dest. oder chromatograph. Trennung mit $CuSO_4$ auf Silicagel kann die färbende Verunreinigung abgetrennt u. angereichert werden. UV-Analysen u. massenspektroskop. Unterss. ergeben keine Differenz zwischen den Produkten. Die Möglichkeit eines an stark sauren Oberflächen purpurrot gefärbten indicatorartigen Stoffes als Verunreinigung wird diskutiert. (J. Amer. chem. Soc. **75.** 2250—51. 5/5. 1953. Emeryville, Calif., Shell Development Co.) WEITBRECHT. 177

Michel Machebœuf, Pierre Rebeyrotte, Jean-Marie Dubert und **Madeleine Brunerie,** *Papiermikroelektrophorese mit ständiger Verdampfung des Lösungsmittels (Elektrorheophorese).* Inhaltlich ident. mit der C. **1954.** 1190 referierten Arbeit. (Bull. Soc. Chim. biol. **35.** 334—45. 1953. Paris, Univ., Fac. des Sci., Inst. Pasteur.) WESLY. 177

Michel Machebœuf, Jean-Marie Dubert und **Pierre Rebeyrotte,** *Papiermikroelektrophorese mit ständiger Verdampfung des Lösungsmittels (Elektrorheophorese). 2. Mitt. Theoretische Untersuchung. Anwendung auf die Messung der elektrophoretischen Beweglichkeit.* (1. vgl. vorst. Ref.) Für die Wanderung der bei der Elektrorheophorese auftretenden geladenen oder nichtgeladenen Stoffe werden Gleichungen abgeleitet. Die Wanderungsgeschwindigkeit ist die Resultante von 3 Elementarkomponenten. Diese sind: die von der Lage auf dem Papier unabhängige Geschwindigkeit des Flüssigkeitsstromes der Elektroendomose, die von der Lage gleichfalls unabhängige, der Substanz eigene Wanderungsgeschwindigkeit im elektr. Feld u. die von der Verdampfung abhängige Geschwindigkeit des Flüssigkeitsstromes, die eine lineare Funktion des Abstandes von der Linie π (Linie des Flüssigkeitsstillstandes) darstellt. Die Elektrorheophorese gestattet für jedes Protein die Best. eines Gleichgewichtes, das dem Punkt entspricht, in dem seine elektrophoret. Wanderungsgeschwindigkeit gleich u. der des Flüssigkeitsstromes entgegengerichtet ist. Diese Geschwindigkeit ist proportional dem Abstand von der Linie π. Die elektrophoret. Bewegung ist folglich eine lineare Funktion des Abstandes des Gleichgewichtspunktes von der Linie π. (Bull. Soc. Chim. biol. **35.** 346—64. 1953.) WESLY. 177

A₆. Strukturforschung.

J. J. Trillat und **N. Takahashi,** *Neue Fortschritte auf dem Gebiet der Elektronenbeugung und Anwendungen.* Prioritätsanspruch bzgl. des von BOETTCHER auf der 4. Jahrestagung der Deutschen Gesellschaft für Elektronenmikroskopie in Tübingen am 8/6. 1952 beschriebenen Verf. der „kinemat. Elektronenbeugung". Bei diesem Verf.

wird ein Durchmesser des DEBYE-SCHERRER-Diagramms durch einen Spalt ausgeblendet, u. unter diesem Spalt wird ein photograph. Film mit einer zum Spalt senkrechten Bewegungsrichtung fortbewegt. Dadurch wird die Registrierung von Strukturveränderungen mit der Zeit, der Temp. oder der Elektronenbestrahlung auf einem zusammenhängenden Film möglich. (J. Physique Radium **14.** 17 S—18 S. Mai 1953. Bellevue, Seine-et-Oise, Centre Nat. Rech. sci., Labor. de Rayons X.) LENZ. 181

M. Salvat, *Das Problem des Achromatismus bei der Elektronenbeugung.* Der chromat. Fehler bei der Aufnahme von Elektronenbeugungsdiagrammen kann mittels einer schwachen magnet. Elektronenlinse zwischen Objekt u. Leuchtschirm kompensiert werden (vgl. LE POOLE u. VAN MENTS, Proc. Electr. Micr. Conf. Delft 1949; LE POOLE u. SALVAT, Congrès de Microsc. Électronique, Paris 1950). Diskussion der Möglichkeit, eine solche Kompensation auch mit einer elektr. Linse oder einem homogenen Magnetfeld zu erreichen. (J. Physique Radium **14.** 40 S—41 S. Okt. 1953.) LENZ. 181

G. Yasuzumi, T. Morioka, A. Tanaka und **K. Kobayashi,** *Feste (Fremd-) Körper in elektronenmikroskopischen Proben.* Artefakte in Form unregelmäßig geformter kleiner Festkörper, die bei der Herst. elektronenmkr. Präpp. von organ. Objekten, bes. beim Bedampfen, entstehen, können Anlaß zu Fehldeutungen geben. Diese Artefakte werden elektronenmkr. u. mit Elektronenbeugung untersucht. Es handelt sich dabei um C als Verbrennungsprod. der im Vakuum vorhandenen Öl- oder Fettdämpfe. Die Verbrennung geschieht offenbar durch Elektronenbeschuß oder auch durch die Strahlung eines W-Glühdrahtes. (Brit. J. appl. Physics **4.** 338—39. Nov. 1953. Osaka, Univ., Dep. of Anatomy, u. Kyoto, Univ., Inst. for Chem. Res.) H. C. WOLF. 181

C. E. Hall, *Streueffekte bei der elektronenmikroskopischen Bildentstehung.* Auf Grund eines Näherungsansatzes für den Zusammenhang zwischen dem Wirkungsquerschnitt für die Streuung von Elektronen an Atomen u. dem Bildkontrast im elektronenmkr. Bild wird aus beobachteten Bildkontrasten auf die Streuquerschnitte von *Be, SiO, Cr, Ge, Pd, Pt* u. *U* geschlossen. Die Abhängigkeit der Streuquerschnitte von der Strahlspannung wird diskutiert. Bei 65 kV ergaben sich folgende Gesamtquerschnitte der inkohärenten Streuung (gleiche Reihenfolge wie oben; in 10^{-18} cm^2): 0,45, 1,4, 6,3, 8,4, 8,0, 9,8 u. 13. Der kleinste Dickenunterschied im Objekt, der noch zu erkennbarem Kontrast führt, wird abgeschätzt. (J. appl. Physics **22.** 655—62. Mai 1951. Cambridge, Mass., Massachusetts Inst. of Technol.) LENZ. 181

Gopinath Kartha, *Eine neue Methode zur Berechnung des Skalenfaktors in der Strukturanalyse.* Vf. beschreibt eine neue Meth. zur Best. der absol. Strukturfaktoren aus einer Reihe von relativen Intensitäten. Sie unterscheidet sich von der von WILSON (vgl. Nature [London] **150.** [1942.] 152) angegebenen Meth. dadurch, daß sie nicht von einem statist. Ergebnis abhängt. Exakte Beziehungen wurden hergeleitet zwischen der Summe der Quadrate der Strukturamplituden u. einem gewissen Integral, das die Elektronendichteverteilung der Atome in der Elementarzelle enthält. Notwendig ist die Kenntnis des angenäherten Temperaturfaktors. Die Meth. ist sowohl für zwei- wie dreidimensionale Daten verwendbar u. benutzt bei ihrem Gebrauch die bekannten Strukturfaktortabellen. Sie erwies sich in einer Anzahl von Fällen, bei denen der Skalenfaktor bekannt war, als sehr geeignet. Für den Fall der Anwendung der Meth. auf unbekannte Fälle gibt Vf. tabellar. für die Elemente H, C, N, O, Na, S, Cl, Ni u. Cu die benötigten Integralwerte. (Acta crystallogr. [Copenhagen] **6.** 817—20. 10/11. 1953. Bangalore, Indian, Inst. of Sci., Dep. of Phys.) GOTTFRIED. 181

Charles Legrand, *Neue Aufnahmeart von Faserdiagrammen.* Um Faserdiagramme leichter photometrieren zu können, schlägt Vf. vor, den Film in einer zylindr. Kamera axial mit dem Primärstrahl anzuordnen. Auf den Diagrammen erscheinen die Interferenzen auf parallelen Geraden, deren Abstände mit zunehmendem Beugungswinkel immer geringer werden. Die auf ebenen Filmen auftretenden Interferenzbögen stellen bei dieser Aufnahmetechnik Interferenzflecken dar, deren große Achse parallel zur Strahlrichtung verläuft. Die Schichtlinien bilden ellipsenähnliche Kurven. Die erhaltenen Diagramme lassen sich bes. gut für BRAGG-Winkel zwischen 10 u. 45° verwenden. (C. R. hebd. Séances Acad. Sci. **237.** 573—75. 14/9. 1953.) GOTTFRIED. 181

C. H. Bamford und **H. Tompa,** *Über die Röntgenbeugungsdiagramme polymerer Filme.* Es wurden Gleichungen hergeleitet, welche eine Beziehung zwischen der winkelmäßigen Ausdehnung von Interferenzbögen in Röntgendiagrammen von orientierten polymeren Filmen u. der Dispersion der Kristallite herstellen. Diese Gleichungen beziehen sich auf Diagramme, bei denen der einfallende Röntgenstrahl parallel zu der Ebene des gedehnten Films verlief, während sich die ebene photograph. Platte senkrecht zu dem einfallenden Strahl befand. Gleichzeitig wird eine einfache graph. Meth. zur Messung der Dispersion beschrieben. Weiter wird ausgeführt, wie man mit Hilfe der Gleichungen die Reflexionen indizieren u. die Richtigkeit der Deutung der Diagramme kontrollieren kann. (Acta crystallogr. [Copenhagen] **6.** 417—24. 10/5. 1953. Maidenhead, Courtaulds Ltd., Res. Labor.) GOTTFRIED. 181

Jürg Waser und **Verner Schomaker,** *Die Fourier-Inversion von Beugungsdaten.* Vff. diskutieren von einem allg. Gesichtspunkt aus eine Reihe von Problemen, die mit der Verwendung der FOURIER-Methoden, speziell der FOURIER-Inversion, in Zusammenhang stehen. Zunächst wird auseinandergesetzt, daß die FOURIER-Transformation einer Summe von Prodd. wieder eine Summe ist, u. zwar die Summe der Transformationen dieser Produkte. Die Natur dieser Prodd. wird an Hand des Faltungstheorems diskutiert. Das Hauptproblem bei der Inversion von Beugungsdaten ist die Abwesenheit von experimentellen Daten für Streuwinkel, welche größer als ein Grenzwinkel sind. Behandelt wird der Einfl. der Umwandlung der beobachteten Intensitätsfunktion durch Multiplikation mit geeigneten Faktoren, den sogenannten Modifikationsfunktionen. Hierauf werden die Schwierigkeiten auseinandergesetzt, die von der Ggw. in der Intensitätsfunktion der Atomstreufaktoren u. Temperaturfaktoren herrühren. Die Ausführungen werden am speziellen eindimensionalen Fall eines Elektronenbeugungsdiagramms erläutert u. hierauf auf die Röntgenbeugung von Fll. u. amorphen festen Stoffen ausgedehnt. Zum Schluß wird die Anwendung der Modifikationsfunktionen auf die Analyse von Kristallstrukturen behandelt. (Rev. mod. Physics **25.** 671—90. Juli 1953. Houston, Tex., Rice Inst., Pasadena, Cal., Inst. of Technol.) GOTTFRIED. 181

A. Rahman, *Polarisierbarkeit des Wasserstoffmolekülions.* Die elektr. Polarisierbarkeit von H_2^+ wird in strenger Lsg. der SCHRÖDINGER-Gleichung berechnet. Eine Genauigkeit von vier Decimalstellen wird erreicht. Konvergenzangaben werden gemacht. Auf die Frage des H_2-Mol. u. seiner Wellenfunktionen wird anschließend Bezug genommen. Schließlich wird gezeigt, daß die Anharmonizität des Potentials des Molekülions wichtig ist zur Best. der Übergangsmomente, u. zwar schon für die untersten Schwingungszustände des Kerns. (Physica **19.** 145—65. März 1953. Hyderabad Deccan, India, Osmania Univ.) K. L. WOLF. 182

B. C. Frazer, *Eine Phasenumwandlung bei $ND_4D_2AsO_4$.* (Sitzungsbericht.) Wie von MATTHIAS (C. **1953.** 2241) gezeigt wurde, hat $ND_4D_2PO_4$ wie das KD_2PO_4 einen Umwandlungspunkt, der 90° höher als der des undeuterierten Salzes liegt (242° K statt 148° K). Die Umwandlungstemp. für $NH_4H_2AsO_4$ ist 216° K, was darauf hinweist, daß durch Deuterierung der Umwandlungspunkt über Zimmertemp. steigt. Dies konnte durch dielektr. u. opt. Messungen bestätigt werden; der Umwandlungspunkt wurde bei 31° gefunden. $ND_4D_2AsO_4$-Kristalle können bei Zimmertemp. direkt in der orthorhomb. Phase gewonnen werden. Die bevorzugte Wachstumsachse konnte opt. identifiziert werden; es ließ sich zeigen, daß aus ihr bei der Umwandlung die tetragonale c-Achse wird. (Physic. Rev. [2] **91.** 246. 1/7. 1953. Brookhaven, Nat. Labor.) SIEWERT. 190

H. B. Huntington, G. A. Shirn und **E. S. Wajda,** *Aktivierungsentropien für Diffusionsmechanismen.* (Sitzungsbericht.) Bei allen Diffusionsmechanismen tritt eine Entropieänderung auf, die den Diffusionskoeff. nach exp ($\Delta S/k$) beeinflußt. Es wurde versucht, diese Änderungen aus einem einfachen Atommodell abzuschätzen, bei dem die Änderung im Schwingungsspektr. durch den Gitterdefekt während des Diffusionssprunges berücksichtigt war. Die Änderungen der Atomschwingungen können vor allem aus der zentralen Abstoßungskraft entstanden gedacht werden, ihr Einfl. auf die Entropien wurde auf der Grundlage des EINSTEIN-Modells berechnet. Diese lokalen Effekte werden überlagert von den Änderungen, die in einiger Entfernung von den Defekten auftreten. Für einige Defekte ist ΔS negativ entgegen der Auffassung mancher Autoren. Für den speziellen Fall eines Zwischengitterdefekts unter Benutzung der experimentellen Werte für Cu ist ΔS ca. —4,3 k; bei einem Fehlstellendefekt hat ΔS beim gleichen Modell den Wert ca. +1 k. (Physic. Rev. [2] **91.** 246. 1/7. 1953. Rensselaer Polytechn. Inst.) SIEWERT. 190

Albert W. Overhauser, *Der Einfluß von Verunreinigungen auf die Diffusion in Festkörpern.* (Sitzungsbericht.) Die elast. Verzerrungen, die in einem Gitter durch Verunreinigungen entstehen, verändern die Potentialschranken, über die die Atome beim Diffusionsprozeß springen müssen. Eine statist. Verteilung der Schrankenhöhen ergibt sich, die die mittlere Diffusionsgeschwindigkeit um den Faktor e^{bf} steigert; hierin ist f der Atomanteil an Verunreinigungen u. b eine Konstante. Ein solcher

Anstieg der Diffusionsgeschwindigkeit wurde für kleine Mengen Cu in Ag von HOLLOMAN u. TURNBULL, für Pb in Ag von HOFFMAN u. TURNBULL, für K^+ in NaCl von ETZEL u. für Cu in Cu von Vf. beobachtet. Die Konstante b hat in diesen Fällen die Werte 10, 10^2, $0{,}5 \cdot 10^3$ u. 10^4. (Physic. Rev. [2] **91.** 246. 1/7. 1953.) SIEWERT. 190

E. Sonder, L. Slifkin und **D. Lazarus,** *Diffusion von Antimon in Silber.* (Sitzungsbericht.) Als Teil einer Untersuchungsreihe über Diffusion von Nachbarelementen in Ag wurde der Diffusionskoeff. von Sb in 99,99% ig. Ag-Einkristalle im Temperaturgebiet von 500—940° gemessen. Als Indicator diente ^{124}Sb. Es ergab sich für den Diffusionskoeff. $D = 0{,}19 \exp(-38500/RT)$ cm²/sec. Dieses Ergebnis bestätigt die früher erhaltenen Werte u. steht in scharfem Gegensatz zu den von SEITH u. PERETTI (Z. Elektrochem. angew. physik. Chem. **42.** [1936.] 570) erhaltenen Werten, die für den Diffusionskoeff. $D = 5 \cdot 10^{-5} \exp(-21700/RT)$ cm²/sec gefunden hatten. (Physic. Rev. [2] **91.** 245. 1/7. 1953. Univ. of Illinois.) SIEWERT. 190

T. Tomizuka, L. Slifkin und **D. Lazarus,** *Diffusion von Cadmium in Silbereinkristalle.* Die Diffusion von ^{115}Cd in 99,99% ig. Ag-Einkristalle wurde von Vff. im Rahmen einer Untersuchungsreihe zur Best. der Abhängigkeit der Diffusion in Ag von der Ordnungszahl gemessen. Die Messungen, die mit einem β-Zählrohr durchgeführt wurden, ergaben für die Diffusion eine Aktivierungsenergie von 41 kcal/Mol. Dieses Ergebnis weicht von dem von SEITH u. PERETTI erhaltenen (Z. Elektrochem. angew. physik. Chem. **42.** [1936.] 570) stark ab. (Physic. Rev. [2] **91.** 245—46. 1/7. 1953.) SIEWERT. 190

C. S. Fuller und **J. A. Ditzenberger,** *Diffusion von Lithium in Germanium und Silicium.* Sitzungsbericht zu der C. **1954.** 4337 referierten Arbeit. (Physic. Rev. [2] **92.** 846. 1/11.; Bull. Amer. physic. Soc. **28.** Nr. 4. 10. 18/6. 1953. Bell Telephone Labors.) SIEWERT. 190

J. C. Bowman, S. Hayes und **R. Smoluchowski,** *Röntgenuntersuchung der Graphitisierung.* (Sitzungsbericht.) Die sogenannten „carbons" haben fehlgeordnete Strukturen, die durch Tempern in Graphite von verschied. vollkommenen Strukturen übergeführt werden können. Vff. untersuchen diesen Graphitisierungsprozeß, der durch kurzes Glühen der „carbons" bei 1600—2000° durchgeführt wird, mittels Kleinwinkelstreuung bei hoher Auflösung u. Röntgenbeugungsaufnahmen. Im Winkelgebiet von 10—30′ ergibt sich aus der Kleinwinkelstreuung ein 40% ig. Zuwachs an Teilchen zwischen 100 u. 200 Å. Dieses Wachstum wird von einer Abnahme der kleineren Teilchen begleitet, die bei höheren Winkeln streuen. Beugungsdiagramme zeigen einen mit diesem Vorgang parallel laufenden Anstieg der mittleren Teilchengröße in der c-Richtung von 90 auf ca. 240 Å. Ein wahrscheinlicher Mechanismus des Wachstums wird diskutiert. (Physic. Rev. [2] **91.** 244. 1/7. 1953. Nat. Carbon Co.; Carnegie Inst. of Technol.) SIEWERT. 195

S. Hayes und **R. Smoluchowski,** *Kleinwinkelstreuung von Röntgenstrahlen von protonenbestrahltem Diamanten.* (Sitzungsbericht.) Die Unters. von Bestrahlungseffekten ist beim Diamanten wegen der hohen Gitterstabilität bes. bequem, da durch diese ein Erhitzungseffekt minimal bleibt. Vff. bestrahlten mit dem Synchrocyclotron des CARNEGIE INSTITUT OF TECHNOLOGY natürliche, ungeschnittene Diamanten in Form von Blättchen mit 360 MeV-Protonen. Die Kleinwinkelstreuung der bestrahlten u. unbestrahlten Präpp. wurde verglichen. Vorläufige Ergebnisse zeigen einen Anstieg der Streuung im Gebiet von 10—30′, eine Verfärbung wurde nicht beobachtet. (Physic. Rev. [2] **91.** 244. 1/7. 1953. Carnegie Inst. of Technol.) SIEWERT. 195

S. C. Abrahams und **J. Kalnajs,** *Die Gitterkonstanten der Alkaliborhydride und die Tieftemperaturphase von Natriumborhydrid.* Vff. bestimmten die Gitterkonstanten der Borhydride von Na, K, Rb u. Cs bei 25°. Alle vier Salze krist. kub. flächenzentriert (NaCl-Struktur), die Gitterkonstanten betragen für $NaBH_4$ 6,1635 ±0,0005, KBH_4 6,7272 ±0,0005, $RbBH_4$ 7,029 ±0,001, $CsBH_4$ 7,419 ±0,001 Å. Unterhalb eines Umwandlungspunktes bei —83° besitzt $NaBH_4$ tetragonale Struktur mit den Gitterkonstanten a = 4,354 ±0,005 u. c = 5,907 ±0,005 Å bei —195° für die transformierte raumzentrierte Elementarzelle. Das Na-Salz zeigte unter dem Einfl. der Röntgenstrahlen Purpurfärbung, die am Tageslicht langsam, beim Erhitzen auf 120° rasch wieder verschwand. Das K-Salz zeigte unter den gleichen Bedingungen schwache Blaufärbung, während die beiden anderen Salze keine sichtbare Veränderung erfuhren. Vff. diskutieren abschließend die beiden Strukturen u. errechnen den Radius des BH_4^--Ions zu ca. 2,03 Å. (J. chem. Physics **22.** 434—36. März 1954. Cambridge, Mass., MIT, Labor. for Insulation Res.) R. STEIN. 195

A. J. van Bommel, *Die Kristallstruktur von d-Rubidiumbitartrat und seine absolute Konfiguration.* d-Rubidiumbitartrat krist. in rhomb., nach [1 0 0] gestreckten Nadeln.

Dreh- u. WEISSENBERG-Aufnahmen ergaben die Zelldimensionen a = 7,665 Å; b = 10,980 Å; c = 7,917 Å (alle ±0,003 Å); Raumgruppe ist $P2_1 2_1 2_1$; Z = 4. Das mit dem Rb-Salz isomorphe *NH_4-Salz* hat a = 7,648 Å; b = 11,066 Å; c = 7,843 Å (alle ±0,003 Å). Die Parameter wurden mit Hilfe von PATTERSON- u. FOURIER-Projektionen bestimmt. Es wurden gefunden: C_1: (x =) 0,287; (y =) 0,485; (z =) 0,611. C_2: 0,474; 0,476; 0,675. C_3: 0,579; 0,383; 0,565. C_4: 0,772; 0,378; 0,628. O_1: 0,217; 0,386; 0,633. O_2: 0,229; 0,576; 0,550. O_3: 0,560; 0,593; 0,674. O_4: 0,565; 0,419; 0,496. O_5: 0,781; 0,363; 0,782. O_6: 0,881; 0,393; 0,522. Rb: 0,083; 0,217; 0,920. In dem Gitter sind Schichten von durch H-Bindungen verknüpften Tartrationen durch Schichten von Kationen getrennt. Eine genauere Diskussion der Struktur wird in Aussicht gestellt. (Proc., Kon. nederl. Akad. Wetensch., Ser. B **56**. 268—71. Mai/Juni 1953. Utrecht, Rijksuniv., Labor. voor Kristalchemie.) GOTTFRIED. 195

Adrienne R. Weill und **Pierre A. Jacquet**, *Beobachtung der Polygonisierung in Uran mit Hilfe von Röntgenbeugung.* Aus einem parallelepiped. Stäbchen von U mit einem Querschnitt von 2×2 mm wurde durch elektrolyt. Behandlung in einem Bad von Essigsäure u. Perchlorsäure ein sehr feines zylindr. Stäbchen hergestellt, das frei von jeder Spur plast. Deformation war. Bei den röntgenograph. Unterss. lieferten gewisse Stäbchen Diagramme eines wahren Einkristalls ohne Rücksicht auf die Orientierung des Röntgenstrahls in bezug auf die Kristallachsen. Auf den Diagrammen läßt sich gleichfalls das charakterist. Aussehen der Interferenzen feststellen, das ein Korn mit Substruktur liefert, d. h. ein Schwarm von kleinen Flecken mit mehr oder weniger deutlichen punktförmigen Verstärkungen. Am deutlichsten tritt diese Polygonisierung bei gegossenem U vor oder nach einer Wärmebehandlung auf oder auch nach mehreren Wärmebehandlungen, auf die eine Erholung unter schwacher Belastung folgte. Die Polygonisierung tritt dagegen nicht auf, wenn die Zahl der Wärmebehandlungen zu hoch lag. Bei ausgewalztem U erhält man keine isolierten Kristalle; auf den DEBYE-Diagrammen sind nur die auf die Textur bzgl. Verstärkungen zu beobachten. (C. R. hebd. Séances Acad. Sci. **237**. 1002—03. 28/10. 1953.) GOTTFRIED. 197

Maurice Cook, W. P. Fentiman und **Edwin Davis**, *Beobachtungen über die Struktur und die Eigenschaften von geschmiedeten Kupfer–Aluminium–Nickel–Eisen-Legierungen.* Die Unterss. wurden an komplexen Al-Bronzen mit 8—12(%) Al, 4—6 Ni u. 4—6 Fe ausgeführt. Es wurden die Phasen α, β, δ u. $\varkappa$ mit entsprechenden regellos flächenzentrierten kub., regellos raumzentriertem kub., γ-messingartigem u. geordnetem raumzentriertem kub. Gitter festgestellt u. die Phasenfelder für Gleichgewichtsbedingungen annähernd bestimmt. Nach der Struktur können die Legierungen in die drei Klassen eingeteilt werden: 1. Legierungen mit 8—9 Al, welche aus α- u. β-Phase bei 1000° bestehen u. die sich zu α u. $\varkappa$ bei niedrigeren Tempp. ändern; 2. Legierungen mit 10 Al, welche aus β-Phase bei 1000° bestehen, bzw. aus α, β u. $\varkappa$ zwischen 800 u. 900° u. aus α u. $\varkappa$ bei niedrigeren Tempp.; 3. Legierungen mit 11—12 Al, die aus β-Phase bei 1000° bestehen, die sich von $\beta + \varkappa$ zum $\alpha + \beta + \varkappa$ innerhalb eines Temperaturbereiches von 800—600° ändern u. schließlich zu $\alpha + \varkappa + \delta$ umwandeln. Die Eigg. der verschied. Legierungen werden nach einer Abschreckung, Vergütung u. Warmformgebung ohne oder mit nachfolgender Glühung angegeben. (J. Inst. Metals **80**. 419—29. April 1952. Birmingham, Imp. Chem. Ind. Ltd.) HOCHSTEIN. 197

Kurt Lücke, *Untersuchungen der Walz- und Rekristallisationstexturen von Aluminium.* 1. Mitt. *Texturen von kaltgewalztem Reinaluminium.* Die Walz- u. Rekristallisationstexturen sowie die Texturen mehrfach geglühter u. gewalzter Al-Bleche werden beschrieben u. die über die Entstehung der Rekristallisationstextur entwickelten Theorien von BURGER („orientierte Keimbldg.") u. von BECK („orientiertes Wachstum") einander gegenübergestellt. — Schrifttumsangaben. (Z. Metallkunde **45**. 86—92. Febr. 1954. Göttingen, Univ., Inst. für allg. Metallkunde.) APEL. 197

P. L. Pratt und **S. F. Pugh**, *Zwillingsakkommodation im Zink.* Eine Unters. der plast. Verformung von Zn-Einkristallen wurde nach der Opak-Halte-Meth. u. röntgenograph. zur Prüfung von Spaltflächen durchgeführt. Es wird nachgewiesen, daß vom Zwillingsschub Spannungen entstehen, die durch Knickanpassung erleichtert werden. (J. Inst. Metals **80**. 653—58. Aug. 1952. Harwell, Atom. Energy Res. Establ.) HOCHSTEIN. 197

S. E. A. Bayoumi und **E. K. Frankl**, *Grundlegende Beziehungen in der Photoplastizität.* Die bisher hauptsächlich zur Unters. von Elastizitätsproblemen benutzten photoelast. Methoden der Spannungsanalyse wurden dahingehend erweitert, daß nun auch das unelast. Verh. untersucht werden kann. Vff. leiteten eine allg. Beziehung her zwischen der opt. gemessenen relativen Verzögerung einerseits u. der Druck- u. Spannungsdifferenz andererseits. Es wird gezeigt, daß das bekannte spannungsopt. Gesetz für das elast. Verh. ein Sonderfall dieser allg. Beziehung ist. Experimentell konnte an einer Reihe von Modellmaterialien (*Catalin 800* u. *CR 39*) die erhaltene Beziehung bestätigt werden. Das Verf. für die Unterss. oberhalb der elast. Grenze führte zu einem spannungsopt. Gesetz, das dem spannungsopt. Gesetz für das elast. Verh. sehr ähnlich ist. Ebenso wie man bei der Unters. des mechan. Zustandes von Stoffen innerhalb des elast. Bereiches einen Parameter, oberhalb der Elastizitätsgrenze aber zwei Parameter benötigt, genügt zur Lsg. elast. Probleme ein Spannungsdiagramm, zur Lsg. von unelast. Problemen dagegen der Unterschied zwischen 2 Spannungsdiagrammen. Das prakt. Verf. zur Ausführung photoplast. Unterss. wird beschrieben. (Brit. J. appl. Physics **4**. 306—10. Okt. 1953. Cambridge, Univ., Engng. Labor.) GOTTFRIED. 200

R. Howick, Elasticity, plasticity and structure of matter, with a chapter on the plasticity of crystals by Dr. **W. G. Burgers**. 2nd ed. London: Cambridge U. Pr. 1954. (XVIII + 368 S., Diagr.) 45 s.

Richard Whitefield Stott, Electronic theory and chemical reactions; an elementary treatment. 3rd ed. rev. New York: Longmans. 1954. (120 S., Diagr.) $ 1,65.

A_7. Gleichgewichte. Kinetik.

G. Schwarzenbach, G. Anderegg und **R. Sallmann**, *Metallindicatoren*. 6. Mitt. *Ein auf Metallkationen ansprechendes Nitrophenol.* (5. vgl. HELLER u. SCHWARZENBACH, C. **1953**. 8944.) Aus den Verss. der Vff. über Phenolkomplexone (l. c.) ergibt sich ein allg. Prinzip der Gewinnung eines Metallkatalysators aus einem nur auf H^+-Ionen ansprechenden Indicator: Es wird eine Methyleniminodiacetatgruppe als Substituent im Mol. des Indicators eingefügt, u. zwar in Nachbarstellung zu seiner auxochromen phenol. OH-Gruppe. Letztere wird dann nicht nur Protonen, sondern auch Metallkationen anlagern können, u. sowohl die eine wie die andere dieser Rkk. wird sich auf die Farbe auswirken. So ändert *N-[5-Nitro-2-oxybenzyl]-iminodiessigsäure* (**I**) bei Zusatz von Metallkationen ihre Lichtabsorption. Die Stabilitätskonstanten der hierbei gebildeten Komplexe sind tabellar. zusammengestellt, zum Vgl. sind auch die Daten von N-[2-Oxybenzyl]-iminodiessigsäure (**II**) mit aufgenommen. Daraus geht hervor, daß bei den n. Komplexen $MPhim^-$ bzw. $MNiphim^-$ (Phim = Anion von **II**; Niphim = Anion von **I**) die Nitrogruppe im Falle von *Mg* u. *Ca* eine Erniedrigung der Stabilität zur Folge hat. Auch die Stabilität des Protonkomplexes verringert sich. Der *Ba*-Komplex erfährt durch die Nitrogruppe dagegen eine deutliche Steigerung der Stabilität. Auch die Hydrogenkomplexe des nitrierten Phenolkomplexons sind etwas weniger stabil als diejenigen von Phim. Der Hydrogenkomplex des nitrierten Phenols tritt auch beim Mg auf, während MgHPhim im Gleichgewichtsgemisch nicht angetroffen worden war (vgl. 5. Mitt.). Ferner werden die Absorptionsspektren der Komplexe u. der verschied. Dissoziationsstufen von **I** wiedergegeben. $H_3NiPhim$ u. $H_2NiPhim^-$ absorbieren sehr ähnlich wie p-Nitrophenol. Der Übergang $H_2NiPhim^- \rightarrow HNiPhim^{2-}$ entspricht der Rk. Nitrophenol → Nitrophenolat. Die Maxima für Nitrophenolat u. $HNiPhim^{2-}$ haben dieselbe Lage (398,5 mμ bzw. 398 mμ), die Bande für $HNiPhim^{2-}$ ist jedoch etwas weniger hoch ($\varepsilon_{max} = 1{,}59 \cdot 10^4$ gegen $1{,}82 \cdot 10^4$ beim Nitrophenolat), dies ist offenbar die Auswirkung der H-Brücke, welche das Proton bei $HNiPhim^{2-}$ bildet. Bei Verlust dieses Protons steigt die Extinktion des Maximums nochmals an (auf $\varepsilon_{max} = 1{,}82 \cdot 10^4$). Gleichzeitig findet eine kleine Verschiebung nach längeren Wellen statt (411 mμ). Man kann also deutlich unterscheiden zwischen einem Proton, welches in erster Linie auf dem Phenolatsauerstoff sitzt u. dessen einsames Elektronenpaar weitgehend blockiert, u. einem Proton, welches vorwiegend einem Nachbaratom angehört, wie etwa im Ion $HNiPhim^{2-}$ dem NH_3-Stickstoff, u. mit dem Phenolatsauerstoff nur eine H-Brücke bildet. Die Metallkationen in den Komplexen $MNiPhim^-$ gleichen in ihrer Wrkg. auf die Lichtabsorption einem derartig koordinativ gebundenen Proton. Sie bedingen wie das Proton in $HNiPhim^{2-}$ eine Erniedrigung der Absorptionsbande u. eine Verschiebung nach kürzeren Wellen. Diese Wrkg. nimmt in der Reihenfolge Ba^{2+}, Ca^{2+}, H^+, Mg^{2+}, Zn^{2+} zu. Dies ist also die Reihe zunehmender Beanspruchung des Elektronenpaares des Phenolatsauerstoffes in ihrer Auswirkung auf das nebenst. Resonanzsystem. Eine prakt. Bedeutung als Indicator bei Titrationen erwarten Vff. von **I** nicht.

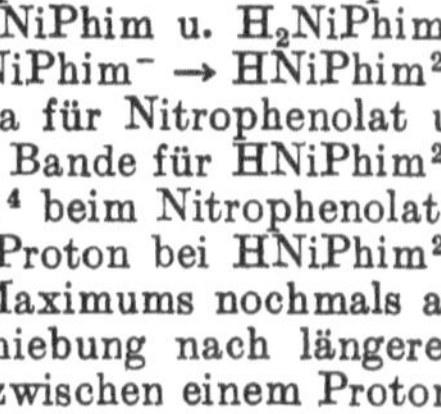

$R = CH_2—N(CH_2COO^-)_2$

V e r s u c h e: *N-[5-Nitro-2-oxybenzyl]-iminodiessigsäuredimethylester*, $C_{13}H_{16}O_7N_2$, gelbe Nadeln aus A., F. 96,5—97,5°, aus 4-Nitro-2-chlormethylphenol in Essigsäureäthylester durch Zutropfen einer Lsg. von Iminodiessigsäuredimethylester in Eisessig unter Rühren u. Eiskühlung, 2 std. Erwärmen auf 40—50°, Abfiltrieren des salzsauren Iminodiessigsäuredimethylesters u. Eindampfen des Filtrats zur Trockne; Ausbeute quantitativ. — I, $C_{11}H_{12}O_7N_2$, schwach gefärbtes Pulver aus W.-A., F. 209 bis 210° (Zers.), durch Verseifen vorst. Verb. mit 15%ig. NaOH in A. bei 40—50°, Eindampfen der Fl. im Vakuum zur Trockne, Aufnehmen in W. u. Fällen durch HCl. (Helv. chim. Acta **35**. 1794—99. 15/10. 1952. Zürich, Univ., Chem. Inst., u. Basel, Wiss. Labor. der Ciba-Akt.-Ges.) R. MATTNER. 223

Th. Bersin, *Über die Konstitution des Eisen(III)-saccharates.* In Übereinstimmung u. Ergänzung zu den Feststellungen von MANNICH u. ROJAHN (Ber. dtsch. pharm. Ges. **32**. [1922.] 158) wurde auf Grund eigener Unterss. für den wirksamen Bestandteil von Eisenzuckerlsgg. die Formel $[[Fe\langle Fe(OH)_3\rangle_3]_4[C_{12}H_{21}O_{11}]]^{-}Na^{+}$ aufgestellt. Da es keine 100%ig. reinen Fe(III)-Salzlsgg. gibt, enthält auch eine Eisenzuckerlsg. stets etwas Fe(II)-Salz. Außerdem sind in der Lsg. zusätzliche Mengen von Saccharose enthalten, die in die Hydrathülle des anion. Komplexes eindringen, jedoch so locker gebunden sind, daß sie durch Dialyse entfernt werden können. Die in obigem Komplex fest gebundene Saccharose ist als schwache Säure mit der Dissoziationskonstanten $3 \cdot 10^{-13}$ in der Lage, dem Komplex eine negative Ladung zu verleihen, dem als Gegenion das Na^+ gegenübersteht. (Pharmac. Acta Helvetiae **26**. 407—08. 29/12. 1951. Beilage zu: Schweiz. Apotheker-Ztg. St. Gallen, Hausmann Akt.-Ges., Forschungslabor.) M. D. LAUBSCHAT. 223

S. Z. Lewin, John E. Vance und **Lawrence B. Nelson,** *Die Löslichkeit von Bleichlorid in Lösungen von Natriumchlorid, Perchlorsäure und Salzsäure.* Vff. bestimmen die Löslichkeit von $PbCl_2$ in NaCl, HCl u. $HClO_4$ im Zusammenhang mit Unterss. des Kristallwachstums von $PbCl_2$. Während die Löslichkeit in NaCl-Lsgg. mit steigender Molarität zunimmt, sinkt dieselbe mit steigender $HClO_4$-Konzentration. In 0,4723 mol. NaCl-Lsg. beträgt die Löslichkeit von $PbCl_2$ 1,870, in 0,5375 mol. HCl 1,561 u. in 0,5487 mol. $HClO_4$ 10,88 g/1000 g H_2O. Die gelöste Menge $PbCl_2$ wurde durch gravimetr. Best. als $PbSO_4$ ermittelt. Die von KENDALL u. SLOAN (J. Amer. chem. Soc. **47**. [1925.] 2306) behauptete Doppelsalzbldg. zwischen $PbCl_2$ u. NaCl ($NaCl \cdot 2\ PbCl_2$) konnte nicht bestätigt werden. (J. Amer. chem. Soc. **75**. 2768. 5/6. 1953. New York, N. Y., New York Univ., Dep. of Chem.) LINK. 224

Sherman W. Rabideau, *Gleichgewichte und Reaktionsgeschwindigkeiten bei der Disproportionierung von Pu(IV).* Vf. prüft die Auffassung von CONNICK, daß der Mechanismus der Disproportionierung von Pu(IV) im wesentlichen die Umkehrung der Disproportionierung von Pu(V) nach den Gleichungen Pu(V) + Pu(III) → 2 Pu(IV) (langsam) u. Pu(V) + Pu(IV) ⇌ Pu(III) + Pu(VI) (schnell) ist, durch Best. der Gleichgewichtskonstante u. Messung der Reaktionsgeschwindigkeit der Disproportionierung von Pu(IV) als Funktion des p_H u. der Plutoniumionenkonz. in perchlorsaurer Lsg. mit $[ClO_4^-] = 1$ bei 25°. Die Berechnung der Konzz. der beteiligten Plutoniumionen erfolgte durch Messung der mittleren Oxydationszahl durch Titration u. EMK-Messungen. Die Gleichgewichtskonstante der Disproportionierung ist von der 4. Potenz der $[H^+]$ abhängig, was auf die Existenz des PuO_2^{2+} hinweist. Für die Gleichgewichtskonstante der Rk. $3\,Pu^{4+} + 2\,H_2O \rightleftharpoons 2\,Pu^{3+} + PuO_2^{2+} + 4\,H^+$ wurde 0,0089 gefunden. Die Geschwindigkeitskonstante der Rk. Pu(IV) + Pu(IV) → Pu(III) + Pu(V) ist umgekehrt proportional $[H^+]^3$, u. der geschwindigkeitsbestimmende Schritt dieser Rk. besteht höchstwahrscheinlich in $PuOH^{3+} + Pu(OH)_2^{2+} \rightarrow Pu^{3+} + PuO_2^{+} + H_2O + H^+$. (J. Amer. chem. Soc. **75**. 798—801. 20/2. 1953. Los Alamos, N. Mex., Univ. of California, Los Alamos Sci. Labor.) HARTMANN. 225

Sterling E. Voltz und **Sol Weller,** *Katalytische Aktivität und elektrische Leitfähigkeit von Chrom(III)-oxydkatalysatoren.* Vff. untersuchten die Zusammenhänge zwischen elektr. Leitfähigkeit u. katalyt. Aktivität von Cr_2O_3- u. Cr_2O_3–Al_2O_3-Katalysatoren, die einer stabilisierenden Oxydations–Reduktions-Vorbehandlung unterzogen worden waren, um reproduzierbare Eigg. zu gewährleisten. Herst. der Substanzen u. Durchführung der Messungen werden beschrieben. Die Leitfähigkeit wurde in Abhängigkeit von Temp. u. Gasatmosphäre untersucht. Die Aktivierungsenergien der Leitfähigkeit von Cr_2O_3 ergaben sich zu 9,8 (kcal/Mol) in O_2, 9,8 in Luft, 10,8 in N_2 u. 39,9 in H_2. W. hatte nur einen geringen, UV- u. Röntgenbestrahlung keinen Einfl. auf die Leitfähigkeit. Als Maß für die katalyt. Wirksamkeit diente der Austausch $H_2 + D_2 \rightarrow 2\,HD$ bei —78 u. —195°; der Oxydations- bzw. Reduktionszustand des Katalysators wurde durch diese Rk. nicht verändert. Es zeigte sich, daß die katalyt. Aktivität des Katalysators im red. Zustand größer ist als im oxydierten Zustand, obwohl die Konz. der für die Leitfähigkeit der halbleitenden Oxyde der Übergangsmetalle verantwortlichen „Störstellen" im oxydierten Zustand größer ist. Die Hypothese eines einfachen

u. direkten Zusammenhanges zwischen Leitfähigkeit u. katalyt. Aktivität scheint damit unhaltbar zu sein. (J. Amer. chem. Soc. **75.** 5227—31. 5/11. 1953. Marcus Hook, Pa., Houdry Process Corp.) KARUTZ. 227

Sterling E. Voltz und **Sol Weller,** *Der Einfluß von Wasser auf die katalytischeAktivität von Chrom(III)-oxyd.* (Vgl. vorst. Ref.) Vff. bestimmten die Adsorptionsisothermen red. (I) u. oxydierter (II) Cr_2O_3-Katalysatoren mit einer Oberfläche von 35 m^2/g nach Evakuierung bei 500° für Wasserdampf bei 30°. Eine Unters. der katalyt. Wirksamkeit beider Proben (Rk. $H_2 + D_2 \rightarrow 2\,HD$) in Abhängigkeit von den adsorbierten Wassermengen brachte folgende Ergebnisse: I: bei —78° bis zu 35 μMol H_2O/g keine Veränderung der Aktivität, bei 75 μMol merklicher Verzögerungseffekt, bei 92 μMol (entspricht einer Oberflächenbedeckung von ca. 15%) vollständige Desaktivierung; bei —124° u. 41 μMol keine Veränderung, bei 87 μMol vollständige Desaktivierung; bei -195° u. 49μMol vollständige Desaktivisierung. II: bei —78° u. 3 μMol schon verminderte Aktivität, bei 12 μMol vollständige Desaktivierung. Es wird aus diesen Ergebnissen geschlossen, daß maximal 15% der Oberfläche des red. u. 2% der Oberfläche des oxydierten Katalysators katalyt. wirksam sind. (J. Amer. chem. Soc. **75.** 5231.—32 5/11. 1953.) KARUTZ. 227

B. Anorganische Chemie.

Robert Juza und **Werner Schulz,** *Ternäre Phosphide und Arsenide des Lithiums mit Elementen der 3. und 4. Gruppe.* Durch Erhitzen von Si, Ge oder Ti mit Li-Phosphid u. P, sowie Li-Arsenid u. As wurden die im Antifluoritgitter krist. Verbb. Li_5SiP_3, a = 5,84, Li_5SiAs_3, a = 5,04, Li_5GeP_3, a = 5,82, Li_5GeAs_3, a = 6,08, Li_5TiP_3, a = 5,95, u. Li_5TiAs_3, a = 6,13 kX, dargestellt. Li u. das Element der 4. Gruppe sind statist. auf den F-Punktlagen verteilt. Ferner konnten durch Erhitzen von Li- u. Ga-Phosphid bzw. -Arsenid Li_3GaP_2 u. Li_3GaAs_2 dargestellt werden. Li_3GaP_2, das etwas Li-Phosphid gelöst enthält, krist. in einer Überstruktur des Fluoritgitters, a = 11,74 kX; Li_3GaAs_2 krist. tetragonal mit a = 11,94 u. c = 12,13 kX. In einer Übersicht über die dargestellten Verbb., die auch die von Vff. dargestellten tern. Nitride enthält, konnte gezeigt werden, daß sich diese Verbb. chem. den Verbb. der Alkalimetalle mit den Elementen der 5. Gruppe, kristallchem. den Verbb. der Alkalimetalle mit den Elementen der 6. Gruppe anschließen. (Z. anorg. allg. Chem. **275.** 65—78. Febr. 1954. Kiel, Univ., Inst. für anorg. Chem.) SIEWERT. 273

Robert Juza und **Peter Laurer,** *Zur Kenntnis des Lithiumhydrogensulfids.* Durch Einleiten von trockenem, gereinigtem H_2S in eine Lsg. von Li-Amylat in absol. Ae. wurde LiSH dargestellt. Die farblose, luftempfindliche Substanz, D. 1,38, krist. tetragonal, Raumgruppe S_4^2, a = $5{,}54_3$, c = $12{,}31_5$ kX. Die Verb. ist dem $LiNH_2$ isotyp. Die Neutralisationswärme von H_2S mit LiOH wurde zu 6,4 kcal/Mol, die Lösungswärme zu 8,5 kcal/Mol bestimmt. Die Bildungsenthalpie des LiSH aus den Elementen beträgt —60,0 kcal/Mol. (Z. anorg. allg. Chem. **275.** 79—93. Febr. 1954. Kiel, Univ., Inst. für anorg. Chem.; Heidelberg, Univ., Abt. für anorg. Chem.) SIEWERT. 273

Gerhart Jander und **Klaus Brodersen,** *Grundlagen der Chemie in geschmolzenem Quecksilber(II)-bromid.* 6. Mitt. *Das Verhalten einiger basenanaloger Quecksilber(II)-Verbindungen in Quecksilber(II)-bromidschmelzen.* (5. vgl. Z. anorg. allg. Chem. **264.** [1951.] 92 u. 2. vgl. C. **1951.** I. 171.) Hg(II)-N-Verbb. sind in geschmolzenem $HgBr_2$ potentielle Elektrolyte von basenanaloger Natur, wie vor allem durch konduktometr. Unterss. von Vff. gezeigt werden konnte. Die Stärke als basenanaloger Elektrolyt nimmt mit fortschreitendem Ersatz der auch solvenseigenen HgBr-Gruppen am N durch H zu. Reaktionsgleichungen dafür: $[(HgBr)_4N]Br = (Hg_2N)Br + 2\,HgBr_2$; $[(HgBr)_3\,NH]Br = [HgN(HgBr)H]Br + HgBr_2 = HgNH + 2\,HgBr_2$; $[(HgBr)_2NH_2]\cdot Br = (HgNH_2)Br + HgBr_2$; $2[(HgBr)NH_3]Br = Hg(NH_3)_2Br_2 + HgBr_2$; $(NH_4)Br = (NH_4)Br$. Die Löslichkeit steigt, u. die Farbe der Lsgg. wechselt von Gelb nach Farblos bei Ersatz durch H. Zu der bekannten Beobachtung, daß die Löslichkeit u. Dissoziation von Elektrolyten bei Vergrößerung des Unterschiedes im Anionen- u. Kationenvol. steigt, wäre hinzuzufügen, daß diese Löslichkeitssteigerung vor allem auch bei Substitution von solvenseigenen durch solvensfremde Gruppen auftritt. Durch neutralisationsanaloge Umsetzungen kann die basenanaloge Natur obiger Verbb. konduktometr. u. präparativ bestätigt werden. Auch Hg(II)-Verbb. mit einem dem N benachbarten Atom u. HgBr-Gruppen als Liganden können basenanaloge potentielle Elektrolyte darstellen; dies konnte an den Verbb. $(CH_3Hg)Br$; $(H_2NHg)Br$; $2(HOHg)Br = \left(O\!\begin{smallmatrix}\diagup Hg\\ \diagdown Hg\end{smallmatrix}\right)\!\begin{smallmatrix}Br\\ Br\end{smallmatrix} + H_2O$; (FHg)Br gezeigt werden. (Z. anorg. allg. Chem. **265.** 117—27. Juni 1951. Greifswald, Univ., Chem. Inst.) SIEWERT. 290

Nihar Kumar Dutt, *Chemie Seltener Erden. 8. Mitt. Urotropin- und Antipyrinkomplexe der Thiosulfate Seltener Erden.* (7. vgl. C. **1954.** 5461.) Herst. u. Eigg. der Urotropin- u. Antipyrinkomplexe von *La-*, *Ce-* u. *Pr-Thiosulfat* werden beschrieben. Die Urotropinkomplexe enthalten 3 Mol Urotropin, die Antipyrinkomplexe 6 Mol Antipyrin auf 1 Mol Thiosulfat. Die La- u. Ce-Urotropinkomplexe sind weiß, mikrokrist. u. mäßig in W. löslich. Die wss. Lsgg. zers. sich bei Verdünnung allmählich unter S-Abscheidung u. bilden beim Kochen Hydroxyd. Der Pr-Urotropinkomplex ist schwachgrün u. sonst den anderen ähnlich. Die La-Antipyrinverb. ist farblos u. krist., u. in W. etwas weniger lösl. als die entsprechende Urotropinverbindung. Die wss. Lsg. zers. sich in der Kälte langsam, in der Hitze schnell unter S-Abscheidung. Sie schm. oberhalb 300° unter Zersetzung. Die Ce-Antipyrinverb. ist der La-Verb. ähnlich u. schm. oberhalb 320° unter Zersetzung. Auch die Pr-Verb. ist der des La ähnlich, nur ist sie hellgrün. Sie schm. unter Zers. zwischen 320 u. 330°. (J. Indian chem. Soc. **28.** 533—34. Sept. 1951. Calcutta, Univ. Coll. of Sci., Inorg. Chem. Labor.) R. LEVI. 305

Eugene G. Rochow, Dietmar Seyferth und **A. C. Smith jr.**, *Verbindungen des Dimethylzinnkations und ihre Ähnlichkeit mit Verbindungen des zweiwertigen Zinns und Bleis.* Es wurden verschied. Salze des Dimethylzinnkations (I) erstmalig hergestellt. Die I-Salze entstanden aus I-*Dichlorid*, das nach $(CH_3)_2SnCl_2 + nH_2O \rightarrow (CH_3)_2 \cdot Sn(H_2O)_n^{2+} + 2Cl^-$ dissoziiert, in guten Ausbeuten durch doppelte Umsetzung mit den entsprechenden Alkalisalzen nachst. Säuren: *Chrom-*, *Arsen-*, *Oxal-*, *Salicyl-*, *Phthal-*, *Bernstein-*, *Molybdän-*, *Wolfram-*, *Ferricyanwasserstoff-*, *Vanadin-*, *Jod-* u. *Benzoesäure*, während für folgende I-Salze nur qualitative Beweise für ihre Bldg. vorlagen: I-*Cyanat*, I-*Thiocyanat*, I-*Antimonat*, I-*Azid*, I-*Jodid*, I-*Metaborat*, I-*Phosphat* u. I-*Hypophosphit*. Die hergestellten I-Salze werden den entsprechenden Salzen des Sn^{II} u. Pb^{II} als sehr ähnlich befunden, außerdem wird eine Ähnlichkeit mit den entsprechenden Tl^{I}-Salzen diskutiert. Vff. nehmen hierzu an, daß im Gegensatz zu dem wasserfreien I-Dichlorid, in dem wahrscheinlich die $5s^2$- u. $5p^2$-Elektronen sich auf sp-Bastardbahnen befinden, im I die $5s^2$-Bahnen von den Elektronen der Methylgruppen besetzt sind u. das resultierende I als $:Sn^{2+}$ anzunehmen ist. Hierbei bedeuten die Punkte die nicht an der Bindung beteiligten Elektronen.

Versuche: Bas. *Dimethylzinn* (I)-*chromat*, $C_2H_6SnO \cdot C_2H_6SnCrO_4$, gelbes Pulver, unlösl. in W. u. organ. Lösungsmitteln, lösl. in konz. H_2SO_4 u. konz. wss. NaOH, schm. bis 350° nicht; die Bldg. eines bas. Salzes wird auf das Bestehen eines Gleichgewichtes $[(CH_3)_2Sn(H_2O)_n]^{2+} + H_2O \rightleftarrows [(CH_3)_2Sn(H_2O)_{n-1}OH]^+ + H_3O^+$ zurückgeführt, es wird angenommen, daß das bas. Salz unlöslicher als das neutrale Salz ist. — I-*Arsenat*, $C_2H_6SnHAsO_4$, F. >350°, aus I-Dichlorid u. $Na_2HAsO_4 \cdot 7H_2O$ in Wasser. — I-*Oxalat*, $C_2H_6SnC_2O_4 \cdot H_2O$, aus I-Dichlorid u. einer gesätt. wss. Oxalsäurelsg., das I-Oxalat·H_2O läßt sich reversibel entwässern (Temp. 110°). — I-*Salicylat*, $C_2H_6SnC_{14}H_{10}O_6$, F. 205—206° (Bzl.), aus wss. I-Dichlorid u. Na-Salicylat. — I-*Phthalat*, $C_2H_6SnC_8H_4O_4$, Zers. >360°, aus I-Dichlorid u. KH-Phthalat. — I-*bas.* (?) *Succinat*, $C_2H_6SnO \cdot C_2H_6SnC_4H_4O_4$, (C berechnet 22,19, gefunden 22,40), aus I-Dichlorid u. wss. Na-Succinat. — I-*Molybdat*, $C_2H_6SnMoO_4$, aus I-Dichlorid u. Na-Molybdat, Zers. >343°. — I-*Wolframat*, $C_2H_6SnWO_4$, aus I-Dichlorid u. Na-Wolframat, Zers. >330°. — I-*Ferricyanid*, $(C_2H_6Sn)_3[Fe(CN)_6]_2$, als durch W. zers. Verb., Zers. >335 bis 360°; beim Erwärmen in W. entsteht wahrscheinlich I-*Aquoprussid*, $(CH_3)_2Sn \cdot [Fe(CN)_5H_2O]$, als grüne Substanz; die Analysenwerte könnten auch noch auf ein Tetrahydrat des I-Ferricyanids hindeuten, die Bldg. dieser Verb. wird aber als unwahrscheinlich angesehen. — *Bas.* I-*Ferrocyanid*, $(C_2H_6SnO \cdot (C_2H_6Sn)_2Fe(CN)_6$, gelbes Pulver, Zers. >310° wie vorst. erhalten, wird in wss. Suspension farblos. — *Bas.* I-*Benzoat*, $C_2H_6SnO \cdot C_2H_6Sn(C_7H_5O_2)_2$, F. 236—237° (Bzl.) aus I-Dichlorid u. NH_4-Benzoat in Wasser. (J. Amer. chem. Soc. **75.** 3099—3101. 5/7. 1953. Cambridge, Mass., Harvard Univ., Mallinckrodt Labor. of Chem.) ZIMMER. 327

Ja. I. Olschanski und **W. K. Schlepow**, *System Cr–Cr_2O_3.* Erhitzen von Cr_2O_3 (I) u. H_2 im Mo-Ofen bei 1470—1680° (15—180 Min.) führte nach dem mkr. Befund in allen Fällen zur Bldg. von Cr. Ob hierbei *CrO* (II) entsteht, konnte nicht entschieden werden. Beim Schmelzen von I + Cr-Tabletten in Ar trat ein Eutekticum bei 1660° u. ca. 20% Cr auf. Die Zus. des fl. Eutekticums entsprach fast der Zus. von II. Die Best. des F. von Cr (99,5% Reinheit) ergab einen Wert von 1900°. Das Zustandsdiagramm von Cr–I zeigte eine F.-Abnahme von 90° in Ggw. von 1% I u. ein Eutekticum bei 1660° u. 20% Cr. II oder andere niedrigere Cr-Oxyde als I wurden in der festen Phase nicht nachgewiesen. (Доклады Академии Наук СССР [Ber. Akad. Wiss. UdSSR] [N. S.] **91.** 561—64. 21/7. 1953. Inst. für geol. Wiss. der Akad. der Wiss. der UdSSR.) LEBTAG. 335

O. Schmitz-Dumont und **Paul Opgenhoff,** *Über das Verhalten von Molybdän- und Wolfram(VI)-oxyd gegenüber wässerigem Kaliumfluorid.* (Vgl. C. **1953.** 7043.) Aus einer Lsg. von MoO_3 in heißer wss. KF-Lsg. krist. unter verschied. Bedingungen die Verbb. $K_3MoO_3F_3$ (**I**), $K_2MoO_3F_2$ (**II**), $K_3Mo_4O_{13}F \cdot 3H_2O$ (**III**), $K_2MoO_2F_4 \cdot H_2O$ (**IV**) u. $K_2Mo_4 \cdot O_{13}$ (**V**). Als stabil ist **III** anzusehen, es bildet sich aus einer Lsg. von MoO_3 in wss. KF bei einem Molverhältnis KF:MoO_3 $<6:1$ nach der Gleichung $3KF + 4MoO_3 + 4H_2O \rightarrow K_3Mo_4O_{13}F \cdot 3H_2O + 2HF$. Aus der Mutterlauge von **III** kann **IV** nach der Gleichung $2KF + MoO_3 + 2HF \rightarrow K_2MoO_2F_4 \cdot H_2O$ erhalten werden. Die aus **III** durch Erhitzen zu erhaltende Verb. $K_3Mo_4O_{13}F$ ist mit der im Syst. **V**–KF vorkommenden inkongruent schm. Verb. röntgenograph. identisch. Liegt in der Ausgangslsg. ein Molverhältnis KF:MoO_3 $>6:1$ vor, so entsteht **I**. Beim Erkalten von dessen Filtrat bildet sich **II**, daß sich nicht aus H_2O umkrist. läßt, sondern dabei das Hydrolysenprod. **III** ergibt. Aus einer Lsg. mit KF:MoO_3 = 1:2 erhält man **V**. — Im Syst. WO_3—KF—H_2O konnte nur die Existenz der Verb. $K_2WO_3F_2 \cdot H_2O$ nachgewiesen werden, die sich aus konz. heißer Lsg. von $K_3WO_3F_3$ nach Zusatz von festem KF ausscheidet. Die Verb. ist schwer lösl. in wss. KF, in H_2O tritt Hydrolyse zu Bodenkörpern verschied. Zus. ein. (Z. anorg. allg. Chem. **275.** 21—31. Febr. 1954. Bonn, Univ., Chem. Inst., Anorg. Abt.) SIEWERT. 337

Walter Rüdorff und **Gerhard Valet,** *Über das Ceruranblau und Mischkristalle im System CeO_2—UO_2—U_3O_8.* Ausführliche Mitt. der C. **1953.** 2405 referierten Arbeit. Nachzutragen ist, daß durch Glühen der CeO_2-$UO_{2,0}$-Mischkristalle in O_2 keine vollständige Oxydation des UO_2 zu $UO_{2,67}$ zu erreichen ist. Vielmehr bilden sich unter Erhaltung des Fluoritgitters CeO_2–UO_x-Mischkristalle (x zwischen 2,3 u. 2,6), deren Gitterkonstante kleiner als die der entsprechenden CeO_2–$UO_{2,0}$-Mischkristalle ist. Unter besonderen Bedingungen gelingt jedoch die Darst. von CeO_2–$UO_{2,67}$-Mischkristallen mit Fluoritstruktur bei einem CeO_2-Geh. von 100—55 Mol-%. Der gesätt. Mischkristall der ungefähren Zus. $(Ce_{0,55}U_{0,45})O_{2,3}$ hat a = 5,410 kX. Aus Dichtemessungen ergibt sich, daß in den Ce-reichen CeO_2–$UO_{2,67}$-Mischkristallen O in Lücken des Fluoritgitters eingebaut ist. Mit sinkendem Ce:U-Verhältnis findet daneben auch Substitution statt. (Z. anorg. allg. Chem. **271.** 257—72. März 1953. Tübingen, Univ., Chem. Inst., Anorg. Abt.) B. REUTER. 339

G. Brauer und **R. Tiessler,** *Über das Ceruranblau.* Vff. berichten über die chem. u. röntgenograph. Unterss. der hydrat., aus wss. Lsgg. unter Variation der Darstellungsbedingungen gefällten Ceruranblau-Verbindungen. Die dabei erhaltenen Ergebnisse führen zusammen mit einer Prüfung der auftretenden Farben zu der Anschauung, daß es sich nicht um chem. Individuen konstanter Zus., sondern bzgl. des Mengenverhältnisses U:Ce um Phasen aus einem größeren Homogenitätsgebiet u. bzgl. des Wassergeh. um Oxydaquate handelt. (Z. anorg. allg. Chem. **271.** 273—80. März 1953. Freiburg/Br., Univ., Chem. Labor., Anorgan. Abt.) R. STEIN. 339

Oskar Glemser und **Hans Schröder,** *Über Manganoxyde.* 2. Mitt. *Zur Kenntnis des Mangan(VII)-oxyds.* (1. vgl. C. **1939.** II. 3958.) Vff. beschreiben die Darst. von Mn_2O_7 (**I**) aus $KMnO_4$ u. konz. H_2SO_4. **I** ist eine in der Aufsicht grüne, in der Durchsicht rote, ölige Fl. vom F. 5,9° u. dem Zersetzungspunkt ~55°. $D._4^{20}$ 2,396; elektr. Leitfähigkeit $\varkappa < 4 \cdot 10^{-9} \Omega^{-1} cm^{-1}$. $DK._{20°}$ = 3,28. Bei der langsamen Zers. von **I** bildet sich MnO_2, beim explosionsartigen Zerfall α-Mn_2O_3 neben geringen Mengen von Mn_3O_4. Zerfallsenthalpie nach **I** = α-Mn_2O_3 + 2 O_2 $\Delta H = -55{,}3 \pm 0{,}5$ kcal. Bildungsenthalpie nach 2 Mn + 5/2 O_2 = **I**: $\Delta H = -177{,}4 \pm 1{,}6$ kcal. **I** ist außerordentlich gefährlich, die Schlagempfindlichkeit entspricht der des Knallquecksilbers, seine Detonationsgeschwindigkeit beträgt 400 m/Sekunde. (Z. anorg. allg. Chem. **271.** 293—304. März 1953. Aachen, Rhein.-Westfäl. TH, Inst. für anorg. Chem. u. Elektrochem.) R. STEIN. 350

Georg Brauer, Hrsg., Handbuch der präparativen anorganischen Chemie. Stuttgart: Enke. 1954. (XIX + 1439 S. m. 318 Abb.) DM 199,—.

C. Mineralogische und geologische Chemie.

S. Epstein, R. Buchsbaum, H. A. Lowenstam und **H. C. Urey,** *Revidierte isotopische Wasser–Carbonat-Temperaturskala.* Mit modifizierten Untersuchungsmethoden wurden die Beziehungen zwischen Temp. u. ^{18}O-Geh. an einem kretaz. Belemniten der Pee Dee-Formation neu bestimmt. Es wurde die Beziehung gefunden: t (C°) = 16,5 bis 4,3 δ + 0,14 δ^2, wobei δ die Differenz zwischen dem $^{18}O/^{16}O$-Verhältnis in $^0/_{00}$ in der Probe u. im Vergleichsgas bedeutet. Diese Beziehung ist in Übereinstimmung mit einer früher an anorgan. gefälltem $CaCO_3$ gewonnenen. (Bull. geol. Soc. America **64.** 1315—25. Nov. 1953. Pasadena, Calif., Inst. of Technol.) HILLER. 378

H. Schwander, *Bestimmung des relativen Sauerstoffisotopenverhältnisses in Silicatgesteinen und -mineralien.* An 70 Mineralien u. Gesteinen wird das Sauerstoffisotopenverhältnis gegen ein Standardgas bestimmt. Der Analyse liegt die Rk. $SiO_2 + 3C = SiC + 2CO$ zugrunde, die quantitativ verläuft, wenn das gepulverte Silicat mit Graphit vermischt u. im Vakuum auf 2000° erhitzt wird. Es zeigt sich, daß der ^{18}O-Geh. von Tiefengesteinen über metamorphe Gesteine zu den Sedimentgesteinen ansteigt. Der größte festgestellte Unterschied beträgt 39‰. Die Vulkanite u. die Sedimentgesteine zeigen eine viel stärkere Streuung als die Tiefengesteine u. Metamorphite. Die Streuung bei den Sedimenten beruht darauf, daß sich das Austauschgleichgewicht oft nur unvollständig einstellt. So weist z. B. der grobe Quarzsand der *Huppererde* ein relativ niedriges $^{18}O/^{16}O$-Verhältnis auf. Infolge der geringen Oberfläche der gerundeten Quarzkörner fand kein wesentlicher Isotopenaustausch zwischen ihnen u. dem W. statt. Umgekehrt verhält es sich bei den stark dispersen Kieselerden, z. B. *Radiolarite,* die die höchsten $^{18}O/^{16}O$-Verhältnisse haben. (Geochim. cosmochim. Acta [London] **5.** 261—91. Dez. 1953. Basel, Univ., Mineralog.-Petrogr. Inst.) HILLER. 378

K. J. Murata, H. J. Rose jr. und **M. K. Carron,** *Systematische Variation von Seltenen Erden in Monaziten.* Es wurden 10 Monazite von verschied. Vork. auf *La, Ce, Pr, Nd, Sm, Gd, Y* u. *Th* chem. u. spektrograph. analysiert. Werden die Resultate ohne Berücksichtigung von Th auf Atomprozente der gesamten Seltenen Erden berechnet, so zeigt sich eine beachtliche Variation in den Anteilen mit Ausnahme des Pr, das relativ konstant ist. Der Grund liegt darin, daß die Monazite verschied. Stadien eines fraktionierten Ausscheidungsprozesses darstellen u. die Seltenen Erden steigen mit ihrer Ausscheidung bei fallendem Ionenradius. Durch fraktionierte Ausscheidung muß ein Ansteigen von La u. Ce wenig Veränderung bei Pr u. einen Rückgang bei Nd, Sm, Gd u. Y zur Folge haben. Durch abnormal hohe oder niedrige Temp. können Abweichungen zustande kommen. Die folgenden halbquantitativen Regeln zeigten sich bei Monazit. 1. Die Summe von La u. Nd ist sehr nahe konstant bei 42 At.-%. 2. Pr ist sehr nahe konstant bei 5 At.-%. 3. Die Summe von Ce, Sm, Gd u. Y ist sehr nahe konstant bei 53 At.-%. Zwischen dem Th-Geh. u. dem der Seltenen Erden konnte keine Beziehung festgestellt werden. (Geochim. cosmochim. Acta [London] **5.** 292—300. Dez. 1953. Washington, D. C., US Geol. Survey.) HILLER. 378

H. M. E. Schürmann, *Beiträge zur Glaukophanfrage.* 2. Mitt. *Queensland, Kuba, Kalifornien, Val de Bagnes/Schweiz.* (1. vgl. C. **1952.** 1139.) Die Unters. von Glaukophaniten zeigt, daß Glaukophan u. *Crossit* Übergänge nach *Riebeckit* zeigen. Der *Granat* ist aus 4 Komponenten zusammengesetzt u. bildet einen eigenen Typus mit n = 1,80, D. = 3,90, a = 11,59 Å. Die Bldg. verschied. Glaukophanite wird behandelt. Die paläozoischen aus Queensland stehen mit einer altpaläozoischen Orogenese u. bas. Eruptiven in Verbindung. Die aus kretaz. Serpentinen von Kuba sind wahrscheinlich das Prod. älterer mesozoischer Ophiolite. Bei verschied. Vorkk. aus Kalifornien wird Natronzufuhr in Verbindung mit jurass. Serpentinintrusionen angenommen. Schweizer Glaukophanite werden als Prodd. der alpinen Metamorphose mit Natronzufuhr an Sendimenten carbon. Alters gedeutet. In der Hauptsache treten Glaukophangesteine u. verwandte epimetamorphe Schiefer in Gebieten intensiver Tektonik auf. (Neues Jb. Mineralog., Abh. **85.** 303—94. Okt. 1953. Den Haag, Holland.) HILLER. 380

James H. Brown jr. und **W. D. Keller,** *Uran im tonigen Anteil eines schwarzen, radioaktiven Schiefers.* Es werden Unterss. über den U-Geh. eines schwarzen Schiefers von Ste. Genevieve mitgeteilt. Nach voraufgegangener Siebung des Materials werden die Unterss. nach 3 verschied. Methoden ausgeführt: 1. Fluorescenzanalyse einer Reihe von Gemischen des Schiefers mit einem standardisierten Ton ergeben nach NaF-Schmelze den höchsten U-Geh. in den kohlenstoffärmsten Anteilen, was auf Konz. von U in den tonigen Anteilen des Schiefers hindeutet. 2. 24std. Extraktionsverss. an 2 g-Proben mit je 50 ml Lösungsm. u. anschließende Fluorescenzanalyse der durch Eindampfen konz. Extrakte liefern gute Extrahierbarkeit von U durch HCl, HNO_3, H_2SO_4, Königswasser u. verd. Na_2CO_3-Lsg.; heißes u. kaltes W., A., CS_2 u. CCl_4 extrahieren kein U, n-Propylalkohol nur einen Teil u 3. Kationenaustauschverss. an 10 g-Proben von gepulvertem Material mit 1 Liter 0,1 n KCl bzw. 1 Liter 0,5 n $BaCl_2$ zeigen keinen Austausch von U in die wss. Lsg., was darauf schließen läßt, daß U im tonigen Anteil in nicht leicht austauschbarer Form vorliegt. (Science [Washington] **116.** 632—33. 5/12. 1952. Columbia, Mo., Univ. of Missouri, Dep. of Geol.) WEIGEL. 383

Ralph L. Erickson, *Stratigraphie und Petrologie des Tascotal-Mesa-Bezirks, Texas.* Die Gesteine u. ihre Stratigraphie der Gegend von Presidio u. Brewster Co., Texas, werden beschrieben. Nach einer geolog. Einleitung werden die Kalke u. Tone des kretaz. Syst., danach die Vulkanite des tert. Syst. u. die sauren Intrusivgesteine des Quartärs behandelt. (Bull. geol. Soc. America **64.** 1353—86. Dez. 1953. Austin, Tex., Univ.) HILLER. 385

E. Niggli und **A. C. Tobi,** *Über ein Cummingtonit–Quarz-Plagioklasgestein als Glazialgeschiebe in Drente (Niederlande), mit einer Bemerkung über die röntgenographische Bestimmung der Amphibole.* Vff. untersuchten ein Gestein aus dem Zijerveld, südöstlich von Norg, welches auf Grund seines Vork. als Glazialgeschiebe angesprochen werden muß. Mkr. wurden als Hauptgemengteile Cummingtonit, *Hornblende, Quarz* u. *bas. Plagioklas* erkannt. Die stengelige, farblose Hornblende (40 Vol.-% des Gesteins) wurde röntgenograph. als Cummingtonit bestimmt. Seine Brechungsindices sind $n_\alpha = 1{,}634 \pm 2$; $n_\beta = 1{,}652 \pm 1$; $n_\gamma = 1{,}668 \pm 2$; $2\,V = +76$; Dispersion $r < v$. Die Menge des Quarzes im Gestein beträgt 30 Vol.-%, die des Plagioklases ca. 25 Vol.-%. Das Gestein kann als *Cummingtonit–Plagioklasquarzit* bezeichnet werden. Mit dem Zweck, festzustellen, ob sich die verschied. Hornblendearten auf Grund ihrer Pulverdiagramme unterscheiden lassen, wurden Aufnahmen von einem Grünerit, zwei Cummingtoniten, je einem Aktinolith, brauner Hornblende u. Glaukophan angefertigt. Aus den Aufnahmen ergab sich, daß sich schon visuell die Cummingtonit–Grünerit-Hornblenden von den anderen monoklinen Hornblenden unterscheiden lassen. Für einen Cummingtonit wurde die Elementarzelle zu $a = 9{,}96$ kX, $b = 18{,}25$ kX; $c = 5{,}35$ kX; $\beta = 110^\circ 30'$ bestimmt. Für einen Aktinolith aus dem Zillertal ist $a = 10{,}14$; $b = 18{,}00$; $c = 5{,}28$ kX; $\beta = 106^\circ 44'$. (Proc., Kon. nederl. Akad. Wetensch., Ser. B **56.** 280—84. Mai/Juni 1953.) GOTTFRIED. 385

Yehia Anwar, *Über das alte und neue System der Nomenklatur vulkanischer Gesteine.* Auf Grund von 183 nach dem Syst. von A. RITTMANN umgerechneten chem. Analysen von Gesteinen der Indones. Vulkane kommt Vf. zu einer Namengebung, die zum Teil von den alten Namen abweicht. Alte u. neue Namen sind tabellar. zusammengestellt. (Bull. volcanol. [Napoli] [2] **14.** 59—77. 1953. Alexandria, Univ., Geol. Dep.) HILLER. 386

A. Rittmann, *Magmatischer Charakter und tektonische Anordnung der Indonesischen Vulkane.* Vf. empfiehlt ein si-an-Diagramm zur Best. des magmat. Charakters von Gesteinen u. Laven. Das Verf. wird auf die Gesteine der Indones. Vulkane angewandt u. läßt erkennen, daß bei den Magmen der akt. Indones. Vulkane die mit Kalk–Alkali-Charakter an der Außenseite des orogenen Gürtels liegen u. daß die Laven der Vulkane auf der Innenseite mehr u. mehr alkal. werden. (Bull. volcanol. [Napoli] [2] **14.** 45—58. 1953. Alexandria.) HILLER. 386

L. Visse, Genèse des gîtes phosphatés du Sud-Est algéro-tunisien. Alger: Mâcon, impr. de Protat frères. 1952. (59 S.)

D. Organische Chemie.

D_1. Allgemeine und theoretische organische Chemie.

Gertrud P. Nordheim und **H. Sponer,** *Berechnung der Elektronenniveaus in Pyridin und den isomeren Picolinen.* (Sitzungsbericht.) Mit Hilfe der M.O.-Meth. werden die Elektronenniveaus von *Pyridin* u. den *Picolinen* berechnet. Der durch das N-Atom verursachte Wechsel in der Ladungsverteilung des aromat. Rings im Pyridin wird so behandelt, daß in die Säkularmatrix ein Störparameter eingesetzt wird. Bei den isomeren Picolinen wird ebenfalls ein entsprechender Störparameter eingeführt. Das Niveauschema ist unvollständig, weil die 2 sp^2-Elektronen des N-Atoms nicht in die Berechnung einbezogen sind u. das Überlappungsintegral nicht berücksichtigt worden ist. (Physic. Rev. [2] **83.** 245. 1/7.; Bull. Amer. physic. Soc. **26.** Nr. 3. 54. 26/4. 1951. Duke Univ.) D. HAHN. D 10

P. O. Löwdin und **H. Sponer,** *Berechnung der Elektronenniveaus in Pyridin und den isomeren Picolinen einschließlich Überlappung.* (Vgl. vorst. Ref.) (Sitzungsbericht.) Vff. benutzen die halbempir. M.O.-Meth., um *Pyridin* u. die isomeren *Picoline* zu untersuchen, wobei sie die Überlappungsintegrale berücksichtigen. Dadurch werden sowohl die Elektronenniveaus als auch die Ladungsdichten beeinflußt. (Physic. Rev. [2] **83.** 245. 1/7.; Bull. Amer. physic. Soc. **26.** Nr. 3. 54. 26/4. 1951. Duke Univ.) D. HAHN. D 10

Mantrala L. N. Sastri und **H. Sponer,** *Fluorescenz von Benzotrifluorid und p-Xylol im nahen Ultraviolett.* (Vgl. C. **1953.** 7048.) (Sitzungsbericht.) Es werden die UV-Fluorescenzspektren von *Benzotrifluorid* (**I**) u. *p-Xylol* (**II**) in der Dampfphase mit Hilfe kondensierter Funken von Sn, Mn, Fe u. einem Hg-Bogen als erregender Lichtquellen untersucht. Der Druck variiert zwischen 1—20 mm Hg, so daß „Hochdruck"-Fluorescenzspektren erhalten werden. Sie reichen für **I** von 2640—2925 Å u. für **II** von 2620—3150 Å. Für **I** werden folgende Grundzustandsfundamentalschwingungen beobachtet: 141, 338, 623, 1004 cm^{-1} u. für **II** 388, 458, 648, 829 u. 1208 cm^{-1}. (Physic. Rev. [2] **83.** 245. 1/7.; Bull. Amer. physic. Soc. **26.** Nr. 3. 54. 26/4. 1951. Duke Univ.) D. Hahn. D 118

Gerald Branch und **Harold Walba,** *Spektrophotometrische Untersuchung der Reaktionen zwischen p-Aminotriphenylcarbinolen und konzentrierter Schwefelsäure.* (Vgl. Walba u. Branch, C. **1952.** 3624 u. J. Amer. chem. Soc. **75.** [1953.] 2149.) Vff. untersuchen die Absorptionsspektren von *p-Dimethylaminotriphenyl-* (**I**), *p-Methylphenylaminotriphenyl-* (**II**), *p-Phenylaminotriphenyl-* (**III**), *p-Diphenylaminotriphenyl-* (**IV**), *3-Carbazyldiphenyl-* (**V**), *Diphenyl-* (**VI**) u. *Triphenylcarbinol* (**VII**), von *Tris-[p-dimethylamino]-* (**VIII**), *Bis-[p-dimethylamino]-* (**IX**) u. *p-Dimethylamino-p'-phenylaminotriphenylcarbinol* (**X**) zwischen 270 u. 750 mμ in konz. H_2SO_4 (D. 1,84). Es werden die charakterist. Unterschiede in den Spektren von benzoiden u. chinoiden Formen u. Carboniumionen diskutiert. — Die Verbb. **I** u. **VI**—**IX** (ohne „endständige" Phenylgruppe) bilden Carboniumionen; je größer deren positive Ladung ist, um so größer ist die Tendenz des Bisulfations, sich mit dem Zentral-C-Atom unter Bldg. eines benzoiden Ions zu vereinigen. Das Spektr. von **VIII** zeigt keine Banden; es ist anzunehmen, daß sich das entsprechende Carboniumion mit 4 positiven Ladungen vollständig mit HSO_4^- zu einem benzoiden Ion umsetzt. Ein Vgl. der Spektren (in konz. H_2SO_4) zeigt: a) im Bereich 375—475 mμ existiert nur 1 Bande für Diphenylmethyl-, dagegen zwei für Triphenylmethylionen; b) im Triphenylmethylion selbst hat die dritte Phenylgruppe hypsochrome Wrkg.; c) die Einführung der ersten $[(CH_3)_2NH]^+$-Gruppe bewirkt einen bathochromen Effekt auf die erste Bande (im längerwelligen Bereich), einen hypsochromen auf die zweite (im kürzerwelligen Bereich), die zweite Dimethylammoniumgruppe verhält sich umgekehrt. Ein Zusammenhang zwischen y-Banden (die bei kürzeren Wellenlängen liegende der beiden starken Banden zwischen 340 u. 540 mμ) der chinoiden Ionen u. der Basenstärke der zugehörigen Farbbasen wird diskutiert. — Die endständige Phenylgruppe bei **II**—**V** ist in einem Carboniumion von dem übrigen Mol. isoliert, nimmt jedoch teil an der Konjugation in einem chinoiden Ion, dessen Bldg. deshalb begünstigt sein müßte. **V** liegt ausschließlich als chinoides Ion vor, **IV** wird sulfoniert, bevor das Spektr. aufgenommen werden kann, u. **II** u. **III** werden durch konz. H_2SO_4 in die Carboniumionen umgewandelt. Die endständige N-Phenylgruppe wirkt nicht auf die Frequenz der ersten Bande ein u. hat bathochromen Einfl. auf die zweite Bande. — **II**—**V** u. **X** werden beim längeren Stehen in konz. H_2SO_4 sulfoniert (Rk. ist 1. Ordnung in bezug auf den gelösten Stoff; Halbwertszeit für **IV** < 5 Min., **III** ~2 Tage, **V** ~1 Tag), was in allen Fällen zur Ausbildung eines chinoiden Ions führt. — Vff. untersuchen für chinoide Ionen die Abhängigkeit $\lambda_x = f(\lambda_y)$ in verschied. Lösungsmitteln (Essigsäure, $CHCl_3$, konz. H_2SO_4 u. 50%ig. H_2SO_4 in Essigsäure) u. diskutieren die Ergebnisse. Einzelergebnisse: λ_{max} in mμ u. $\varepsilon \cdot 10^{-3}$ zwischen 275 u. 700 mμ in konz. H_2SO_4: **I**, λ_{max} 466, $\varepsilon \cdot 10^{-3}$ 33; 385, 28; 299, 2; Carboniumion (C). — **II**, 446, 35; 396, 29; 283, 2; C. — **III**, 446, 35; 392, 29; 288, 3; C. — **IV**, 560, 50; 395, 14; 280, 11; chinoid (Q). — **V**, 517, 50; 395, 20; 355, 13; Q. — **VI**, 442, 53; 300, 3; C. — **VII**, 428, 38; 409, 38; 288, 1; C. — **VIII**, keine Banden, benzoid. — **IX**, 434, 32; 388, 27; 288, 2; C. — **X**, 490—470, —; 440, 20; 410—390, —; 350—330, —; C u. Q. (J. Amer. chem. Soc. **76.** 1564—69. 20/3. 1954. Berkeley, Calif., Univ., Chem. Labor.) G. Winkler. D 118

Joseph H. Rush und **H. Sponer,** *Absorptionsuntersuchungen von Dämpfen der isomeren Picoline im nahen Ultraviolett.* (Sitzungsbericht.) Bei Unterss. der nahen UV-Absorptionsspektren von *α-*, *β-* u. *γ-Picolin*-Dampf werden zwei Elektronenübergänge in der Nähe von 35500 u. 38500 cm^{-1} nachgewiesen. Der erste Übergang gehört einem Syst. scharfer Banden an, das dem Pyridinspektr. im selben Gebiet gleicht. Der zweite Übergang wird durch ein diffuses Syst. dargestellt, welches den Spektren einiger substituierter Benzole ähnelt u. im selben Bereich wie die Benzolgruppe liegt. Die Intensität des diffusen Syst. ist beträchtlich größer als die des scharfen Systems. Beide zeigen Charakteristiken erlaubter Übergänge. Das diffuse Syst. in *β*-Picolin scheint eine Superposition eines anderen Syst. zu enthalten. (Physic. Rev. [2] **83.** 245—46. 1/7.; Bull. Amer. physic. Soc. **26.** Nr. 3. 54. 26/4. 1951. Duke Univ.) D. Hahn. D 118

Harold P. Stephenson, *Vergleich der Absorptionsspektren im nahen Ultraviolett von einigen Pyridinderivaten in verschiedenen Lösungsmitteln.* (Sitzungsbericht.) Vf. mißt die UV-Absorptionsspektren von *Picolinsäure, Nicotinsäure, Isonicotinsäure*, α-, β-, γ-*Picolin* u. α-*Chlorpyridin* (I) in fl. Lösungsmitteln. Im Spektralbereich von 2200 bis 3000 Å wird beobachtet, daß verschied. Lösungsmittel verschied. Auswirkungen auf die Elektronenübergänge zeigen. Es werden H_2O, Isooctan u. 95%ig. wss. A. als Lösungsmittel benutzt. Aus dem Extinktionskoeff. wird graph. die Oscillatorstärke bestimmt. I zeigt ein anomales Verh., welches anscheinend in Beziehung zur chem. Instabilität steht. (Physic. Rev. [2] **83.** 246. 1/7.; Bull. Amer. physic. Soc. **26.** Nr. 3. 55. 26/4. 1951. Duke Univ.) D. HAHN. D 118

Shoichiro Yamada und **Ryutaro Tsuchida**, *Direkte Wechselwirkungen zwischen Metallatomen in den Kristallen von Bis-[dimethylglyoxim]-nickel(II) und -platin(II).* Es wurden quantitative Messungen des Dichroismus im Gebiet zwischen 2400—7000 Å durchgeführt an Kristallen von *Bis-[dimethylglyoxim]-kupfer(II), -nickel(II)* u. *-platin(II)*. Für die Absorptionsbande an der langwelligen Seite, die von Übergängen herrührt, die mit den Metall–Metall-Bindungen in Zusammenhang stehen, wurde bei dem Cu-Salz ein ausgesprochener Dichroismus beobachtet. Es wurden die folgenden Werte erhalten: für ∥-Absorption $\nu = 54 \cdot 10^{13}$/Sek. u. $\log \alpha = 1{,}91$; für ⊥-Absorption $\nu = 57{,}6 \cdot 10^{13}$/Sek. u. $\log \alpha = 1{,}65$. (∥ u. ⊥ beziehen sich auf polarisiertes Licht mit elektr. Vektoren parallel u. senkrecht zu den Ebenen der Komplexe, α ist der Absorptionskoeff. pro mm Kristall). Das dichroit. Verh. bei dieser Verb. stimmt mit dem für ebene Komplexe vom gewöhnlichen Typ (vgl. hierzu YAMADA, C. **1952.** 12) überein, was darauf hindeutet, daß in diesem Fall keine Wechselwrkg. Metall–Metall stattfindet. Ähnliche Messungen an dem Ni-Salz ergaben einen ausgesprochenen Dichroismus für die entsprechende Absorptionsbande, wobei die maximale Absorption mit dem elektr. Vektor entlang der c-Achse beobachtet wurde (∥-Absorption $\nu = 60 \cdot 10^{13}$/Sek.; $\log \alpha = 1{,}62$; ⊥-Absorption $\nu = 59{,}2 \cdot 10^{13}$/Sek.; $\log \alpha = 1{,}91$). Hier ist der Dichroismus umgekehrt wie im gewöhnlichen Fall. Für diesen Umkehreffekt wird eine direkte Wechselwrkg. zwischen Ni-Atomen verantwortlich gemacht. Gleiche Messungen wurden an dem Pt-Salz durchgeführt, dessen Struktur nicht bekannt ist, bei dem jedoch angenommen wird, daß die ebenen Komplexe parallel zueinander, senkrecht zu der Nadelachse der Kristalle angeordnet sind. Auf der Grundlage dieser Struktur ergab sich, daß die ⊥-Absorption bathochrom u. die ∥-Absorption hyperchrom ist. Damit folgt, daß auch bei diesem Salz eine direkte Wechselwrkg. zwischen den Pt-Atomen stattfindet. (J. Amer. chem. Soc. **75.** 6351—52. 20/12. 1953. Osaka, Univ., Fac. of Sci., Dep. of Chem.) GOTTFRIED. D 119

Kenji Kuratani, *Infrarotabsorptionsspektren.* Überblick über die Methoden u. die Anwendung der Ergebnisse für die organ. Strukturchemie in qualitativer u. quantitativer Hinsicht. — 20 Literaturangaben. (Kagaku [Science] **23.** 125—29. 1953. Tokyo, Univ. [Orig.: japan.].) SCHULER. D 120

R. Coulon, B. Oksengorn und **St. Robin**, *Infrarotabsorption der ν_2-Frequenz von komprimiertem CH_4.* Messung der Absorption von CH_4 unter Drucken von 25—300 at im Bereich von 1400—1800 cm^{-1}. Die im Infrarot verbotene ν_2-Schwingung wird bei 1537 cm^{-1} beobachtet. Der Absorptionskoeff. der Bande ist der Schichtdicke nicht proportional u. ihre Intensität steigt, in Übereinstimmung mit Beobachtungen an fl. CH_4, nicht quadrat. mit der Gasdichte. (J. Physique Radium **14.** 347—48. Mai 1953. Bellevue, Labor. des Hautes Pressions.) EICHHOFF. D 120

Alfons Weber, Arnold G. Meister und **Forrest F. Cleveland**, *Substituierte Methane.* 14. Mitt. *Schwingungsspektrum, Kraftkonstanten und thermodynamische Eigenschaften von Bromchlormethan.* (13. vgl. J. chem. Physics **21.** [1953.] 189.) Von CH_2ClBr wurde fl. das RAMAN-Spektr. mit gemessenen Intensitäten u. Polarisationsfaktoren u. fl. u. gasförmig das Ultrarotspektr. von 400—3000 cm^{-1} neu aufgenommen u. zugeordnet. Aus den Daten werden die Kraftkonstanten u. die thermodynam. Eigg. für 11 Tempp. von 100—1000° K berechnet. (J. chem. Physics **21.** 930—33. Mai 1953. Chicago, Ill., Inst. Techn., Phys. Dep., Spectr. Labor.) GOUBEAU. D 120

Earle K. Plyler und **W. S. Benedict**, *Feinstruktur in einigen Infrarotbanden von Methylenhalogeniden.* (Sitzungsbericht.) Vff. untersuchen die Infrarotabsorption von CH_2Cl_2, CH_2ClBr u. CH_2Br_2 im Bereich von 16—2,3 μ. Es ist bei Verwendung von gesätt. Dampf, Schichtdicke 60 cm, möglich, die Feinstruktur, die zur Rotation um die Achse des kleinsten Trägheitsmomentes gehört, in drei bis fünf Banden für jede Verb. aufzulösen. Die aufgelösten Banden sind Oberschwingungen u. Kombinationen der Grundschwingungen, die im Methylenradikal lokalisiert sind u. daher auch bei nahezu denselben Frequenzen für jedes Mol. erscheinen, sowie keine merkliche Isotopieverschiebung zeigen. Für CH_2Cl_2 ergeben sich die Zwischenräume [A″–(B″–C″)/2] zu 0,961 cm^{-1}, für CH_2ClBr 0,902 cm^{-1} u. für CH_2Br_2 0,826 cm^{-1}. Ferner werden die Werte der C-Halogen-Entfernungen zu 1,69 Å für C–Cl u. 1,82 Å für C–Br bestimmt. Wächst der Halogen–C–Halogen-Winkel auf 112° an, dann stimmt die C-Cl-Entfernung mit dem Wert für die Elektronenbeugung 1,759 Å überein, u. C–Br wird 1,899 Å in CH_2Br_2 u. 1,906 Å in CH_2ClBr. (Physic. Rev. [2] **83.** 244–45. 1/7.; Bull. Amer. physic. Soc. **26.** Nr. 3. 53. 26/4. 1951. Nat. Bur. of Stand.) D. HAHN. D 120

J. Rud Nielsen, C. Y. Liang, R. M. Smith und **D. C. Smith,** *Ultrarot- und Raman-Spektrum fluorierter Äthane. 5. Mitt. Die Reihe CF_3CF_3, CF_3CF_2Cl, CF_3CFCl_2 und CF_3CCl_3.* (4. vgl. SMITH, SAUNDERS, NIELSEN u. FERGUSON, J. chem. Physics **20.** [1952.] 847.) Von CF_3CF_2Cl, CF_3CFCl_2 u. CF_3CCl_3 (gasförmig oder fl.) wurden die Ultrarotspektren von 2–38 μ u. die RAMAN-Spektren mit Depolarisationsfaktoren aufgenommen. Auf Grund einer vergleichenden u. ausführlichen Diskussion der Spektren gelingt für alle Verbb. eine vollständige Zuordnung der beobachteten Frequenzen zu den Grundschwingungen mit Ausnahme der niedersten, der Torsionsschwingung. (J. chem. Physics **21.** 383–93. März 1953. Norman, Univ. of Oklahoma, Dep. of Phys., u. Washington, D. C., Naval Res. Labor.) GOUBEAU. D 120

H. W. Melhuish und **W. S. Metcalf,** *Die Löschung der Anthracenfluorescenz. Der Übergang von starker zu schwacher Löschung.* Die Löschung der Anthracenfluorescenz durch SO_2, CBr_4, C_2H_5J u. CCl_4 wurde in Gemischen von Leichtpetroleum u. Paraffin als Lösungsm. gemessen u. die Löschkonstante (auf Löscherkonz. 0 extrapolierte reziproke Halbwertslöschkonz.) bestimmt. Ihre Abhängigkeit von der Viscosität des Lösungsm. ist für die 4 benutzten Löschstoffe verschieden u. wird durch die Annahme gedeutet, daß bei stark löschenden Stoffen (z. B. SO_2) die durch die Viscosität bestimmte Häufigkeit der Bldg. von benachbarten Paaren bestimmend ist, während bei schwach löschenden Stoffen die Wirksamkeit der Zusammenstöße u. die Konz. solcher Paare maßgebend ist. Es wird eine App. zur Messung der auf die ungelöschte Fluorescenz bezogenen relativen Fluorescenzintensität beschrieben, bei der das Erregerlicht, das auf die Meßküvette fällt, mit Hilfe einer Blende meßbar verändert wird. (J. chem. Soc. [London] **1954.** 976–79. März. Wellington, Neuseeland, Viktoria Univ. Coll.) WELLER. D 125

J. A. Snelgrove, H. Greenspan und **R. McIntosh,** *Das dielektrische Verhalten von an Silicagel adsorbierten Dämpfen.* Nach einer bereits früher beschriebenen Meth. (Proc. Roy. Soc. [London], Ser. A **202.** [1951.] 292) werden die DKK. von an Silicagel adsorbiertem *Butan* (**II**), *Äthylchlorid* (**I**), W. u. deren Gemischen bei Frequenzen bis zu 3,7 MHz bestimmt. DEBYE-Dispersion wird (bis zu –30° abwärts) nicht beobachtet. Die Beobachtungen an **I**-W.-Gemischen lassen sich durch die Annahme zweier Adsorptionstypen erklären; ungeklärt bleibt das Verh. von W.–**II**-Gemischen. Die theoret. Interpretation führt zur Erkenntnis, daß **I** bei dünner Besetzungsdichte unter 98° frei rotiert. (Canad. J. Chem. **31.** 72–83. Jan. 1953.) K. L. WOLF. D 132

Gerhard Kremmling, *Über die Dipolrotation langkettiger aliphatischer Alkohole in den verschiedenen Phasen ihres festen Zustandes.* Aus der Temperaturabhängigkeit der Brechungsindices wird für *Cetyl-* (**I**) u. *Tetradecylalkohol* (**II**) (nicht dagegen für *Octyl-* u. *Decylalkohol*) die Existenz mehrerer Phasen unmittelbar unterhalb des E. nachgewiesen. Die Dichteänderung in den Umwandlungspunkten wird aus der Mol.-Refr. berechnet. Messungen der Molekularpolarisation (Orientierungspolarisation) bei 250 u. 30 m Wellenlänge bestätigen, daß die Umwandlung im glasigen Bereich die mol. Rotation nicht beschränkt. Das für die Orientierung bestimmende Moment wird durch die beim Übergang in den glasigen Zustand auftretende Auflösung größerer Assoziationskomplexe nicht geändert. Messungen bei 31,6 m lassen bei *Dodecylalkohol*, **I** u. **II** eine Absorption im fl. u. glasigen Zustand erkennen. Aus weiteren Messungen bei 14,28 cm Wellenlänge wird ermittelt, daß die Relaxationszeit der Moll. bzw. Molekülgruppen im glasigen Alkohol kleiner ist als in der Fl. unmittelbar über dem Schmelzpunkt. Die Beweglichkeit der Dipole erscheint also nach dem Erstarren größer. In beiden Phasen scheinen mehrere Behinderungspotentiale vorzuliegen. (Z. Naturforsch. **8a.** 708–16. Nov. 1953. Mainz, Univ., Phys. Inst.) K. L. WOLF. D 132

Howard S. Jarrett, *Paramagnetische Resonanzabsorption: Hyperfeinstruktur in verdünnten Lösungen von Hydrazylverbindungen.* Von *2.2-Diphenyl-1-pikrylhydrazyl* (**I**), *N-Pikryl-9-aminocarbazyl* (**II**) u. vom *Na-Salz* von *2.2-Diphenyl-1-[2.4-dinitro-6-sulfophenyl]-hydrazyl* (**III**) wurde in Bzl. (für **I** u. **II**) bzw. Dioxan (für **III**) als Lösungsm. bei 0,002 mol. Konzz. die paramagnet. Resonanzabsorption für 24000 MHz bei 20°

gemessen. Das Verhältnis r_1/r_2 des Radius des Hydrazyl-N-Kernes zum Radius des ungepaarten Elektrons ergibt sich für **I**—**III** zu 1,0 (d. h. symm. Lage des ungepaarten Elektrons) bzw. 0,80 (Entfernung des ungepaarten Elektrons von dem mit der Pikrylgruppe verbundenen N-Atom) bzw. 0,89. Die für **I** erhaltenen Ergebnisse stehen im Einklang mit den von HUTCHISON JR. u. Mitarbeitern (vgl. C. **1953.** 1307) gefundenen. (J. chem. Physics **21.** 761—62. April 1953. Wilmington, Del., E. I. du Pont de Nemours and Comp.) FUCHS. D 137

Filippo Accascina, E. Lowell Swarts, Philip L. Mercier und **Charles A. Kraus,** *Die Leitfähigkeit von in o-Dichlorbenzol gelösten Salzen.* Obwohl die DK. von *Äthylenchlorid* (**I**) sich nur wenig von der des *Äthylidenchlorids* (**II**) unterscheidet, sind die Dissoziationskonstanten K von Salzen, die in diesen Lösungsmitteln gelöst sind, stark verschieden. Vf. untersuchen nun die Leitfähigkeit von Salzlsgg. in *o-Dichlorbenzol* (**III**), das etwa die gleiche DK. besitzt. Es wurden folgende Salze untersucht: *Tetraäthylammoniumpikrat, Tetra-n-butylammoniumpikrat, Tetra-n-amylammoniumpikrat, Tetra-n-propylammoniumpikrat, Tetrabutylammoniumnitrat, Octadecyltributylammoniumjodid, Octadecyltrimethylammoniumpikrat* u. *Tetrabutylammoniumjodid.* Die Ergebnisse der Messungen wurden nach der Meth. von FUOSS (J. Amer. chem. Soc. **57.** [1935.] 1488) ausgewertet. Die Funktionen $F(z)/\Lambda$ u. $C\Lambda f^2/F(z)$ werden hiernach graph. aufgetragen. Es ergeben sich Geraden, deren Schnittpunkt mit den Ordinaten den Wert für Λ_0 u. deren Anstieg den Wert für K ergibt. Die K-Werte der Salze in **III** sind noch kleiner als in **I** u. **II**, obwohl **III** eine um nur ca. 10% kleinere DK. besitzt als **I** u. um 7% kleinere als **II**. Tabellar. werden die Werte für K, die Grenzleitfähigkeiten Λ_0 sowie die Ionenleitfähigkeiten wiedergegeben. Bei den Ionen werden von Vff. nicht die Leitfähigkeiten, sondern deren reziproken Werte (= Äquivalentwiderstand) miteinander verglichen. Während in W. die Ionenwiderstände mit der Größe der Ionen parallel gehen, kann man für nichtwss. Lösungsm. keine derartigen Beziehungen feststellen, da hier Wechselwirkungen der Ladungen mit den Dipolen der Lösungsmittelmoll. anzunehmen sind. Ferner müssen noch strukturelle Eigg. der Ionen u. der Lösungsmittelmoll. in Betracht gezogen werden. Leitfähigkeitswerte lassen sich relativ genau bestimmen, doch sind Absolutwerte nicht leicht anzugeben, da als Reinheitskriterium der Salze lediglich die Reproduzierbarkeit der Werte verschied. Salzproben herangezogen wurde. (Proc. nat. Acad. Sci. USA **39.** 917—24. Sept. 1953. Brown Univ., Metcalf Res. Labor.) MARSEN. D 138

Eugene L. Colichman und **Daniel L. Love,** *Polarographische Untersuchung verschiedener Diphenyldisulfide.* Auf Grund der Stufenanalyse darf der Vorgang $RS-SR + 2H^+ + 2e^- = 2RSH$ nur bei den drei *Dimethoxydiphenyldisulfiden* [*o.o'*-(**I**), *m.m'*-(**II**), *p.p'*-(**III**)] als reversibel bezeichnet werden. Dieser bemerkenswerte Einfl. der Methoxygruppe äußert sich auch im Auftreten katalyt. Wasserstoffwellen. Die Form u. Lage der Wellen zeigt starke Abhängigkeit von Lösungsm., Pufferkomponenten u. Substitution; Halbstufenpotentiale in V gegen SCE für das Medium: 50% A., Phosphatpuffer p_H 7 (0,05 mol. NaH_2PO_4, 0,006 mol. NaOH; 25,00°) bei einer Depolarisatorkonz. von 10^{-3} mol. (Tropfzeit 3 Sek.): **I** —0,58, **II** —0,58, **III** —0,59, *Diphenyldisulfid* —0,46, *Dimethyldiphenyldisulfide, o.o'*-Verb. (**IV**) —0,44; *m.m'*-Verb. (**V**) —0,47; *p.p'*-Verb. (**VI**) —0,47. Konzentrationsproportionalität des Diffusionsstromes i_d im Bereich 10^{-4} bis 10^{-3} mol. ist stets vorhanden. — **IV**, F. 38—39° (A.), durch Oxydation von o-Thiokresol mit $FeCl_3$; 43,7% Ausbeute. Analog **V**, F. —21°; 44,5% u. **VI**, F. 46°; 99,6%. — **I**, F. 119° (A.), aus o-Anisidin durch Diazotierung u. Rk. mit Na_2S_2; 8,9%. — Analog: **II**, F. 109°; 90% u. **III**, F. 119°; 7,4%. (J. Amer. chem. Soc. **75.** 5736—37. 20/11. 1953. Portland, Ore., Univ., Dep. of Chem.) BERG. D 142

Edward Gelles und **Kenneth S. Pitzer,** *Thermodynamische Funktionen der halogenierten Methane.* Vff. bringen tabellierte Werte der Wärmekapazität C_p^0, des Wärmeinhalts $(H^0 - H_0^0)$, der Funktion der Freien Energie $-(F^0 - H_0^0)/T$ u. der Entropie S^0 im Temperaturbereich 100—1500° K für 39 halogenierte Methane (CF_4, CCl_4, CBr_4, CH_3F, CH_3Cl, CH_3Br, CH_3J, CHF_3, CF_3Cl, CF_3Br, CF_3J, $CHCl_3$, CCl_3F, CCl_3Br, $CHBr_3$, $CFBr_3$, $CClBr_3$, CH_2F_2, CH_2Cl_2, CH_2Br_2, CH_2J_2, CF_2Cl_2, CF_2Br_2, CCl_2Br_2, CH_2FCl, CH_2FBr, CH_2ClBr, CH_2ClJ, CH_2BrJ, CF_2HCl, CF_2HBr, CF_2ClBr, CCl_2HF, CCl_2HBr, CCl_2FBr, CBr_2HF, CBr_2HCl, CBr_2FCl, $CHFClBr$). Die Werte wurden nach der Näherungsformel für den starren rotationsharmon. Oscillator berechnet unter Anwendung der verbesserten Schwingungsfrequenzzuordnungen (vgl. J. chem. Physics **21.** [1953.] 855) obiger Verbindungen. Vff. geben den Fehler der Berechnungen mit ± 0,1 cal/Grad Mol an, wobei auf eine mögliche Vergrößerung des Fehlers bei höheren Tempp. hingewiesen wird. Die experimentellen u. theoret. Literaturwerte werden mit den Ergebnissen verglichen u. diskutiert. Die — teils aus spektroskop. Messungen, gewonnenen, teils berechneten — Prodd. der Hauptträgheitsmomente der Verbb. sind in einer Tabelle zusammengestellt. (J. Amer. chem. Soc. **75**. 5259—67. 5/11. 1953. Berkeley, Calif., Univ. of California, Dep. of Chem. and Chem. Engng.) KARUTZ. D 146

Guy Emschwiller und **Georges Lambert**, *Kryometrie der isomeren Hexachlorcyclohexane im reinen γ-Isomeren.* Durch Verfolgung der Erstarrungskurven von 99% ig. 1.2.3.4.5.6-γ-Hexachlorcyclohexan (I) wurde das Auftreten der instabilen γ-I- u. der stabilen γ-II-Fraktion festgestellt. Durch Mischen von techn. Prodd. mit reinem **I** ließ sich mittels der Erstarrungspunktserniedrigung der Geh. an **I** feststellen. Die Schmelzwärmen u. die kryoskop. Konstanten (k) für γ-I u. γ-II ließen sich unter Verwendung der KOFLERschen Schmelztempp. approximativ berechnen (k für γ-I ca. 22, für γ-II ca. 16). (Bull. Soc. chim. France, Mém. [5] **19**. 789—92. Juli/Aug. 1952. Paris, Ecole Sup. de Phys. et de Chim., Labor. de Chim. Phys., Labor. de rech. des Etabl. Kuhlmann.) DU MONT. D 150

Herbert Grasshof, *Über die Additivität der Bildungswärmen bei Kohlenwasserstoffen und die Mesomerieenergie beim Fünfring.* Aus den Werten der Bindungsenergie für die C–C- (62,07 kcal/Mol) u. die C=C-Bindung (101,92 kcal/Mol) werden mit Hilfe von 4 verschied. Werten für die C–H-Bindung Verbrennungs- u. Hydrierungswärmen von KW-stoffen berechnet, die mit den gemessenen Werten gut übereinstimmen. Für die C–H-Bindung werden die folgenden Energiewerte benutzt: C–H Methan 87,29; C–H prim. 86,18; C–H sek. 85,46 u. schließlich C–H tert. 84,86 kcal/Mol. Bei den aromat. KW-stoffen werden die Mesomerieenergien sowohl aus den Verbrennungswärmen als auch aus den Hydrierungswärmen mit guter Übereinstimmung berechnet. Bei Fünfringen mit Doppelbindungen oder solchen, die mit Aromaten kondensiert sind, ergibt sich ein zusätzlicher Mesomerieeffekt. (Chem. Ber. **84**. 916—24. 1951. Eschwege.) W. KAUFMANN. D 156

W. F. Nosdrew, *Geschwindigkeit des Ultraschalls in gesättigten Dämpfen organischer Flüssigkeiten.* Inhaltlich ident. mit der C. **1954**. 5038 referierten Arbeit. (Доклады Академии Наук СССР [Ber. Akad. Wiss. UdSSR] [N. S.] **85**. 777—79. 1/8. 1952. Moskau, Lomonossow-Univ., Phys. Inst.) A. KUNZE. D 159

Je. M. Lapinskaja und **M. A. Chenoch**, *Oxydation von Alkoholen unter der Einwirkung von Ultraschallschwingungen.* Es wird gezeigt, daß bei Ultrabeschallung einer wss., lufthaltigen Lsg. von Methylalkohol (I) *Formaldehyd* (II), *HNO_3* (III) u. *HNO_2* (IV) entstehen. Die 3std. Ultrabeschallung von **I**, A., n-Propylalkohol u. n-Butylalkohol ergibt eine Zunahme der Menge an den entsprechenden Aldehyden u. eine Abnahme von **III** mit zunehmender Kettenlänge. Ggw. von Glykokoll vermindert die Oxydation von **I** u. erhöht den Geh. an **III** u. **IV** infolge Oxydation des aus Glykokoll entstehenden NH_3. In Ggw. von Glucose oder Lactose nimmt die **II**-Bldg. in der wss. **I**-Lsg. ebenfalls ab, wobei die Wrkg. von Lactose stärker ist. Der aus **I** entstehende **II** wird bei weiterer Ultrabeschallung zu einer Säure oxydiert. (Журнал Общей Химии [J. allg. Chem.] **23** (**85**). 1464—68. Sept. 1953. Naturwiss. Lessgaft-Inst., Labor. für physik. Chem.) LEBTAG. D 159

S. H. Herzfeld, M. L. Corrin und **William D. Harkins**, *Der Einfluß von Alkoholen und von Alkoholen und Salzen auf die kritische Micellenkonzentration von Dodecylammoniumchlorid.* Vff. untersuchen den Einfl. von Alkoholen u. Alkoholen + Salzen auf die krit. Micellbildungskonz. von *Dodecylammoniumchlorid* (I). Der Salzeffekt, d. h. die Abnahme der krit. Konz. in Ggw. von Salz, beruht entweder 1. auf einer Abnahme der abstoßenden Kräfte zwischen den polaren Kopfgruppen der Moll. in der Micelle, da die Gegenionenkonz. in der Ionendoppelschicht zunimmt, oder 2. auf der gemeinsamen Wrkg. der Ionen unter der Annahme, daß die Anzahl der langkettigen Moll. in der Micelle konstant bleibt, anderenfalls müßte sie zunehmen. Der Mechanismus bei der Einw. der langkettigen Alkohole ist noch unbekannt. Es wurden *A., n-Propanol, -Butanol, -Hexanol* (IV), *-Heptanol, -Decanol* (V), *-Undecanol, Isopropanol* (II) u. *Triäthylcarbinol* (III) in ihrer Wrkg. auf **I** bei 25° u. verschied. Molaritäten untersucht. Zur Best. der krit. Micellarkonz. wurde eine Farbmeth. mit 2.6-Dichlorphenolindophenol als Indicator in salzsaurer Lsg. benutzt. Es zeigt sich, daß die krit. Konz. bei den n-Alkoholen C_2—C_4 eine lineare Funktion der Alkoholkonz. C_α ist u. der Gleichung $C_\mu = -(dC_\mu/dC_\alpha)C_\alpha + C_\mu^0$ gehorcht. (C_μ^0 = krit. Konz. in Abwesenheit von Alkohol). Für **II** u. **III** ist dC_μ/dC_α kleiner als für die entsprechenden unverzweigten Ketten. Für die übrigen Alkohole gilt $\log(dC_\mu/dC_\alpha) = 0{,}5017\ N_c - 3{,}7024$ (N_c Zahl der C-Atome im Alkohol). Die krit. Konz. von **I** bei gleichzeitiger Zugabe von **IV** u. KCl wurde gesondert untersucht. Hier gilt die Gleichung $C_\mu = -(dC_\mu/dC_\alpha)_{cs}C_\alpha + (C_\mu^0)_{cs}$ $\gamma[(C_\mu)_{cs}$ krit. Konz.; cs bei konstanter Salzkonz.]. Die Parameter dieser Gleichung sind für **IV** u. **V** für verschied. Salzkonzz. tabellar. zusammengestellt.

Die Ergebnisse werden diskutiert u. die Grundlagen für die Theorie des Einfl. von Alkoholen u. Salzen auf die krit. Micellenkonz. angegeben. (J. physic. Colloid Chem. **54.** 271—83. Febr. 1950. Chicago, Ill., Univ., Dep. of Chem.) SCHIPKE. D 160

W. D. Schaeffer, M. H. Polley und **W. R. Smith**, *Die Natur von Rußoberflächen, untersucht durch Adsorptionsmessungen.* Vff. ermitteln die Adsorptionsisothermen für *n-Decan* (I) u. *Dihydromyrcenol* (II) an Spheron 6 bei 100°; II wurde dabei als Kautschukmodellsubstanz verwendet. Vff. vergleichen dazu die spezif. Oberfläche verschied. Rußarten elektronenmkr. sowie durch Best. der Adsorption von N_2. Für Ofenruß zeigen beide Methoden eine gute Übereinstimmung, bei Flammruß gibt die Adsorptionsmeth. höhere Werte, was auf einen beträchtlichen Porenanteil zurückzuführen ist, der vom Elektronenmikroskop nicht erfaßt wird. Die maximale Größe der Grenzfläche Kohle–Kautschuk wird nach den Unterss. eher durch die äußere Teilchenoberfläche des Rußes als durch die — nach der Adsorptionsmeth. bestimmte — Gesamtoberfläche gegeben. Die Adsorptionswärmen (H_A) von I u. II besitzen bei geringer Oberflächenbedeckung hohe Werte u. nehmen mit wachsender Bedeckung ab; die Anfangswerte können durch teilweise Graphitierung des Rußes herabgesetzt werden. Während jedoch bei gesätt. KW-stoffen der Grenzwert von H_A bei mehr als monomol. Bedeckung der Schmelzwärme (H_S) entspricht, zeigen I u. II trotz ähnlicher H_S andere H_A-Werte (bei II Anfangswerte ~20 kcal höher als bei I). Es zeigt sich also ein hoher Grad von Spezifität der Adsorptionsart, eine Abhängigkeit von dem ungesätt. Charakter des Adsorbats. (J. physic. Colloid Chem. **54.** 227—39. Febr. 1950. Boston, Mass., Godfrey L. Cabot, Res. and Developm. Labor.) SCHIPKE. D 176

Beatrice S. Magdoff, *Entartung der Kristallinität von feuchter Ribonuclease bei Bestrahlung mit Röntgenlicht.* Bei Aufnahmen von monokliner feuchter Ribonuclease stellte Vf. fest, daß die Interferenzintensitäten nach mehrstd. Bestrahlung mit Röntgenlicht abnahmen. Zur genaueren Unters. stellte Vf. zunächst ein Diagramm der (0kl)-Zone eines frisch gewachsenen Kristalls her u. hierauf solche, nachdem der Kristall zuvor 11 Std. bzw. 143 Std. bestrahlt worden war. Beide Diagramme waren identisch. Auf der Aufnahme eines Kristalls, der zuvor 185 Std. belichtet worden war, waren nicht nur die Intensitäten schwächer, sondern das Diagramm war derart verzerrt, wie man es von einem nicht ausreichend orientiertem Kristall erwarten mußte. Weitere Unterss. ergaben, daß die beobachtete Verschlechterung der Kristallinität plötzlich nach Bestrahlungsdauern zwischen 180—190 Std. eintritt. Nach Neuorientierung des Kristalls — die Verschiebung der Drehachse betrug ca. 1° — ergab der Vgl. einer Neuaufnahme mit dem Standarddiagramm, daß trotz Schwächung der Intensitäten das Gitter nicht regellos orientiert ist. Auch mkr. ließ sich eine Veränderung des Kristalls nach der Bestrahlung erkennen. (Acta crystallogr. [Copenhagen] **6.** 801—02. 10/10. 1953. Brooklyn, N. Y., Polytechn. Inst., Protein Structure Project.) GOTTFRIED. D 190

V. Vand, *Dichte und Elementarzelle von n-Hexatriakontan.* n-Hexatriakontan ist bei Zimmertemp. rhomb., wandelt sich bei 73,5° in eine hexagonale Form um, die bei 75,5° schmilzt. Bei 20° hat die rhomb. Zelle die Dimensionen a = 7,440 ±0,02 Å; b = 4,955 ±0,01 Å; c = 47,61 ±0,10 Å; hieraus errechnet sich eine D. von 0,9593 ±0,004. Die Dichten der Verb. wurden nach der Flotationsmeth. zwischen 20 u. 76° gemessen. Zwischen 20 u. 60° ist die therm. Ausdehnung nahezu linear; die D. kann durch den Ausdruck D(t) = 0,9687 — 0,00039 t in diesem Bereich wiedergegeben werden, wobei t die Temp. bedeutet. Die bei 20° beobachtete D. beträgt in guter Übereinstimmung mit dem röntgenograph. erhaltenen Wert 0,9609 ±0,0002. Bei dem Umwandlungspunkt u. beim Schmelzen nimmt die D. stark ab; sie beträgt für die hexagonale Form bei 75° 0,8706. Die D. der Fl. bei 76° beträgt 0,7819. Da der lange Netzebenenabstand der n-Paraffine prakt. unabhängig von der Temp. ist, kann man unter Zugrundelegung des Wertes bei Zimmertemp. die Veränderung des Querschnitts S der KW-Kette mit der Temp. messen. Er beträgt bei 20° 18,43 ±0,04 $Å^2$; für den Bereich von 20—60° gilt die Beziehung S = 18,287 + 0,0073 t. Extrapolation auf —183° liefert den Wert 17,64 $Å^2$. S der hexagonalen Form bei 75° ist 20,30 $Å^2$, S der Fl. bei 76° 22,65 $Å^2$. (Acta crystallogr. [Copenhagen] **6.** 797—98. 10/10. 1953. Glasgow, Univ., Chem. Dep.) GOTTFRIED D 195

C. J. Brown, *Die Kristallstruktur von Di-m-xylylen.* Gute, zur Unters. geeignete prismat. Kristalle wurden durch Verdampfen einer alkoh. Lsg. erhalten. Drehkristall- u. WEISSENBERG-Aufnahmen gaben für die monokline Zelle die Dimensionen a = 12,22 Å; b = 8,28 Å; c = 5,82 Å; β = 93° 18′. Raumgruppe ist C_{2h}^5 — $P\,2_1/a$; Z = 2. Die Struktur wurde mit Hilfe von 2 zweidimensionalen u. 3 dreidimensionalen FOURIER-Synthesen aufgeklärt. Es wurden die folgenden Parameter

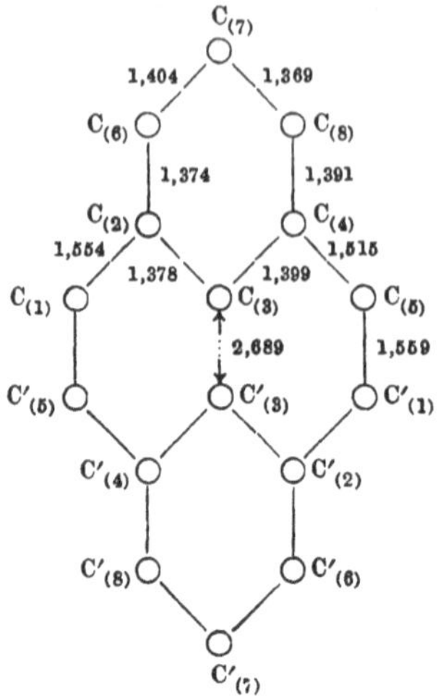

gefunden (wegen der Bezifferung vgl. die nebenst. Figur): $C_{(1)}$ (x =) 0,882; (y =) 0,231; (z =) 0,817; $C_{(2)}$: 0,988; 0,232; 0,978; $C_{(3)}$: 0,068; 0,119; 0,942; $C_{(4)}$: 0,142; 0,067; 0,119; $C_{(5)}$: 0,198; 0,904; 0,111; $C_{(6)}$: 0,999; 0,319; 0,179; $C_{(7)}$: 0,081; 0,285; 0,351; $C_{(8)}$: 0,149; 0,156; 0,322. In dem Gitter hat jedes Mol. ein Symmetriezentrum u. besteht aus 2 Benzolringen, die durch $-CH_2 \cdot CH_2$-Brücken in m-Stellungen verknüpft sind. Hierdurch erhält man ein 10-gliedriges Ringsyst., das durch 2 sechsgliedrige Benzolringe flankiert wird. Selbst bei einer stufenweisen Anordnung der Benzolringe würde unter Annahme ebener u. regulärer hexagonaler Ringsysteme der Abstand $C_{(3)}-C_{(3)}'$ gleich dem von $C_{(1)}-C_{(5)}' = 1{,}56$ Å. Da dieser Abstand für nicht aneinander gebundene C-Atome nicht möglich ist, müssen die Ringe gestört sein, u. zwar liegt $C_{(3)}$ 0,143 Å außerhalb der mittleren Ebene $C_{(2)}C_{(4)}C_{(6)}C_{(8)}$ u. die beiden $C_{(1)}$- u. $C_{(5)}$-Methylenkohlenstoffe ca. 0,4 Å. Ein Sekundäreffekt ist, daß auch das C-Atom $C_{(7)}$ 0,042 Å aus der obigen Ebene heraus verschoben ist. Durch diese Verschiebungen wird der Abstand $C_{(3)}-C_{(3)}' = 2{,}689$ Å. Die mol. Abstandsverhältnisse sind aus der Figur zu ersehen. (J. chem. Soc. [London] **1953.** 3278—85. Okt. Manchester, Imperial Chem. Ind., Res. Labor.) GOTTFRIED. D 195

Giles F. Carter und **D. H. Templeton,** *Die Kristallstruktur von Cyclobutan (Hochtemperaturform).* Cyclobutan schm. bei 182° K u. hat einen Umwandlungspunkt bei ca. 145° K. Beide feste Formen wurden röntgenograph. untersucht. Pulveraufnahmen der Tieftemperaturform bei Kühlung mit kaltem N_2 waren sehr linienreich u. konnten nicht indiziert werden. Es kann jedoch als sicher gelten, daß diese Form nicht kub. ist. Durch langsames Frieren konnten Einkristalle der Hochtemperaturform erhalten werden. Diese Form ist bei 173° K raumzentriert kub. mit a = 6,06 ± 0,03 Å. Mit Z = 2 errechnet sich eine D. von 0,84 ± 0,01. Legt man den Schwerpunkt eines Mol. in den Ursprung, dann liegt das zweite Mol. in der Würfelmitte. Zur Erreichung kub. Symmetrie müssen diese Moll. entweder stat. oder dynam. Rotationsregellosigkeit besitzen. Infolge des scharfen Intensitätsabfalls mit zunehmendem BRAGG-Winkel muß auf Rotationsregellosigkeit geschlossen werden, die sich sphär. Symmetrie nähert. Da der Abstand zwischen den Schwerpunkten 5,25 Å beträgt, was substantiell kleiner als der größte VAN DER WAALsche Durchmesser von Cyclobutan ist, muß erwartet werden, daß die Rotationen behindert sind. (Acta crystallogr. [Copenhagen] **6.** 805. 10/10. 1953. Berkeley, Calif., Univ. of California, Dep. of Chem. and Radiat. Labor.) GOTTFRIED. D 195

M. M. Woolfson, *Die Struktur von 1.1.6.6-Tetraphenylhexapentaen.* 1.1.6.6-Tetraphenylhexapentaen, $C_{30}H_{20}$, bildet sehr kleine, tief orangerote monokline tafelförmige Kriställchen nach (0 1 0). Die Elementarzelle hat die Abmessungen a = 14,4 Å;

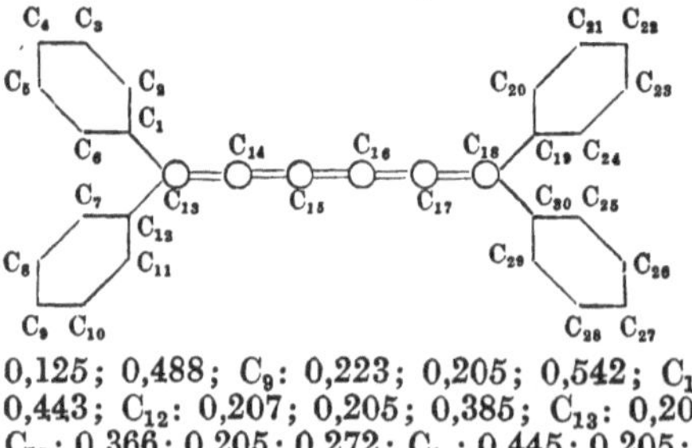

b = 7,8 Å; c = 18,1 Å; $\beta = 108\frac{1}{2}°$; Raumgruppe ist $P2_1/c$; Z = 4. Die Struktur wurde durch FOURIER-Analysen bestimmt. Es wurden die folgenden Parameter gefunden (wegen der Bezifferung vgl. die nebenst. Figur): C_1: (x =) 0,112; (y =) 0,205; (z =) 0,247; C_2: 0,104; 0,285; 0,177; C_3: 0,019; 0,285; 0,112; C_4: 0,940; 0,205; 0,121; C_5: 0,948; 0,125; 0,193; C_6: 0,032; 0,125; 0,255; C_7: 0,138; 0,125; 0,406; C_8: 0,148; 0,125; 0,488; C_9: 0,223; 0,205; 0,542; C_{10}: 0,294; 0,285; 0,521; C_{11}: 0,286; 0,285; 0,443; C_{12}: 0,207; 0,205; 0,385; C_{13}: 0,209; 0,205; 0,304; C_{14}: 0,288; 0,205; 0,288; C_{15}: 0,366; 0,205; 0,272; C_{16}: 0,445; 0,205; 0,256; C_{17}: 0,522; 0,205; 0,239; C_{18}: 0,600; 0,205; 0,223; C_{19}: 0,605; 0,205; 0,146; C_{20}: 0,528; 0,285; 0,089; C_{21}: 0,520; 0,285; 0,010; C_{22}: 0,590; 0,205; 0,991; C_{23}: 0,665; 0,125; 0,046; C_{24}: 0,674; 0,125; 0,123; C_{25}: 0,771; 0,125; 0,271; C_{26}: 0,854; 0,125; 0,334; C_{27}: 0,863; 0,205; 0,406; C_{28}: 0,785; 0,285; 0,411; C_{29}: 0,698; 0,285; 0,348; C_{30}: 0,693; 0,205; 0,280. In dem Gitter sind die Moll. nicht planar, sondern jeder der Benzolringe ist gegenüber der allg. Ebene des Mol. um 32° gedreht. Der Abstand in den Ringen ist C—C = 1,37 ± 0,05 Å, der C=C-Abstand beträgt 1,31 ±0,03 Å, der Abstand C_1-C_{13} 1,51 ±0,05. (Acta crystallogr. [Copenhagen] **6.** 838—41. 10/11. 1953. Manchester, Coll. of Technol., Phys. Dep.)

GOTTFRIED. D 195

W. M. Krawtschenko, *Das Gleichgewicht kondensierter Phasen in den binären Systemen des Naphthalins und seiner Homologen. Übersicht und Prognose bei den Systemen mit Naphthalin.* In den Systemen *Naphthalin* (**I**)-*1-Methylnaphthalin* u. **I**–*2-Methylnaphthalin* wurden begrenzte feste Lsgg. festgestellt. Die Systeme **I**–*2.6-Dimethylnaphthalin* u. **I**–*2.7-Dimethylnaphthalin* erwiesen sich als eutektisch. Die von Vf. (C. **1954.** 5489) aufgestellte Regel wurde bestätigt. Danach ist der eutekt. Typ durch den gleichzeitigen Einfl. mehrerer Faktoren bestimmt, am stärksten durch die Verschiedenheit der Formen u. Größen der Moleküle. Zum eutekt. Typ der Phasengleichgewichte gehören auch die Systeme von **I** mit *1.2-*, *1.3-*, *1.4-*, *1.5-*, *1.6-*, *1.7-*, *1.8-* u. *2.3-Dimethylnaphthalin.* Von ca. 80 in der Literatur beschriebenen **I**-Systemen gehören ca. 10 zur Reihe der lückenlosen u. begrenzten festen Lsgg., ca. 10 zu den Mol.-Verbb. von **I** (1 : 1) mit Di- u. Trinitroderivv. der Benzolreihe. Die übrigen Systeme sind eutektisch. Die Möglichkeiten einer Voraussage der nicht untersuchten Systeme werden besprochen. (Украинский Химический Журнал [Ukrain. chem. J.] **19.** Nr. 1. 21—35. 1953.)

LEBTAG. D 221

H. B. Klevens, *Löslichkeit polycyclischer Kohlenwasserstoffe.* Vff. untersuchen die Löslichkeit polycycl. KW-stoffe in W. bzw. K-Lauratlsgg. bei 25°. Der Logarithmus der Löslichkeit (S) von kondensierten polycycl. KW-stoffen mit 1—5 Ringen in W. nimmt linear mit der Länge L des Mol. ab. Im Gegensatz zur Reihe der Alkylbenzole, bei denen die Löslichkeitserhöhung in Seifenlsg. annähernd linear zum Mol.-Vol. oder zu L ist, besteht auch hier für polycycl. KW-stoffe eine Abhängigkeit des log S von L, für lineare Polyacene u. nichtlineare Polycyclen treten dabei 2 verschied. Geraden auf. Die Änderung von S mit der Seifenkonz. ist bei Bzl. am größten, sie nimmt bei Substitution ab u. ist bei kondensierten Ringsystemen Null. Die Ergebnisse sind in Übereinstimmung mit der Annahme aufgeweiteter KW-stoffhaltiger Micellen in der Lsg.; bei den Polycyclen reicht die Micellengröße zur Aufnahme der Moll. in die Micelle, also zur Löslichkeitserhöhung, nicht aus. — Im einzelnen wurden untersucht: *Bzl., Toluol, n-Propyl-* u. *-Butylbenzol, Naphthalin, Phenanthren, Anthracen, Triphenylen, Chrysen, Pyren, 1.2-Benz-* u. *1.2;5.6-Dibenzanthracen, Naphthacen, Fluoranthen, Acenaphthen, Fluoren, Methylcholanthren.* — Vergrößerung des Grades der Ungesättigtheit oder Einführung eines ungesätt. Ringes in ein Mol. bewirkt Steigerung der Solubisierung in Seifenlsgg., Ggw. eines zweiten Ringes dagegen setzt die Löslichkeit herab. Vf. vergleicht in dieser Beziehung die obenst. Verbb. mit *n-Hexan, Hexatrien, Cyclohexan, n-Heptan, n-Octan, n-Decan* u. *Styrol.* (J. physic. Colloid Chem. **54.** 283—97. Febr. 1950. St. Paul, Minn., Univ., Div. of Agric. Biochem.)

SCHIPKE. D 224

C. E. H. Bawn, *Autoxydationsreaktionen: Ihre Chemie, Mechanismus und Katalysen durch Metallsalze.* Überblick über Autoxydations-Rkk. hauptsächlich organ. Verbb. u. damit zusammenhängende Probleme wie Metallkatalyse, Inhibitorwirkungen, Einfl. der Konst., Polymerisation usw. — 43 Literaturangaben. (J. Oil Colour Chemists' Assoc. **36.** 443—79. Aug. 1953. Liverpool, Univ., Inorgan. and Physic.-Chem. Inst.)

J. MATTNER. D 225

A. F. Bickel und **E. C. Kooijman,** *Wasserstoffübertragung durch Thiole.* Die therm. Zers. von α.α'-Azoäthylbenzol (**I**) bei 125° in inerten Lösungsmitteln führt über Bldg. von Methylbenzylradikalen (**II**) zu *meso-* u. *rac.-2.3-Diphenylbutan* (**III**). Bei Ggw. der doppelten Molzahl eines Thiols, wie n-Octanthiol (**IV**) oder Thiophenol, werden neben 58% N_2 durch Dehydrierung von **I** *Phenylmethylketazin,* außerdem *Äthylbenzol* (**VI**), **III** u. andere Prodd. gebildet. Offenbar sind also RS·-Radikale reaktiver als **II.** So wird 9.10-Dihydroanthracen (**V**), das leicht H abgibt, aber nicht mit **II** reagiert, durch Thiole leicht zu *9.9'.10.10'-Tetrahydrodianthranyl-(9.9')* dehydriert. Zur Best. der Reaktivität von H-Donatoren kann also die Menge an N_2 dienen, die bei der Konkurrenz-Rk. dieser u. **I** mit RS·-Radikalen entwickelt wird. So gibt die Rk. von 1 Mol **I** u. 1 Mol **V** mit 2 Mol **IV** 98% N_2. Vff. stellten fest, daß auf 4 Mol gebildetes **VI** nur 1 Mol Thiol verbraucht wird, Thiole wirken also offenbar als H-Überträger. An Stelle von **I** können auch andere aliphat. Azoverbb., wie 2.2'-Azoisobutyronitril, verwendet werden. Wegen der hohen Reaktivität von RS·-Radikalen nehmen Vff. an, daß die Reaktionswärme der H-Abgabe eines H-Donators an **II** (Rk. A) etwa gleich der Summe der Wärmen der H-Aufnahme von **II** aus einem Thiol (Rk. B) plus der Wärme der H-Aufnahme eines RS·-Radikals von einem H-Donatoren ist (Rk. C). Die größere Reaktionsgeschwindigkeit der Rk. B gegenüber A wird nur der höheren Konz. an RS·-Radikalen verglichen mit [**II**] zugeschrieben. **II** müßte dann schneller als RS·

dimerisieren, was aber etwas unwahrscheinlich ist. Vff. vermuten, daß die Aktivierungsenergien von Rkk. des Typs B u. C ziemlich gering sind u. daher B u. C bei n. Temp. reversible Rkk. sind. (Nature [London] **170.** 211—12. 2/8. 1952. Amsterdam, Koninklijke/Shell-Labor.) GNAUCK. D 225

Odilon Chalvet und **Raymond Daudel,** *Über die Faktoren, die bei Additionsreaktionen eine Rolle spielen. Fall der Addition an eine Bindung.* Ausgehend von den von MOFFIT (vgl. Trans. Faraday Soc. **45.** [1949.] 373) angestellten Betrachtungen zur Berechnung der freie-Valenz-Indices (vgl. hierzu auch DAUDEL u. Mitarbeiter, C. **1950.** I. 1078) wird gezeigt, daß die Abnahme der Austauschenergie der π-Elektronen bei Additions-Rkk. linear mit der Zunahme der Summe $I + J + J'$ (I = Index der Bindung, an der die Additions-Rk. stattfindet, J u. J' = freie Valenz-Indices der an der Bindung beteiligten Atome) abfällt. (C. R. hebd. Séances Acad. Sci. **231.** 1306—08. 6/12. 1950.) FUCHS. D 225

E. C. Kooijman, *Strukturelle Faktoren, welche die Reaktionsfähigkeit von α-Methylengruppen gegenüber aktiven freien Radikalen bestimmen.* Vf. untersucht 22 KW-stoffe verschied. Struktur in ihrer Reaktionsfähigkeit gegenüber Trichlormethylradikalen, indem ihr verzögernder Einfl. auf die Addition von CCl_4 an Ceten (gestartet durch Benzoylperoxyd) bei 91,5° bestimmt wird. Die Reaktionsfähigkeit wird ausgedrückt durch eine halb-empir. Konstante $K_r[\Delta P'/R = K_r\int dA/(O)$; wobei R = Menge an hemmendem KW-stoff, $\Delta P'$ = Menge Peroxyd, die von R verbraucht wird, A = Menge CCl_4, die an O gebunden wird, O = Menge Olefin (Ceten)]. Die Änderung von K_r mit der Struktur des hemmenden KW-stoffes wird von Vf. diskutiert. Keine oder wenig Hemmwrkg. zeigen Verbb., die keine α-methylen. H-Atome besitzen (Ausnahme: meso-2.3-Diphenylbutan); die Hemmwrkg. von α-methylen. Verbb. wird erhöht durch Substitution in der α-Methylengruppe, wobei die Wirksamkeit in der Reihenfolge Methyl-, Phenyl-, Vinyl- zunimmt; α-Methylengruppen, die Teil eines 6gliedrigen Ringes sind, sind reaktionsfähiger als die entsprechenden Gruppen in offenkettigen Verbindungen. Es wird auf analoge Änderungen durch Substituenteneinflüsse hingewiesen (Bindungsdissoziationsenergien von CH_4 u. dessen Substitutionsprodd. u. der verschied. methylierten Benzole, Dissoziationskonstanten der extrem schwachen Säuren Fluoren, Cumol, Di- u. Triphenylmethan). Es bestehen ferner enge Zusammenhänge zwischen den K_r-Werten u. den Konstanten a) der Kettenübertragung bei der Styrolpolymerisation u. b) der Oxydation von Olefinen. Vf. weist darauf hin, daß vorst. Ergebnisse vermuten lassen, daß die Wasserstoffabspaltung aus KW-stoffen durch freie Radikale zu einem großen Teil bestimmt wird durch die Reaktionswärmen. — Diskussion.

Versuche (alle angegebenen K_r-Werte sind mit dem Faktor 10^2 multipliziert): *n-Decan*, Kp. 173°; n_D^{20} 1,4121; K_r 0,0. — *2.2.4-Trimethylpentan*, Kp. 99°; n_D^{20} 1,3916; K_r 0,0. — *cis-Dekalin*, Kp. 193°, n_D^{20} 1,4828; K_r 0,17 ± 0,05. — *trans-Dekalin*, Kp. 185°, n_D^{20} 1,4700; K_r 0,08 ± 0,02. — *Bzl.*, Kp. 80°, n_D^{20} 1,5010; K_r 0,03. — *Toluol*, Kp. 111°; n_D^{20} 1,4966; K_r 0,42 ± 0,01. — *p-Xylol*, Kp. 138°, F. 13°, n_D^{20} 1,4956; K_r 0,95 ± 0,04. — *m-Xylol*, Kp. 138°, n_D^{20} 1,4970; K_r 0,84 ± 0,04. — *Äthylbenzol*, Kp. 135°, n_D^{20} 1,4959; K_r 1,28 ± 0,06. — *Cumol*, Kp. 152—153°; n_D^{20} 1,4913; K_r 1,75 ± 0,1. — *Mesitylen*, Kp. 163—164°, n_D^{20} 1,4990; K_r 1,29 ± 0,08. — *tert.-Butylbenzol*, Kp. 168°, n_D^{20} 1,4927; K_r 0,1. — *Allylbenzol*, Kp. 158—160°, n_D^{20} 1,5136; K_r 12 ± 1. — *Tetralin*, Kp.$_{20}$ 100°, n_{D20} 1,5464; K_r 7,1 ± 0,5. — *Diphenylmethan*, Kp.$_1$ 113°, F. 25—26°, K_r 3,35 ± 0,2. — *Dibenzyl*, F. 51—52°; K_r 1,3 ± 0,1. — *meso-2.3-Diphenylbutan*, F. 124°; K_r 0,13 ± 0,05. — *Triphenylmethan*, F. 92°, K_r 7 ± 1. — *Ceten*, Kp.$_{37}$ 170° F. 4,1°; n_D^{20} 1,4411; K_r 1,79 ± 0,06. — *n-Hepten-(3)*, Kp. 96,0°; n_D^{20} 1,4050; K_r 4,9 ± 0. — *2.2.5.5-Tetramethylhexen-(3)*, Kp. 122°, F. —5,0°; n_D^{20} 1,4113; K_r 0,0. — *Cyclohexen*, Kp. 83°; n_D^{20} 1,4734; K_r 11 ± 0,7. — *Fluoren*, F. 115°, K_r 47 ± 5. — *9.10-Dihydroanthracen*, F. 107 bis 108°; K_r 325 ± 20. (Discuss. Faraday Soc. Nr. **10.** 163—74. 1951. Amsterdam, Koninklijke/Shell-Labor.) G. WINKLER. D 225

H. W. Melville, J. C. Robb und **R. C. Tutton,** *Die Kinetik der Einwirkung von Trichlormethylradikalen auf Cyclohexen.* Vff. untersuchen die Kinetik der photochem. induzierten Rk. zwischen *Trichlorbrommethan* u. *Cyclohexen* (**I**), die als Reaktionsprod. 1-Trichlormethyl-2-bromcyclohexan liefert. Die Rk. verläuft als Ketten-Rk. u. ist nach Vff. bes. geeignet zur Messung der absol. Reaktionsfähigkeit ungesätt. Verbindungen. Der Reaktionsmechanismus wird diskutiert; als geschwindigkeitsbestimmender Schritt bei niedrigen Konzz. an **I** wird die Teil-Rk. $CCl_3\cdot + \mathbf{I} \rightarrow \mathbf{A}$ angenommen. Vorläufige Ergebnisse liefern für die Reaktionsgeschwindigkeitskonstante den Wert $k = 2{,}56 \cdot 10^2$ (Liter · Mol^{-1} · sec^{-1}) für die Abbruch-Rk. $2\,CCl_3\cdot \rightarrow C_2Cl_6$ $k' = 1{,}0 \cdot 10^8$. Die Aktivierungsenergie der Gesamt-Rk. beträgt 3,4 kcal/Mol; es wird gezeigt, daß die Aktivierungsenergie für den Kettenabbruch ebenfalls klein ist. — Diskussion.

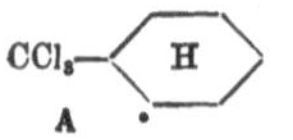

A

Versuche: *Trichlorbrommethan*, $Kp._{116}$ 49,9°, aus $AlBr_3$ u. CCl_4 durch 3tägiges Stehenlassen bei Zimmertemp., $D.^{25}{}_4$ 2,005. — *Cyclohexen* (I), $Kp._{80}$ 33°, Befreiung von Peroxyd durch Kochen mit Cu-Stearat. — *Tetrachlor-o-benzochinon*, F. 130° (Diisopropyläther), durch Einleiten von Cl_2 in eine heiße Lsg. von Brenzcatechin in Essigsäure, dunkelrot. Die Verb. ist ein wirksamer Inhibitor für die untersuchte Umsetzung. (Discuss. Faraday Soc. Nr. **10.** 154—63. 1951. Birmingham, Univ., Chem. Dep.)
G. WINKLER. D 225

D. Rowley und **H. Steiner,** *Kinetik der Dienreaktionen bei hohen Temperaturen.* Vff. untersuchen die Reaktionsgeschwindigkeiten a) für die Dimerisation von Butadien (**I**) zu *Vinylcyclohexen* [$k = 10^{11,14}$ exp (26,80 kcal)/RT] u. b) für die Rk. zwischen **I** u. Äthylen, die zur Bldg. von *Cyclohexen* führt [$k' = 3{,}0 \cdot 10^{10}$ exp (—27,50 kcal)/RT], im Temperaturbereich zwischen 400 u. 600° bei niedrigen Umsätzen (3—12%). Die Rkk. verlaufen als homogene bimol. Assoziationen. Ein Vgl. der Werte für a) mit den Daten von KISTIAKOWSKY u. RAMSON (J. chem. Physics **7.** [1939.] 725) für niedere Reaktionstempp. zeigt, daß die Aktivierungsenergie temperaturabhängig ist. Dieses Ergebnis wird in Beziehung gesetzt zu statist. Geschwindigkeitsberechnungen. Statist. Berechnungen werden ebenfalls durchgeführt für das Gleichgewicht b) [bei Annahme der Deformationsschwingungen in Cyclohexen zu 320 cm^{-1} wird die Gleichgewichtskonstante berechnet zu $K_c = 6{,}65 \cdot 10^4$ $Mol^{-1} \cdot cm^3$ bei 800°; für 190 cm^{-1} $K_c = 1{,}55 \cdot 10^6$; experimenteller Wert $K_c = 5{,}9 \cdot 10^5$). Es wird von Vff. gezeigt, daß die erhaltenen Werte durch die Annahme eines cycl. Übergangszustandes erklärt werden können, unter der Voraussetzung, daß für die Schwingungsfrequenzen, die mit den zu bildenden oder aufzuhebenden Bindungen verknüpft sind, Korrekturen angebracht werden. Es wird angenommen, daß die Frequenzen erniedrigt werden durch die Ausdehnung dieser Bindungen in der Übergangskonfiguration. — Diskussion. — *Cyclohexen*, Kp. 84°, n_D^{20} 1,4440. — *Vinylcyclohexen*, Kp. 130°, n_D^{20} 1,4645. (Discuss. Faraday Soc. Nr. **10.** 198—213. 1951. Manchester, Petrocarbon Ltd.) G. WINKLER. D 225

Herbert C. Brown und **Ichiro Moritani,** *Geschwindigkeitsdaten der bimolekularen Eliminierungsreaktionen der tertiären Amylhalogenide. Weiterer Beweis für den einstufigen Ablauf bimolekularer Eliminierungen.* Vff. untersuchten bei 25° durch Titration die Kinetik der bimol. Eliminierungs-Rkk. E durch K-Alkylate u. der konkurrierenden monomol. Solvolyse S von *tert.-Amylbromid* (**I**, $Kp._{73}$ 40,8—41,5°, n_D^{20} 1,4412) in Methyl- (**IV**, $Kp._{746}$ 64,2°), Äthyl- (**V**, $Kp._{748}$ 78,0°, n_D^{20} 1,3622), Isopropyl- (**VI**, $Kp._{750}$ 82,0°, n_D^{20} 1,3776) u. tert.-Butylalkohol (**VII**, $Kp._{745}$ 83,0°, n_D^{20} 1,3877) sowie von *tert.-Amylchlorid* (**II**, $Kp._{741}$ 84,3—85,0°, n_D^{20} 1,4036) u. *-jodid* (**III**, $Kp._{19}$ 33,0—33,5°, n_D^{20} 1,4949) in **VII.** Es wurden dabei folgende Reaktionsgeschwindigkeitskonstanten k ermittelt [in ( ) $k_S \cdot 10^5$ in sec^{-1}; $k_E \cdot 10^5$ in Liter/Mol·sec]: für **I** in **IV** (7,3; 3,29?), in **V** (0,96, bei Ggw. von 1 Mol KJ 1,3; 1,51), in **VI** (0,26; 0,769) u. in **VII** (0,090; 0,338); ferner [in ( ) $k_E \cdot 10^5$ in Liter/Mol·sec) in **VII** für **II** (0,00583) u. **III** (2,34). Da die Folge der Wirksamkeiten der Halogenide J > Br > Cl ist, also mit abnehmender Elektronegativität zunimmt, ist ein zweistufiger Mechanismus der E, wobei zuerst H^+ eliminiert wird, unwahrscheinlich, da auch die 2. Stufe — Eliminierung des Halogens — als geschwindigkeitsbestimmender Schritt hier kaum in Frage kommt. Vff. schließen hieraus, daß die E durch g l e i c h z e i t i g e Abspaltung beider eliminierter Partikel erfolgt. (J. Amer. chem. Soc. **76.** 455—57. 20/1. 1954. Lafayette, Ind., Purdue Univ., Dep. of Chem.) GNAUCK. D 225

E. D. Hughes, C. K. Ingold und **V. J. Shiner jr.,** *Mechanismus von Eliminierungsreaktionen.* 17. Mitt. *Die relativ geringe Bedeutung von sterischer Spannung bei monomolekularer Eliminierung unter Bildung von Olefinen.* (16. vgl. J. chem. Soc. [London] **1948.** 2093.) Nach Ansicht der Vff. sind bei Eliminierungs-Rkk., bei denen Olefine gebildet werden, ausschlaggebende Faktoren für Orientierung u. Reaktionsgeschwindigkeit (v) polare Effekte. Bei den monomol. Umsetzungen tert. Alkylhalogenide speziell ist es der elektromere Effekt (Möglichkeit zur Hyperkonjugation im Übergangszustand), der die v im olefinbildenden, 2. Schritt der Rk. u. damit das Ausmaß der Olefinbldg. im Vgl. zur Substitution bestimmt. Die Annahme ster. Spannung als bedeutungsvollen Faktor, wie sie BROWN u. FLETCHER (C. **1950.** II. 2411) vorschlagen, lehnen Vff. ab; wie sie zeigen, sind die Ergebnisse jener Autoren durchaus vereinbar mit der Theorie der polaren Effekte. Scheinbare Anomalien, bes. beim *Dimethylneopentylcarbinylchlorid* (**I**), werden erklärt. Bei **I** nehmen Vff. eine mögliche Teilnahme der tert.-Butyl-C-Bindung an der Hyperkonjugation analog der einer H—C-Bindung an. — Die v der monomol. Solvolyse in wss. A. (1 : 4) bei 25° wurden bestimmt für *tert.-Butylchlorid*, [k_1 =] 0,92 [$\cdot 10^{-5}$ sec^{-1}]; [Gesamtolefingeh.] 16,0%; *Methyldiäthylcarbinylchlorid* (*3-Chlor-3-methylpentan*, $Kp._{85}$ 51,8—51,9°, n_D^{25} 1,4185), 2,33; 46,4%; *Triäthylcarbinyl-*

chlorid (*3-Chlor-3-äthylpentan*, $Kp._{58}$ 67,0—67,2°, n_D^{25} 1,4308), 2,77; 44,1% u. I (*2-Chlor-2.4.4-trimethylpentan*, $Kp._{21}$ 45,0°, n_D^{25} 1,4285, aus Methylneopentylketon nach GRIGNARD oder aus Diisobutylen u. HCl), 19,0; 68,1%. — Wie durch Refraktion, Infrarotspektr. u. Dest. bewiesen wurde, besteht das aus I gebildete Olefingemisch zu 90% aus *2.4.4-Trimethylpenten-(1)* ($Kp._{760}$ 101,2°; n_D^{25} 1,4064) u. daneben *2.4.4-Trimethylpenten-(2)* ($Kp._{760}$ 104,7°; n_D^{25} 1,4133). (J. chem. Soc. [London] **1953.** 3827—32. Dez. London, Univ. Coll., William Ramsay and Ralph Forster Labors.)

KRESZE. D 225

E. D. Hughes, C. K. Ingold und **R. Pasternak**, *Mechanismus von Eliminierungsreaktionen. 18. Mitt. Kinetik und sterischer Verlauf der Eliminierung aus den isomeren Benzolhexachloriden.* (17. vgl. vorst. Ref.) An der HCl-Abspaltung aus α- (**I**; F. 158°), β- (**II**; F. 207°), γ- (**III**; F. 113°) u. *δ-Hexachlorcyclohexan* (**IV**; F. 138°) durch Alkali in wss. A. prüfen Vff. die früher (DHAR u. Mitarbeiter, J. chem. Soc. [London] **1948.** 2117) aufgestellten Regeln über den stereochem. Verlauf bimol. Eliminierungsreaktionen. Speziell wird bestätigt, daß bei E_2-Rkk. „anti-Eliminierung" — Austritt transständiger H- u. X-Atome — erfolgt. — Bei den untersuchten Beispielen erfolgt die HCl-Abspaltung in 3 Schritten, von denen der 3., unter Bldg. des aromat. Syst., allg. als schnell angenommen wird. Bei **I** u. **V** ist der erste Schritt allein geschwindigkeitsbestimmend, hier kann das 2. transständige H+Cl unter Bldg. eines konjugierten Syst. eliminiert werden. Bei **III** u. **IV** dagegen, bei denen keine solche günstige Konfiguration vorliegt, besitzen die ersten beiden Teil-Rkk. ungefähr gleich große Aktivierungsenergien, das Zwischenprod. bei der Rk. von **IV** (**V**) ist krist., seine Struktur entspricht der von der Theorie geforderten (vgl. PASTERNAK, Acta crystallogr. [London] **4.** [1951.] 316), das von **III** ist ölig, die Kinetik der Weiter-Rk. dieser Prodd. stimmt mit der aus der Gesamt-Rk. von **III** u. **IV** erschlossenen überein. **II** kann die geforderte anti-Konfiguration nur durch Verzerrung des Mol. annehmen, daher ist hier die Aktivierungsenergie E der Rk. viel höher als in den übrigen Fällen. — Die von **H. W. Thompson** gemessene Isomerenverteilung in den resultierenden Trichlorbenzolen war bei **I** [(1.2.4):(1.3.5):(1.2.3)] 76,1:9,0:14,9; **II** 82,0:13,8:4,2; **III** 78,2:17,6:4,2; **IV** 85,4:10,7:3,9 u. **V** 85,3:10,8:3,9. Das Auftreten des vic. Isomeren deuten Vff. durch die Annahme, daß in dem 2. u. 3. Reaktionsschritt nicht mehr allein 1.2-Eliminierung, sondern in Parallel-Rk. 1.4-Eliminierung stattfindet. Neben der „E_2-Regel" bestätigen die Ergebnisse auch die Begünstigung von Eliminierungen bei Wrkg. elektromerer Effekte. — Im einzelnen betragen die E- u. log A-Werte in „80%" wss. A. (1:4): bei **II** 32,3 [kcal/Mol] u. 18,5 [Liter/Mol·sec]; in „90%" wss. A. (1:9): bei **I** 19,0 u. 13,5; bei **II** 32,2 u. 18,6; bei **III** 20,4 u. 14,4 (1. Teil-Rk.) bzw. 20,1 u. 13,9 (2. Teil-Rk.); bei **IV** 21,6 u. 16,4 bzw. 21,1 u. 15,0; in A. bei **II** 33,2 u. 19,1. — Ein Verf. zur Berechnung der beiden Geschwindigkeitskonstanten für 1. u. 2. Teil-Rk. aus den Meßwerten ist angegeben. — *δ-Pentachlorcyclohexen* (**V**), $C_6H_5Cl_5$, F. 67—68° (PAe.), aus **IV** mit 1,1 Mol $NaOC_2H_5$ in A., leichter löslich als **I—IV**. — *γ-Pentachlorcyclohexen*, $Kp._{9-10}$ 130°, aus **III** in A. mit 1,5 Mol $NaOC_2H_5$. (J. chem. Soc. [London] **1953.** 3832—39. Dez.)

KRESZE. D 225

E. D. Hughes, C. K. Ingold und **J. B. Rose**, *Mechanismus von Eliminierungsreaktionen. 19. Mitt. Kinetik und sterischer Verlauf der Eliminierung aus isomeren Menthylchloriden.* (18. vgl. vorst. Ref.) Die Kinetik der HCl-Abspaltung aus *Menthylchlorid* (**I**) u. *Neomenthylchlorid* (**II**) u. die Zus. des entstehenden Olefingemisches aus *Menthen-(2)* (**III**) bzw. -(*3*) (**IV**) wird untersucht, die **III**/**IV**-Verhältnisse stimmen gut mit den von HÜCKEL, TAPPE u. LEGUTKE (Liebigs Ann. Chem. **543.** [1940.] 191) erhaltenen überein. **I** unterliegt Rkk. 2. Ordnung schwieriger als einfache sek. Alkylchloride; erst bei Ggw. von 1,0 n $NaOC_2H_5$ erfolgt (S_N2 + E_2)-Rk. zu mehr als 90%. 98% der bimol. Rk. besteht in Eliminierung, gebildet wird dabei nur **III**. Die Reaktionsgeschwindigkeitskonstante k_2 beträgt bei 160,4° $9,7 \cdot 10^{-5}$ [Liter/Mol·sec], bei 124,9° $0,68 \cdot 10^{-5}$. Gegenüber *Cyclohexylchlorid* (**V**, bei 124,95° k_2 $132 \cdot 10^{-5}$) ist die Rk. mehr als hundertfach verzögert. Monomol. Solvolyse von **I** findet in A. bei Abwesenheit von Alkali oder Konzz. <0,01 n statt, in „80%" wss. A. bei 124,9° ist k_1 $0,462 \cdot 10^{-5}$ (**V**: $0,887 \cdot 10^{-5}$, *Pinakolylchlorid* bei 124,95°: k_1 $1,53 \cdot 10^{-5}$). Zu 69% tritt dabei Eliminierung ein, dabei entstehen zu 32% **III** u. zu 68% inakt. **IV**. Diese Inaktivität ist weniger durch Racemisierung als durch prim. Bldg. des inakt. Prod. zu deuten, in Ggw. von Na-Acetat besitzt **IV** 90% seiner Maximaldrehung. — **II** neigt mehr zu Rkk. 2. Ordnung, diese sind zu 90% in A. bei 124,9° u. bei Ggw. von 0,1 n $NaOC_2H_5$ verwirklicht, k_2 der Gesamt-Rk. ist $144 \cdot 10^{-5}$. Zu 91% erfolgt E_2-Rk., dabei werden zu 78% **IV** u. zu 22% **III** gebildet. Solvolyse 1. Ordnung tritt in neutralen bzw. sehr schwach bas. alkohol. Lsgg. auf. In „80%" wss. A. bei 124,9° ist k_1 $16,3 \cdot 10^{-5}$, überlagert wird die Rk. von einem bimol. Prozeß. Der Anteil der Eliminierung an der Solvolyse beträgt

96%, zu ~99% entsteht **IV**, wie oben inakt. ohne, zu 85% akt. bei Ggw. von Na-Acetat. — Die Ergebnisse lassen sich gut im Sinn der anti-Eliminierungsregel u. der Bedeutsamkeit polarer Effekte ausdeuten. — (—)-**I**, durch Chlorierung von Menthol (**VI**) mit techn. PCl_5 u. $FeCl_3$ in PAe. bei 0°, α_D^{20} —49,6° (l = 1). — (+)-**II**, $C_{12}H_{15}Cl$, aus **VI** mit reinem PCl_5 in PAe. bei 80—100°, Reinigung von Olefinen durch Behandlung mit H_2SO_4, von 4-Chlormenthan (**VII**) durch 15std. Solvolyse bei 64°, im Hochvakuum dest. Prod. enthält noch 21% **I** u. 4% **VII**, $[\alpha]_D^{20}$ +19,6° (l = 1). (J. chem. Soc. [London] **1953**. 3839—45. Dez.) Kresze. D 225

G. R. Martin und **H. C. Sutton**, *Radioaktive Tracer-Untersuchungen von freien Radikalmechanismen.* 1. Mitt. *Die Photolyse von Aceton + Jod-Mischungen.* Es wurden Gemische von *Aceton* (**I**) u. ^{131}J-markiertem J_2-Dampf bei 100 u. 120° durch Bestrahlung mit einer Hg-Hochdruckdampflampe (λ ~ 3130 Å) der Photolyse unterworfen. Die Drucke von **I** betrugen 16, 62 u. 200 mm, die des J_2-Dampfes variierten zwischen 0,45 u. 3,60 mm, die Bestrahlungsdauer war 5—88 Minuten. Durch Analyse der Reaktionsprodd. konnten die Ausbeuten an *CO*, *CH_4* u. *CH_3J* (**II**) eindeutig, die von *CH_3COJ* (**III**) nicht reproduzierbar bestimmt werden. Diacetyl konnte nicht gefunden werden. Die Ausbeute an *C_2H_5J* erreichte nie größere Werte als 1% vom **II**-Wert. Ferner wurden die Quantenausbeuten Φ(**II**) u. Φ(CO) ermittelt. Φ(**II**) betrug minimal 0,105 bei 100° u. 199 mm **I** u. 0,92 mm J_2, maximal 0,490 bei 100° u. 16,3 mm **I** u. 0,53 mm J_2. Trotz der ungenauen Werte für **III** war eine Diskussion des Zerfallsmechanismus zur Aufklärung der Druckabhängigkeit von Φ(**II**) ohne Berücksichtigung der Bildungsart von **III** möglich, da auf Grund der sehr kleinen Beträge von Φ(CO) kaum eine Komplikation durch Zers. von **III** zu erwarten war. Die aus den Ergebnissen gefolgerte Existenz von mehr als einem Zwischenprod. konnte durch die Annahme zweier Molekültypen A′ u. A″ in den folgenden Mechanismus eingeführt werden: **I** + hν → A′, A′ → CH_3· + CH_3CO·(k_2), A′ + J_2 → A″(k_3), A″ → CH_3· + CH_3CO·(k_4), A″ + M → **I** + M(k_5), dazu die rasch verlaufenden Sekundär-Rkk. der Radikale: CH_3· + J_2 → **II** + J, CH_3· + J → **II**, CH_3CO· + J_2 → **III** + J, CH_3CO· + J → **III**, 2 J + M → J_2 + M, sowie zur Erklärung der Bldg. von CO: CH_3CO· → CH_3· + CO. Die kinet. Behandlung ergab: Φ(**II**) — Φ(CO) = 1 — $\{1 + k_2/(k_3[J_2])\}^{-1}$. $\{1+k_4/k_5[M]\}$, wobei k_2/k_3 = 0,059 mm Hg u. k_4/k_5 = 11,2 mm Hg betrug. Die Gleichung stand in guter Übereinstimmung mit den experimentellen Ergebnissen. Die Art von A′ u. A″ konnte dahingehend aufgeklärt werden, daß A′ mit der angeregten Molekelart zu identifizieren ist, die für die Radikalbldg. bei der direkten Photolyse von **I** verantwortlich ist. Für A″ ist wahrscheinlich ein Additionskomplex von **I** u. J_2 anzunehmen. — Wurde bei der Photolyse noch zusätzlich sichtbares Licht eingestrahlt, trat eine geringfügige Vergrößerung von Φ(**II**) auf. Dieser zusätzliche Betrag dürfte durch die Rk. von J-Atomen, die hierbei in wesentlich größerer Zahl entstehen, mit A″ zustande kommen. — Aus der starken Druckabhängigkeit von Φ(CO), $\Phi \approx$ 0,001 bei 200 mm **I**, $\Phi \approx$ 0,006 bei 63 mm **I** u. $\Phi \approx$ 0,02 bei 16 mm **I**, folgte durch Abschätzung, daß bei unendlich großen Drucken an **I** die Zers. von CH_3CO· kleiner als 1%, wahrscheinlich 0 ist. Die bei $\lambda \approx$ 2537 Å noch durchgeführten Unterss. der Photolyse von **I** + J_2-Dampf ergaben, daß die Zers. von **I** nach **I** + hν → 2 CH_3· + CO auch bei dieser Wellenlänge kaum auftritt. (Trans. Faraday Soc. **48**. 812—23. Sept. 1952. Durham, Univ., Londonderry Labor. for Radiochem.) L. Fischer. D 226

G. R. Martin und **H. C. Sutton**, *Radioaktive Tracer-Untersuchungen von freien Radikalmechanismen.* 2. Mitt. *Die Photolyse von Methyläthylketon + Jod-Mischungen.* (1. vgl. vorst. Ref.) Vff. bestimmten zunächst die Quantenausbeute Φ(CO) bei der direkten Photolyse von *Aceton* (**I**) u. *Methyläthylketon* (**II**) bei Drucken um 100 mm Hg u. Bestrahlung mit Licht der Wellenlänge 3130 Å; sie erhielten bei 120° einen Wert von 0,98 ± 0,03. Das Verhältnis der Absorptionskoeffizienten $\varepsilon_{II}/\varepsilon_I$ betrug 1,14 ± 0,02. Bei der Unters. der Photolyse von **II** in Ggw. von Joddampf, der mit radioakt. Jod markiert war, konnten bei der gleichen Wellenlänge eindeutige Analysenergebnisse für die Ausbeuten von *CO*, *CH_4*, *CH_3J* (**III**) u. *C_2H_5J* (**IV**) u. nicht reproduzierbare Werte für das in geringer Menge auftretende *Acetyljodid* erhalten werden. Andere Alkyljodide traten nicht auf. Bei 100° u. λ = 3130 Å wurden bei 88,8 mm **II** u. 1,02 mm J_2 folgende Werte erhalten: Φ(**IV**) = 0,835, Φ(**III**) = 0,042 u. Φ(CO) = 0,004, entsprechend für 14,8 mm **II** u. 1,00 mm J_2: 0,975, 0,095 u. 0,096. — Obwohl über die Weiter-Rk. der Acylradikale keine genauen Daten vorlagen, wurden, ohne Kenntnis der Natur u. den Halbwertszeiten der aktivierten Moll., die beiden Primärprozesse diskutiert: **II** → C_2H_5· + CH_3CO· (1) u. **II** → CH_3 + C_2H_5CO· (2) diskutiert. Für das Verhältnis der Ausbeuten an **IV** u. **III**, das dem Verhältnis der Beiträge von Rk. (1) u. (2) entspricht, wurde der Werte 20 ± 1 erhalten. Die maximale Verfälschung dieses Betrages durch Acylzers. nach $CH_3CO\cdot \rightarrow CH_3\cdot + CO$ bzw. $C_2H_5CO\cdot \rightarrow C_2H_5\cdot + CO$ konnte abgeschätzt werden, so daß sich für das wahre Verhältnis der Ausbeuten von Rk. (1) u. (2) ergab: R = [Geschwindigkeit der Rk. (1)/Geschwindigkeit der Rk. (2)] = 21 ± 2 bei λ = 3130 Å. Die dominierende Rolle des Primärprozesses (1) ging bei Bestrahlung mit dem engeriereicheren Quant von λ = 2537 Å verloren. Das Experiment lieferte hier für das Verhältnis der Ausbeuten **IV**/**III** den Wert 2,4 u. $R_{2537} \approx 2,6$ nach vorsichtig zu wertender Schätzung. Bei Betrachtung des Gesamtmechanismus bei λ = 3130 Å folgten für die Quantenausbeute prim. Radikale von Rk. (1) u. (2) nach $\Phi(R) = \Phi(IV) + \Phi(III) - \Phi(CO)$ die Werte 0,86 bei 90 mm **II** u. 1 mm J_2 u. 0,97 bei 15 mm **II** u. 1 mm J_2 im Vgl. mit der Quantenausbeute von 1 bei der direkten Photolyse. Zur Erklärung der Druckabhängigkeit von $\Phi(R)$ mußte angenommen werden, daß die Radikale durch Zers. eines aktivierten Molekeltyps von geringer Halbwertszeit entstehen. Da J_2 im geringen Maße deaktivierend wirkte, mußte noch ein 2. Zwischenprod. in Ggw. von J_2 angenommen werden, das durch Zusammenstoß mit **II**-Moll. deaktiviert werden kann. Das 1. Intermediärprod. besitzt eine wesentlich kürzere Halbwertszeit als dasjenige, das bei der Photolyse von **I** (vgl. vorst. Ref.) angenommen werden mußte. — Durch Abschätzung der oberen Grenze für die spontane Zers. von C_2H_5CO in Ggw. von J_2 ergab sich für [CO]/[**III**] = 0,09. (Trans. Faraday Soc. **48**. 823—28. Sept. 1952.) L. FISCHER. D 226

Richard Baltzly und **Peter B. Russell**, *Katalytische Debenzylierung*. 3. Mitt. *Der Einfluß der α-Substitution auf die Leichtigkeit der Hydrogenolyse*. (2. vgl. C. **1953**. 3702.) Vff. untersuchen den Einfl. von Substituenten in α-Stellung zur Aminogruppe an tert. Aminen bei der Debenzylierung mit Pd-Tierkohle in Methanol. Die Spaltungsprodd. wurden als Hydrochloride der entstandenen sek. Amine analysiert. Eine Methylgruppe stabilisiert die C—N-Bindung u. hat in α-Stellung ähnlichen Einfl. auf die Debenzylierung wie in p-Stellung. Eine Benzylgruppe in α-Stellung hat ebenfalls stabilisierenden Einfl. auf die benachbarte C—N-Bindung, die Wrkg. einer α-Phenylgruppe ist anomal. Beim *Benzhydrylbenzylmethylamin* (**I**) erfolgt Spaltung zwischen Benzhydrylgruppe u. N-Atom (vgl. DAHN, SOLMS u. ZOLLER, C. **1953**. 3703; 5641), beim **I**-Hydrochlorid findet dagegen Spaltung zwischen Benzylgruppe u. N-Atom statt. Vf. nehmen ster. Unterschiede zwischen Base u. Salz für die Änderung der Spaltungsstelle an. Allg. ergibt sich ein stabilisierender Einfl. von α-Gruppen auf C—N-Bindung in der Reihenfolge $-CH_3 > -C_6H_5 > -CH_2-C_6H_5$. Bei *d-α-Phenäthyl-p-methylbenzylmethylaminhydrochlorid* (*d*-**II**-*HCl*) erfolgt Abspaltung der p-Methylbenzylgruppe (unter Verlust der opt. Aktivität) zu 40—45%. — Vf. halten einen radikal. Reaktionsmechanismus bei der Debenzylierung für wahrscheinlich. Die Begünstigung der Abspaltung der Benzylgruppe vom N-Atom ist abhängig von den Substituenten am N-Atom; sie erfolgt leichter in der Reihe $-NH_2 < -NH < -\overset{|}{\underset{|}{N}}- < -\overset{|}{\underset{|}{N^+}}-$.

V e r s u c h e: *Methylbenzylbenzhydrylamin* (**I**), *Hydrochlorid*, F. 218°, durch 8std. Erhitzen von Benzhydrylchlorid u. Methylbenzylamin. — *α-Phenäthylbenzylmethylamin, Hydrochlorid*, $C_{16}H_{19}N\cdot HCl$, F. 162° (A.–Ae.), aus 20 g α-Phenäthylmethylamin (**V**) u. 9,5 g Benzylchlorid in trockenem Ae., bei Raumtemp., 1 Woche; 11,7 g. — *dl-α-Phenäthyl-p-methylbenzylamin* (*dl*-**IV**), *Hydrochlorid*, $C_{16}H_{19}N\cdot HCl$, F. 199° (A.–Äthylacetat), aus 24 g dl-α-Phenäthylamin (**III**) u. 24 g p-Methylbenzaldehyd, 2 Std. im Vakuum bei 100° u. Red. der SCHIFFschen Base mit Pt-Tierkohle; 25 g. *N-Methylverb.* (*dl*-**II**), *Hydrochlorid*, $C_{17}H_{22}NCl$, F. 178°, aus dl-**IV** mit 38%ig. Formalin u. 90%ig. HOOCH, 5 Stunden. — *d*-**IV**, *Hydrochlorid*, F. 167—168°, analog dl-**IV** aus d-α-Phenäthylamin, $[\alpha]^{31}_{5461}$ + 26,8° (c = 5; A.); *N-Methylverb.* (*d*-**II**), *Hydrochlorid*, F. 171°, $[\alpha]^{31}_{5461}$ + 17,6° (c = 5; A.). — *α-Phenäthyl-p-methoxybenzylamin, Hydrochlorid*, $C_{16}H_{20}ONCl$, F. 150 bis 151° (A.–Ae.), aus 25 g **III** u. 25 g Anisaldehyd analog **IV**; 51 g; *N-Methylverb., Hydrochlorid*, $C_{17}H_{22}ONCl$, F. 186°. — *α-Phenäthyl-p-nitrobenzylmethylamin, Hydrochlorid*, $C_{16}H_{19}O_2N_2Cl$, F. 140° (Aceton–Ae.), aus 27 g **V** u. 21,6 g p-Nitrobenzylbromid in Aceton; 18 g. — *α-Benzylamio-α.β-diphenyläthan, Hydrochlorid*, $C_{21}H_{22}NCl$, F. 248° (A.), durch Erhitzen von α-Aminodiphenyläthan u. Benzaldehyd im Vakuum u. Hydrieren; *N-Methylverb., Hydrochlorid*, $C_{22}H_{24}NCl$, F. 223° (A.). — *l-α-Phenäthylmethylamin, Hydrochlorid*, $C_9H_{14}NCl$, F. 213°, aus *l*-α-Phenäthylamin u. Benzaldehyd u. Rk. der SCHIFFschen Base mit Methyljodid, 1 Monat bei 49—50°, Überführung in das Benzoylderiv. ($Kp._{0,03}$ ca. 125° [Bad]) u. Hydrolyse mit C_2H_5MgBr in Ae., $[\alpha]^{23}_{5461}$ — 30,0°. — *Benzhydrylmethylamin, Hydrochlorid*, krist. aus A.–Ae.-Mischung mit F. 218°, nach längerem Stehen oder nach Stehen in Berührung mit seiner Mutterlauge ist der F. 238°. (J. Amer. chem. Soc. **75**. 5598—5602. 20/11. 1953. Tuckahoe, N. Y., Wellcome Labor. Res.) W. ULRICHS. D 227

D_2. Präparative organische Chemie. Naturstoffe.

Herbert E. Ungnade, Edward F. Kline und **Elbert W. Crandall,** *Kondensationen von aromatischen Aldehyden und Arylcarbinolen mit Aluminiumchlorid und aromatischen Systemen.* Wie aromat. Aldehyde spalten auch einige substituierte Benzylalkohole in Ggw. von überschüssigem $AlCl_3$ bei 60° CO ab, das mit Bzl. zu *Anthracen* (**V**) reagiert. Als Acceptoren eignen sich auch *Biphenyl* u. *Mesitylen,* das unter Abspaltung einer Methylgruppe reagiert. In *Diphenyläther* (**II**) verläuft die Kondensation mit dem Arylcarbinol oder Aldehyd schneller als deren Spaltung, so daß mit Benzaldehyd (**I**), Benzylalkohol oder Benzhydrol *9-Phenylxanthydrol* (**III**) gebildet wird. — Oft werden aus den als Donatoren dienenden Aldehyden andere Prodd. gebildet als aus den entsprechenden Carbinolen: p-Methoxybenzaldehyd wird in *Phenol* (**VII**), p-Methoxybenzylalkohol dagegen in *Anisol* übergeführt, 3.4-Dimethoxybenzylalkohol in *Guajacol,* Veratrumaldehyd dagegen in ein *Vanillin.* Daraus geht hervor, daß bei der Rk. die Benzylalkohole nicht intermediär zu den Aldehyden dehydriert werden. — o-Benzylbenzylalkohol (**VI**) reagiert nicht mit nur 1 Mol $AlCl_3$; mit 3 Mol entsteht **V**, wobei es sich nicht um eine intramol. Cyclisierung handeln kann, weil aus **VI** u. Toluol das eutekt. Gemisch der *Dimethylanthracene* entsteht u. *Diphenylmethan* in einer **VI** entsprechenden Menge erhalten wird.

Versuche: *Diphenylanthracen,* $C_{26}H_{18}$, Kp.$_{0,001}$ 170—210°, F. 202—203° (Ligroin), aus **I**, Biphenyl u. $AlCl_3$ bei 60° (3½std. Rk., dann Dampfdest. u. Dest. des Rückstandes); 28% (Ausbeute). — *Diphenylanthrachinon,* $C_{26}H_{16}O_2$, F. 270—271° (A.), aus vorst. Verb. durch CrO_3-Oxydation in wss. Essigsäure, gelbe Nadeln; 93,5%. — *Tetramethylanthracen,* F. 148—148,7° (Ligroin), ident. mit dem aus m-Xylol erhaltenen, aus **I**, $AlCl_3$ u. Mesitylen, isoliert aus dem Rückstand der Wasserdampfdest. mit Ligroin u. Adsorption an Al_2O_3 (3 Banden mit blauer Fluorescenz im UV-Licht); 45,7% öliges Prod.; aus dem in Bzl. aufgenommenen Dampfdestillat wurden isoliert: 31% **I** (*Oxim,* F. 32—33°), 2% *Xylole* (Kp.$_{598}$ 140—150°; n_D^{23} 1,4970), 17% *Trimethylbenzole* (Kp.$_{600}$ 150—160°; n_D^{23} 1,5005; daraus *2.4.6-Trinitromesitylen,* F. 230—232°) u. 4% *Tetramethylbenzole* (Kp.$_{600}$ 180—185°; n_D^{23} 1,5105). — *9-Phenylxanthydrol* (**III**), $C_{19}H_{14}O_2$. A) aus 25 g **I**, $AlCl_3$ u. 75 cm³ Diphenyläther (**II**); aus dem mit Ae. extrahierten Wasserdampfdestillat wurden 1,2% **I**, Kp.$_{19}$ 96—98°, identifiziert als *Benzoesäure,* u. 44,3% **II**, Kp.$_{19}$ 162—164°, (*4.4'-Disulfonamid,* F. 157—158°) zurückgewonnen; der nicht flüchtige, halbfeste Rückstand wurde in Bzl. aufgenommen u. nach Abdest. des Lösungsm. a) in Bzl. an Al_2O_3 adsorbiert (4 Banden, Hauptmenge in 3 Banden, die mit Bzl. ausgewaschen ein viscoses rotes Öl, ein rotbraunes Öl u. krist. Prod., F. 149—154° [Ligroin]; 0,46 g, ergaben); b) dest.; Kp.$_{0,001}$ 190—210° rotes Öl, wird fest, F. 156—157° (Bzl.-Ligroin); bei Dest. größerer Mengen tritt Pyrolyse u. Red. ein, u. es werden **VII** u. *9-Phenylxanthen* isoliert; Ausbeuten nach b): aus **I** 15,5%, aus Benzylalkohol 15%, aus Benzhydrol 27%; B) aus Xanthon u. Phenyl-MgBr; 76%; löst sich in konz. H_2SO_4 mit grüngelber Farbe u. Fluorescenz. *1-[9-Phenylxanthyl]-semicarbazid* (**VIII**), F. 206—207°. **III**-NH_2OH-*Deriv.*, F. 194—195°. *Phenylhydrazinderiv.*, F. 127—128°. **III** wird aus dem Reaktionsgemisch mit CH_3MgJ in 99,3%ig. Ausbeute zurückgewonnen, läßt sich unter üblichen Bedingungen weder acylieren noch oxydieren u. wird bei 282° zu **VII** pyrolysiert. — *9-Phenylxanthen,* $C_{19}H_{14}O$, F. 142—143° (Ligroin), aus **III**, a) durch Red. nach CLEMMENSEN; 91,3%; b) durch SCHMIDT-Rk.; 96,6%; c) durch Kochen mit alkoh. HCl; 87,7%; unlösl. in konz. H_2SO_4, wird mit $KMnO_4$ in wss. Pyridin zu **III** oxydiert. — *9-Benzalxanthen,* F. 110—111°, aus Xanthon in Bzl. u. Benzyl-MgCl in Ae., gelbes Öl, erstarrt bei Behandlung mit PAe.; Umkristallisation aus Ligroin oder chromatograph. Adsorption liefert gelbe Nadeln; 89%; löst sich in kalter konz. H_2SO_4 mit gelber Farbe u. grüner Fluorescenz. — *9-Benzylxanthen,* F. 69—70°, durch Red. von 2,65 g vorst. Verb. mit HJ u. Essigsäureanhydrid neben 0,11 g *Xanthon,* F. 173—174° (Ligroin); 0,74 g. — *4-Phenoxytoluol* u. *4-Phenoxy-o-xylol,* aus Phenol-K bzw. 3.4-Dimethylphenol-K u. den entsprechenden Bromiden; 70 bzw. 38% (vgl. C. **1946**. II. 205). — *4-Phenoxybenzophenon* (**IV**), F. 69,2—69,4°, löst sich in kalter konz. H_2SO_4 mit gelber Farbe u. wird durch die Cyclodehydrationsmeth. nach BRADSHER (J. Amer. chem. Soc. **62**. [1940.] 488) nicht verändert; NaOH spaltet bei 350° in *Benzoesäure,* **II** u. Spuren von **VII** u. *p-Oxybenzophenon,* F. 132—133°; weiterer Strukturbeweis durch Infrarotspektren in CCl_4 u. CS_2. — *4-Phenoxybenzhydrol,* $C_{19}H_{16}O_2$, F. 75,8—76,9° (PAe.), aus vorst. Verb. durch Red. mit RANEY-Ni in A. u. einer Spur 50%ig. KOH; 85%. — *4-Phenoxydiphenylmethan,* $C_{19}H_{16}O$, F. 41—42°, aus 20 g **IV** mit amalgamiertem Zn u. konz. HCl; wird mit Bzl. extrahiert; nach 2maliger Molekulardest. 8,61 g Fl., die erstarrt; die 2. Fraktion der Molekulardest., ein viscoses Öl, das ein glasiges

Prod. gibt, ist vermutlich das entsprechende Pinakon. — 33 g p-Methoxybenzylalkohol wurden langsam zu $AlCl_3$ in Bzl. gegeben, die tiefrote Lsg. wurde bei 60° 3,5 Std. gerührt, zers. u. mit Dampf dest.; aus dem mit Ae. extrahierten Destillat wurden isoliert: *Bzl.* ($Kp._{606}$ 72—75°; n_D^{25} 1,4952), *Anisol* ($Kp._{606}$ 144°; n_D^{22} 1,5157; 43%; identifiziert als *2.4-Dinitroanisol*, F. 84—85°) u. *Anthracen* (V; $Kp._{19}$ 155—160°, Platten aus Ligroin, F. 212—213°). — 0,148 Mol 3.4-Dimethoxybenzylalkohol liefern mit $AlCl_3$ u. thiophenfreiem Bzl. unter vorst. Bedingungen 1,34 g *Guajacol* (*Phenylurethan*, F. 134°) u. 1,03 g **V**, F. 211—212°, aus dem flüchtigen Teil des Reaktionsproduktes. — 0,2 Mol o-Oxybenzylalkohol werden in Bzl. gelöst u. mit $AlCl_3$ versetzt; es entstehen 0,61 g **VII** u. 2,47 g **V**. — *o-Benzylbenzylalkohol* (**VI**), $C_{14}H_{14}O$, $Kp._{0,001}$ 130 bis 132°, aus o-Benzylbenzoesäure (F. 110—111°) mit $LiAlH_4$ in Ae.; 64,5%. — 10 g **VI** werden bei 60° mit Bzl. u. wasserfreiem $AlCl_3$ behandelt; der nicht flüchtige Rückstand der Wasserdampfdest. liefert 5 g **V**, F. 212—214° nach Sublimation bei 160—200°/1—2 mm. — 10 g **VI**, ebenso mit Toluol u. $AlCl_3$ behandelt, liefern *Dimethylanthracene*, F. 215—217° (Ligroin); 4,76 g; oxydierbar zum *Chinon*, F. 154—155°; die flüchtige Fraktion enthält *Diphenylmethan*, Kp. 260—262°; 47,8%; identifiziert als *Benzophenon*, F. 47—48°. — Es werden die Absorptionsmaxima von **II**, *4-Phenoxytoluol*, *-o-xylol*, *-benzhydrol*, *-diphenylmethan*, *-benzophenon*, *Xanthen*, *9-Phenyl-*, *9-Benzyl-*, *9-Benzalxanthen*, **III**, **VIII**, *Diphenylanthracen* u. *Xanthon* angegeben. (J. Amer. chem. Soc. **75**. 3333—36. 20/7. 1953. Las Vegas, N. Mex., Highlands Univ.,Dep. of Chem., u. Univ. of Missouri, Chem. Dep.) FROHLOFF. 460

Sven Lindstedt, *Darstellung von $^{14}C_{(\varepsilon)}$-Oxylysin und $^{14}C_{(\varepsilon)}$-Lysin.* Die Darst. von mit ^{14}C in ε-Stellung markiertem rac. *Lysin* (**I**) führte bisher nur zu geringen Ausbeuten (vgl. BORSOOK u. Mitarbeiter, J. biol. Chemistry **176**. [1949.] 1383); so markiertes rac. *Oxylysin* (**II**) wurde noch nicht hergestellt. Die Lysinsynth. von WARNER u. MOE (J. Amer. chem. Soc. **70**. [1948.] 3918) sowie die Oxylysinsynth. nach TOUSTER (C. **1952**. 3471) bietet jedoch die Möglichkeit zur Einführung von ^{14}C. Dabei wurde das *γ-Acetamido-γ.γ-dicarbäthoxybutyraldehydcyanhydrin* (**III**) nicht mit wasserfreiem fl. HCN, sondern über die Bisulfitverb. gewonnen; **II** wurde durch Red. von **III** mit ADAMS-Katalysator gewonnen, da bei der Meth. nach TOUSTER (l. c.) nebenbei **I** entsteht, wie papierchromatograph. nachgewiesen wurde.

Versuche: Zu 21,7 g Diäthylacetamidomalonat u. 0,5 nNa-Äthylat in Bzl. wurden 7 cm³ Acrolein in Bzl. zugefügt, nach 2 Std. wurde mit 12,6 g $Na_2SO_3 \cdot 7\,H_2O$ in verd. Essigsäure versetzt, über Nacht gerührt u. filtriert. Die so gewonnene Lsg. der *Bisulfitverb.* von *γ-Acetamido-γ.γ-dicarbäthoxybutyraldehyd* (**IV**) wurde mit 100 cm³ W. verd., 5 cm³ dieser Lsg. mit 0,210 g $K^{14}CN$ in W. versetzt, ½ Std. wurde geschüttelt u. mit Äthylacetat extrahiert. Nach Eindampfen u. Zugabe von etwas Ae. wurden 0,840 g krist. *^{14}C-**IV**-Cyanhydrin* (**III**) erhalten, F. 82° (Bzl.). — *$^{14}C_{(\varepsilon)}$-Oxylysin* (**II**). 0,650 g **III** wurden in Eisessig–A. (1 : 9) mit ADAMS-Katalysator bei Raumtemp. u. n. Druck hydriert. Das nach 6 Std. erhaltene Öl wurde vom Lösungsm. im Vakuum befreit u. mit 6 nHCl 15 Std. hydrolysiert, dann von HCl im Vakuum durch mehrmaliges Eindampfen befreit. In W. wurde der Rückstand durch eine „Dowex-50"-Säule geschickt, die vorher mit nNH_4OH behandelt war. Die Säule wurde mit W. gewaschen, dann wurde mit 0,15 nNH_4OH in 4 cm³-Fraktionen eluiert, die papierchromatograph. geprüft wurden. Die reines **II** enthaltenden Fraktionen wurden im Vakuum eingedampft, in wenig 50%ig. A. gelöst, etwas Pyridin wurde zugegeben. Nach Zugabe von wenig Aceton krist. das **II**-*Hydrochlorid*, $C_6H_{15}O_3N_2Cl$; 0,207 g (Ausbeute). — *$^{14}C_{(\varepsilon)}$-Lysin* (**I**). 0,5 g **III** wurden mit Essigsäureanhydrid 90 Min. gekocht u. darin mit ADAMS-Katalysator bei 100 at u. Raumtemp. 24 Std. red.; das erhaltene Öl wurde mit 6 nHCl 15 Std. hydrolysiert u. dann wie bei **II** chromatographiert. *Dihydrochlorid*, $C_6H_{16}O_2N_2Cl_2$; 0,13 g. (Acta chem. scand. **7**. 340—42. 1953. Lund, Univ., Dep. of Physiol. Chem.) FREYTAG. 480

Sune Bergström, Max Rottenberg und **Jacques Voltz,** *Gallensäuren und Steroide.* 2. Mitt. *Die Darstellung einiger in der Carboxylgruppe markierter Gallensäuren.* Vff. synthetisierten *Cholsäure*, *Desoxycholsäure*, *Chenodesoxycholsäure*, *Lithocholsäure* u. *Cholansäure*, die in der Carboxylgruppe mit ^{14}C bzw. ^{13}C markiert waren, aus den acetylierten Säuren durch Abbau zu den entsprechenden Norbromiden, die dann mit markiertem KCN in die entsprechenden Nitrile übergeführt wurden, welche zu den Säuren verseift wurden.

Versuche (Drehungen in Chlf. bei 24—25°; c = 1): *23-Bromnorcholan*, $C_{23}H_{39}Br$, F. 93—94° (Aceton), $[\alpha]_D$ + 35°, aus Ag-Cholanat, Ag-Acetat u. Br_2 in sd. C_2H_5Br nach dem früher beschriebenem Verf. (vgl. Helv. chim. Acta **35**. [1952.] 1286); 96,5% roh (Ausbeute). — *3α-Acetoxycholansäure*, F. 166—168° (wss. Aceton), durch 3std. Erhitzen von Lithocholsäure (F. 181—183°) mit Acetanhydrid u. Pyridin; 90%. — *3α-Acetoxy-23-bromnorcholan* (I), $C_{25}H_{41}O_2Br$, F. 186—186,5° (Bzl.-PAe.). 6 g der mit NaOH neutralisierten vorst. Säure wurden in $AgNO_3$-Lsg. gegossen u. das so erhaltene Ag-Lithocholat wie oben abgebaut, $[\alpha]_D$ +55°; 4 g. — *3α.7α-Diacetoxy-23-bromnorcholan*, $C_{27}H_{43}O_4Br$, F. 183—185°, $[\alpha]_D$ +26°. — *3α.12α-Diacetoxy-23-bromnorcholan*, $C_{27}H_{43}O_4Br$, F. 133—134°, $[\alpha]_D$ +97°. — *3α.7α.12α-Triacetoxy-23-bromnorcholan*, $C_{29}H_{45}O_6Br$, amorph. — *23-Brom-3α-oxynorcholan*, $C_{23}H_{39}OBr$, F. 130 bis 131°, aus I durch 2std. Kochen mit alkoh. HCl. — *3α-Oxycholanonitril*, $C_{24}H_{39}ON$, F. 193—195° (wss. A.), aus 226 mg vorst. Verb. in A.-W. durch 48std. Kochen mit KCN; 194 mg. 130 mg Nitril wurden durch 48std. Kochen mit wss.-alkoh. KOH zur *Lithocholsäure* verseift; F. 180—181°; 108 mg. — Bei der Darst. der markierten Verbb. wurden 2 Mol Bromid mit 1 Mol K*CN umgesetzt; KOH wurde dann gleich dem Gemisch zugegeben, ohne daß das Nitril isoliert wurde; 80—90%, bezogen auf K*CN. (Acta chem. scand. **7**. 481—84. 1953. Lund, Schweden, Univ., Dep. of Physiol. Chem.) SCHORRE. 480

S. A. Barker und **E. J. Bourne**, *Acetale und Ketale von Tetriten, Pentiten und Hexiten.* Übersichtsarbeit unter Berücksichtigung der allg. Bildungsweisen, der Stabilität der Polyalkohole gegen Basen, Säuren u. verschied. Oxydations- u. Reduktionsmittel, der photochem. Umwandlung, der Stereoisomerie u. der Regeln über die bevorzugte Bldg. u. Spaltung bestimmter Ringstrukturen in Acetalen u. Ketalen. — 17 Tabellen über synthetisierte Derivate (FF., Drehwerte). — 172 Literaturhinweise. (Advances Carbohydrate Chem. **7**. 137—207. 1952. Birmingham, Univ.) ROSSOW. 580

Irwin B. Douglass und **Charles E. Osborne**, *Die wasserfreie Chlorierung von Thioestern und verwandten Verbindungen.* Bei der wasserfreien Chlorierung von Thioestern u. verwandten Verbb. in fl. Butan bei Tempp. des festen CO_2 wurden folgende Reaktionstypen gefunden: $RCOSR' + 2\ Cl_2 \rightarrow RCOCl + R'SCl_3$ (1); $RCSSR' + 3\ Cl_2 \rightarrow RCCl_2SCl + R'SCl_3$ (2); $ROCSSR' + 3\ Cl_2 \rightarrow ROCCl_2SCl + R'SCl_3$ (3); $RO{-}C({=}S){-}S{-}S{-}C({=}S){-}OR + xCl_2 \rightarrow 2\ ROCCl_2SCl$ + unbekannte Verb. (enthält S u. Cl) (4); $RSO_2SR' + 2\ Cl_2 \rightarrow RSO_2Cl + R'SCl_3$ (5). Wurde bei Reaktionstyp (1) die Chlorierung unterbrochen, so spielte sich folgende, langsamere Rk. ab: $RCOSR' + R'SCl_3 \rightarrow RCOCl + 2\ R'SCl$ (6). Bei der Einw. von Cl_2 auf Methylthionpropionat, $C_2H_5C({=}S)OCH_3$ (I), bildete sich eine bei 8° zersetzliche weiße Substanz, deren Cl-Geh. der Formel $(C_2H_5CSOCH_3)Cl_2$ entsprach, die jedoch kaum 1-Chlor-1-methoxypropansulfenylchlorid-(1) sein dürfte. — Methylthiolbenzoat lieferte: a) *Benzoylchlorid*, Kp. 194—195°, $Kp._{15}$ 78—79°, n_D^{25} 1,5498, $D.^{25}_4$ 1,21; 86% (Ausbeute); b) *Methylschwefeltrichlorid* (II), CH_3Cl_3S, identifiziert nach Verseifung zum Na-Methansulfinat u. Rk. mit Benzylchlorid als *Benzylmethylsulfon*, F. 126°. — Äthylthiolacetat: a) *Acetylchlorid* (*Acetanilid*, F. 112°); b) *Äthylschwefeltrichlorid* (III), $C_2H_5Cl_3S$, analog II identifiziert als *Benzyläthylsulfon*, F. 84,5°. — Methyldithiopropionat: a) *1.1-Dichlorpropansulfenylchlorid-(1)*, $C_3H_5Cl_3S$, $Kp._{29}$ 69,5, $Kp._{27}$ 65°, n_D^{25} 1,510, $D.^{25}_4$1, 361, $D.^0_4$ 1,391; 27%; b) II. — Methyldithioacetat: a) *Methyldichlormethansulfenylchlorid* (?), $Kp._{28}$ 46°, zersetzt sich rasch; b) II. — Methylmethylxanthat: a) *Methoxydichlormethansulfenylchlorid* (IV), $C_2H_3OCl_3S$, $Kp._{35}$ 77°, $Kp._{40}$ 82°, n_D^{25} 1,518, $D.^{25}_4$ 1,522, $D.^0_4$ 1,555; 70%; b) II. — Äthyläthylxanthat: a) *Äthoxydichlormethansulfenylchlorid* (V), $C_3H_5OCl_3S$, $Kp._{33}$ 88°, $Kp._{27}$ 83°, n_D^{25} 1,507, $D.^{25}_4$ 1,422, $D.^0_4$ 1,454; b) III. — Methylpropyl-(1)-xanthat: a) *n-Propoxydichlormethansulfenylchlorid*, $C_4H_7OCl_3S$, $Kp._{26}$ 95,5°, n_D^{25} 1,498, $D.^{25}_4$ 1,353, $D.^0_4$ 1,383; b) II. — Methylpropyl-(2)-xanthat: a) *Isopropoxydichlormethansulfenylchlorid* (?), $Kp._{25}$ 87°, zers. sich rasch; b) II. — Bis-[methoxythiocarbonyl]-disulfid: a) IV; 53%; b) weiße *Substanz* vom F. 15° (Zers.). — Bis-[äthoxythiocarbonyl]-disulfid: a) V; b) unbekannte weiße Substanz. — Methylmethanthiosulfonat: a) *Methansulfonylchlorid* (*Methansulfonanilid*, F. 97—98°); b) II. — I: a) weiße Substanz, $C_2H_5CSOCH_3Cl_2$ (?), Zers. bei 8°. (J. Amer. chem. Soc. **75**. 4582—83. 20/9. 1953. Orono, Me., Univ., Dep. of Chem.) L. FISCHER. 600

Eugene H. Man, James J. Sanderson und **Charles R. Hauser**, *Durch Borfluorid katalysierte Addition aliphatischer Anhydride an Aldehyde.* An Stelle des erwarteten β-Ketoaldehyds erhielten Vff. *Propylidendiacetat* bei der Umsetzung von Propionaldehyd (I) u. Essigsäureanhydrid (II) mit katalyt. Mengen Borfluoridätherat (III). Die Additions-Rk. wurde mit verschied. Aldehyden u. Anhydriden durchgeführt, wobei in einigen Fällen 10% mehr als die äquivalente Menge III angewendet werden mußte. II u. Formaldehyd ergaben ein uneinheitliches Reaktionsprodukt. Zwischen Bernsteinsäureanhydrid u. I trat Rk. nicht ein. Ein Vers., mit *Benzylidendibutyrat* eine Acyloin-Rk. nach HENSLEY (J. Amer. chem. Soc. **57**. [1935.] 2303) durchzuführen, ergab ein Prod. vom F. 99—104°, das nicht mit Butyroin ident. war u. nicht identifiziert wurde. — *Äthylidendiacetat*, Kp.$_{10}$ 54—55°, aus Acetaldehyd u. **II**; 65% (Ausbeute). — *Propylidendiacetat*, Kp.$_{12}$ 68,5—70°, aus **I** u. **II**; 73%. — *Isobutylidendiacetat*, Kp.$_{10}$ 74—76°, aus Isobutyraldehyd u. **II**; 80%. — *Benzylidendiacetat*, Kp.$_{10}$ 134,5, F. 43,5—44°, aus Benzaldehyd u. **II**; 80%. — *Propylidendipropionat*, $C_9H_{16}O_4$, Kp.$_{10}$ 110—111°, aus **I** u. Propionsäureanhydrid; 73%. — *Propylidendibutyrat*, $C_{11}H_{20}O_4$, Kp.$_{10}$ 88—88,5°, aus **I** u. Buttersäureanhydrid; 71,5%. — *Benzylidendibutyrat*, $C_{15}H_{20}O_4$, Kp.$_{3,5}$ 160—162°; 81%. (J. Amer. chem. Soc. **72.** 847—48. Febr. 1950. Durham, N. C., Duke Univ., Chem. Dep.) GNAUCK. 660

G. D. Hunter und **G. Popják**, *Eine neue Methode für den Abbau von n-Carbonsäuren.* Der Abbau verläuft nach folgendem Schema: $R\cdot CH_2\cdot CH_2\cdot COOH \rightarrow R\cdot CH_2\cdot CH_2\cdot COCl \rightarrow R\cdot CH_2\cdot CHBr\cdot COCl \rightarrow R\cdot CH_2\cdot CHBr\cdot COOR' \rightarrow R\cdot CH{=}CH\cdot COOR' \rightarrow R\cdot CH{=}CH\cdot COOH \rightarrow R\cdot COOH + CH_3\cdot COOH$, also unter Abspaltung des 2—C-Syst. der Essigsäure. Zur Ermittlung der optimalen Reaktionsbedingungen werden eingehende Verss. an Hexansäure durchgeführt. Es zeigt sich, daß die Ausbeuten in der Stufe der Abspaltung von HBr sowohl von der Art des in Esterbindung vorliegenden Alkohols als auch von der Art des bei der HBr-Abspaltung angewandten Reagenses abhängen; maximale Ausbeuten werden mit Neopentylalkohol als veresterndem Alkohol u. mit Diäthylanilin erhalten; die sonst angewandten Verbb. Kollidin bzw. Chinolin erwiesen sich als weniger geeignet. Die Spaltung der in vorletzter Stufe vorliegenden α.β-ungesätt. Carbonsäure wird durch Schmelzen mit KOH bei 300—340° während 5—10 Min. vollzogen; chromatograph. sind dann im Falle des Einsatzes von Hexensäure nur *Essig-* u. *Buttersäure* in äquimol. Menge nachweisbar. Die Arbeitsweise liefert auch bei Octansäure befriedigende Ergebnisse; *Neopentyl-α-bromoctanoat* wird aus Octansäure in 96%ig. Ausbeute erhalten; das entstehende *Neopentyloctenoat* dürfte ein Gemisch der α.β- u. der β.γ-ungesätt. Isomeren sein; dies beeinträchtigt die Meth. nicht, da beim Schmelzen mit KOH die β.γ-Lückenbindung sich offensichtlich in die α.β-Stellung verschiebt; aus Octan- wird Hexansäure in 51%ig. Ausbeute erhalten. An einer aus $^{14}CO_2$ nach GRIGNARD synthetisierten Hexansäure ($CH_3\cdot[CH_2]_4\cdot{}^{14}COOH$) wird der vorbeschriebene Abbau durchgeführt; das radioakt. C-Atom wird ausschließlich im Carboxyl-C-Atom der abgespaltenen Essigsäure nachgewiesen, ein Beweis dafür, daß während der Synth. Umlagerungen nicht stattgefunden haben. — *Hexen-(2)-säuremethylester*, $C_7H_{12}O_2$, Kp.$_{13}$ 62—64°. — *α-Bromhexansäure, Methylester*, $C_7H_{13}O_2Br$, Kp.$_{20}$ 90—92°. *Äthylester*, Kp.$_{41}$ 120 bis 122°, n_D^{20} 1,4509. *Isopropylester*, Kp.$_{25}$ 100—101°, n_D^{20} 1,4432. *tert.-Butylester*, Kp.$_{18}$ 103—104°, n_D^{20} 1,4682. *n-Propylester*, Kp.$_{20}$ 110—111°, n_D^{22} 1,4569. *n-Caprylester*, Kp.$_{18}$ 160—161°, n_D^{18} 1,4534. *Isobutylester*, Kp.$_{22}$ 115—116°, n_D^{20} 1,4356. *Neopentylester*, Kp.$_{20}$ 120—122°, n_D^{23} 1,4530. *Benzylester*, Kp.$_{0,4}$ 124—125°, n_D^{23} 1,5253. — *Isobutylhexenoat*, Kp.$_{19}$ 92—98°. — *Neopentylhexenoat*, Kp.$_{18}$ 95—96°. — *Neopentyl-α-bromoctanoat*, $C_{13}H_{25}O_2Br$, Kp.$_{0,5}$ 89°. — *Neopentyloctanoat*, $C_{13}H_{24}O_2$, Kp.$_{18}$ 118 bis 120°. (Biochem. J. **50.** 163—68. Dez. 1951. London, Mill Hill, Nat. Inst. für Med. Res.) TÄUFEL. 810

Helmut Zahn, Bruno Wollemann und **Otto Waschka**, *Reaktionen von Diazoniumsalzen mit Prolin, Cystein, Glycin und anderen Aminosäuren.* Beim Besprühen von Papierchromatogrammen von Proteinhydrolysaten mit einer alkal. Lsg. diazotierter Sulfanilsäure bilden Prolin (**I**), Oxyprolin u. Cystein (**II**) weiße, die übrigen Aminosäuren (außer Tyrosin u. Histidin) gelbe Flecken. Bei der Umsetzung von diazotiertem 5-Chlor-2-methylanilin (**III**) mit *dl*-**I** entsteht das farblose *Triazen N-[5-Chlor-2-methylbenzolazo]-pyrrolidincarbonsäure-*(2) (**IV**), mit *l*-**II** das gelblichweiße Diazomercaptan *S-[5-Chlor-2-methylbenzolazo]-l-cystein* (**V**). Die Rkk. von Diazoniumsalzlsgg. mit anderen Aminosäuren ergeben jeweils die *Diazoaminoverb.* der aromat. Base, im Falle von **III** z. B. *5.5'-Dichlor-2.2'-dimethyldiazoaminobenzol* (**IIIa**), sowie die der Aminosäure entsprechende *Oxysäure*, deren Bldg. möglicherweise über nicht isolierbare Triazene nach der Gleichung $Ar\cdot N:N\cdot NH\cdot CHR\cdot COOH \rightarrow Ar\cdot NH\cdot N:N\cdot CHR\cdot CO_2H \rightarrow RCH(OH)\cdot CO_2H + N_2 + H_2N\cdot Ar$ verläuft. Das entstandene H_2N-Ar reagiert mit seinem Diazoniumsalz weiter unter Bldg. der Diazoaminoverbindung. Bei Umsetzung der Aminosäuren mit 4-Nitro-2-methylanilin (**VII**) reagiert das zurückgebildete **VII** unter den Reaktionsbedingungen nicht mit seinem Diazoniumsalz. Nach Veresterung der COOH-Gruppe der Aminosäure wird eine Stabilisierung des intermediär sich bildenden Triazens erzielt, z. B. entsteht aus Glykokolläthylester *1-[5-Chlor-2-methylphenyl]-3-[carbäthoxymethyl]-triazen-(1)*. Die Möglichkeit einer Desaminierung von Aminosäuren im alkal. Bereich wurde nachgewiesen. Sie stellt keine Neben-Rk. dar.

Versuche: *N-[5-Chlor-2-methylbenzolazo]-pyrrolidincarbonsäure-(2)* (**IV**), $C_{12}H_{14}O_2N_3Cl$, Zers. bei 116–120°, **III** (1,42 g) in sd. dest. W. (10 cm^3) u. 28% ig. HCl (2 cm^3) lösen, das Filtrat mit kaltem W. (20 cm^3) verdünnen, bei 10° mit $NaNO_2$-Lsg. (0,72 g in 7 cm^3 W.) innerhalb 1 Min. diazotieren, nach 15 Min. Rühren filtrieren, mit Na-Acetat (1,0 g in 3 cm^3 W.) abstumpfen, 50% ig. Essigsäure (0,75 cm^3) zugeben, mit Eis kühlen, die Lsg. unter kräftigem Rühren in die eisgekühlte Lsg. von *dl*-**I** (1,1 g) u. wasserfreiem Na_2CO_3 (1,1 g) in W. (25 cm^3) tropfen, nach 30 Min. 2 n Essigsäure (10 cm^3) zugeben u. den weißen Nd. mit kaltem W. waschen; Nädelchen (CH_3OH); Rohausbeute 73%. — *S-[5-Chlor-2-methylbenzolazo]-l-cystein* (**V**), $C_{10}H_{12}O_2N_3ClS$, Zers. bei 180°, **III** (1,42 g) wie vorst. diazotieren, die eisgekühlte Lsg. tropfenweise zu einer gekühlten (0°) Lsg. von *l*-**II**-Hydrochlorid (1,43 g) u. Na_2CO_3 (1,1 g) in W. (25 cm^3) geben, den sofort gebildeten Nd. 15 Min. rühren, filtrieren, waschen, über NaOH trocknen u. aus Eisessig (80 cm^3) mit konz. NH_3-Lsg. im Eisbad umfällen; gelbliche Prismen, lösl. Ae., PAe., C_6H_6, Toluol; 62%. — *5.5'-Dichlor-2.2'-dimethyl-diazoaminobenzol* (**IIIa**), $C_{14}H_{13}N_3Cl_2$, F. 151–152°, die Diazoniumsalzlsg. (0°) aus **III** innerhalb 20 Min. bei 0° zur Lsg. von *dl*-Valin (1,2 g) u. Na_2CO_3 (1,1 g) in W. (20 cm^3) unter Rühren geben u. Nd. kalt waschen; gelbe Kristalle (Ae.); 65–85%. — *α-Oxy-isovaleriansäure* (**VI**), *Cu-Salz*, $Cu(C_5H_9O_3)_2 \cdot H_2O$, das Filtrat von **IIIa** nach Ausschütteln mit Ae. mit verd. H_2SO_4 ansäuern u. 3mal mit je 100 cm^3 Ae. extrahieren; aus dem Rückstand **VI** als Öl, daraus nach Neutralisieren (konz. Na_2CO_3-Lsg.) mit neutraler Cu-Acetatlsg. das *Cu-Salz*, aus heißem W.; 28%. — Rückbldg. von *4-Nitro-2-methylanilin* (**VII**) aus der *Diazoniumverb.* u. *Glykokoll* (**VIII**): **VII** (1,5 g) in heißem W. (3 cm^3) suspendieren, $NaNO_2$ (0,75 g) zugeben, die abgekühlte Paste in konz. HCl (3 cm^3) u. W. (75 cm^3, 15°) einrühren, nach 30 Min. filtrieren, mit Na-Acetat (1,5 g) puffern, 50% ig. Essigsäure (1 cm^3) zugeben u. die Lsg. (0°) in eine Lsg. von **VIII** (0,75 g) u. Na-Acetat (3 g) in W. (25 cm^3) eintropfen; gelber Nd. von **VII**; 85,9%. — Umsetzung von dl-Leucin (**IX**) mit diazotiertem **III**: 1. dl-**IX** (5,26 g) u. Na_2CO_3 (4,4 g) in W. (100 cm^3), p_H 8–9, mit **III**-Diazoniumsalzlsg. (5,68 g **III** in 20 cm^3 W. u. 8 cm^3 konz. HCl + 200 cm^3 W., hierzu 2,88 g $NaNO_2$ in 20 cm^3 W., puffern mit 4 g Na-Acetat + 3 cm^3 50% ig. Essigsäure in 12 cm^3 W.) unter Kühlung verrühren, das ausfallende **IIIa** (79,9%) abfiltrieren, das Filtrat (p_H 6) ausäthern, die wss. Phase mit verd. H_2SO_4 ansäuern, Ae. zugeben, wobei **IX** (16,7%) ausfällt, u. Ae.-Phase abdest.; aus dem öligen Rückstand *dl-Leucinsäure* (**X**; *α-Oxy-γ-methylvaleriansäure*); 32,7%; 2. Umsetzung mit der doppelten Menge **III** (11,36 g) + Diazoniumsalz bei p_H 7–8 gibt 55,1% **IIIa**, 59,4% **X** u. 1,4% **IX**. — *1-[5-Chlor-2-methylphenyl]-3-[carbäthoxymethyl]-triazen-(1)*, $C_{11}H_{14}O_2N_3Cl$, F. 54°, diazotiertes **III** (1,42 g) in eisgekühlte Lsg. von Glykokolläthylesterhydrochlorid (1,3 g) u. Na_2CO_3 (1,1 g) in W. (25 cm^3) eintropfen (20 Min.), grauen Nd. waschen, in CH_3OH lösen u. mit W. (1 : 1) fällen; Nädelchen; 51%. (Hoppe-Seyler's Z. physiol. Chem. **294**. 100–07. 1953. Heidelberg, Univ., Chem. Inst.)

K. MAIER. 950

T. L. Hardy und **D. O. Holland**, *Die Trennung von DL-Threonin und DL-Allothreonin.* *DL-Threonin* u. *DL-Allothreonin* lassen sich auf WHATMAN-Papier Nr. 1 unter Verwendung von wassergesätt. n-Butylalkohol, der 10 Vol.-% Diäthylamin enthält, als mobile Phase papierchromatograph. trennen; die Trennung dauert allerdings 114 Stunden. In wassergesätt. sek.-Butylalkohol, der 10% Diäthylamin enthält, ist die Trennung nicht so gut, obwohl kompaktere Flecken erhalten werden. (Chem. and Ind. **1952**. 855. 30/8. Betworth, Surrey, Beecham Res. Labors. Ltd., Organ. Dep.)

K. F. MÜLLER. 950

Roger Gaudry, *Die Synthese von Aminosäuren aus 2.3-Dihydrofuran: DL-Ornithin, DL-Prolin und DL-α-Amino-δ-oxyvaleriansäure.* Der durch saure Hydrolyse von 2.3-Dihydrofuran (**I**) erhältliche *γ-Oxybutyraldehyd* wird in *5-[γ-Oxypropyl]-hydantoin* (**II**) übergeführt, dessen alkal. Hydrolyse mit $Ba(OH)_2$ *DL-α-Amino-δ-oxyvaleriansäure* (**III**) ergibt. Durch Behandlung von **III** mit K-Cyanat u. anschließende saure Hydrolyse läßt sich **II** in reinem Zustand gewinnen; die Umsetzung von **III** mit Phenylisocyanat u. anschließende Hydrolyse führt zu *3-Phenyl-5-[γ-oxypropyl]-hydantoin* (**IV**). Die Einw. von HCl-Gas auf geschmolzenes **IV** ergibt *3-Phenyl-5-[γ-chlorpropyl]-hydantoin* (**V**), aus dem durch alkal. Hydrolyse *3-Phenyl-1.5-trimethylenhydantoin* (**VI**; *3-Phenylhydantoin des Prolins*) erhalten wird. Durch Einw. von 48% ig. HBr auf let sich nicht das dem **V** entsprechende Bromderiv., sondern in direkter Rk. **VI**. ıbt mit HCl *5-[γ-Chlorpropyl]-hydantoin* (**VII**), das nach Aminierung u. Hydrolyse n *DL-Ornithin*, oder nach saurer Hydrolyse u. Alkalibehandlung in *DL-Prolin* übergeht.

Versuche: *DL-α-Amino-δ-oxyvaleriansäure* (**III**), $C_5H_{11}O_3N$, F. 215° (mit Gasentw.), **I** wird mit 0,2 n HCl bei Raumtemp. ca. 10 Min. gerührt, die Lsg. zu einer Lsg. von NaCN u. NH_4Cl in W. gegeben, 1 Std. bei Raumtemp. u. nach Zugabe von $(NH_4)_2CO_3$ 2 Std. bei 50—60° gerührt u. 15 Min. zum Sieden erhitzt; nach Entfernung des NaCl Hydrolyse durch $^1/_2$std. Erhitzen mit $Ba(OH)_2$ auf 160° im Autoklaven; aus W. + A.; 50% (Ausbeute). *DL-α-Benzamido-δ-oxyvaleriansäure*, $C_{12}H_{15}O_4N$, F. 141° (mit Gasentw.), aus **III** u. C_6H_5COCl in wss. NaOH bei Raumtemp.; aus A. + Ae.; 87%. — *5-[γ-Oxypropyl]-hydantoin* (**II**), $C_6H_{10}O_3N_2$, F. 112—113° (W.), aus **III** u. KOCN in wss. Lsg. bei 65° (2 Std.) u. weitere 2 Std. bei 90°; nach Ansäuern mit konz. HCl; 46%. — *5-[γ-Chlorpropyl]-hydantoin* (**VII**), $C_6H_9O_2N_2Cl$, F. 119—120°, durch Erhitzen von **II** auf 110—120° u. 2std. Durchleiten von HCl durch die Schmelze; schwachgelbe Kristalle aus W.; 57%. — *5-[γ-Brompropyl]-hydantoin* (**VIII**), $C_6H_9O_2N_2Br$, F. 135—137°, aus **II** u. 48% ig. wss. HBr bei 90° (2 Std.); aus W.; 28%. — *DL-Ornithin*, durch 60std. Erhitzen von **VIII** mit konz. NH_4OH auf 60°, Eindampfen u. $^1/_2$std. Erhitzen des Rückstands mit wss. $Ba(OH)_2$ auf 160°. *Pikrat*, F. u. Misch-F. 198—199° (aus W.); 25%. — *DL-Prolin, Cu-Salz*, $C_{10}H_{16}O_4N_2Cu$, durch 5std. Erhitzen von **VII** mit HCl (8 Teile konz. HCl + 12 Teile W.) auf 150°, Eindampfen, Auflösen in überschüssiger 30% ig. NaOH u. Stehenlassen über Nacht bei Raumtemp., Neutralisieren mit verd. HCl u. Kochen mit überschüssigem $CuCO_3$; aus W.; 56%. — *α-Phenylureido-δ-oxyvaleriansäure*, $C_{12}H_{16}O_4N_2$, F. 124—126° (mit Gasentw.), aus **III** u. Phenylisocyanat in wss. NaOH-Lsg. bei Raumtemp. u. Ansäuern; aus verd. A.; 92%. — *3-Phenyl-5-[γ-oxypropyl]-hydantoin* (**IV**), $C_{12}H_{14}O_3N_2$, F. 134 bis 135°, aus **III** u. Phenylisocyanat u. Erhitzen mit konz. HCl; aus verd. A.; 89%. — *3-Phenyl-5-[γ-chlorpropyl]-hydantoin* (**V**), F. 102—103°, aus **IV** analog **VII** (jedoch 125°); aus wss. A.; 77%. — *3-Phenyl-1.5-trimethylenhydantoin* (**VI**), $C_{12}H_{12}O_2N_2$, F. u. Misch-F. 114—116°, aus **IV** u. 48% ig. HBr (2 Std. bei 90°) oder aus **V** u. $NaOC_2H_5$ in A. (2 Std. am Rückfluß); aus 50% ig. A.; 71 bzw. 46%. (Canad. J. Chem. **29.** 544—51. Juli 1951. Quebec, Laval Univ., Fac. of Med., Dep. of Biochem.) K. F. MÜLLER. 950

Kurt C. Frisch und **Milton Wolf,** *Cyanalkoxysilane. Cyanalkoxysilane* können in guter Ausbeute aus Acetoncyanhydrin u. Methylchlorsilanen dargestellt werden. Durch Essigsäureanhydrid können *Cyanalkoxychlorsilane* in die entsprechenden *Acetoxyverbb.* übergeführt u. anschließend zu den entsprechenden *Silanolen* hydrolysiert werden. Die Si—O-Bindung in den Cyanalkoxysilanen ist gegen reines W. beständig, in 5% ig. HCl bzw. 5% ig. NaOH tritt bei Zimmertemp. bei 16std. Stehen langsame Hydrolyse ein.

Versuche: *[2-Cyanpropyl-(2)-oxy]-trimethylsilan* (**I**), $C_7H_{15}ONSi$, aus Trimethylchlorsilan, Acetoncyanhydrin u. Pyridin in trocknem Bzl., Kp. 145,5—147°; 95,3% (Ausbeute, bezogen auf Acetoncyanhydrin); n_D^{20} 1,4022; $D.^{20}_4$ 0,857; Mol.-Refr. 44,7. — *Bis-[2-cyanpropyl-(2)-oxy]-dimethylsilan*, $C_{10}H_{18}O_2N_2Si$, aus Dimethyldichlorsilan, $Kp._{21}$ 124—126°; n_D^{20} 1,4174; $D.^{20}_4$ 0,9644; Mol.-Refr. 59,06; 93,6%. — *[2-Cyanpropyl-(2)-oxy]-methyldichlorsilan*, $C_5H_9ONCl_2Si$, aus Methyltrichlorsilan im Überschuß, $Kp._{15}$ 70—71°; n_D^{23} 1,4210; $D.^{23}_4$ 1,137; Mol.-Refr. 44,22; 75%. — *[2-Cyanpropyl-(2)-oxy]-methyldiacetoxysilan*, $C_9H_{15}O_5NSi$, aus vorst. Verb. u. Essigsäureanhydrid, $Kp._{14}$ 130—132°. — *[2-Cyanpropyl-(2)-oxy]-methylsilandiol*, $C_5H_{11}O_3NSi$, aus vorst. Verb. durch Hydrolyse in gesätt. Salzlsg.; nicht unzers. destillierbar. — *Bis-[2-cyanpropyl-(2)-oxy]-methylchlorsilan*, $C_9H_{15}O_2N_2ClSi$, aus Methyltrichlorsilan, $Kp._{0,2}$ 96—97°; 25%. — *Bis-[2-cyanpropyl-(2)-oxy]-methylacetoxysilan*, $C_{11}H_{18}O_4N_2Si$, $Kp._{0,07}$ 100°. — *Bis-[2-cyanpropyl-(2)-oxy]-methylsilanol*, $C_9H_{16}O_3N_2Si$, aus vorst. Verb. durch Hydrolyse. — Langsame Zugabe von **I** in Ae. zu CH_3MgJ in Ae., Hydrolyse mit verd. HCl, 1std. Kochen, Abdest. des Ae., Neutralisieren, Sättigen mit NaCl u. 48std. Ätherextraktion führt zu *2-Oxy-2-methylbutanon-(3)*, $Kp._{149-150}$ 96—100°; $n_D^{25,5}$ 1,4095. *2.4-Dinitrophenylhydrazon*, F. 138—139° (W.). (J. org. Chemistry **18.** 657—60. Juni 1953. Pittsfield, Mass., General Electric Co., Chem. Div., New Prod. Developm. Labor.) MARIA SCHENK. 980

Erich Adler und **Sven Yllner,** *Synthese und Reaktionen von α-[3-Methoxy-4-oxyphenyl]-glycerin („Guajacylglycerin"). 3. Mitt. Sulfonierung und „Äthanolyse".* (2. vgl. C. **1954.** 3456.) In Analogie zu anderen p-Oxybenzylalkoholen ließ sich Guajacylglycerin (**I**) mit Sulfitlsg. bei p_H 1,5—9 rasch sulfonieren. Wurde **I** mit äthanol. HCl („Äthanolyse") erhitzt, so entstanden *Vanilloylmethylketon* (*1-[3-Methoxy-4-oxyphenyl]-propandion-[1.2]*; **II**), *Guajacylaceton* (**III**) u. *α-Äthoxypropioguajacon*. Als Zwischenprod. dieser Rk. tritt wahrscheinlich *1-[3-Methoxy-4-oxyphenyl]-1-oxypropanon-(2)* (**IV**) auf. Daraus entstehen dann **II** u. **III** durch einen Oxydations–Reduktions-Schritt, wobei angenommen werden muß, daß dieser nur dann vor sich geht, wenn in **IV** die phenol. OH-Gruppe nicht veräthert ist. Außer diesen Ligninmodell-Rkk. wurden auch noch weitere von **I**, Veratrylglycerin u. vom β-Guajacyläther des Veratrylglycerins zusammengefaßt u. die Möglichkeit diskutiert, daß β-Arylätherverbb. von **I** im Lignin vorkommen.

Versuche: *1-[3-Methoxy-4-oxyphenyl]-2.3-dioxy-n-propansulfonsäure-(1)*, aus I in wss. Lsg. mit 5% SO_2 u. verschied. Mengen NaOH (p_H 1,5—9) durch Erhitzen im Rohr, 3 Std. auf 135°, Lsg. durch folgende Säulen schicken: Kationenaustauscher (Austausch des Na^+ gegen H^+), $BaCO_3$ (Entfernen von H_2SO_4 u. H_2SO_3) u. Kationenaustauscher (Ba^{2+} gegen H^+), Gehaltsbest. des eingeengten Filtrates durch potentiometr. Titration; 88% (Ausbeute). — Die Äthanolyse von **I** geschah durch Kochen von 3 g **I** in 300 ml absol. A. mit 2,5% HCl, 48 Std. unter Rückfluß in einer CO_2-Atmosphäre. Aufarbeitung nach MITCHELL u. HIBBERT (J. Amer. chem. Soc. **66.** [1944.] 602). *Chinoxalinderiv.* von *1-[3-Methoxy-4-oxyphenyl]-propandion-(1.2)* (**II**), $C_{16}H_{14}O_2N_2$, F. 160—161°. Aus der bisulfitlösl. Fraktion wurde die Ni-Glyoximverb. von **II** ausgefällt; die Zers. bei 0,001 mm Hg u. 100° Badtemp. lieferte 0,07 g eines gelben Öls, das mit o-Phenylendiamin behandelt wurde. — *Guajacylaceton* (**III**)-*Semicarbazon*, $C_{11}H_{15}O_3N_3$, F. 156—157° (A.), aus dem Filtrat der Ni-Glyoximverb. mit Semicarbazid; nadelförmige Kristalle. — *α-Äthoxypropioveratron*, F. 80—82°. Die bisulfitunlösl. Fraktion ergab 1,03 g eines Ammoniumsalzes, das mit Dimethylsulfat u. NaOH methyliert wurde; Reinigung des rohen Methyläthers durch Sublimation bei 0,01 mm Hg (Badtemp. 100°); 0,3 g. (Svensk Papperstidn. **57.** 78—82. 15/2. 1954. Stockholm, Swedish Forest Products Res. Labor., Dep. of Wood Chem.)
L. FISCHER. 1070

J. H. Barnes und **P. G. Marshall,** *Synthese von 2-Chlor-6-methylphenoxyessigsäure. 2-Chlor-6-methylphenol* (**I**) konnte sowohl aus 4-Oxy-3-methylbenzolsulfonsäure (**II**) durch Chlorierung u. Desulfonierung als auch aus 2-Methyl-6-nitrophenol (**III**) über dessen p-Toluolsulfonat durch Red. der Nitrogruppe, Einführung von Cl nach SANDMEYER u. Hydrolyse gewonnen werden. Die Umsetzung von **I** mit Bromacetessigester (**VI**) lieferte dann die gewünschte *2-Chlor-6-methylphenoxyessigsäure.* — *2-Methyl-6-nitrophenyl-p-toluolsulfonat*, $C_{14}H_{13}O_5NS$, F. 70—70,5° (A.), aus 1 Mol **III** u. 2 Mol Toluol-p-sulfonylchlorid in wasserfreiem Pyridin durch 1 std. Erhitzen auf dem Dampfbad, Prismen; 94%. — *2-Amino-6-methylphenyl-p-toluolsulfonat*, $C_{14}H_{15}O_3NS$, F. 89—90° (wss. A.), aus vorst. Verb. in Eisessig durch Hydrierung (45 at) in Ggw. von 10%ig. Pd-Holzkohle, Prismen; 83%. — *2-Chlor-6-methylphenyl-p-toluolsulfonat* (**IV**), $C_{14}H_{13}O_3ClS$, $Kp._{0,1}$ 168°, F. 53—54° (A.), aus dem Diazoniumsalz vorst. Verb. durch Zugabe zur Lsg. von CuCl in konz. HCl unter Rühren; bei der Aufarbeitung entstand ein in Ae. weniger lösl. kristallines Prod. (lange Nadeln aus A., F. 152—153°), das nicht identifiziert wurde, u. eine gummiartige M., aus der das gewünschte Prod. isoliert wurde; Prismen. — *3-Chlor-4-oxy-5-methylbenzolsulfonsäure* (**V**), F. 109—112°, Zers. bei 140°, aus **II** (F. ca. 50°) in Dioxan durch Einleiten von Cl_2; daneben vermutlich *2.4-Dichlor-6-methylphenol*, F. 50—55°. — *2-Chlor-6-methylphenol* (**I**), a) aus **IV** in A. durch 6 std. Kochen mit 2 n NaOH, Öl; 92%; b) aus **V** durch Dest. mit überhitztem Dampf. — *2-Chlor-6-methylphenoxyessigsäure*, $C_9H_9O_3Cl$, F. 107,5—109° (Bzl.), aus äquimol. Mengen **I** u. **VI** in A. in Ggw. von $NaOC_2H_5$ durch 2 std. Kochen, 2 n NaOH zugeben u. 90 Min. weiterkochen; in Methanol: λ_{max} 267 mμ (log ε = 2,51); $\lambda_{Infl.}$ 273 mμ (log ε = 2,44); Nadeln; 48%. (J. chem. Soc. [London] **1954.** 1159—61. März. Brook Lane, Alderley Edge, Brit. Schering Res. Inst.)
L. FISCHER. 1250

C. R. Harington und **Rosalind Pitt-Rivers,** *Notiz über die Synthese des Essigsäureanalogons von Thyroxin.* Es wurde das Essigsäureanalogon des Thyroxins, *3.5-Dijod-4-[3'.5'-dijod-4'-oxyphenoxy]-phenylessigsäure*, zur Unters. seines biol. Verh. synthetisiert.

Versuche: *3.5-Dijod-4-[4'-methoxyphenoxy]-benzylalkohol*, $C_{14}H_{12}O_3J_2$, F. 111 bis 112° (70%ig. A., dann Bzl.), aus 3.5-Dijod-4-[4'-methoxyphenoxy]-benzaldehyd in Bzl. durch Red. mit Al-Isopropylat in Isopropanol; fast 100% (Ausbeute). — *3.5-Dijod-4-[4'-methoxyphenoxy]-benzylchlorid*, $C_{14}H_{11}O_2ClJ_2$, F. 96,5—97° (Essigsäure), aus vorst. Verb. in Chlf. durch Einw. von PCl_5 unter Eis–NaCl-Kühlung, Kristallisation aus A. u. Vakuumdest.; 96%. — *3.5-Dijod-4-[4'-methoxyphenoxy]-benzylcyanid*, $C_{15}H_{11}O_2NJ_2$, F. 140—142° (Essigsäure), aus vorst. Verb. in A. durch Kochen mit wss. KCN-Lsg. in Ggw. von KJ-Spuren; 91%. — *3.5-Dijod-4-[4'-oxyphenoxy]-phenylessigsäure*, $C_{14}H_{10}O_4J_2$, F. 214—216,5° (50%ig. Essigsäure), aus vorst. Verb. durch 1 std. Kochen mit rotem P, Essigsäure u. HJ (D. 1,7); 80%. — *3.5-Dijod-4-[3'.5'-dijod-4'-oxyphenoxy]-phenylessigsäure*, $C_{14}H_8O_4J_4$, F. 219—220° (Zers.), lange Nadeln aus 50%ig. CH_3OH, aus vorst. Verb. in CH_3OH + konz. NH_4OH durch langsame Zugabe von n J_2-Lsg. unter Schütteln u. Eiskühlung, Verdünnen mit W., Entfernen von NH_3 bei 0° im Vakuum, Zusatz von etwas $Na_2S_2O_5$-Lsg. u. Ansäuern mit 3,5 n HCl bei 40°; 91%. (Biochem. J. **50.** 438—39. Febr. 1952. London, Nat. Inst. for Med. Res.)
K. MAIER. 1250

Bory und **C. Mentzer,** *Neue Synthesen von sekundären Aminen.* Vff. red. N-Formyl-o-anisidin mit $LiAlH_4$ zum *N-Methyl-o-anisidin;* es gelang ihnen ferner, Verbb. vom Typ $R-NH-CHO$ u. $R-NH\cdot CO\cdot CH_3$ mit $LiBH_4$, das aus $KBH_4 + LiCl$ dargestellt wurde, in *sek. Amine* $R\cdot NH\cdot CH_3$ bzw. $R-NH-C_2H_5$ überzuführen. Bei *3.4.5-Trimethoxyphenylacetamid* versagte die Methode.

Versuche: *N-Methyl-o-anisidin,* $C_8H_{11}ON$, $Kp._{20}$ 104—105°, aus N-Formyl-o-anisidin durch Red. a) mit $LiAlH_4$ in Ae. bei 33°; 68% (Ausbeute); b) mit $LiBH_4$ (s. nachst.); 65%. *Pikrat,* F. 136°. — *N-Äthylanilin,* $C_8H_{11}N$, aus Acetanilid in Tetrahydrofuran durch Zugabe von KBH_4, dann von LiCl, Gießen in W. nach 20 Std., Ausäthern, Ausziehen der äther. Lsg. mit n HCl, Alkalisieren u. Ausäthern; 32%. *Pikrat,* $C_{14}H_{14}O_7N_4$, F. 132°. — *p-Chlor-N-äthylanilin,* $C_8H_{10}NCl$, aus p-Chloracetanilid nach 30 Std.; 59%. *Pikrat,* $C_{14}H_{13}O_7N_4Cl$, F. 152°. — *2.4-Dichlor-N-äthylanilin,* $C_8H_9\cdot NCl_2$, konnte bei der Red. von 2.4-Dichloracetanilid nicht isoliert werden; es entstand eine unbekannte Verb., die ein bei 147° schm. *Pikrat* lieferte. — *N-Methyl-o-anisidin,* $C_8H_{11}ON$, aus N-Formyl-o-anisidin bei 10 std. Red.; 65%. *Pikrat,* $C_{14}H_{14}O_8N_4$, F. 136°. — *N-Methyl-p-anisidin,* $C_8H_{11}ON$, aus N-Formyl-p-anisidin nach 15 std. Red.; 84%. *Pikrat,* $C_{14}H_{14}O_8N_4$, F. 157°. (Bull. Soc. chim. France, Mém. [5] **20.** 814—16. Sept. 1953. Lyon, Fac. des Sci., Labor. de Chim. Biol.) SEIDE. 1310

David Y. Curtin und **James C. Kauer,** *Reaktion von p-Nitrobenzoesäuremethylester mit Phenylmagnesiumbromid.* Phenyl-MgBr (**I**) bildet bei —70° mit p-Nitrobenzoesäuremethylester (**II**) *p-Carbomethoxydiphenylamin.* Mit den Verss. von NEWMAN u. SMITH (C. **1948.** E. 197) zusammen läßt sich bei dieser Temp. folgende Reaktionsfähigkeitsreihe der Gruppen mit **I** aufstellen: $-CH{=}O > -NO_2 > -COOCH_3$.

Versuche (FF. korr.): 0,195 Mol **I** in absol. Ae. wurden bei —70° in N_2-Atmosphäre in 5 Std. unter Rühren zu 0,069 Mol **II** (F. 95—96°) in absol. Toluol + Ae. zugetropft; mit gesätt. wss. NH_4Cl wurde hydrolysiert. Die weitere Aufarbeitung ergab *p-Carbomethoxydiphenylamin,* F. 115,8—116,5°; 45%. Daraus *p-Carboxydiphenylamin,* F. 159,3—159,8° (Bzl.–Hexan). (J. Amer. chem. Soc. **75.** 6041—42. 5/12. 1953. Urbana, Ill., Univ. of Illinois, Noyes Chem. Labor.) ROCH. 1350

Seymour M. Linder, Ernest I. Becker und **Paul E. Spoerri,** *Synthese und Strukturprüfung von 1-Äthyl-2.3.4.5-tetraphenylcyclopentadien und die Chemie von 6-Methyl-1.2.3.4-tetraphenylfulven.* Die WOLFF-KISHNER-Red. von Tetracyclon-2.4-dinitrophenylhydrazon (**I**) mit alkoh. Na-Äthylat liefert *1-Äthyl-2.3.4.5-tetraphenylcyclopentadien* (**II**), aber kein Tetraphenylcyclopentadien (**III**; vgl. SONNTAG u. Mitarbeiter, J. Amer. chem. Soc. **75.** [1953.] 2283). Obwohl **II** unter den gleichen Bedingungen ebenfalls aus **III** gebildet wird (vgl. auch MACHEMER, Angew. Chem. **64.** [1952.] 213), konnten keine Beweise gefunden werden, daß **III** bei der WOLFF-KISHNER-Red. als Zwischenprod. entsteht. Mit Na-Glykolat in sd. Äthylenglykol entsteht aus **I** *Bis-[1.2.3.4-tetraphenylfulvenyl-(6)]* u. nicht **III.** Während **III** mit Na-tert.-Butylat in tert.-Butanol unter diesen Bedingungen nicht alkyliert werden konnte, entstand mit Na-Octylat in n-Octanol *1-Octyl-2.3.4.5-tetraphenylcyclopentadien.* Die Konst. von **II** ergab sich aus der Umwandlung in *6-Methyl-1.2.3.4-tetraphenylfulven* (**IV**) durch Bro-

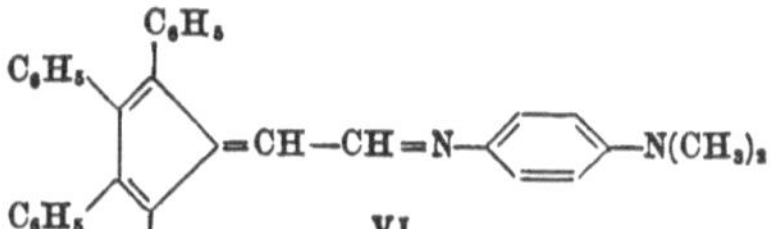

VI

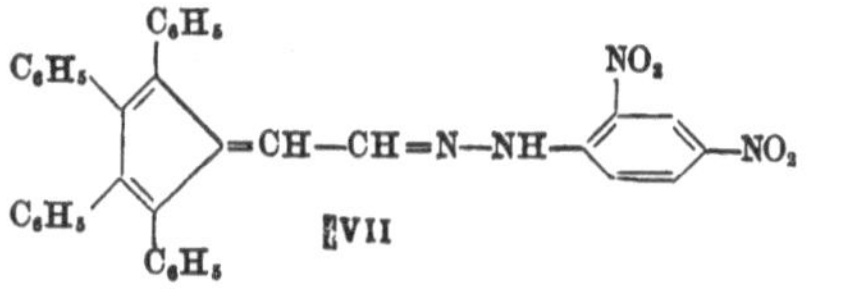

VII

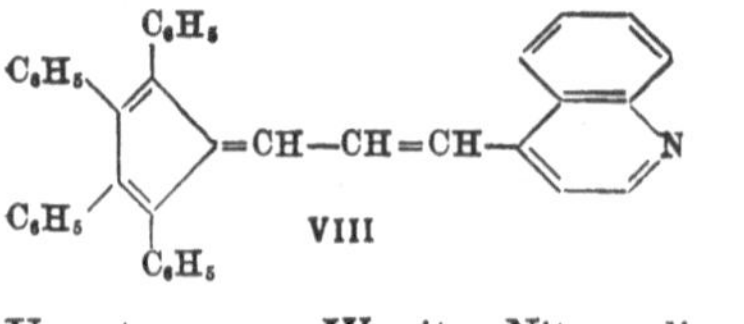

VIII

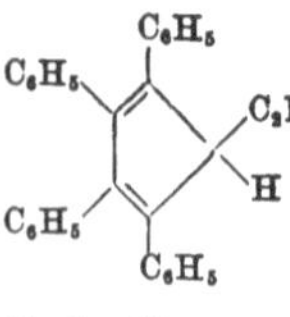

II

mieren mit N-Bromsuccinimid u. anschließende HBr-Abspaltung, aus der Bldg. eines DIELS-ALDER-Adduktes u. aus einer unabhängigen Synth. aus 1-Äthyl-2.3.4.5-tetraphenylcyclopentadienol-(1) (**V**). Bei der Umsetzung von **IV** mit p-Nitrosodimethylanilin enstand ein Anil (**VI**), das bei der Hydrolyse in Ggw. von 2.4-Dinitrophenylhydrazin in *6-Formyl-1.2.3.4-tetraphenylfulven-2.4-dinitrophenylhydrazon* (**VII**) überging; die Kondensation von **IV** mit Chinolin-4-aldehyd liefert *1-[Chinolyl-(4')]-2-[1''.2''.3''.4''-tetraphenylfulvenyl-(6'')]-äthylen* (**VIII**).

Versuche: *1-Äthyl-2.3.4.5-tetraphenylcyclopentadien* (**II**), $C_{31}H_{26}$, F. 181 bis 181,5° (Cyclohexan, Essigester, Acetonitril), a) aus **I** oder **III** mit Na-Alkoholat in A. bei 210° (6 Std.), Chromatographieren des Verdampfungsrückstandes der alkoh. Lsg. an Al_2O_3 u. Eluieren der unteren blauweiß fluorescierenden Zone mit Bzl.; 25 bzw.

84% (Ausbeute); b) aus **V** (DILTHEY u. HUCHTEMANN, J. prakt. Chem. **154.** [1940.] 238) u. 57%ig. HJ in sd. Eisessig (1 Min.), Behandeln der erkalteten Lsg. mit $SnCl_2$ u. konz. HCl, Verdünnen mit W., Extrahieren mit Bzl. u. Chromatographieren der benzol. Lsg. an Al_2O_3 als gelb fluorescierendes Band; 26%. — *Bis-[1.2.3.4-tetraphenylfulvenyl-(6)]*, $C_{60}H_{42}$, F. 273—281° (Zers., Xylol), aus **I** u. Na-Glykolat in sd. Glykol unter N_2 (8 Std.) u. Waschen des Nd. mit Bzl.; gelbe, fluorescierende, thermochrome Kristalle (bei 140° rot). — *1-Äthyl-1-brom-2.3.4.5-tetraphenylcyclopentadien*, $C_{31}H_{25}Br$, F. 148—149,5° (Skellysolve B, Kp. 60—68°), aus **II**, N-Bromsuccinimid u. Benzoylperoxyd in sd. CCl_4 im Sonnenlicht (50 Min.) u. Eindampfen des Filtrats zunächst als orangefarbenes Öl; 71%. — *6-Methyl-1.2.3.4-tetraphenylfulven* (**IV**), $C_{31}H_{24}$, F. 198 bis 200° (Skellysolve C, Kp. 90—100°), a) aus Vorst. in sd. Pyridin (2,75 Std.), Verdünnen mit W., Neutralisieren mit HCl, Extrahieren mit Bzl., Chromatographieren an Al_2O_3 u. Eluieren des gelben nichtfluorescierenden Bandes mit CCl_4; b) aus **V** u. HBr in Bzl. bei Zimmertemp., Chromatographieren des erhaltenen Bromids u. Behandeln mit sd. Pyridin; 53 bzw. 29%. — *7-Äthyl-1.4.5.6-tetraphenylbicyclo-[2.2.1]-hepten-(5)-dicarbonsäure-(2.3)-anhydrid*, $C_{35}H_{28}O_3$, F. 215—218° (Cyclohexan), aus **II** u. Maleinsäureanhydrid in sd. Brombenzol (2,25 Std.). — *1-n-Octyl-2.3.4.5-tetraphenylcyclopentadien*, $C_{37}H_{38}$, F. 123,5—124,5° (Skellysolve B), aus **III** u. Na-Octylat in sd. n-Octanol (16 Std.) u. Aufnehmen in Bzl.; 3,8%. — *6-Formyl-1.2.3.4-tetraphenylfulven-p-dimethylaminoanil* (**VI**), $C_{39}H_{32}N_2$, F. 233—234° (Cyclohexan + Bzl.), aus **IV** u. p-Nitrosodimethylanilin in sd. Bzl. (15 Min.) u. Behandeln mit 5%ig. Na-Methylat; Nd., verunreinigt mit Zersetzungsprodd. der Nitrosoverb.; 66%. — *6-Formyl-1.2.3.4-tetraphenylfulven-2.4-dinitrophenylhydrazon* (**VII**), $C_{37}H_{26}O_4N_4$, F. 265—267° (Zers., Dioxan + A.), aus **VI**, 2.4-Dinitrophenylhydrazin u. wss. HCl in sd. Bzl. (15 Min.) u. Chromatographieren der benzol. Lsg. an Al_2O_3; 35%. — *1-[Chinolyl-(4')]-2-[1''.2''.3''.4''-tetraphenylfulvenyl-(6'')]-äthylen* (**VIII**), $C_{41}H_{29}N$, F. 217—218° (Acetonitril), aus **IV** u. Chinolin-4-aldehyd in sd. Methanol + Bzl. in Ggw. von Na-Methylat (2,25 Std.), Waschen der benzol. Lsg. mit W. u. Chromatographieren des Verdampfungsrückstandes in Cyclohexan (braunes Band mit Bzl. eluiert); 32%. (J. Amer. chem. Soc. **75.** 5972—75. 5/12. 1953. Brooklyn, N. Y., Polytechn. Inst., Dep. of Chem.)

GOLD. 1810

J. Chopin, *Die Tropolone.* Übersicht: Entdeckung u. Beweis der *Tropolon* (**I**)-Struktur der *Stipitatsäure* u. des *Colchicins*, Auffindung weiterer in der Natur vorkommender **I**-Abkömmlinge (*Thujaplicine, Nutkatin*), Beweis der **I**-Struktur u. Synth. des *Purpurogallins*, Eigg. der *Puberul-* u. *Puberulonsäure*, Synth. des *3.4-* u. *4.5-Benzotropolons*, der *Thujaplicine* u. von **I**, Eigg. von **I**. — 42 Literaturzitate. (Bull. Soc. chim. France, Mém. [5] **18.** D 57—64. Sept./Okt. 1951. École Normale Supérieure, Labor. de Chim.)

NITZSCHKE. 1980

W. M. Rodionow und **T. Ss. Kisselewa,** *Synthese der β-Cyclohexyl-β-aminopropionsäure und einiger ihrer Derivate.* (Vgl. C. **1954.** 2818.) Der für die Synth. von *β-Cyclohexyl-β-aminopropionsäure* (**I**) erforderliche Hexahydrobenzaldehyd (**II**) wird am besten aus α.1-Oxidocyclohexyl-(1)-essigsäureäthylester (**III**) durch Behandeln mit Säure nach DARZENS u. LEFEBURE (C. R. hebd. Séances Acad. Sci. **142.** [1906.] 714) erhalten. In gleicher Weise, jedoch mit geringerer Ausbeute, läßt sich *Cyclopentylformaldehyd* aus α.1-Oxidocyclopentyl-(1)-essigester (**IV**) gewinnen. Die Kondensation von **II** mit Malonsäure + NH_3 gibt mit 50%ig. Ausbeute **I**; bei Verwendung des aus **II** u. NH_3 gebildeten Aldehydammoniaks, dem auf Grund der Bruttoformel $(C_7H_{13}N)_x$ die Konst. eines *Aldimins* (**V**) zukommt, erhöht sich die Ausbeute auf 66%. Nebenprod. der Kondensation ist *β-Cyclohexylacrylsäure*; die theoret. noch mögliche Cyclohexylidenpropionsäure entsteht nicht. Zur Charakterisierung von **I** wurden das *N-Acetyl-*(**VI**), *N-Benzoyl-* (**VII**) u. *N-Carbomethoxyderiv.* (**VIII**) u. ihre *Amide* hergestellt, ferner *β-Ureido-β-cyclohexylpropionsäure* u. hieraus *6-Cyclohexyldihydrouracil.* Bei Durchführung der HOFMANNschen Rk. geben mit Hypobromit das Amid von **VII** u. **VIII** *1-Benzoyl-* u. *1-Carbomethoxy-5-cyclohexylglyoxalidon* neben durch Verseifung entstehendem *5-Cyclohexylglyoxalidon* (**IX**), während aus dem Amid von **VI** nur **IX** erhalten wird.

Versuche: *α.1-Oxidocyclohexyl-(1)-essigsäureäthylester* (**III**; „*Cyclohexylglycidester*"), $C_{10}H_{16}O_3$, Kp.$_{10}$ 115—116°, man fügt anteilweise C_2H_5ONa-Pulver zu 49 g Cyclohexanon u. 61 g Chloressigsäureäthylester (**X**) in 100 ml Bzl. bei maximal 15° hinzu, rührt 4 Std. u. erhitzt auf dem Wasserbad; 67 g (Ausbeute). Hieraus das *Na-Salz* der *freien Säure* durch Einw. von C_2H_5ONa-Lsg. (9,2 g Na; 220 ml absol. A.) bei Zimmertemp.; 57,6 g. — *Aldimin* $(C_7H_{13}N)_x$ (**V**), F. 104—105° (Zers.); man tropft zu 250 g vorst. Na-Salzes in 150 ml W. 150 ml verd. H_2SO_4 (1 : 1) unter gleichzeitigem

Durchleiten von Wasserdampf zu u. sättigt die obere, aus **II** bestehende Schicht des Destillats in alkoh. Lsg. mit NH_3; dünne Plättchen; 65,2 g. — *α.1-Oxidocyclopentyl-(1)-essigsäureäthylester* (**IV**), $Kp._{20}$ 119—120°, aus 42 g Cyclopentanon u. 61 g **X** in Bzl. in Ggw. von $NaNH_2$ bei —2 bis 15°; 29,1 g. — *Cyclopentylformaldehyd*, $Kp._{17}$ 40—43°; durch Zers. des aus **IV** erhaltenen Na-Salzes mit verd. H_2SO_4 u. Dest. mit Wasserdampf; Ausbeute höchstens 40%, bezogen auf das Na-Salz. — *β-Cyclohexyl-β-aminopropionsäure* (**I**), $C_9H_{17}O_2N$, F. 217—218°, aus 34,9 g **V**, 28,3 g Malonsäure u. 28 ml 7%ig. NH_3 in 140 ml A., 8 Std. auf dem sd. Wasserbad; aus A. Kristalle; 35,65 g neben 4,7 g nachst. Verbindung. — *β-Cyclohexylacrylsäure*, $C_9H_{14}O_2$, F. 56—57°, $Kp._{10}$ 153—155°, aus A. Kristalle. — *N-Benzoyl-β-cyclohexyl-β-aminopropionsäure* (**VII**), $C_{16}H_{21}O_3N$, F. 197—198°, aus **I** mit C_6H_5COCl in 10%ig. NaOH; aus A. Kristalle; 84,5%. *Amid*, F. 252—253°, aus **VII** mit $SOCl_2$ u. NH_3; aus A. Kristalle; 47% neben wenig nachst. Verbindung. — *2-Phenyl-4-oxo-6-cyclohexyltetrahydropyrimidin*, $C_{16}H_{20}ON_2$, F. 165—165,5°; Nadeln aus Alkohol. — *N-Carbomethoxy-β-cyclohexyl-β-aminopropionsäure* (**VIII**), $C_{11}H_{19}O_4N$, F. 145,5—146,5°, aus **I** u. $ClCO_2CH_3$ in 10%ig. NaOH; aus A. Kristalle; 82%. *Amid*, $C_{11}H_{20}O_3N_2$, F. 192—193°; ca. 82%. — *N-Acetyl-β-cyclohexyl-β-aminopropionsäure* (**VI**), $C_{11}H_{19}O_3N$, F. 164,5—165,5°; aus **I** u. Acetanhydrid in 12%ig. KOH; aus W. flache Prismen; 61%. *Amid*, $C_{11}H_{20}O_2N_2$, F. 228 bis 229°; aus A. Nädelchen; 32%. — *1-Benzoyl-5-cyclohexylglyoxalidon*, $C_{16}H_{20}O_2N_2$, F. 216,5—217,5°; man trägt bei —2 bis 0° innerhalb 2 Std. 7 g **VII**-Amid in Hypobromitlsg. (9,4 g Br_2; 110 g 15%ig. KOH) ein, rührt 3 Std., erwärmt kurz auf 45—65° u. kühlt schnell ab; aus A. Nädelchen; 2,54 g neben 0,17 g **IX** u. anderen, nicht untersuchten Produkten. Liefert beim Erwärmen mit 20%ig. NaOH **IX**. — *1-Carbomethoxy-5-cyclohexylglyoxalidon*, $C_{11}H_{18}O_3N_2$, F. 159,5—160,5°; aus **VIII**-Amid; aus A. Kristalle; 28% neben 6,5% **IX**. — *5-Cyclohexylglyoxalidon* (**IX**), F. 215—215,5°; aus **VI**-Amid; aus A. lange Tafeln; 44%. — *β-Ureido-β-cyclohexylpropionsäure*, $C_{10}H_{18}O_3N_2$, F. 165—166° (Zers.), aus **I** mit KCNO-Lsg. auf dem sd. Wasserbad; aus verd. A. Sternchen; 30%. — *6-Cyclohexyldihydrouracil*, $C_{10}H_{16}O_2N_2$, F. 225—226°; 0,3 g vorst. Verb. werden $^1/_2$ Std. mit 100 ml HCl (D. 1,12) gekocht; aus A. Kristalle; 0,1 g. (Известия Академии Наук СССР, Отделение Химических Наук [Nachr. Akad. Wiss. UdSSR, Abt. chem. Wiss.] **1952**. 278—88. März/April. Chem.-Technol. Mendelejew-Inst.) TROFIMOW. 2150

Alfred R. Bader, *Cyclopentenylphenole*. (Vgl. auch v. BRAUN u. KÜHN, Ber. dtsch. chem. Ges. **60**. [1927.] 2551.) Phenol u. Cyclopentadien liefern bei Zimmertemp. in Ggw. von H_3PO_4 *p-[Cyclopenten-(2)-yl-(1)]-phenol* (**I**) in guter Ausbeute. **I** isomerisiert sich in Ggw. von Pd-Kohle oder S zu *p-[Cyclopenten-(1)-yl-(1)]-phenol*; beim Hydrieren von **I** entsteht *p-Cyclopentylphenol*. Unter der Einw. katalyt. Mengen H_3PO_4 reagiert Phenol mit Dicyclopentadien unter Bldg. von *Phenoxydihydro-exo-dicyclopentadien* (**II** u. **III**) (vgl. auch BRUSON u. RIENER, J. Amer. chem. Soc. **68**. [1946.] 8) u. einem fl. Isomeren. Bei höheren Tempp. entsteht als phenol. Hauptreaktionsprod. *o-[Cyclopenten-(2)-yl-(1)]-phenol* (**IV**). Die Entstehung von **I** u. **IV** ist auf die Ausbldg. der Resonanzformen **Va** u. **Vb** bei der Aufnahme eines Protons durch Cyclopentadien zu verstehen.

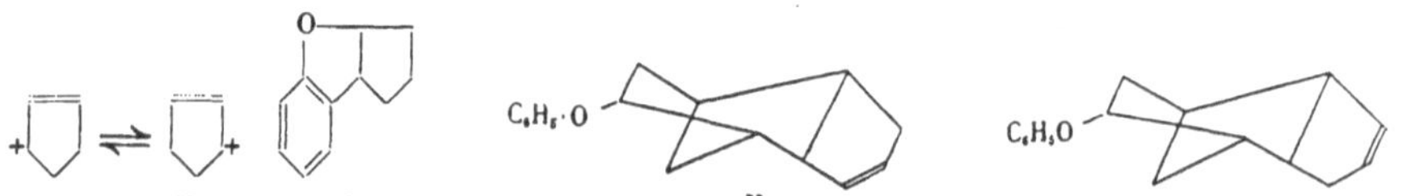

Va Vb VI II III

Versuche: *p-[Cyclopenten-(2)-yl-(1)]-phenol* (**I**), $C_{11}H_{12}O$, $Kp._{1,5}$ 117—114°, F. 64—65° (Ligroin), aus 10 Mol Phenol u. 5 Mol Cyclopentadien in 1 Liter Toluol mit 300 g 85%ig. H_3PO_4 bei 25° (18 Std.), Neutralisieren mit Soda u. fraktionierte Dest., Nadeln; 67%; λ_{max} 225 mμ ($\log\varepsilon = 3{,}99$), 279 mμ (3,30), 2,282 μ u. 12,11 μ. *p-Nitrophenylurethan*, $C_{18}H_{16}O_4N_2$, F. 174—175°, aus wss. Methanol Nadeln. — *o-[Cyclopentenyl-(2)]-p-kresol*, $C_{12}H_{14}O$, $Kp._{1,3}$ 105—108°, n_D^{25} 1,5595, $D.^{25}_{25}$ 1,0570, analog aus p-Kresol bei 25—50°; λ_{max} 221,0 mμ ($\log\varepsilon = 3{,}82$), 281,0 mμ (3,39), λ_{min} 217,5 mμ (3,81), 274,5 mμ (2,16). — *p-[Cyclopenten-(1)-yl-(1)]-phenol*, F. 149 bis 150° (wss. A.), durch Dest. von **I** über 5%ig. Pd-Kohle oder S u. Waschen des Destillats mit Ligroin; λ_{max} 262,5 mμ ($\log\varepsilon = 4{,}27$), 290,0 mμ (Inflektion 3,43), λ_{min} 227,5 mμ (3,36) u. 2,79, 12,03 u. 12,50 μ. *Acetat*, F. 74° (wss. A.). — *p-Cyclopentylphenol*, $C_{11}H_{14}O$, F. 69° (Ligroin), durch Hydrieren von **I** in Methanol in Ggw. von ADAMS-Katalysator bei 90°; Nadeln; 100%. *p-Nitrophenylurethan*, $C_{18}H_{18}O_4N_2$, F. 198—199°, aus Methanol Nadeln. — *o-[Cyclopenten-(2)-yl-(1)]-phenol* (**IV**), $C_{11}H_{12}O$,

$Kp._{0,7}$ 89—91°, F. 3—5°, aus Phenol u. 660 g Dicyclopentadien mit 85%ig. H_3PO_4 in überschüssigem sd. Phenol (22 Std.) u. fraktionierte Dest. (**A** u. **B**) des Reaktionsprod.; aus **A** 260 g (Ausbeute); n_D^{25} 1,5652, n_D^{20} 1,5666, $D.^{25}_{25}$ 1,0755; λ(OH) 2,83 u. 2,90 μ, λ(o-Substitution) 13,3 μ, λ_{max} 220 mμ (log ε = 3,84) u. 275 mμ (3,38). *p-Nitrophenylurethan*, $C_{18}H_{16}O_4N_2$, F. 164°, aus Methanol Nadeln. — *2.4-Bis-[cyclopenten-(2)-yl-(1)]-phenol*, $C_{16}H_{18}O$, $Kp._{0,5}$ 140—145°, als Nebenprod. neben **IV**; n_D^{25} 1,5795; λ_{max} 222 mμ (log ε = 3,8) u. 278 mμ (3,4). — *Cumaran* **VI**, $C_{11}H_{12}O$, $Kp._{1,5}$ 85—89°, neben **IV** als in Alkali unlösl. Prod.; oder aus **IV** u. 48% ig. HBr in sd. Eisessig (30 Min.); 70%; n_D^{25} 1,5535; λ_{max} 220 mμ (log ε = 3,27), 282,5 mμ (3,44), 289 mμ (3,33). — *5-(oder 7)-Brom-2.3-cyclopentano-2.3-dihydrobenzofuran*, $C_{11}H_{11}OBr$, $Kp._{0,7}$ 124—127°, n_D^{25} 1,584, aus **VI** u. Brom in CCl_4. — *Phenoxydihydro-exo-dicyclopentadien* (**II** u. **III**), $C_{16}H_{18}O$, $Kp._{1,5}$ 145—150°, F. 69—70°, als 2. Hauptprod. neben **IV**, zusammen mit einem fl. Isomeren; 455 g; n_D^{25} 1,5624; λ_{max} 222,5 mμ (log ε = ca. 3,8), 273 mμ (3,25) u. 279 mμ (3,18). — *Phenoxytetrahydro-exo-dicyclopentadien*, $C_{16}H_{20}O$, F. 23—25°, durch Hydrieren von **II** u. **III** in Methanol in Ggw. von ADAMS-Katalysator bei 100°. — *2.4-Dibromphenoxytetrahydro-exo-dicyclopentadien*, $C_{16}H_{18}OBr_2$, F. 68—69°, durch Bromieren von **II** u. **III** in Eisessig, aus Methanol Nadeln. — Ein Gemisch höherer Äther u. Kryptophenole, $Kp._{0,8}$ 155—160°, n_D^{25} 1,5790, neben **IV** aus Fraktion **B**; λ(OH) 2,83 μ. — *o-Cyclopentylphenol*, $C_{11}H_{14}O$, F. 60° (Ligroin), durch Hydrieren von **IV** in Methanol in Ggw. von ADAMS-Katalysator bei 100°, Nadeln; 100%. *p-Nitrophenylurethan*, $C_{18}H_{18}O_4N_2$, F. 155—156°, aus Methanol Nadeln. (J. Amer. chem. Soc. **75**. 5967—69. 5/12. 1953. Milwaukee, Wis., Pittsburgh Plate Glass Comp., Paint Div., Res. Labors.) GOLD. 2260

H. Eldridge Faith, *Reaktionsprodukte aus Aldehyden und Phenolen und ihre Derivate.* Es wurden durchgeführt: Einstufige Kondensationen in saurem Medium zwischen 1 Mol Aldehyd, Aldehydhydrat oder einem polymeren Aldehyd u. 2 Mol eines Phenols zu substituierten *Diphenylmethanen, 1.1-Diphenyläthanen* oder *Triphenylmethanen*; zweistufige Kondensationen, wobei die Zwischenprodd., die aus Phenolen u. Formaldehyd gewonnenen Phenolalkohole, mit einem anderen Phenol in saurem Medium zu *unsymm. Diphenylmethanen* kondensiert wurden; die erhaltenen Prodd. wurden halogeniert, methyliert oder sulfoniert. Jodierungen wurden nach BURGER u. Mitarbeitern (C. **1947**. 190) durchgeführt. Während bei Phenolen das p- oder o-ständige H-Atom am aromat. Kern substituiert wird, findet die Kondensation von 4-Chlorthiophenol mit CH_2O am H-Atom der SH-Gruppe statt unter Bldg. von *Bis-[4-chlorphenylmercapto]-methan.*

Versuche: *x.x'-Methylen-bis-[4-chlorresorcin]*, $C_{13}H_{10}O_4Cl_2 \cdot 0,5\ H_2O$, F. 150 bis 151° ($C_2H_4Cl_2$), aus 40%ig. Formaldehyd u. dem substituierten Phenol in Eisessig u. konz. H_2SO_4 während 24 Std. in der Kälte; 60% (Ausbeute). — *x.x'-Methylen-bis-[3-methyl-4-chlorphenol]*, $C_{15}H_{14}O_2Cl_2$, F. 180—182° (Heptan), wie vorst. während 5½ Std. bei 0—5° u. dann bei Raumtemperatur. — *1.1-Bis-[2-oxy-5-chlorphenyl]-äthan*, $C_{14}H_{12}O_2Cl_2$, F. 170—171° (Heptan–Bzl.), aus Paraldehyd u. p-Chlorphenol (**I**) in 75%ig. H_2SO_4 bei 0—5°; 65%. — *2.2'-Dioxydiphenylmethan-5.5'-diarsonsäure*, $C_{13}H_{14}O_8As_2$, F. >300° (verd. HCl), aus 40%ig. CH_2O u. p-Oxyphenylarsonsäure in 90%ig. H_2SO_4 in der Kälte; 22%. — *2.2'-Dioxy-5.5'-dichlortriphenylmethan*, $C_{19}H_{14} \cdot O_2Cl_2$, F. 168—169,5° (Xylol; 2 Ansätze gaben ein Prod. vom F. 154,5—156°), aus **I** u. Benzaldehyd in 90%ig. H_2SO_4; 46%. — *2.2'-Dioxy-3.3'-diisopropyl-5.5'-dichlor-6.6'-dimethyldiphenylmethan*, $C_{21}H_{26}O_2Cl_2$, F. 128—129° (Bzn.); 44%. — Durch Rk. nach LEDERER [1894] u. MANASSE [1894] wurden erhalten: *2.2'-Dioxy-3-oxymethyl-5.5'-dichlordiphenylmethan*, $C_{14}H_{12}O_3Cl_2$, F. 165—167° (Bzl.), aus 2.2'-Methylen-bis-[4-chlorphenol] u. CH_2O; 36%. — *2.6-Bis-[oxymethyl]-4-chlorphenol*, $C_8H_9O_3Cl$, F. 154 bis 155° (W.), aus **I** u. CH_2O; 54%. — *2-Oxymethyl-6-chlorthymol*, $C_{11}H_{15}O_2Cl$, F. 62 bis 64° (PAe.), aus 6-Chlorthymol u. CH_2O; 54%. — Aus vorst. Verb. u. dem entsprechenden Phenol in Eisessig wurden folgende Verbb. erhalten: *2.2'-Dioxy-3-isopropyl-5-chlor-5'-tert.-butyl-6-methyldiphenylmethan*, $C_{21}H_{27}O_2Cl$, F. 158—159° (Heptan); 64%. — *2.2'-Dioxy-3-isopropyl-5.5'-dichlor-6-methyldiphenylmethan*, $C_{17}H_{18}O_2Cl_2$, F. 134,5—135,5° (Heptan–Bzl.); 44%. — *2.4-Dioxy-6.2'-dimethyl-3.5'-diisopropyl-5-chlordiphenylmethan* (Struktur unsicher), $C_{21}H_{27}O_2Cl$, F. 174—176° (Heptan–Bzl.); 23%. — *2.2'-Dimethyl-4.4'-dioxy-5.5'-diisopropyldiphenylmethan* (Struktur unsicher), $C_{21}H_{28}O_2$, F. 162—164° (Bzl.-PAe.), durch Kondensation von 6-Oxymethylthymol u. Thymol in Eisessig; 78%. — Durch direkte Substitution wurden erhalten: *2.2'-Dimethoxy-5.5'-dichlordiphenylmethan*, $C_{15}H_{14}O_2Cl_2$, F. 95—97° (CH_3OH); 70%. — *2.2'-Bis-[carboxymethoxy]-5.5'-dichlordiphenylmethan*, $C_{17}H_{14}O_6Cl_2$, F. 242—254° (A.); 51%. — *2.2'-Dioxy-3.3'-dijod-5.5'-dichlordiphenylmethan*, $C_{13}H_8O_2Cl_2J_2$, F. 195—196°, (CH_3COOH); 38%. — *2.2'-Dioxy-3.3'-dijod-5.5'-dichlortriphenylmethan*, $C_{19}H_{12}O_2Cl_2J_2$,

F. 193—194,5° (CH_3COOH); 66%. — *1.1-Bis-[2-oxy-3-jod-5-chlorphenyl]-äthan*, $C_{14}H_{10}O_2Cl_2J_2$, F. 123—124,5° (CH_3COOH); 53%. — *2.2'-Dioxy-3-isopropyl-3'-jod-5-chlor-5'-tert.-butyl-6-methyldiphenylmethan*, $C_{21}H_{26}O_2ClJ$, F. 126—127° (Bzn.); 28%. — *2.2'-Dioxy-5.5'-dichlordiphenylmethan-3-sulfonsäure, Ca-Salz*, $C_{26}H_{18}O_{10}Cl_4S_2Ca \cdot 2\,H_2O$; 33%. — *2.2'-Dioxy-5.5'-dichlordiphenylmethan-3.3'-disulfonsäure, Ba-Salz*, $C_{13}H_8O_8Cl_2S_2Ba \cdot 2\,H_2O$; 27%. — *2.2'-Dioxy-3.3'-dinitro-5.5'-dichlordiphenylmethan*, $C_{13}H_8O_6N_2Cl_2$, F. 181—182° (CH_3COOH); 63%. — *2.2'-Dioxy-3.3'-diamino-5.5'-dichlordiphenylmethan*, $C_{13}H_{12}O_2N_2Cl_2$, F. 230—232° (A.); 83%. — *2.2'-Dioxy-3.3'-diacetamido-5.5'-dichlordiphenylmethan*, $C_{17}H_{16}O_4N_2Cl_2$, F. 228—229° (A.); 29%. — *Bis-[4-chlorphenylmercapto]-methan*, $C_{13}H_{10}Cl_2S_2$, F. 44—45° (CH_3OH); 75%. (J. Amer. chem. Soc. **72**. 837—39. Febr. 1950. Indianapolis, Ind., Allied Labors., Inc., Pitman-Moore Co., Res. Dep.) GNAUCK. 2260

Robert Roger und **Robert Wood**, *Untersuchungen der stereochemischen Struktur.* 10. Mitt. *Optisch aktives Desylchlorid.* (9. vgl. C. **1939**. I. 4743.) Durch tropfenweise Zugabe von $SOCl_2$ zu (—)-Benzoin (**I**) in Pyridin bei —40 bis —30° entstand (+)-*Desylchlorid* (**II**). Die Rotationsdispersion von **II** in Aceton ließ sich durch $[\alpha]_\lambda = 12{,}42/(\lambda^2 - 0{,}1297) + 27{,}3/\lambda^2$ wiedergeben. — (+)-*Desylchlorid* (**II**), $C_{14}H_{11}OCl$, F. 75 bis 76° (PAe.), durch tropfenweise Zugabe von $SOCl_2$ zu **I** [F. 132—133° (A.), $[\alpha]_{5461}$ —148° in Aceton] in Pyridin bei —40 bis —30° unter Schütteln, Nadeln; $[\alpha]_{5461}$ +168,4° (c = 0,618in Aceton). (J. chem. Soc. [London] **1954**. 811—12. März. Dundee, Univ. of St. Andrews, Univ. Coll., Chem. Dep.) L. FISCHER. 2370

L. A. Schtschukina, Je. I. Winogradowa und **M. M. Schemjakin**, *Oxydative und oxydativ-hydrolytische Umwandlungen organischer Moleküle.* 18. Mitt. *Synthese und Eigenschaften einiger Chinonoxyde.* (17. vgl. C. **1952**. 6208.) Aus 2-Phenylnaphthochinon-(1.4) (**I**) wurde durch Einw. von H_2O_2 in Ggw. von Na_2CO_3 das entsprechende *Epoxyd* [*2.3-Oxido-2-phenyl-2.3-dihydronaphthochinon-(1.4)*] erhalten; analog reagierte das K-Salz von 2-Methylnaphthochinon-(1.4)-sulfonsäure-(3) (**II**). Aus Phenylbenzochinon-(1.4) (**III**) entstand mit H_2O_2 + $NaHCO_3$ das *5.6(?)-Oxidoderivat.* Die Rk. versagte bei 2-Methyl-3-chlor- u. 2-Phenylamino-3-chlornaphthochinon-(1.4) ebenso wie bei 2.5-Diphenylbenzochinon-(1.4). In den Fällen von Benzochinon-(1.4) u. Methylbenzochinon-(1.4) bildeten sich dagegen *Hydrochinon* u. *Methylhydrochinon.* Alle Epoxyde geben bei der Einw. von NaOH rote Lsgg., verändern sich aber nicht in Ggw. von Na_2CO_3 oder $NaHCO_3$, mit Ausnahme von **III**-Epoxyd, das auch durch Na_2CO_3 angegriffen wird. Aus KJ in Eisessig scheiden sie J_2 aus, wobei das zugrunde liegende Chinon zurückgebildet wird; außerdem entstehen hierbei über die entsprechenden Glykole (Hydratation) auch *Oxychinone* (Dehydratation). Wird das K-Salz von **II**-Epoxyd mit KJ in Eisessig gekocht, so wird *2-Methyl-3-oxynaphthochinon-(1.4)* (**IV**) gebildet. Beim Behandeln der Epoxyde mit Acetanhydrid in Ggw. von H_2SO_4 werden die *Diacetate* der entsprechenden *Glykole*, z. B. *2.3-Diacetoxy-2.3-dihydronaphthochinon-(1.4)* aus dem schon bekannten Epoxyd von Naphthochinon-(1.4) (**V**) erhalten. Beim **III**-Epoxyd geht die Acetylierung weiter; Endprod. ist *2.3.4.5-Tetraacetoxydiphenyl* (die Stellung der Substituenten ist nicht streng bewiesen).

V e r s u c h e: *2-Phenylnaphthochinon-(1.4)-epoxyd*, $C_{16}H_{10}O_3$, F. 63°, man fügt zu 5 g **I** in 125 ml CH_3OH bei 20° 20 ml 30%ig. H_2O_2, dann unter Rühren langsam 30 ml 10%ig. Na_2CO_3-Lsg. hinzu, gießt in 400 ml W. u. extrahiert mit Ae.; aus CH_3OH Kristalle; 4 g (Ausbeute). Zur Durchführung der Rk. mit KJ werden ca. 0,2 g mit 0,5 g KJ in 45 ml Eisessig ³/₄ Std. gekocht; hierbei werden 79,5% **I** u. 15,7% *2-Phenyl-3-oxynaphthochinon-(1.4)* (F. 146°) erhalten. — *K-Salz des 2-Methylnaphthochinon-(1.4)-sulfonsäure-(3)-epoxyds*, $C_{11}H_7O_6SK$, aus 10 g **II**-Kaliumsalz in 20 ml 30%ig. H_2O_2 + 20 ml W. + 17 ml 30%ig. K_2CO_3-Lsg., man kühlt schnell auf 10° ab u. wäscht den Nd. mit wenig kaltem W., dann Aceton; aus W. Kristalle; 5,2 g. Wird durch KJ in Eisessig oder (quantitativ) durch Kochen mit J_2 in Eisessig in **IV** (F. 172°) übergeführt. — *Phenylbenzochinon-(1.4)-epoxyd* [*5.6(?)-Oxido-5.6(?)-dihydro-2-phenylbenzochinon-(1.4)*], $C_{12}H_8O_3$, F. 121,5—122,5°, aus 1 g in 6 ml A. fein verteiltem **III** + 3 ml 30%ig. H_2O_2 + 0,4 g $NaHCO_3$ + 5 ml W.; aus Heptan u. Bzl.; ca. 0,45 g. Die Rk. mit KJ in alkoh. HCl verläuft bei Zimmertemp. unter Abscheidung der theoret. Menge J_2. — *2.3.4.5-Tetraacetoxydiphenyl*, $C_{20}H_{18}O_8$, F. 175—176°, aus 0,25 g vorst. Verb. u. 5 ml Acetanhydrid + 0,5 ml konz. H_2SO_4, 2 Tage bei Zimmertemp.; aus A. Nadeln; 0,42 g. — *2.3-Diacetoxy-2.3-dihydronaphthochinon-(1.4)*, $C_{14}H_{12}O_6$, F. 193 bis 194°, aus **V**-Epoxyd; aus A. Nadeln. — *2-Acetoxynaphthochinon-(1.4)*, F. 128—129°, durch 1std. Erhitzen von 0,3 g vorst. Verb. mit 7,5 ml Acetanhydrid + 0,3 g wasserfreiem CH_3CO_2Na auf 100°; 0,2 g. — *2.3-Dioxynaphthochinon-(1.4)*, F. 280—281°, man leitet durch eine Lsg. von 0,7 g vorvorst. Verb. in 15 ml 10%ig. alkoh. KOH

5 Min. einen kräftigen Luftstrom; 0,45 g. — *2-Oxynaphthochinon-(1.4)*, F. 190—191°, aus 0,2 g **V**-Epoxyd mit 0,5 g KJ + 10 ml konz. HCl + 15 ml A., $^1/_4$ Std. bei 70°; 75% neben 20% **V** (F. 126—127°). — *2.3-Diacetoxy-2-methyl-2.3-dihydronaphthochinon-(1.4)*, $C_{15}H_{14}O_6$, F. 122—123°, aus 2-Methylnaphthochinon-(1.4)-epoxyd mit Acetanhydrid + wenig konz. H_2SO_4; aus A. Kristalle; 81%. Hieraus mit wss.-alkoh. NaOH (1—2 Min. bei Zimmertemp.) 90% **IV**. (Журнал Общей Химии [J. allg. Chem.] **21** (**83**). 1661—67. Sept. 1951. Inst. für biol. u. med. Chem. der Akad. der Med. Wiss. der UdSSR, Labor. für organ. Chem.) R. KNOBLOCH. 2700

M. M. Schemjakin, L. A. Schtschukina, Ju. B. Schwetzow, D. P. Witkowski und **A. Ss. Chochlow,** *Oxydative und oxydativ-hydrolytische Umwandlungen organischer Moleküle.* 19. Mitt. *Beziehung zwischen dem Oxydationsgrad carbocyclischer Verbindungen und der Fähigkeit ihrer Ringgruppierungen zur hydrolytischen Spaltung.* (18. vgl. vorst. Ref.) Im Anschluß an frühere Unterss. wurden die Gründe für die bei carbocycl. Verbb. eintretende hydrolyt. Spaltung der C—C-Bindungen besprochen. Die Polarisation dieser Bindungen ist von entscheidendem Einfluß. Naphthochinon-(1.4) kann hydrolyt. nicht gespalten werden. Bei Einführung einer OH-Gruppe in 2-Stellung erfolgt Spaltung zwischen $C_{(2)}$ u. $C_{(3)}$ leicht. Isonaphthazarin läßt sich hydrolyt. nicht spalten, da die $C_{(2)}$—$C_{(3)}$-Bindung nicht polarisiert ist. Triketone u. Tetraketone werden leicht hydrolysiert. Es wird auf die Arbeiten von BYERS u. HICKINBOTTOM (vgl. C. **1949.** II. 196; C. **1948.** E. 383, 384) über die Oxydation von acycl. Olefinen in Ggw. von hydrolysierenden Agentien hingewiesen, die zu ähnlichen Ergebnissen führten. (Журнал Общей Химии [J. allg. Chem.] **21** (**83**). 1667—77. Sept. 1951.) OEHRN. 2700

Neil Campbell, W. W. Easton, J. L. Rayment und **J. F. K. Wilshire,** *Die Orientierung disubstituierter Fluoranthenderivate.* Vff. führen den Beweis dafür, daß das beim Bromieren von Fluoranthen (**I**) entstehende *Dibromderiv.* das *4.11-Dibromfluoranthen* (**II**) ist, da es bei der CrO_3-Oxydation *2.7-Dibromfluorenoncarbonsäure-(1)* (**III**) gibt, die mit Chinolin (**IV**) u. Cu zum *2-Bromfluorenon* (**V**) entbromt u. decarboxyliert wird. **V** u. 2.7-Dibromfluorenon (**VI**) sind unter diesen Bedingungen stabil, u. beim Decarboxylieren von 2-Brom- (**VII**) u. 7-Bromfluorenoncarbonsäure-(1) (**VIII**) wie vorst. entstehen *Fluorenon* bzw. **V**. Beim Decarboxylieren von **III** mit HgO entsteht **VI**. Bei einigen Oxydationsverss. wird eine *Säure*, vermutlich *6-Bromfluorenoncarbonsäure-(1)*, durch Aufbrechen des Ringes A gebildet; sie reagiert nicht mit o-Phenylendiamin (**IX**) im Gegensatz zu 4-Bromnaphthalsäure, die damit 2 verschied. *Benzimidazolderivv.* bildet. In **III** läßt sich das der HOOC-Gruppe benachbarte Br nicht entfernen, was auf eine Wechselwrkg. zwischen COOH u. CO zurückgeführt wird. **II** läßt sich in *4.11-Dicyanfluoranthen* (**X**) u. dies durch Verseifen in *Fluoranthendicarbonsäure-(4.11)* überführen, die jedoch nicht mit der bei Einw von Oxalylchlorid auf **I** in Ggw. von $AlCl_3$ erhaltenen Säure ident. ist. Verss., **X** durch Überführen in Iminoäther zu hydrolysieren, verlaufen negativ. Die Br-Atome in **II** reagieren nicht mit Mg, lassen sich aber mittels RANEY-Ni u. Alkali durch H ersetzen.

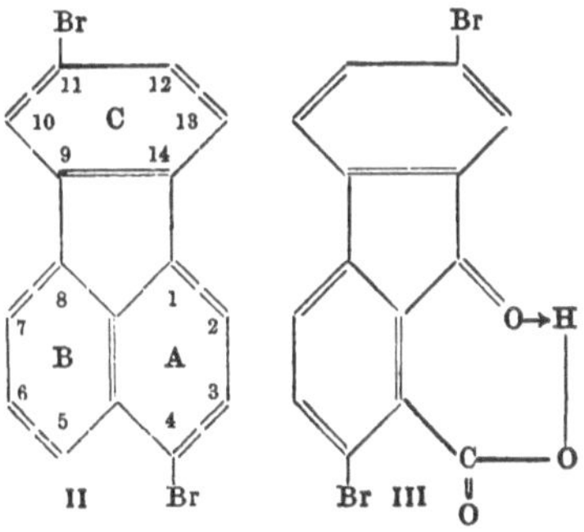

V e r s u c h e (Alle chromatograph. Adsorptionen werden an Al_2O_3 nach BROCKMANN durchgeführt): *4.11-Dibromfluoranthen* (**II**), durch Bromieren von **I** nach dem Verf. von TOBLER u. Mitarbeitern (C. **1942.** I. 3200). Beim Versetzen einer sd. Lsg. von **II** in A. u. 10%ig. alkoh. KOH mit RANEY-Ni–Al-Legierung im Verlauf von 10 Min., 1—1½std. Erhitzen, Versetzen mit W. u. Ansäuern mit konz. HCl gegen Kongorot entsteht **I** (F. 110°; 60%). — *2.7-Dibromfluorenoncarbonsäure-(1)* (**III**), $C_{14}H_6O_3Br_2$, F. 269—272°, beim Versetzen von **II** in sd. Eisessig mit CrO_3 in verd. CH_3COOH, 3std. Kochen, weiteres Versetzen mit CrO_3 in verd. CH_3COOH u. 3std. Kochen, Gießen in W., Extrahieren mit $BaCO_3$- oder K_2CO_3-Lsg. u. Ansäuern; gelbe Nadeln aus Bzl. u. CH_3OH; sublimiert bei 200°; 32% (Ausbeute). *Methylester*, $C_{15}H_8$·O_3Br_2, F. 197°, durch Verestern mit CH_2N_2; gelbe Prismen aus CH_3OH; bildet sich nicht beim Kochen mit CH_3OH u. H_2SO_4. — Bei einigen Verss. wird vorst. saures Rohprod. mit einer wss. $BaCO_3$-Suspension gekocht, filtriert u. der Rückstand angesäuert; dabei entsteht **III** u. im Filtrat nach dem Ansäuern mit verd. HCl *6(?)-Bromfluorenoncarbonsäure-(1)*, $C_{14}H_7O_3Br$, F. 253—255°, aus Eisessig u. nach Sublimieren gelbe Nadeln. *Methylester*, $C_{15}H_9O_3Br$, F. 126–127°, bei Einw. von CH_3OH u. H_2SO_4; hellgelbe Nadeln aus CH_3OH. — *2-Bromfluorenon* (**V**), F. 141–142°, durch 30 Min. Erhitzen von **III** mit **IV** u. Cu-Bronze, Versetzen mit verd. HCl, Chromatographie des Nd. aus Bzl., Entw. mit Bzl. u. A.-Extraktion der gelben Zone. — *2.7-Dibromfluorenon* (**VI**), F. 201–202°, durch 30std. Erhitzen von **III** mit frisch gefälltem HgO u. W. im Rohr auf 185°, 3std. Kochen mit konz. HCl, Extrahieren des Rückstandes mit Ae. u. Bzl. u. Chromatographie aus Bzl.; wird auch durch Oxydation von 2.7-Dibromfluoren mit CrO_3 u. CH_3COOH erhalten. — *2-Bromfluorenoncarbonsäure-(1)* (**VII**), $C_{14}H_7O_3Br$, F. 252–254°, durch Oxydieren von 4-Bromfluoranthen mit CrO_3 wie vorst.; gelbe Nadeln aus Eisessig; 30%. *Methylester*, $C_{15}H_9O_3Br$, F. 140–142°, mit CH_2N_2; gelbe Nadeln aus CH_3OH; wird nicht bei Einw. von CH_3OH u. H_2SO_4 gebildet. — *Fluorenon*, aus **VII** durch Decarboxylieren mit **IV** u. Cu bei 180° u. chromatograph. Reinigen; gelbes Öl. *2.4-Dinitrophenylhydrazon*, $C_{19}H_{12}O_4N_4$, F. 295–297°. — *4-Bromnaphthalsäure*, F. 218–219°, durch 1std. Kochen von 4-Bromacenaphthen mit $Na_2Cr_2O_7$ in Eisessig, Ausfällen mit W., Lösen in Ae., Ausschütteln mit 2,5%ig. wss. K_2CO_3 u. Ansäuern; Nadeln aus Bzl.; läßt sich nicht mit CH_3OH u. H_2SO_4 oder CH_2N_2 verestern; gibt bei kurzem Kochen mit mol. Mengen **IX** in Eisessig ein *Gemisch*, das bei ca. 165° sublimiert; Trennung durch sd. Bzl. in seine Komponenten *7′(6′?)-Brom-1′-keto-2′-azaperinaphthano-[2′.3′:1.2]-benzimidazol* (**XI**), $C_{18}H_9ON_2Br$, F. 270–272°, gelbe Nadeln aus Toluol, nach dem Sublimieren F. 228°, u. das löslichere *Isomere*, $C_{18}H_9ON_2Br$, F. 219 bis 221°, aus Bzl. gelbe Nadeln. — *7-Bromfluorenoncarbonsäure-(1)* (**VIII**), $C_{14}H_7O_3Br$, F. 226–228°, beim Versetzen von Br_2 mit Fluorenoncarbonsäure-(1), mehrstd. Stehen u. Gießen in W.; rote Prismen aus Eisessig u. Bzl.; 60%. *Äthylester*, $C_{16}H_{11}O_3Br$, F. 102 bis 103°, mit A. u. H_2SO_4; aus A. oder Bzl.–PAe. gelbe Prismen. *Methylester*, $C_{15}H_9O_3Br$, F. 164°, gelbe Prismen aus Benzol. Bei 45 Min. Erhitzen von **VIII** mit **IV** u. Cu auf 180° wird **V** (F. 136°) gebildet. — *4.11-Dicyanfluoranthen* (**X**), $C_{18}H_8N_2$, F. 321–323°, durch 6std. Erhitzen von 1 Mol **II** mit 2,2 Mol CuCN auf 260° u. Ausschütteln der Reihe nach mit Chlf., Xylol u. Chlorbenzol, wobei zunächst **II** u. **I** abgetrennt werden; gelbe Kristalle, die bei ca. 200° sublimieren; gibt beim Oxydieren unter Verseifen eine alkalilösl. *Substanz*, die N nur in Spuren enthält, keine Fluorenontricarbonsäure ist u. sich durch 24std. Kochen mit CH_3OH u. H_2SO_4 nicht verestern läßt. — *Fluoranthendicarbonsäure-(4.11)*, $C_{18}H_{10}O_4$, F. > 360°, bei 1std. Kochen von **X** mit Eisessig u. halbkonz. H_2SO_4; gelbe Nadeln; sublimiert bei ca. 280°. *Dimethylester*, $C_{20}H_{14}O_4$, F. 168–169°, durch mehrstd. Kochen mit CH_3OH u. konz. H_2SO_4, Lösen in Bzl., Chromatographieren u. Entw. mit Bzl.; aus CH_3OH u. Eisessig, sublimiert bei 145°. (J. chem. Soc. [London] **1950**. 2784–87. Okt. Edinburgh, Univ.)

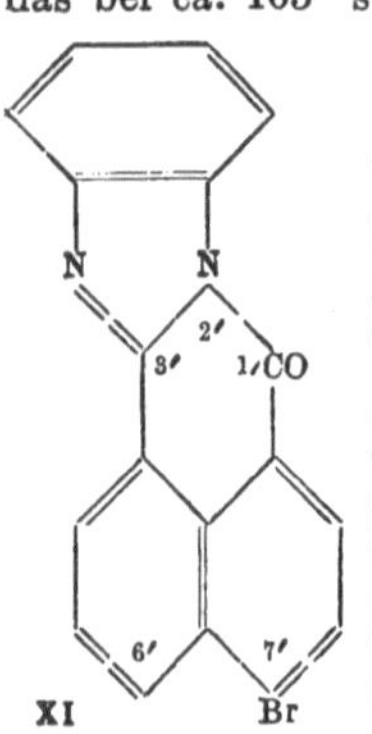

XI

REISNER. 2750

Neil Campbell, W. H. Stafford und **J. F. K. Wilshire**, *Die Oxydation von 4.11-Dibromfluoranthen.* Vff. bestätigen die Vermutung, daß es sich bei der in vorst. referierten Arbeit durch CrO_3-Oxydation von 4.11-Dibromfluoranthen (**I**) neben *2.7-Dibromfluorenoncarbonsäure-(1)* erhaltenen Monobromsäure um *6-Bromfluorenoncarbonsäure-(1)* (**II**) handelt, da sich diese zum *3-Bromfluorenon* (**III**) decarboxylieren läßt. **II** entsteht aus **I** durch Oxydation des Ringes A. Damit wird die Konst. von **I** ebenfalls erneut bestätigt.

I

Versuche: *6-Bromfluorenoncarbonsäure-(1)* (**II**), F. 253 bis 255°, beim Kochen des bei der Oxydation von **I** erhaltenen Säuregemisches mit $Ca(OH)_2$-Lsg., Filtrieren der heißen Lsg. u. Ansäuern des Filtrats; gelbe Rosetten aus Eisessig. *Methylester*, $C_{15}H_9O_3Br$, F. 126–127°. — *3-Bromfluorenon* (**III**), $C_{13}H_7OBr$, F. 162–163°, durch Decarboxylieren von **II** mit Chinolin u. Cu-Bronze, aus PAe. gelbe Blättchen. — *o-[4-Brombenzoyl]-benzamid*, $C_{14}H_{10}O_2NBr$, F. 224°, durch Zugabe des substituierten Säurechlorids in Bzl. zu gesätt. methanol. NH_3; Nadeln aus Xylol, Xylol–Aceton u. CH_3COOH [nach MILLER u. BACHMAN (C. **1936**. I. 4290) F. 184,5–185°, vermutlich ein Gemisch aus Säure u. Amid]. Gibt über *2-Amino-4′-brombenzophenon* (F. 112°) **III**. (J. chem. Soc. [London] **1951**. 1137–38. April. Edinburgh, Univ.)

REISNER. 2750

Neil Campbell, W. K. Leadill und **J. F. K. Wilshire**, *Die Friedel-Crafts-Reaktion von Fluoranthen.* Vff. untersuchen in Fortsetzung der beiden vorst. referierten Arbeiten die Einw. von Acetylbromid (**I**) auf Fluoranthen (**II**) in Ggw. von $AlCl_3$. Dabei entsteht ein Gemisch von *4-* (**III**) u. *11-Acetylfluoranthen* (**IV**), das chromatograph. getrennt werden konnte. Beide Verbb. liefern bei weiterer Acetylierung *4.12-Diacetylfluoranthen* (**V**), das bei der Oxydation *Fluoranthendicarbonsäure-(4.12)* (**VI**) gibt, die auch von CAMPBELL u. EASTON (J. chem. Soc. [London] **1949.** 340) bei Einw. von Oxalylchlorid auf **II** in Ggw. von $AlCl_3$ erhalten wurde. **VI** läßt sich durch die SCHMIDT-Rk., nachfolgende Hydrolyse, Diazotieren u. SANDMEYER-Rk. in *4.12-Dibromfluoranthen* überführen. Das von CAMPBELL u. EASTON (l. c.) dargestellte *Acetylfluoranthen* konnten Vff. durch Überführung in *Fluoranthencarbonsäure-(11)* als **IV** nachweisen. Dieses gibt bei der SCHMIDT-Rk. *11-Acetamidofluoranthen.* Bei der CLEMMENSEN-Red. von **IV** entsteht vermutlich *2.3-Difluoranthyl-(11')-buten-(2).*

Versuche (Alle Adsorptionen werden an Al_2O_3 nach BROCKMANN durchgeführt; Fluorescenz im UV): Beim Versetzen einer Lsg. von 0,1 Mol **II** u. 0,204 Mol **I** in CS_2 bei 0° mit 0,272 Mol $AlCl_3$ unter 24std. Rühren u. durch Umkristallisieren des in Ae. unlösl. Prod. aus CH_3COOH u. Bzl. entsteht ein Gemisch, das aus Bzl. chromatograph. getrennt wurde; nach der Bzl.–PAe.-Entw. aus der unteren Zone mit blauer Fluorescenz 17% **II**, aus dem unteren Teil der mittleren hellgelben Zone *4-Acetylfluoranthen* (**III**, F. 127—129°; 2,6%), aus dem oberen Teil *11-Acetylfluoranthen* (**IV**, F. 101 bis 102°; 6,2%) u. aus der obersten dunkelgelben Zone *4.12-Diacetylfluoranthen* (**V**, F. 137—139°; in Lsg. starke grünlichgelbe Fluorescenz; 12,2%). — *4-Acetamidofluoranthen*, $C_{18}H_{13}ON$, F. 244—245°, durch 6std. Einw. von NaN_3 auf **III** in CCl_3COOH bei 60°; hellgelbe Nadeln aus CH_3COOH; grünlichgelbe Fluorescenz in festem Zustand. — *4-Aminofluoranthenhydrochlorid*, F. 285°, durch 20std. Kochen der vorst. Verb. mit konz. HCl in W. u. wenig Alkohol. *Freie Base*, $C_{16}H_{11}N$, F. 113—115°, aus vorst. Salz; aus Bzl.–PAe. gelbe Kristalle. — **III** gibt mit **I** 67% **V**. — *11-Acetamidofluoranthen*, $C_{18}H_{13}ON$, F. 199—201° (Bzl.), aus **IV**, NaN_3 u. CCl_3COOH. — *Fluoranthencarbonsäure-(11)*, $C_{17}H_{10}O_2$, F. 284—287°, durch langsame Zugabe von **IV** in CH_3OH zu einer NaOCl-Lsg. bei 65°, 5std. Rühren u. Ansäuern; hellgelbe Nadeln aus CH_3COOH; fluoresciert in festem Zustand hellgrün, in Lsg. blau. *Methylester*, $C_{18}H_{12}O_2$, F. 94—97°, hellgelbe Nadeln aus CH_3OH. — *4.12-Diacetylfluoranthen* (**V**), F. 138—142°, durch Acetylieren von **IV** mit **I** in CS_2 in Ggw. von $AlCl_3$ wie oben, zweimaliges Chromatographieren u. Bzl.–PAe.-Entw., daneben **IV**. **V** gibt nach dem Verf. von BRADY ein *Mono-2.4-dinitrophenylhydrazon* (vermutlich die *12-Verb.*), $C_{26}H_{18}O_5N_4$, F. >350°, rote Kristalle aus A. u. CH_3COOH, sublimiert in gelben Nadeln. Red. von **V** nach WOLFF-KISHNER-HUANG-MINLON (nach CLEMMENSEN keine Red.) gibt eine unreine *N-haltige Verbindung.* — *2.3-Difluoranthyl-(11')-buten-(2)* (?), $C_{36}H_{24}$, F. 272—275°, durch CLEMMENSEN-Red. von **IV**, Chromatographie aus Bzl., Bzl.–PAe.-Entw., Eluieren der unteren hellgelben Zone, Überführen ins *Pikrat* (orangefarbene Kristalle) u. erneute Chromatographie; gelbe Plättchen aus A.; grünlich-blaue Fluorescenz. — *Fluoranthendicarbonsäure-(4.12)* (**VI**), F. >350°, durch 4std. Kochen von **V** mit $KMnO_4$ in wss. Sodalösung. *Dimethylester*, $C_{20}H_{14}O_4$, F. 181,5—183°, durch 20std. Kochen von **VI** mit CH_3OH u. konz. H_2SO_4, Chromatographie aus Bzl., Benzolentw. u. Eluieren der oberen hellgelben, eine gelblichgrüne Fluorescenz zeigenden Zone; gelbe Prismen aus CH_3OH–CH_3COOH. **VI** entsteht auch durch Einleiten von Cl_2 in Natronlauge bis zur neutralen Rk. auf Lackmus, Versetzen mit Natronlauge, Suspendieren von **V**, 6std. Rühren bei 65—70°, mehrstd. Stehen, Behandeln mit SO_2 u. Ansäuern mit konz. HCl; 94%. — *4.12-Diacetamidofluoranthen*, $C_{20}H_{16}O_2N_2$, F. ca. 370° (Bzl.), beim Versetzen von **V** in CCl_3COOH bei 60° mit gepulvertem NaN_3 in 2 Portionen im Verlauf von ½ Std., 8std. Stehen bei gleicher Temp. u. Gießen auf Eis; 99%. — *4.12-Diaminofluoranthendihydrochlorid*, $C_{16}H_{14}N_2Cl_2$, durch 2std. Kochen der vorst. Verb. mit konz. HCl; 88%; gibt mit NaOH die *freie Base*, gelb, unrein. — *4.12-Dibromfluoranthen*, $C_{16}H_8Br_2$, F. 162—165° (Bzl.), durch Suspendieren des Dihydrobromids der vorst. Verb. in 34%ig. HBr, Tetrazotieren bei 0° mit 20%ig. wss. $NaNO_2$, Hinzufügen zu CuBr in 34%ig. HBr, Kochen, Chromatographie des Chlorbenzol- u. Benzolauszuges, Benzolentw. u. Eluieren der gelben Zone. — *Fluoranthendicarbonsäure-(4.11)*, $C_{18}H_{10}O_4$, F. >350°, durch 3std. Kochen von 4.11-Dicyanfluoranthen mit KOH in Trimethylenglykol, Gießen in W. u. Ansäuren mit verd. H_2SO_4; sublimiert in gelben Nadeln; 87%. *Säurechlorid*, durch Einw. von $SOCl_2$. *Dimethylester*, $C_{20}H_{14}O_4$, F. 168—169°, aus dem Säurechlorid; Chromatographie aus Bzl. u. Ausziehen der gelben, eine gelbe Fluorescenz zeigenden Zone mit Aceton; aus CH_3OH hellgelbe Nadeln, sublimiert in Plättchen. (J. chem. Soc. [London] **1951.** 1404—06. Juni. Edinburgh, Univ.) REISNER. 2750

G. Baddeley und **R. Williamson**, *Darstellung und Isomerisation aromatischer Ketone und Ketosäuren.* Die Umsetzung von Maleinsäureanhydrid mit Oktahydroanthracen (**I**) u. Oktahydrophenanthren (**II**) liefert *β-[symm.-Oktahydroanthroyl-(9)]-* (**III**) u. *β-[symm. Oktahydrophenanthroyl-(9)]-acrylsäure* (**IV**). Beide cyclisieren sich unter der Einw. von konz. H_2SO_4, besser von $AlCl_3$, zu der gleichen Säure, *1.2.3.4.5.6.7.8-Oktahydro-5'-keto-9.10-cyclopentenophenanthren-3'-carbonsäure* (**V**), wobei **III** gleichzeitig eine Isomerisation erleidet. Die Konst. von **V** ergab sich aus der Decarboxylierung zu *1.2.3.4.5.6.7.8-Oktahydro-3'-ketocyclopentenophenanthren* (**VI**). Ebenso führt die Acetylierung von **I** u. **II** zu den 9-Acetylderivv., die mit überschüssigem $AlCl_3$ unter Ringverengerung in ein Gemisch von *7-Acetyl-2-methyl-4.5-cyclohexenoindan* (**VII**) u. *7-Acetyl-3-methyl-4.5-cyclohexenoinden* (**VIII**) übergeht. Der Abbau dieses Gemisches durch CLEMMENSEN-Red. u. anschließende alkal. H_2O_2-Oxydation ergab eine Ketosäure, die mit H_3PO_4 hydrolysiert u. mit verd. HNO_3 oxydiert in *Benzol-1.2.4.5-tetracarbonsäure* übergeführt werden konnte. — Die Schmelze von 1-Ketododekahydrotriphenylin (**IX**) mit $AlCl_3$ bei 100° löste die gleiche Ringverengerung aus, wobei ein Gemisch von *1.2.3.4.5.6.7.8-Oktahydro-1-keto-4'-methyl-9.10-cyclopentenophenanthren* (**X**) u. *1.2.3.4.5.6.7.8-Oktahydro-8-keto-3'-methyl-9.10-$\Delta^{1',3'}$-cyclopentadienophenanthren* (**XI**) entsteht. Die Konst. von **XI** ergab sich aus der Hydrierung u.

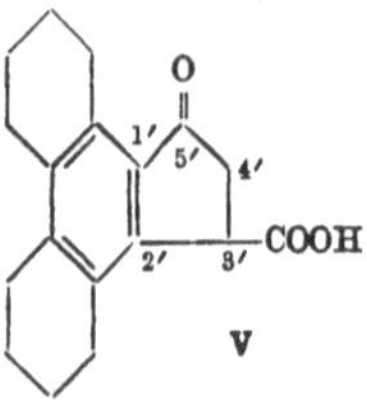

V

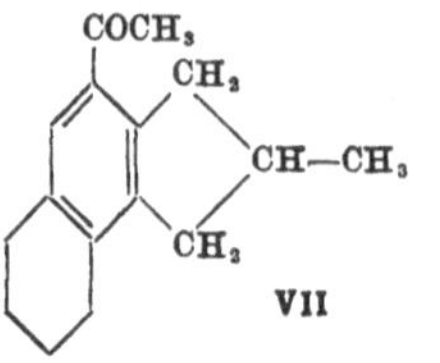

VII

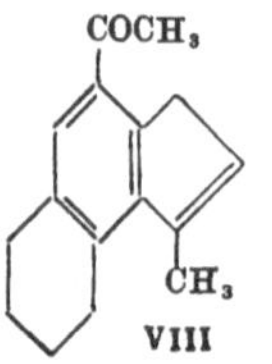

VIII

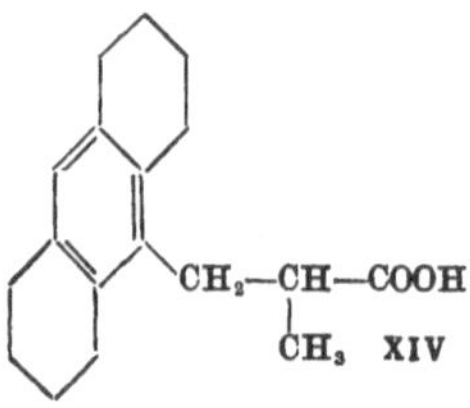

XIV

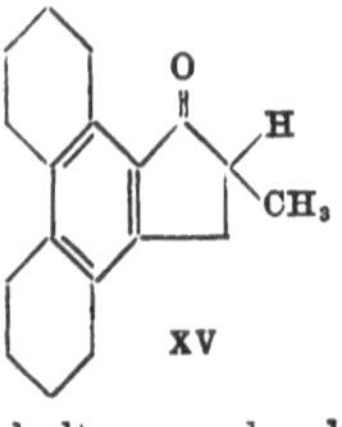

XV

CLEMMENSEN-Red. zu *1.2.3.4.5.6.7.8-Oktahydro-3'-methyl-9.10-cyclopentenophenanthren* (**XII**), das mit einem aus **VI** nach Standardmethoden erhältlichen Methylierungsprod. ident. ist. **X** ging bei der CLEMMENSEN-Red. in das gleiche *1.2.3.4.5.6.7.8-Oktahydro-4'-methyl-9.10-cyclopentenophenanthren* über, das auch durch eine unabhängige Synth. aus 9-Chlormethyloktahydroanthracen (**XIII**), Ringschluß der daraus erhältlichen *α-Methyl-β-[oktahydroanthryl-(9)]-propionsäure* (**XIV**) zu *1.2.3.4.5.6.7.8-Oktahydro-3'-keto-4'-methyl-9.10-cyclopentenophenanthren* (**XV**) u. anschließende CLEMMENSEN-Red. erhalten werden konnte.

Versuche: *symm.-Oktahydro-9-methylanthracen*, durch katalyt. Red. von **XIII** (erhalten durch Chlormethylieren von **I** in viel Eisessig). — *symm.-Oktahydro-9-[1'-oxyäthyl]-anthracen*, $C_{16}H_{22}O$, Kp.$_{0,25}$ 170°, F. 104° (A.), aus 9-Acetyl-symm.-oktahydroanthracen (**XVIII**) durch Red. mit $LiAlH_4$; Tafeln. — *9-Vinyl-symm.-oktahydroanthracen*, $C_{16}H_{20}$, Kp.$_{0,5}$ 154°, aus Vorst. durch Dest. mit einer Spur H_2SO_4. Liefert bei der katalyt. Hydrierung *9-Äthyl-symm.-oktahydroanthracen*. — *symm.-Oktahydro-3'-oxy-3'-methyl-9.10-cyclopentenophenanthren*, $C_{18}H_{24}O$, F. 135—137° (A.), aus **VI** u. Methyl-MgJ in Ae.; Tafeln. — *1.2.3.4.5.6.7.8-Oktahydro-3'-methyl-9.10-cyclopentenophenanthren* (**XII**), $C_{18}H_{24}$, F. 115° (Essigsäure), aus Vorst. u. 90%ig. Ameisensäure in Bzl. (4 Std.) u. Hydrieren des Verdampfungsrückstandes in A. in Ggw. von RANEY-Ni; Nadeln. — *α-Methyl-β-[symm.-oktahydroanthryl-(9)]-propionsäure* (**XIV**), $C_{18}H_{24}O_2$, F. 151—152° (Essigsäure), aus **XIII** u. Na-Methylmalonester in Toluol bei Zimmertemp., später durch Kochen (7 Std.), Verseifen des isolierten Esters mit sd. 30%ig. NaOH u. Decarboxylieren der Dicarbonsäure (F. 190°) bei 200°. — *1.2.3.4.5.6.7.8-Oktahydro-3'-keto-4'-methyl-9.10-cyclopentenophenanthren* (**XV**), $C_{18}H_{22}O$, F. 158—160° (Essigsäure), aus **XIV** u. wasserfreier HF bei Zimmertemp. (60 Std.); Nadeln. — *1.2.3.4.5.6.7.8-Oktahydro-4'-methyl-9.10-cyclopentenophenanthren*, $C_{18}H_{24}$, F. 135° (Essigsäure), durch CLEMMENSEN-Red. von **XV**; Nadeln. — *7-Äthyl-2-methyl-4.5-benzindan*, durch CLEMMENSEN-Red. von **VII** u. Dehydrieren des erhaltenen 7-Äthylderiv.; *Pikrat*, $C_{22}H_{21}O_7N_3$, F. 120—121° (A.), rote Nadeln. — *10-Acetyl-symm.-oktahydro-9-methylanthracen* (**XVI**), $C_{17}H_{22}O$, F. 124° (A.), aus symm.-Oktahydro-9-methylanthracen u. Acetylchlorid–$AlCl_3$ in Methylenchlorid (Äthylenchlorid); Nadeln. — *10-Acetyl-symm.-oktahydro-9-äthylanthracen* (**XVII**), $C_{18}H_{24}O$, Kp.$_{0,2}$ 166°, F. 136°, Nadeln. — *1-Keto-symm.-dodekahydrotriphenylin* (**IX**), F. 221°, aus γ-[symm.-Oktahydrophenanthryl-(9)]-buttersäure nach BADGER u. Mitarbeitern (C. **1950**. II. 1455). — *β-[symm.-Oktahydroanthroyl-(9)]-propionsäure*, F. 214°, aus **I** u. Bernsteinsäureanhydrid–$AlCl_3$ in Äthylenchlorid (10 Min.) u. Zers. mit Eis + HCl. — *β-[symm.-Oktahydrophenanthroyl-(9)]-propionsäure*, F. 148°, entsteht mit überschüssigem $AlCl_3$ bei 18° (3 Tage), besser aus **II** analog (10 Min.). — *β-[symm.-Oktahydroanthroyl-(9)]-acrylsäure* (**III**), $C_{18}H_{20}O_3$, F. 208° (Eisessig), aus **I** u. Maleinsäureanhydrid–$AlCl_3$ in

Äthylenchlorid (15 Min.); gelbe Nadeln. — *β-[symm.-Oktahydrophenanthroyl-(9)]-acrylsäure* (**IV**), $C_{18}H_{20}O_3$, F. 175—177° (Eisessig), analog aus **II**. — *1.2.3.4.5.6.7.8-Oktahydro-5'-keto-9.10-cyclopentenophenanthren-3'-carbonsäure* (**V**), F. 237° (Zers.), aus **I** oder **II** u. Maleinsäureanhydrid mit überschüssigem $AlCl_3$ während mehrerer Tage, besser aus **III** oder **IV** mit NaCl + $AlCl_3$ bei 100° (90%) oder mit H_2SO_4 bei 100° (50%). — *1.2.3.4.5.6.7.8-Oktahydro-3'-ketocyclopentenophenanthren* (**VI**), F. 196°, sublimiert bei 190°/0,1 mm, aus **V** u. Cu-Chromit in Chinolin bei 200°; Nadeln. *2.4-Dinitrophenylhydrazon,* F. 295°. — *1.2.3.4.5.6.7.8-Oktahydro-9.10-cyclopentenophenanthren,* $C_{17}H_{22}$, F. 153° (A.), durch CLEMMENSEN-Red. von **VI**; Nadeln. — *9-Acetyl-symm.-oktahydroanthracen* (**XVIII**), Kp.$_{0,7}$ 175°, F. 72°, aus **I** u. Acetylchlorid–$AlCl_3$ in Äthylenchlorid (5 Min.). — *7-Acetyl-2-methyl-4.5-cyclohexenoindan* (**VII**), Kp.$_{0,1}$ 148°, F. 98°, ebenso mit überschüssigem $AlCl_3$ (2 Tage). — *9-Methylphenanthren,* $C_{15}H_{12}$, F. 90° (A.), aus **XVI** u. NaCl + $AlCl_3$ bei 100° (3 Std.), Lösen des Reaktionsprod. vom Kp.$_{0,5}$ 135—200° in Bzn., Extrahieren mit 90%ig. H_2SO_4 u. Dehydrieren des verbleibenden KW-stoffs mit 5%ig. Pd-Kohle bei 260°, neben wenig *9-Methylanthracen* [*Pikrat,* $C_{21}H_{15}O_7N_3$, F. 137°] u. nicht untersuchten keton. Produkten. — *9-Äthylphenanthren,* ebenso aus **XVII**, Trennen des erhaltenen gelben Öles vom Kp.$_{0,1}$ 140 bis 180° mit H_2SO_4 in *9-Acetyl-symm.-oktahydrophenanthren* [Kp.$_{0,1}$ 170—180°; *symm.-Oktahydrophenanthroesäure-(9),* F. 241°] u. *9-Äthyl-symm.-oktahydrophenanthren* u. Dehydrierung. *Pikrat,* $C_{22}H_{17}O_7N_3$, F. 124°. — **VII**, aus **XVII** u. NaCl + $AlCl_3$ bei 100° (2 Std.) u. Trennen des Reaktionsprod. vom Kp.$_{0,12}$ 148°, besser durch Isomerisieren von **XVIII** in Äthylenchlorid bei Zimmertemperatur. Als Nebenprod. *ein Öl* (**VII** + **VIII**); liefert bei der Oxydation ein Säuregemisch [$C_{15}H_{18}O_2$]. — *7-Äthyl-2-methyl-4.5-cyclohexenoindan,* Kp.$_{0,2}$ 135°, aus **VII** + **VIII** durch CLEMMENSEN-reduktion. — *7-Äthyl-2-methyl-4.5-benzindan,* durch Dehydrieren voriger Verb. über Pd-Kohle bei 260°. *Pikrat,* $C_{22}H_{21}O_7N_3$, F. 120—121° (A.), rote Nadeln. — *Benzol-1.2.4.5-tetracarbonsäure,* aus **VII** + **VIII** durch CLEMMENSEN-Red., Ozonisieren in Essigester, Behandeln des Verdampfungsrückstandes mit 30%ig. H_2O_2 u. Natronlauge, Extrahieren des Vorst. mit Ae., Spaltung der durch Ansäuern gewonnenen Ketosäure mit sirupöser H_3PO_4 bei 180° u. Behandeln der durch Verdünnen mit W. u. Extrahieren mit Chlf. gewonnenen Säure mit HNO_3 (D. 1,1) bei 160° (3 Std.). — *1.2.3.4.5.6.7.8-Oktahydro-1-keto-4'-methyl-9.10-cyclopentenophenanthren* (**X**), $C_{18}H_{22}O$, F. 148—149° (A.), aus **IX** u. NaCl + $AlCl_3$ bei 100° (1 Std.) u. Chromatographieren des erhaltenen Reaktionsprod. vom Kp.$_{0,5}$ 210° aus Bzn. an Al_2O_3 (Aktivierungsstufe „H"); Nadeln. — *1.2.3.4.5.6.7.8-Oktahydro-8-keto-3'-methyl-9.10-$\Delta^{1',3'}$-cyclopentadienophenanthren* (**XI**), $C_{18}H_{20}O$, F. 116—117° (A.), neben **X** als 2. Fraktion; Nadeln. — *1.2.3.4.5.6.7.8-Oktahydro-4'-methyl-9.10-cyclopentenophenanthren,* $C_{18}H_{24}$, F. 135°, durch CLEMMENSEN-Red. von **X**. — *1.2.3.4.5.6.7.8-Oktahydro-8-keto-3'-methyl-9.10-cyclopentenophenanthren,* $C_{18}H_{22}O$, F. 145° (A.), durch Hydrieren von **XI** in Ggw. von RANEY-Ni; Nadeln. Liefert bei der CLEMMENSEN-Red. **XII**. (J. chem. Soc. [London] **1953**. 2120—25. Juli. Manchester, Univ., Fac. of Technol.) GOLD. 2950

Ng. Ph. Buu-Hoï und **P. Demerseman**, *Die Kondensation von 2.3-Dichlornaphthochinon-(1.4) mit α-Naphtholen.* 2.3-Dichlornaphthochinon-(1.4) (**I**) läßt sich, ebenso wie mit β-Naphtholderivv. (vgl. C. **1952**. 6846), auch mit α-Naphthol in Ggw. von Pyridin kondensieren, wobei *Dinaphtho-[2'.3':2.3;1''.2'':5.4]-furanchinon-(1'.4')* (**II**) entsteht. Wie α-Naphthol kann man auch *4-Benzyl-* (**III**), *4-[p-Methylbenzyl]-* u. *4-tert.-Butylnaphthol-(1)* mit **I** umsetzen, nicht dagegen 2-Benzyl- u. 2-Allylnaphthol-(1).

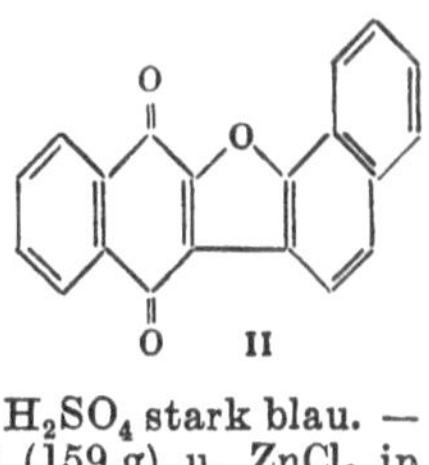

II

Versuche: *Dinaphtho-[2'.3':2.3;1''.2'':5.4]-furanchinon-(1'.4')* (**II**), $C_{20}H_{10}O_3$, F. 231° (Toluol), durch 12std. Kochen von 1,5 g α-Naphthol mit 2,3 g **I** in absol. Pyridin; goldgelb; 3 g (Ausbeute, roh); sublimierbar, dest. im Vakuum ohne Zers.; färbt H_2SO_4 stark blau. — *4-Benzylnaphthol-(1)* (**III**), F. 125°, Kp.$_{11}$ 242°, aus α-Naphthol (159 g) u. $ZnCl_2$ in absol. Chlf. mit Benzylchlorid (nach Abklingen der Rk. 2 Std. Kochen). — *4.x-Dibenzylnaphthol-(1),* $C_{24}H_{20}O$, F. 117° (Cyclohexan), Kp.$_{11}$ 303—305°, neben vorst. Verb.; 30 g. — *4-Benzylnaphthyl-(1)-benzyläther,* $C_{24}H_{20}O$, Kp.$_{11}$ 292—294°, aus dem Na-Salz von **III** (wss. Lsg.) mit Benzylchlorid; blaßgelbes, zähes Öl, nicht ident. mit vorst. Verbindung. — *4''-Benzyldinaphtho-[2'.3':2.3;1''.2'':5.4]-furanchinon-(1'.4'),* $C_{27}H_{16}O_3$, F. 265° (Bzl.), wie **II** aus 2,3 g **I** u. 2,3 g **III**; goldgelb, färbt H_2SO_4 blauviolett; 3,2 g. — *4-p-Methylbenzylnaphthol-(1),* $C_{18}H_{16}O$, F. 132° (Cyclohexan), Kp.$_{11}$ 251°, aus α-Naphthol u. p-Methylbenzylchlorid wie **III**; 80%. — *4.x-Bis-[p-methylbenzyl]-naphthol-(1),* $C_{26}H_{24}O$, F. 144° (Cyclohexan), Kp.$_{11}$ 308—310°, neben vorst. Verbindung. — *4''-p-Methylbenzyldinaphtho-[2'.3':2.3;1''.2'':5.4]-furanchinon-(1'.4'),* $C_{28}H_{18}O_3$, F. 241° (Bzl.), goldgelb, färbt H_2SO_4 blauviolett. — *4(?)-tert.-Butylnaphthol-(1)*, $C_{14}H_{16}O$, Kp.$_2$ 160°, aus α-Naphthol (160 g) u. tert.-Butylbromid (140 g) wie **III**; n_D^{28} 1,5905; 30 g. — *4(?).x-Bis-[tert.-butyl]-naphthol-(1)*, $C_{18}H_{24}O$, F. 145° (Cyclohexan), Kp.$_2$ 190—192°, neben vorst. Verb.; 30 g. — *4''(?)-tert.-Butyldinaphtho-[2'.3':2.3;1''.2'':5.4]-furan-chinon-(1'.4')*, $C_{24}H_{18}O_3$, F. 233° (Bzl.); sublimierbar, goldgelb, färbt H_2SO_4 blauviolett. (J. chem. Soc. [London] **1952.** 4699—4700. Dez. Paris, Univ., Radium Inst., Dep. of Organ. Chem.) PRACEJUS. 3061

Gabriel Gever, *4-Nitrothenaldehyd-(2)*. Die Nitrierung von Thenaldehyd-(2)-diacetat (**I**) lieferte außer der 5-Nitroverb. (**II**) eine weitere vom F. 54—55°, aus der über den Nitroaldehyd (**III**) die Nitrosäure, schließlich der bekannte *4-Nitrothiophen-carbonsäure-(2)-methylester* entstand. — *5-Nitrothenaldehyd-(2)-diacetat* (**II**), F. 68 bis 69° (A.), durch Zutropfen von **I** in Acetanhydrid zur Mischung von rauchender HNO_3 u. Acetanhydrid bei —5 bis —10° u. 3 Std. Rühren bei 0°; 64% (Ausbeute). — *4-Nitrothenaldehyd-(2)-diacetat*, $C_9H_9O_6NS$, F. 54—55° (A.), aus den alkoh. Filtraten von den ersten beiden Umkristallisationen vorst. Verb.; λ_{max} 2925 Å (E_M = 6300; in W.). — *4-Nitrothenaldehyd-(2)* (**III**), $C_5H_3O_3NS$, F. 36—37° (PAe.), aus vorst. Verb. durch Kochen in wss. H_2SO_4 in einer N_2-Atmosphäre, 20 Min.; λ_{max} 3025 Å (E_M = 7600; in W.); 50%. *Semicarbazon*, $C_6H_6O_3N_4S$, F. 234—235°. — *5-Nitrothenaldehyd-(2)*, F. 70—72°, analog aus **II**; 95%. — *4-Nitrothiophencarbonsäure-(2)-methylester*, C_6H_5·O_4NS, F. 98—99° (PAe.), durch Oxydation von **III** in 35%ig. H_2SO_4 mit $Na_2Cr_2O_7$ <40°, 3 Std. bei Zimmertemp. u. 15 Std. bei 0°, den isolierten trockenen Nd. mit wenig H_2SO_4 in Methanol 3 Std. unter Rückfluß kochen. (J. Amer. chem. Soc. **75.** 4585. 20/9. 1953. Norwich, N. Y., Easton Labor., Inc., Chem. Div.) L. FISCHER. 3071

Frederick Challenger und **John L. Holmes,** *Die Orientierung der Substitution in den isomeren Thiophthenen. Die Synthese von festem Thiophthen [Thiopheno-[3'.2':2.3]-thiophen]*. Der Ringschluß von Thienyl-(3)-mercaptoessigsäure mit heißer H_2SO_4 lieferte *4.5-Dihydro-4-oxothiopheno-[3'.2':2.3]-thiophen*, aus dem durch Red. mit $LiAlH_4$ das *feste Thiophthen* (*Thiopheno-[3'.2':2.3]-thiophen*; **I**) entstand. In gleicher Weise wurde auch aus α-Thienyl-(3)-mercaptopropion- bzw. -buttersäure *5-Methyl-* bzw. *5-Äthylthiophthen* dargestellt. — Bei der Red. des 5-Acetylderiv. von **I** (**VII**) bzw. von 5-Acetylthiopheno-[2'.3':2.3]-thiophen (**II**) mit RANEY-Ni entstand *Octanon-(2)* bzw. *5-Methylheptanol-(2)* (**III**), wodurch gezeigt wurde, daß **I** u. seine Derivv. sowie **II** die angegebene Struktur besitzen u. die Substitution bei der FRIEDEL-CRAFTS-Rk. in Stellung 5 stattfindet. —**III** wurde auch auf folgendem Wege gewonnen: Sek.-Butyl-MgCl reagierte mit CH_2O zu *2-Methylbutanol-(1)*. Als Nebenprod. bildete sich vermutlich *Bis-[2-methylbutyl]-formal*, da durch Behandlung mit HBr *2-Methylbutylbromid* (**IV**) entstand. **IV** wurde mit Acetessigester zu *5-Methylheptanon-(2)* (**V**) umgesetzt u. daraus mit $LiAlH_4$ **III** erhalten.

Versuche: *Thienyl-(3)-mercaptoessigsäure*, $C_6H_6O_2S_2$, F. 52—53° (W.), aus Thiophenthiol-(3) (**VI**) u. Chloressigsäure. — *4.5-Dihydro-4-oxothiopheno-[3'.2':2.3]-thiophen*, $C_6H_4OS_2$, F. 98—98,5° (A.), aus vorst. Verb. durch 45 Min. Erhitzen auf dem Dampfbad in H_2SO_4; 13,8% (Ausbeute). *Benzylidenverb.*, $C_{13}H_8OS_2$, F. 141—142° (A.), aus vorst. Verb., Benzaldehyd u. wenig HCl in A. durch 1 std. Kochen. — *Festes Thiophthen* (*Thiopheno-[3'.2':2.3]-thiophen*; **I**), $C_6H_4S_2$, F. 55,5—56°, 0,3 g $LiAlH_4$ 10 Min. in Ae. kochen, 0,8 g vorvorst. Verb. zusetzen u. über Nacht kochen; 0,67 g; auch aus S u. Acetylen; 80%. *Pikrat*, $C_{12}H_7O_7N_3S_2$, F. 145—146° (Methanol). *Styphnat*, $C_{12}H_7O_8$·N_3S_2, F. 111,5—112° (Methanol). — *α-Thienyl-(3)-mercaptopropionsäure*, $C_7H_8O_2S_2$, F. 77,5—78,5° (Ligroin), aus **VI** in wss. NaOH unter Rühren u. unter Zugabe von α-Brompropionsäure in wss. NaOH bei Tempp. <40°; 90%. *Ester* (?), Kp.$_{23}$ 148—150°. *Amid*, $C_7H_9ONS_2$, F. 126—127° (W.), Nadeln. — *4.5-Dihydro-4-oxo-5-methylthiophthen*, rotes Öl; 30%. — *5-Methylthiopheno-[3'.2':2.3]-thiophen*, 2 g $LiAlH_4$ kurz in Tetrahydrofuran kochen u. 6,14 g vorst. Verb. zugeben, Rohprod. über nachst. Verb. reinigen, schwach gelbes Öl; 1,4 g. *1.3.5-Trinitrobenzolat*, $C_{13}H_9O_6N_3S_2$, F. 110° (Methanol), gelbe Nadeln. *Pikrat*, $C_{13}H_9O_7N_3S_2$, F. 108—109° (Methanol), orangefarbene Nadeln. *Styphnat*, $C_{13}H_9O_8N_3S_2$, F. 101—102° (Methanol), gelbe Nadeln. — *α-Thienyl-(3)-mercaptobuttersäure*, Kp.$_{0,2}$ 148—150°, aus 58 g **VI** u. 84 g α-Brombuttersäure, Öl; 89 g. *Äthylester*, Kp.$_{19}$ 159—160°. *Amid*, $C_8H_{11}ONS_2$, F. 103—103,5° (W.). — *4.5-Dihydro-4-oxo-5-äthylthiophthen* (*4-Oxy-5-äthylthiopheno-[3'.2':2.3]-thiophen*), rotes Öl; 27%. — *5-Äthylthiopheno-[3'.2':2.3]-thiophen*, aus vorst. Verb. durch Red. mit $LiAlH_4$ in Tetrahydrofuran, gelbes Öl; 52%. *1.3.5-Trinitrobenzolat*, $C_{14}H_{11}O_6N_3S_2$, F. 85,5—86° (Methanol), gelbe Kristalle. *Pikrat*, $C_{14}H_{11}O_7N_3S_2$, F. 73—73,5° (Methanol). — *n-Hexylmethylketon*, $C_8H_{16}O$, Kp.$_{17}$ 70°, aus 3 g **VII** in A. durch 3std. Kochen mit einer alkoh. Suspension von RANEY-Ni; 1,5 g. *Semicarbazon*, $C_9H_{19}ON_3$, F. 122,5—123° (A.).

p-Nitrophenylhydrazon, F. 92—93° (A.). — *5-Methylheptanol-(2)* (III), Kp. 160—162°, $Kp._{757}$ 170°, a) aus II durch 4std. Kochen in Bzl. unter Rückfluß in Ggw. von RANEY-Ni; b) aus nachfolgend beschriebenem V in Ae. durch Zufügen zu $LiAlH_4$ in Ae. u. 30 Min. Kochen. *3.5-Dinitrobenzoat-α-Naphthylamin-Additionsprod.*, $C_{25}H_{29}O_6N_3$, F. 57—58° (A.). — *5-Methylheptanon-(2)* (V), a) durch 30 Min. Erhitzen von nach a) dargestelltem III mit $K_2Cr_2O_7$ in verd. H_2SO_4, Öl; b) aus nachfolgend beschriebenem IV u. Acetessigester. *Semicarbazon*, $C_9H_{19}ON_3$, F. 131—132° (wss. A.). *2.4-Dinitrophenylhydrazon*, $C_{14}H_{20}O_4N_4$, F. 66—67°, orangefarbene Kristalle. — *2-Methylbutanol-(1)*, Kp. 125—127°, aus sek.-Butyl-MgCl in Ae. durch Einleiten von CH_2O; 50%. — *Bis-[2-methylbutyl]-formal* (?), $C_{11}H_{24}O_2$, $Kp._{11}$ 80—80,5°, Nebenprod. bei der Darst. vorst. Verbindung. — *2-Methylbutylbromid* (IV), Kp. 114—116°, a) aus vorvorst. Verb. mit HBr u. H_2SO_4; b) aus vorst. Verb. durch Kochen mit wss. HBr. (J. chem. Soc. [London] **1953**. 1837—42. Juni. Leeds, Univ.) L. FISCHER. 3071

Henry Gilman und **Robert K. Ingram**, *Einige bromierte Dibenzothiophenderivate.* 2-Bromdibenzothiophen (I; S = 5) ließ sich mit H_2O_2 bequem zum I-*Dioxyd-(5)* oxydieren, dieses weiter in das *7-Nitroderiv.* überführen u. daraus durch Red. mit Sn u. HCl das *7-Aminoderiv.* gewinnen. I gab bei der Nitrierung das *8-Nitroderiv.*, dessen katalyt. Red. das *8-Aminoderiv.* lieferte. *3-Bromdibenzothiophen* konnte sowohl aus 3-Aminodibenzothiophen als auch aus 3-Bromdibenzothiophendioxyd-(5) dargestellt werden.

Versuche: *2-Bromdibenzothiophendioxyd-(5)*, F. 261,5—262°, aus I in Eisessig u. 30%ig. H_2O_2 durch 1std. Kochen unter Rückfluß; 93,5% (Ausbeute). — *2-Brom-7-nitrodibenzothiophendioxyd-(5)*, $C_{12}H_6O_4NBrS$, F. 319—321° (Eisessig), durch Zutropfen von rauchender HNO_3 zu vorst. Verb. in konz. H_2SO_4 unter Rühren, 2 Std. bei 80°, schwachgelbe Nadeln; 52%. — *2-Brom-7-aminodibenzothiophendioxyd-(5)*, $C_{12}H_8O_2NBrS$, F. 331—333° (Zers.; Aceton + Methanol), aus vorst. Verb. in absol. A. durch Red. mit Sn + konz. HCl unter Rühren bei Siedetemp.; 67%. — *2-Brom-8-nitrodibenzothiophen*, F. 254—256° (Eisessig), aus I in Eisessig u. rauchender HNO_3 unter Rühren, 1,5 Std. bei 50°; 25,5%. — *2-Brom-8-aminodibenzothiophen*, F. 149 bis 150° (A), aus vorst. Verb. in absol. A. durch Red. in Ggw. von RANEY-Ni; 45%. — *3-Bromdibenzothiophen*, a) nach ILLUMINATI, NOBIS u. GILMAN (C. **1953**. 2439) modifiziert, F. 93—96° (A.); 39%; b) aus 3-Bromdibenzothiophendioxyd-(5) u. $LiAlH_4$ in Ae. unter Rühren durch 1,5std. Kochen unter Rückfluß, Nadeln, F. 98—99° (absol. A.) 44,5%. (J. Amer. chem. Soc. **75**. 3843—45. 5/8. 1953. Ames, Io., State Coll., Dep. of Chem.) L. FISCHER. 3071

Denise Billet, *Stereochemie der Phenylserine. Konfiguration der Aldolhydantoine des β-p-Nitrophenylserins. Threo-* u. *erythro-5-[α-Oxy-p-nitrobenzyl]-hydantoin* (I) wurden aus den entsprechenden p-Nitrophenylserinen (II) durch Rk. mit NCOK dargestellt. Erythro-I hatte den höheren F. (vgl. C. R. hebd. Séances Acad. Sci. **237**. [1953.] 724). Die Absorptionsspektren von threo- u. erythro-I in wss. Lsg. sind fast identisch.

Versuche: *5-[α-Oxy-p-nitrobenzyl]-hydantoin* (I), $C_{10}H_9O_5N_3$, durch Eindampfen einer Lsg. von II u. NCOK in W. auf dem Wasserbad, Zugabe von 10%ig. HCl u. 1std. Kochen. *Erythro*-I, F. 290° (wss. A.), gelbe Nadeln, aus erythro-II, gibt keine Färbung mit Ninhydrin; *threo*-I, F. 268° (wss. A.), gelbe Plättchen, aus *threo*-II; Misch-F. von threo- u. erythro-I 255°. (C. R. hebd. Séances Acad. Sci. **238**. 490—92. 25/1. 1954.) JOHN. 3122

M. K. Rout und **H. K. Pujari**, *Darstellung von 2-substituierten 4-Methyl-5-carbäthoxythiazolen. Kondensation von Acetessigsäureäthylester mit substituierten Thioharnstoffen.* Es wurde eine Reihe von *2-Arylamino-4-methyl-5-carbäthoxythiazolen* aus Acetessigester (I) u. Arylthioharnstoffen in Ggw. von J_2 dargestellt; die mit Hg(II)-Acetat erhaltenen Acetoxymercuriderivv. müssen im aromat. Kern substituiert sein, da sich 2-Amino-4-methyl-5-carbäthoxythiazol unter den gleichen Bedingungen nicht mercurieren läßt, u. zwar wird p-Substitution zur NH-Gruppe angenommen, soweit die p-Stellung frei ist, sonst o-Substitution.

Versuche: *2-Phenylamino-4-methyl-5-carbäthoxythiazol*, F. 98° (50%ig. A.), durch 8std. Erwärmen von I u. Phenylthioharnstoff unter Rückfluß mit J_2, dann 12—16 Std. ohne Kühler, 48std. Stehen mit Ae., Entfernung von J_2 mit $Na_2S_2O_3$-Lsg., Kochen mit W., Heißfiltration u. Alkalisieren mit konz. NH_4OH; 67% (Ausbeute). *Pikrat*, F. 110°. *Acetoxymercurideriv.*, F. 241—243°, durch Stehen der Base mit Hg(II)-Acetat in A. u. verd. CH_3COOH; 87%. — Analog nachst. 2-Arylamino-4-methyl-5-carbäthoxythiazole: *2-o-Tolyl-*, F. 156°; 54%. *Pikrat*, F. 121°. *Acetoxymercurideriv.*, F. >260°; 80%. — *2-p-Tolyl-*, F. 82—84°; 52%. *Pikrat*, F. 117°. *Acetoxymercurideriv.*, Zers. bei 165°; 83%. — *2-o-Chlorphenyl-*, F. 105°; 42%. *Pikrat*,

F. 120°. *Acetoxymercurideriv.*, F. 112°; 78%. — *2-m-Chlorphenyl-*, F. 142°; 45%. *Pikrat*, F. 123°. *Acetoxymercurideriv.*, F. 235°; 70%. — *2-p-Chlorphenyl-*, F. 130°; 43%. *Pikrat*, F. 118°. *Acetoxymercurideriv.*, F. 188°; 80%. — *2-o-Carboxyphenyl-*, F. >250°; 57%. *Pikrat*, F. 115°. *Acetoxymercurideriv.*, F. >260°; 72%. — *2-m-Carboxyphenyl-*, F. >250°; 52%. *Pikrat*, F. 124°. — *2-p-Carboxyphenyl-*, F. 216–218°; 50%. *Pikrat*, F. 119°. *Acetoxymercurideriv.*, F. >260°; 75%. — *2-m-Nitrophenyl-*, F. 158°; 60%. *Pikrat*, F. 115°. *Acetoxymercurideriv.*, F. 178°; 72%. — *2-p-Nitrophenyl-*, F. 106°; 58%. *Pikrat*, F. 115°. *Acetoxymercurideriv.*, F. 165°; 70%. — *2-α-Naphthyl-*, F. 122°; 60%. *Pikrat*, F. 116°. *Acetoxymercurideriv.*, F. 154–156°; 72%. — *2-β-Naphthyl-*, F. 110–112°; 62%. *Pikrat*, F. 192°. *Acetoxymercurideriv.*, F. 172°; 70%. (J. Amer. chem. Soc. **75**. 4057–58. 20/8. 1953. Orissa, Ind., Ravenshaw Coll., Mayurbhanj Chem. Labor.) SPAETH. 3142

Richard Dahlbom, *Dialkylaminoalkylthiazole.* Vf. stellte in 2-Stellung substituierte *4-Dialkylaminomethyl-* u. *4-[β-Dialkylaminoäthyl]-thiazole*, erstere aus in 2-Stellung substituiertem 4-Chlormethylthiazol u. einem sek. Amin u. letztere aus einem Thioamid u. 1-Brom-4-dialkylaminobutanon-(2), dar. Ferner wurden aus 2-Brommethyl-4-phenylthiazol u. einem sek. Amin *2-Dialkylaminomethyl-4-phenylthiazole* u. aus 2-Phenyl-5-carbäthoxythiazol durch Red. mit $LiAlH_4$ zum *5-Oxymethyl-2-phenylthiazol*, Ersatz der OH-Gruppe durch Br u. Rk. mit einem sek. Amin *5-Dialkylaminomethyl-2-phenylthiazole* synthetisiert. Sämtliche Verbb. zeigten lokalanästhet. Wirkung.

Versuche: *4-Diäthylaminomethyl-2-methylthiazol*, $C_9H_{16}N_2S$, $Kp._{0,01}$ 150° (Badtemp.), aus 4-Chlormethyl-2-methylthiazol u. Diäthylamin (I) in Nitrobenzol durch 1std. Erhitzen auf dem Wasserbad, Isolierung als Pikrat; 24% (Ausbeute). *Pikrat*, $C_9H_{16}N_2S \cdot C_6H_3O_7N_3$, F. 98–99° (Methanol). — *4-Dimethylaminomethyl-2-phenylthiazoldihydrochlorid*, $C_{12}H_{14}N_2S \cdot 2\,HCl$, F. 199–200° (Methanol), aus 4-Chlormethyl-2-phenylthiazol (**II**) u. Dimethylamin (**III**) in A. durch Erhitzen in einer abgeschlossenen Flasche auf 70° über Nacht; 69%. — *4-Diäthylaminomethyl-2-phenylthiazol*, $C_{14}H_{18}N_2S$, $Kp._{0,05}$ 170–180°, aus **II** u. **I** in Nitrobenzol, 3 Std. auf dem Wasserbad; 68%. *Pikrat*, $C_{14}H_{18}N_2S \cdot C_6H_3O_7N_3$, F. 103–104° (Methanol). *Oxalat*, $C_{14}H_{18}N_2S \cdot C_2H_2O_4$, F. 129–131° (Aceton). — *4-Pyrrolidinomethyl-2-phenylthiazol*, $C_{14}H_{16}N_2S$, $Kp._{0,01}$ 250° (Badtemp.), aus **II** u. Pyrrolidin in A. (10 Std. am Rückfluß), isoliert als Pikrat; 23%. *Pikrat*, $C_{14}H_{16}N_2S \cdot C_6H_3O_7N_3$, F. 134–136° (A.). — Die folgenden 4-[β-Dialkylaminoäthyl]-thiazole wurden allg. wie folgt dargestellt: Äquivalente Mengen Thioamid (Thioacet-, Thiobenz- bzw. Phenylthioacetamid) u. 1-Brom-4-dialkylaminobutanon-(2) (R_2N = Dimethyl- oder Diäthylamino- bzw. Piperidino-) 1 Std. in A. auf dem Wasserbad unter Rückfluß kochen. *4-[β-Dimethylaminoäthyl]-2-phenylthiazoldihydrobromid*, $C_{13}H_{16}N_2S \cdot 2\,HBr$, F. 240–242° (A., Zers.); 49%. — *4-[β-Dimethylaminoäthyl]-2-benzylthiazoldihydrobromid*, $C_{14}H_{18}N_2S \cdot 2\,HBr$, F. 228–230° (A.); 64%. — *4-[β-Diäthylaminoäthyl]-2-methylthiazoldihydrobromid*, $C_{10}H_{18}N_2S \cdot 2\,HBr$, F. 222–224° (A.); 72%. — *4-[β-Diäthylaminoäthyl]-2-phenylthiazoldihydrobromid*, $C_{15}H_{20}N_2S \cdot 2\,HBr$, F. 195–197° (Methanol); 57%. — *4-[β-Diäthylaminoäthyl]-2-benzylthiazoldihydrobromid*, $C_{16}H_{22}N_2S \cdot 2\,HBr$, F. 192–193° (Methanol); 63%. — *4-[β-Piperidinoäthyl]-2-methylthiazoldihydrobromid*, $C_{11}H_{18}N_2S \cdot 2\,HBr$, F. 229–230° (A.); 44%. — *4-[β-Piperidinoäthyl]-2-phenylthiazolmonohydrobromid*, $C_{16}H_{20}N_2S \cdot HBr$, F. 230 bis 232° (A., Zers.); 42%. — *4-[β-Piperidinoäthyl]-2-benzylthiazoldihydrobromid*, $C_{17}H_{22}N_2S \cdot 2\,HBr$, F. 275–277° (A.); 47%. — *2-Brommethyl-4-phenylthiazol*, $C_{10}H_8 \cdot NBrS$, $Kp._{0,05}$ 140–145°, F. 45–46° (PAe.), aus 2-Oxymethyl-4-phenylthiazol u. PBr_3 in Chlf., 1 Std. am Rückfluß; 58%. — *2-Dimethylaminomethyl-4-phenylthiazoloxalat*, $C_{12}H_{14}N_2S \cdot C_2H_2O_4$, F. 179–180° (Aceton, Zers.), aus vorst. Verb. u. **III** in Bzl. bei Zimmertemp.; 74%. — *2-Diäthylaminomethyl-4-phenylthiazoloxalat*, $C_{14}H_{18}N_2S \cdot C_2H_2O_4$, F. 146–147° (Aceton), analog vorst. Verb.; 60%. — *2-Piperidinomethyl-4-phenylthiazol*, $C_{15}H_{18}N_2S$, F. 67–68° (50%ig. A.); 89%. — *5-Oxymethyl-2-phenylthiazol*, $C_{10}H_9ONS$, F. 76–77° (PAe.-A., 6:1), durch Zugeben einer äther. Lsg. von 2-Phenylthiazol-5-carbonsäureäthylester zur Suspension von $LiAlH_4$ in Ae. unter Rühren; 85%. — *5-Brommethyl-2-phenylthiazol*, $C_{10}H_8NBrS$, F. 72–73° (Methanol), aus vorst. Verb. u. PBr_3 in Chlf. durch 1std. Kochen unter Rückfluß; 86%. — *5-Dimethylaminomethyl-2-phenylthiazolhydrochlorid*, $C_{12}H_{14}N_2S \cdot HCl$, F. 236–237° (A.), aus vorst. Verb. u. **III** in Toluol bei Zimmertemp.; 81%. — *5-Diäthylaminomethyl-2-phenylthiazolhydrochlorid*, $C_{14}H_{18}N_2S \cdot HCl$, F. 173–175° (A.), analog vorst. Verb. in benzol. Lsg. durch 1std. Kochen; 60%. (Acta chem. scand. **7**. 885–88. 1953. Södertälje, Schweden, AB Astra, Centrallabor.) L. FISCHER. 3142

Norman G. Gaylord, *Verdrängungsreaktionen in der Benzotriazolreihe. Benzotriazol* (**I**) reagiert mit CH_2O unter Bldg. von *1-[Oxymethyl]-benzotriazol* (**II**), das durch Red. mit RANEY-Ni oder Pd-Kohle nicht in *1-Methylbenzotriazol* (**III**) übergeführt werden kann. III wurde über das aus II mittels $SOCl_2$ erhältliche *1-[Chlormethyl]-benzotriazol* (IV) durch dessen Red. mittels $LiAlH_4$ erhalten. Direkte Red. von II mittels $LiAlH_4$ war ohne Erfolg. II liefert mit alkoh. Pikrinsäure nicht das Pikrat von II, sondern von I, während IV kein Pikrat gibt. Mit Benzoylchlorid in Pyridin liefert II *1-Benzoylbenzotriazol* (V), das auch aus I u. Benzoylchlorid erhalten wurde. Die Bldg. von V aus II kann durch a) CH_2O-Abspaltung u. Rk. des gebildeten I, b) Verdrängung der Oxymethylgruppe durch Benzoylchlorid u. Bldg. von V, CH_2O u. HCl, c) Bldg. des erwarteten Benzoats u. Umlagerung desselben in einen intermediären 6-Ring erfolgen. V gibt ebenfalls das Pikrat von I, mit $LiAlH_4$ entsteht I u. Benzylalkohol.

Versuche: *1-[Oxymethyl]-benzotriazol* (II), F. 147—148°, nach BURCKHALTER u. Mitarbeitern (C. **1953.** 2121) aus I, Formalin u. Essigsäure; 85% (Ausbeute). — *Benzotriazol* (I)-*pikrat*, $C_{12}H_8O_7N_6$, F. 173—174°, aus II oder I mit Pikrinsäure. — *1-[Chlormethyl]-benzotriazol* (IV), F. 135—137°, nach BURCKHALTER u. Mitarbeitern (l. c.) aus II; 59%. — *1-Methylbenzotriazol* (III), F. 62—64°, Blättchen aus Bzl.–PAe., durch 5std. Kochen von IV u. $LiAlH_4$ in Tetrahydrofuran; 86%. *Pikrat*, F. 150 bis 152°. — *1-Benzoylbenzotriazol* (V), $C_{13}H_9ON_3$, F. 110—113° (Äthylacetat), aus II oder I in Pyridin u. Dioxan durch Zutropfen von Benzoylchlorid in Dioxan; 66%. Mit Pikrinsäure Bldg. des Pikrats von I. Mit $LiAlH_4$ in Ae. entsteht *Benzylalkohol*; 59%. *α-Naphthylurethan*, F. 134°. Daneben I, F. 97—99° (Bzl.–Hexan); 84%. (J. Amer. chem. Soc. **76.** 285—87. 5/1. 1954. Buffalo, N. Y., Canisius Coll., Dep. of Chem.)
RUSKE. 3153

B. P. Lugowkin, *Über Reaktionen des Chinolinaldehyds-(6).* Chinolinaldehyd-(6) (I) wurde durch Oxydation mit SeO_2 in *Chinolincarbonsäure-(6)* (II) übergeführt. Die CANNIZZAROsche Rk. lieferte *6-Oxymethylchinolin* u. II. Die mit I u. KCN analog der Benzoinsynth. durchgeführte Kondensation gab wenig *[Chinolyl-(6)]-[chinoloyl-(6')]-carbinol* (*6.6'-Chinoloin*). SCHIFFsche Basen wurden aus I mit prim. aromat. u. heterocycl. Aminen bzw. Diaminen gewonnen, z. B. entstand mit α-Aminopyridin *α-[Chinolyl-(6)-methylenimino]-pyridin.*

Versuche: *Chinolinaldehyd-(6)* (I), F. 74—76°; Herst. nach RODIONOW u. BERKENHEIM (Журнал Общей Химии [J. allg. Chem.] **14** (**76**). [1944.] 330) aus 6-Methylchinolin durch Oxydation mit SeO_2 bei 150—210°; 80% (Ausbeute). *Pikrat*, F. 196—197°; dunkelgelb. *Jodmethylat*, $C_{11}H_{10}ONJ$, F. 222°; gelbe Kristalle. *Bromäthylat*, $C_{12}H_{12}ONBr$, F. 191—192°; rosafarbene Kristalle. *Jodäthylat*, $C_{12}H_{12}ONJ$, F. 195—196°; dunkelgelbe Kristalle. — *Chinolincarbonsäure-(6)* (II), F. 290°; 5 g I werden mit 2,5 g SeO_2 auf 240—300° erhitzt; 3,5 g. *Pikrat*, F. 240—241°; aus Eisessig gelbe Nadeln. — *6-Oxymethylchinolin*, $C_{10}H_9ON$, F. 81—82°; aus 20 g I bei der Einw. von 16 g Alkalihydroxyd + 12 ml W.; Reaktionsdauer 6 Std.; aus Dioxan u. A. Kristalle; 7,5 g (neben 10,3 g II). *Pikrat*, F. 201—202°; aus A. gelbe Kristalle. *Jodmethylat*, $C_{11}H_{12}ONJ$, F. 170°; aus A. gelbe Kristalle. *Bromäthylat*, $C_{12}H_{14}ONBr$, F. 177—178°; aus Dioxan u. A. Kristalle. *Jodäthylat*, $C_{12}H_{14}ONJ$, F. 132°; aus Dioxan u. A. gelbe Kristalle. — *6.6'-Chinoloin*, $C_{20}H_{14}O_2N_2$, F. 166—167°; durch ½std. Erhitzen von 12 g I mit 2,5 g KCN in 25 ml A. + 3 ml W.; aus A. Kristalle; 0,6 g neben viel Harz. *Pikrat*, F. 237—238°; aus A. hellgelbe Kristalle. — *α-[Chinolyl-(6)-methyleniminо]-pyridin*, $C_{15}H_{11}N_3$, F. 139—140°; durch 2std. Kochen von 3,9 g I mit 2,4 g α-Aminopyridin in 10 ml A.; aus A. Kristalle; 5 g. *Dijodmethylat*, $C_{17}H_{17}N_3J_2$, F. 126 bis 128°; aus Eisessig gelbe Kristalle. *Dijodäthylat*, $C_{19}H_{21}N_3J_2$, F. 119—120°; dunkelgelbe Kristalle. — *β-[Chinolyl-(6)-methylenimino]-naphthalin*, $C_{20}H_{14}N_2$, F. 140—141°; aus I u. β-Naphthylamin analog Vorst.; aus A. Täfelchen; ca. 4,75 g. *Jodmethylat*, $C_{21}H_{17}N_2J$, F. 210—214°; dunkelgelbe Kristalle. *Jodäthylat*, F. 183—185°; dunkelgelbe Kristalle. — *α-[Chinolyl-(6)-methylenimino]-naphthalin*; aus I u. α-Naphthylamin; Öl; 84%. *Pikrat*, $C_{20}H_{14}N_2 \cdot C_6H_3O_7N_3$, F. 195—196°; aus Eisessig gelbgrüne Nadeln. — *1.2-Bis-[chinolyl-(6')-methylenimino]-benzol*, $C_{26}H_{18}N_4$, F. 221—222°; aus I u. *o-Phenylendiamin*; aus A. hellgrüne Kristalle; 38%. — *1.4-Bis-[chinolyl-(6')-methylenimino]-benzol*, $C_{26}H_{18}N_4$, F. 252—253°; aus I u. p-Phenylendiamin; aus Eisessig hellgelbe Kristalle; 92%. — *p.p'-Bis-[chinolyl-(6')-methylenimino]-diphenyl*, $C_{32}H_{22}N_4$, F. 262 bis 264°; aus I u. Benzidin; aus Eisessig gelbe Kristalle; 84%. (Журнал Общей Химии [J. allg. Chem.] **23** (**85**). 1696—1703. Okt. 1953. Kasan, Wiss. Forschungsinst. für Arbeitsschutz, Chem. Labor.) R. KNOBLOCH. 3231

R. Ss. Liwschitz, M. Ss. Bainowa, Ss. D. Kuprijanowa und **N. A. Preobrashenski,** *Untersuchungen in der Reihe der Isochinolinverbindungen.* 10. Mitt. *Synthese von 1-{β-[N-Decylpiperidyl-(3')]-äthyl}-6.7-dimethoxy-1.2.3.4-tetrahydroisochinolin.* (9. vgl. C. **1954.** 7189.) Das Joddecylat (I) von *β*-[Pyridyl-(3)]-propionsäureäthylester (II) wurde zu *β-[1-Decylpiperidyl-(3)]-propionsäureäthylester* (III) red., dieser mit Homoveratrylamin (**IV**) in das *β-[3.4-Dimethoxyphenyl]-äthylamid* (**V**) dieser Säure umgewandelt, das mit $POCl_3$ zu *1-{β-[1'-Decylpiperidyl-(3')]-äthyl}-6.7-dimethoxy-3.4-dihydroisochinolin* (**VI**) cyclisiert wurde. Aus **VI** entstand durch Red. das entsprechende *1.2.3.4-Tetrahydroisochinolin*, das im Bau einige der Strukturelemente von Emetin enthält.

Versuche: *β-[Pyridyl-(3)]-propionsäureäthylester, Joddecylat* (**I**), $C_{20}H_{34}O_2NJ$, aus 4,4 g **II** u. 7 g Decyljodid bei 2 std. Erhitzen auf 100—105°/15—20 mm; gelbes Öl; 10,2 g (Ausbeute). — *β-[1-Decylpiperidyl-(3)]-propionsäureäthylester* (**III**), $C_{20}H_{39}O_2N$, $Kp._5$ 194—195°; das *Hydrojodid* wird beim Hydrieren von **I** (10 g; 0,3 g Pt-Oxyd; 30 ml absol. A. + 1 ml Eisessig) bei 0,8 at erhalten; **III** ist fl.; $D.^{20}_{20}$ 0,9131; n_D^{20} 1,4639; 90,8%. *Hydrojodid*, $C_{20}H_{40}O_2NJ$, F. 89—90°; Kristalle; aus diesem wird die freie Base durch Lösen in Chlf. u. Zusatz von mit NH_3 gesätt. Chlf. erhalten. *β-[3.4-Dimethoxyphenyl]-äthylamid* (**V**), $C_{28}H_{48}O_3N_2$, F. 89—90°; aus 2 g **III** u. 2,2 g **IV** in Ggw. von einigen Tropfen Pyridin, 2 Std. bei 180—185°; aus Bzn. Kristalle; 2 g. — *1-{β-[1'-Decylpiperidyl-(3')]-äthyl}-6.7-dimethoxy-3.4-dihydroisochinolin* (**VI**); bei 2 std. Erhitzen von 2 g **V** mit 14 ml $POCl_3$ in 20 ml Toluol auf 80°; dickes, gelbes Öl; 0,8 g. *Dipikrat*, $C_{28}H_{46}O_2N_2 \cdot 2\,C_6H_3O_7N_3$, F. 162—163°; aus A. gelbe Kristalle. — *1-{β-[1'-Decylpiperidyl-(3')]-äthyl}-6.7-dimethoxy-1.2.3.4-tetrahydroisochinolin*, durch Red. von 1 g **VI** mit 5 g Zn-Staub in 30 ml W. + 3 ml H_2SO_4 (D. 1,84); 0,7 g. *Dihydrochlorid*, $C_{28}H_{48}O_2N_2 \cdot 2\,HCl$, F. 155—162° (erweicht bei 100—102°); hygroskop. Kristalle. (Журнал Общей Химии [J. allg. Chem.] **23** (**85**). 522—24. März 1953. Moskau, Lomonossow-Inst. für feinchem. Technol.) R. KNOBLOCH. 3231

R. Ss. Liwschitz, M. Ss. Bainowa, A. I. Gurewitsch und **N. A. Preobrashenski,** *Untersuchungen in der Reihe der Isochinolinverbindungen.* 11. Mitt. *Synthese von 1-[β-{N'-[β'-(3''.4''-Dimethoxyphenyl)-äthyl]-piperidyl-(3')}-äthyl]-6.7-dimethoxy-1.2.3.4-tetrahydroisochinolin.* (10. vgl. vorst. Ref.) Beim Erhitzen von β-[3.4-Dimethoxyphenyl]-äthylbromid (**I**) mit β-[Pyridyl-(3)]-propionsäureäthylester (**II**) wird das entsprechende quartäre Salz, das *Brom-β-[3.4-dimethoxyphenyl]-äthylat* (**III**) von **II** erhalten, das beim Hydrieren in *β-{1-[β'-(3'.4'-Dimethoxyphenyl)-äthyl]-piperidyl-(3)}-propionsäureäthylester* (**IV**) übergeht. Hieraus wird durch Behandeln mit β-[3.4-Dimethoxyphenyl]-äthylamin (**V**) das entsprechende *β-[3.4-Dimethoxyphenyl]-äthylamid* (**VI**) u. aus diesem mit $POCl_3$ unter Abspaltung von W. u. Cyclisierung *1-[β-{N'-[β'-(3''.4''-Dimethoxyphenyl)-äthyl]-piperidyl-(3')}-äthyl]-6.7-dimethoxy-3.4-dihydroisochinolin* (**VII**) gewonnen. **VII** gibt bei der Red. das entsprechende *1.2.3.4-Tetrahydroisochinolinderivat.* Letzteres ist eine dem Emetin ähnlich konstituierte Verbindung.

Versuche: *β-[3.4-Dimethoxyphenyl]-äthylalkohol*, F. 47—48°; $Kp._{10}$ 172 bis 173°; durch Red. von 3.4-Dimethoxyphenylessigsäureäthylester mit Na in absol. A.; 54,75% (Ausbeute). — *β-[3.4-Dimethoxyphenyl]-äthylbromid* (**I**), $Kp._7$ 153—155°; aus vorst. Verb. bei 2 std. Erhitzen mit PBr_3 auf dem Wasserbad; 72,8%. — *Brom-β-[3.4-dimethoxyphenyl]-äthylat* (**III**) von *β-[Pyridyl-(3)]-propionsäureäthylester* (**II**), $C_{20}H_{26} \cdot O_4NBr$; aus 4 g **II** u. 4,8 g **I** bei 2 std. Erhitzen auf 105—110°/8—10 mm u. Fällen aus alkoh. Lsg. mit absol. Ae.; 8,25 g. — *β-{1-[β'-(3'.4'-Dimethoxyphenyl)-äthyl]-piperidyl-(3)}-propionsäureäthylester* (**IV**), $C_{20}H_{31}O_4N$, F. 85—86°; $Kp._2$ 206—208°; das *Hydrobromid* wird beim Hydrieren von **III** (8,25 g; 0,3 g Pt-Oxyd; 25 ml absol. A. + 1 ml Eisessig; 1,5—1,9 at) erhalten; hieraus mit NH_3 in Chlf. die freie Base; aus Bzn. Kristalle; 97,4%. **IV**-*Hydrobromid*, $C_{20}H_{32}O_4NBr$, F. 142—143°; Kristalle. *β-[3.4-Dimethoxyphenyl]-äthylamid* (**VI**), $C_{28}H_{40}O_5N_2$, F. 91°; aus 2 g **IV** u. 1,8 g **V** in Ggw. weniger Tropfen Pyridin, 1 Std. bei 250—255°/75 mm im N_2-Strom; aus Bzn. Nadeln; 2,4 g. — *1-[β-{1'-[β'-(3''.4''-Dimethoxyphenyl)-äthyl]-piperidyl-(3')}-äthyl]-6.7-dimethoxy-3.4-dihydroisochinolin* (**VII**), bei 2 std. Erhitzen von 2,2 g **VI** mit 16 ml $POCl_3$ in 22 ml Toluol auf dem Wasserbad; dickes, gelbes Öl; 1,16 g. *Dihydrochlorid*, $C_{28}H_{38}O_4N_2 \cdot 2\,HCl$; F. 117—120°; cremefarbenes, hygroskop. Produkt. *Monopikrat*, $C_{28}H_{38}O_4N_2 \cdot C_6H_3O_7N_3$, F. 97—98°; Zers. 180°; aus 50%ig. A. orange-ziegelrote Kristalle. — *1-[β-{N'-[β'-(3''.4''-Dimethoxyphenyl)-äthyl]-piperidyl-(3')}-äthyl]-6.7-dimethoxy-1.2.3.4-tetrahydroisochinolin*; man setzt 8 ml H_2SO_4 (D. 1,84) unter Rühren zu einem auf dem Wasserbad erhitzten Gemisch von 1,5 g **VII**-Dihydrochlorid, 10 g mit HCl angeätztem Zn-Staub u. 60 ml W. innerhalb 1½ Std. hinzu u. erhitzt noch 1 Std.; hellgelbes Öl; 1,15 g. *Dihydrochlorid*, $C_{28}H_{40}O_4N_2 \cdot 2\,HCl$, F. 167—180°; hygroskopisch. *Chloroplatinat*, $C_{28}H_{40}O_4N_2 \cdot H_2PtCl_6$. *Monopikrat*, $C_{28}H_{40}O_4N_2 \cdot C_6H_3O_7N_3$, F. 104—105°; Zers. 175°; aus A. Kristalle. (Журнал Общей Химии [J. allg. Chem.] **23** (**85**). 525—27. März 1953.) R. KNOBLOCH. 3231

Hans Medenwald, *Synthese des 1-Azapyrens und des Phenanthrylen-(4.5)-methans.* Die durch Ozonisierung von Pyren leicht zugängliche Phenanthrenaldehyd-(4)-carbonsäure-(5) (**I**) wird in *Phenanthrendicarbonsäure-(4.5)* (**II**) u. ihr *Anhydrid* (**IIa**) übergeführt, aus dem über das *2-Oxo-* (**III**) u. *2-Imino-1.2-dihydro-1-azapyren* (**IV**) das *1-Azapyren* (**V**) synthetisiert wird. Neue Darst. von *Phenanthrylen-(4.5)-methan* (**VI**).

Versuche: *Oxim* der *Phenanthrenaldehyd-(4)-carbonsäure-(5)* (**I**), aus 25 g **I** in 250 cm³ sd. 2nNaOH, 200 cm³ sd. W. u. 8,5 g $NH_2OH \cdot HCl$ in wenig W. (1 Std., 90—100°) u. kaltes Fällen mit 250 cm³ 2nHCl; 26,5 g (Ausbeute); blaßgelb. — *4-Cyanphenanthrencarbonsäure-(5)-chlorid* (**VII**), $C_{16}H_8ONCl$, F. 220°, aus 26,5 g vorst. Verb. u. $SOCl_2$, Dest. unter Normaldruck u. dann im Vakuum; 26,5 g; aus Dioxan 18,5 g. — *Phenanthrendicarbonsäure-(4.5)* (**II**), $C_{16}H_{10}O_4$, beginnender F. 260° (Entweichen von W.); 26,5 g **VII** in 110 cm³ W. + 250 cm³ konz. H_2SO_4 langsam erhitzen, 1½std. Sieden bei 125—140°, Verdünnen u. aus verd. NaOH + HCl Umfällen; 2,1 g roh; Reinigung aus Dioxan oder besser über das Anhydrid (**IIa**). **IIa**, $C_{16}H_8O_3$, F. 260°, durch Sublimation von je 3—4 g **II** bei 260—290° (Bad); Nadeln aus Dioxan; 70—75% aus roher **II**. — *Phenanthrencarbonsäure-(4)-carbonsäure-(5)-amid*, $C_{16}H_{11}O_3N$, F. 195 bis 235° (wohl Bldg. des Imids von **II**), aus **IIa** in sd. Dioxan u. sd. konz. NH_4OH, nach 10 Min. Filtrieren u. den Nd. aus W. mit 2nHCl fällen; 87%. — *2-Oxo-1.2-dihydro-1-azapyren* (**III**), $C_{15}H_9ON$, F. >340°, a) aus vorst. Verb. in 2nNaOH u. frischer NaOBr-Lsg., Erwärmen auf dem Wasserbad, den dicken Brei mit W. verdünnen, ³/₄ Std. weitererhitzen u. kalt mit SO_2-Gas sättigen; 50%; aus Eisessig, dann Xylol Nädelchen; BEILSTEIN-Probe positiv; b) aus **I**, in konz. H_2SO_4 bei Raumtemp. gelöst, mit Chlf. überschichten u. unter Eiskühlung mit NaN_3 nach THIELE verrühren; nach N_2-Entw. mit Eis + W. verdünnen, Chlf. abdest. u. 15 Min. kochen; aus höheren Pyridinbasen umgefällt; 25%. — *Phenanthrylen-(4.5)-keton* (**VIII**), $C_{15}H_8O$, F. 170°; 5 g **II** in 20 cm³ 2nNaOH + 50 cm³ sd. W. mit heißer wss. Lsg. von 6 g $Ba(OH)_2 \cdot 8H_2O$ fällen, bei 120° trocknen, 4,5 g bei 380—415° (Bad)/12 mm trocken dest. u. etwas Phenanthren mit Ae. entfernen; aus A. gelbe Nadeln; 47%. *Oxim*, $C_{15}H_9ON$, F. 252°, in A. mit $NH_2OH \cdot HCl$ in Ggw. von $BaCO_3$; aus A. hellgelbe Nadeln. — *1-Azapyren* (**V**), $C_{15}H_9N$, F. 157—159°, durch Glühen von **III** mit 10 Teilen Zn-Staub bei Rotglut in waagerechtem Rohr; Reinigung durch Hochvakuumsublimation, längeres Kochen in Cyclohexan (Kohle) u. Chromatographie aus Bzl. an Al_2O_3; 6%. — *2-Imino-1.2-dihydro-1-azapyren* (**IV**), $C_{15}H_{10}N_2$, F. 237°, aus 6,5 g **VII** u. 3 g NaN_3 nach THIELE in feuchtem Dioxan durch 3std. Rühren bei 90—100° unter Rückfluß u. Einengen mit 10 cm³ konz. HCl auf dem Wasserbade; Ausziehen mit 250 cm³ sd. W. u. Fällen des Filtrats mit 2nNaOH; Nadeln aus Dioxan; 4 g; fluoresciert in CH_3COOH u. Dioxan blauviolett. *Acetat*, $C_{17}H_{12}ON_2$, F. 238°, in wenig sd. Dioxan + 1 Vol. $(CH_3CO)_2O$ durch Aufkochen; Nadeln. — *Phenanthrylen-(4.5)-methan* (**VI**), $C_{15}H_{10}$, F. 114—115°, aus **VIII**, $N_2H_4 \cdot H_2O$, KOH u. $(CH_2OH)_2$ (10—15std. Sieden); Abscheidung im Rückflußkühler, den Rest mit Wasserdampf abtreiben; Blättchen aus A.; 60%. — *Phenanthrendicarbonsäure-(4.5)-imid*, $C_{16}H_9O_2N$, F. 240°, a) durch 1½std. Sieden von **VII** in Dioxan–konz. HCl (10:1 Vol.), Einengen u. Umfällen aus Dioxan oder CH_3COOH; 70%; b) Schmelzen gleicher Mengen von Harnstoff u. **IIa** bei 180° u. Ausziehen mit W.; 90%. *N-Methylverb.*, $C_{17}H_{11}O_2N$, F. 176°, in Dioxan mit CH_2N_2 in Ae. bei 25—30°; Nadeln aus Dioxan. (Chem. Ber. **86**. 287—93. 1953. Karlsruhe, TH, Inst. für Organ. Chem.) LEHMSTEDT. 3231

A. E. S. Fairfull, D. A. Peak, W. F. Short und **T. I. Watkins,** *Einige Derivate von 1.6-Diazapyren und 4.5;6.7-Dibenzo-1.3-diazacycloheptatrien-(2.4.6).* Wegen der bekannten guten Wrkg. von Phenanthridiniumverbb. gegen Trypanosomenerkrankungen wurden *1.6-Diazapyrene* dargestellt u. pharmakol. geprüft. *2.7-Diphenyl-1.6-diazapyren* (**V**) erhielten Vff. durch zwei aufeinanderfolgende BISCHLER-NAPIERALSKI-Ringschlüsse aus 2.2′-Diaminodiphenyl (**I**). Das Mono-N-phthalylderiv. von **I** lieferte bei der Benzoylierung u. Einw. von $POCl_3$ *5-Phthalimido-9-phenylphenanthridin.* Nach Abspaltung der N-Phthalylgruppe ließ sich der Ringschluß wiederholen, wobei **V** entstand. Analog ließ sich die *2.7-Bis-p-nitrophenylverb.* (**VI**) darstellen, während Verss., 2.2′-Diamino-4.4′-bis-[carbäthoxyamino]-diphenyl in ähnlicher Weise zu cyclisieren u. so zu *4.9-Diamino-2.7-diaryl-1.6-diazapyrenen* zu gelangen, scheiterten. Vorst. Verbb. konnten aber in glatter Rk. erhalten werden, als man das aus *2-Chlor-3.5-dinitrobenzoylchlorid* (**VII**) u. Bzl. (bzw. Toluol, Chlorbenzol oder Anisol) nach FRIEDEL-CRAFTS gewonnene *Benzophenonderiv.* nach ULLMANN zum *2.2′-Diaroyl-4.4′.6.6′-tetranitrodiphenyl* kondensierte u. anschließend mit $SnCl_2$ zugleich red. u. cyclisierte. Bei der FRIEDEL-CRAFTS-Rk. von **VII** mit Anisol entstand nebenher etwas *2.4-Dinitroxanthon*, vermutlich durch Entmethylierung des Anisols zu Phenol u. Kondensation desselben mit **VII**. Alle dargestellten *Diazapyrenderivv.* wurden durch Quaternisierung der beiden Ring-N-Atome (gegebenenfalls nach Schutz der NH_2-Gruppen) in wasserlösl. Salze übergeführt u. in dem quaternären Salz von **VI** noch beide NO_2-

zu NH_2-Gruppen reduziert. — Bei der Einw. von $POCl_3$ auf 2.2'-Dibenzamido-4.4'-dinitrodiphenyl entstand unerwarteterweise kein Diazapyren, sondern wahrscheinlich *2'.3''-Dinitro-2-phenyl-4.5;6.7-dibenzo-1.3-diazacycloheptatrien-(2.4.6)* (**XXIII**) (vgl. SAKO, C. **1937**. I. 3795), dessen Hydrolyse bei der Aufarbeitung *2-Amino-2'-benzamido-4.4'-dinitrodiphenyl* ergab. Auch die Rk. von **I** oder dessen *4.4'-Dinitroderiv.* (**XX**) mit Arylcyaniden in Ggw. von Benzolsulfonsäure liefert weder Diazapyrene noch als deren Vorstufen Bis-amidine oder Phenanthridine (vgl. CYMERMAN u. SHORT, J. chem. Soc. [London] **1949**. 703), sondern *2-Aryl-4.5;6.7-dibenzo-1.3-diazacycloheptatriene-(2.4.6)*. Der 7-Ring in vorst. Verbb. wird schon durch Kochen mit Eisessig hydrolyt. gesprengt u. erleidet auch bei allen Verss. zur Methylierung der N-Atome Aufsprengung unter Bldg. von *N-methylierten Derivv. des 2-Amino-2'-benzamidodiphenyls*. — Die *2.7-Diaryl-1.6-diazapyreniumsalze* erwiesen sich als wirksam gegen Bakterien u. bes. gegen Viren, jedoch ist der im Eitest gegen Influenza-A-Virus ermittelte therapeut. Index für eine prakt. Verwendung zu gering.

Versuche: *2.2'-Dinitrodiphenyl*, F. 122—124°, aus o-Nitrobenzoldiazoniumchlorid u. Cu nach NIEMENTOWSKI (Ber. dtsch. chem. Ges. **34**. [1901.] 3327); 46% (Ausbeute); daneben 14% *o-Nitrochlorbenzol*. — *2.2'-Diaminodiphenyl* (**I**), F. 77—79°, aus 64 g vorst. Verb. mit $SnCl_2$ in wss.-alkoh. HCl; 35,6 g. — *2-Benzamido-2'-carbäthoxyaminodiphenyl*, $C_{22}H_{20}O_3N_2$, F. 128—130° (CH_3OH), durch Zutropfen von Äthylchlorformiat zu einer sd. Lsg. von 11,7 g 2-Amino-2'-benzamidodiphenyl (vgl. SAKO, l. c.) in absol. A. u. Diäthylanilin u. 1std. Kochen; 10,5 g; liefert beim Kochen mit $POCl_3$ mit oder ohne Nitrobenzol nur Spuren einer festen Verb. vom F. ca. 300° neben unverändertem Ausgangsmaterial. — *2-Amino-2'-phthalimidodiphenyl*, F. 174—176°, dargestellt nach SAKO (dort als *N.N'-Diphenylenphthalodiamid* angesehen); 71%. — *2-Benzamido-2'-phthalimidodiphenyl* (**II**), $C_{27}H_{18}O_3N_2$, F. 168—170° (Chlorbenzol/PAe.), durch Kochen von 3,15 g vorst. Verb. mit Benzoylchlorid in Chlorbenzol; 3,8 g. — *2-p-Nitrobenzamido-2'-phthalimidodiphenyl*, $C_{27}H_{17}O_5N_3$, F. 215—216° (Chlorbenzol), aus 9,45 g 2-Amino-2'-phthalimidodiphenyl wie vorst. Verb.; 13,5 g. — *9-Phenyl-5-phthalimidophenanthridin*, $C_{27}H_{16}O_2N_2$, F. 225—226° (A.), durch 16std. Kochen von 20,9 g **II** mit 46 cm³ $POCl_3$ in Nitrobenzol; 12,4 g; aus der alkoh. Mutterlauge nach HCl-Hydrolyse noch 1,03 g, aus der wss. Mutterlauge durch Alkalisieren weitere 0,41 g nachst. Verbindung. — *5-Amino-9-phenylphenanthridin*, $C_{19}H_{14}N_2$, F. 192 bis 193° (A.), durch Kochen von vorst. Verb. a) mit 36%ig. wss. HCl (nach 2½ Std. 71%), b) mit 36%ig. HCl/Eisessig (2:1) (nach 2½ Std. 56%), c) mit 20%ig. wss. KOH (nach 16 Std. 75,5%) oder d) mit methanol. Hydrazinhydrat (96%); blaßgelb. — *5-Benzamido-9-phenylphenanthridin* (**III**), $C_{26}H_{18}ON_2$, F. 214° (A.), durch Kochen von 5,4 g vorst. Verb. mit Benzoylchlorid in Nitrobenzol bis zur vollständigen Auflösung, Gießen in PAe., Lösen des Nd. in warmem CH_3OH u. Fällen mit NH_3. — *9-p-Nitrophenyl-5-phthalimidophenanthridin*, $C_{27}H_{15}O_4N_3$, F. 299—300° (Chlorbenzol), wie das Phenylanaloge; 78,5%. — *5-Amino-9-p-nitrophenylphenanthridin*, $C_{19}H_{13}O_2N_3$, F. 221 bis 222° (Chlorbenzol), aus 6 g vorst. Verb. mit methanol. Hydrazinhydrat (3 Std. Kochen); orangefarbig; 3,5 g. — *5-p-Nitrobenzamido-9-p-nitrophenylphenanthridin* (**IV**), $C_{26}H_{16}O_5N_4$, F. 341—342° (Nitrobenzol), aus vorst. Verb. u. p-Nitrobenzoylchlorid in Nitrobenzol; 81,5%. — *2.7-Diphenyl-1.6-diazapyren* (**V**), $C_{26}H_{16}N_2$, F. 320—321° (Chlorbenzol), durch 16std. Kochen von 2,7 g **III** mit 4,7 cm³ $POCl_3$ in 20 cm³ Nitrobenzol (Temp. innen 160°); Ausbeute quantitativ. *Dipikrat*, $C_{38}H_{22}O_{14}N_8$, F. 205—206° (Chlorbenzol). *Bis-jodmethylatdihydrat*, $C_{28}H_{22}N_2J_2 \cdot 2\,H_2O$, Zers. bei 250—260° (unter Entfärbung u. Regeneration von **V**), durch kurzes Kochen von 7,4 g **V** mit Dimethylsulfat in Nitrobenzol, Abkühlen, Waschen des Nd. (6,4 g) mit Bzl. u. PAe., Lösen in W. u. Zugeben von NaJ-Lsg.; rote Prismen aus W.; 4,25 g. — *2.7-Di-p-nitrophenyl-1.6-diazapyren* (**VI**), $C_{26}H_{14}O_4N_4$, F. >400°, wie **V** aus **IV**; gelbe, sehr schwer lösl. Nadeln, gereinigt durch Waschen mit Nitrobenzol u. A.; 91%. *Bis-methomethylsulfattrihydrat*, $C_{30}H_{26}O_{12}N_4S_2 \cdot 3\,H_2O$, Zers. bei 312—320° (aus W.), durch ¼std. Kochen von 13 g **IV** mit überschüssigem Dimethylsulfat; 12,6 g. *Bis-brommethylat*, $C_{28}H_{20}O_4N_4Br_2$, Zers. bei 200—260°, durch Zusatz von NH_4Br zur wss. Mutterlauge von vorst. Salz; 4,6 g. — *2.7-Di-p-aminophenyl-1.6-diazapyren-bis-brommethylathydrobromiddihydrat*, $C_{28}H_{24}N_4Br_2 \cdot HBr \cdot 2\,H_2O$, F. 205—206° (W.), durch 4std. Erhitzen von 10 g vorst. Brommethylats mit Fe-Pulver u. einer Spur HBr in wss. A. (1:1), Eindampfen des Filtrats, Aufnehmen in A., Zusatz von W. u. HBr bis p_H 4,8 zum alkoh. Extrakt u. Abdest. des A.; dunkelrot; 4,2 g. — *2.7-Di-p-aminophenyl-1.2-dihydro-2-oxy-1-methyl-1.6-diazapyren-6-brommethylat* (?), $C_{28}H_{25}ON_4Br$, F. 212—213°, durch Einstellen einer wss. Lsg. von vorst. Salz auf p_H 6,6 u. Konzentrieren; rot. — *2.2'-Dinitrobenzidin*, F. 209—211°, durch Zugeben von 20,2 g KNO_3 zu einer Lsg. von 18,4 g Benzidin in 10%ig. Oleum innerhalb 1 Std. (Temp. <20°)

u. weiteres 3std. Rühren bei Raumtemp.; 18,3 g. — *4.4'-Bis-[carbäthoxyamino]-2.2'-dinitrodiphenyl*, F. 200—201° (A.), durch Zutropfen von 30 cm³ Äthylchlorformiat zur sd. Lsg. von 45,5 g vorst. Verb. in absol. A. u. Diäthylanilin u. 1std. Kochen; orange; 50,4 g. — *2.2'-Diamino-4.4'-bis-[carbäthoxyamino]-diphenyl*, $C_{18}H_{22}O_4N_4$, F. 201—202° (Zers., aus Chlorbenzol), durch 5std. Rühren u. Kochen von 47 g vorst. Verb. mit Fe u. wss.-alkoh. HCl; 25 g. — *2-Amino-4.4'-bis-[carbäthoxyamino]-2'-phthalimidodiphenyl*, $C_{26}H_{24}O_6N_4$, F. 231—232° (Chlorbenzol), durch 4std. Kochen von 17 g vorst. Verb. mit 8,5 g Phthalsäureanhydrid u. 170 cm³ W., Pulvern des Nd. u. weiteres 2std. Kochen desselben mit der Mutterlauge; gelb; 18,7 g. — *2-Benzamido-4.4'-bis-[carbäthoxyamino]-2'-phthalimidodiphenyl*, $C_{33}H_{28}O_7N_4$, F. 265—266° (Chlorbenzol), durch ¹/₄std. Kochen von 16,3 g vorst. Verb. mit Benzoylchlorid in Nitrobenzol; 17,6 g; liefert mit $POCl_3$ kein Phenanthridin. — *2-Chlor-3.5-dinitrobenzoylchlorid* (**VII**), F. 62—64°, aus 2-Chlor-3.5-dinitrobenzoesäure (**VIII**) mit $SOCl_2$. — *2-Chlor-4'-methyl-3.5-dinitrobenzophenon* (**IX**), $C_{14}H_9O_5N_2Cl$, F. 111—112° (PAe.), aus **VIII** mit PCl_5 (½ Std. Erhitzen) u. anschließend mit überschüssigem Toluol u. $AlCl_3$ (erst bei Raumtemp., dann 95—100°); 53%. — *2.4'-Dichlor-3.5-dinitrobenzophenon* (**X**), $C_{13}H_6O_5N_2Cl_2$, F 117° (PAe), wie **IX** aus **VIII** mit Chlorbenzol; 51,5%. — *2-Chlor-4'-methoxy-3.5-dinitrobenzophenon* (**XI**), $C_{14}H_9O_6N_2Cl$, F. 146—147° (A.), wie **IX** aus **VIII** mit Anisol; 37%. — *2.4-Dinitroxanthon*, $C_{13}H_6O_6N_2$, F. 206—207° (Eisessig), neben vorst. Verb. oder nach ULLMANN (Liebigs Ann. Chem. **366.** [1909.] 87); in Bzl. schwerer lösl. als vorst. Verb.; 8%. — *2.4-Diaminoxanthon*, $C_{13}H_{10}O_2N_2$, F. 230—231° (Chlorbenzol), aus vorst. Verb. mit $SnCl_2$; orange; 67%. *Diacetylderiv.*, $C_{17}H_{14}O_4N_2$, F. 315—316°. — *2.2'-Dibenzoyl-4.4'.6.6'-tetranitrodiphenyl* (**XII**), F. 184—186°, durch Erhitzen von 2-Chlor-3.5-dinitrobenzophenon (vgl. ULLMANN u. BROIDO, Ber. dtsch. chem. Ges. **39.** [1906.] 358) mit etwas Cu auf 170° (Bad) u. Zufügen von einem Tropfen Eisessig u. weiterem Cu-Pulver unter Rühren (Badtemp. bis 190°); 65% (roh). — *2.2'-Di-p-toluyl-4.4'.6.6'-tetranitrodiphenyl* (**XIII**), $C_{28}H_{18}O_{10}N_4$, F. 221—222° (Eisessig), aus **IX** wie **XII** bei 130—150° (Bad); 63% (roh). — *2.2'-Bis-p-chlorbenzoyl-4.4'.6.6'-tetranitrodiphenyl* (im Original irrtümlich 2.2'-Di-p-nitrobenzoyl-4.4'.6.6'-tetranitrodiphenyl, der Referent) (**XIV**), $C_{26}H_{12}O_{10}N_4Cl_2$, F. 232—233° (Eisessig), aus **X** wie **XII** bei 150—170° (Bad); 54% (roh). — *2.2'-Bis-p-methoxybenzoyl-4.4'.6.6'-tetranitrodiphenyl* (**XV**), $C_{28}H_{18}O_{12}N_4$, F. 227—228° (Eisessig), aus **XI** wie **XII** bei 155—157° (Bad); 29% (roh). — *4.9-Diamino-2.7-diphenyl-1.6-diazapyren* (**XVI**), $C_{26}H_{18}N_4$, F. >400° (Nitrobenzol oder wss. Pyridin), durch ca. 1½std. Kochen von **XII** in A. mit $SnCl_2$ in 36%ig. HCl, Einengen im Vakuum, Ausfällen des Hydrochlorids mit 36%ig. HCl u. Freisetzen der Base mit NaOH; orange; 71%. *Hydrochlorid*, $C_{26}H_{18}N_4 \cdot 2HCl$, F. >400° (HCl-haltiges CH_3OH), purpurn. *Diacetylderiv.*, $C_{30}H_{22}O_2N_4$, F. 384 bis 385° (Nitrobenzol), gelb, wird durch Lösen in konz. H_2SO_4, Verdünnen 1:1 u. Aufkochen verseift. *Bis-brommethylat der Diacetylverb.*, $C_{32}H_{28}O_2N_4Br_2$, F. 310—311° (Zers.), durch Kochen der *Diacetylverb.* mit Dimethylsulfat in Nitrobenzol, Zusatz von NH_4Br zur wss. Lsg. des Dimethylsulfataddukts u. Waschen des Nd. mit heißem Isopropanol; braun; 53%. **XVI**-*Bis-brommethylat*, $C_{28}H_{24}N_4Br_2$, F. 308—309° (Zers., W.), durch Kochen von vorst. Verb. mit 47%ig. HBr; tiefblau. *Bis-chlormethylat der Diacetylverb.*, $C_{32}H_{28}O_2N_4Cl_2$, F. 375—376° (Zers.), aus dem Dimethylsulfataddukt mit NH_4Cl; braun. **XVI**-*Bis-chlormethylatmonohydrat*, $C_{28}H_{24}N_4Cl_2 \cdot H_2O$, F. 224° (Zers., W.), aus vorst. Verb. mit 36%ig. HCl. — Analog wurden nachst. Verbb. erhalten: *4.9-Diamino-2.7-di-p-tolyl-1.6-diazapyren* (**XVII**), $C_{28}H_{22}N_4$, F. >400° (Nitrobenzol), aus **XIII**; orange; 78%; wurde gereinigt über das *Diacetylderiv.*, $C_{32}H_{26}O_2N_4$, F. 392—393° (Nitrobenzol), gelb. *Bis-chlormethylat der Diacetylverb.*, $C_{34}H_{32}O_2N_4Cl_2$, entfärbt sich bei 320—330° (kein F.); 65,5%. *Bis-chlormethylat von* **XVII**, $C_{30}H_{28}N_4Cl_2$, F. 341° (W.), blau; 84%. — *4.9-Diamino-2.7-di-p-chlorphenyl-1.6-diazapyren* (**XVIII**), $C_{26}H_{16}N_4Cl_2$, F. >400° (Nitrobenzol), aus **XIV**; dunkelrot. *Diacetylderiv.*, $C_{30}H_{20}O_2N_4Cl_2$, F. >400° (Nitrobenzol), gelb. *Bis-chlormethylat der Diacetylverb.*, $C_{32}H_{26}O_2N_4Cl_4$, F. >400°, braun; 30%. *Bis-chlormethylatmonohydrat von* **XVIII**, $C_{28}H_{22}N_4Cl_4 \cdot H_2O$, krist. aus W., türkisfarben, wird bei 330—340° hellbraun. — *4.9-Diamino-2.7-di-p-methoxyphenyl-1.6-diazapyren* (**XIX**), $C_{28}H_{22}O_2N_4$, F. >400° (Nitrobenzol oder wss. Pyridin), aus **XV**; rot; 70%. *Diacetylderiv.*, $C_{32}H_{26}O_4N_4$, F. 393—394° (Nitrobenzol), gelb. *Bis-chlormethylat der Diacetylverb.*, $C_{34}H_{32}O_4N_4Cl_2$, braun; 75%. *Bis-chlormethylat von* **XIX**, $C_{30}H_{28}O_2N_4Cl_2$, F. 321—322° (W.); 98%. — *2.2'-Bis-succinimidodiphenyl*, F. 310—312°, aus **I**; 60%. — *4.4'-Dinitro-2.2'-bis-succinimidodiphenyl*, F. 314—316°, durch Nitrierung von vorst. Verb. nach SAKO; 11%. — *2.2'-Diamino-4.4'-dinitrodiphenyl* (**XX**), F. 250—251°, aus vorst. Verb. mit 10%ig. wss. KOH (16 Std. bei 40°); 93,5%. — *2.2'-Dibenzamido-4.4'-dinitrodiphenyl*, $C_{26}H_{18}O_6N_4$, F. 239—240° (CH_3OH), durch Kochen von 2 g vorst. Verb. mit Benzoylchlorid in Nitrobenzol; citronengelb; 3,25 g. — *2-Amino-*

2'-benzamido-4.4'-dinitrodiphenyl, $C_{19}H_{14}O_5N_4$, F. 243—244° (Chlorbenzol), a) durch 16std. Kochen von vorst. Verb. mit $POCl_3$ in Nitrobenzol, Gießen auf Eis, Abtreiben des Lösungsm. im Dampfstrom, Extraktion des Rückstandes mit CH_3OH u. fraktionierte Kristallisation aus Chlorbenzol u. Wiederholung der Operation (24 Std. Kochen) mit der zweiten Fraktion; 32%; b) durch Erhitzen von **XX** mit 1,03 Mol Benzoesäureanhydrid; 35%; c) aus **XX** mit 1,04 Mol Benzoylchlorid in Pyridin; 59%; d) durch Kochen von 0,2 g **XXIII** mit Eisessig; 0,16 g, gelb. — *2-Aryl-4.5;6.7-dibenzo-1.3-diazacycloheptatriene-(2.4.6)*: *2-Phenyl-* (**XXI**), F. 164—165° (Chlorbenzol), durch 1std. Erhitzen von 27,6 g **I** mit mol. Mengen Benzonitril u. Benzolsulfonsäure auf 100° u. Zers. des gelblichen *Benzolsulfonats* (F. 306—312°) mit NaOH in A.; 18,7 g. *Sulfat*, $C_{19}H_{16}O_4N_2S$, F. 262—263°, aus **XXI** in Toluol mit verd. H_2SO_4 oder mit Dimethylsulfat u. K_2CO_3; grünlich-gelb. — *2-p-Nitrophenyl-* (**XXII**), $C_{19}H_{13}O_2N_3$, F. 186—187° (Chlorbenzol), wie vorst. Verb. aus 3,68 g **I** u. 2,96 g p-Nitrobenzonitril über das *Benzolsulfonat* (F. 356—358°; 3,4 g); orangegelb; 1,8 g. *Sulfat*, $C_{19}H_{15}O_6N_3S$, F. 307—308°, aus **XXII** in Toluol mit verd. H_2SO_4 oder durch 64std. Erhitzen von 9,15 g **XXII** mit 9 cm³ Dimethylsulfat u. 2,93 g K_2CO_3 in Toluol auf 100°, Waschen der erhaltenen gelben Nadeln mit Bzl. u. W. u. Auskochen erst mit CH_3OH u. dann mit 95%ig. A.; 5,1 g. — *2'.3''-Dinitro-2-phenyl-* (**XXIII**), $C_{19}H_{12}O_4N_4$, F. 348—350° (Nitrobenzol), durch 7½std. Kochen von 1,8 g **XX** mit 25 cm³ Benzonitril u. 0,9 g Benzolsulfonsäure über das *Benzolsulfonat* (F. 215—220° unter Zers.; 2,85 g), das mit heißem W. zers. wurde; rot; 1,48 g. — *2-Benzomethylamido-2'-dimethylaminodiphenyl*, $C_{22}H_{22}ON_2$, F. 123—124° (PAe.), durch 16std. Kochen von 2 g **XXI** mit 10 cm³ CH_3J u. 1 g K_2CO_3 in Aceton; 1,05 g; oder durch 16std. Kochen von **XXI** mit Paraformaldehyd u. 100%ig. HCOOH; 16%. — *2-Methylamino-2'-p-nitrobenzomethylamidodiphenyl* (**XXIV**), $C_{21}H_{19}O_3N_3$, F. 179—180° (A.), aus den vereinigten alkoh. Mutterlaugen des mit Dimethylsulfat erhaltenen **XXII**-*Sulfats*; orange; 1,8 g; wird durch HCOOH in sd. Toluol nicht verändert. *N-Formylderiv.*, F. 164—165°, durch Rk. mit Formylacetanhydrid bei 50°. — *2-p-Aminobenzomethylamido-2'-methylaminodiphenyl* (im Original irrtümlich 2-p-Aminobenzomethylamido-2'-formomethylamidodiphenyl, der Referent), $C_{21}H_{21}ON_3$, F. 169—170° (Chlorbenzol), durch Red. von vorst. Verb. mit Fe in wss. methanol. Essigsäure (4 Std. Erhitzen u. Rühren); 78,5%. — **XXIV**, durch Kochen von 7 g **XXII** mit 10 cm³ Dimethylsulfat (4 Min.), Gießen in Ae., Lösen in 50%ig. wss. CH_3OH, Alkalisieren mit NH_3 u. ½std. Erhitzen; 2,45 g. Aus den wss.-methanol. Mutterlaugen erhält man *2-Amino-2'-p-nitrobenzamidodiphenyl*, $C_{19}H_{15}O_3N_3$, F. 143—145° (Chlorbenzol); orange; 1,8 g, das auch bei 2std. Erhitzen von **I** mit 1,4 Mol p-Nitrobenzoesäureanhydrid in Bzl. entsteht. — *2-Amino-2'-nitrodiphenyl*, $C_{12}H_{10}O_2N_2$, F. 64—65° (auch nach Reinigung über das *Acetylderiv.*, vgl. dagegen Purdie, J. Amer. chem. Soc. **63**. [1941.] 2276), aus 2.2'-Dinitrodiphenyl mit Na-Polysulfid; 53%. *Acetylderiv.*, F. 159—160°. *Hydrochlorid*, $C_{12}H_{11}O_2N_2Cl$, F. 228 bis 229° (verd. HCl). *N-Formylderiv.*, $C_{13}H_{10}O_3N_2$, F. 130—131° (A.), durch Dest. des Amins mit HCOOH u. Toluol; gelb; 93%. *N-p-Nitrobenzoylderiv.*, $C_{19}H_{13}O_5N_3$, F. 127 bis 128° (A.), gelb. — *2-Formomethylamido-2'-nitrodiphenyl* (**XXV**), $C_{14}H_{12}O_3N_2$, F. 97 bis 98° (erst A., dann PAe.), durch Kochen von vorst. N-Formylderiv. mit CH_3J u. 85%ig. KOH in Aceton; 55,5%. — *2-Nitro-2'-p-nitrobenzomethylamidodiphenyl*, $C_{20}H_{15}O_5N_3$, F. 172—174° (A.), wie vorst. Verb. aus dem N-p-Nitrobenzoylderiv.; 88%. — *2-Amino-2'-p-aminobenzomethylamidodiphenyl*, $C_{20}H_{19}ON_3$, F. 224—225° (A.), durch Red. von vorst. Verb. mit Fe; 77%. — *2-Amino-2'-formomethylamidodiphenyl*, $C_{14}H_{14}ON_2$, F. 89—90° (Bzl.), durch 4std. Erhitzen von **XXV** mit Fe u. verd. wss.-methanol. HCOOH, gereinigt über das *Hydrochlorid*; 43%. *N-p-Nitrobenzoylderiv.*, $C_{21}H_{17}O_4N_3$, F. 170—171° (PAe.); 43%. — *2-Formomethylamido-2'-p-nitrobenzomethylamidodiphenyl*, $C_{22}H_{19}O_4N_3$, F. 164—165° (A.), aus vorst. p-Nitrobenzoylderiv. mit CH_3J u. KOH in Aceton; 71%. (J. chem. Soc. [London] **1952**. 4700—09. Dez. Nottingham. Messrs. Boots Pure Drug Co. Ltd., Res. Labors.) Pracejus. 3231

D. J. Brown, *Die einfachen Pyrimidine*. Synthesen u. Eigg. der *Pyrimidine* werden an einfachen Derivv. beschrieben. — 98 Literaturstellen. (Rev. pure appl. Chem. **3**. 115—33. Sept. 1953. Australian Nat. Univ.) Gompper. 3272

A. B. Sen und **M. P. Upadhyaya**, *Synthese von 3.4-Dihydrochinazololen-(4)*. 2. Mitt. (1. vgl. J. Indian chem. Soc. **25**. [1948.] 437.) Vff. stellen nach der allg. Meth. von Grimmel u. Mitarbeitern (J. Amer. chem. Soc. **68**. [1946.] 548) *2-Methyl-3-[α-naphthyl]-* u. *2-Methyl-3-n-butyl-3.4-dihydrochinazolon-(4)* dar u. setzen sie mit verschied. Grignard-Verbb. zu entsprechenden *4-Alkyl-* bzw. *4-Aryl-4-oxy-3.4-dihydrochinazolinen* um. Diese bilden mit wss. Säuren Salze u. lassen sich acetylieren.

V e r s u c h e: *2-Methyl-3-[α-naphthyl]-3.4-dihydrochinazolon-(4)*, $C_{19}H_{14}ON_2$, F. 152° (A.), durch Erhitzen von 17,9 g N-Acetylanthranilsäure (**I**) mit 14,3 g α-Naphthylamin in Toluol auf 130°, Zutropfen von 4,6 g PCl_3 in Toluol, 2std. Kochen, Alkalisieren mit 10%ig. Sodalsg. u. Vertreiben des Toluols durch Wasserdampf; 27 g (Ausbeute). — *2-Methyl-3-n-butyl-3.4-dihydrochinazolon-(4)*, $C_{13}H_{16}ON_2$, Kp.$_8$ 250°, ebenso aus 59,6 g I, 24,3 g n-Butylamin u. 14,2 g PCl_3; der Rückstand der Wasserdampfdest. wird ausgeäthert; 17 g. — Folgende 2-Methyl-3.4-dihydrochinazolole-(4) wurden durch tropfenweise Zugabe des Chinazolons in Ae. zu der äther. Lsg. der entsprechenden GRIGNARD-Verb. in der Kälte, 2std. Kochen u. Zers. mit verd. H_2SO_4 erhalten: *3-[α-Naphthyl]-4-n-propyl-*, F. 190° (A.); 70,5%. *Acetylverb.*, F. 145°. — *3-[α-Naphthyl]-4-phenyl-*, F. 210° (A.); 80,3%. *Acetylverb.*, F. 145°. — *3-[α-Naphthyl]-4-n-butyl-*, F. 162° (A.); 87,2%. *Acetylverb.*, F. 95°. — *3-[α-Naphthyl]-4-[p-tolyl]-*, F. 172° (A.); 66,1%. *Acetylverb.*, F. 150°. — *3-n-Butyl-4-phenyl-*, F. 165° (Chlf.); 85%. *Acetylverb.*, F. 105°. — *3-n-Butyl-4-n-propyl-*, F. 170° (Chlf.); 86,7%. — *3-n-Butyl-4-[p-tolyl]-*, F. 162° (Chlf.); 47%. — (Im Original sind alle Verbb. als Chinazolinderivv. statt als 3.4-Dihydrochinazolinderivv. bezeichnet; der Referent.) (J. Indian chem. Soc. **27**. 40—42. Jan. 1950. Lucknow, Univ., Chem. Dep.)

NITZSCHKE. 3272

K. W. Dunning und **W. J. Dunning**, *Methylennitramine. 1. Mitt. Die Reaktion zwischen Hexamindinitrat und Salpetersäure bei niedrigen Temperaturen.* HNO_3 führt bei 0° das Hexamethylentetramin (**I**) oder sein Dinitrat in das *1.3.5-Trinitro-1.3.5-triazacyclohexan* (*1.3.5-Trinitrohexahydro-1.3.5-triazin*; **II**) über. Die Bldg. von **II** erfolgt über einen schrittweisen Abbau des **I**-Mol., so entsteht z. B. bei —40° das *3.5-Dinitro-1.3.5-triazacyclohexannitrat* (**III**), das sowohl mit HNO_3 als auch mit Acetanhydrid **II** liefert. Sd. A. zers. **III** zu NH_4NO_3, CH_2O, **I** u. Methylendinitramin, die Behandlung mit Alkalien führt zu NH_4NO_3, CH_2O u. Methylendinitramin, mit sd. W. zu CH_2O, NH_4NO_3 u. N_2O, mit Acetanhydrid + Na-Acetat entsteht *1-Acetyl-3.5-dinitro-1.3.5-triazacyclohexan* (**VI**), mit $NaNO_2$ das *3.5-Dinitro-1-nitroso-1.3.5-triazacyclohexan.* Vff. versuchen nachzuweisen, daß **III** Intermediärprod. bei der Bldg. von **II** ist, indem sie die Rk. zwischen **I** u. 97%ig. wss. HNO_3 durch Zusatz von Ae. nach einer gewissen Reaktionszeit stoppen. Dabei scheidet sich eine weiße, instabile gummiartige Substanz ab, die durch Rühren mit A. unter Bldg. von *1-Äthoxymethyl-3.5-dinitro-1.3.5-triazacyclohexan* (**IV**) stabilisiert wird. Dieses liefert beim Kochen mit verd. HCl die theoret. Menge CH_2O u. geht mit 96%ig. HNO_3 in **II** über. Aus der alkoh. Lsg. wurde ferner das *1.3-Dinitro-1.3.5-triaza-n-pentan-5-nitrat* (**V**) isoliert, das nicht in **II** übergeführt werden konnte. Analog entstand aus dem Gummi mit Methanol das *1-Methoxymethylanalogon* von **IV** neben **V**, mit W. das *Bis-[3.5-dinitro-1.3.5-triazacyclohexyl-(1)]-methan*, das mit HNO_3 in **II**, mit Acetanhydrid in **VI** überging. Die gummiartige Substanz könnte nach diesen Ergebnissen entweder [3.5-Dinitro-1.3.5-triazacyclohexyl-(1)]-methylnitrat, 1-Oxymethyl-3.5-dinitro-1.3.5-triazacyclohexan oder **III** sein. **III** liefert tatsächlich mit CH_2O u. A. bzw. Methanol **IV** bzw. das Methoxymethylanalogon von **IV**, mit Methanol ohne CH_2O das Methoxymethylderiv. in verminderter Ausbeute neben **V**. Die Unterbrechung der Rk. zwischen **I**-Dinitrat u. HNO_3 durch A. bzw. Methanol gab einen körnigen Nd., der aus 55 bzw. 50% **III** neben 5 bzw. 1% **IV** bzw. seinem Methoxymethylanalogon bestand. Verss. zur Synth. von **II** aus CH_2O, Nitramid u. Methylendinitramin bzw. aus **V** u. CH_2O in Ggw. 100%ig. HNO_3 waren ergebnislos. **II** wurde jedoch aus **V** u. einer Mischung von Paraformaldehyd u. Acetanhydrid erhalten, so daß HNO_3 als Kondensationsmittel ungeeignet zu sein scheint. Das Triazacyclohexanringsyst. dürfte daher durch partielle Nitrolyse von **I** u. nicht durch völligen Abbau u. erneute Synth. aus den Spaltstücken entstehen.

Versuche: *1-Äthoxymethyl-3.5-dinitro-1.3.5-triazacyclohexan* (**IV**), $C_6H_{13}O_5N_5$, F. 118—119° (Aceton–Chlf.), aus 40 g **I**-Dinitrat in 97%ig. HNO_3 bei —45°, dann 5 Min. bei —28,5°, nach erneutem schnellen Abkühlen auf —60° langsam Ae. von dieser Temp. zufügen, die äther. HNO_3 von ausgeschiedenem Gummi dekantieren u. erneut mit Ae. rühren. Nach Dekantieren des Ae. mit A. rühren, wobei man die Temp. auf 0° ansteigen läßt. Der Rückstand wird abgesaugt u. mit warmem Ae. extrahiert; 17% (Ausbeute), oder aus **III**, 40%ig. wss. CH_2O u. A. bei Zimmertemperatur. — *1.3-Dinitro-1.3.5-triaza-n-pentan-5-nitrat* (**V**), $C_2H_8O_7N_6$, F. 122—129°, durch Verdampfen der alkoh. Mutterlauge bei der Darst. von **IV**, Rühren mit kaltem Aceton u. Waschen mit Ae.; 7 g. — *1-Methoxymethyl-3.5-dinitro-1.3.5-triazacyclohexan*, $C_5H_{11}O_5N_5$, F. 134° (Zers.), analog **IV**; 24% neben 22% **V** [F. 128—129° (Zers.)], oder aus **III**, CH_2O u. Alkohol. — *Bis-[3.5-dinitro-1.3.5-triazacyclohexyl-(1)]-methan*, $C_7H_{14}O_8N_{10}$, F. 136° (Zers.) (Aceton–Ae.–PAe.), durch Rühren des bei der Darst. von **IV** erhaltenen Gummis mit W. (Methanol oder A. führen es nicht in das Methoxymethylderiv. bzw. **IV** über); 98%ig. HNO_3 bei —40° gibt in ~90%ig. Ausbeute **II**, 4std. Erwärmen mit Acetanhydrid auf 80° *1-Acetyl-3.5-dinitro-1.3.5-triazacyclohexan* (**VI**), $C_5H_9O_5N_5$, F. 156°

(Aceton–PAe.). — *1.3.5-Trinitro-1.3.5-triazacyclohexan* (**II**), F. 202° (Aceton), aus **V**, Acetanhydrid u. Paraformaldehyd durch 2std. Erwärmen auf 85°, Zufügen von W., Absaugen u. Extrahieren mit Aceton. (J. chem. Soc. [London] **1950**. 2920—24. Nov. Bristol, Univ.) Ruske. 3313

K. W. Dunning und **W. J. Dunning**, *Methylennitramine*. 2. Mitt. *Untersuchung einiger Eigenschaften von 1-Alkoxymethyl-3.5-dinitro-1.3.5-triazacyclohexan und verwandten Verbindungen*. (1. vgl. vorst. Ref.) Sowohl das 1-Methoxymethyl- (**I**) als auch das 1-Äthoxymethyl-3.5-dinitro-1.3.5-triazacyclohexan (**II**) liefern mit HNO_3 das *1.3.5-Trinitro-1.3.5-triazacyclohexan* (**III**) u. mit Acetanhydrid das *1-Acetyl-3.5-dinitro-1.3.5-triazacyclohexan* (**IV**). Acetylchlorid hingegen führt **I** u. **II** in das *1-Chlormethyl-3.5-dinitro-1.3.5-triazacyclohexan* (**V**) über, daneben bildet sich zu ca. 1% **IV**. Analog entsteht aus **I** mit Acetylbromid das *1-Brommethylderiv*. (**VI**). **V** u. **VI** geben mit HNO_3 **III**, mit überschüssigem Methanol bzw. A. **I** bzw. **II**, mit Acetanhydrid **IV**. **V** geht mit wss. Na-Acetat in geringer Ausbeute in das *Bis-[3.5-dinitro-1.3.5-triazacyclohexyl-(1)]-methan* (**VII**) über. Mit Acetylnitrat hingegen wurde aus **I** ein Gemisch von **III** u. *1.7-Diacetoxy-2.4.6-trinitro-2.4.6-triazaheptan* (**VIII**) erhalten, das durch Überführung von **VIII** mittels HNO_3 in das *1.7-Dinitroxyderiv.*, aus dem mittels A. das *1.7-Diäthoxyderiv*. (**IX**) entsteht, getrennt werden konnte. **IX** ist im Gegensatz zu **III** in Ae. löslich. **V** gab mit Acetylnitrat nach dem gleichen Verf. **IX** neben sehr wenig **III**, **VII** analog **III** u. **IX** im gleichen Mengenverhältnis. Hexamethylentetramin lieferte mit Acetylnitrat **III** u. **VIII**, letzteres wurde als **IX** isoliert. Mit *1.3-Dinitro-1.3.5-triaza-n-pentan-5-nitrat* reagierte Acetylnitrat nicht. *3.5-Dinitro-1.3.5-triazacyclohexannitrat* (**X**), Paraformaldehyd u. Acetylnitrat lieferten nur **III**. **VIII** scheint daher aus Triazacyclohexanderivv. mit einer Methylenseitenkette zu entstehen.

Versuche: *1.3.5-Trinitro-1.3.5-triazacyclohexan* (**III**), $C_3H_6O_6N_6$, F. 204°, aus 1,5 g **I** u. 99%ig. HNO_3 bei —40°, dann 0° u. Eintragen in Eiswasser; 1,33 g (Ausbeute), oder aus 0,598 g **V** u. 96%ig. HNO_3 analog bei —20°, dann 10°; 90,7%, oder aus 0,415 g **VI** u. 98%ig. HNO_3; 81%, oder aus 6 g **X**, Acetylnitrat u. Paraformaldehyd, gekühlt in festem CO_2, u. weiter, wie bei der Darst. von **IX** beschrieben; 72%. — *1-Acetyl-3.5-dinitro-1.3.5-triazacyclohexan* (**IV**), $C_5H_9O_5N_5$, F. 156° (Äthylacetat), aus 0,76 g **I** u. Acetanhydrid bei Zimmertemp.; 0,26 g, oder analog aus 1,5 g **II**; 0,4 g, oder analog aus 3 g **V**; 63%, bzw. aus 1,5 g **VI**; 0,54 g. — *1-Chlormethyl-3.5-dinitro-1.3.5-triazacyclohexan* (**V**), $C_4H_8O_4N_5Cl$, F. 147°, aus 20 g **I** durch Rühren mit Acetylchlorid bei 10°; 88%, neben 1% **IV**. Gibt mit Methanol bei Zimmertemp. **I** (F. 134°), mit A. **II** [F. 115° (Zers.)]. — *1-Brommethyl-3.5-dinitro-1.3.5-triazacyclohexan* (**VI**), $C_4H_8O_4 \cdot N_5Br$, F. 127° (Zers.), analog **V** bei —10°; 62%. Mit Methanol wird **I** gebildet. — *Bis-[3.5-dinitro-1.3.5-triazacyclohexyl-(1)]-methan* (**VII**), $C_7H_{14}O_8N_{10}$, F. 136° (Aceton–PAe.), aus 6 g **V** durch Rühren mit wss. Na-Acetat bei Zimmertemp.; 5,45%. — *1.7-Diäthoxy-2.4.6-trinitro-2.4.6-triazaheptan* (**IX**), $C_8H_{18}O_8N_6$, F. 82°, dünne Blättchen aus A., aus 8,5 g **I** u. Acetylnitrat unter Kühlung mit CO_2-Aceton, Ansteigenlassen der Temp. auf Zimmertemp. u. Verdünnen mit Ae., Filtrieren, den Nd. in 99%ig. HNO_3 bei —40°, dann bei 0° lösen u. auf Eiswasser gießen, den Nd. $1^1/_4$ Std. mit absol. A. kochen, die Lsg. in CO_2–Aceton kühlen u. den Nd. mit Ae. extrahieren; aus dem Ae. werden 23% **IX** isoliert, ungelöst bleiben 29,4% **III**; oder analog aus 5,4 g **V** → 25,6% **IX** neben 0,9% **III**; oder aus 2,5 g **VII** → 36,4% **IX** neben 36,3% **III**; oder aus 6 g Hexamethylentetramin → 18,9% **IX** neben 17% **III**. (J. chem. Soc. [London] **1950**. 2925—28. Nov.) Ruske. 3313

K. W. Dunning und **W. J. Dunning**, *Methylennitramine*. 3. Mitt. (2. vgl. vorst. Ref.) 1-Methoxymethyl-3.5-dinitro-1.3.5-triazacyclohexan (**I**) u. absol. HNO_3 in Ae. gaben bei —31° nach 10—12 Min. nitrathaltige, an der Luft instabile Prodd., nach 15 Min. resultierte eine stabile Verb., weitere Verlängerung der Reaktionszeit führte zu sehr instabilen Produkten. Die Reaktionsprodd. lösten sich völlig in sd. W. unter Zers. auf. Die Röntgenanalyse des stabilen sowie der durch einen Kollodiumüberzug geschützten instabilen Prodd. ergab ident. Diagramme. Die stabile Verb. erwies sich als *Bis-[3.5-dinitro-1.3.5-triazacyclohexyl-(1)-methyl]-äther* (**II**), ihr Röntgendiagramm ist verschieden von dem des Bis-[3.5-dinitro-1.3.5-triazacyclohexyl-(1)]-methans (**VII**). **II** geht mit HNO_3 in das *1.3.5-Trinitro-1.3.5-triazacyclohexan* (**III**), mit Acetanhydrid in das *1-Acetyl-3.5-dinitro-1.3.5-triazacyclohexan*, mit Acetylnitrat in **III** u. das *1.7-Diacetoxy-2.4.6-trinitro-2.4.6-triazaheptan* (**IV**), das als das *1.7-Diäthoxyderiv*. isoliert wurde, über. Die instabilen Prodd. scheinen eine Mischung von **II** mit instabilen, nitrathaltigen Verbb. zu sein, mit HNO_3 bei 0° liefern sie **III**, so daß sie den Triazacyclohexanring enthalten dürften. Die analoge Rk. unter Verwendung von 1-Chlormethyl-3.5-dinitro-1.3.5-triazacyclohexan (**V**) lieferte nur **II** ohne die instabilen nitrathaltigen Produkte. Wurde die Rk. wie oben zwischen **I** u. HNO_3 durch Wasserzusatz beendet, entstand *3.5-Dinitro-1.3.5-triazacyclohexannitrat* (**VI**); dieses lieferte mit Acetylnitrat **III**, jedoch kein **IV**, so daß auf die Abwesenheit einer Methylenseitenkette in **VI** geschlossen werden kann, was auch durch Röntgenanalyse bestätigt wurde. **VI** entstand auch analog aus **V** u. HNO_3. **VI** dürfte durch Hydrolyse des prim. entstehenden 1-Nitroxymethylderiv. gebildet werden. Wurde **VII** ähnlich mit absol. HNO_3 behandelt u. die Rk. durch Ae.-Zusatz beendet, resultierte nur **III**. Weder **VI** noch **II** sind damit wahre Zwischenprodd. bei der Nitrolyse von **I** u. **V**, sondern entstehen durch Rk. zwischen dem Verdünnungsmittel u. dem wirklichen Zwischenprodukt.

Versuche: *Bis-[3.5-dinitro-1.3.5-triazacyclohexyl-(1)-methyl]-äther* (**II**), $C_8H_{16}O_9N_{10}$, Veränderung der Kristalle bei 129°, Zers. bei 150° ohne zu schm. (Aceton–Chlf.), aus 9 g **I** u. frisch dest. 100%ig. HNO_3 bei −31°, Zufügen von auf −80° gekühltem absol. Ae., Absaugen unter Schutz vor Luftfeuchtigkeit u. Behandeln des Nd. mit Aceton, dann Ae.; 6—6,5 g (Ausbeute); oder analog aus 9 g **V**; 4—6,3 g (hinsichtlich der Variation der Versuchszeiten sowie der Analysenergebnisse vgl. Original). Behandeln von 1,3 g **II** mit Acetylnitrat (vgl. vorst. Ref.) liefert 30,2% **III** neben 25,3% *1.7-Diäthoxy-2.4.6-trinitro-2.4.6-triazaheptan* (F. 82°); Behandeln mit 96%ig. HNO_3 bei 0° liefert 94,4% **III**; mit Acetanhydrid werden 72% *1-Acetyl-3.5-dinitro-1.3.5-triazacyclohexan* (F. 156°) gebildet. **II** reagiert mit Methanol bei Zimmertemp. nicht. — *3.5-Dinitro-1.3.5-triazacyclohexannitrat* (**VI**), $C_3H_8O_7N_6$, analog **II** aus 9 g **I** bzw. 6 g **V** durch Verdünnen der Reaktionsmischung mit W.; 6,8 g bzw. 3,5 g. Liefert mit Acetylnitrat nur **III**. (J. chem. Soc. [London] **1950**. 2928 bis 2932. Nov.) RUSKE. 3313

Chao-Han Lin, Eugene Lieber und **Jerome P. Horwitz**, *Die Synthese des symm.-Diaminotetrazins.* Die Nacharbeitung der von PONZIO u. GASTALDI [1913] beschriebenen Umsetzung von Aminoguanidinhydrochlorid mit KOH, die zu einem rotvioletten Körper führt, den diese Autoren als *3.6-Diamino-1.2.4.5-tetrazin* (**I**) betrachteten, ergab ebenfalls nur ungenaue analyt. Werte für **I**. Vff. synthetisieren daher **I** über die aus Diazoessigester erhältliche *1.2-Dihydro-1.2.4.5-tetrazindicarbonsäure-(3.6)* (**II**), die mittels Diazomethans in den *Dimethylester* u. über das *Dihydrazid* in das *Diazid* (**III**) übergeführt wird. **III** liefert im CURTIUS-Abbau in Eisessig **I**, während diese Rk. in A. wahrscheinlich unter Ringspaltung zu keinen definierten Prodd. führt. Mit überschüssigem Diazomethan entsteht aus **II** neben dem Dimethylester *1-Methyl-1.2-dihydro-1.2.4.5-tetrazindicarbonsäure-(3.6)-dimethylester.* **I** wurde durch sein Absorptionsmaximum bei 528 mμ, das dem eines Tetrazins entspricht, sowie durch das *Diacetylderiv.* (**IV**) u. das *Bis-[p-toluolsulfonyl]-deriv.* (**V**) charakterisiert. Ringverengung des 1.2-Dihydro-1.2.4.5-tetrazinringes zum 4-Amino-1.2.4-triazolsyst. ist daher während der Rk. nicht eingetreten. In W. u. Dioxan zeigt **I** neben dem genannten ein weiteres Maximum bei 428 mμ, was dem nebenst. Tautomeriegleichgewicht in der Lsg. zu entsprechen scheint. Das analoge Verh. zeigen auch **IV** u. **V**. Eine weitere Synth. von **I** wurde in der Umsetzung von Diaminoguanidinnitrat mit HNO_2 gefunden, die unter intermediärer Bldg. von *1.2-Dihydro-***I** verläuft. Dieses geht durch HNO_3, Luftoxydation oder am besten durch H_2O_2 leicht in **I** über. Ferner wurde das 1.2-Dihydro-**I** u. daraus **I** auch aus

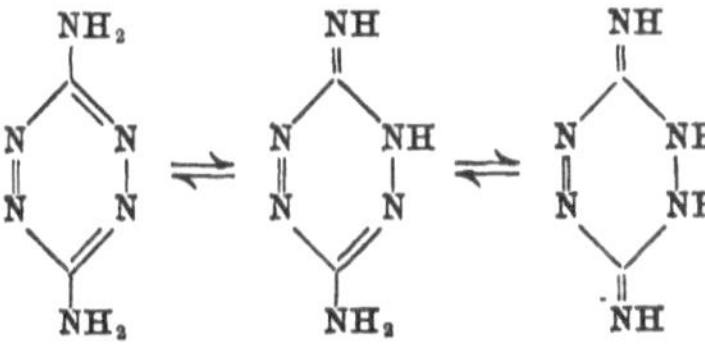

S-Methylthiosemicarbazidhydrojodid mittels wss. NaOH bei p_H 8 erhalten. Die Infrarotspektren der auf den genannten drei Wegen dargestellten **I**-Proben waren identisch. **I** verbraucht bei der Tetrazotierung 2 Äquivalente HNO_2 u. kuppelt dann mit β-Naphthol. Mit H_2S oder Zn + Essigsäure geht es in 1.2-Dihydro-**I** über. Dieses läßt sich wegen seiner leichten Oxydierbarkeit zu **I** nicht in reiner Form isolieren. **I** ist danach nicht ident. mit der von PONZIO u. GASTALDI beschriebenen Verbindung.

Versuche: *1.2-Dihydro-1.2.4.5-tetrazindicarbonsäure-(3.6)-dimethylester,* F. 168 bis 170°, orangefarbene Nadeln aus W., durch Zufügen von 2,4 g **II** zu einer eiskalten äther. Diazomethanlsg.; 43% (Ausbeute). — *1-Methyl-1.2-dihydro-1.2.4.5-tetrazindicarbonsäure-(3.6)-dimethylester,* $C_7H_{10}O_4N_4$, F. 114—115°, gelbe Nadeln aus W., durch Eindampfen des äther. Filtrats von vorst. Verb.; 50%. — *1.2-Dihydro-1.2.4.5-tetrazindicarbonsäure-(3.6)-dihydrazid,* $C_4H_8O_2N_8$, F. 287—288° (Zers.), gelbe Nadeln, durch Eintropfen einer alkoh. Lsg. von 0,1 g Dimethylester zu einer schwach sd. alkoh. Lsg. von 96%ig. Hydrazinhydrat unter Rühren u. 16std. Kochen; 90%. — *3.6-Diamino-1.2.4.5-tetrazin* (**I**), $C_2H_4N_6$, bis 300° nicht schmelzbar, Sublimation bei 200 bis 240°, aus Dioxan oder W. als orangerotes, mikrokristallines Prod., durch Behandlung einer Suspension von 0,5 g Dihydrazid in Eisessig–Bzl. (2:1) mit HCl u. einer wss.

$NaNO_2$-Lsg. bei 0°, Absaugen u. Waschen mit Eisessig. **III** wird darauf in Eisessig suspendiert, 2 Std. auf dem Wasserbad erhitzt u. der Eisessig im Luftstrom abgedampft; 36%, oder aus 6,08 g Diaminoguanidinnitrat in 1n HNO_3 durch Eintropfen einer wss. KNO_2-Lsg. während 6½ Std., Absaugen u. Verdampfen der Lsg. in 3%ig. H_2O_2 im Exsiccator über H_2SO_4; 11%, oder aus einer wss. Lsg. von 9,2 g S-Methylthiosemicarbazidhydrojodid durch Einstellen auf p_H 8 mit 10%ig. wss. NaOH u. Überleiten eines Luftstroms während mehrerer Std.; 13%; leicht lösl. in konz. HNO_3 u. H_2SO_4, woraus es beim Verdünnen unverändert zurückerhalten wird. Die Lsg. in konz. HCl bleibt auch beim Verdünnen erhalten, **I** kann daraus nur durch Abdampfen des Lösungsm. erhalten werden. — *3.6-Diacetamido-1.2.4.5-tetrazin* (**IV**), $C_6H_8O_2N_6$, F. 156—158°, orangefarben (aus A.), aus **I** u. Acetanhydrid, Eindampfen u. Aufnehmen in Äthylacetat, aus dem beim Kühlen das *Monoacetylderiv.* (F. 272 bis 274°) ausfällt; Eindampfen u. in A. Aufnehmen. — *3.6-Bis-[p-toluolsulfonamido]-1.2.4.5-tetrazin* (**V**), $C_{16}H_{16}O_4N_6S_2$, F. 227—228°, orangefarbene Nadeln aus Alkohol. (J. Amer. chem. Soc. **76**. 427—30. 20/1. 1954. Chicago, Ill., Inst. of Technol., Dep. of Chem.) RUSKE. 3344

Burckhardt Helferich, *Die Glykale.* Übersichtsarbeit über Darst. u. Eigg. der Glykale von Mono- u. Disacchariden, deren Additions-Rkk., oxydative Spaltung u. Umlagerungen unter der Wrkg. von W., schwachen Säuren u. Basen. — 64 Literaturangaben. (Advances Carbohydrate Chem. **7**. 209—45. 1952. Bonn, Univ., Chem. Inst.) ROSSOW. 3400

A. B. Foster und **M. Stacey,** *Die Chemie der 2-Aminozucker (2-Amino-2-desoxy-Zucker).* Übersichtsarbeit über die in der Natur (z. B. in den Mucopolysacchariden u. Mucoproteinen) vorkommenden 2-Aminozucker (**I**), die Konfiguration des natürlichen Glucosamins (**II**) u. Chondrosamins (**III**), ihre Synthesen, ihre Isolierung (chromatograph. Trennung der **I** von Aminosäuren, Uronsäuren u. Neutralzuckern; Trennung von **II** u. **III**) u. Identifizierung durch colorimetr. Methoden, das chem. Verh. von **I** u. **II** u. ihren Derivv., die Wanderung der Acetylgruppen, die Anwendbarkeit der HUDSONschen Isorotationsregel in Verbindung mit Tabellen über die opt. Drehwerte von **I** u. **II** u. einigen Derivv. sowie tabellar. Zusammenstellung von **I**- u. **II**-Derivv. mit FF. u. Drehwerten. — 136 Literaturhinweise. (Advances Carbohydrate-Chem. **7**. 247—88. 1952. Birmingham, Univ., Dep. of Chem.) ROSSOW. 3400

Alfred Bertho und **Andreas Révész,** *Über 1β.2-Diamino-3.4.6-triacetyl-d-glucose.* 8. Mitt. *über stickstoffhaltige Zucker.* (7. vgl. C. **1951**. I. 3344.) Vff. gelang es, das Br-Atom in dem von IRVINE u. Mitarbeitern [1911] beschriebenen 1-Brom-3.4.6-triacetylglucosaminhydrobromid (**I**) mit AgN_3 in Chlf. durch die Azidogruppe zu ersetzen u. das so erhaltene *1-Azido-3.4.6-triacetylglucosamin* (**II**) zur *1.2-Diamino-3.4.6-triacetylglucose* (**III**) katalyt. zu reduzieren. — **II** zeigt wie andere Azidosen keine Mutarotation; es konnte nicht mit NaN_3 in CH_3CN gewonnen werden, da **I** gegenüber diesem alkal. Reagens offenbar zu empfindlich ist. Die Darst. von **I** gibt im Gegensatz zu den Angaben von IRVINE u. Mitarbeitern (l. c.) höchstens eine 50%ig. Ausbeute. Die PtO_2-Hydrierung von **II** gelang nur in Essigester. Auch **III** zeigte keine Mutarotation; es wurde ebenso wie **II** zu SCHIFFschen Basen umgesetzt, von denen sich einige gut zur Charakterisierung eignen. Wird die Hydrierung von **II** in der gerade zur Absättigung der beiden NH_2-Gruppen notwendigen Menge HCl durchgeführt, entsteht bei vorsichtigem Arbeiten *3.4.6-Triacetylglucosaminhydrochlorid,* bei weniger vorsichtigem Arbeiten *Glucosaminhydrochlorid* neben NH_4Cl. — Die mol. Rotationen von **II** u. **III** werden berechnet; daraus geht hervor, daß beide Verbb. der β-Reihe zuzuordnen sind, die Hydrierung ist auf die Konfiguration ohne Einfluß. **I** wird, da beim Austausch des Halogenatoms in α-Acetohalogenosen im allg. Umkehr eintritt, α-Konfiguration haben. Dem von BERGMANN u. ZERVAS (Ber. dtsch. chem. Ges. **64**. [1931.] 975) beschriebenen d-Glucosamintetraacetat kann die β-Konfiguration zugeschrieben werden.

Versuche: *3.4.6-Triacetyl-1β-azido-d-glucosamin-(2)* (**II**), $C_{12}H_{18}O_7N_4$, F. 123°, durch ½std. Kochen von chloroformfeuchtem AgN_3 mit **I** in Chlf. u. Eindampfen des Filtrats bei Zimmertemp.; aus A. hellgelbe Nadeln; $[\alpha]_D^{20}$ —11,5° (Chlf.); 50 bis 66% (Ausbeute). — *Anisal-3.4.6-triacetyl-1β-azido-d-glucosamin-(2)*, $C_{20}H_{24}O_8N_4$, F. 134° (CH_3OH), aus **II** u. Anisaldehyd in CH_3OH; 90%. — *p-Nitrobenzal-3.4.6-triacetyl-1β-azido-d-glucosamin-(2)*, $C_{19}H_{21}O_9N_5$, F. 102° (CH_3OH), ebenso aus p-Nitrobenzaldehyd; 88%. — *Salicylal-3.4.6-triacetyl-1β-azido-d-glucosamin-(2)*, $C_{19}H_{22}O_8N_4$ F. 95° (CH_3OH), aus Salicylaldehyd; tiefgelbe Nadeln; 75%. — *3.4.6-Triacetyl-d-glucose-1β.2-diamin* (**III**), $C_{12}H_{20}O_7N_2$, F. 88°, durch 2std. Hydrierung von **II** in Essigester mit PtO_2 nach ADAMS, Eindampfen, erschöpfendes Ausziehen der Kristalle mit absol. Ae. unter Wasserausschluß in der Hülse u. starkes Kühlen der äther. Lsg.; $[\alpha]^{20}$ +44,5° (Chlf.); 55%. — *Dianisal-3.4.6-triacetyl-d-glucose-1β.2-diamin*, $C_{28}H_{32}$·O_9N_2, F. 198° (CH_3OH); 60%. — *Di-[p-nitrobenzal]-3.4-triacetyl-d-glucose-1β.2-diamin*, $C_{26}H_{26}O_{11}N_4$, Kristalle aus Methanol; 44%. — *3.4.6-Triacetyl-β-d-glucosamin-(2)-hydrochlorid*, $C_{12}H_{20}O_8NCl$, aus **II** durch 2std. Hydrierung in 0,1n HCl mit PtO_2, Eindampfen des Filtrats, Versetzen mit warmem A. u. Abfiltrieren vom NH_4Cl in der Wärme; Nadeln, die sich oberhalb 200° zersetzen. (Liebigs Ann. Chem. **581**. 161—67. 1953. München, Univ., Chem. Labor.) NITZSCHKE. 3400

M. L. Wolfrom und **Harry B. Wood**, *L-Mannoheptulose* (*L-Manno-L-tagatoheptose*). Die Synthese der *L-Mannoheptulose* aus L-Arabinose über *L-Mannono-γ-lacton*, *L-Mannonamid*, *L-Mannonamid-O-pentaacetat*, *L-Mannonsäure-O-pentaacetat*, *1-Diazo-1-desoxy-keto-L-mannoheptulosepentaacetat*, *keto-L-Mannoheptulosehexaacetat* sowie einige weitere Verbb. werden beschrieben.

Versuche: *L-Mannono-γ-lacton*, F. 148—150°, aus L-Arabinose u. HCN nach KILIANI; nach Hydrolyse mit $Ba(OH)_2$ Reinigung über Amberlit IR-100-H u. Eindampfen; aus heißem A.; $[\alpha]_D^{26}$ —50° (c = 3 in W., Anfangswert [A.W.]); weitere Mengen aus der Mutterlauge durch Einengen. Durch weiteres Einengen *L-Mannonsäureäthylester*, $C_8H_{16}O_7$, F. 157—160°; $[\alpha]_D^{22}$ —1° (c = 2 in W.; A.W.); Ausbeute 6,4% (bezogen auf Arabinose). — *L-Mannonamid*, $C_6H_{13}O_6N$, F. 170—171°, aus dem Lacton u. fl. NH_3 nach GLATTFELD u. MACMILLAN (J. Amer. chem. Soc. **56**. [1934.] 2481); $[\alpha]_D^{25}$ +14° (c = 1,6; in W.; extrapolierter A.W.); Mutarotation in W. → 8°. — *DL-Mannonamid*, $C_6H_{13}O_6N$, F. 155—156° (Zers.), aus gleichen Mengen der Antipoden durch Lösen in fl. NH_3, Eindampfen u. Trocknen über P_2O_5 im Vakuum; rac. Verb., da das Röntgendiagramm sich von dem der Komponenten unterscheidet (Tabelle). — *L-Mannonamid-O-pentaacetat*, $C_{16}H_{23}O_{11}N$, F. 110—110,5°, aus der L-Verb. durch Acetylieren mit Essigsäureanhydrid u. $ZnCl_2$; aus Äthylenglykol/Butyläthyläther; $[\alpha]^{23}$ —38,3° (c = 3,5 in Chlf.); 83% (Ausbeute). — *DL-Mannonamid-O-pentaacetat*, F. 140—141°, aus gleichen Mengen der Antipoden; $[\alpha]_D^{24}$ 0° (Chlf.). — *L-Mannonsäure-O-pentaacetatmonohydrat*, $C_{16}H_{22}O_{12}\cdot H_2O$, F. 70—70,5°, aus vorst. L-Verb. durch Desaminierung mit NOCl; aus A./W.; $[\alpha]_D^{24}$ —23° (c = 1,6 in Chlf.); 72%. — *Pentaacetyl-L-mannonsäuremethylester*, $C_{17}H_{24}O_{12}$, F. 79—80°, durch Zugabe vorst. Verb. zu einer 2%ig. Diazomethanlsg. in Ae. u. Stehen über Nacht in Eis, Zugabe von Ae. u. Dest.; aus CH_3OH/Ae./PAe.; $[\alpha]^{27}$ —19° (c = 3,3 in Chlf.). — *1-Diazo-1-desoxy-keto-L-mannoheptulosepentaacetat*, $C_{17}H_{22}O_{11}N_2$, F. 75—76°, aus dem Säurepentaacetat nach dem Entwässern durch Behandlung mit $SOCl_2$ in Bzl. auf dem Wasserbad bis zum Aufhören der HCl-Entw.; nach Entfernen des $SOCl_2$ Lösen des Sirups in Ae. u. langsame Zugabe zu einer Lsg. von Diazomethan in Ae. bei 10°, Stehen über Nacht bei 0°, Filtrieren u. Einengen; Prismen; 43,5%, nach Chromatographie an einer Magnesol–Celit-Kolonne [mit Bzl./A. (100:1) entwickelt] aus der unteren Zone durch Extraktion mit Aceton Nadeln; $[\alpha]_D^{26}$ —12° (c = 4 in Chlf.). — *keto-L-Mannoheptulosehexaacetat*, $C_{19}H_{26}O_{13}$, F. 97—98°, aus vorst. Verb. u. Eisessig in Ca-Acetat bei 80—90°; nach 5std. Erhitzen Eingießen in Eiswasser u. Extrahieren mit Chlf.; aus Ae. Nadeln; $[\alpha]_D^{23}$ —3,6° (c = 2 in Chlf.); lösl. in Chlf., mäßig lösl. in Ae., unlösl. in PAe. u. W.; red. warme BENEDICT-Lsg.; λ_{max} 2870 Å; Röntgendiagramm. — *L-Mannoheptulose*, $C_7H_{14}O_7$, F. 150—151°, durch Desacetylieren der vorst. Verb., Reinigung über Ionenaustauscher Amberlit IR-100-H u. IR-4B; aus absol. A., $[\alpha]^{21}$ —29° (c = 2,7 in W.; keine Mutarotation); zeigt süßen Geschmack u. red. BENEDICT-Lsg.; Röntgendiagramm. Aus den Mutterlaugen *L-Mannoheptosephenylosazon*, $C_{19}H_{24}O_5N_4$, F. 197°. — *DL-Mannoheptulose*, durch Umkristallisation gleicher Mengen der beiden Antipoden aus 95%ig. A.; F. 135—136°; $[\alpha]^{26}$ 0° (c = 2 in W.); hat dasselbe Röntgendiagramm wie die D- bzw. L-Verbindung. (J. Amer. chem. Soc. **73**. 730—33. Februar 1951. Columbia, O., State Univ., Dep. of Chem.) ROSSOW. 3400

A. Ss. Ssadykow, *Ergebnisse der Untersuchungen über die Chemie der Alkaloide von Anabasis aphylla.* Übersicht über das Vork. der Pflanze in Zentralasien, die Isolierungsmethoden der Alkaloide, die chem. Rkk. von Anabasin u. das bisher auf dem Gebiete der Verwendung der Alkaloide u. ihrer Derivv. als Heilmittel u. Mittel zur Bekämpfung von Pflanzenschädlingen Erreichte. (Известия Академии Наук СССР, Отделение Химических Наук [Nachr. Akad. Wiss. UdSSR, Abt. chem. Wiss.] **1953**. 524—32. Mai/Juni. Inst. für Chem. der Akad. der Wiss. der UsbSSR.)
R. KNOBLOCH. 3500

Rudolf Pummerer, Franz Aldebert, Franz Büttner, Fritz Graser, Ewald Pirson, Helene Rick und **Heinrich Sperber**, *Über den Aufbau des Isoprenskeletts aus Crotonaldehyd und eine neuartige Klasse von Terpenen.* 1. Mitt. Vff. erhalten durch Hochvakuumdest. der Kondensationsprodd. aus Crotonaldehyd (I) u. Formaldehyd (II)

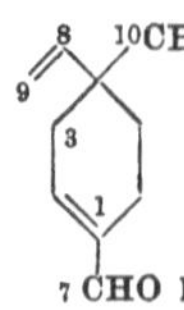
III

in schwach saurem, besser schwach alkal. wss. Medium in 20–23%ig. Ausbeute einen Dialdehyd, den sie als *Paradiprendial-(7.10)* (**III**), den perhydrierten KW-stoff als *Paradipran*, bezeichnen. Der Reaktionsmechanismus der Bldg. von **III** wird durch Dimerisierung von Isoprenal (2-Formylbutadien) im Sinne einer Diensynth. angenommen (vgl. nachst. 2. Mitt.). Oxydation mit Silberoxyd gibt die *Paradiprendisäure-(7.10)* (**IV**), daraus durch Dehydrierung mit Se *p-Äthylbenzoesäure*. Der Ozonabbau

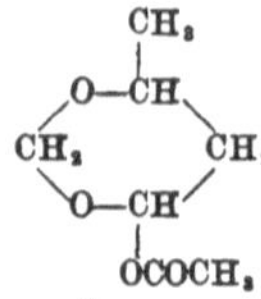
V

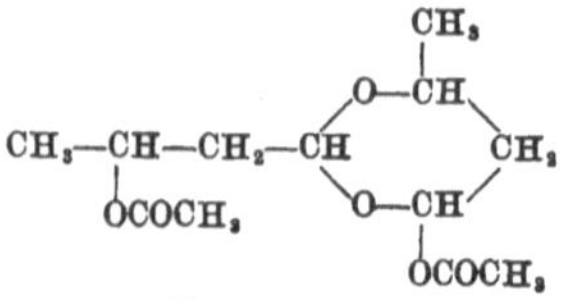
VI

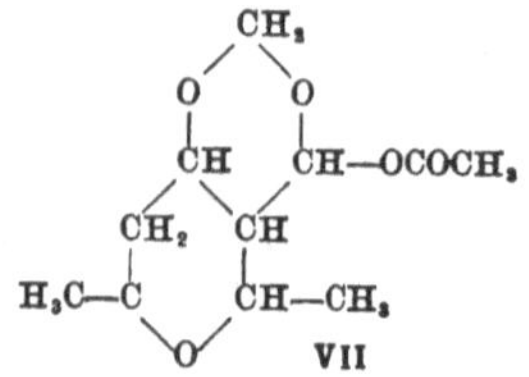
VII

von **III** führt zum *Δ¹-Tetrahydroterephthaldialdehyd*, neben *Δ¹-Tetrahydroterephthalaldehydsäure*, *Δ¹-Tetrahydroterephthalsäure* u. **II**. Katalyt. Hydrierung von **IV** an PtO_2 gibt *8.9-Dihydroparadiprendisäure-(7.10)* u. bei weiterer Hydrierung *Paradiprandisäure-(7.10)*. Bei der $KMnO_4$-Oxydation von **III** wurden *Oxalsäure*, *Bernsteinsäure* u. *Essigsäure* erhalten. Aus **III** u. Methanol in Ggw. von 1%ig. HCl bildet sich das *10-Dimethylacetal*, das sich beim Stehen an der Luft zur *Paradiprenal-10-dimethylacetalsäure-(7)* oxydiert. Diacetale von **III** wurden nur mit zweiwertigen Alkoholen erhalten. Bei der Kondensation von **I** u. **II** in 20%ig. H_2SO_4 bei Zimmertemp. wurden nach Acetylierung des Destillationsprod. die *Acetylverb. des Aldoxans aus Aldol u. Formaldehyd* (**V**) u. das *Diacetat des dimeren Aldols* (**VI**) erhalten. Eine weitere Acetylverb. aus dem rohen Kondensationsprod. erwies sich als *Aldoxan aus Dialdan u. Formaldehyd* (**VII**). **V** u. **VI** entstehen auch bei der Kondensation von **I** u. **II** in 0,67%ig. K_2CO_3-Lsg., während in konz. K_2CO_3-Lsg. ein Harz, das wahrscheinlich über Methylolacetaldol durch Zusammentritt vieler Mol. gebildet wird, entsteht.

V e r s u c h e: *Paradiprendial-(7.10)* (**III**), $C_{10}H_{12}O_2$, Kp.$_{0,01-0,1}$ 101–103°, a) aus 9 Mol **I** u. 9 Mol **II** (900 cm³ einer 36%ig. Formalinlsg.) + Natriumacetat (oder Pyridin) 25 Std. (bzw. 22 Std.) am Rückfluß, Abtrennen der öligen Schicht u. Dest. im Hochvakuum; gelblichgrünes Öl; $D.^{17}$ 1,07428; n_D^{17} 1,5208; 22–24% (Ausbeute); b) aus 2 Mol **I** u. 2 Mol **II** (als Paraformaldehyd) in sd. Toluol bzw. Xylol + Pyridin; 7 bzw. 19%; c) aus 2 Mol β-Methoxybutyraldehyd u. 2 Mol **II** (als 37%ig. Formalinlsg.) mit Pyridin 6 Std. bei 115°, dann 14 Std. bei 130°; 21,7 g (Ausbeute). *Bisphenylhydrazon*, $C_{22}H_{24}N_4$, F. 140–141° (farblose Nadeln aus Eisessig/Methanol/W. bzw. 90%ig. Isopropanol). *Dioxim*, $C_{10}H_{14}O_2N_2$, F. 130–131° (Chlorbenzol u. Bzl.); gibt mit Acetanhydrid die Diacetylverb. des Oxims. *Disemicarbazon*, $C_{12}H_{18}O_2N_6$, F. 205°. *Bisulfitverb.*, $C_{10}H_{14}O_8S_2Na_2$. **III** wurde mit konz. $NaHSO_3$-Lsg. behandelt, der Lsg. das W. durch A. bzw. Isopropanolzusatz entzogen, der Rückstand mit Methanol ausgekocht, die Methanollsg. eingedampft u. der hygroskop. Rückstand im Hochvakuum getrocknet. Nach Spaltung mit H_2SO_4 liegt eine *Dialdehydsulfonsäure* vor, deren *Bis-2.4-dinitrophenylhydrazon*, $C_{22}H_{22}O_{11}N_8S$, aus Eisessig umgelöst werden kann. — *Paradiprendial-(7.10)-dimethylacetal-(10)*, Kp.$_{0,1}$ 115°, aus 50 g **III** in 200 g Methanol (+ 1%ig. HCl) 2 Tage bei Zimmertemp. u. Vakuumdest. der öligen Acetalschicht; $D._{22,5}$ 1,05559; $n_D^{22,5}$ 1,501; Exaltation 0,9; 45,5 g. *Oxim*, $C_{12}H_{19}O_3N$, F. 80–82° (PAe.). *Semicarbazon*, $C_{13}H_{21}O_3N_3$, F. 206–207°. *Azin*, $C_{24}H_{36}O_4N_2$, F. 165–166° (Methanol/W. bzw. Isopropanol), aus dem Acetal in Methanol u. Hydrazinhydrat. — *Paradiprenal-(10)-dimethylacetalsäure-(7)*, $C_{12}H_{18}O_4$, F. 131–133° (nach Waschen mit Isopropanol), aus vorst. Dimethylacetal durch Luftoxydation oder besser mit $AgNO_3$ u. NaOH. — *Paradiprendial-(7.10)-dibutylacetal-(10)*, $C_{18}H_{30}O_3$, Kp.$_{0,9}$ 152–155°, aus **III** in n-Butanol mit butanol. HCl 2½ Tage bei Zimmertemp., neutralisieren u. im Hochvakuum dest.; 57%. *Semicarbazon*, $C_{19}H_{33}O_3N_3$, F. 154–155°. — *Paradiprendial-(7.10)-bis-[äthylenglykolacetal]*, $C_{14}H_{20}O_4$, Kp.$_{0,3}$ 155–159°; durch Kochen von **III** mit Äthylenglykol + p-Toluolsulfonsäure in Bzl., ausäthern u. im Hochvakuum dest.; 62%. — *Paradiprendial-(7.10)-bis-[propylenglykolacetal]*, $C_{16}H_{24}O_4$, Kp.$_{0,1}$ 143–146°, analog aus **III** u. Propandiol-(1.2) in Bzl. + p-Toluolsulfonsäure; $D.^{23}_4$ 1,0965; n_D^{23} 1,4950. — *8.9-Dihydroparadiprendial-(7.10)-bis-[propylenglykolacetal]*, $C_{16}H_{26}O_4$, Kp.$_{0,1}$ 145–147°, durch Hydrieren von vorst. Verb. in Methanol an Pd/Glycerinkohle; 70%. — *8.9-Dihydroparadiprendial-(7.10)*, $C_{10}H_{14}O_2$, Kp.$_{0,2}$ 111,5–113°. Durch Erhitzen vorst. Verb. in W., konz. HCl u. Methanol u. wiederholte fraktionierte Dest.; nicht analysenrein; 75%. *Bisphenylhydrazon*, $C_{22}H_{26}N_4$, Prismen.—

Paradiprendisäure-(7.10) (**IV**), $C_{10}H_{12}O_4$, F. 238–239° (W.), durch Schütteln von 5 g **III** in Methanol mit $AgNO_3$ u. 2n NaOH, Ansäuern u. Ausäthern; 4,5 g. *Dimethylester*, $Kp._{0,8}$ 110–113°, mit CH_2N_2; gibt mit Se im Rohr 20 Std. bei 280–300° *p-Äthylbenzoesäure*, $C_9H_{10}O_2$, F. 109–110°; durch Oxydation mit CrO_3 entsteht *Terephthalsäure*. — *8.9-Dihydroparadiprendisäure-(7.10)*, $C_{10}H_{14}O_4$, F. 228–230°, durch Hydrieren von **IV** in Eisessig an PtO_2. — *Paradiprandisäure-(7.10)*, $C_{10}H_{16}O_4$, F. 169–177,5° (W.), durch Hydrierung von **IV** in Eisessig an PtO_2 als cis-trans-Isomerengemisch. — Durch Behandlung von **III** in CCl_4 mit einem 10%ig. Ozonstrom, Spaltung des ausgefallenen Ozonids (blaßgrüne Gallerte) mit W. bei 80°, Neutralisieren mit Soda, Extrahieren mit Ae. (Neutralöl [A]; 44%), Ansäuern u. erneutes Ausäthern (saures Öl [B]; 31%) werden erhalten: aus A *Δ^1-Tetrahydroterephthaldialdehyd*, $C_8H_{10}O_2$, $Kp._{0,01}$ 108–110° (*Bisphenylhydrazon*, $C_{20}H_{22}N_4$, F. 186–188° [Toluol]) u. durch Oxydation von A mit $AgNO_3$ *Δ^1-Tetrahydroterephthalsäure*, $C_8H_{10}O_4$, F. 312–315° (Reinigung über den Dimethylester); aus B: Nach Behandlung mit Chlorbenzol als Rückstand vorst. Säure u. aus dem Chlorbenzol *Δ^1-Tetrahydroterephthalaldehydsäure*, $C_8H_{10}O_3$, F. 145–150°; *Phenylhydrazon*, $C_{14}H_{16}O_2N_2$, krist. aus Toluol; 90%. — Oxydation von **III** mit $KMnO_4$ unterhalb 5° ergibt *Oxalsäure*, 21,4 Mol%, *Essigsäure* (p-Bromphenacylester, F. 84°); 13,6% neben *Bernsteinsäure*, F. 183–184° (p-Bromphenacylester, F. 211°); 14,3%. — *Paradiprendial-(7.10)-enolacetat*, $C_{12}H_{14}O_3$, $Kp._{0,01}$ 101–103°, aus **III** in Acetanhydrid + Na-Acetat 1½ Std. bei 140–145°, Eingießen in verd. Essigsäure u. Ausäthern; $D.^{18}$ 1,098; n_D^{18} 1,535; 49,5%. — Kondensation von 35 g **I** u. 15 g **II** in 20%ig. H_2SO_4 bei Zimmertemp., nach 2 Tagen Neutralisieren u. Ausäthern. Fraktionierte Vakuumdest. führte neben einem harzigen Rückstand (9 g) zu 2 Fraktionen (2,3 u. 7,8 g). 1. Fraktion ergab mit Acetanhydrid in Pyridin: 1. *Acetylverb.* **V**, $Kp._{15}$ 92–95° (daraus nach Spaltung mit HCl u. Zugabe von p-Nitrophenylhydrazin die p-Nitrophenylhydrazone von **I** u. **II**), u. 2. *Diacetylverb.* **VI**, $Kp._{15}$ 161–164°, nach HCl-Spaltung u. Zugabe von 2.4-Dinitrophenylhydrazin *Acetaldol-2.4-dinitrophenylhydrazon*, $C_{10}H_{12}O_5N_4$, F. 93–95° (wss. A.). Bei Acetylierung vor der Vakuumdest. entstand *Acetylverb.* **VII**, $C_{11}H_{18}O_5$; Oxydation von 2 g **VII** mit Silberoxyd gibt *Dialdansäure*, F. 111° (Ae., PAe.); 0,2 g; Rk. mit 2.4-Dinitrophenylhydrazin *Dialdan-2.4-dinitrophenylhydrazon*, $C_{14}H_{18}O_6N_4$, F. 173–174° (Xylol) u. *2.4-Dinitrophenylhydrazon von* **I**, F. 162–163° (Xylol). Kondensation von 140 g **I** mit 200 cm³ 30%ig. Formalinlsg. + 5,6 g K_2CO_3 in 500 cm³ W. 4 Tage bei 20°, anschließend 6 Std. bei 40° N_2 durchgeleitet, W. im Vakuum abdest. u. ausgeäthert. Das ätherunlösl. Öl (170 g) erwies sich nach Hochvakuumdest. als ident. mit den entsprechenden Aldoxanen von **V** u. **VI**, der ätherlösl. Anteil war ein Gemisch aus Acetaldol u. **I**. — Kondensation von **I** u. Formalin in konz. K_2CO_3 ergab nur ein harzartiges Produkt. — Kondensation von 82 cm³ **I** in 220 cm³ Eisessig + 32 g 65%ig. H_2SO_4 bei 60°, Eingießen des Eiswassers, Ausäthern u. fraktionierte Dest. ergab 7 g *Octatrienal*, $Kp._3$ 80°. (Liebigs Ann. Chem. **583**. 161–83. 1953. Erlangen, Univ., Chem. Labor.) H. ULRICH. 3600

Franz Büttner, *Über β-Methoxybutyraldehyd und α-Methylolcrotonaldehyd.* 2. Mitt. *über den Aufbau des Isoprenskeletts aus Crotonaldehyd und Formaldehyd.* (1. vgl. vorst. Ref.) Zum experimentellen Beweis des angenommenen Reaktionsmechanismus zur Bldg. von *Paradiprendial-(7.10)* aus Crotonaldehyd (**I**) u. Formaldehyd (**II**) kondensiert Vf. β Methoxybutyraldehyd (**III**) mit **I**. Es bildet sich hierbei nicht α-Methylol-β-methoxybutyraldehyd, sondern unter Methanolabspaltung in 10–20%ig. Ausbeute *α-Methylolcrotonaldehyd* (**IV**). Offensichtlich kann bei Substitution eines H-Atoms am α-C-Atom durch die Methylolgruppe das 2. H-Atom dieser reaktionsfähigen Methylengruppe zusammen mit der Methoxylgruppe als Methanol austreten. Neben **IV** treten mit zunehmender Reaktionsdauer höhere Kondensationsprodd. von **III** auf, aus denen das Aldol von **III** mit **I** isoliert wurde. Dieses bildet bei Wasserabspaltung mit Weinsäure oder $KHSO_4$ wahrscheinlich *2-Äthyliden-Δ^3-5-methoxyhexenal-(1)*. Dasselbe Aldol kann auch als Hauptprod. durch alkal. Kondensation von **III** in K_2CO_3-Lsg. erhalten werden, wobei der Geruch nach Crotonaldehyd auftritt. **IV** läßt sich wegen der Neigung zur Aldoxanbldg. nur schwer rein darstellen. Verss. zur Dehydratisierung von **IV** verliefen erfolglos. —

Versuche: *β-Methoxybutyraldehyd* (**III**), $C_5H_{10}O_2$, Kp. 127–129°, aus **I** in Methanol u. 5%ig. methanol. Na-Methylatlsg. bis zur alkal. Rk. (Temp. 20–30°); nach 2 Std. mit Essigsäure neutralisieren u. dest.; 65% (Ausbeute). *2.4-Dinitrophenylhydrazon*, $C_{11}H_{14}O_5N_4$, F. 98–100° (rote Nadeln aus A.). *Phenylhydrazon*, $C_{11}H_{16}ON_2$, $Kp._{14}$ 172°, hellgelbes Öl, das beim Kochen in Eisessig kein Pyrazolinderiv. ergibt. *Dimedonderiv.*, $C_{21}H_{32}O_5$, F. 107–109° (A.). — *α-Methylolcrotonaldehyd* (**IV**), $C_5H_8O_2$, $Kp._{0,01}$ 48–52°, durch Eintropfen von **III** in Gemisch aus Formalin u. K_2CO_3

in W. unter Rühren bei Zimmertemp., Neutralisieren nach 24 Std. u. Ausäthern u. Hochvakuumdestillation. *Phenylhydrazon*, $C_{11}H_{14}O_2N$, F. 112—114° (W.). *2.4-Dinitrophenylhydrazon*, $C_{11}H_{12}O_5N_4$, F. 200° (Zers. im zugeschmolzenen Röhrchen, aus Methanol). *Dimedonderiv.*, $C_{21}H_{30}O_5$, F. 186—187° (Methanol/W.) neben der wesentlich leichter lösl. *Crotonaldehyddimedonverb.*, $C_{20}H_{28}O_4$, F. 181—182° (Methanol/W.); *Tritylähter*, $C_{24}H_{22}O_2$, F. 127—128° (Methanol), aus 3 g **IV** u. 3 g Triphenylchlormethan in Pyridin 2 Std. bei 90—96°; 2 g; daneben *Triphenylcarbinol*, F. 158 bis 160°. — *Aldol des β-Methoxybutyraldehyds mit Crotonaldehyd* (*2-Äthyliden-3-oxy-5-methoxyhexanal*), $C_9H_{16}O_3$, Kp.$_{0,01}$ 79—81°. 51 g **III** werden mit einer Lsg. von 2 g K_2CO_3 in 100 cm³ W. versetzt. Nach 2½ Std. wird mit H_2SO_4 neutralisiert, das W. im Vakuum verdampft, ausgeäthert u. fraktioniert dest.; 15 g. — *2-Äthyliden-Δ³-5-methoxyhexenal-(1)*, $C_9H_{14}O_2$, Kp.$_{15}$ 105—108°, a) aus 10 g vorst. Verb. mit $KHSO_4$ durch Dest. im Vakuum; 3,5 g; b) aus höhersd. Fraktion der Darst. von **IV**. (Liebigs Ann. Chem. **583**. 184—90. 1953.) H. ULRICH. 3600

Rudolf Pummerer, Franz Aldebert und **Heinrich Sperber**, *Konstitutionsbeweis des Paradiprendials-(7.10) durch Abbau zur 8.9-Dihydroparadipren-(7) bzw. -(10)-säure und Synthese dieser Verbindungen.* 3. Mitt. *über Paradiprene.* (2. vgl. vorst. Ref.) Vff. erhalten aus dem Paradiprendial-(7.10)-dimethylacetal-(10) (**I**) (vgl. vorvorst. Ref.) das *7-Oxyparadiprenal-(10)-dimethylacetal* (**II**) nach MEERWEIN-PONNDORF. Katalyt. Red. von **II** gibt das *Paradiprenal-(10)-dimethylacetal* (**III**) in 20%ig. Ausbeute. Aus **III** entsteht nach Säurespaltung u. nachfolgender Oxydation mit Silberoxyd *Paradiprensäure-(10)* (**IV**), die durch Dehydrierung mit S zur *p-Toluylsäure* abgebaut wurde. Bei der Hydrierung von **IV** mit PtO_2 entsteht *cis-Paradipransäure-(10)*. Die *trans*-Säure wird bei der Hochdruckhydrierung von **IV** mit RANEY-Ni erhalten. Durch Hydrierung von **II** mit PtO_2 entsteht *7-Oxy-8.9-dihydroparadiprenal-(10)-dimethylacetal*, das nach Entfernung der 7ständigen Oxygruppe mit Pd/Kohle-H_2 u. nachfolgender Hydrolyse des Acetals mit verd. HCl *8.9-Dihydroparadiprenal-(10)* (**V**) ergibt. **V** wurde auch durch Diensynth. aus α-Äthylacrolein u. Isopren dargestellt. Oxydation von **V** mit Silberoxyd führt zur *8.9-Dihydroparadiprensäure-(10)* (**VI**), die ebenfalls mittels Diensynth. aus α-Äthylacrylsäureester u. Isopren synthetisiert wurde. Dehydrierung von **VI** mit S gibt *p-Toluylsäure*. **III** wurde auch aus **I** nach WOLFF-KISHNER dargestellt. Säurespaltung der Verb. führt zum *Paradiprenal-(10)*. Ausgangsprod. für die Säuren mit 7ständiger Carboxylgruppe war **I**, das leicht zur entsprechenden Acetal-(10)-säure-(7) oxydiert wird (vgl. 1. Mitt.). Hydrolyse dieser Verb. gibt *Paradiprenal-(10)-säure-(7)*. Red. der 10ständigen Aldehydgruppe führt zur *Paradiprensäure-(7)*, die zur *8.9-Dihydroparadiprensäure-(7)* (**VII**) u. schließlich zur *Paradipransäure-(7)* hydriert wurde. Zur Synth. von **VII** wurde *1-Methylcyclohexen-(1)-on-(3)* mit C_2H_5MgJ in Ggw. von CuCl unter —5° behandelt. Bei der Rk. bildete sich zu 61—71% *1-Methyl-1-äthylcyclohexanon-(3)* (**VIII**) neben 2% *1-Methyl-3-äthylhexadien-(1.3)*, das bei höherer Reaktionstemp. in 20%ig. Ausbeute erhalten wird. Aus **VIII** u. Isoamylformiat bildet sich die *4-Oxymethylenverb.*, die mit Isobutanol veräthert wird. Red. mit $LiAlH_4$ u. Oxydation des rohen Aldehyds mit Silberoxyd ergibt **VII**.

Versuche: *7-Oxyparadiprenal-(10)-dimethylacetal* (**II**), $C_{12}H_{20}O_3$, Kp.$_{0,1}$ 123 bis 125°, durch 3std. Erhitzen von **I** mit Al-Isopropylat in Isopropanol unter ständigem Abdest. des Acetons, Zers. mit W., Ausäthern u. Vakuumdest.; 63% (Ausbeute). — *7-Oxyparadiprenal-(10)*, $C_{10}H_{14}O_2$, Kp.$_{0,2-0,3}$ 110—113°, aus **II** mit HCl + Methanol 30 Min. am Rückfluß; 73%. *Semicarbazon*, $C_{11}H_{17}O_2N_3$, F. 160°. — *Paradiprenal-(10)-dimethylacetal* (**III**), $C_{12}H_{20}O_2$, Kp.$_{17}$ 116—118°, aus 100 g **II**, a) durch Hydrieren bei 60—70° in Essigester mit 3%ig. Pd/Kohle; 19 g; oder b) nach Versetzen mit Hydrazinhydrat durch 2std. Kochen mit 70 g KOH bei 200°; D.$_{23}$ 0,9576; n_D^{23} 1,4741; 42 g. — *Paradiprenal-(10)*, $C_{10}H_{14}O$, Kp.$_{17-18}$ 90—92°, aus vorst. Verb. mit methanol. HCl über das *Semicarbazon*, $C_{11}H_{17}ON_3$, F. 177—178° [Methanol]; Spaltung mit Phthalsäureanhydrid im H_2-Strom; D.$_{28,5}$ 0,94078; n_D^{25} 1,480. — *Paradiprensäure-(10)* (**IV**), $C_{10}H_{14}O_2$, F. 95—97° (W. oder Eisessig), aus 12,5 g vorst. Verb. mit Silberoxyd 5 g (roh) u. Reinigung durch Sublimation im Vakuum bei 140°; gibt bei Dehydrierung mit S im N_2-Strom bei 250° *p-Toluylsäure*. — *cis-Paradipransäure-(10)*, $C_{10}H_{18}O_2$, F. 35—40°, durch Hydrieren von 1,3 g **IV** in Eisessig an PtO_2 hydriert, Fällen der Säure mit W. u. Aufnehmen in PAe.; 1,2 g. *p-Bromphenacylester*, $C_{18}H_{23}O_3Br$, F. 62 bis 64°. — *trans-Paradipransäure-(10)*, F. 76—78° (Äthylchlorid), durch Hydrieren von 2,5 g **IV** + NaOH in W. an 2 g RANEY-Ni 3½ Std. bei 200°/240 at; 1,5 g. *p-Bromphenacylester*, F. 43—45° (verd. Methanol). — *7-Oxy-8.9-dihydroparadiprenal-(10)-dimethylacetal*, $C_{12}H_{22}O_3$, Kp.$_{0,2-0,3}$ 123—126°, durch Hydrieren von **II** in Methanol an PtO_2 bei 40° u. Hochvakuumdest.; 83%. — *8.9-Dihydroparadiprenal-(10)* (**V**),

$C_{10}H_{16}O$, Kp.$_{16}$ 92—93°, a) durch Hydrieren vorst. Verb. mit Pd/Kohle in Essigester bei 60—70° u. Zers. des gebildeten Acetals mit methanol. HCl, b) aus 21 g α-Äthylacrolein u. 17 g Isopren + Methylenblau 48 Std. im Rohr bei 180—220°; 27 g. *Semicarbazon*, $C_{11}H_{19}ON_3$, F. 174—175,5° (nach Sublimation im Vakuum). — *8.9-Dihydroparadiprensäure-(10)* (**VI**), $C_{10}H_{16}O_2$, F. 60—61° (Eisessig u. Methanol), Kp.$_{0,01}$ 102 bis 103°, a) durch Oxydation von **V** mit Silberoxyd, b) aus 16 g Äthylacrylsäureäthylester u. 14 g Isopren + Methylenblau 60 Std. im Rohr bei 200° u. Verseifen des *Äthylesters* (Kp.$_{11-12}$ 103—105°, 15 g) mit methanol. KOH durch 5std. Erhitzen, Kristalle aus Ameisensäure, Methanol u. Eisessig; 4,5 g. *Dibromid*, $C_{10}H_{16}O_2Br_2$, F. 135°, durch Zugabe von Br_2 aus der Säure in Chlf. u. Br_2, sehr geringe Ausbeute. Dehydrierung mit S ergibt *p-Toluylsäure*. — *Paradiprenal-(10)-säure-(7)*, $C_{10}H_{12}O_3$, F. 116 bis 118° (nach Sublimation im Vakuum bei 160°), durch Kochen von 17 g Paradiprenaldimethylacetal-(10)-säure-(7) (vgl. vorvorst. Ref.) in Dioxan mit konz. HCl (1 Std.); 12 g; die Verb. zers. sich nach einiger Zeit unter Gelbfärbung. — *Paradiprensäure-(7)*, $C_{10}H_{14}O_2$, F. 97° (nach Sublimation im Vakuum bei 130°), aus 10 g vorst. Verb. mit Hydrazinhydrat in W. u. Äthylenglykol ½ Std. bei 150°, KOH zugesetzt, nach Abdest. des W. 4 Std. auf 260° erhitzt u. in verd. HCl gegossen; 5,5 g. — *8.9-Dihydroparadiprensäure-(7)* (**VII**), $C_{10}H_{16}O_2$, F. 99,5—100,5° (nach Sublimation im Hochvakuum) durch Hydrierung vorst. Verb. in Methanol an PtO_2. *p-Bromphenacylester*, $C_{18}H_{20}O_3Br$, F. 81—82° (verd. Methanol). — *Paradipransäure-(7)*, $C_{10}H_{18}O_2$. Durch Hydrierung von 2 g vorst. Verb. an PtO_2 in Eisessig in der Wärme. Nach Aufnahme von 1 Mol H_2 wurde im Autoklaven bei 40°/100 at die Rk. beendet, Öl neben wenig **VII** Red. in alkal. Lsg. mit RANAY-Ni bei 200°/160 at führte ebenfalls zu einem Gemisch der Säure mit **VII** im Verhältnis 1:1. *p-Bromphenacylester*, $C_{18}H_{22}O_3Br$, F. 69—70° (verd. Methanol). — *1-Methyl-1-äthylcyclohexanon-(3)* (**VIII**), $C_9H_{16}O$, Kp.$_{22}$ 97—98°, aus C_2H_5MgJ, + CuCl u. 1-Methylcyclohexen-(1)-on-(3) in Ae. bei 50°; nach 1½std. Rühren mit NH_4Cl-Lsg. hydrolysiert, angesäuert u. dest.; $D.^{21}{}_4$ 0,9224; $n_D{}^{21}$ 1,4594; 71,5%. *Semicarbazon*, $C_{10}H_{19}ON_3$, F. 181—181,5° (Methanol/W.). Arbeitet man bei der GRIGNARD-Rk. bei höheren Tempp., erhält man neben 32,5% der Verb. 20% *1-Methyl-3-äthylcyclohexadien-(1.3)*, C_9H_{14}, Kp.$_{18}$ 65°. — *1-Methyl-1-äthyl-4-oxymethylencyclohexanon-(3)*, $C_{10}H_{16}O_2$, Kp.$_{20}$ 127,4—128,5°, durch Zugabe von vorst. Verb. + Isoamylformiat zu Na-Alkoholat unter Ae. (Eiskühlung). Nach 16 Std. wird mit Eis zers., alkal. u. sauer ausgeäthert u. dest.; 80%. *Semicarbazon*, $C_{11}H_{17}ON_3$, F. 126,5—127,5° (Methanol/W.). *Isobutyläther*, $C_{14}H_{24}O_2$, Kp.$_{0,2}$ 131—135°, durch Kochen des Ketons mit Isobutanol + p-Toluolsulfonsäure in Bzl. am Wasserabscheider; 64%; Red. des Isobutyläthers in absol. Ae. bei —50 bis —60° mit $Li\cdot AlH_4$ in Ae., Zugabe von konz. H_2SO_4, Verdünnen mit W. u. Ae.-Extraktion ergab ein Gemisch von *1-Methyl-1-äthyl-4-formylcyclohexen-(3)* mit dem entsprechenden Alkohol (*Semicarbazon der Formylverb.*, $C_{11}H_{19}ON_3$, F. 192° [nicht rein]) (*Anthrachinon-β-carbonsäureester*, $C_{25}H_{24}O_4$, F. 141,5—143,5°) u. einem unbekannten Keton. Oxydation des Gemisches (4,9 g) mit Silberoxyd gibt 250 mg **VII**. (Liebigs Ann. Chem. **583**. 191—206. 1953.) H. ULRICH. 3600

Rudolf Pummerer und **Fritz Graser**, *Über Kohlenwasserstoffe, Halogenide und Ketone der Paradiprenreihe*. 4. Mitt. (3. vgl. vorst. Ref.) Der Stammkörper der Paradiprenreihe, das *Paradipren* (**I**) wurde nach WOLFF-KISHNER über das Paradiprendial-(7.10)-bis-semicarbazon neben **II** bzw. stufenweise über das Paradiprendial-(7.10)-dibutylacetal-(10) erhalten. Bei Red. mit Hydrazinhydrat war der KW-stoff mit der Pyrazolinverb. **III** verunreinigt. Hydrierung des Gemisches von **I** u. **II** an PtO_2 gibt *Paradipran* (**IV**). Bei Verwendung von Pd/Kohle entstehen zu 75% *8.9-Dihydroparadipren* (**V**) u. zu 25% **IV**. **V** wurde auch durch Hydrierung von *8.9-Dihydroparadiprenol-(7)* (aus 8.9-Dihydroparadiprenol-(7)-al-(10); vgl. vorst. Ref.] mit Pd/Kohle erhalten. Aus **V** u. NOCl bildete sich das *Nitrosochlorid* **VI**, das bei der Spaltung mit methanol. KOH unter Austausch des Cl-Atoms gegen $-OCH_3$ ein krist. *Oxim* ergibt, aus dem durch Spaltung mit 10% ig. H_2SO_4 im Wasserdampfstrom *1-Methoxyparadipranon-(6)* entsteht. Bei der Spaltung von **VI** durch Kochen mit Pyridin entsteht das ungesätt. Oxim **VII**, das bei Spaltung mit Oxalsäure im Wasserdampfstrom *8.9-Dihydroparadiprenon-(6)* (**VIII**) ergibt. **VIII** wurde auch aus **V** durch Oxydation mit SeO_2 erhalten. Aus **I** u. NOCl entsteht ein Nitrosochlorid, das über das entsprechende Oxim in *Paradiprenon-(6)* (**IX**) übergeführt wurde. Ist

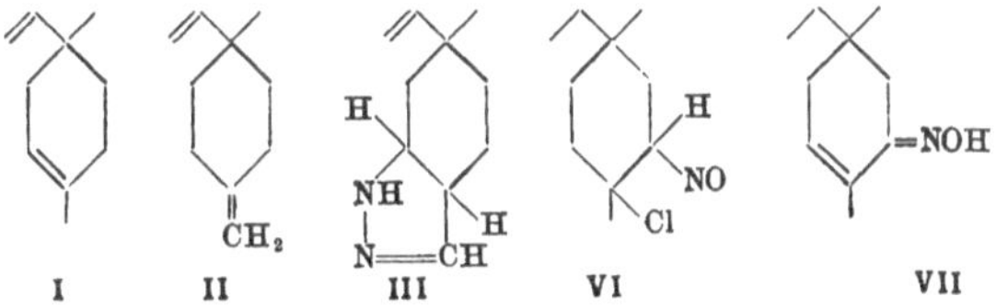

I II III VI VII

I mit II verunreinigt entsteht als Nebenprod. *Paradiprenal-(7)*. VIII wurde mit $KMnO_4$ in alkal. Lsg. oxydiert. Neben *Essigsäure* wurde *β-Methyl-β-äthylglutarsäure* u. *α-Methyl-α-äthylbernsteinsäure* nachgewiesen. Beim $KMnO_4$-Abbau von V wurde das *Semicarbazon* $C_{11}H_{21}O_2N_3$ eines ungeklärten Neutralstoffes u. das *Semicarbazon* $C_{11}H_{21}O_3N_3$ einer Ketocarbonsäure [*β-Methyl-β-äthyl-ω-acetylvaleriansäure(?)*, nicht ident. mit der aus Tetrahydrocarvon erhaltenen β-Isopropyl-ω-acetylvaleriansäure) erhalten. Daraus geht hervor, daß das Ringsyst. von I nicht mit dem der eigentlichen Terpene ident. ist. Vgl. der Konstanten von Derivv. des Dipentans u. I. Durch Anlagerung von HBr an V entsteht *1-Bromparadipran*, Anlagerung von Br_2 gibt *1.2-Dibromparadipran*. Aus I durch HBr-Addition *1.2-Dihydro-1-bromparadipren* (X), das mit Br_2 in Chlf. *1.8.9-Tribromparadipran* gibt. Das Gemisch von I u. II gibt bei Bromierung ein Tetrabromid, dessen Struktur noch nicht aufgeklärt ist.

Versuche: *Paradipren* (I), $C_{10}H_{16}$, Kp.$_{738}$ 159—161°. a) Paradiprendial-(7. 10)-dibutylacetal-(10) werden in 72%ig. Ausbeute mit Hydrazinhydrat zum *Paradiprenal-(10)-dibutylacetal*, $C_{18}H_{32}O_2$, Kp.$_{0,2}$ 108—111°, red., das durch Spaltung *Paradiprenal-(10)* (vgl. drittvorst. Ref.) ergibt. Das *Semicarbazon* (F. 177—178°) dieser Verb. wird mit trockenem Diäthylenglykol u. NaOH 6—7 Std. bei 180—210° erhitzt; D.$_{24}$ 0,82695; n_D^{24} 1,4620; 53% (Ausbeute); oder b) 55 g Hydrazinhydrat werden in der Hitze tropfenweise mit 66 g Paradiprendial in Diäthylenglykol zers., bei 190° W. u. Hydrazinhydrat abdest., die Hydrazonlsg. auf 85 g auf 200—220° erhitztes KOH getropft, 5 Std. erhitzt, ausgeäthert, mit verd. H_2SO_4 ausgeschüttelt u. dest., Kp.$_{741}$ 152—154°; 6,12 g. Daneben *Pyrazolin* III, $C_{10}H_{16}N_2$, Kp.$_{20}$ 142—143°; n_D 1,5163; oder c) Paradiprendial-bis-semicarbazon wird mit trockenem Diäthylenglykol u. NaOH 6 Std. auf 190—225° erhitzt; 54,5% neben II. *Nitrosochlorid*, $C_{10}H_{16}ONCl$, F. 113—114° (Methanol) schm. unter Grünfärbung; 38,5%. — *8.9-Dihydroparadiprenol-(7)-al-(10)*, $C_{10}H_{16}O_2$, Kp.$_{0,1}$ 110—112°, durch Spaltung des entsprechenden Acetals (vgl. vorst. Ref.); 74%. — *8.9-Dihydroparadiprenol-(7)*, $C_{10}H_{18}O$, Kp.$_{12}$ 117 bis 119°, aus vorst. Verb. nach WOLFF-KISHNER; 56%. — *8.9-Dihydroparadipren* (V), $C_{10}H_{18}$, Kp.$_{17-18}$ 64—66°, a) durch Hydrierung + Pd/Kohle von vorst. Verb. in Essigester, 42%, oder von I in Methanol, 91%, neben IV. *Nitrosochlorid* VI, $C_{10}H_{18}$·ONCl, F. 114° (Methanol); 27%. V gibt bei Oxydation mit $KMnO_4$ bei 0° ein *neutrales Öl* unbekannter Konst. (*Semicarbazon*, $C_{11}H_{21}O_2N_3$, F. 191°) u. eine *Methylketocarbonsäure* (*Semicarbazon*, $C_{11}H_{21}O_3N_3$, F. 155°). — *Paradipran* (IV), $C_{10}H_{20}$, Kp.$_{730}$ 159 bis 161°, durch Hydrieren von I in Methanol an PtO_2; D.$_{16,5}$ 0,80166; $n_D^{16,5}$ 1,4399; 75%. — *1-Methoxyparadipranon-(6)*, $C_{11}H_{20}O_2$, Kp.$_{12}$ 95—99°, durch Erhitzen von VI in 10%ig. methanol. KOH. (2½ Std.) u. Spaltung des entstandenen *Oxims*, $C_{11}H_{21}$·O_2N, F. 56,5—58° (nach Verreiben mit PAe.; 23%), mit 10%ig. H_2SO_4 im Wasserdampfstrom; 33%. *2.4-Dinitrophenylhydrazon*, $C_{17}H_{24}O_5N_4$, F. 119—123° (Methanol); 75%. — *8.9-Dihydroparadiprenon-(6)* (VIII), $C_{10}H_{16}O$, Kp.$_{11}$ 92—95°, a) durch 1½std. Erhitzen von VI in Bzl. mit Pyridin (1½ Std.) u. Zers. des entstandenen *Oxims* (VII, $C_{10}H_{17}ON$, F. 44—45° [A.]; 90%) nach Reinigung durch Wasserdampfdest. mit Oxalsäure im Wasserdampfstrom; 31,5%; b) aus V in A. + SeO_2 in A. 2 Std. bei 80° u. weitere 4½ Std. am Rückfluß; 37%. *2.4-Dinitrophenylhydrazon*, $C_{16}H_{20}O_4N_4$, F. 113 bis 114,5° (rote Nadeln aus A.); 40—61%; VIII in 2,4%ig. NaOH suspendiert, gibt bei Oxydation mit $KMnO_4$ unter Eiskühlung nach Wasserdampfdest. u. Eindampfen 21% *Essigsäure* (*p-Bromphenacylester*, $C_{10}H_9O_3Br$, F. 83—83,5°) u. aus dem Destillationsrückstand 47% *β-Methyl-β-äthylglutarsäure* ($C_8H_{14}O_4$, F. 81—83°. *Toluidid*, $C_{15}H_{21}O_3N$, F. 111,5—113,5°) sowie *α-Methyl-α-äthylbernsteinsäure* (*Toluidid*, F. 144,5 bis 145,5°). — *Paradiprenon-(6)* (IX), $C_{10}H_{14}O$, Kp.$_{11}$ 88—93°, aus dem Nitrosochlorid von I über das Oxim ($C_{10}H_{15}ON$, F. 65—66,5°; 42,5%), das mit Oxalsäure im Wasserdampfstrom gespalten u. unter N_2 dest. wird. Je nach dem nach a), b) oder c) erhaltenen Ausgangsmaterial I zwei *2.4-Dinitrophenylhydrazone*, $C_{16}H_{18}O_4N$, vom F. 118—119° (rote Nadeln aus A.) u. F. 181—182° (rote Kristalle aus A.). — *1-Bromparadipran*, $C_{10}H_{19}Br$, Kp.$_{22}$ 72°, aus V in Eisessig u. gesätt. HBr–Eisessig-Lsg.; 47%. — *1.2-Dihydro-1-bromparadipren* (X), $C_{10}H_{17}Br$, Kp.$_1$ 65—68°, aus I analog vorst. Verb.; 66%. — *1.2-Dihydro-1-chlorparadipren*, $C_{10}H_{17}Cl$, Kp.$_{0,8}$ 51°; 75%. — *1.2-Dibromparadipran*, $C_{10}H_{18}Br_2$, Kp.$_{0,6}$ 109,5—111°, aus V u. Br_2 in Chlf.; 45%. — *1.8.9-Tribromparadipran*, $C_{10}H_{17}Br_3$, F. 78—79° (Methanol), aus X u. Br_2 in Chloroform. — *Tetrabromparadipran*, $C_{10}H_{16}Br_4$, F. 120,5—122° (Essigester), aus I u. Br_2 in Chloroform. (Liebigs Ann. Chem. **583**. 207—24. 1953.) H. ULRICH. 3600

Rudolf Pummerer, Franz Aldebert, Fritz Graser und **Heinrich Sperber**, *Über Alkohole und Äther der Paradiprenreihe*. 5. Mitt. (4. vgl. vorst. Ref.) Vff. erhalten aus Paradiprendial (I) nach MEERWEIN-PONNDORF in guter Ausbeute *Paradiprendiol-(7.10)* (II). Katalyt. Hydrierung von II an PtO_2 gibt *8.9-Dihydroparadiprendiol-*

(*7.10*) (**III**) u. *Paradiprandiol* (**IV**). Die Diole, die auch durch Hochdruckhydrierung von **I** erhalten werden können, sind viscose, hygroskop., wasserunlösl. Flüssigkeiten. Zur Charakterisierung wurden die Azobenzol-p-carbonsäure- u. die sauren Phthalsäureester dargestellt. **III** wurde auch aus 7-Oxy-8.9-dihydroparadiprenal-(10) nach MEERWEIN-PONNDORF erhalten. Bei der Darst. von **IV** entstand als Nebenprod. durch Überhydrierung *Paradipranol-*(*10*) (**V**), das durch Hydrierung von **II** bzw. **III** in Eisessig an PtO_2 erhalten wird. Bei der Red. von Paradiprendial-(7.10)-butylacetal-(10) (**VI**) mit Al-Isopropylat bildet sich *7-Oxyparadiprenal-*(*10*)*-dibutylacetal*, das nach Spaltung u. WOLFF-KISHNER-Red. in mäßiger Ausbeute *Paradiprenol-*(*7*) (**VII**) gibt. Hydrireung von **VII** mit Pd-Glycerinkohle führt zum *Paradipranol-*(*7*). Zur Darst. der in 10-Stellung hydroxylierten Paradiprene wird **VI** zum Paradiprenal-(10)-dibutylacetal red., das nach Spaltung *Paradiprenal-*(*10*) (**VIII**) gibt. **VIII** wurde über das Semicarbazon gereinigt u. nach MEERWEIN-PONNDORF-Red. in 80% ig. Ausbeute in *Paradiprenol-*(*10*) (**IX**) übergeführt. Durch Hydrierung von **IX** an Pd-Kohle entsteht *8.9-Dihydroparadiprenol-*(*10*). **V** gibt bei Rk. mit PCl_5 in PAe. unter Retropinalkolinumlagerung ein tert. Chlorid unbekannter Struktur. Bei Entwässerung mit $KHSO_4$ bildet sich unter Umlagerung ein Gemisch isomerer cycl. *Äther* $C_{10}H_{18}O$ u. ein gesätt. Alkohol, deren Strukturen ebenfalls noch ungewiß sind. Aus **II** u. $KHSO_4$ wurde ein dreifach ungesätt. Alkohol erhalten, dessen 3-Doppelbindungen durch katalyt. Hydrierung nachgewiesen wurden.

Versuche: *Paradiprendiol-*(*7.10*) (**II**), $Kp._{0,05}$ 129,5—130,5°, a) aus **I** mit Al-Isopropylat in Isopropanol unter Abdest. des Acetons; 56% (Ausbeute); b) durch Hydrierung von **I** in A. in Ggw. von Kupferchromoxyd bei 140—160°/205—160 at; 70%; schwach gelbliche viscose Fl., leicht lösl. in A., Ae., Dioxan, Eisessig, schwer lösl. in kaltem Bzl. u. unlösl. in Petroläther. *Diacetat*, $C_{14}H_{20}O_4$, $Kp._{0,4}$ 132—133°. *Azobenzol-p-carbonsäureester*, $C_{36}H_{32}O_4N_4$, F. 131—134° (orangefarbige Kristalle aus Cyclohexan); aus **II** mit Azobenzolcarbonsäurechlorid + Pyridin in Bzl. 80%. *Phthalestersäure*, $C_{26}H_{24}O_8$, F. 139—140° (Bzl./Cyclohexan), durch Erhitzen von **II** u. Phthalsäureanhydrid in Benzol. — *8.9-Dihydroparadiprendiol-*(*7.10*) (**III**), $C_{10}H_{18}O_2$, $Kp._{0,01}$ 118—121°, a) durch Hydrieren von **II** werden mit 100 mg PtO_2 in Methanol; 76%; b) durch Red. von 5 g 7-Oxy-8.9-dihydroparadiprenal-(10) in Isopropanol mit 10 g Al-Isopropylat; 3 g; c) durch Hydrieren von **I** in A. in Ggw. von Kupferchromoxyd bei 130—150°/195—130 at (bei Hydrierung an RANEY-Cu bei 190 bis 220°/210—140 at liegt der C-Wert trotz mehrfacher Hochvakuumdest. um 1% zu tief). *Diacetat*, $C_{14}H_{22}O_4$, $Kp._{0,3}$ 119—122,5°. *Azobenzol-p-carbonsäureester*, $C_{36}H_{34}\cdot O_4N_4$, F. 117,5—121°. *Phthalestersäure*, $C_{26}H_{26}O_8$, F. 151—152,5° (Toluol). — *Paradiprandiol-*(*7.10*) (**IV**), $C_{10}H_{20}O_2$, $Kp._{0,01}$ 122—126°, durch Hydrieren: a) von 21,5 g **II** in Methanol an PtO_2. Das 2. Mol H_2 wurde trotz mehrfacher Aktivierung mit O_2 nur sehr langsam aufgenommen. Nachhydrierung des Hauptlaufes ergab eine äußerst zähfl. Substanz; 5,8 g; b) von **I** in A. in Ggw. von Kupferchromoxyd bei 230—240°/200 bis 120 at; 70%. *Diacetat*, $C_{14}H_{24}O_4$, $Kp._{0,3}$ 115—116°; 10,7 g (aus 10,6 g **IV**). *Azobenzol-p-carbonsäureester*, $C_{36}H_{36}O_4N_4$, F. 141—145° (Cyclohexan u. 90% ig. Isopropanol) *Phthalestersäure*, $C_{26}H_{28}O_8$, F. 158—159° (Toluol). *Dimethyläther*, $C_{12}H_{24}O_2$, $Kp._{0,5}$ 60 bis 62°, durch Erhitzen von 11,2 g **IV** in Dioxan + K mit CH_3J; 4,9 g. Bei der Rk. von **IV** mit $KHSO_4$ unter schwachem Vakuum u. N_2 bei 150—250° werden nach Aufarbeitung (s. Original) neben einem KW-stoff u. einem Alkohol ein *cycl. Äther*, $C_{10}H_{18}O$, $Kp._{11}$ 71—80° (Gemisch von Isomeren?), erhalten. Entwässerung von **IV** unter Durchleiten durch ein mit Al_2O_3 gefülltes, auf 360° erhitztes Rohr bei 0,7 bis 1,5 Torr N_2 ergab eine Fraktion vom $Kp._{15}$ 51,5—53° der Zus. C_9H_{14}. — *Paradipranol-*(*10*) (**V**), $C_{10}H_{20}O$, $Kp._{10}$ 106—109°, durch Hydrieren: a) von 24 g **II** in Eisessig an 200 mg PtO_2 bei Zimmertemp.; 8,55 g; oder b) von 6,3 g **III** in Eisessig an 50 mg PtO_2; 4,4 g; $D.^{16,8}$ 0,91560; $n_D^{16,8}$ 1,4680. *m-Nitrophthalestersäure*, $C_{18}H_{23}O_6N$, F. 183 bis 184° (Cyclohexan + wenig Bzl.). *Anthrachinon-β-carbonsäureester*, $C_{25}H_{26}O_4$, F. 89 bis 92° (Cyclohexan). *Acetat*, $C_{12}H_{22}O_2$, $Kp._{15}$ 116—116,5°. Halogenierung von **V** mit PCl_5 in PAe. u. Dest. im Hochvakuum unter CO_2 ergibt *Verb.* $C_{10}H_{19}Cl$, $Kp._{2-3}$ 76 bis 77°; hieraus nach Hydrolyse mit methanol. KOH sowie Dest. über Na u. Rk. mit Amylnitrit + HCl ein festes *Nitrosochlorid*, $C_{10}H_{18}ONCl$, F. 119—120°. — *Paradiprenal-*(*10*)*-dibutylacetal*, $C_{18}H_{32}O_2$, $Kp._{0,2}$ 108—111°, Paradiprendial-(7.10)-butylacetal-(10) (**VI**) wird mit Hydrazinhydrat 25 Min. auf 130° u. nach Zugabe von KOH 5—6 Std. auf 180—210° erhitzt; 72%. — *Paradiprenal-*(*10*) (**VIII**), $C_{10}H_{14}O$, $Kp._{12}$ 80 bis 82°, durch Spaltung vorst. Verb. mit methanol. HCl u. Reinigung über das Semicarbazon; $D.^{25,5}$ 0,94078; $n_D^{25,5}$ 1,480; 66%; *Semicarbazon*, $C_{11}H_{17}ON_3$, F. 177—178° (Methanol). — *Paradiprenol-*(*10*) (**IX**), $C_{10}H_{16}O$, $Kp._{14}$ 109—109,5°, durch Red. vorst. Verb. mit Al-Isopropylat in Isopropanol; $D.^{17}{}_4$ 0,9562; n_D^{17} 1,4962; 80%. *Acetat*,

$C_{12}H_{18}O_2$, Kp.$_{15}$ 119,5—120,5°; 78%. *m-Nitrophthalestersäure*, F. 171° (Toluol/PAe.). — *8.9-Dihydroparadiprenol-(10)*, $C_{10}H_{18}O$, Kp.$_{15}$ 114,5—115,5°, durch Hydrierung vorst. Verb. in Methanol mit Pd-Glycerinkohle. *Anthrachinon-β-carbonsäureester*, $C_{25}H_{24}O_4$, F. 104—105° (Cyclohexan). — *7-Oxyparadiprenal-(10)-dibutylacetal*, $C_{18}H_{32}O_3$, Kp.$_{12}$ 163 bis 164°, durch Red. von **VI** in Isopropanol mit Al-Isopropylat; D.^{14} 0,9717; n_D^{14} 1,4835; 60%. — *Paradiprenol-(7)* (**VII**), $C_{10}H_{16}O$, Kp.$_{13}$ 114—117°, durch Spaltung vorst. Verb. mit methanol. HCl, Rk. des Aldehyds mit Hydrazinhydrat u. Erhitzen des Hydrazons mit KOH 6 Std. auf 180—215°; 35%. *Anthrachinon-β-carbonsäureester*, $C_{25}H_{22}O_4$, F. 117—120°. — *Paradipranol-(7)*, $C_{10}H_{20}O$, Kp.$_{15}$ 115°, durch Hydrierung vorst. Verb. in Methanol mit Pd-Kohle. *Anthrachinon-β-carbonsäureester*, $C_{25}H_{26}O_4$, F. 104—104,5° (Cyclohexan u. Methanol/Aceton). — *7-Methoxyparadiprenal-(10)*, 7-Oxyparadiprenal-(10)-dimethylacetal wird in Toluol mit der fl. Legierung von 4 g K u. 2 g Na in das Alkoholat übergeführt, mit CH_3J u. danach mit konz. HCl u. Methanol 1 Std. erhitzt; *Semicarbazon*, $C_{12}H_{19}O_2N_3$, F. 107° (Bzl./PAe.). (Liebigs Ann. Chem. **583**. 225—39. 1953.) H. ULRICH. 3600

W. J. Hickinbottom und **D. G. M. Wood**, *Die Reaktionen ungesättigter Verbindungen.* 10. Mitt. *Die Oxydation von Camphen mit Chromoxyd.* (9. vgl. C. **1952**. 4911.) Die Oxydation von Camphen (**I**) mit CrO_3 nach der von TREIBS u. SCHMIDT (Ber. dtsch. chem. Ges. **61**. [1928.] 464) benutzten Variation lieferte als prim. Prod. (±)-*Camphenoxyd* (**II**) u. ein hochsd., komplex zusammengesetztes Gemisch, das kein Camphenilon enthielt. Die Identifizierung von **II** erfolgte durch Red. mit $LiAlH_4$, wobei ein Gemisch tert. Alkohole entstand, aus dem *2-Methylcamphenilol* (**III**) isoliert u. charakterisiert werden konnte. Camphenilon [aus *Camphenilanaldehyd* (**IV**)] konnte unter den Reduktionsprodd. nicht gefunden werden.

Versuche: (±)-*Camphenoxyd* (**II**), $C_{10}H_{16}O$, aus **I** u. Perbenzoesäure in Chlf. bei 0° (45 Min.) u. Chromatographieren des rohen Epoxyds vom Kp.$_{25}$ 87—96° nach dem Trennen in 2 Fraktionen vom F. 84—86° u. F. 78—92° an Al_2O_3 aus Bzl. + PAe. (1 : 1). *Camphenilanaldehyd-2.4-dinitrophenylhydrazon*, $C_{16}H_{20}O_4N_4$, F. 151° (A.), aus vorst. Fraktionen u. 2.4-Dinitrophenylhydrazon in warmer verd. Säure; gelbe Nadeln. — *2-Methylcamphenilol* (**III**), $C_{10}H_{18}O$, aus **II** u. $LiAlH_4$ in sd. Ae. (30 Min.) u. Zers. mit Eis u. verd. H_2SO_4. *p-Nitrobenzoat*, F. 143°. *Camphenhydrat* als Nebenprod. aus der Reduktionsmasse durch chromatograph. Abtrennung. — *Camphenilon-2.4-dinitrophenylhydrazon*, $C_{15}H_{18}O_4N_4$, F. 161° (A.), orangefarbene Nadeln. Konnte von **IV**-2.4-Dinitrophenylhydrazon aus PAe. + Bzl. an Al_2O_3 u. Eluieren mit PAe. + Ae. getrennt werden. — Die Oxydation von **I** mit CrO_3 (in Essigsäureanhydrid) in CCl_4 unter Kühlen u. Zers. mit Eis u. Natronlauge u. Lösen des Nd. mit CH_3COOH lieferte eine wss. Lsg., die mit Ae. extrahiert wurde. Die vereinigten organ. Lsgg. hinterließen bei der Dest. ein rohes **II** vom Kp.$_{22}$ 60—86°; nach dem Chromatographieren F. 76—84°. Die Zwischenfraktion zwischen **I** u. **II** enthielt Derivv. von **IV**. Die hochsd. Rückstände vom Kp.$_1$ 60—150° konnten nicht getrennt werden; die Fraktionen oberhalb Kp.$_1$ 100° lieferten wechselnde Mengen eines *2.4-Dinitrophenylhydrazons*, $C_{16}H_{18}O_5N_4$ oder $C_{16}H_{16}O_5N_4$, vom F. 222—223° (verd. Essigsäure); Nadeln. (J. chem. Soc. [London] **1953**. 1906—08. Juni. London, Queen Mary Coll.) GOLD. 3600

E. M. Chamberlin, W. V. Ruyle, A. E. Erickson, J. M. Chemerda, L. M. Aliminosa, R. L. Erickson, G. E. Sita und **M. Tishler**, *Synthese von 11-Ketosteroiden.* (Vorl. Mitt. vgl. C. **1953**. 4212.) $\Delta^{7.9,11.22}$-Ergostatrien-3β-olacetat (**I**; Ergosterin-D-acetat) läßt sich mit entsprechenden Mengen Perbenzoesäure stufenweise in das *Δ^7-9α.11α-Monoepoxyd* (**II**), das *Diepoxyd* u. *Triepoxyd* überführen. **II** wird durch Säuren zu *$\Delta^{8.22}$-Ergostadien-3β.7ξ.11α-triol-3-monoacetat* (**III**) hydrolyt. umgelagert; diese Rk. wird am besten durch Chromatographie an mit Säure gewaschenem Al_2O_3 ausgeführt, an dem **III** stark adsorbiert wird u. so gleichzeitig durch Elution mit unpolaren Lösungsmitteln von Verunreinigungen befreit werden kann. Die Oxydation von **III** mit CrO_3 liefert *$\Delta^{8.22}$-Ergostadien-3β-ol-7.11-dionacetat* (**IV**), das sich mit Zn-Staub/CH_3COOH zu *Δ^{22}-Ergosten-3β-ol-7.11-dionacetat* (**V**) reduzieren läßt. In **IV** u. **V** besitzen die beiden Ketogruppen sehr unterschiedliche Reaktionsfähigkeit, so wurden nur 7-Monoketoderivv. erhalten, u. es gelang die selektive Red. von **V** nach WOLFF-KISHNER/HUANG-MINLON zu *Δ^{22}-Ergosten-3β-ol-11-on*, das als *Acetat* (**VI**) charakterisiert wurde. Ozonisierung von **VI**, Zers. des Ozonids mit Zn-Staub/CH_3COOH, Oxydation des entstandenen Aldehyds u. Veresterung ergaben *3β-Acetoxy-11-keto-bis-norallocholansäuremethylester* (**VII**), der in *3.11-Diketo-bis-norallocholansäuremethylester* (**VIII**) übergeführt wurde. **VIII** wurde zum Vgl. auch aus 3α-Oxy-11-keto-bisnorcholansäuremethylester (**IX**) dargestellt. **VII** ergab beim Abbau nach BARBIER-WIELAND *Allopregnan-3β-ol-11.20-dionacetat* (**X**). In analoger Reaktionsfolge kann **X** auch ausgehend von Stigmasterin oder Diosgenin erhalten werden. — Das UV-

Spektr. von **IV** zeigt ein Absorptionsmaximum bei 270 mμ (in A.) bzw. 266 mμ (in Isooctan) für das durch eine 2.3-Doppelbindung konjugierte 1.4-Diketonsystem.

V e r s u c h e (FF. korr., opt. Drehungen in 1% ig. Lsgg. in Chlf.): *$\Delta^{7.22}$-Ergostadien-3β-ol-9α.11α-epoxydacetat* (**II**), $C_{30}H_{46}O_3$, F. 211,5–213,5° (Aceton), durch Zutropfen von 100 cm³ 0,42 mol. Perbenzoesäurelsg. in Bzl. zu 17,5 g **I** in Bzl. bei 10°, Eindampfen, rasche Chromatographie an Al_2O_3 u. Elution mit PAe.–Bzl.; $[\alpha]_D$ –39,3°; 8,87 g (Ausbeute; roh). — *$\Delta^{7.22}$-Ergostadien-3β-ol-9α.11α-epoxyd*, $C_{28}H_{44}O_2$, F. 188 bis 189° (Bzl.), a) aus $\Delta^{7.9,11.22}$-Ergostatrien-3β-ol wie vorst.; b) aus **II** durch Kochen mit 5% ig. CH_3ONa-Lsg. in CH_3OH u. Bzl.; $[\alpha]_D$ –34°. — **I**-*Diepoxyd*, $C_{30}H_{46}O_4$, F. 174–175° (CH_3OH), aus **I** mit 2 Mol $C_6H_5CO_3H$ in Bzl.; $[\alpha]_D$ –18°. — **I**-*Triepoxyd*, $C_{30}H_{46}O_5$, F. 197–198° (CH_3OH), aus **I** mit 3 Mol $C_6H_5CO_3H$ während 5 Tagen bei Raumtemp.; $[\alpha]_D$ +6°. — *$\Delta^{8.22}$-Ergostadien-3β.7ξ.11α-triol-3-acetat* (**III**), $C_{30}H_{48}O_4$, F. 253–255° (Aceton), durch 5tägiges Stehen von 150 g **II** in 1800 cm³ Bzl. mit 2400 g mit Säure gewaschenem Al_2O_3, Filtration, Auswaschen von unverändertem **II** aus dem Rückstand mit Bzl. (21 g **II** zurück) u. kontinuierliche Extraktion von **III** mit CH_3OH/Chlf.; $[\alpha]_D$ +83° (0,5% ig); 106 g. — *$\Delta^{8.22}$-Ergostadien-3β.7ξ.11α-triol*, $C_{28}H_{46}O_3$, F. 273–274°, durch Hydrolyse von 1 g **III** mit methanol. KOH in CH_3OH/Bzl.; 820 mg. — *$\Delta^{8.22}$-Ergostadien-3β.7ξ.11α-trioltriacetat*, $C_{34}H_{52}O_6$, F. 171–173° (CH_3OH); $[\alpha]_D$ +90°. — *$\Delta^{8.22}$-Ergostadien-3β-ol-7.11-dionacetat* (**IV**), $C_{30}H_{44}O_4$, F. 135 bis 136°, a) aus 1,36 g **III** mit 570 mg $Na_2Cr_2O_7 \cdot 2\,H_2O$ in CH_3COOH während 18 Std. bei 23°, Einengen, Zugabe von W., Benzolextraktion, Einengen, Chromatographie an Al_2O_3 u. Elution mit PAe.–Ae.; aus CH_3OH blaßgelbe Nadeln; $[\alpha]_D$ +18,5°; 190 mg (roh); b) die Oxydation von **III** wird besser mit CrO_3 in wss. Aceton durchgeführt. *7-Mono-2.4-dinitrophenylhydrazon*, $C_{36}H_{48}O_7N_4$, F. 203,5–206° (A.–Äthylacetat). *7-Monoäthylendithioketal*, $C_{32}H_{48}O_2S_2$, F. 164,5–165,5° (Aceton/CH_3OH), aus **IV** u. Äthandithiol mit HCl-Gas. — *Δ^{22}-Ergosten-3β-ol-7.11-dionacetat* (**V**), $C_{30}H_{46}O_4$, F. 196–198° (CH_3OH), a) durch 3std. Erwärmen von **IV** in CH_3COOH mit Zn-Staub auf dem Dampfbad, Filtration, Ausfällen mit W. u. Benzolextraktion; $[\alpha]_D$ –30°; b) direkt aus **III** durch Oxydation in Aceton mit CrO_3 in W. + H_2SO_4 bei 20°, Ausfällen von rohem **IV** mit W. u. Red. wie bei a); 62% (bezogen auf **III**). *7-Mono-2.4-dinitrophenylhydrazon*, $C_{36}H_{50}O_7N_4$, F. 150–155° u. 208–210° (A.–Äthylacetat). *7-Monoäthylendithioketal*, $C_{32}H_{50}O_3S_2$, F. 230–233° (CH_3OH). — *Δ^{22}-Ergosten-3β-ol-11-on*, $C_{28}H_{46}O_2$, F. 170–171° (CH_3OH), aus **V** mit KOH u. 85% ig. $N_2H_4 \cdot H_2O$ in Diäthylenglykol während 1 Std. bei 130–140° u. 2 Std. bei 195–200°, Zugabe von W. u. 50% ig. H_2SO_4 u. Benzolextraktion; $[\alpha]_D$ +26,6°; 70%. *Acetat* (**VI**), F. 129 bis 131° (CH_3OH); $[\alpha]_D$ +11,9°; 80%. — *3β-Acetoxy-11-keto-bis-norallocholansäure*, $C_{24}H_{36}O_5$, F. 197–200°, durch Ozonisierung von **VI** in Chlf. bei 0°, 1std. Rühren mit Zn-Staub u. CH_3COOH, 16std. Oxydation mit CrO_3 in CH_3COOH, Zugabe von CH_3OH, Verteilung zwischen Bzl. u. 5% ig. H_2SO_4, Eindampfen der Benzollsg. u. Aufnehmen in Aceton; $[\alpha]_D$ +16,5°; 45%. *Methylester* (**VII**), $C_{25}H_{38}O_5$, F. 191–194°, mit CH_2N_2 in Ae.; $[\alpha]_D$ +24,3°. — *3β-Oxy-11-keto-bis-norallocholansäure*, $C_{22}H_{34}O_4$, F. 260–262°, aus vorst. Säure mit 5% ig. methanol. KOH; $[\alpha]_D$ +31°. *Methylester* (**VIIa**), $C_{23}H_{36}O_4$, F. 177,5–180,5° (CH_3OH–W.); $[\alpha]_D$ +41,5°. — *3.22-Dioxy-11-keto-22.22-diphenyl-bis-norallocholan*, $C_{34}H_{44}O_2$, F. 244,5–249° (CH_3OH), aus **VIIa** u. C_6H_5MgBr in Ae., N-Äthylmorpholin u. Bzl. (4 Tage Rühren), Zers. mit Eis + HCl, Einstellen auf p_H 6,5–7,5, 4std. Wasserdampfdest. u. Lösen des Prod. in heißem Bzl.; $[\alpha]_D$ –22,5°. — *$\Delta^{20.22}$-3β-Acetoxy-11-keto-22.22-diphenyl-bis-norallocholen*, $C_{36}H_{44}O_3$, F. 267–268,5° (CH_3OH–Chlf.), durch 6std. Kochen vorst. Verb. mit Acetanhydrid/CH_3COOH (2 : 1); $[\alpha]_D$ +228°. — *Allopregnan-3β-ol-11.20-dionacetat* (**X**), $C_{23}H_{34}O_4$, F. 141–143° (wss. CH_3OH), aus vorst. Verb. durch Ozonisierung in Chlf. bei –50 bis –70° u. Zers. des Ozonids mit Eisessig u. Zn-Staub bei Raumtemp.; $[\alpha]_D$ +88°. *2.4-Dinitrophenylhydrazon*, $C_{29}H_{38}O_7N_4$, F. 234–235° (Äthylacetat). — *3.11-Diketo-bis-norcholansäuremethylester* (**XI**), $C_{23}H_{34}O_4$, F. 202–202,8° (Aceton), durch 20std. Stehen von **IX** mit N-Bromacetamid in CH_3OH + Pyridin u. Zugabe von Allylalkohol u. dann von W.; $[\alpha]_D$ +51°; 93%. *2.4-Dinitrophenylhydrazon*, $C_{29}H_{38}O_7N_4$, F. 237–238° (Äthylacetat–A.). — *4-Brom-3.11-diketo-bis-norcholansäuremethylester*, $C_{20}H_{00}O_4Br$, F. 174–175,6° (Äthylacetat), durch Bromierung von 39 g **XI** in CH_3COOH + HBr + Na-Acetat, Einengen im Vakuum u. Verdünnen mit W.; $[\alpha]_D$ +79°; 19,9 g. — *Δ^4-3.11-Diketo-bis-norcholensäuremethylester*, $C_{23}H_{32}O_4$, F. 173,5 bis 175,2° (Aceton/PAe. u. CH_3OH), durch 2,5std. Stehen von 7 g vorst. Verb. mit Semicarbazidhydrochlorid u. Na-Acetat in wss. CH_3COOH unter CO_2, 1std. Kochen mit Na-Acetat u. Brenztraubensäure u. Verdünnen mit W. in der Wärme; Reinigung durch Chromatographie aus Bzl.–Ae. an Al_2O_3 u. Elution mit Ae.–PAe. (2 : 1); $[\alpha]_D$ +165°; 3,75 g. *2.4-Dinitrophenylhydrazon*, $C_{29}H_{36}O_7N_4$, F. 261,8–262,4° (Chlf.–

CH_3OH). — *3.11-Diketo-bis-norallocholansäuremethylester* (**VIII**), $C_{23}H_{34}O_4$, F. 203 bis 205,2° (Aceton), a) durch Hydrierung von 1 g vorst. Verb. (A., PtO_2, geringer Überdruck, 25°) bis zur Aufnahme von 2 Mol H_2, Eindampfen, Oxydation des Rückstands in Aceton mit CrO_3 in 2nH_2SO_4, Zugabe von W. zum Filtrat, Eindampfen u. Chromatographie aus Bzl. an Al_2O_3; Elution mit Ae.–PAe. (2 : 1) u. Ae. gab 440 mg **VIII**; $[\alpha]_D$ +66°; weitere Elution mit Ae.–Aceton (20 : 1) lieferte 207 mg **XI**; b) **VII** wurde zu **VIIa** hydrolysiert u. dieser in Aceton mit CrO_3 in n-H_2SO_4 zu **VIII** oxydiert. *2.4-Dinitrophenylhydrazon*, $C_{29}H_{38}O_7N_4$, F. 246–247° (Äthylacetat–A.). — *Δ^7-3β-Acetoxy-9α.11α-epoxy-bis-norallocholensäuremethylester*, $C_{25}H_{36}O_5 \cdot C_3H_6O$, F. 198–201° (Aceton), aus *$\Delta^{7.9,11}$-3β-Acetoxy-bis-norallocholadiensäuremethylester* (aus Stigmasterin) wie **II**; $[\alpha]_D$ –21°. — *Δ^8-3β-Acetoxy-7ξ.11α-dioxy-bis-norallocholensäuremethylester*, $C_{25}H_{38}O_6$, F. 218–230° (CH_3OH) bzw. F. 237–248° (Äthylacetat), aus vorst. Verb.; $[\alpha]_D$ +92°. — *Δ^8-3β-Acetoxy-7.11-diketo-bis-norallocholensäuremethylester*, $C_{25}H_{34}O_6$, F. 186,5–187,5° (CH_3OH), aus 1 g vorst. Verb. mit $Na_2Cr_2O_7$ in CH_3COOH; $[\alpha]_D$ +38,7°; 550 mg (roh). — *3β-Acetoxy-7.11-diketo-bis-norallocholansäuremethylester*, $C_{25}H_{36}O_6$, F. 230,5–231,5° (CH_3OH), aus vorst. Verb. mit Zn-Staub u. CH_3COOH; $[\alpha]_D$ –14,5°, gab durch Wolff-Kishner-Red. u. Veresterung mit CH_2N_2 **VIIa**. — *Δ^7-5α.22a-Spirosten-3β-ol-9α.11α-epoxydacetat*, $C_{29}H_{42}O_5$, F. 265–271° (Aceton), aus 3,25 g $\Delta^{7.9,11}$-5α.22a-Spirostadien-3β-olacetat (aus Diosgenin) wie **II** in 20 Min.; $[\alpha]_D$ –73°; 2,6 g. — *5α.22a-Spirostan-3β-ol-7.8;9α.11α-diepoxydacetat*, $C_{29}H_{42}O_6$, F. 311–316° (auf 300° vorgeheiztes Bad), in 2 Stunden. — *Δ^8-5α.22a-Spirosten-3β.7ξ.11α-triol-3-monoacetat*, $C_{29}H_{44}O_6$, F. 250–254°, aus vorvorst. Monoepoxyd; $[\alpha]_D$ +21°. — *Δ^8-5α.22a-Spirosten-3β-ol-7.11-dionacetat*, $C_{29}H_{40}O_6$, F. 226–227° (CH_3OH), durch Oxydation vorst. Verb. mit CrO_3; $[\alpha]_D$ –14°. — *5α.22a-Spirostan-3β-ol-7.11-dionacetat*, $C_{29}H_{42}O_6$, F. 241–243° (CH_3OH), durch Red. vorst. Verb. mit Zn/CH_3COOH; $[\alpha]_D$ –72°. — *5α.22a-Spirostan-3β-ol-11-on*, $C_{27}H_{42}O_4$, F. 224–229° (Äthylacetat/PAe. u. CH_3OH), aus vorst. Verb.; $[\alpha]_D$ –39,4°. — *Δ^{16}-Allopregnen-3β-ol-11.20-dionacetat*, $C_{23}H_{32}O_4$, F. 183–185° (CH_3OH), durch 10std. Erhitzen von 2,9 g vorst. Verb. mit Acetanhydrid auf 200°, Einengen, Aufnehmen in Bzl., Eindampfen im Vakuum, Oxydation des Rückstands in Äthylendichlorid mit CrO_3 in 90%ig. CH_3COOH (2 Std. bei Raumtemp.), Zugabe von A. u. W., Ae.-Extraktion, ½std. Kochen des Ae.-Rückstands mit 2,5nNaOH in Tetrahydrofuran, Eindampfen u. Aufnehmen in Chlf.; $[\alpha]_D$ +64,5°; 1,07 g. Hydrierung (CH_3OH, Pd/$BaSO_4$) gab **X** in einer Modifikation vom F. 124–127°, daraus durch Kristallisation aus wss. CH_3OH mitunter **X** vom F. 135–136°; die Identität ergab sich aus dem Wert von $[\alpha]_D$ u. dem Infrarotspektr. in CCl_4. (J. Amer. chem. Soc. **75.** 3477–83. 20/7. 1953. Rahway, N. J. Merck & Co., Inc. Res. Labors.) Spaeth. **3700**

D_3. Makromolekulare Chemie.

W. R. Krigbaum und **P. J. Flory**, *Behandlung der Daten des osmotischen Drucks.* Bei der quadrat. Gleichung $\pi/c = (\pi/c)_0[1 + \Gamma_2 c + \Gamma_3 c^2]$ für den osmot. Druck π steht der 2. Koeff. (Γ_2) theoret. in Beziehung zur Polymerisat/Lösungsm.-Wechselwrkg. (vgl. Flory u. Krigbaum, C. **1951.** I. 1315). Die Verwendung eines 3. Koeff. (Γ_3), der halbtheoret. in Beziehung zu Γ_2 steht, wird an Stelle der Verwendung uneingeschränkter Koeffizienten sowohl vom prakt. Standpunkt aus als auch wegen der Genauigkeit der so erhaltenen Werte für den Schnittpunkt $(\pi/c)_0$ u. die Anfangsneigung $(\pi/c)_0\Gamma_2$ empfohlen. (J. Polymer Sci. **9.** 503–08. Dez. 1952. Ithaca, N. Y., Cornell Univ., Dep. of Chem.) Schäff. 4000

T. A. Barr jr., *Werte für Diffusionskoeffizienten von einigen Kettenpolymeren auf Grund von Daten des anomalen osmotischen Druckes.* In Fortführung der C. **1953.** 5988 beschriebenen Verss. verwendete Vf. ein Spezialosmometer, in das das Lösungsm. unter einem Druck Δ p (theoret. minus beobachteter osmot. Druck) strömen u. außerhalb dessen die gelöste Substanz entsprechend dem Konzentrationsgradienten an der Membran diffundieren konnte. Für die Lsgg. von Hochpolymeren ergibt sich so ein Zusammenhang zwischen dem theoret. osmot. Druck, dem gemessenen osmot. Druck u. dem Diffusionskoeffizienten. (Physic. Rev. [2] **91.** 211. 1/7. 1953. Georgia, Univ.) Fuchs. 4000

R. F. King und **D. Tabor**, *Der Einfluß der Temperatur auf die mechanischen Eigenschaften und die Reibung von plastischen Stoffen.* Vff. untersuchen experimentell die Scherspannung S, die Härte P u. den Reibungskoeff. μ von *Polyäthylen* (**I**), *Polytetrafluoräthylen* (**II**), *Polytrifluorchloräthylen* (**III**) u. *Polymethacrylsäuremethylester* (**IV**) im Temperaturbereich –100 bis +80°. Erweichungspunkte: **I** bei ~100°, **II** bei 327°, **III** bei ~180° u. **IV** bei ~120°. Im Gegensatz zu Metallen zeigen Hochpolymere in diesem Bereich starke Änderungen der erwähnten Eigenschaften. S wurde gemessen, indem man eine zylindr. Probe zwischen zwei Metallblocks der Spannung aussetzte (vgl. SHOOTER u. TABOR, C. **1953.** 5585), P durch Eindrücken einer beschwerten Pyramide. μ wurde unter Hochvakuum ermittelt, um den störenden Effekt der Kondensation atmosphär. Dämpfe (bes. H_2O) auf den Proben zu vermeiden. Vff. finden die Voraussage der Adhäsionstheorie der Reibung (BOWDEN u. TABOR, The Friction and Lubrication of Solids, [1950.] Oxford, Clarendon Press), daß $\mu = S/P$ ist, qualitativ bestätigt. Die beste quantitative Übereinstimmung ergibt sich bei **I**. Bei **III** u. **IV** ist μ größer als S/P, bei **II** kleiner. Vff. erklären $\mu > S/P$ mit erhöhter Kraftwrkg. an den Berührungsflächen, $\mu < S/P$ mit Strukturfaktoren, die die Adhäsion vermindern. (Proc. physic. Soc., Sect. B **66.** 728—36. 1/9. 1953. Cambridge, Univ., Res. Labor. for the Phys. and Chem. of Surfaces, Dep. of Phys. Chem.) CANTOW. 4010

M. Wales, *Sedimentationsgeschwindigkeit in verdünnten und mäßig konzentrierten Polymerlösungen.* Von den Lsgg. von *Polystyrol* (**I**, Fraktionen) in Butanon (**II**) u. Toluol (**III**) wurde die Konzentrationsabhängigkeit der DARCY-Konstante (vgl. SIGNER u. EGLI, C. **1950.** II. 1009) gemessen. Ferner ergab sich die Konstante, die die Konzentrationsabhängigkeit der Sedimentationskonstante beschreibt, für **I** in Chlf., **II** u. **III**, für *Polyisobutylen* in Cyclohexan u. für *Polymethylmethacrylat* in Aceton zu 1,7 mal größer als die Intrinsicviscosität. (Physic. Rev. [2] **91.** 211. 1/7. 1953.) FUCHS. 4010

B. G. Achhammer, M. J. Reiney, L. A. Wall und **F. W. Reinhart,** *Untersuchung des Abbaus von Polystyrol mittels Massenspektrometrie.* Der durch Wärmeeinw. u. UV-Bestrahlung hervorgerufene Abbau von *Polystyrol* (**I**) wurde massenspektrometr. an den gasförmigen Spaltprodd. verfolgt. Ferner wurden der O_2-Geh., die Verfärbung u. die Löslichkeit des behandelten **I** untersucht. Beim Abbau finden folgende 2 verschied. Vorgänge statt: 1. der Abbau von im Polymerisat von vornherein vorhandenen, therm. instabilen Gruppen; dieser Abbau wird durch Wärmeeinw. von 120° im Vakuum oder 115° in O_2 bzw. durch UV-Bestrahlung bei 120° im Vakuum oder 118° in O_2 verursacht; dabei werden auch die noch vorhandenen Stoffe, wie Lösungsmittel, entfernt. Es werden Bzl., Methyläthylketon, Dimethylbenzol u. Alkohole gefunden. 2. Die Oxydation des **I** infolge UV-Bestrahlung in Ggw. von O_2; dabei bilden sich Verbb. wie CH_2O, HCOOH u. CH_3COOH. Der O_2-Geh. des **I** nahm von 0,33 auf ca. 0,1% während des Erhitzens auf 120° im Vakuum oder bei 115° in O_2 bzw. durch UV-Einw. bei 120° im Vakuum ab. Die UV-Einw. bei 118° in O_2 (250 Std.) vervierfachte den ursprünglichen O_2-Gehalt. Verfärbung des **I** wurde nur bei UV-Einw. in O_2 beobachtet. Die Prodd. wurden bei allen Wärme- oder UV-Behandlungen unlöslich. Dabei nahm die Menge an unlösl. Material mit der Intensität der Behandlung zu. (J. Polymer Sci. **8.** 555—71. Mai 1952. Washington, D. C., Nat. Bur. Standards.) SCHÄFF. 4010

T. F. Protzman, J. J. Gouza und **W. F. Bartoe,** *Bruchspannungsschwelle von Methylmethacrylatpolymeren.* An einem belasteten Trägerbalken aus *Polymethylmethacrylat* wurde der zeitliche Verlauf der Deformation gemessen u. der Beginn des Bruches festgestellt. Die Bruchspannung ist eine lineare Funktion der Belastung. (Physic. Rev. [2] **91.** 211. 1/7. 1953. Rohm & Haas Comp.) FUCHS. 4010

B. Jirgensons, *Löslichkeit und Fraktionierung von Polyvinylpyrrolidon.* Polyvinylpyrrolidon (**I**) kann aus W./Aceton, Chlf./Ae. oder A./Bzl. leicht fraktioniert werden. Alle Fraktionen enthalten noch 1—4% niedermol. Anteile (Viscositätszahl ca. 0,07), die durch Extraktion des festen Polymerisats mit Aceton abgetrennt werden können. 60—70% des n. **I** zeigen Viscositätszahlen von 0,12—0,3. Die Fällungstitration mit $(NH_4)_2SO_4$ ist eine bequeme Meth. zur Charakterisierung der Fraktionen. Die Menge des bis zum Auftreten der Trübung erforderlichen $(NH_4)_2SO_4$ nimmt mit zunehmendem mittleren Mol.-Gew. der Fraktionen, mit zunehmender Polymerisatkonz. oder mit Temperaturzunahme (hier linear) ab. Die mol. $(NH_4)_2SO_4$-Konz., die Trübung hervorruft, ist eine lineare Funktion des Logarithmus des mittleren Mol.-Gew. der Fraktionen. (J. Polymer Sci. **8.** 519—27. Mai 1952. Seguin, Tex., Lutheran Coll., Dep. of Chem.) SCHÄFF. 4010

C. S. Marvel und **John C. Wright,** *Phosphorhaltige Polymere vom Vinyltyp.* Mischpolymerisate mit Aldehyd- oder Ketogruppen wurden durch Mischpolymerisation von Methylvinylketon (**I**) mit Styrol (**II**), Methylacrylat, Methylmethacrylat oder Butadien bzw. von **II** mit Methylisopropenylketon, Methylacrolein oder Zimtaldehyd hergestellt u. mit PCl_3 u. anschließend mit CH_3COOH u. W. nachbehandelt. Durch Analyse der Prodd. auf P wurden bis zu 100% des theoret. Wertes an α-Oxyphosphinsäuregruppen in den Mischpolymerisaten gefunden. Diese Mischpolymerisate bilden leicht unlösl. Prodd., offensichtlich durch Vernetzung infolge Anhydridbldg. zwischen den Oxyphosphinsäuregruppen in verschied. Mol.-Ketten. Die P-haltigen Prodd. mit 2% P u. mehr sind etwas weniger leicht brennbar. (Aus **I** u. Acrylonitril bzw. **II** u. Benzalaceton oder Benzalacetophenon konnten keine Mischpolymerisate erhalten werden). (J. Polymer Sci. **8.** 495—502. Mai 1952. Urbana, Ill., Univ., Noyes Chem. Labor.) SCHÄFF. 4010

G. R. Taylor und **S. R. Darin,** *Die Abhängigkeit der photoelastischen Eigenschaften von GR–S vom Vernetzungsgrad.* Für *GR–S-Gummi,* das mit Dekamethylen-bis-methylazodicarboxylat (Bis-[diazoessigsäure]-dekamethylenester) vernetzt war, wurde die Abhängigkeit des Zusammenhanges zwischen der Doppelbrechung (Δn) u. der Zugspannung S von dem Vernetzungsgrad β bestimmt. Für S $>$ 30 kg/cm^2 besteht keine Proportionalität zwischen Δn u. S mehr; die Abweichung von der Proportionalität ist um so größer, je höher β. Die Ungültigkeit der von KUHN u. GRÜN (vgl. C. **1946.** I. 2401) abgeleiteten Beziehung für kleine β-Werte wird diskutiert. (Physic. Rev. [2] **91.** 211. 1/7. 1953. Mellon Inst.) FUCHS. 4030

P. W. Kent, *Chemische Synthese von Hexosepolymeren.* Die Darst. von Glucose (**I**)-polymeren gelingt bei Tempp. über 100° unter Einw. von $SOCl_2$ in Ggw. von geringen Mengen von Wasser. Bei der Einw. von 3 ml $SOCl_2$ auf 18 g **I**-Monohydrat für 30 Min. bei 105° konnte Vf. im Reaktionsprod. **I** u. mehrere Polysaccharide papierchromatograph. nachweisen. Die fraktionierte Fällung mit A. lieferte ca. 30% eines Polymeren mit einer mittleren Kettenlänge von 10 Einheiten u. einige noch höher polymerisierte Substanzen. Eine nicht dialysierbare Substanz mit einem Polymerisationsgrad von 33 wurde durch erneute Behandlung von kurzkettigen Polymeren mit $SOCl_2$ erhalten. Sie hat eine Diffusionskonstante von $D_w^{20} = 12{,}6 \cdot 10^{-7}$ u. eine Sedimentationskonstante von $S_w^{20} = 0{,}80 \cdot 10^{-13}$, woraus sich ein Mol.-Gew. von ca. 4100 errechnen läßt. Diese Substanz wurde durch Speichelamylase, Hefeinvertase u. Kartoffelphosphorylase nicht angegriffen. Da die Hydrolyse mit 1 n HCl nur zu **I** führte, u. während der Hydrolyse die opt. Rechtsdrehung von +101° auf +72° abnahm, nimmt Vf. in den Polymeren α-glucosid. Verknüpfung der **I** an. — 32 Literaturangaben. (Biochem. J. **55.** 361—65. Sept. 1953. Oxford, Univ., Dep. of Biochem.) KRUSEN. 4050

Richard E. Reeves, Laurence W. Mazzeno jr. und **Carroll L. Hoffpauir,** *Heterogene Methanolyse nativer und mercerisierter Baumwollcellulose.* Bei der Behandlung von Baumwollcellulose (**I**) mit wasserfreiem Methanol–HCl wird die Einführung von säureempfindlichen Methoxylgruppen in die unlösl. **I**-Phase u. die Auflsg. eines Teiles von **I** in dem die Methanolyse bewirkenden Reagens beobachtet. Die Geschwindigkeit der Gesamt-Rk. sinkt in dem Bereich, in dem 0,1—5% der Glucoseeinheiten reagiert haben. Der Temperaturkoeff. der Rk. ist konstant, er liegt für native **I** höher als für mercerisierte. Im geschwindigkeitsbestimmenden Schritt werden sowohl sek. als auch prim. Bindungen zerrissen. (J. Amer. chem. Soc. **72.** 4773—77. Okt. 1950. New Orleans, La., South. Reg. Res. Labor.) KISTENMACHER. 4050

Evan F. Evans und **Harold M. Spurlin,** *Die Wirkung von gebundenen Metallionen in Äthylcellulose auf die Eigenschaften verdünnter Lösungen.* Freie Carboxylgruppen im Äthylcellulosemol. haben keinen Einfl. auf die Viscosität (V.) verd. Lösungen. Eine Neutralisation dieser Gruppen mit Metallionen verursacht ein Ansteigen der V. bei kleinen Konzentrationen. Dieser Anstieg ist in nichtpolaren Lösungsmitteln am größten u. in W. oder A. am kleinsten, ferner am größten bei Ggw. von Ba-, am kleinsten bei Na-Ionen. Ca- u. Mg-Ionen besitzen mittelstarke Wirkung. Zwecks Best. der V. oder des osmot. Druckes von Metallionen enthaltenden Polymeren sollen wegen des beschriebenen Effektes die Lösungsmittel W., A. oder Essigsäure enthalten. (J. Amer. chem. Soc. **72.** 4750—56. Okt. 1950. Wilmington, Del., Hercules Powder Comp., Exp. Stat.) KISTENMACHER. 4050

Marvin C. Brooks und **Richard M. Badger,** *Ein Adsorptionssystem für die Fraktionierung von Nitrocellulose* (vgl. C. **1950.** II. 2078). Die Adsorption (Ad.) von *Nitrocellulose* an Stärke aus einer Acetonlsg. unter Zumischung von verschied. anderen Lösungsmitteln, z. B. Cyclohexanon, Methanol, wird untersucht. Mit steigendem Mol.-Gew. steigt das Maß der Ad. an, während es mit dem Nitrierungsgrad der Nitrocellulose u. mit Erhöhung des H-Bindungscharakters des Lösungsm. sinkt. Die Ad. ist reversibel, ihre Geschwindigkeit hoch. Ein chromatograph. Vers. zeigt, daß die Abhängigkeit der Ad. vom Mol.-Gew. eine Fraktionierung der Nitrocellulose entsprechend dem Mol.-Gew. ermöglicht. (J. Amer. chem. Soc. **72.** 4384—88. Okt. 1950. Pasadena, Calif., Inst. of Technol., Gates and Crellin Labors. of Technol.) KISTENMACHER. 4050

C. T. Greenwood, *Größe und Form einiger Polysaccharidmoleküle.* Zusammenfassende Darst. der Methoden der Mol.-Gew.-Best. von Polysacchariden auf chem. u. verschied. physikal. Wegen, Diskussion ihrer Anwendbarkeit u. Auswertbarkeit im Einzelfalle. Zusammenstellung der bisher durchgeführten Unterss. an Xylanen, Glucosanen (Glykogen, Lichenin, Laminarin, bakteriellen Dextranen, anderen dextranähnlichen Polysacchariden u. unlösl. Hefepolysacchariden), Galaktanen, Mannanen, Fructosanen (Inulin, anderen Fructosanen u. bakteriell synthetisierten Fructosanen), Polyuroniden (Pektinmaterial u. Alginsäure), Pflanzengummen u. -schleimen (Gummi arabicum, Traganth, Karaya Gum, Ceratonia Siliqua-Schleim u. Arabogalaktanen), Mucopolysacchariden (mikrobiolog. Polysacchariden, Chondroitinsulfat, Blutgruppenpolysacchariden, Heparin u. Hyaluronsäure) mit Tabellen über Mol.-Gew. u. Durchschnittspolymerisationsgrad. — 130 Literaturnachweise. (Advances Carbohydrate Chem. **7.** 289—332. 1952. Edinburgh, Univ., Scotland.) ROSSOW. 4050

Joyce W. E. Brading, M. M. T. Georg-Plant und **Doreen M. Hardy,** *Das Polysaccharid aus der Alge Ulva lactuca. Reinigung, Hydrolyse und Methylierung des Polysaccharids.* (Vgl. Nature [London] **147.** [1941.] 390.) Aus *Ulva lactuca* wurde ein gereinigtes *Polysaccharid* (**I**) isoliert. **I** besitzt mit H_2SO_4 veresterte Gruppen, die schwer zu verseifen sind. Nach der JO_4^--Oxydation ist auf das Vorhandensein von —CH(OH)·CH(O·CO_3Na)·CH(OH)-Gruppen zu schließen. Nach der sauren Hydrolyse von **I** u. papierchromatograph. Trennung wurden auf Grund der Oxydation mit JO_4^- 9,4% *Xylose*, 31% *Rhamnose* u. 7,7% *Glucose* (als Anhydrozucker) gefunden. Die Werte sind wegen der Anwesenheit von wenig langsamer laufendem Material Mindestzahlen. Ferner wurde durch Uronsäurebest. 19,2% *Glucuronsäure* (**II**) gefunden. **I** ließ sich nicht acetylieren. Bei der Methylierung mit Dimethylsulfat u. Alkali entstand ein in Chlf. unlösl., offenbar glucosefreies Prod. mit 13% SO_4 u. eine lösl. Substanz, die mit PURDIEs Reagens auf einen Maximalgeh. von 31% OCH_3 weiter methyliert werden konnte (3% organ. SO_4). Durch Fraktionierung von **I** mit A. bei verschied. p_H-Werten ließ sich kein glucosefreies Material abtrennen. Bei der Methanolyse des vollständig methylierten **I** u. Hydrolyse wurde an neutralen Substanzen *2.3.4-Tri-O-methylrhamnose* (**IV**; aus den Endgruppen von **I** stammend), *2.3-Di-O-methyl-* u. *2.3.6-Tri-O-methylglucose* (**III**) gefunden. Die in Chlf. unlösl. methylierte Fraktion lieferte nach Hydrolyse *2.3.4-Tri-* u. *2.3-Di-O-methylxylose,* **IV** u. *2.3-Di-O-methylrhamnose* (**V**) sowie unmethylierte *Rhamnose* u. *Xylose,* ferner Monomethylrhamnose u. -xylose; die unlösl. Fraktion läßt sich wegen der Sulfatgruppe oder starker Verzweigungen schwer methylieren. Die Sulfatgruppen dürften an den Xylose- oder Rhamnoseresten gebunden sein.

Versuche: *Ulva lactuca* wurde mit kaltem 85%ig. Aceton vom Pigment befreit u. 100 g auf dem Wasserbad mit 0,5 u. 0,25%ig. Na_2CO_3-Lsg. erhitzt, der konz. Extrakt neutralisiert u. mittels Dialyse u. Zeokarb 215 (H) u. nochmaliger Dialyse gereinigt; aus der Lsg. des sauren *Polysaccharids* (**I**), $[\alpha]_{5461}^{20}$ —84° (c = 0,2; W.), mittels NaOH u. Fällung in A. wurde das Na-Salz von **I** erhalten; hygroskop. Pulver, $[\alpha]_D^{21}$ —47° (c = 0,35; W.); ca. 20 g. **I**-Na enthielt nach der Oxydation mit Hypojodid 1 oxydierbare Gruppe/3450 g **I** u. 1 Uronsäurerest/913 g. 10 g **I**-Na in wss. Lsg. wurden mit Chlf./Amylalkohol 6 Std. geschüttelt u. dadurch der N-Geh. des gereinigten Prod. (3 g) auf 1,08% herabgesetzt. **I**-Na wurde 30 Std. mit n $Ba(OH)_2$-Lsg. unter N_2 behandelt u. durch Aufarbeitung wie oben 13% Polysaccharid mit einem Äquivalentgewicht von 450 u. 13,8% SO_4 erhalten; das dabei erhaltene niedermol. Material enthielt mindestens 8 Aminosäuren u. sehr wenig Kohlenhydrat. Bei der JO_4^--Oxydation wurden bei 3° 1 Mol $NaJO_4$/960 g **I** u. 1 Mol/520 g des mit $Ba(OH)_2$ behandelten Materials unter Bldg. von 1 Mol Ameisensäure/430 bzw. 1780 g verbraucht, es entstand ferner eine Spur NH_3. 56 g aus dem Na-Salz durch Fällen mit HCl-haltigem A. erhaltenes **I** wurde 72 Std. in 3%ig. methanol. HCl unter Zuführen von HCl-Gas gekocht, das Filtrat mit Ag_2CO_3 neutralisiert u. nach Behandlung mit H_2S 50,4 g Sirup, $[\alpha]_{5461}^{15}$ +2° (Methanol), erhalten. Dieser wurde 30 Std. mit n $Ba(OH)_2$ bei 60° unter N_2 behandelt u. nach Entfernung des Ba 43,7 g Sirup mit 3,2% SO_4 gewonnen, der fraktioniert wurde. Fraktion A wurde durch Extraktion mit Aceton erhalten (1,8 g), Fraktion B durch Extraktion des in Aceton Unlöslichen mit 1% Ae. enthaltendem A. (22,9 g); der Rückstand (15,2 g) wurde 2 mal mit methanol. HCl verestert, daraus 9,1 g in Aceton lösl. Fraktion C_1 u. 2,3 g in A. lösl. Fraktion C_2. Die Fraktionen wurden nach Entfernen der glykosid. Gruppen papierchromatograph. untersucht; keine Fraktion enthielt danach Aminozucker. Fraktion A enthielt kein Sulfat oder Uronsäuren. Nach Hydrolyse wurden Xylose, Rhamnose u. Glucose gefunden; 7tägige Benzylierung in 0,1 n methanol. HCl lieferte *Di-O-benzyliden-D-xylosedimethylacetal,* $C_{21}H_{24}O_6$, F. u. Misch-F. 206° (Chlf./PAe.); $[\alpha]_D^{17}$ —8° (c = 1,0; Chlf.). — Fraktion B enthielt N u. SO_4. Nach Hydrolyse wurden papierchromatograph. Xylose, Rhamnose, Glucose, eine Uronsäure u. 2 langsam wandernde Bestandteile gefunden. Ein äther. Extrakt von Fraktion B wurde 2 mal mit Dimethylsulfat u. Alkali u. dann nach PURDIE methyliert (3,26 g; 41,5% OCH_3); die Dest. gab dann 1,14 g voll methylierte Xylose u. Rhamnose, Kp.$_{18}$ 135—140°, 0,217 g einer Fraktion a vom Kp.$_{0,4}$ 97—100°, 1,086 g einer Fraktion b vom

Kp.$_{0,4}$ 105—110° u. 0,293 g einer Fraktion c vom Kp.$_{0,4}$ 110—145°. — 0,19 g der Fraktion b, $[\alpha]_D^{20}$ +79°, n_D^{25} 1,4418, wurden 8 Std. mit n H_2SO_4 bei 100° hydrolysiert ($[\alpha]_D^{25}$ +67°) u. mit Deacidite entsäuert; aus dem PAe.-Extrakt des Gemisches *2.3.4.6-Tetra-O-methyl-D-glucose*, F. 88—90° (PAe.); $[\alpha]_D^{21}$ +84° (c = 0,8, W., konstant); 0,10 g; die 2. Komponente des Gemisches von Fraktion b war offenbar eine *Di-O-methylrhamnose*, R_F 0,89. Die Fraktion C_1 (1,8% SO_4, 15,2% OCH_3) gab bei der Hydrolyse Spuren von Xylose, Rhamnose u. Glucose u. viel Uronsäure (bes. **II**). Wurde die Fraktion C_1 mit $LiAlH_4$ 4 Std. in sd. Dioxan red., so fand sich nach der Hydrolyse u. Entsalzung wesentlich mehr Glucose als Xylose u. Rhamnose u. nur eine Spur Uronsäure. — 0,3 g der Fraktion C_1 wurden 5 mal nach PURDIE methyliert, das Prod. (0,23 g) mit $Ba(OH)_2$ hydrolysiert, die sauren Bestandteile als Ba-Salze abgetrennt, mit methanol. HCl verestert u. dest.; im Rückstand *Methyl-2.3.4-tri-O-methyl-α-D-glucuronosidmethylester*, $[\alpha]_D^{19}$ +146°. — *Methyl-2.3.4-tri-O-methyl-α-D-glucuronosidamid*, $C_{10}H_{19}O_6N$, F. 186° (A./PAe.), aus vorst. Verb. mit methanol. NH_3; $[\alpha]_D^{20}$ +145°. — Die Hydrolyse von **I** wurde wegen der besseren Ausbeute an Xylose 2stufig durchgeführt: 12 Std. mit 0,3 n H_2SO_4 bei 100° u. nach Neutralisieren mit $BaCO_3$, Extraktion mit A. u. W. 15 std. Hydrolyse des wss. Extraktes mit n-H_2SO_4, darauf Entsalzung, Papierchromatographie u. JO_4^--Oxydation der Eluate. — **I**-Na wurde unter N_2 10 Std. bei Zimmertemp. mit Dimethylsulfat/NaOH methyliert, dialysiert u. die Methylierung 6 mal wiederholt, das Prod. (85%) wurde durch Extraktion mit Chlf. in einen lösl., $[\alpha]_D^{20}$ −27° (c = 0,6; Chlf.), u. einen unlösl. Teil (75% der methylierten Substanz) getrennt. 4 malige Behandlung von 9 g in Chlf. lösl. Substanz mit CH_3J/Ag_2O gab 7,2 g eines Prod. mit 31% OCH_3, $[\alpha]_D^{20}$ −30° (c = 0,4; Chlf.). Dieses Deriv. gab mit 13,15%ig. HCl 1 Mol CO_2/2150 g u. durch 60 std. Kochen mit 4%ig. methanol. HCl unter HCl-Zufuhr u. Neutralisieren mit Ag_2CO_3 in 80%ig. Ausbeute ein Prod., das sich in eine in Ae. lösl. ($[\alpha]_D^{21}$ +20°; 42% OCH_3; 50%) u. eine unlösl. Fraktion (32% OCH_3, 30%) trennen ließ. Erstere gab mit $Ba(OH)_2$ Fraktion M (43% OCH_3; 33%), die sich mit 1,5%ig. methanol. HCl wieder verestern ließ (37% OCH_3; 10%). Die Fraktion M gab, bei 0,002 Torr. dest., 233 mg M_1 vom Kp. 106—108° (Badtemp.), 53 mg M_2 vom Kp. 110—115°, 619 mg M_3 vom Kp. 122°, 199 mg M_4 vom Kp. 144—148°, 43 mg M_5 vom Kp. 158—168°, 100 mg M_6 vom Kp. 170—175° u. 1,094 g Rückstand. M_3 u. M_4 gaben positive SCHIFF- u. SELIWANOFF-Reaktionen. Das Hydrolysat von M_1 mit 0,1 u. 1,0 n HCl ließ sich papierchromatograph. u. mittels kaltem PAe. trennen in *2.3.4-Tri-O-methylrhamnose* (**IV**) (Hauptbestandteil) [*Anilid*, $C_{15}H_{23}O_4N$, F. u. Misch-F. 110° (A./Ae.); $[\alpha]_D^{19}$ +130° (14 Std.; c = 0,3; Aceton)] u. in *2.3.6-Tri-O-methylglucose* (**III**), F. u. Misch-F. 120° (A./Ae.); $[\alpha]_D^{19}$ +69° (c = 1,5; W.). — *2.3.6-Tri-O-methylglucuronsäurelacton*, aus **III** durch Oxydation mit Br_2 u. Dest.; $[\alpha]_D^{20}$ +57° → +38° (2 Tage; c = 1,1 in schwach saurem W.). *Phenylhydrazid*, $C_{15}H_{24}O_6N_2$, F. 143 bis 144° (Essigester). — Aus dem Hydrolysat von M_1 ferner eine Komponente mit R_G 0,86 bis 0,87. — M_2 schied nach Hydrolyse **III** ab. — Bei Hydrolyse von M_3 mit 0,1 n H_2SO_4 wurden 60% reduzierende Zucker erhalten, daraus mit n Säure in kleiner Menge *Lävulinsäure* (*Dinitrophenylhydrazon*, F. 205°). Papierchromatograph. Trennung der reduzierenden Zucker gab etwas **III** u. hauptsächlich *2.3-Di-O-methylrhamnose* (**V**; *Anilid*, $C_{14}H_{21}O_4N$, F. u. Misch-F. 138°), unlösl. Fraktion nach Dialyse gegen 0,02 n Essigsäure u. W. u. Neutralisation eine grünliche feste Substanz mit 17,2% OCH_3 u. 13% SO_4. Diese bildete 1 Mol CO_2/1010 g u. gab bei Hydrolyse mit n H_2SO_4 *2.3.4-Tri-O-methylxylose*, **IV**, **V**, *Xylose* u. *Rhamnose*, ferner *2.3-Di-O-methyl-* u. *2-O-Methylxylose*, *4-O-Methylrhamnose* u. methylierte Uronsäuren, nicht aber Glucose oder Methylglucosen. (J. chem. Soc. [London] **1954**. 319—24. Jan. Edinburgh, Univ., London, Univ., Roy. Holloway Coll.) WILLENBERG. 4050

T. W. Ssajenko, *Über die Eigenschaften globularer Eiweißstoffe, die ohne Aggregierung denaturiert worden sind. Serumalbumin* vom Stier, krist. *Eialbumin*, krist. Pferdeserumalbumin, *γ-Globulin* vom Stier u. die Albuminfraktion „F–0,7" aus dem Muskel von Hund u. Kaninchen wurden durch 5 Min. Erhitzen auf 98° denaturiert, auf 2—3° abgekühlt, durch Zugabe von 0,5%ig. HCl auf den isoelektr. Punkt eingestellt u. nach Zugabe von NaCl, KCl, $CaCl_2$ oder Na_2SO_4 auf ihre Löslichkeit u. Stabilität bei Temperaturerhöhung untersucht. In Ggw. der Neutralsalze waren die gekühlten Lsgg. der denaturierten Eiweißstoffe bei beliebigem p_H (auch beim isoelektr. Punkt) beständig. Der ohne Neutralsalz erhaltene Eiweiß-Nd. war in den Neutralsalzen leicht löslich. Die Ausfällung der denaturierten Eiweißstoffe beim isoelektr. Punkt war nur bei tiefer Temp. reversibel. Bei erhöhter Temp. trat eine irreversible Koagulation ein. Außer im Neutralsalz war der beim isoelektr. Punkt ausgefällte Nd. auch in überschüssiger Säure oder Lauge löslich. Neben der therm. Koagulation u. der leichten Aussalzbarkeit beweist dies, daß die denaturierten Globulareiweiße den nativen Globulinen ähnlich sind. Die Löslichkeit der beim isoelektr. Punkt erhaltenen Ndd. im Neutralsalz u. die Thermostabilität der Salzlsgg. richtet sich nach der Ionenstärke der Salzlösung. Die nach dem angewandten Denaturierungsverf. ohne Aggregation erhaltenen Eiweißstoffe zeigen nicht die übliche Unlöslichkeit beim isoelektr. Punkt u. die bessere Fällbarkeit in Ggw. von Neutralsalzen. (Український Біохемічний Журнал [Ukrain. Biochem. J.] **25.** 42—53. 1953. Inst. für Biochem. der Akad. der Wiss. der UkrSSR.) LEBTAG. 4070

Adolph B. Amster und **Quentin Van Winkle,** *Monomolekulare Schichten von Nucleoproteinen.* Mit einer (nicht näher beschriebenen) App. kann der Oberflächendruck von monomol. Schichten auf 0,003 Dyn/cm genau bestimmt werden. Ein Film aus dem *Nucleoprotein* des Rattenschwanzes verhält sich auf W. im p_H-Bereich 5—9 u. für die Ionenkonzz. 0,14—1,0 wie ein Gas. Der Querschnitt pro Mol. ergibt sich zu $4{,}4 \cdot 10^4$ Å^2. Die anfängliche Spreitungskonz. beträgt 0,458 mg/m^2 für $M = 0{,}24 \cdot 10^6$ u. 4,27 für $M = 2{,}66 \cdot 10^6$. Die Ergebnisse werden auf eine Dissoziation der Proteine zurückgeführt. (Physic. Rev. [2] **91.** 211. 1/7. 1953. Ohio, State Univ.) FUCHS. 4090

Roger Buvat, Chimiosynthèse et photosynthèse. Coll. „La Science vivante", Paris: Presses universitaires de France. (VIII + 208 S.) fr. 720,—.

Hermann Staudinger, Über die makromolekulare Chemie. (Vortr.) 2. verb. Aufl. Freiburg/Br.: H. F. Schulz. 1954. (32 S.) = Freiburger Universitätsreden. N. F. H. 16. DM 1,50.

E. Biologische Chemie. Physiologie. Medizin.

E_1. Allgemeine Biologie und Biochemie.

Carlos Lopez Bustos, *Die chemischen Elemente und deren biologische Funktionen.* Übersicht. (Mitt. chem. Forsch.-Inst. Wirtsch. Österreichs **8.** 7—11. Febr. 1954.) KRUSEN. 4100

Robert F. Norris, Margaret de Sipin, Frederick W. Zilliken, Thomas S. Harvey und **Paul György,** *Auftreten von mucoiden Varianten von Lactobacillus bifidus. Nachweis von extracellulärem und intracellulärem Polysaccharid.* Vff. beschreiben das Auftreten von *mucoiden* Varianten oder Mutanten bei *Lactobacillus bifidus*; nichtmucoide Stämme wurden nicht zurückgebildet, Mutation zum aeroben nicht verzweigten *Lactobacillus parabifidus* ist häufig, jedoch konnte auch hier keine Reversion zu L. bifidus beobachtet werden. Es ist wahrscheinlich, daß die extracelluläre Schleimsubstanz ein hochpolymerisiertes Polysaccharid (**P.**) ist, das in Ggw. von Luft unter Viscositätsverlust depolymerisiert. **P.** scheint keine richtige Kapsel zu bilden. Innerhalb der Zellen kann **P.** sowohl bei mucoiden als auch nichtmucoiden Stämmen von L. bifidus, aber nicht in L. parabifidus angefärbt werden. (J. Bacteriol. **67.** 159—66. Febr. 1954. Philadelphia, Pa., Univ. of Pennsylvania, William Pepper Labor. of Clin. Med. u. Nutr. Labor. of Dep. of Pediatrics.) H. GOEBEL. 4130

Norman I. Gold und **Somers H. Sturgis,** *Die Zusammensetzung der Nucleinsäuren der Gebärmutter und Gebärmutterschleimhaut.* Vff. geben einen Überblick über den Durchschnittsgeh. an *Desoxypentosenucleinsäure* (**I**) u. *Pentosenucleinsäure* (**II**) u. deren Purin- u. Pyrimidinderivv. in Zellen verschied. Organe bei gesundem u. krankem Mensch u. Tier. Auf Grund von Unterss. stellen Vff. fest, daß die Steroide der Eierstöcke auf die Zus. der Nucleinsäuren im Gewebe der Gebärmutter u. Gebärmutterschleimhaut einen Einfl. hat. Die Unterss. werden an verschied. präparierten Ratten in Gebärmutter, Leber u. Milz u. am Menschen während des Menstruationscyclus gemacht. **I** u. **II** werden hydrolysiert u. papierchromatograph. getrennt. Die Eluate der Chromatogramme werden mikrospektrophotometr. auf *Guanin, Adenin, Uracil, Cytosin* u. *Thymin* untersucht u. die Ergebnisse diskutiert. (J. biol. Chemistry **206.** 51—58. Jan. 1954. Boston, Mass., Dep. of Surg.) LAMPRECHT. 4150

Thomas B. Fitzpatrick und **Aaron Bunsen Lerner,** *Pigment und Pigmenttumoren. Biochemische Grundlage der menschlichen Melaninpigmentation.* Der braune oder schwarze Farbstoff Melanin wird in besonderen Zellen, den Melanocyten, durch enzymat. Oxydation von *Tyrosin* durch Tyrosinasen gebildet. Vff. nehmen an, daß die Umwandlung über folgende Stufen verläuft: *3-Oxytyrosin, 3.4-Diketotyrosin, 5.6-Diketoindol,* Polymerisation zum *Melanin.* Die Bldg. wird durch natürliche Schwefelverbb. eingeschränkt, da die SH-Bindungen das kupferhaltige Enzym blockieren. Thiouracil wirkt in gleicher Weise. Reduzierende Substanzen wie Ascorbinsäure, Hydrochinon u. dessen Derivv. verhindern ebenfalls die Melaninbildung. Pigmentationsstörungen sind mi teiner anomalen Phenylalanin- u. Tyrosinumwandlung verbunden. Ein Mangel an Tyrosin bewirkt Melaninabnahme. Das Fehlen der Pigmentation bei Albinos beruht auf der Unfähigkeit des Körpers, Tyrosin in Melanin umzuwandeln. (A. M. A. Arch. Dermatol Syphilol. **69.** 133—49. Febr. 1954. Portland, Ore., Univ., Dep. of Dermatol.) NIEMANN. 4160

R. Kenneth Baker und **Joyce G. Deighton,** *Benzidinstoffwechsel der Ratte.* Vff. injizierten Ratten *Benzidin* (**I**) in Dosen von 100 mg/kg Körpergewicht intraperitoneal u. verfolgten die Verteilung von **I** durch Diazotierung u. Spektrophotometrie. Die aromat. Aminogruppen kommen in freier u. gebundener Form vor. Nach 4 Std. konnten noch 93% der injizierten Aminogruppen gefunden werden, nach 12 Std. nur noch 68%. Es wird vermutet, daß diese Differenz durch eine in vivo-Oxydation verursacht sein könnte im Hinblick auf die Ähnlichkeit des **I** u. *2-Aminofluoren*-Stoffwechsels. (Cancer Res. **13.** 529—31. Juli 1953. Clayton, Manchester, Clayton Aniline Comp. Ltd.) K. BÖHM. 4160

H. Magistris, *Neue Cytostatica.* Es werden neben bekannten auch 2 neue Prodd. erwähnt: *Myleran* (*1.4-Bis-[methansulfonyloxy]-butan*) u. *Demecolcin „Ciba"* (Colchicin, bei dem die Acetylgruppe durch CH_3 ersetzt ist). (Österr. Apotheker-Ztg. **8.** 215—16. 20/3. 1954.) BOYE. 4160

Cecil Villaume, *Kolloidales radioaktives Gold (^{198}Au) als Therapeuticum bei malignen Leiden.* Eine Übersicht. (Ugeskr. Laeger **116.** 593—96. 22/4. 1954. København, Radiumstat.) GENEST. 4160

Ulrich K. Henschke, Arthur G. James und **William G. Myers,** *Radiogoldeinlagen für die Krebstherapie.* Die Vorteile der Spickung von Tumoren mit Radiogoldnadeln (^{198}Au) an Stelle von Rn-Nadeln werden behandelt. Vff. wenden ^{198}Au in Form von aktivierten Drähten von 0,2—0,3 mm Durchmesser an, die in flexible inakt. Au-Röhrchen von 0,2 mm Wandstärke eingebracht werden, so daß die β-Emission in der Wand absorbiert wird. Die γ-Strahlung von 411 kV wird mit 90% durchgelassen. Je nach Anwendungsart werden entsprechend lange Stücke abgeschnitten u. in das Gewebe eingeführt. Bei der therapeut. Applikation werden die Au-Hohldrähte mit der ^{198}Au-Füllung in Nylonschläuche eingeführt, diese in die zu behandelnden Gewebe eingenäht u. nach Beendigung der Bestrahlung wieder entfernt. Die Lage der Implantate wird röntgenograph. kontrolliert. Vff. berichten über 51 klin. Anwendungen bei Tumoren in der Harnblase, im Oesophagus, dem Nasenrachenraum, dem Mund usw. (Nucleonics **11.** Nr. 5. 46—48. Mai 1953. Columbus, O., Ohio State Univ. Med. Center, Dep. of Radiol. Surg. and Med.) REUSSE. 4160

A. Loufty Aboul Nasr und **Shabandar,** *Hormontherapie des Brustkrebses bei Männern.* Die Behandlung von 3 Männern mit Brustkrebs mit täglich 50—750 γ *Äthinylöstradiol* peroral für mehrere Monate führte in jedem Fall zu Nachlassen der Schmerzsymptome u. Rückgang der Geschwülste. (J. Roy. Egypt. med. Assoc. **36.** 856—65. 1953. Cairo, Karr-El-Aini Fac. of Med.) KRUSEN. 4160

Giovanni Lotti, *Ist eine wirksame Heilung für schwer Krebskranke durchführbar?* Zusammenfassender Vortrag über die Entw. der Krebsheilung mit besonderer Berücksichtigung der chirurg. u. Röntgenmethoden u. der neueren Chemotherapeutica u. Hormonpräparate. (Boll. chim. farmac. **92.** 415—26. Nov. 1953. Lega ital. per la lotta contro i tumori, Casa di Cura S. Andrea.) R. K. MÜLLER. 4160

C. Stapp, *Der derzeitige Stand unserer Kenntnisse über pflanzliche Tumoren.* Übersicht mit 65 Literaturangaben. (Zbl. Bakteriol., Parasitenkunde Infektionskrankh. Hyg., II. Abt. **107.** 172—89. 8/6. 1953. Braunschweig-Gliesmarode, Biol. Bundesanst. für Land- u. Forstwirtsch.) SCHLOTTMANN. 4160

E$_2$. Enzymologie. Gärung.

G. R. Mandels, *Die Lage von Carbohydrasen an der Oberfläche von Pilzsporen, erwiesen durch Säurebehandlung.* Durch Einw. von 0,2 n HCl oder H_2SO_4 auf Sporen von *Myrothecium verrucaria* oder *Aspergillus luchuensis* (1 Min. bei 30°) wird die *Invertase* (**I**)-Aktivität fast vollständig unterdrückt, während die endo- u. exogene Respiration sowie Wachstum u. Lebensfähigkeit dadurch kaum beeinträchtigt werden. In Glucoselsg. steigt die **I**-Aktivität durch Synth. von **I** nach längerer Zeit wieder an. Gleiches Verh. zeigen außerdem *Cellobiase, Trehalase* u. *Maltase.* Auch längere Säurebehandlung schädigt die übrigen Eigg. der Zellen nicht nennenswert. Das läßt darauf schließen, daß H^+ nicht in die Zelle eindringt u. weiterhin, daß die inaktivierten Enzyme auf der äußeren Oberfläche der Zellmembran lokalisiert sind. Die Behandlung mit HNO_3 oder Toluol tötet die Zellen ab, u. es kommt nicht zu einer Reaktivierung. (Exp. Cell Res. **5.** 48—55. Sept. 1953. Philadelphia, Pa., U. S. Quartermaster Corps, Pioneering Res. Labors.) BRATFISCH. 4210

E. Heinrichs und **H. Hörnicke**, *Die Hyaluronidase.* Übersicht; behandelt Eigg., Vork., Aktivatoren, Inhibitoren, physiol., pathol. u. therapeut. Wirkungen des Enzyms. (Dtsch. tierärztl. Wschr. **61.** 204—06. 15/5. 1954. Hannover; Heidelberg.) P. LOCH. 4210

M. Wichtl, *Hyaluronidase, ein „spreading factor". Vorkommen, Eigenschaften und Anwendung.* Die Bedeutung der Hyaluronidase im Organismus, ihr Vork. in tier. Organen oder Sekreten, ihre bisher bekannten physikal.-chem. Eigg. u. die therapeut. Verwendungsmöglichkeiten werden besprochen. — 7 Literaturangaben. (Österr. Apotheker-Ztg. **8.** 166—67. 27/2. 1954.) FRESENIUS. 4210

David R. Lincicome, *Ein Streptokokkendekapsulationstest für die Auffindung von Hyaluronidasewirksamkeiten in tierischen Parasiten.* Beschreibung einer Mikrometh. unter Benutzung einer jungen Streptokokkenkultur, die mit Enzym gemischt als Film auf einem Objektträger zur Rk. gebracht, anschließend mit Tusche gefärbt u. mikroskopiert wird. Erfolgreiche Anwendung auf *Hyaluronidase*-Nachw. in gefriergetrockneten fadenförmigen Larven von *Ancylostoma caninum* u. *Endamoeba histolytica* wird angedeutet. (Exp. Parasitology **2.** 333—40. Okt. 1953. Newark, Del.) GIBIAN. 4210

A. S. Evans, *Quantitativer Nachweis von Hyaluronidasewirksamkeit in Cercarien von Schistosoma mansoni mittels des Streptokokkendekapsulationstestes.* Nach krit. statist. Überprüfung darf der Mitteldurchmesser der als Substrat verwandten verkapselten Streptokokken nach einer empir. Formel in deren Vol. umgerechnet werden; hieraus ergibt sich ein direktes Maß für die *Hyaluronidase*-Wrkg. (**I**) von Cercarienhomogenaten. Während **I** direkt proportional der Zahl der benutzten Cercarien unter den gewählten Versuchsbedingungen war, erhielt man mit Verdünnungen von Stiertesteshyaluronidase eine gekrümmte Kurve. (Exp. Parasitology **2.** 417—27. Okt. 1953. Bethesda, Md., Naval Med. Res. Inst.) GIBIAN. 4210

Robert E. Kuntz, *Nachweis des „Spreading-Faktors" in Cercarien von Schistosoma mansoni.* Eine Aufschlämmung macerierter Cercarien ergab mit Evans Blau als Indicator an Kaninchen deutliche Spreading-Wirkungen die, wie schon früher vermutet, auf der Ggw. von Hyaluronidase zu beruhen scheinen. (Exp. Parasitology **2.** 397—402. Okt. 1953. Kairo, Aegypt., American Embassy, U. S. Naval Res. Unit No 3, Dep. of Helmintol.) GIBIAN. 4210

L. E. Casida jr. und **S. G. Knight**, *Die Milchsäuredehydrogenase von Penicillium chrysogenum.* Es wird eine zellfreie *Milchsäuredehydrogenase* aus Penicillium chrysogenum Stamm NRRL 1951 B 25 beschrieben. Das Enzym ist lösl. u. benötigt für optimale Wrkg. *Riboflavinphosphat* u. *Cytochrom c.* Durch Verss. mit Inhibitoren konnte nachgewiesen werden, daß es sich lediglich um ein einziges Enzym handelt; es hat nur geringe Substratspezifität (MICHAELIS-Konstante ca. $1,4 \cdot 10^{-2}$ mol.). (J. Bacteriol. **67.** 171—75. Febr. 1954. Madison, Wis., Univ. of Wisconsin, Dep. of Bacteriol.) GOEBEL. 4210

H. D. Baernstein, *Äpfelsäuredehydrogenase und verwandte Enzyme in der Kultur von Trypanosoma cruzi.* In Homogenaten von *T. cruzi* wurde eine sehr wirksame *Äpfelsäuredehydrogenase* (**I**) u. *Fumarase* (**II**) gefunden. Es konnte der Abbauweg *Oxalessigsäure—Äpfelsäure—Fumarsäure—Bernsteinsäure* aufgeklärt werden. Die Übergänge von der Glykolyse u. zur Bldg. von Brenztraubensäure bleiben jedoch noch ungewiß. Homogenate können mehrere Tage bei 5° aufbewahrt werden. Der Verlust an **I**-Aktivität beträgt ca. 2% pro Tag. *Oxalessigsäure* u. *Jodessigsäure* hemmen **I**. Die Bedingungen für maximale Wrkg. der *Diphosphopyrinnucleotid*-Red. werden beschrieben (optimales p_H 9,3). Das optimale p_H für **II** liegt bei 7,8. (Exp. Parasitology **2.** 380—96. Okt. 1953. Bethesda, Md., Nat. Inst. of Health, Dep. of Health, Educat. and Welfare, Public Health Service and Nat. Microbiol. Inst.) BRATFISCH. 4210

Gerald R. Seaman, *Hemmung der Bernsteinsäuredehydrogenase parasitischer Protozoen durch eine Arsono- und eine Phosphonoverbindung analog der Hemmung durch Bernsteinsäure.* Analog der Hemmung durch Succinat wird die *Bernsteinsäuredehydrogenase* von parasit. Protozoen: *Trypanosoma cruzi, Endamoeba histolytica, Trichomonas vaginalis* u. *Plasmodium lophurae*, vollständig durch Arsonoacetat u. β-Phosphonopropionat gehemmt. Aus den Ergebnissen schließt Vf. auf Ähnlichkeit der Struktur der Enzyme aus den 4 untersuchten Protozoen. (Exp. Parasitology **2.** 366—73. Okt. 1953. Galveston, Tex., Univ. of Texas, Med. Branch, Carter Physiol. Labor.) BRATFISCH. 4210

James Williamson, *Beobachtungen über die Dehydrogenaseaktivität von normalen und arzneimittelresistenten Stämmen von Trypanosoma rhodesiense.* Vf. beschreibt eine Meth. zur photometr. Best. der *Dehydrogenase* (**I**)-Aktivität gewaschener Suspensionen von *Trypanosoma rhodesiense* (T. rh.). Kaninchenserum (K. S.) besitzt eine starke Wrkg. auf die *Glucose*-**I**-Aktivität der gewaschenen T. rh.-Suspensionen. Bei Konzz. geringer als 0,0004% K.S. in Ggw. von 0,01 mol. Glucose wird die I-Aktivität gesteigert. Ein bei Mäusen gegen *Melarsen* (*Na-p-Melaminylphenylarsonat*) völlig resistenter Stamm von T. rh. unterscheidet sich hinsichtlich der Aktivität gegenüber *Glycerin, Pyruvat, Malat, Glutamat* u. *Succinat* (jeweils 0,01 mol.) durch fehlende oder erniedrigte Aktivität — gegenüber *Lac at* oder *Citrat* durch erhöhte Aktivität. Der in K.S. enthaltene *Cofaktor* (*Phosphopyridinnucleotid?*) konnte durch stromafreie Erythrocytenlsg. (Meerschweinchen), Difco Bactopepton oder Riboflavin-freien Hefeextrakt ersetzt werden. (Exp. Parasitology **2.** 348—57. Okt. 1953. London, England, School of Hyg. and Trop. Med., Dep. of Parasitol.) BRATFISCH. 4210

Kurt Jacobsohn, *Über die kompetitive Hemmung der Fumarase. Fumarase* wird durch eine Reihe von analogen ungesätt. u. gesätt. Säuren kompetitiv gehemmt; während *Methylfumarsäure* keinerlei Wrkg. ausübt, wird das Enzym von der diastereomeren *Citraconsäure* stark inaktiviert. Die gleichfalls isomere *Itaconsäure,* die *Crotonsäure,* die *Aconitsäuren* u. *Bernsteinsäure* hemmen die enzymat. Hydratisierung der Fumarsäure ebenfalls; *Essigsäure* ist in äquimol. Konz. unwirksam. (Enzymologia [Den Haag] **16.** 113—16. 15/6. 1953. Lisbonne, Inst. Rocha Cabral.) GOEBEL. 4210

D. Naidoo und **O. E. Pratt,** *Identifizierung einiger Phosphatasen, die in histologisch gleichartigem Großhirngewebe vorkommen.* An Großhirnrinde, die durch Gefrieren getrocknet u. mit Phosphorsäureestersubstraten behandelt war, wurde nachgewiesen, daß enzymat. Hydrolyse für jedes einzelne Substrat histolog. charakterist. lokalisiert werden kann. Die Lokalisierungen der Hydrolyse von *Glycerophosphat* (**I**) u. *Aneurinpyrophosphat* (**II**) sind im sauren p_H-Gebiet ähnlich. Es wurde nachgewiesen, daß mehr als ein Enzym in demselben histolog. Gebiet wirken kann. Vff. ziehen den Schluß, daß, obwohl die Lokalisation der Hydrolyse von **I** u. **II** im sauren Gebiet ähnlich ist, die Wirkungen dieser Enzyme funktionell voneinander unterschieden werden können. (Enzymologia [Den Haag] **16.** 91—98. 15/6. 1953. London, Univ., Inst. of Psychiatry.) GOEBEL. 4210

A. Vermeulen und **J. de Ley,** *Oxydation und Phosphorylierung von D-Galaktonat durch Aerobacter cloacae. Aerobacter cloacae* wächst sehr gut mit *D-Galaktonat* (**I**), das dabei oxydiert wird. Bei Züchtung des Organismus mit D-Glucose, D-Gluconat (**II**), 2-Keto-D-gluconat (**III**) oder D-Galaktose, wird **I** erst nach einer Induktionsphase abgebaut; es müssen dazu also adaptive Enzyme gebildet werden. Eine Suspension lyophilisierter Bakterien enthält eine Kinase, die **I** phosphoryliert; als Phosphatdonator wirkt ATP; ein lösl. Enzympräp. konnte nicht hergestellt werden. Das Enzympräp. ist nicht spezif. für die **I**-Phosphorylierung, **II** u. **III** werden ebenfalls, andere Hexonate u. Pentonate jedoch nicht phosphoryliert; **II**- bzw. **III**-adaptierte Zellen phosphorylieren **I** nicht. Vff. schlagen für das neuen Ferment den Namen *Hexonokinase* (**IV**) vor. **IV** wird gehemmt durch 10^{-1} mol. *NaF* oder $4 \cdot 10^{-3}$ mol. *CH_2JCOOH*. Das Enzympräp. enthält andere Fermente, die den Abbau der prim. gebildeten Phosphorylierungsprodd. bewirken. (Enzymologia [Den Haag] **16.** 105—12. 15/6. 1953. Ghent, Belgien, State Univ., Vet. Coll., Biochem. Labor.) GOEBEL. 4210

Erich H. Maier und **Reiner Fischer,** *Die Cholinesterase des Serums und der Erythrocyten bei der Hepatitis epidemica.* Bei Hepatitis epidemica ist bei n. Erythrocyten-*Cholinesterase* (**I**)- die Serum-**I**-Aktivität immer vermindert. Durch Unterss. der Vff. konnte die häufige Annahme, daß diese Verminderung infolge eines pathol. auftretenden **I**-Inhibitors verursacht wird, experimentell widerlegt werden. Vermutlich handelt es sich um eine Verminderung der **I**-Bldg. in der kranken Leber. (Z. klin. Med. **151.** 75—91. 1953. Tübingen, Univ., Med. Klinik.) KRUSEN. 4210

Fritz Markwardt, *Untersuchungen über den Einfluß von Sulfhydrylreagentien auf die Acetylcholinesterase.* (Vgl. auch C. **1954.** 6257.) Auf Grund der Hemmung der *Acetylcholinesterase* (**I**) durch Sulfhydrylreagentien nahmen verschied. Autoren bisher an, daß **I** in der akt. Form SH-Gruppen enthält. Zur Inaktivierung dieser vermuteten SH-Gruppen versetzte Vf. gereinigte **I** aus menschlichen Erythrocyten mit o-Jodosobenzoat u. $K_3[Fe(CN)_6]$ (als Oxydationsmittel), mit Monojodacetat (zur Alkylierung) sowie mit p-Chlormercuribenzoat, Natriumselenit u. Natriumtellurit (zur Mercaptidbldg.) in mol. Konzz. von $1 \cdot 10^{-2}$. Diese Reagentien, die sich sowohl mit „frei reagierenden“ als auch mit „trägen“ SH-Gruppen umsetzen, zeigten nach 1—2 Std. keinen erkennbaren Einfl. auf die Acetylcholinspaltung durch **I**. Hierdurch wird das Vorhandensein einer für die **I**-Aktivität wichtigen SH-Gruppe unwahrscheinlich gemacht. — *Na riumarseni*: (**II**), das ebenfalls ein Mercaptidbildner ist, hemmt dagegen **I** noch deutlich in mol. Konzz. von $2 \cdot 10^{-4}$. Da diese Hemmung durch 24std. Dialyse gegen dest. W. oder durch Waschen auf der Zentrifuge vollständig aufgehoben werden kann, dürfte sich auch hierbei keine Mercaptidbindung ausgebildet haben. — Um mit m-Amino-p-oxyphenylarsenoxyd (Mapharsen) eine gleiche

Hemmung wie mit **II** zu erreichen, wird eine um 2 Zehnerpotenzen höhere mol. Konz. als bei **II** benötigt. — Die Hemmung durch **II** ist substratabhängig (kompetitive Hemmung). **II** u. Acetylcholin greifen demnach sicherlich an der gleichen akt. Gruppe von **I** an. Analoge Ergebnisse der Hemmung durch **II** zeigte auch **I** aus menschlichem Serum. — Wird **I** durch **II** gehemmt u. anschließend mit *Diäthylfluorphosphat* (*DFP*), *Tetraäthylpyrophosphat* (*TEPP*) oder *Diäthyl-p-nitrophenylphosphat* (**III**; *Mintacol*) behandelt, so kann durch Waschen **I** zu 80% (bei **III** zu 60%) enthemmt werden. Die **I**-Hemmung durch *DFP*, *TEPP* u. **III** ist ohne vorherigen Zusatz von **II** bei den gleichen Versuchsbedingungen irreversibel. (Hoppe-Seyler's Z. physiol. Chem. **295.** 264—70. 26/11. 1953. Greifswald, Univ., Pharmakol. Inst.) KIRSTEN. 4210

Edward Ronwin, *Die dipositive Bindungstheorie der hydrolytischen Enzymwirkung und ihre Anwendung auf Rinderpankreascarboxypeptidase.* Es wird eine neue Theorie der *Hydrolase*-Wrkg. (bes. der von *Peptidasen* u. *Proteinasen*) von substratstrukturellen Gesichtspunkten aus diskutiert. Durch die Bldg. eines Enzym (E)–Substrat (S)-Komplexes tritt eine Ladungsverschiebung an der Peptidbindung ein; der ES-Komplex soll aus 2 Ringen bestehen; wenn eine Verb. imstande ist, diese beiden Ringe gleichzeitig zu bilden, so hat sie Inhibitorwirkung. Die Anwendung der Theorie wird am bekannten Verh. der Rinderpankreascarboxypeptidase mit Abb. erklärt. (Enzymologia [Den Haag] **16.** 81—86. 15/6. 1953. Berkeley, Calif., Univ. of California, Dep. of Physiol. Chem.) GOEBEL. 4210

Harry M. Robinson jr., Frank H. J. Figge und **Eugene S. Bereston,** *Hemmung der Tyrosin–Tyrosinase-Reaktion durch Mikrosporen Audouini.* Die pigmenterzeugenden Zellen der Haare enthalten *Tyrosin* u. können bei Einw. von *Tyrosinase* den dunklen Farbstoff *Melanin* erzeugen. Haare, die mit dem Mikrosporum *Audouini* infiziert sind, geben diese Rk. nicht. Die Sporen bilden einen Hemmstoff, der die Tyrosinase inaktiviert. Bei Verss. in vitro werden Testlsgg., die neben Tyrosin noch Dextrose, Agar u. Hefeextrakt enthalten, einmal mit infizierten Haaren u. einmal mit einer gezüchteten Sporenkultur versetzt; eine andere Lsg. dient als Vergleichslösung. Nach Zugabe von Tyrosinase verfärbt sich die Vergleichslsg. braun, es wird Melanin gebildet. Die infizierten Lsgg. zeigen nach längerer Zeit auch eine schwache Färbung, jedoch bleiben um das Sporenwuchszentrum farblose Zonen. (A. M. A. Arch. Dermatol. Syphilol. **68.** 428 bis 429. Okt. 1953. Baltimore, Md., Univ., Dep. of Dermatol.) LAMPRECHT. 4210

Georges N. Cohen und **Marie-Louise Hirsch,** *Threoninsynthase, ein System, das aus* L-*Homoserin* L-*Threonin bildet.* In Ggw. von Glucose, Phosphat u. Luft bilden Suspensionen von Escherichia coli aus L-*Homoserin* (**II**) L-*Threonin* (**I**), das chromatograph. u. mikrobiol. identifiziert wurde. D-Homoserin wird nicht umgewandelt. Die Kinetik der Rk. wird kompliziert durch Ggw. von *Threonindesaminase*, jedoch läßt sich deren Wrkg. durch Arbeiten bei p_H 4,8 ausschalten. Mutanten, die zwischen **II** u. **I** blockiert waren, besaßen keine Synthaseaktivität, während solche, die in Ggw. von **II** oder **I** gewachsen waren, n. *Threoninsynthase*-Aktivität zeigten; dieses ist jedoch nicht ausnahmslos der Fall. (J. Bacteriol. **67.** 182—90. Febr. 1954. Garches, Seine et Oise, France, Inst. Pasteur, Labor. de Chim. bact., Centre Nat. de la Rech. Scient.) GOEBEL. 4210

K. Yamafuji, H. Omura und **M. Miura,** *Über die Transoximase.* (Vgl. auch C. **1954.** 6972.) Bei Unterss. der Umwandlung von mit Hydroxylamin verwandten Verbb. in Seidenraupen, Mäusen u. Ratten wurde festgestellt, daß beim Abbau N-haltiger Verbb. in tier. Geweben Oximverbb. auftreten können. Vff. berichten über Unterss. der enzymat. Transoximierung. In Seidenraupengeweben, die frei von Teilen des Verdauungstrakts waren, konnte eine *Transoximase* (**I**) nachgewiesen werden; **I** ist in Seidenraupenpuppen in höherer Konz. vorhanden als in Raupen, die **I**-Wrkg. ist verhältnismäßig schwach; die Unterss. wurden mit unphysiol. Acceptoren durchgeführt. **I** wird durch Erhitzen auf 90° inaktiviert; ihr p_H-Optimum liegt bei p_H5,6, das Temperaturoptimum bei 37°. Fütterung der Raupen mit $NaNO_3$, KNO_2 oder $(NH_4)_2CO_3$ erhöhte die **I**-Aktivität; in viruserkrankten Raupen ist die **I**-Aktivität höher als in n. Tieren. Der Enzymgeh. der Raupen erleidet eine erkennbare Veränderung während ihrer Entwicklung. **I** in Geweben kann in schwachem Alkali gelöst werden; mit Aceton scheint Inaktivierung einzutreten. (Enzymologia [Den Haag] **16.** 75—80. 15/6. 1953. Fukuoka, Japan, Kyushu Univ., Agric. Chem. Inst.) GOEBEL. 4210

Wiesener, *Über das Verhalten des Kathepsins bei Magen–Darmstörungen und bei Anwendung antibiotischer Mittel.* Vf. untersuchte die *Kathepsin* (**I**)-Sekretion nach der *Edestin*-Meth. u. nephelometrisch. Die **I**-Absonderung ist eine sich erst allmählich im ersten Lebensjahre entwickelnde Funktion. Teepausen bei Ernährungsstörungen bewirken eine Steigerung der **I**-Sekretion. Behandlung mit Antibioticis ergibt keine Veränderung der **I**-Werte, mit Ausnahme von *Chloromycetin*, das nach 5tägiger Anwendung zu einer deutlichen Senkung führte. (Mschr. Kinderheilkunde. **101.** 119—21. März 1953. Berlin.) L. BERGER. 4210

Walter Frisch-Niggemeyer, *Die Freisetzung hochviscoser Desoxyribonucleinsäure aus Bakterien unter dem Einfluß von Lysozym.* Das Auftreten eines hochviscosen Schleimes bei der Einw. von *Lysozym* auf Suspensionen von Micrococcus lysodeikticus wird auf die Freisetzung von *Desoxyribonucleinsäure* zurückgeführt. Das Vork. einer *Desoxyribonuclease* in M. lysodeikticus konnte wahrscheinlich gemacht werden. (Enzymologia [Den Haag] **16.** 72—74. 15/6. 1953. Wien, Univ., Inst. für Med. Chem.) GOEBEL. 4210

A. C. Brownie, J. K. Grant und **W. Taylor,** *Enzymatische 11-β-Hydroxylierung von 11-Desoxycorticosteron (DOC).* Unter Verwendung gewaschener, aus frichem Rindernebennierenrindengewebe mittels Saccharoselsg. hergestellter Mitochondrien, die aerob in Phosphatpuffer, p_H 7,4 mit Mg^{2+} bebrütet wurden, untersuchten Vff. die *11-β-Hydroxylierung* von *11-Desoxycorticosteron* (**I**). In Abwesenheit der Säuren des KREBS-Cyclus erfolgte keine **I**-Umwandlung. *Pyruvat* war unwirksam. Andere Säuren (0,002 mol.) dieses Cyclus aktivierten die Hydroxylierung u. 0,0005 mol. *Adenosintriphosphat* (**II**) steigerte die Wrkg., ohne selbst wirksam zu sein. In Ggw. von **II** waren *α-Ketoglutarat, Succinat* (**III**) u. *Fumarat* (**IV**) am wirksamsten (Hydroxylierung von 0,9—1,0 μMol **I**/mg Mitochondrien-Gesamt-*N*/Std. bei 37°), *l-Malat, Oxalacetat* u. *Citrat* weniger wirksam. **IV** bewirkte anaerob keine Hydroxylierung. Zunehmende **III**-Konzz. steigerten aerob die letztere. *2.4-Dinitrophenol* hemmte in Konzz., die keine Inhibierung der Oxydation von KREBS-Cyclussäuren (**V**) hervorriefen, beträchtlich die **I**-Hydroxylierung. Sehr wahrscheinlich beruht die Rolle von **V** auf einer Förderung der oxydativen Phosphorylierung, die zur Auslösung der **I**-Hydroxylierung dient. **IV** spielt keine spezif. Rolle u. ist kein unbedingt erforderlicher *H*-Acceptor. (Biochem. J. **55.** XXII. Sept. 1953. Edinburgh, Univ., Biochem. Dep.) K. MAIER. 4210

F. X. Lobo, Suman Pathak, Nafisa Kachwalla und **J. V. Bhat,** *Ein zur Anreicherung von Hefen geeignetes Medium.* Als ein zur Anreicherung von Hefen aus natürlichem Material (Darm, Früchte, Seewasser usw. geeignetes fl. Medium (**I**) erwies sich eine Lsg. von 0,05 g $(NH_4)_2SO_4$, 0,05 g KH_2PO_4, 0,01 g $MgSO_4 \cdot 7\,H_2O$, 0,002 g $FeSO_4 \cdot 7\,H_2O$, 0,001 g $CaSO_4 \cdot 2\,H_2O$, 0,1 g Hefeextrakt, 10 g Saccharose in 100 cm³ dest. W., da sich hierin die meisten heterotrophen Bakterien nur schwer oder nicht entwickeln können. Die Bebrütung erfolgt bei 37°, die Anreicherung durch 2malige Passage unter anaeroben Bedingungen u. die Isolierung selbst von aeroben Dextrose-Agarplatten oder verfestigtem **I** selbst. (Current Sci. **22.** 174—75. Juni 1953. Bombay, St. Xavier's Coll.) K. MAIER. 4270

—, Biologie und Wirkung der Fermente. Berlin, Göttingen, Heidelberg: Springer. 1953. (176 S. m. Abb.) = Colloquium der Gesellschaft für physiologische Chemie. 4. DM 19,60.

E₃. Mikrobiologie. Bakteriologie. Immunologie.

T. W. Arisstowskaja und **L. K. Stachorskaja,** *Zur Frage der Stickstoffnahrung der Bakterien der Dysenteriegruppe.* Die üblichen fl. Eiweißnährböden mit ihrem Geh. von 200—300 mg% Amino-N werden nach Verss. der Vff. mit FLEXNER-, GRIGORJEW-SHIGA- u. SONNE-Stämmen des *Dysenteriabacillus* nicht voll ausgenutzt, da vorwiegend die Aminodicarbonsäuren zur Verwertung kommen. Das beste Wachstum findet sich auf Nährböden mit *Asparagin*; *Glykokoll* u. *Glutaminsäure* erwiesen sich als etwa gleichwertig, während *Arginin* u. *Cystein* wenig, *Tyrosin* fast gar nicht ausgenutzt werden. Während anfangs die Prozesse der Synth. u. Desaminierung parallel laufen, überwiegen gegen Ende der Vermehrung der Kultur die Desaminierungsprozesse, weshalb alte Zellen weniger N enthalten als junge. Dasselbe gilt für die Ausnutzung des *P.* (Журнал Микробиологии, Эпидемиологии и Иммунобиологии [J. Mikrobiol., Epidemiol., Immunobiol.] **1953.** Nr. 11. 43. Nov. Leningrad, Vaccine- u. Serum-Inst.) RENTZ. 4310

Arthur E. Teeri und **Dorothy Josselyn,** *Einfluß von überschüssigen Aminosäuren auf das Wachstum von bestimmten Lactobacilli.* Die Wrkg. von überschüssigen 15 Aminosäuren auf das Wachstum von Milchsäurebakterien wird untersucht. Das Wachstum von Lactobacillus arabinosus, Stamm 17-5 (Nr. 8014), wird durch *Valin, Serin* oder *Histidin* verringert. Das Wachstum von L. fermenti, Stamm **36** (Nr. 9338), wird durch Serin verringert. Das Wachstum von L. casei (Nr. 7469) wird durch *Arginin* oder Histidin verringert; fast völlige Hemmung tritt mit *Asparaginsäure* oder *Glutaminsäure* ein. Das Wachstum von L. leichmannii (Nr. 4797) wird gehemmt durch Asparaginsäure, Glutaminsäure oder Serin; durch Valin oder *Methionin* wird das Wachstum verringert. (J. Bacteriol. **66.** 72—73. Juli 1953. Durham, Univ. of New Hampshire, Agric. Exp. Stat.) LINGENS. 4310

Jack W. Newton, A. G. Marr und **J. B. Wilson,** *Fixierung von* $^{14}CO_2$ *in Nucleinsäurebestandteilen durch Brucella abortus.* Vff. untersuchten den CO_2-Bedarf von *Brucella abortus*-Arten mit $^{14}CO_2$. Die Haupt-$^{14}CO_2$-Menge wird in die *Pyrimidin*-Basen eingebaut, aber nur wenig in die Purine (Medium Tryptoseagar); die Organismen bilden rasch $^{14}C_1$-*Glycin*, dessen Carboxyl-C dann als C_4 in den *Purinen* auftritt. In den *Pyrimidinen* wurde $^{14}CO_2$ als *Ureid-C* eingebaut. (J. Bacteriol. **67.** 233—36. Febr. 1954. Madison, Wis., Univ. of Wisconsin, Dep. of Bacteriol.) Goebel. 4320

Armine T. Wilson, *Eine vereinfachte Methode zur Testung von sulfonamidresistenten Streptokokkengruppen.* Angabe eines Mediums zur Feststellung von *Sulfonamid* (**I**)-resistenten A-Streptokokken, dessen Basis (Difco Laboratories, Detroit, Mich.) in Pulverform vorliegt; Bestandteile: vitaminfreie *Casaminosäuren, Dextrose, Na-Acetat, l-Cystin, dl-Tryptophan, Adeninsulfat, Xanthin, Uracil, Thiaminhydrochlorid, Riboflavin, Niacin, Ca-Pantothenat, Pyridoxinhydrochlorid, Biotin*, Di-K- u. Di-Na-Phosphat, $MgSO_4$, $FeSO_4$, $MnSO_4$, Agar. Nach Aufschwemmung in W. unter Hinzufügung von Pferdeserum u. *Na-Sulfadiazin*, 0,5—2,5 g in 100 ml n/100 NaOH, wurden 169 Streptokokkenstämme verschied. Herkunft getestet. Mit diesem Kulturmedium gelingt eine zufriedenstellende Differenzierung der Streptokokkenstämme hinsichtlich ihrer **I**-Empfindlichkeit. (J. Lab. clin. Med. **43.** 280—85. Febr. 1954. Wilmington, Del., Alfred I. du Pont Inst. of the Nemours Found.) Dossmann. 4330

Robert F. Parker, *Ein paradoxer Effekt von Penicillin. Staphylokokken* werden durch fortlaufende *Penicillin*-Gabe unter günstigen Wachstumsbedingungen abgetötet. Werden die Zellen nur kurz einer hohen Penicillinkonz. ausgesetzt, so können sie noch nach vollständiger Entfernung des Penicillins sterben. Das kann verhindert werden durch eine zeitweilige Erniedrigung der Temp. auf 25° oder durch p_H-Änderung von 8,1 auf 6,9. Durch die Änderung des p_H-Wertes tritt vergleichsweise keine Änderung der Wachstumsrate ein. (J. Bacteriol. **66.** 60—67. Juli 1953. Cleveland, O., Western Reserve Univ., School of Med.) Lingens. 4340

Paul Klein, *Über die beiden Wirkungsdeterminanten des Terramycins.* Zur Klärung der Frage, ob die Eig. antibakterieller Stoffe, wie *Terramycin* (**I**), bakteriostat. oder bactericid wirken zu können, nur von der vorhandenen **I**-Konz. abhängt, oder ob es sich um qualitativ unterschiedliche Wirkungsmechanismen in den Bakterienzellen handelt, unternahm Vf. Unterss. mit einem Viridansstamm, bei denen **I**-Konz., D. der Kultur (Keime/ml), Stoffwechselzustand der Kultur u. Zus. des Nährbodens zueinander in Beziehung gesetzt wurden. Aus den Ergebnissen ist zu schließen, daß sowohl der bakteriostat. als auch der bactericide **I**-Effekt in ihrer Intensität von Keimdichte, Wachstumsgeschwindigkeit u. Peptongeh. des Nährbodens abhängig sind, jedoch in gegenläufigem Sinn, d. h. Bedingungen für bakteriostat. Wirkungsmaxima sind bei gleicher **I**-Dosis Minima hinsichtlich der bactericiden Wirkung. Der im Pepton vorhandene, erst nach Assimilation wirkende Faktor, der erst einen bactericiden Effekt von **I** ermöglicht, ist nicht mit p-Aminobenzoesäure ident. u. thermo-, säure- u. alkalistabil. (Klin. Wschr. **31.** 1087—91. 1/12. 1953. Düsseldorf, Med. Akad., Inst. für Hyg. u. Mikrobiol.) Krusen. 4340

E. M. Brieger, V. E. Cosslett und **Audrey M. Glauert,** *Die mittels des Elektronenmikroskops untersuchte Wirkung von Antibioticis auf avium-Tuberkelbakterien.* Tuberkelbakterien vom *avium*-Typ wurden auf Drahtnetzen („*Formvar*“-Film) unter Verwendung eines fl. Nährmediums (nach Dubos), das 0, 10, 20 u. 100 γ *Streptomycin* (**I**) oder *Isonicotinsäurehydrazid* (**II**)/cm³ enthielt, gezüchtet u. elektronenmkr. untersucht. Unter n. Bedingungen verlängern sich die kurzen bipolaren Stäbchen des Inoculums innerhalb 24 Std. bis auf das 7fache, wobei eine Reihe intracellulärer Einheiten sichtbar wird u. nach 3 Tagen die bipolaren Fäden in einzelne Stäbchen zerfallen. **I**-haltige Kulturen wachsen langsamer, die sich bildenden Fäden sind breiter u. weisen eine undeutlichere innere Struktur auf. Kleine **I**-Konzz. begünstigen die mycelbildende Tendenz einiger Stämme, höhere Konzz. (100 γ/cm³) stoppen die Entw. im Mycelstadium, wobei die Fäden nach 7tägiger Bebrütung sehr breit werden u. vereinzelt zerfallen. 10 γ **II**/cm³ lassen auf den Wachstumsverlauf nur sehr geringe Wrkg. erkennen. Bei 20 γ u. mehr zeigen die Stäbchen des Inoculums zuerst kein Längenwachstum, scheinen zu schrumpfen, verlieren die Transparenz u. sehen wie dichte, ovale, spitz auslaufende Körper aus. Die weitere Entw. ist dosisabhängig. Mit 20 γ entwickeln sich in 3 Tagen n. Fäden u. spitze Stäbchen, mit 100 γ beginnen sich die Kulturen nach 7 Tagen wieder zu erholen, wobei das Wachstum stark verlangsamt ist. **I** u. **II** greifen demnach Tuberkelbakterien in verschied. Weise an u. rufen unterschiedliche morpholog. Veränderungen hervor. In Ggw. von **II** überwiegt die Anfangshemmung, während **I** eine stärker verzögernde Wrkg. zeigt. (Nature [London] **171.**

211—12. 31/1. 1953. Cambridge, Papworth Hosp. and Strangeways and Cavendish Labors.) K. Maier. 4340

N. W. Krupin, *Der Einfluß von Gramicidin C auf die Morphologie und Physiologie der Mikroben. 4. Mitt. Der Einfluß von Gramicidin C auf die hämolytische Funktion der Staphylokokken und Kartoffelstäbchen.* (3. vgl. Микробиология [Mikrobiologie] **17.** [1951.] 371.) Während *Gramicidin C* (**I**) schon in geringen Dosen die hämolyt. Wrkg. von Bac. mesentericus auf Blutagar hemmt, vermag es nicht, die hämotox. Wrkg. pathogener Staphylokokken zu unterdrücken, auch nicht, wenn dieselben in Ggw. subbakteriostat. Dosen von **I** längere Zeit kultiviert werden. Kartoffelstäbchen verlieren nuter den gleichen Bedingungen bereits nach 3—4 Tagen ihre Eig., die Erythrocyten aufzulösen. Die Unterschiede erklären sich wahrscheinlich durch die Verschiedenheit der Eigg. der Bakterienhämolysine. (Микробиология [Mikrobiologie] **20.** 122—25. März/April 1951. Swerdlowsk, Med. Inst.) Rentz. 4340

R. Bermann, *Versuche zur Färbung des Bacillus Stefansky und des Bacillus Hansen durch Sudanschwarz BN. Bacillus* Koch, der direkt aus dem infizierten Organismus isoliert wurde, färbte sich mit *Sudanschwarz BN* (**I**; *4-[2'.2'-Dimethyl-2'.3-dihydroperimidyl-(6')-azo]-naphthalinazobenzol*) glatt. *Bacillus* Stefansky dagegen benötigte 2- bis 4malige Anwendung des Farbstoffes, u. *Bacillus* Hansen konnte mit **I** nicht gefärbt werden. (Bull. Acad. nat. Méd. **137** ([3] **117**). 295—97. 1953. Inst. Pasteur, Serv. de la Lèpre.) Rutkowski. 4350

Franco Togliani, *Bestimmung des isometabolischen Punktes für Deuterophoma tracheiphila auf Glucosenährböden.* Kulturen des genannten Pilzes wurden über 5 Wochen auf Dextrosenährböden von p_H 3—8 gezogen. Das p_H des Kulturmediums stellte sich während des Kulturwachstums in fast allen Fällen auf Werte um **6,10** ein u. wurde bei diesem „isometabol. Punkt" für längere Zeit gehalten. (Ann. Sperimentaz. agrar. [N. S.] **6.** 1153—60. 1952. Bologna, Labor. Speriment. di Patol. Veget.) Schlottmann. 4380

E₄. Pflanzenchemie. Pflanzenphysiologie. Pflanzenpathologie.

Ruth W. Mackie, James M. Blume und **C. E. Hagen,** *Histologische Veränderungen bei Gerste, hervorgerufen durch Anwendung von* ^{32}P. Gerstensämlinge wurden in dest. W. gekeimt u. 5 Tage angezogen, um in Nährlsgg. mit verschied. Konzz. von ^{31}P u. ^{32}P weiterkultiviert zu werden. Die Unterss. erfolgten nach 15 bzw. 12 Tagen u. ergaben eine Empfindlichkeit (verminderte Zellteilung, Verdickung der Zellwand) der meristem. Gewebe gegen ^{31}P u. ^{32}P. Die durch die verschied. Konzz. hervorgerufenen Veränderungen werden eingehend beschrieben. (Amer. J. Bot. **39.** 229—37. März 1952. Beltsville, Md., U. S. Dep. of Agric., Agric. Res. Admin., Bur. of Plant Ind., Soils and Agric. Engng.) Beinert. 4404

B. J. D. Meeuse und **D. R. Kreger,** *Über die Natur der Florideenstärke und der Ulvastärke.* Als Beispiel für Stärke (**I**) niederer Pflanzen untersuchen Vff. **I** von Odonthalia kamtchatkensis (Korngröße 3—9 μ) u. von Ulva expansa (2—5 μ). Während Odonthalia ein Röntgendiagramm gibt, das der Kartoffel-**I** weitgehend gleicht, zeigt Ulva nur wenige verwaschene Ringe. Das aus einer wss. Lsg. von Ulva-**I** durch A. ausgefällte Prod. gleicht hingegen röntgenograph. einem entsprechend aus Kartoffel-**I** gewonnenen Präparat. (Biochim. biophysica Acta [Amsterdam] **13.** 593—95. April 1954. Washington, Univ., Botan. Dep. u. Delft, Techn. Univ., Labor. of Techn. Botany.) Ulmann. 4420

W. W. Nekrassow und **W. I. Ostapenko,** *Oxydierende Aktivität der Gewebe einiger Kulturpflanzen.* Verss. über die Aktivität der Oxydationsfermente (OA.) im Gewebe entfernter Hybriden von Steinobstarten u. ihren Ausgangsformen ergaben, daß die Kreuzung erleichtert u. die Ertragsfähigkeit der Hybriden erhöht wird, wenn die OA. bei der ♂-Form viel größer ist als bei der ♀-Form. Beim umgekehrten Verhältnis der OA.-Werte wird die Kreuzung erschwert, die Ertragsfähigkeit der Hybriden vermindert. Sind die Werte von OA. bei den ♂- u. ♀-Formen annähernd gleich, so führen direkte u. umgekehrte Kreuzung zu den gleichen Ergebnissen. Eine gleiche OA. der Hybriden ist kein Merkmal der gleichen Ertragsfähigkeit. (Агробиология [Agrobiologie] **1953.** Nr. 5. 153—55. Sept./Okt. Mitschurin-Obst- u. Gemüse-Inst.) Lebtag. 4380

Jacob Verduin, *Auf das Volumen bezogene photosynthetische Leistungen von Wasserpflanzen.* Bei Messungen der photosynthet. Leistung von Wasserpflanzen des westlichen Eriesees unter natürlichen Bedingungen (Seewasser, natürliches Licht) wurde die CO_2-Absorption per Einheit des Pflanzenvol. angegeben u. mit bereits in der Literatur vorhandenen Werten verglichen. *Asterionella, Tabellaria* u. *Melosira* zeigten Werte von 2 bzw. 3 bzw. 7 μMol CO_2 absorbiert pro 10^{10} μ^3/Std., während die Werte für Algen u. höhere Wasserpflanzen, wie *Cladophora, Ulothrix, Vallisneria* u. *Myriophyllum* niedriger lagen u. zwischen 0,1 u. 0,5 variierten. Werte aus der Literatur ergaben nach Umrechnung: für *Coscinosira polychorda* 1 μMol $CO_2/10^{10}$ μ^3/Std., für *Chlorella pyrenoidosa* bei künstlichem Licht in Laborkultur 17, bei Laborkultur in natürlichem W. u. bei natürlichem Licht 9, für *Nitschia palea* (künstliches Licht) 18 μMol $CO_2/10^{10}$ μ^3/Stunde. (Amer. J. Bot. **39**. 157—59. März 1952. Put-In-Buy, O., Univ., Franz Theodore Stone Inst. of Hydrobiol.) BEINERT. 4460

H. T. Hartmann und **J. G. Brown,** *Der Einfluß des Mangels an gewissen Mineralstoffen auf Wachstum, Aussehen der Blätter und Mineralstoffgehalt junger Ölbäume.* Junge Ölbäume wurden 24 Monate lang in Sandkulturen auf ihr Verh. bei Abwesenheit von *K* bzw. *Mg* bzw. *P* bzw. *N* unter den Nährstoffen geprüft. K-Mangel bedingt Wachstumshemmung ohne weitere Symptome; der K-Geh. der Pflanzen nimmt ständig ab, während der Ca- u. Mg-Geh. gleichzeitig erhöht sind. Bei hohem K-Geh. werden umgekehrt niedrige Ca- u. Mg-Gehh. gefunden. Mg- u. Ca-Geh. laufen dagegen parallel. N-Mangel bedingt höheren P-Geh. in der Pflanze, P-Mangel dagegen keine Erhöhung des N-Spiegels. (Hilgardia **22**. 119—30. Mai 1953.) BECKMANN. 4470

N. I. Borissowa, *Der Eintritt von Phosphor in die Pflanzen aus granulierten und nichtgranulierten Phosphaten bei ihrer gleichzeitigen Einbringung.* Auf einem podsoligen Lehm nahmen die Pflanzen in der Jugendentw. hauptsächlich die *Phosphate* aus granulierten Düngemitteln auf, auf Serosem dagegen aus nichtgranulierten Düngemitteln. Verabfolgung des Düngers in Lsg., die zu einer starken Wechselwrkg. des Düngers mit dem Boden führt, hat in Abhängigkeit vom Bodentyp einen verschied. Einfl. auf die Ausnutzung von P. Die Festlegung von Phosphaten durch Serosem erfolgt unter weit stärkerer Erhaltung ihrer Pflanzenlöslichkeit als die Festlegung durch podsoligen Lehm. (Известия Академии Наук СССР, Серия Биологическая [Nachr. Akad. Wiss. UdSSR, biol. Ser.] **1954**. Nr. 1. 110—12. Jan./Febr. Bodenkundliches Dokutschajew-Inst. der Akad. der Wiss. der UdSSR.) A. JACOB. 4470

N. I. Borissowa und **O. A. Sagainowa,** *Die Verwendung des Isotops ^{32}P für die Beurteilung des Eintrittes von Phosphaten in die Pflanze aus dem Boden und aus Düngemitteln bei schichtweiser und bei gleichmäßiger Verteilung.* Einbringen von $Ca(H_2{}^{32}PO_4)_2$ (**I**) in die obere Bodenschicht 0—3 cm (a) führt in der ersten Entwicklungsperiode der Pflanzen zu einer besseren Ausnutzung von **I** als gleichmäßiges Ausstreuen. Während der ersten Entwicklungsperiode werden bei (a) die Bodenphosphate weniger stark ausgenutzt als bei gleichmäßigem Ausstreuen von **I**. Auf podsoligem Lehm wurde bei (**a**) im Vgl. zur Ausnutzung des Boden-P_2O_5 (**II**) eine relativ bessere Ausnutzung des Dünger-**II** beobachtet als auf Schwarzerde u. Serosem. Zur Zeit der Ernte war die Überlegenheit von (a) hinsichtlich der **II**-Ausnutzung noch festzustellen, sie war aber wesentlich geringer als in der 1. Wachstumsperiode. In der 2. Wachstumsperiode erfolgte bei (a) eine intensivere Ausnutzung des **II** des Bodens als in der 1. Wachstumsperiode. Bei Anwendung von ^{32}P läßt sich berechnen, daß der Hauptvorteil von (a) in der erhöhten Ausnutzung des **II** während der 1. Wachstumsperiode zu sehen ist. (Известия Академии Наук СССР, Серия Биологическая [Nachr. Akad. Wiss. UdSSR, biol. Ser.] **1953**. Nr. 6. 111—16. Nov./Dez. Bodenkundliches Dokutschajew-Inst. der Akad. der Wiss. der UdSSR.) A. JACOB. 4470

James H. M. Henderson und **James Bonner,** *Auxinstoffwechsel in normalem und in Kronengallengewebe der Sonnenblume.* Zur Klärung der Frage, warum Kronengallengewebe auch dann erhebliche Gehh. an *Auxin* aufweisen, wenn sie jahrelang in auxinfreier Nährlsg. kultiviert werden, während n. Stengelgewebe oder Stengelcallusgewebe zum Wachstum einer laufenden Zufuhr von Auxin bedürfen, wurden verschied. Verss. mit *Helianthus annuus* durchgeführt, wobei die Best. der Wuchsstoffe bei kleinen Mengen nach dem Avenatest von WENT u. THIMANN, bei größeren Mengen colorimetr. erfolgte, u. die Tryptophanbest. mit *Lactobacillus arabinosus* durchgeführt wurde. Die Verss. zeigten, daß Kronengallengewebe in der Lage ist, Auxin zu synthetisieren. Ein enzymat. Syst., das für die Umwandlung von ***Tryptophan*** (**I**) in ***Indolylessigsäure*** (**II**) notwendig ist, wurde sowohl im Kronengallengewebe als auch im Callus- u. Stengelgewebe gefunden, da die Zugabe von **I** in jedem Fall zur Bldg. von **II** führte. Vff. vermuten auf Grund ihrer Versuchsergebnisse, daß in Callus- u. Stengelgewebe ein Faktor vorhanden ist, der die enzymat. Bldg. von **II** aus **I** hemmt, u. dessen Wirksamkeit von der Konz. von **I** abhängt, da die Hemmwrkg. desto größer wird, je niedriger der Geh. an **I** ist. Dieser Hemmfaktor scheint im Kronengallengewebe nicht oder nur in sehr geringer Konz. vorhanden zu sein. (Amer. J. Bot. **39**. 444—51. Juli 1952. Pasadena, Calif., Inst. of Technol., Kerckhoff Labor. of Biol.) BEINERT. 4485

Alexandra Poljakoff-Mayber, *Peroxydaseaktivität in keimendem Lattichsamen.* Die Hemmung der Keimung von Lattichsamen durch *Cumarin* (**I**) ist nicht einer Einw.

von **I** auf das *Peroxydase* (**II**)-Syst. zuzuschreiben. Die verminderte **II**-Aktivität von keimendem Samen in Ggw. von **I** ist eine Folge der Keimhemmung. *Thioharnstoff* (**III**), der die Keimung stimuliert, vermindert die Katalase- u. stimuliert die **II**-Aktivität in vitro. **I** oder **III** (125 mg%) hatten in den angewandten Konzz. keinerlei Wrkg. auf die **II**-Aktivität in vitro; in höheren Konzz. (250 mg%) hemmt **III** die Enzymaktivität schwach. (Enzymologia [Den Haag] **16.** 122—24. 15/6. 1953. Jerusalem, Israel, Hebrew Univ., Dep. of Bot.) GOEBEL. 4485

L. Zobrist und **J. Thiollière,** *Neue Mittel zur Bekämpfung der Korn- und Boden-„Infektion" des Weizensteinbrandes. Hexachlorbenzol* (**I**) wirkt weitaus stärker auf die Sporen des Weizensteinbrandes (*Tilletia tritici*) als *Hg-Präpp.*, u. zwar sowohl bei Kornkontamination als auch bes. bei Bodenkontamination u. bei Vorliegen beider Verseuchungsquellen. Eine den **I**-Beizmitteln eigentümliche Gaswrkg. bedingt auch in den das Korn umgebenden Erdpartien eine Abtötung der Sporen. Die gute Wrkg. der **I**-Präpp. läßt auch gute Erfolge in der Bekämpfung des Zwergsteinbrandes (Tilletia brevifaciens) erhoffen, da hier die Infektion des Korns vom Boden aus erfolgt u. Hg-Präpp. wirkungslos bleiben. Die Methodik der Laboratoriums- u. Feldverss. wird beschrieben. (Phytopathol. Z. **21.** 311—22. März 1954. Dielsdorf/Schweiz, Biol. Labor. der Dr. Maag A. G., u. Lyon/Frankreich, Stat. Exp. de la Dargoire, Péchineyprogil.) HANS THIELE. 4490

Chester N. Roistacher und **Kenneth F. Baker,** *Desinfizierende Wirkung von Holzschutzmitteln auf Pflanzenbehälter.* Ein Jahr nach der Behandlung mit *Cu-Naphthenat* (**I**) behielten Aufzuchtkästen desinfizierende Wrkg. auf Pilze. Es wurden aber schädliche Einflüsse auf die Wurzeln verschied. Pflanzensaaten festgestellt, obwohl in der Zwischenzeit 6mal die Erde erneuert worden war. Deshalb sollte **I** für Behälter, die für Saaten oder für Forschungszwecke benutzt werden, nicht angewandt werden. Andere Holzschutzmittel zeigen teilweise ähnliche Wirkungen oder aber keinerlei Einfl., wenn die Bindung an das Holz fester ist als bei dem **I.** (Phytopathology **44.** 65—69. Febr. 1954. Los Angeles, Univ., Dep. of Plant Pathol.) HANS THIELE. 4495

E5. Tierchemie. Tierphysiologie. Tierpathologie.

Betty Danes, G. S. Christiansen und **P. J. Leinfelder,** *Ein cartesianischer Taucher als Waage und Capillarrespirometer für Stoffwechseluntersuchungen von Gewebskulturen.* Beschreibung u. Arbeitsweise eines neuen Gerätes. (Exp. Cell Res. **5.** 234—47. Sept. 1953. Iowa City, Iowa State Univ., Coll. of Med., Dep. of Ophthalmol. and Physiol.) BRATFISCH. 4500

Simone Hatem, *Chemische Untersuchung von als knochenwiederherstellendes Therapeuticum in der vietnamesischen Medizin verwendeter Sepia.* In Vietnam wird seit langer Zeit frisch bereitete *Sepia* als hervorragendes Mittel zur Neubldg. der Knochenhaut bei tiefergehenden Geschwüren u. dgl. verwendet. Vf. führte eine Elementaranalyse durch. S u. P sind kaum nachweisbar, dagegen *Ca* in großen Mengen, ferner *Mg* u. *Sr* sowie geringe Spuren von *Si.* Ca findet sich in Form feiner Kristalle von *Aragonit* (Korngröße 1—2 μ), vermischt mit organ. Substanz. Unter den Hydrolyseprodd. der Eiweißstoffe wurden nachgewiesen: *Tyrosin, Glykokoll Tryptophan* u. *Prolin.* Außerdem wurde eine alkal. *Phosphatase* u. wahrscheinlich etwas *Cystein* nachgewiesen. Sepia scheint demnach vor allem durch die feine Verteilung seines Ca-Anteils die Knochenbldg. günstig zu beeinflussen u. zu beschleunigen. (C. R. hebd. Séances Acad. Sci. **238.** 528—30. 25/1. 1954.) RODERICH KÖNIG. 4520

V. Erspamer und **O. Benati,** *Isolierung des Murexins aus Hypobranchialdrüsenextrakten von Murex trunculus und seine Identifizierung als β-[Imidazolyl-4(5)]-acrylcholin.* Die Isolierung des *Murexins* als Pikrat aus der medianen Zone der Hypobranchialdrüse von Murex trunculus wird beschrieben. Murexinsalze haben folgende Eigg.: Pikrat Tafeln oder fein gruppierte Nadeln, F. 221—222° (Zers.), Pikrolonat rechteckige Tafeln, F. 240—242° (Zers.), Flavianat lange, meist verflochtene Nadeln, F. 320° (Zers.), Styphnat dicke gebogene Nadeln, F. 215—218° (Zers.), Reineckat amorpher Nd. mit drusenartigen Kristallaggregaten, F. 186—188° (Zers.), Chlorid-Hydrochlorid mikrokristallin, hygroskop., F. 219—221° (Zers.). Hydrolyse des Murexins führte zu Cholin u. Urocaninsäure (**I**), woraus sich seine Konst. als die des β-[Imidazolyl-4(5)]-acrylcholins ergibt. Das bei der Hydrolyse entstehende **I**-Hydrochlorid ist schwer kristallisierbar. Durch Zusatz von n NaOH entsteht im Eisschrank die freie Säure $C_6H_6O_2N_2 \cdot 2H_2O$; aus W. Nadeln, F. 217—218° (Zers.). (Biochem. Z. **324.** 66—73. 1953. Bari, Univ., Pharmakol. Inst., u. Milano, Farmitalia S. p. A.) FRESENIUS. 4520

Jacques L. Auclair und **Robert Dubreuil,** *Untersuchung über die freien Aminosäuren der Hämolymphe von Insekten mit Hilfe der Papierchromatographie.* Eine qualitative u. semi-quantitative Analyse der freien Aminosäuren in der Hämolymphe von 9 Insektenarten [Galleria mellonella (G.m.), Tenebrio molitor, Drosophila melanogaster, Blatta orientalis, Epilachna varivestis, Phlegethontius quinquemaculatus (Ph.q.), Archips cerasivorana (A.c.), Malacosoma americana u. Leptinotarsa decemlineata (L.d.)] wird mit Hilfe der Papierchromatographie ausgeführt. 16 von 24 freien Aminosäuren konnten regulär im Insektenblut identifiziert werden, *α-Aminobuttersäure*, *Cystin* u. *Tryptophan* sogar in hoher Konzentration. Qualitative u. quantitative Unterschiede in den Aminosäuren bestanden zwischen den verschied. Insektenarten. Schließlich wurden noch Bestimmungen des freien Amino-N in der Hämolymphe von 5 Insektenarten (Malacosoma americana, G.m., Ph.q. A.c. u. L.d.) nach VAN SLYKE ausgeführt u. die erzielten Ergebnisse mitgeteilt. Bei G.m., A.c. u. L.d. schwankt die Konz. zwischen 3,03—3,57 mg/ml, obwohl pflanzliche Nahrung aufgenommen wurde. Bei Ph.q. liegt die Konz. bei 2,3 mg/ml; dieser niedrige Wert wird dem Einfl. der tier. Nahrung u. auch teilweise dem Stoffwechsel dieser Art zugeschrieben. — 37 Literaturangaben. (Canad. J. Zool. **31.** 30—41. Febr. 1953. Montreal, Can., Univ., Fac. des Sci., Inst. de Biol. générale et de Zoologie.) PATZSCH. 4520

E. L. Patterson, J. V. Pierce, E. L. R. Stokstad, C. E. Hoffmann, John A. Brockman jr., F. P. Day, M. E. Macchi und **T. H. Jukes,** *Die Isolierung von Protogen.* Aus Rinder- u. Schweineleber wurde durch Hydrolyse u. Gegenstromverteilung ein Wachstumsfaktor für Tetrahymena geleii u. Streptococcus faecalis isoliert, der als *Protogen* (**I**) bezeichnet wird. **I**-A läßt sich durch vorsichtige Oxydation in **I**-B überführen. Dieses wurde an einer Säule von Kieselsäure chromatograph. gereinigt u. stellt ein gelbes, in A., Chlf. u. Aceton gut, in W. u. Bzl. schwerer lösl., in PAe. u. CCl_4 unlösl. Öl mit einem $[\alpha]_D^{25}$ 105° (c = 0,94 in Bzl.) dar. **I**-A ist ein hellgelbes Öl, das in A., Chlf., Bzl. u. Aceton lösl., in PAe. u. W. unlösl. ist. Die Infrarotspektren unterscheiden sich hauptsächlich im Gebiet zwischen 970—1100 cm^{-1}. (J. Amer. chem. Soc. **76.** 1823—26. 5/4. 1954. New York, N. Y., American Cyanamid Co., Lederle Labor. Div.) GERDA SCHULZE. 4520

J. Kleeberg, *Experimentelle Untersuchungen über den kolloidchemischen Mechanismus der Gallensteinbildung.* An Modellen, einem Gelatinegel mit gelösten Chrom-Silber-Salzen u. Chloriden, an Agargelen, Serum-Gelatine-Gemischen mit Erdalkalien, wird die Bldg. von Gallensteinen durch kolloidchem. Kräfte: Oberflächenspannung, Diffusion u. Adsorption untersucht. Die Niederschlagskörper besitzen nach Gestalt u. Aufbau große Ähnlichkeit mit natürlichen Gallensteinen. Es wird weder Druck, Zug noch Schliff angewendet. Die Niederschlagsbldg. erfolgt in wenigen Stunden. Die Befunde werden im Rahmen der gegenwärtigen Theorien zur Gallensteinbldg. diskutiert. (Gastroenterologia [Basel] **80.** 313—39. Dez. 1953. Jerusalem, Israel, Rothschild-Hadassah-Univ. Hosp., Med. Div. A.) LEUSCHNER. 4552

L. J. Wells, Margaret W. Cavanaugh und **Edward L. Maxwell,** *Genitalabnormitäten in kastrierten Rattenfeten und deren Verhütung mittels Testosteronpropionat.* In Feten kastrierter Ratten wurde je ein Kügelchen *Perandren* (CIBA) von 1 mg implantiert. Nach 21 Tagen u. 15 Std. wurden die Muttertiere getötet u. die Feten histolog. untersucht. Die Kastrationseffekte wurden durch die Implantation weitgehend verhütet. (Anatom. Rec. **118.** 109—22. Jan. 1954. Minnesota, Univ., Dep. of Anatomy.) GENEST. 4559

Hugh C. McLaren, *Der gegenwärtige Stand der Hormontherapie.* Überblick über die Anwendung der Hormone, bes. der östrogenen Substanzen, aus der Sicht des prakt. Gynäkologen. (Practitioner **171.** 500—13. Nov. 1953. Birmingham, Univ.) LEUSCHNER. 4559

H. Wolter, *Die Beseitigung hormoneller Störungen bei Unfruchtbarkeit durch die Osterluzei* (*Aristolochia clematitis*). Erfolgreiche Verss. zur Behandlung von hormonell bedingter Sterilität beim Jungvieh mit Aristolochia clematitis. (Tierärztl. Umschau **9.** 98—100. März 1954. Ottersberg.) PATZSCH. 4559

J. L. Mastboom und **P. A. Spierenburg,** *Behandlung des habituellen Abortus mit Stilböstrol.* Von 32 Patientinnen mit habituellem Abort brachten 24 nach der Behandlung mit *Diäthylstilböstrol* (**I**) lebende Kinder zur Welt. Gleichzeitig wurde salzlose Diät eingehalten. Die Behandlung mit **I** erfolgte mit steigenden Dosen nach SMITH. — Diskussion der Ergebnisse u. des Wirkungsmechanismus des **I.** (Nederl. Tijdschr. Geneeskunde **98.** 913—21. Amsterdam, Univ., Clin. voor Verloskunde en Gynaecol.) PATZSCH. 4559

Bernfried Leiber, *Die Grundlagen der Hormontherapie der interstitiellen Pneumonie mit Östrogenen.* Die meist nur bei Frühgeborenen in der 8.—12. Lebenswoche auftretende interstitielle Pneumonie wird durch Östrogentherapie günstig beeinflußt. Durch Behandlung mit *Cyren B* (**I**; 2000—4000 I.E. täglich) wurde die Sterblichkeit von

58 auf 4,3% gesenkt. Die Wrkg. setzt bei einer positiven „Schwangerschafts-Rk." (Schwellung u. Pigmentation der Brustdrüsen, Epithelumwandlungen der Vagina) ein. Die günstige extragenitale Hormonwrkg. beruht wahrscheinlich auf einem O_2-einsparenden Effekt (durch Wrkg. auf die Schilddrüse Senkung des Grundumsatzes u. des O_2-Verbrauchs), einer Senkung der Capillarpermeabilität (Verhinderung von Transsudationen u. diarrhekt. Blutungen), einer Durchblutungsförderung der Lungencapillaren u. der ernährenden Herz- u. Hirngefäße u. einer Hemmung der Dissemination, bes. von Virusinfektionen. Das Problem der Infektionsprophylaxe ist nicht befriedigend gelöst. — Diskussion der Hormonwirkungen bei Neugeborenen. 119 Literaturangaben. (Z. Kinderheilkunde **72.** 370—92. 1953. Berlin, Univ., Kinderklin. der Charité; Jena, Univ., Kinderklin.) H.-J. KOCH. 4559

Gerda Heim und **W. Schubert,** *Mast mit Hormonen bei Hammeln und Geltschafen.* In Mastverss. mit *Foragynol* (*Di-[p-acetoxyphenyl]-hexadien*; FORACHEMIE, München-Frankfurt) bei 41 ein- u. zweijährigen Hammeln u. 9 Geltschafen (150—200 mg subcutan je Tier) wurde Gewichtszunahme erzielt. Ausschlachtungsergebnis u. Fleischqualität waren verbessert. Als Nebenwrkg. wurde kurz nach der Injektion eine vorübergehende Depression beobachtet. Die Hammel zeigten männliches Verhalten. (Tierärztl. Umschau **9.** 97—98. März 1954. München, Univ., Inst. für Tierzucht.) PATZSCH. 4559

Edwin A. Popenoe und **Vincent du Vigneaud,** *Eine Teilfolge von Aminosäuren in mit Perameisensäure oxydiertem Vasopressin.* Aus dem Hinterlappen der Hypophyse der Rinder läßt sich durch fraktionierte Lösung u. Gegenstromverteilung das Hormon *Arginin–Vasopressin* (**I**) isolieren, das aus 8 Aminosäureresten besteht u. dem analogen Schweinehormon ähnelt. Nach der Oxydation von **I** mit Perameisensäure werden dieselben Aminosäuren nachgewiesen, lediglich Cystin ist durch Aufspaltung der S–S-Bindung in 2 Cysteinreste übergegangen. Oxydiertes **I** verhält sich in der Gegenstromverteilung mit sek. Butylalkohol u. verd. Essigsäure wie eine einheitliche Substanz. Mit HCl–Eisessig wird **I** hydrolysiert u. in einer Kolonne die sauren Peptide u. Aminosäuren abgetrennt. Die neutrale u. bas. Fraktion gibt papierchromatograph. ***Glycin*** u. ***Cystein,*** sowie das aus ***Prolin, Arginin*** (**I**) u. ***Glycin*** bestehende Peptid. Die Endgruppen werden nach SANGER mit Dinitrofluorbenzol als Dinitrophenylaminosäuren nachgewiesen. Die schlechte Trennung der sauren Bestandteile erfordert eine nochmalige Fraktionierung in einer Dowex-Kolonne. Diese liefert eine Carbonsäurefraktion mit Peptiden, freier ***Glutamin-*** u. ***Asparaginsäure*** u. eine Cysteinsäurefraktion. Alle Bestandteile werden einzeln chromatograph. analysiert. **I** enthält die Aminosäurereihe Cystein, ***Tryptophan, Phenylalanin*** (**II**), ***Glutamin,*** Asparagin, Cystein, Prolin, **I,** Glycin u. verhält sich analog wie ***Oxytocin,*** das ***Leucin*** u. ***Isoleucin*** an Stelle von **I** u. **II** enthält. (J. biol. Chemistry **206.** 353—60. Jan. 1954. New York, N. Y., Cornell Univ., Med. Coll.) LAMPRECHT. 4560

Hans-Georg Hansen und **Harald Schön,** *Hämatologische Beobachtungen der ACTH-Wirkungen beim Kind.* Bei der nach Zufuhr von *ACTH* (**I**) beobachteten Lymphopenie wird zwischen einer Sofort-Rk. infolge einer Verschiebung des peripheren Gleichgewichts zwischen Zu- u. Abfluß der Lymphocyten u. einem wachstumshemmenden Effekt nach längerer **I**-Applikation mit einer Atrophie des lymphat. Gewebes unterschieden. Die **I**-Wrkg. auf das Knochenmark ist nur gering, ein Einfl. auf die Erythropoese war nicht festzustellen. Die **I**-Zufuhr blieb bei Thrombopenien teilweise wirkungslos, der Einfl. ist nicht einheitlich. Der THORN-Test für die Funktionsfähigkeit der Nebennierenrinde (Abfall der Eosinophilen nach **I**-Zufuhr) ist bei Säuglingen nicht zuverlässig, zur Beurteilung der **I**-Wrkg. muß die konstantere Lymphopenie mit herangezogen werden. (Z. Kinderheilkunde **72.** 419—31. 1953. Kiel, Univ., Kinderklinik.) H.-J. KOCH. 4560

Else Busch, *Heparin bei stressbedingter ACTH-Ausschüttung.* Aufbauend auf der früher gemachten Feststellung, wonach Ausschüttung bzw. Injektionen von *ACTH* zu Erhöhung des *Heparin* (**I**)-Geh. im Blut führen, untersuchte Vf. den Einfl. eines erhöhten **I**-Blutspiegels auf die *ACTH*-Ausschüttung. Bei Ratten gelang es durch intravenöse Injektionen von 25—12800 E. **I** nicht, die durch subcutane Applikation von Formaldehyd als Stressor hervorgerufene u. an der Gewichtsverminderung der Thymus hinsichtlich ihrer Intensität bestimmte *ACTH*-Ausschüttung zu beeinflussen. (Klin. Wschr. **31.** 1104—05. 1/12. 1953. Berlin-Moabit, Städt. Krankenhaus.) KRUSEN. 4560

N. Urban, *Nebennierenrindenfunktion und Ernährungsstörung.* Bei Ernährungsstörung der Säuglinge zeigt sich histolog. eine Destruktion der Nebennierenrinde, die Ausdruck der übermäßigen Belastung ist. Unters. der $C_{(17)}$-Ketosteroidausscheidung ergibt im Höhepunkt der Erkrankung eine gesteigerte Nebennierenrindentätigkeit (positiver THORN-Test, allerdings ohne gleichsinnige Lymphocyten-Rk.). (Mschr. Kinderheilkunde **101.** 123—24. März 1953. Düsseldorf.) L. BERGER. 4561

H. Zeisel, *Die Corticoide und 17-Ketosteroide im Harn von Frühgeburten.* Ausführliche Tabellen u. graph. Darstellungen veranschaulichen das Verh. der *Corticoide* u. *17-Ketosteroide* im Urin Frühgeborener u. Unreifer. Diese zeigen etwa bis zum 3. Monat niedrigere Werte, was als Unterfunktion des Hypophysennebennierenrindensyst. angesehen wird. (Mschr. Kinderheilkunde **101.** 151—53. März 1953. Würzburg.) L. BERGER. 4561

Jean-Louis Roux, *Das Syndrom der Arteriitis temporalis.* Monographie über das Syndrom der Arteriitis temporalis. — Die bisherigen Behandlungsverss. haben nicht befriedigt. Therapieverss. mit *ACTH* u. *Cortison* erscheinen erfolgversprechend. — 219 Literaturangaben. (Helv. med. Acta **21.** Suppl. 34. 1—82. 1954. Genève, Univ., Clin. Méd.) K. BÖHM. 4561

Wilbur C. Berry und **John F. Benson,** *Hydrocortison bei rheumatoider Arthritis.* Nach intraarticulären Injektionen von *Hydrocortison* (25 mg am Knie, 15 mg am Knöchel) an 23 Gelenken wurde in 19 Fällen bedeutende objektive, in 14 Fällen bedeutende subjektive Besserung erzielt. Akute schmerzende Gelenke scheinen auf die Behandlung besser anzusprechen als chron. entwickelte mit verdickter Synovialis. Die Erleichterung hielt in den meisten Fällen 2—7 Tage, in 4 Fällen bis zu 30 Tagen (nach 1—2 maliger Injektion) an; eine Veränderung des Krankheitsverlaufs scheint nicht einzutreten. (U. S. Armed Forces med. J. **4.** 99—103. Jan. 1953. Hot Springs, Ark., Army and Navy Hosp.) H.-J. KOCH. 4561

M. C. S. Kennedy, *Cortison bei Pneumokoniosis mit und ohne reversibler Bronchoconstriction.* 14 Tage lang täglich 100 mg *Cortison* peroral blieben ohne Wrkg. auf die maximale Ventilationskapazität der Lunge u. bewirkten auch keine radiolog. Veränderungen. (Lancet **266.** 77—79. 9/1. 1954. Stoke-on-Trent, Med. Res. Counc., Silicosis Treatm. Centre.) KRUSEN. 4561

Azizur Rahman und **Fatima Minhaj,** *Ein Versuch zur Reinigung von Insulin durch Chromatographie.* Chromatographie des Acetonextraktes der nach DODDS u. DICKENS (Lancet **1.** [1924.] 330) gefällten Pikrate an aktiviertem Aluminiumoxyd ergab eine Inhomogenität des Materials (im allg. 3 Banden, wobei Insulinpikrat die mittelste Bande bildet). Die untere Bande läßt sich durch wss. Pikrinsäurelsg. selektiv eluieren u. das Insulinpikrat danach mit angesäuertem Alkohol. Weitere Reinigung durch Acetonfällung des Hydrochlorids. (Current Sci. **22.** 144—45. Mai 1953. Aligarh, Muslim Univ., Chem. Dep.) NEHRING. 4564

J. Vallance-Owen und **B. Hurlock,** *Bestimmung von Plasmainsulin mit der Rattendiaphragmamethode.* Aus 120—150 g schweren Ratten isolierte Diaphragmen werden in 2 gleiche Teile geteilt, der dickere Teil verworfen, der Rest 15—20 Min. in eiskalte Salzlsg. nach GEY u. GEY (Amer. J. Cancer **27.** [1936.] 45) verbracht. Ein weiterer Ansatz derselben Lsg. wird mit *Glucose* (**I**) zu einer Konz. von 300 mg/100 ml versetzt. Standard-*Insulin* (**II**)-Lsgg. von 1—10^{-5} E./ml werden aus 5 mal umkrist. **II** mit der **I**-haltigen Salzlsg. hergestellt u. mit Eisessig auf p_H 2,8 eingestellt. Zur **II**-Best. in Plasma wird venöses Blut mit heparinisierter Nadel entnommen, der Blutzucker bestimmt u. das abgetrennte Plasma mit **I** auf einen Blutzuckergeh. von 300 mg/100 ml gebracht. 2 ml der erhaltenen Lsg. bzw. der Standardlsg. werden im WARBURG-App. mit dem Diaphragmaabschnitt nach Begasung mit 95% O_2 u. 5% CO_2 bei 37,2° für 90 Min. mit 90 Bewegungen u. 5 cm Amplitude geschüttelt. Danach wird der Rest-**I**-Geh. nach KING (Microanalysis in Med. Biochem., London 1951) bestimmt u. das Diaphragma gewaschen, getrocknet u. gewogen. Die **I**-Aufnahme wird angegeben in mg/100 ml/10 mg Trockensubstanz des Diaphragmas. Die Best. der Standardlsg. muß täglich neu vorgenommen werden. Der mittlere Fehler beträgt 7,5%, *Cystein* u. *Glutathion* hemmen den **II**-Effekt. — Mit diesem Verf. vorgenommene Unterss. an gesunden Versuchspersonen ergaben Werte zwischen 40 u. 80 Mikroeinheiten **II**/ml, wobei die **II**-Werte den Blutzuckergehh. von 60—90 mg/100 ml direkt proportional sind. 1 Std. nach Verabreichung von 50 g **I** wurden bei einer Gruppe von Personen **II**-Werte von 600—800 Mikroeinheiten/ml, bei einer anderen 100—300 gefunden, entsprechend schneller oder langsamer Rk. beim **I**-Toleranztest. (Lancet **266.** 68—70. 9/1. 1954. London, Post Graduate Med. School.) KRUSEN. 4564

Heinz Dombrowski, *Untersuchungen über Blut des Karpfens (Cyprinus carpio L.) und einiger anderer Süßwasserfischarten.* Das morpholog. Blutbild des Karpfens u. 14 anderer Süßwasserfische aus 7 Familien wird beschrieben. Das n. humorale Blutbild des Karpfens zeigt folgende Werte: Gesamt-*Eiweiß* 1,9—3,95 g%, *Albumin* 1,2 bis 2,22 g%, *Globulin* 0,7—1,73 g%., *Fibrinogen* 0, Rest-N 18—44,8 mg%, *Harnstoff-N* 20—24,7 mg%, *Harnsäure* 0,566—2,64 mg%, *Indican* 0, *Xanthoprotein* 4,7 E., *Bilirubin* 0,04—0,93 mg%. Gesamt-*Cholesterin* 32,6—204 mg% bei mit dem

Alter zunehmenden Werten, *Ca* 11,31—28,8 mg%, *Blutzucker* 6—21 mg%. (Biol. Zbl. **72.** 182—95. 1953. Erlangen, Zool. Inst. Untersuchungsstelle für Teichwirtschaft.) FRESENIUS. 4572

John Lucas und **James M. Orten,** *Nahrungsprotein und Glycin als Vorläufer von Porphyrinen bei Ratten.* Vff. beschreiben eine chromatograph. Meth. zur Trennung u. quantitativen Best. der Gesamt- u. einzelnen *Porphyrine* (I) im Rattenkot unter Verwendung von Silicagel. Diese Meth. wurde angewendet bei Ratten, die entweder ein gereinigtes Grundfutter oder ein Futter, das hinsichtlich des *Glycin* (II)-Geh. beschränkt war, unter gleichzeitiger Verfütterung von Na-Benzoat, oder ein Futter mit niedrigem Protein (III)-Geh. erhielten. Die Ergebnisse zeigen, daß nicht mehr als I-Spuren im Rattenkot erschienen. Die I-Menge im Kot n. Ratten betrug ca. 30 μg/100 g Körpergewicht u. diente als Index der *Protoporphyrin*-Synthese. Fäkales I nahm ab, wenn das verfügbare II durch Anwendung von Na-Benzoat abnahm oder wenn die III-Zufuhr begrenzt war. Die I-Bldg., bezogen auf III oder II, war jedoch merklich angestiegen. Eine adäquate II- oder III-Zufuhr oder beide zusammen sind für die I-Bldg. bei der Ratte unerläßlich. II u. III sind für die I-Synthese Voraussetzung, wenn die Zufuhr beider begrenzt ist. (J. Nutrit. **52.** 89—97. 11/1. 1954. Detroit, Mich., Univ., Coll. of Med., Dep. of Physiol. Chem.) PATZSCH. 4572

M. S. El Ridi, M. M. Abdel Kader, Angel Habib und **A. Abdel Aziz,** *Die Rolle der Tuberkelbacillen bei erhöhtem Nicotinsäureblutspiegel.* 15 Meerschweinchen wurden mit Mycobacterium tuberculosis infiziert; bei ihnen wurde ein erhöhter *Nicotinsäure* (I)-Blutspiegel u. etwa zweimal so viel Gesamt-*Pyridinnucleotide* (II) pro ml Blut festgestellt wie bei den Kontrollen. Bei Tuberkulosepatienten war der II-Geh. jedoch erniedrigt, bei Pellagra war er n. bis schwach erniedrigt. Der Geh. an *Nicotinamidmethochlorid* war bei Tuberkulösen erhöht, bei Pellagra stark erniedrigt. (J. Egypt. med. Assoc. **36.** 435—45. 1953. Cairo, Univ., Kasr El Aini Fak. of Med. Biochem. Dep.) DOSSMANN. 4572

F. Koller, *Die Physiologie der Blutgerinnung, ihre Bedeutung für die Klinik.* Überblick über den gegenwärtigen Stand der Blutgerinnungslehre. — 24 Literaturangaben. (Naunyn-Schmiedebergs Arch. exp. Pathol. Pharmakol. **222.** 89—106. 1954. Zürich, Schweiz, Univ., Med. Klinik.) LEUSCHNER. 4574

R. Dorothy Sundberg, Frances Elizabeth Schaar, M. Jeanette S. Powell und **Donna Denboer,** *Gewebsmastzellen in der menschlichen Nabelschnur und die antikoagulierende Aktivität von getrockneten Extrakten der Nabelschnur und der Placenta.* Wss. Extrakte von Nabelschnur u. Placenta besitzen eine antikoagulierende Aktivität. *Hyaluronidase* zerstört das Antikoagulans nicht. Ob es sich um ein Antithrombin handelt, konnte nicht sicher nachgewiesen werden. (Anatom. Rec. **118.** 35—56. Jan. 1954. Minnesota, Miss., Univ., Dep. of Anat., u. Div. of Labor. Med.) GENEST. 4574

Wolfgang Friedel, *Über Stickstoff- und Schwefelausscheidung im Urin bei Säuglingen mit akuten Ernährungsstörungen.* Best. des Gesamt-S, Sulfat-S u. Gesamt-N. Diskussion des im Verlaufe der akuten Ernährungsstörung beobachteten Absinkens des N/S-Quotienten. (Dtsch. Z. Verdauungs- u. Stoffwechselkrankh. **13.** 257—61. Dez. 1953. Leipzig, Univ.-Klinik.) GENEST. 4577

K. Ulich und **W. Wolf,** *Über den Kochsalz- und Natriumgehalt der „salzfreien" Krankenkost.* Durch flammenphotometr. Unterss. konnten Vff. in zahlreichen, als „NaCl-frei" deklarierten Diätlebensmitteln zum Teil bedeutende Na-Gehh. nachweisen. So enthielten Wurst- u. Fleischwaren 0,3—0,9% Na. Da das Na^+ der ursächliche Faktor der Ödembldg. ist, sollten NaCl-Gehh. in Lebensmitteln u. Körper-Fll. nur auf Grund von Na-Bestimmungen angegeben werden. Die ungünstige Wrkg. derartiger Na-Mengen kann durch Einnahme von Kationenaustauschern (z. B. *Natrantit*, DR. SIEGMUND & Co Berlin-Mariendorf) verhindert werden. Abschließend werden Diätvorschläge gegeben. (Dtsch. med. Wschr. **79.** 108—10. 15/1. 1954. Berlin, Freie Univ., Pharmakol. Inst.) KRUSEN. 4585

M. B. Gillis, L. C. Norris und **G. F. Heuser,** *Untersuchungen über den biologischen Wert anorganischer Phosphate.* Mit einer prakt. P-freien Grunddiät wurden in 4 wöchigen Fütterungsverss. (♂ weiße Leghornhühner) verschied. Phosphatverbb. auf ihre Ausnutzung zur Calcifizierung der Knochen geprüft. Als Standard wurde *β-Tricalciumphosphat* (I; relativer Wert = 100) gewählt, u. die Aschegehh. der Tibien wurden verglichen. Die beste Wirksamkeit wiesen *Monocalcium-* (113) u. *Monokaliumphosphat* (109) auf, die etwas höher als *Mononatrium-* (101) u. *Dicalciumphosphat* (98) lagen. Gedämpftes *Knochenmehl* zeigte je nach Herkunft relative Werte von 70—100, *Knochenkohle* von 84 u. *Knochenasche* von 89 auf. *α-, β-* u. *γ-Calciumpyrophosphat* haben keinerlei Wert, *saures Calciumpyrophosphat A* (67) u. *B* (50) sowie *glasiges Calciummetaphosphat* (45) sind ungefähr halb so wirksam wie I. Von unbehandelten natürlichen Phosphaten hatte das aus Curaçao stammende den höchsten Wert (87). Nach Verfütterung von „koll. Phosphat", einem Abfallprod. das beim Waschen u. Entkalken von Phosphatmineralien anfällt u. Ton, Al, Fe u. F enthält, trat hohe Sterblichkeit auf. (J. Nutrit. **52.** 115—25. 11/1. 1954. Ithaca, N. Y., Cornell Univ., Agr. Exp. Stat. and School of Nutrit.) PATZSCH. 4585

Hideo Nishimura, *Zinkmangelzustand bei saugenden Mäusen bei Entzug von Colostrum.* In Unterss. bei 1000 neugeborenen Mäusen wurden bei den Tieren, die an andere Muttertiere mit fortgeschrittener Lactationszeit gesetzt worden waren, spezif. Störungen beobachtet, die entsprechend dem fortgeschrittenen Lactationsstadium bei Versuchsbeginn an Häufigkeit u. Schwere zunahmen. Neugeborene Tiere, die 2½ bis 4 Tage bei den eigenen Muttertieren u. darauf an andere Muttertiere im späteren Lactationsstadium gesetzt worden waren, blieben n., während sie bei umgekehrtem Ansatz meist Störungen entwickelten (Hemmung von Wachstum u. Knochenbldg., Beschleunigung des Durchbruchs der Schneidezähne u. der Trennung der Augenlider, Veränderungen der Rückenhaut usw.). Der Geh. des Organismus an W., Asche u. Gesamt-N war bei solchen Tieren erhöht, der an Fett u. Zn verringert. Durch Zufuhr von organ. Zn per os wurden diese Störungen verhindert, durch solche von *Vitamin* B_1, gewisse *Vitamin*-B_2-Verbb., Leber u. Hefe gemildert. Es wird daher geschlossen, daß Colostrum einen viel höheren Zn-Geh. hat als spätere Milch u. sein Entzug zum Zn-Mangelzustand bei jungen Mäusen führt. (J. Nutrit. **49.** 79—97. 10/1. 1953. Kyoto, Univ., Med. Fac., Anatom. Inst.) SCHWAIBOLD. 4585

H. Bauer, *Mangelschäden bei landwirtschaftlichen Nutztieren in Baden. Ursachen und Bekämpfung vom Standpunkt des Tierarztes, Züchters und Landwirtes.* Übersicht über die Beziehungen zwischen Mangelkrankheiten bei Nutztieren u. Klima, Boden, Düngung u. Fütterungspraxis. Der Einfl. der Spurenelemente *Cu, Co, Mn* in Boden u. Futter gewinnt besondere Bedeutung. — 222 Literaturangaben. (Schriftenreihe über Mangelkrankh. **1953.** 1—152. Freiburg/Br., Univ., Tierhyg. Inst.) PATZSCH. 4585

D. P. Cuthbertson, *Qualitativer und quantitativer Proteinbedarf für Mensch und Vieh.* Kurzer Übersichtsbericht unter Berücksichtigung der neueren Literatur. (Advancement of Sci. **10.** Nr. 38. 202—12. Sept. 1953.) K. F. MÜLLER. 4585

L. D. Matterson, Lois Decker, E. P. Singsen, Anna Kozeff, J. Waddell, C. J. Hasbrouck, H. R. Bird, H. Menge und **T. D. Runnels,** *Der Wert einer Methioninergänzung zum handelsüblichen Aufzuchtfutter für Küken.* Ggw. von *Methionin* (I) im Kükenaufzuchtfutter verbessert die Wrkg. der Futterausnutzung. Bei Zugabe von Fischmehl in verschied. Mengen (von 0—2,5%) wurden Wachstum u. Futterausnutzung sehr stark beeinflußt. Ggw. von Fischmehl hindert die I-Ergänzung nicht an der Wrkg. auf die Futterausnutzung. Bei Küken im Freigehege war die Verbesserung der Futterausnutzung größer. (Poultry Sci. **32.** 817—26. Sept. 1953. Storrs, Conn., Agric. Exp. Stat.; New Brunswik, N. J., E. I. Du Pont de Nemours and Co., Inc.; Beltsville, Md., Res. Center; Newark, Del., Agric. Exp. Stat.) PATZSCH. 4585

H. Menge, C. A. Denton, H. R. Bird und **G. F. Combs,** *Wirkung einer dl-Methioninergänzung und wechselnder Proteingehalte auf das Wachstum und die Futterversorgung von Brathühnchen.* Wenn der Proteingeh. des Futters für Hähnchen, die entweder 6 oder 8 Wochen alt waren, von 22,4 auf 15,8% herabgesetzt war, war die Wachstumsrate stärker herabgesetzt als bei Hühnchen in gleichen Versuchen. Die Proteinversorgung der Hähnchen muß etwas größer sein als bei Hühnchen (im Alter von 8 Wochen). Der verschied. Proteingeh. hat keine wesentliche Wrkg. auf den Wert einer *Methionin*-Ergänzung. Der Proteingeh. im Futter für Brathühner kann bis auf 19% red. sein, wenn die Tiere 6 oder 8 Wochen alt sind, ohne auf die Futterausnutzung oder Wachstumsrate einen Einfl. zu haben. (Poultry Sci. **32.** 827—36. Sept. 1953. Beltsville, Md., Bur. of Animal Ind., US Dep. of Agric.; College Park, Md., Univ. Maryland, Dep. of Poultry Husbandry.) PATZSCH. 4585

H. Fisher, H. M. Scott und **R. G. Hansen,** *Weitere Untersuchungen über den Alfalfafaktor und seine Beziehung zu den Leber- und Molkenfaktoren.* Alfalfa (**I**)-Mehl, entfettete Leber u. Molkenpulver enthalten besondere u. verschied. Faktoren, die sich in ihren Wirkungen ergänzen. **I** war am wirksamsten. Die Wachstumswrkg. des **I** kann nicht durch seinen Geh. an Asche, essentiellen Aminosäuren oder Glucuronsäure erklärt werden. Die bei Verfütterung von 40% **I** beobachtete Wachstumshemmung ist nicht allein durch die Ggw. eines tox. Faktors im **I** bedingt. (J. Nutrit. **52.** 13—24. 11/1. 1954. Urbana, Ill., Agric. Exp. Stat.) PATZSCH. 4585

H. Kleinschmidt, *Therapie der akuten Ernährungsstörungen.* Beschreibung der medikamentösen u. Ernährungstherapie bei akuten Ernährungsstörungen (Buttermilchpräpp., Acidophilusmilch, *Streptomycin, Aureomycin, Chloramphenicol, Neobacin, Ehrlichin*). (Mschr. Kinderheilkunde. **101.** 102—08. März 1953. Göttingen.) L. BERGER. 4585

Loeschcke, *Über die Wirkungsweise einiger Chemotherapeutica bei Ernährungsstörungen.* Die Annahme, *Streptomycin* (I) habe eine entgiftende Wrkg. auf das Colitoxin, wird vom Vf. auf Grund seiner Verss. zurückgewiesen. Vielmehr wirkt I wie auch *Chloromycetin* (II) u. *Taleudron* (III) durch Verminderung der Anzahl der Keime im Darm. Es werden dabei alle Keime in ihrer Menge vermindert mit bes. starker Wrkg. auf die gramnegativen. Den sichersten Erfolg fand Vf. bei **II**, den schwächsten bei **III**. (Mschr. Kinderheilkunde. **101.** 115—16. März 1953. Darmstadt.) L. BERGER. 4585

Harish C. Saxena, Lynn G. Blaylock, J. S. Carver und **James McGinnis,** *Faktoren, die die Wachstumsreaktion von Putern auf Antibiotica bewirken.* (Vgl. C. **1953.** 7331.) Fischmehl (**I**) u. *Diaminpenicillin* (**II**) wurden allein u. zusammen an Puter verfüttert. Es zeigte sich, daß die größte Wachstumswrkg. mit **II** erreicht wurde, wenn Heringsmehl im Futter vorhanden war. Die Zumischung von **II** rief ein signifikantes Wachstum hervor, das größer in Ggw. von **I** als bei seiner Abwesenheit war. Unter 5% **II**-Zusatz wurde kein zusätzliches Wachstum beobachtet. (Poultry Sci. **32.** 788—91. Sept. 1953. Pullman, State Coll. of Washington, Dep. of Poultry Sci.) PATZSCH. 4585

D. C. Hill und **H. D. Branion,** *Mißlingen einer Vitaminergänzung zur Verbesserung das Wachstums mit einem Futter, das große Mengen roher Sojabohnen enthielt.* Trotz Zugabe der 20fachen Menge *Vitamine* (ausgenommen Vitamin B_{12}), wie sie vom Nat. Res. Council vorgeschlagen werden, zu einem Futter mit ca. 50% rohen Sojabohnen wurde keine Wachstumssteigerung beobachtet. Das in solcher Weise ergänzte Futter führte zwar zu Gewinnen, die aber unter den nach Grundfuttergaben erhaltenen blieben. Bei *Pyridoxin-HCl, Niacin* u. *Vitamin* B_{12} waren die Gewinne signifikant niedriger. *Methionin* führte die erwartete Wachstumssteigerung herbei. (Poultry Sci. **32.** 882. Sept. 1953. Guelph, Can., Ontario Agric. Coll., Dep. of Nutrit.) PATZSCH. 4587

Fred T. Shultz, C. R. Grau und **Phyllis A. Zweigart,** *Vitaminergänzung und Jungvogelerzeugung.* Ergänzung des Futters durch *Riboflavin* erhöhte signifikant die Zahl der Jungvögel (bei Tauben). Auch *Vitamin* B_{12} scheint eine günstige Wrkg. zu haben, jedoch war sie statist. nicht signifikant. Wenn das Futter grüne Erbsen enthielt u. die Tauben Sonnenlicht ausgesetzt wurden, hatten *Vitamin A + D* keine Wirkung. (Poultry Sci. **32.** 762—68. Sept. 1953. Berkeley, Univ. of California, Dep. of Poultry Husbandry.) PATZSCH. 4587

Hugo Starck, *Heilung einer „rheumatischen" Krankheit durch Vitamin A + D.* Durch Zufall gelang es dem Vf. durch hohe Dosen *Vitamin A* u. *D* sich selbst von schon lange bestehenden, bisher jeder Therapie trotzenden, schmerzhaften rheumat. Erscheinungen zu befreien. Die Dosierung entsprach etwa der Menge von 3 mal 3 Kaffeelöffeln Lebertran. Vf. empfiehlt bei rheumat. Beschwerden mit geistiger Erschlaffung an Vitaminmangel zu denken. (Die Medizinische **1953.** 780—81. 6/6. Karlsruhe.) L. BERGER. 4587

W. Grab, *Pharmakologie des Vitamin D.* Übersicht über Resorption, Verteilung, Aktivierung, Inaktivierung, Wirkungen auf die Ca–P-Resorption, Beziehungen zu Inkretdrüsen u. Bedarf des *Vitamins D.* — 250 Literaturangaben. (Mschr. Kinderheilkunde **101.** 163—75. März 1953. Wuppertal-Elberfeld.) L. BERGER. 4587

James L. E. Bock, *Die Rolle von Thiaminhydrochlorid in der Zahnheilkunde.* 1. Mitt. Ausführliche Besprechung u. Zusammenstellung der Literatur über Chemie, physiol. Funktionen, benötigte Mengen u. klin. Manifestation von Mangel an *Thiamin* sowie über die therapeut. Verwendung in der Zahnheilkunde. — 112 Literaturangaben. (U. S. Armed Forces med. J. **4.** 81—97. Jan. 1953. Washington, D. C., Bolling Air Forces Base.) H.-J. KOCH. 4587

James L. E. Bock, *Die Rolle von Thiaminhydrochlorid in der Zahnheilkunde.* 2. Mitt. *Therapeutische Verwendung von Thiamin bei Zahnkrankheiten.* (1. vgl. vorst. Ref.) Weitere krit. Literaturbetrachtungen sowie 6 Krankenberichte. Kurze Literaturbesprechung über den Wirkungsmechanismus von *Thiamin.* (U. S. Armed Forces med. J. **4.** 181—96. Febr. 1953.) H.-J. KOCH. 4587

Kurt Hausmann, *Zur oralen Dauertherapie der perniciösen Anämie.* 10 Patienten mit perniciöser Anämie erhielten nach vorheriger erfolgreicher Therapie mit Leberextrakt- u. Vitamin-B_{12}-Injektionen 6—10 Monate lang ein oral zu verabreichendes Kombinationspräp. von *Vitamin* B_{12} (**I**) u. *Folsäure* (**II**) (1 : 500; täglich 10—30 γ **I** u. 5—15 mg **II**). 7 Patienten blieben unverändert, während bei 3 neurolog. Ausfallerscheinungen, Schleimhautsymptome u. Verschlechterung der bereits n. gewordenen Blutwerte auftraten. Die Problematik derartiger Kombinationspräpp., bes. hinsichtlich der Bedeutung des in der Magenschleimhaut vorkommenden „intrinsic factor" für die intestinale **I**-Resorption, wird diskutiert. (Dtsch. med. Wschr. **79.** 106—08. 15/1. 1954. Hamburg, Allg. Krankenh. St. Georg.) KRUSEN. 4587

Morton Schmall, Charles W. Pifer und **Ernest G. Wollish,** *Bestimmung der Ascorbinsäure durch eine neue Farbreaktion. Ascorbinsäure* (**I**) reagiert in saurem Medium mit *diazotiertem 4-Methoxy-2-nitroanilin* unter Bldg. einer Gelbfärbung, die in alkal. Lsg. in eine blaue Färbung übergeht, deren Absorptionsmaximum bei 570 mμ liegt. Auf Grund dieser Farb-Rk. wurde eine empfindliche photometr. Bestimmungsmeth. für **I** ausgearbeitet, die durch die Ggw. anderer Vitamine nicht gestört wird. In einem Konzentrationsbereich von 0,5—2,0 mg **I**/200 ml Lsg. wird eine geradlinige Eichkurve erhalten. Ausführung: 2 ml Aminoreagens (500 mg aus A. umkrist. 4-Methoxy-2-nitroanilin [F. 125°, korr.] werden in 125 ml Eisessig gelöst u. zu 250 ml mit 10 Gew.-%ig. H_2SO_4 verd.) u. 2 ml 0,2%ig. wss. $NaNO_2$-Lsg. werden bis zum Verschwinden der Orangefärbung geschüttelt u. mit 75 ml A. versetzt. Zu dieser Lsg. gibt man 5 ml Probelsg., die so verd. ist, daß sie 0,5—2 mg **I** in einer 0,5%ig. Oxalsäurelsg. enthält; durch Zugabe von 25 ml 10%ig. NaOH macht man alkal. u. verd. mit W. zu 200 ml. Nach 1 Min. wird die Absorption der blauen Lsg. bei 570 mμ photoelektr. bestimmt. Die Eichkurve wird mit 1 mg bzw. 1,5 mg **I** enthaltenden Lsgg. in gleicher Weise hergestellt. Bei gefärbten Probelsgg. wird die Summe der Blindwerte der Probe u. der Reagentien, bei nichtgefärbten Probelsgg. nur der Reagensblindwert von den Ablesungen abgezogen. — Die einfache Meth. hat eine maximale Abweichung von 0,8% vom Mittelwert. (Analytic. Chem. **25.** 1486—90. Okt. 1953. Nutley, N. J., Hoffmann-La Roche, Inc., Produkts Control Labor.) K. F. MÜLLER. 4587

J. Baraud, *Bestimmung von Ascorbinsäure, Dioxymaleinsäure und Redukton nebeneinander.* (Vgl. C. **1953.** 6520.) Die Tartrazin-Rk. (Gelbfärbung beim Erwärmen mit p-Sulfophenylhydrazin [**VI**]) wird von folgenden Verbindungsgruppen gegeben: 1. *Dioxyweinsäure* (**I**) u. *Dioxymaleinsäure*; ihre Lsgg. sind in der Kälte u. in der Wärme instabil. 2. *Ascorbinsäure* (**II**), *Dehydroascorbinsäure* u. *2.3-Diketogulonsäure*; ihre Lsgg. sind in der Kälte stabil, in der Wärme instabil. 3. *Glyoxal, Diacetyl* (**III**); sie sind in der Kälte u. in der Wärme stabil, mit Wasserdampf flüchtig u. durch Dest. abtrennbar. 4. *Redukton* (**IV**), das in der Kälte u. in der Wärme stabil ist, jedoch nicht destillierbar oder mit Wasserdampf flüchtig ist. 5. *Aldosen* (*Glucose* [**V**] u. *Lävulose*). Sie geben zwar mit **VI** eine Gelbfärbung, jedoch erst in wesentlich größeren Mengen als die oben genannten Verbb.; ihre Rk. scheint von der eigentlichen Tartrazin-Rk. verschieden zu sein. Auf Grund der angeführten Eigg. u. der p_H-Optima der Rk. der einzelnen Verbindungstypen mit **VI** lassen sich **I, II, III** u. **IV** nebeneinander in Ggw. von **V** bestimmen; ein solches Beispiel ist im Einzelnen beschrieben. Die Fehler der Best. betrugen 1,2—3,8%. (Bull. Soc. chim. France, Mém. [5] **20.** 521—25. Mai 1953. Bordeaux, Fac. des Sci., Labor. de Chim.) K. F. MÜLLER. 4587

E. Rominger, *Stoffwechsel und Ernährung des frühgeborenen Kindes.* Eingehender Bericht über Grundumsatzbestimmungen, Gewichtszunahmen, Aminosäureausscheidungen, Duodenalsaftanalysen, Fettresorption, Kohlenhydrattoleranz u. Wasserhaushalt bei verschied. Ernährungs- u. Aufzuchtmethoden frühgeborener Kinder. (Mschr. Kinderheilkunde **101.** 138—46. März 1953. Kiel.) L. BERGER. 4596

H. Hungerland, *Stoffwechselvorgänge bei akuten Ernährungsstörungen.* Eingehende Übersicht über die n. u. patholog. Stoffwechselvorgänge, die bei Ernährungsstörungen der Säuglinge auftreten. Im einzelnen wird auf die Störung des Wasserhaushaltes, der Ionenverteilung im Blut u. den Geweben, des Glucosestoffwechsels, der Nierenausscheidung eingegangen. Der Mechanismus der Entw. der Hypoxydose wird eingehend geschildert. — 69 Literaturangaben. (Mschr. Kinderheilkunde **101.** 90—102. März 1953. Gießen.) L. BERGER. 4596

Bickel, *Über einige Aminoacidurien des Kindesalters.* Mit Hilfe zahlreicher Chromatogramme werden Einblicke in die Ausscheidung der einzelnen Aminosäuren bei verschied. Krankheiten u. Stoffwechselstörungen des Kindesalters gegeben. (Mschr. Kinderheilkunde **101.** 200—03. März 1953. Birmingham.) L. BERGER. 4596

Mary W. Marshall und **Madelyn Womack,** *Einfluß von Kohlenhydraten, Stickstoffquelle und vorherigem Ernährungszustand auf das Stickstoffgleichgewicht und die Leberzusammensetzung bei der erwachsenen Ratte.* Tiere, die mit 0,1% *essentiellen Aminosäuren* (**I**) u. *Saccharose* (**II**) gefüttert wurden, hatten ein stärkeres negatives N-Gleichgewicht u. zeigten eine größere Leberverfettung als Tiere, die mit den gleichen Mengen **I** u. *Maisdextrin* (**III**) gefüttert wurden. Bei Verdoppelung der **I**-Menge waren die Differenzen im N-Gleichgewicht bei den beiden ausgeglichen. *Glutaminsäure* (1,65%) verbesserte signifikant das N-Gleichgewicht bei den mit **II** gefütterten Tieren, war aber ohne Einfl. bei den mit **III** gefütterten. Die Lebern der mit **II** gefütterten Tiere enthielten mehr Protein als die der mit **III** gefütterten Tiere. Scheinbar fördert **III** in irgendeiner Art die Ausnutzung des Leberproteins oder der Aminosäuren u. verzögert vielleicht die Leberverfettung. (J. Nutrit. **52.** 51—64. 11/1. 1954. Washington, D. C., US Dep. of Agric., Agric. Res. Admin., Bur. of Human Nutr. and Home Econ.) PATZSCH. 4596

W. Droese und **H. Stolley,** *Fett- und Lipoidstoffwechsel bei akuten Ernährungsstörungen im Säuglingsalter.* Unterss. über die Ausnutzung von Phospholipoiden, Gesamtfett, gesätt. u. ungesätt. Fettsäuren bei gesunden u. ernährungsgestörten Säuglingen. (Mschr. Kinderheilkunde **101.** 121—23. März 1953.) L. BERGER. 4596

Sune Bergström, Jan Sjövall und **Jacques Voltz,** *Stoffwechsel der Lithocholsäure in der Ratte. Gallensäuren und Steroide.* 9. Mitt. Innerhalb 24 Std. nach intraperitonealer Verabreichung von $^{14}C_{(24)}$-*Lithocholsäure* (*3α-Oxycholansäure*) wurden 81% der Radioaktivität in den Faeces, im Darminhalt u. der Darmwand u. nur 1% als CO_2 in der Expirationsluft gefunden. Ratten mit Gallenfistel schieden innerhalb 2 Std. 70% mit der Galle aus. Chromatograph. Trennung ergab 3 Säuren mit stärker hydrophiler Tendenz als Lithocholsäure. Galle aus einer 24 Std. nach Verabreichung angelegten Fistel zeigte eine Verschiebung zugunsten der stärker hydrophilen Säuren. Als Hauptprod. wurde eine Fraktion isoliert, die nicht mit Cholsäure ident. war u. entweder aus einer mit ihr isomeren Trioxycholansäure oder einem Gemisch von verschied. Verbb. besteht. Bei der Ratte scheint die Lithocholsäure kein Intermediärprod. zwischen Cholesterin u. Cholsäure zu sein. (Acta physiol. scand. **30.** 22—32. 1953. Lund, Univ., Dep. of Physiol. Chem.) LEUSCHNER. 4596

Otto Harnisch, *Studien zum Gaswechsel der Larve von Prodiamesa olivacea Meig.* Die Prodiamesa-Larve entwickelt nach Anaerobiose eine Erholungsatmung, die über längere Zeit bestehen bleibt. Bei zusätzlicher Belastung durch O_2-Entzug tritt eine „Entfesselung", d. h. Übersteigerung der Erholungsatmung zu sehr hohen Werten ein, wobei die Tiere absterben. Dieser Entfesselung wirkt eine Gasproduktion der Tiere unter O_2-Mangel entgegen. Das Gas besteht in der Hauptsache aus N_2, daneben aus CO_2 u. O_2. (Biol. Zbl. **72.** 152—61. 1953. Plön, Max-Planck-Ges., Hydrobiol. Anstalt.) FRESENIUS. 4596

Axel Dönhardt (unter Mitarbeit von **W. Hänel** und **G. Schuchart**), *Zur serochemischen Diagnostik der Leberkrankheiten* (*Thymol- und Takatareaktionen*; *Serumeisen und alkalische Serumphosphatase*). Von 221 Patienten mit Hepatitis oder Verschlußikterus konnte in 194 Fällen die Diagnose an Hand des Ausfalles von Thymoltrübungstest, TAKATA-Rk., Best. der alkal. Serumphosphatase u. des Serum-Fe gestellt werden. (Z. klin. Med. **151.** 92—100. 1953. Hamburg-Altona, Allg. Krankenh.) KRUSEN. 4597

Bertil Josephson und **Juuli Kallas,** *Inulin- und Kreatinin-Clearance von nicht narkotisierten Kaninchen.* Es wird eine Meth. zur Best. der Inulin- u. Kreatinin-Clearance bei nicht narkotisierten Kaninchen beschrieben. Beide Clearancewerte wurden als nahezu übereinstimmend u. unabhängig von Diurese u. Plasmakonz. gefunden. (Acta physiol. scand. **30.** 1—10. 1953. Stockholm, St. Erik's Hosp., Centr. Clin. Labor.) LEUSCHNER. 4597

Ulisse Gallo, *Chromatographischer Nachweis von Pseudoikterus.* Das Vork. von *Pikrinsäure* (**I**) oder *Chinacrin* (**II**), die Ikterus vortäuschen können, läßt sich im Urin papierchromatograph. nachweisen. Die mit **I** (in wassergesätt. Butanol) erhaltenen Flecken zeigen im UV-Licht dunkelrote Fluorescenz, noch deutlicher ist die gelbe UV-Fluorescenz mit **II**; dagegen wird mit Gallenfarbstoffen nur schwache weiße Fluorescenz beobachtet. R_F bei 25° in n. Urin: **I** 0,57, **II** 0,70, Gallenfarbstoffe in ikter. Urin 0. (Boll. chim. farmac. **92.** 287—89. Aug. 1953.) R. K. MÜLLER. 4597

Saburo Hara, *Pharmakologische Untersuchungen über die Funktionen des extrapyramidalen Systems.* An verschied. Tierarten wurden die pharmakol. Wirkungen von *Bulbocapnine* (MERCK) u. *Harmine* (TAKEDA) untersucht. Bes. beachtet wurden dabei die allg. tox. Wrkg. u. Veränderungen in Motilität u. Muskeltonus. Daraus werden die Funktionen des extrapyramidalen Syst. abgeleitet. (Jap. J. Pharmacol. **2.** 127—38. März 1953. Tokyo, Med. Coll., Dep. of Pharmakol.) LOCH. 4598

Hermann Giersberg, Hormone. 3. verb. Aufl. 11.—16. Tsd. Berlin, Göttingen, Heidelberg: Springer. 1953. (158 S. m. 46 Abb.) = Verständliche Wissenschaft. Naturwissenschaftliche Reihe. Bd. 32. DM 7,80.

E₆. Pharmakologie. Therapie. Toxikologie. Hygiene.

W. Schulemann, *Über den heutigen Stand pharmakologischer Forschung.* (Naunyn-Schmiedebergs Arch. exp. Pathol. Pharmakol. **222.** 3—15. 1954. Bonn, Univ., Pharmakol. Inst.) LEUSCHNER. 4600

Mary B. Brown, Henry S. Kaplan, Patricia P. Weymouth und **Janice Paull,** *Der Einfluß von intravenös injizierten Knochenmarkzellsuspensionen auf die Regeneration* *des Thymus bei bestrahlten C 57-Mäusen.* Vff. berichten über 4 Versuchsreihen an C 57-Mäusen, die Totalröntgenbestrahlungen von 4 mal 168 r mit 8tägigen Intervallen bekamen (120 kVs, 9 mA, Filter: 0,25 mm Cu + 1,0 mm Al, FHA 30 cm, Dosisleistung 32 r/min). Ein Teil der Tiere erhielt nach der Bestrahlung Injektionen von Knochenmarkzellsuspension in LOCKES-Lsg. (0,05—0,10 cm^3), ein zweiter Teil entsprechend präparierte exogene Thymuszellensuspension u. eine dritte Gruppe wurde intraperitoneal mit zerkleinerter Skelettmuskelsubstanz implantiert. Die Beobachtung des Körpergewichtes u. des Gewichtes der Thymusdrüse zeigte, daß bei der 1. Gruppe von Versuchstieren eine ebenso schnelle Regeneration des Thymus einsetzt wie bei Tieren, die bei abgeschirmten Schenkeln bestrahlt wurd n. Es sind jedoch relativ große Mengen von Suspension erforderlich. Dagegen konnte bei den Gruppen 2 u. 3 eine Kompensation der Bestrahlungswrkg. auf den Thymus nicht erreicht werden. (Science [Washington] **117.** 693—95. 19/6. 1953. San Francisco, Calif., Stanford Univ., School of Med., Dep. of Radiol.) REUSSE. 4601

D. T. Green, R. F. Errington, F. C. Boyd und **N. J. Hopkins,** *Die Herstellung von Multicurie-Teletherapie-γ-Strahlenquellen.* Die verschied. Gesichtspunkte, die bei der Wahl der für therapeut. Zwecke zu verwendenden Isotope zu berücksichtigen sind, werden zusammenfassend behandelt (Härte der Strahlung, Halbwertszeit, optimaler Hautabstand, Strahlungsausbeute, räumliche Dimensionen des strahlenden Präp.). Ferner wird die Darst. der Präpp. im Atomreaktor erläutert u. die verschied. γ-Strahler bzgl. der erreichbaren spezif. Aktivitäten miteinander verglichen. In diese Betrachtungen werden einbezogen: ^{110}Ag, ^{133}Ba, ^{60}Co, ^{134}Cs, ^{152}Eu, ^{155}Eu, ^{192}Ir, ^{124}Sb, ^{125}Sb, ^{46}Sc, ^{145}Sm, ^{75}Se, ^{182}Ta, ^{65}Zn, ^{95}Zr. Eine Unkostenaufstellung, die die Erstaktivierung, Reaktivierungen u. die Materialkosten einschließt, ergibt, daß neben ^{60}Co noch die Eu-Isotope für therapeut. Zwecke in Frage kommen, jedoch nach derzeitigem Stand ^{60}Co in techn. u. kommerzieller Hinsicht eindeutig vorzuziehen ist. (Nucleonics **11.** Nr. 5. 29—37. Mai 1953. Ottawa, Ontario, Can., Atomic Energy of Canada Ltd., Commercial Products Div.) REUSSE. 4601

E. M. Herbert und **E. Petrie,** *Auf Jodide zurückgeführtes Myxödem.* Nach Einnahme von täglich 18 grains *KJ* jeweils 4 Tage mit dazwischenliegenden 3tägigen Pausen wegen Bronchitis u. Emphysem kam es nach 9 Monaten zu gesteigerter Heiserkeit, Konstipation u. Gesichtsmyxödem. Das Serumcholesterin betrug 370 mg/100 ml. (Lancet **266.** 108. 9/1. 1954. London.) KRUSEN. 4606

Jack D. Burke, L. R. Arrington und **G. K. Davis,** *Blutvolumen und Molybdäntoxizität bei Kaninchen.* Die bei Kaninchen durch mit dem Futter zugeführtes *Mo* (0,014—0,2 %) hervorgerufene schwere Anämie wird nicht von Änderungen des Blutvol. begleitet. (Blood **8.** 1105—06. Dez. 1953. Gainesville, Fla., Florida Agric. Exp. Stat., Dep. of Animal Husbandry and Nutr.; Univ. of Florida, Dep. of Biol.) KRUSEN. 4606

J. Giban, *Perorale Toxizität von Quecksilber(I)-chlorid und von zwei Fungiciden auf der Grundlage von Methoxyäthylquecksilber.* Unterss. an Ratten ergaben be Verabreichung mittels Schlundsonde, berechnet als Hg in mg/kg, folgende DL_0 (a) bzw. DL_{100} (b): *$HgCl_2$* a) 14, b) 21; techn. *Methoxyäthylquecksilberchlorid* (**I**) a) 21, b) 30 u. techn. *Methoxyäthylquecksilbersilicat* (**II**) a) ca. 14, b) ca. 21. Demnach ist **I**,bezogen auf Hg, von geringerer Toxizität als $HgCl_2$ u. **II.** Die Hg-Gehh. betrugen bei **I** 39,4, bei **II** 15,9 %. (Ann. Inst. nat. Rech. agronom., Sér. C **4.** 1—11. Jan./März 1953. Versailles, Labor. des Vertébrés.) KRUSEN. 4607

W. Flacke, G. Mülke und **R. Schulz,** *Beitrag zur Wirkung von Pharmaka auf die Unterdrucktoleranz.* Vff. untersuchten *Cardiazol* (**I**), *Pyramidon* (**II**), *Coramin* (**III**), *Diphenylhydantoin* (**IV**), *Äthylalkohol* (**V**), *Gynergen* (**VI**), *Chlorophyll* (**VII**), *Megaphen* (**VIII**) u. *Pervitin* (**IX**), die gegenüber O_2-Mangel im Unterdruck bei Mäusen eine gewisse Schutzwrkg. ausüben, auf ihre Temperaturwirkung. **I—VIII** senken die Körpertemp. u. bewirken eine Erhöhung der Unterdrucktoleranz. **IX** steigert die Temp. u. wirkt im Unterdruck deletär. Verhindert man bei **I—VIII** die Temperatursenkung, so bleibt auch der prophylakt. Effekt aus. Diese Befunde werden mit der Möglichkeit erklärt, den Organismus mittels Pharmaka auf ein niederes Temperaturniveau einzustellen oder Gegenregulationen peripherer oder zentraler Art unmöglich zu machen, so daß er im O_2-Mangel länger als n. leben kann. (Naunyn Schmiedebergs Arch. exp. Pathol. Pharmakol. **220.** 469—76. 1953. Düsseldorf, Pharmakol. Inst. Med. Akad.) K. BÖHM. 4607

B. A. Kilby, *Die Biochemie von Schradan.* Nach einer kurzen Übersicht über Kampfgase u. Insekticide, die sich von der Orthophosphorsäure, Thiophosphorsäure u. Pyrophosphorsäure ableiten, bespricht Vf. das unterschiedliche Verh. von *Schradan*

(I; *Oktamethylpyrophosphorsäureamid*) bei der Hemmung von *Cholinesterase* in vitro bzw. in vivo. Da I in vivo bis zu 6000 mal energischer wirkt als in vitro, muß eine Aktivierung im tier. Organismus stattgefunden haben, die sich, wie vorläufige Verss. zeigen, in der Leber abspielt. Die dabei auftretende hochelektrophile Gruppe gibt dem P-Atom eine stark positive Ladung, das nun von einem negativen Zentrum des Enzyms gebunden wird. (Chem. and. Ind. **1953.** 856—61. 15/8. Leeds, Univ. Dep. of Biochem.) KRUSEN. 4607

R. Blackwell Smith jr., J. K. Finnegan, P. S. Larson, P. F. Sahyoun, M. L. Dreyfuss und **H. B. Haag,** *Toxikologische Untersuchungen an Zink- und Dinatriumäthylen-bis-dithiocarbamat.* Durch Verss. an Ratten wurde die orale DL_{50} von *Dinatriumäthylen-bis-dithiocarbamat* (I; *Dithane D 14*) zu 395 mg/kg u. die von *Zinkäthylen-bis-dithiocarbamat* (II; *Dithane Z 78*) zu über 5200 mg/kg bestimmt. I u. II haben keine Reizwrkg. auf die Augenschleimhaut des Kaninchens sowie auf die menschliche Haut. Die kropferzeugende Wrkg. von II beträgt bei kurz dauernden Fütterungsverss. nur ca. $^1/_{10}$ der von I. Bei längerer Applikation (bis zu 2 Jahren) ist die Schilddrüsenhyperplasie nur geringfügig u. bleibt z. B. beim Hund überhaupt aus. Wachstum, Sterblichkeit u. Blutbild der Versuchstiere wurden durch Anwendung von II nicht beeinflußt. Die kropferzeugende Wrkg. ist demnach die einzige spezif. patholog. Erscheinung. Es ist jedoch kaum anzunehmen, daß die geringen Mengen von II, die in der Nahrung infolge seiner Verwendung als Fungicid vorkommen können, schädlich sind. (J. Pharmacol. exp. Therapeut. **109.** 159—66. Okt. 1953. Richmond, Va., Med. Coll. of Virginia, Dep. of Pharmacol. and Surg., u. Clifton Forge, Va., (Chesapeake and Ohio Hosp., Dep. of Pathol.) RODERICH KÖNIG. 4607

Alfred Enders und **Renate Deckert,** *Die Elimination von Trithionderivaten in der Galle.* Bericht über Verss. an Katzen, denen folgende Derivv. des *Anetholtrithions* = *3-[p-Methoxyphenyl]-4.5-dithiacyclopententhion-(1)* verabreicht wurden (intramuskulär oder Infusion in das Duodenum): *3-[p-Methoxyphenyl]-4.5-dithiacyclopentenyliden-(1)-α-carboxyäthylidenazin* (I; 1%ig. Lsg. in 20%ig. 1.2-Propylenglykol) u. *4-[3'-p-Methoxyphenyl-4'.5'-dithiacyclopentenyliden-(1)]-1-p-sulfophenyl-3-carboxypyrazolon-(5)* = *Merocyanin* (II; wss. Lsg.); I u. II wurden in Dosen von 30—100 mg/kg angewandt. I ist choleret. stark wirksam u. wird mit der Galle in 10fach stärkerer Konz. ausgeschieden als das nur schwach wirksame II. (Naunyn-Schmiedebergs Arch. exp. Pathol. Pharmakol. **220.** 418—22. 1953. Freiburg/Br., Univ., Pharmakol. Inst. u. Chem. Inst.) RODERICH KÖNIG. 4607

Bertil Josephson, Arne Grieg, Georgios Kakossaios und **Juuli Kallas,** *Die tubuläre Ausscheidung der Niere bei hohen Plasmaspiegeln von p-Aminohippursäure (PAH) und Diodrast (D) bei nichtnarkotisierten Kaninchen.* Es wurde die tubuläre Ausscheidung von *PAH* (I) u. *Diodrast* (*3.5-Dijodpyridon-(4)-N-essigsäure*; II) bei Kaninchen u. einigen Katzen untersucht. Bei hohen Plasmakonzz. war bei Kaninchen keine tubuläre Ausscheidungsblockade zu beobachten, bei narkotisierten Katzen dagegen bei Konzz. über 20 mg I u. 30 mg II/100 ml eine vollständige Hemmung. Bei simultaner Verabreichung hoher Dosen I u. II wurde die tubuläre Ausscheidung von beiden erniedrigt, jedoch mehr II als I u. insgesamt mehr als bei I oder II allein ausgeschieden. Ein signifikanter Einfl. von Na-Acetat auf die I-Ausscheidung konnte nicht beobachtet werden. Die Befunde werden diskutiert. (Acta physiol. scand. **30.** 11—21. 1953. Stockholm, St. Erik's Hosp.) LEUSCHNER. 4607

Nobuyuki Nagasaki, *Der Mechanismus der durch intravenös injiziertes Nicotin und Aminocordin hervorgerufenen Apnoe.* Die oscillograph. Registrierung des Aktionsstromes am Nervus phrenicus zeigt, daß die nach Injektion von *Nicotin* oder *Aminocordin* auftretende hyperpnoische Apnoe durch Übererregung des respirator. Zentrums zustandekommt, während nach *Adrenalin* eine Hemmung des respirator. Zentrums eintritt. (Jap. J. Pharmacol. **2.** 97—101. März 1953. Yonago, Tottori Univ., School of Med., Dep. of Pharmacol.) P. LOCH. 4607

Roland Taugner und **Walli Culp,** *Über die Wirkung von Nicotin auf das Rückenmark der Katze. Einflüsse von Nicotin auf Patellarsehnen-, Flexor- und Extensorreflex vor und nach Zufuhr von Interneuronengiften.* An decerebrierten Katzen bedingen Schwellendosen von 50—250 γ/kg *Nicotin* (I) eine Verbesserung des homolateralen Beuge- u. kontralateralen Streckreflexes. Der Patellarsehnenreflex wird jedoch durch die gleichen Dosen vermindert bzw. unterdrückt. Es wurde ein Antagonismus zwischen I u. den Interneuronengiften *Parpanit* (*1-Phenylcyclopentan-1-carbonsäurediäthylaminoäthylesterhydrochlorid*) u. *MY 301* (*Guajacoläther des Glycerin*; DR. CHR. BRUNNENGRÄBER, Lübeck) am Flexor-, Extensor- u. Patellarsehnenreflex nachgewiesen. Schwellendosen von I scheinen demnach am Rückenmark zu einer Erregung der Interneuronen zu führen. (Naunyn-Schmiedebergs Arch. exp. Pathol. Pharmakol. **220.** 423—32. 1953. Heidelberg, Univ., Pharmakol. Inst.) RODERICH KÖNIG. 4607

Kiyoshi Tanaka und **Shigeko Sakai,** *Veränderung der cardiovasculär-respiratorischen Wirkung von Aconitin durch intravenös injiziertes Procain bei Meerschweinchen.* Der durch Veratrin (intravenös 50 γ/kg) hervorgerufene Abfall des arteriellen Druckes (BEZOLD-JARISCH-Reflex) kann durch vorangegangene *Procain* (I)-Injektion (intravenös 5 mg/kg) verhindert werden, obwohl I allein blutdruckunwirksam ist. *Dibucain* (0,5 mg/kg) kann den Reflex ebenfalls unterdrücken, übt aber, allein gegeben, eine drucksenkende Wrkg. aus. Bei Gabe von 2—3 γ/kg Aconitin tritt Bradycardie u. Arrhythmie, hergeleitet von fluktuierendem Arteriendruck u. verminderter Atmung, ein. Diese Erscheinungen konnten ebenfalls durch I (5—10 mg/kg) unterdrückt werden. (Jap. J. Pharmacol. **2.** 144—48. März 1953. Yonago, Tottori Univ., School of Med., Dep. of Pharmacol.) P. LOCH. 4607

Rolf Meier, Hugo-J. Bein, Franz Gross, Jean Tripod und **Herbert Tuchmann-Duplessis,** *Druckerniedrigende Wirkung beim Tier durch Reserpin, einem neuen Alkaloid aus Rauwolfia serpentina Benth.* Kurzer Bericht über Verss. am Kaninchen, an der Katze u. am Hund, bei denen nach intravenöser Verabreichung von 0,1 mg *Reserpin* (I)/kg eine deutliche u. langdauernde Druckerniedrigung festgestellt wurde. I, ein aus *Rauwolfia serpentina* BENTH. isoliertes neues Alkaloid, wirkt auf die Kreislaufregulierung im Zentralnervensyst., vielleicht auch auf einige periphere Gefäße. (C. R. hebd. Séances Acad. Sci. **238.** 527—28. 25/1. 1954.) RODERICH KÖNIG. 4608

J. A. G. Ten Berg, *Die durch Chemotherapeutica und Antibiotica bewirkte Revolution in der Behandlung von Infektionskrankheiten.* An Hand von 16 eigenen Fällen u. von 41 Literaturangaben wird über die Fortschritte in der Behandlung von Infektionskrankheiten mit Chemotherapeuticis (Sulfanilamide, PAS, Isonicotinsäurehydrazid u. a.) u./oder Antibioticis (Penicillin, Streptomycin, Aureomycin u. a.) ausführlich berichtet, wobei am Schluß auch auf die Nebenwirkungen dieser Mittel hingewiesen wird. (Geneeskund. Gids **32.** 61—69. 18/2. 79—88. 4/3. 106—19. 18/3. 1954. Leiden, Acad. Poliklin. voor Inwendige Geneeskunde.) PATZSCH. 4610

Bibhupada Mukhoti, *Heilmittel für die verschiedenen Phasen des Malariaparasiten im Menschen.* Beschreibung der Entw. der Malariaparasiten u. Angabe der geeigneten Mittel zur Therapie der verschied. Stadien: Sporozoiten: unbeeinflußbar; Präerythrocytenphase: *Proguanil*; ungeschlechtliche Formen: *Chinolin-*, *Acridin-*, *Biguanid-*, *Pyrimidin*-Derivv.; sek. Präerythrocytenphase: *Chinin, 8-Aminochinolin*-Derivv. (I); Gametocyten: I. Der Wert u. die Eignung der verschied. Präpp. allein oder in Kombinationen wird kurz besprochen. (Calcutta med. J. **50.** 428—31. Nov. 1953. Calcutta, Kar Med. Coll., Pharmacol. Dep.) DOSSMANN. 4610

W. T. Haskins und **George W. Luttermoser,** *Urinausscheidung von Vioform und Diodoquine bei Kaninchen.* Bericht über Verss. an Kaninchen, denen *Vioform* (I; 20 u. 200—268 mg/kg) oder *Diodoquine* (II; 20 u. 100—139 mg/kg) oral 1 mal/Tag 5 Tage lang verabreicht wurden. Der Urin der Tiere wurde 7 Tage lang gesammelt u. auf unverändertes I u. II u. die entsprechenden Stoffwechselprodd., bei denen der 8-Chinolinolring intakt war, untersucht. Im Urin wurden 12—15% I bei der 200 mg-Dosis u. 38—50% bei der 20 mg-Dosis wiedergefunden; bei II waren es 11—16% bei den beiden Dosierungen. Außerdem wurden Gemische der Schwefel- u. Glucuronsäureester von I u. II gefunden. (J. Pharmacol. exp. Therapeut. **109.** 201—05. Okt. 1953. Bethesda, Md., Nat. Microbiol. Inst., Nat. Inst. of Health, Labor. of Trop. Dis., Public Health Serv., Dep. of Health Educat. and Welfare.) RODERICH KÖNIG. 4610

J. Gehrt, *Klinische Erfahrungen mit Neoteben.* (Vgl. C. **1953.** 730.) Mitt. weiterer Erfahrungen mit *Neoteben* (I) vor allem in bezug auf die tuberkulöse Meningitis, wobei es mit gutem Erfolg in 19 Fällen angewandt wurde. Es bewirkt, oral gegeben, infolge seiner guten Liquordurchgängigkeit eine ausreichende Konz. zur Hemmung der Tuberkelbacillen im Liquor. (Mschr. Kinderheilkunde **101.** 196—98. März 1953. Wuppertal.) L. BERGER. 4610

Werner Schmidt, *Verhalten der 17-Ketosteroide und des Serumeiweißbildes der Tuberkulosekranken während der Behandlung mit Isoniazid.* Die *17-Ketosteroid* (I)-Ausscheidung lag bei unbehandelter Tuberkulose in allen untersuchten Fällen weit unter der Norm u. stieg während der Behandlung mit *Isoniazid* (II) auf Normalwerte an. Die Gewichtszunahme lief in den meisten Fällen parallel mit der Zunahme der I-Ausscheidung. Auch die Serumproteinwerte besserten sich während der II-Behandlung. (Z. Tuberkulose **102.** 308—12. 1953. Gauting, Staatl. Tuberkulose-Sanatorium u. Krankenhaus.) RUTKOWSKI. 4610

Olle Höök, *Polyneuritis durch das Hydrazid der Isonicotinsäure. Bericht über 7 Fälle.* Besprechung von 7 Fällen, bei denen nach 2monatiger Behandlung mit *Isoniazid* (I) neurolog. Symptome auftraten. I-Verabreichung als *Raumanon* (NOBEL), *Rimifon* (ROCHE) u. *Isopyrin* (ASTRA). I-Dosierung 5 bzw. 8—10 mg/kg. Die Erscheinungen verschwanden bald nach Absetzen von I. Es wird eine Störung des Kohlenhydratstoffwechsels durch I vermutet; um dem beobachteten *Vitamin-B* (II)-Mangel zu begegnen, wird zusätzliche II-Verabreichung bei längerer I-Therapie empfohlen. Das Problem wird diskutiert. (Acta med. scand. **147.** 167—74. 10/11. 1953. Stockholm, Serafimerlasarettet, u. Uttrass, Sweden, Söderby Hosp.) DOSSMANN. 4610

Ch. Gernez-Rieux, A. Tacquet, M. Fabre und **C. Voisin,** *Experimentelle Untersuchung in vivo der Kombination von INH mit verschiedenen antibakteriellen Substanzen (Streptomycin, PAS, Sulfonen, Neomycin, Actilin).* Bei experimenteller Tuberkulose im Tiervers. wurde bei Kombination von *INH* (I) mit *PAS* bzw. *Sulfonen* synergist. Wrkg. festgestellt. Beim Kaninchen ergab sich mit I + *Streptomycin* (II) in Dosen über dem Schwellwert eine verlängerte bakteriostat. Wrkg., wie sie mit I oder II allein nicht beobachtet wurde. Der klin. Vers. mit I + II + *PAS* über 3 Monate ergab nur bei frischen Lungentuberkulosen gute Erfolge. (Rev. Tuberculose [5] **17.** 916—25. 1953. Lille.) DOSSMANN. 4610

Forrest W. Pitts, Frank L. Miller, William E. Dye, Carl W. Tempel und **Martin J. Fitzpatrick,** *Isoniazidtherapie bei Lungentuberkulose.* Vff. berichten über die Behandlung von 196 Fällen von akt. Lungentuberkulose mit *Isoniazid* (*Isonicotinsäurehydrazid*) allein (150 oder 300 mg pro die) oder kombiniert mit *Streptomycin* (2 g intramuskulär alle 3 Tage). Nach der vorläufigen Beurteilung von 104 Patienten nach 120tägiger Behandlung ist die therapeut. Wirksamkeit bes. der kombinierten Behandlung sehr gut. In der Toxizität dieser Kombination scheint gegenüber der Behandlung mit Streptomycin/p-Aminosalicylsäure kein großer Unterschied zu bestehen, doch stehen zuverlässige Daten noch aus. Eine Bakterienresistenz hatte sich nach 4 Monaten noch nicht entwickelt. (U. S. Armed Forces med. J. **4.** 1—9. Jan. 1953. Denver, Colo., Fitzsimons Army Hosp.) H.-J. KOCH. 4610

Fordyce R. Heilman, *Antibiotica. Übersichtsbericht* (bis Januar 1953). *Penicillin, Streptomycin, Chloramphenicol, Neomycin, Polymyxin, Erythromycin, Carbomycin*; Resistenz gegenüber Antibiotica (I); Kombinationstherapie; I bei der Behandlung des Bestrahlungssyndroms; I u. Wachstum u. Ernährung. — 261 Literaturangaben. (Annu. Rev. Microbiol. **7.** 219—44. 1953. Rochester, Minn., Mayo Clin., Sect. of Bacteriol.) K. MAIER. 4611

J. M. Greenhouse und **W. C. Ryle,** *Kombinierte Bacitracin–Neomycin-Salbe zur Behandlung pyogener Hautinfektionen.* Bei 53 Fällen wurde mit *Bacimycin*-Salbe (WALKER LABOR., INC., Mt. Vernon, N. Y.), bestehend aus Petrolat-Salbengrundlage mit 500 E. *Bacitracin* u. 5 mg *Neomycinsulfat* pro g eine Heilungsziffer von 88% erreicht. (A. M. A. Arch. Dermatol. Syphilol. **69.** 366—67. März 1954. St. Louis, Barnard Free Skin and Cancer Hosp., u. Washington Univ., School of Med., Dep. of Med., Div. of Dermatol.) DOSSMANN. 4611

Augustus S. Rose und **Lida R. Carmen,** *Klinische Verfolgung von 130 Fällen mit später paretischer Neurosyphilis nach Penicillinbehandlung.* (Amer. J. Syphilis. Gonorrhea, vener. Diseases **35.** 278—83. Mai 1951. Boston, Psychopathic Hosp.) P. LOCH. 4611

Jack Rodriquez, George X. Schwemlein und **Frederick Plotke,** *Der Behandlungsplan der Frühsyphilis durch einmalige Injektion.* Bei guter Verträglichkeit wurden 70% der mit $2{,}4 \cdot 10^6$ E. in einer Sitzung mit *Procain–Penicillin G* behandelten Patienten geheilt. (Amer. J. Syphilis, Gonorrhea, vener. Diseases **35.** 246—51. Mai 1951. Chicago, Ill., Board of Health.) P. LOCH. 4611

Frederick Plotke, Jack Rodriquez und **George X. Schwemlein,** *Der Faktor der Gesamtdosis bei Verwendung von kristallinem Penicillin G. Die Behandlung der Frühsyphilis.* Der %-Satz der Versager wird bei Erhöhung der Gesamtgabe von kristallinem *Penicillin G* von 2,4 auf $4{,}8 \cdot 10^6$ E. nicht erniedrigt. Er betrug 13,7%. (Amer. J. Syphilis, Gonorrhea, vener. Diseases **35.** 240—45. Mai 1951. Chicago, Ill., Board of Health.) P. LOCH. 4611

Walter L. Bruetsch, *Die Penicillintherapie der cardiovasculären Syphilis mit großer Gesamtdosis. Die vernünftige Anwendung auf Grund von histologischen Untersuchungen.* Es wurden 400000—600000 E. *Penicillin* pro Tag bis zur Gesamtdosis von $2{,}5 \cdot 10^6$ E. gegeben. Doch kann diese Therapie die Gefahr einer möglichen Gefäßzerreißung bei dünner Aortawand nicht mindern. (Amer. J. Syphilis, Gonorrhea, vener. Diseases **35.** 252—54. Mai 1951. Indianapolis, Ind., Central State Hosp.) P. LOCH. 4611

M. J. Romansky, S. Olansky, S. R. Taggart, G. S. Landman und **E. D. Robin,** *Chloromycetin (Chloramphenicol) zur Behandlung verschiedener Syphilistypen.* Zur Behandlung der Neurosyphilis wird 15tägige Verabfolgung von 60 mg/kg/Tag, für die übrigen Fälle nur 6—8tägige gleiche Behandlung vorgeschlagen. (Amer. J. Syphilis, Gonorrhea, vener. Diseases **35.** 234. Mai 1951. Washington, George Washington Univ., Med. School, Dep. of Med.; Gallinger Hosp.) P. LOCH. 4611

Milton Zises und **George C. Smith,** *Neun mit Chloromycetin behandelte Fälle mit Granuloma inguinale.* Völlige Heilung durch 6std. 500 mg *Chloromycetin* 12½ Tage lang. (Amer. J. Syphilis, Gonorrhea. vener. Diseases **35.** 294—96. Mai 1951. Florence, S. C., Public Health Hosp.) P. LOCH. 4611

Loe Ping Kian, H. Smitskamp, Tan Hing Thaij und **D. K. Wielenga,** *Die Behandlung von Salmonellosen mit Chloromycetin.* 100 Salmonellosen-Fälle, davon 77 (%) Salmonella typhi, 19 Paratyphus A, 3 Paratyphus B u. 1 Paratyphus C, wurden mit *Chloromycetin* (I) behandelt. Von 80 Patienten, die mit hohen I-Dosen (3—4 g) behandelt wurden, starben 9 kurz nach Einstellen der Therapie. Bei 16 Patienten kam es zu Rezidiven. Von 20 mit geringen I-Dosen (in den ersten 24 Std. 2 g, dann 1 bis 1,5 g/Tag, nach Absinken der Temp. 0,5—1 g/Tag) über einen längeren Zeitraum behandelten Patienten bekam 1 ein Rezidiv. Mäßige I-Dosen über einen längeren Zeitraum (mindestens 14 Tage) gegeben, haben einen günstigen Einfluß. (Nederl. Tijdschr. Geneeskunde **98.** 921—24. 3/4. 1954. Djakarta.) PATZSCH. 4611

K. Scheele, *Antibiotica bei Steinerkrankungen der Gallenwege.* Da Bakterien an der Steinbldg. in der Gallenblase beteiligt sind, ist *Antibiotica* (I)-Therapie mit *Aureomycin, Chloromycetin* u. *Terramycin* als Adjuvantien angezeigt, sofern die Diagnose ergibt, daß die I in die Gallenblase gelangen können, u. wenn die Galle fließt. Einzelheiten werden besprochen. (Die Medizinische **1954.** 163—66. 30/1. Emmerich/Rh.) DOSSMANN. 4611

William E. Wellman, Henry W. Dodge jr., Fordyce R. Heilman und **Magnus C. Petersen,** *Konzentration von Antibioticis im Gehirn.* Bericht über insgesamt 27 Fälle mit psychiatr. Störungen, von denen je 4—6 Patienten prophylakt. meist 24 Std. vor Operation folgende *Antibiotica* (I) erhielten: *Neo-Penil* (II) 3—6·10⁵ E., *Procain-Penicillin* (III) 6·10⁵ E., *Terramycin* (IV), *Aureomycin* (V) 750 mg, *Erythromycin* (VI) 300—500 mg je 6stündlich, *Dihydrostreptomycin* (VII) 3mal 1 g. Während der Operation wurden Blut-, Liquor- u. Gewebsproben entnommen u. auf Geh. an I untersucht. Im Gehirngewebe nur Nachw. von **II** u. **V** in signifikanter Menge, **IV** in einigen Fällen; in Serum u. Liquor **II** u. **VII**; im Serum **III, V, VI.** (J. Lab. clin. Med. **43.** 275—79. Febr. 1954. Rochester, Minn., Mayo Clin., u. Rochester State Hosp.) DOSSMANN. 4611

Charles D. Cooper und **Warren E. C. Wacker,** *Erfolgreiche Therapie von Unterschenkelgeschwüren verbunden mit Mittelmeeranämie durch Streptokinase-Streptodornase.* Es wird über die erfolgreiche Behandlung eines Beingeschwüres bei vorhandener Mittelmeeranämie mit *Streptokinase-Streptodornase* in Carboxymethylcellulosegelee berichtet. (Blood **9.** 241—43. März 1954. Washington, D. C., George Washington School of Med., u. Univ. Hosp., Med. Serv., Dep. of Med.) GOEBEL. 4614

Bern Carrière, *Zur Behandlung depressiver und vegetativer Symptome.* Vorl. Mitt. Das neu entwickelte Sympathicomimeticum *Metatonin* TEMMLER (neuerdings *Metrotonin*) enthält pro Tablette 6 mg *N-Dimethylphenylisopropylaminhydrochlorid* u. 0,05 *Isoamyläthylbarbitursäure.* Es wirkt spasmolyt., regt das Atemzentrum 3mal stärker an als Pervitin, besitzt ca. $^1/_4$ der zentralen Pervitinweckwrkg. u. steigert die Kontraktionsamplitude des Katzenherzens ohne Frequenzerhöhung. Am Menschen zeigt sich keine nennenswerte Blutdruckänderung. Mit diesem Mittel konnte ein ausgesprochen antidepressiver Effekt bei entsprechenden Patienten der Psychiatrie nachgewiesen werden. Die Mißbrauchgefahr wird nicht höher eingeschätzt als die z. B. der Barbiturate, die Toxizität ist geringer als die etwa von Benzedrin, das im Ausland in gleicher Richtung therapeut. benutzt wird. (Dtsch. med. Wschr. **79.** 524—25. 26/3. 1954. Ilten-Köthenwald bei Hannover, Wahrendorff'sche Krankenanstalten.) JORDAN. 4620

Ralph M. Patterson, John F. Benson und **Paul L. Schoenberg,** *Klinische Bewertung von Phenylbutazon.* Der antirheumat. Effekt von *Phenylbutazon* (I) wird nicht bestätigt. Bei der Behandlung von 32 Patienten mit rheumatoider Arthritis mit I wurde bei weniger als 30% der Fälle (davon $^1/_3$ mit Spondylitis) eine objektive Besserung beobachtet. In keinem Fall wurde eine klin. Besserung erzielt, die Blutsenkung erniedrigt oder die Schwellung wesentlich reduziert. Die analget. Eigg. von **I** werden jedoch für gut befunden. (U. S. Armed Forces med. J. **4.** 109—11. Jan. 1953. Hot Springs, Ark., Army and Navy Hosp.) H.-J. KOCH. 4627

A. Ss. Balandina, L. Ss. Rjabowa und **N. N. Ssolowjew,** *Die Wirkung von Pentothalnatrium auf Gewebe und Organe im Experiment.* Vff. untersuchen an Kaninchen u. Ratten die Wrkg. von *Pentothal-Na* (**I**) auf die parenchymatösen Organe (Leber, Nieren, Herz, Lungen); morpholog. Veränderungen bewirkt **I** direkt nicht, die Unterschiede gegenüber der Kontrolle werden auf chron. Entzündungsprozesse zurückgeführt. Nach CCl_4 nimmt die Dauer der Narkose u. der Erwachensperiode mit **I** zu. Bei Leberschäden besteht Gegenindikation gegen **I**. Bei intramuskulärer u. parenteraler **I**-Zufuhr sind makroskop. keine Veränderungen, mkr. Blutungen (später Narben), zuweilen Spuren von asept. Nekrose zu beobachten, diese jedoch nur an begrenzten Teilen der Dünndarmschleimhaut. Diarrhoen oder sonstige Darmstörungen werden nicht festgestellt. (Хирургия [Chirurgie] **1953.** Nr. 11. 52—55. Nov. Jaroslawl, Med. Inst., Fak. Chirurg. Klinik.) R. K. MÜLLER. 4627

Joseph F. Fazekas, Leo R. Goldbaum, Theodore Koppanyi und **James Shea,** *Untersuchung über die Wirkung von Überdosen von Pentylentetrazol und Pentobarbitalnatriumkombinationen beim Menschen.* Vff. konnten feststellen, daß beim Menschen eine Kombination von *Pentylentetrazol* u. *Pentobarbitalnatrium* (**I**) im Verhältnis 3 : 1 gegen tox. Dosen von **I** schützt. Die verabfolgten Dosen enthielten mehr als zweimal so große Mengen von Barbiturat, wie sie sonst schwere Vergiftungen beim Menschen bewirken. Sie waren 13—20 mal so groß wie die gewöhnlicherweise sedativ-hypnot. Dosis für den Menschen (100 mg). Nausea u. Erbrechen kamen bei der Mehrzahl der Versuchspersonen vor. (Med. Ann. District Columbia **23.** 133—36. März 1954. Washington, Columbia Gen. Hosp.; Georgetown, Univ.) K. BÖHM. 4627

Harold Sherman, Joseph E. Fiasconaro und **Neal W. Chilton,** *Ein Vergleich der klinischen Wirksamkeit hochwirksamer Lokalanästhetica in der operativen Zahnheilkunde.* Bei größeren chirurg. Eingriffen im Mund–Kiefer-Gebiet (700 Fälle) wurde die anästhesierende Wrkg. von 6 handelsüblichen Lokalanästheticis im Vgl. zu *Procain* (**I**) geprüft. Die beste Wirksamkeit zeigten *Lidocaine* (**II**), 2%, + *Epinephrin* (**III**), 1 : 100000, *Unacaine* (**IV**), 3,8%, + **III**, 1 : 60000 (NOVOCOL CHEMICAL MANUFACTURING CO., INC.) u. **II**, 2%, + **III**, 1 : 50000 (*Xylocaine*; ASTRA PHARMACEUTICAL PRODUCTS, INC.). Etwas schwächer wirkten *Ravocaine* (*2'-Diäthylaminoäthyl-4-amino-2-propoxybenzoat*; **V**), 0,75%, + *l-Arterenol*, 1 : 30000, **I**, 2%, + *Tetracaine* 0,15% + *Nordefrin*, 1 : 10000 (*Novocaine–Pontocaine–Cobefrin*; **VI**; COOK-WAITE LABORATORIES, INC.) u. *Butethamine*, 2%, + **III**, 1 : 50000 (*Monocaine 2%*; NOVOCOL). Die geringste Wrkg. hatte **I**, 2%, + **III**, 1 : 50000 (COOK-WAITE). **II**, 2%, u. **VI** erzeugten die am längsten, **I**, 2%, u. **IV**, 3,8%, die am kürzesten anhaltende Anästhesie. Nebenerscheinungen wurden nach **VI** u. **I** beobachtet, während **IV** u. **V** in keinem Fall Sensationen hervorriefen. Für die Infiltrationsanästhesie genügte in jedem Fall die Hälfte (1,1 cm^3) der für die Leitungsanästhesie bestimmten Menge. (J. Amer. Dental Assoc. **48.** 151—57. Febr. 1954. New York, N. Y., Columbia Univ., Fac. of Med., School of Dental and Oral Surg. and School of Public Health.) KLESSE. 4627

Hans Schmidt, *Unsere Erfahrungen mit Inactin. 5-Äthyl-5-[1'-methylpropyl]-2-thiobarbitursäure* (Inactin) zeichnete sich an 500 Patientinnen durch gute Verträglichkeit aus. Auffallend war das gute Einschlafen ohne ein störendes Excitationsstadium u. der reizlose Übergang zur Inhalationsnarkose. (Zbl. Gynäkol. **76.** 235—38. 1954. Osnabrück, Städt. Krankenhaus.) GOLDHAHN. 4627

Hans-Joachim Kühnelt, *Ergebnisse der intravenösen „Inactinnarkose" in der operativen Gynäkologie.* Bei 150 mittleren u. großen gynäkolog. Eingriffen wurde als Narkoticum *Inactin* (*5-äthyl-5-methylpropyl-2-thiobarbitursaures Na*; PROMONTA, Hamburg) verwandt. Bei großer Narkosebreite wurde stärkere analget. Wrkg. als bei S-freien Barbituraten beobachtet. (Zbl. Gynäkol. **75.** 1292—99. 1953. Berlin, Univ., Frauenklinik.) DAUTZENBERG. 4627

Charles M. Gruber jr. und **Charles M. Gruber,** *N-Allylnormorphin als Antagonist bei durch Analgetica hervorgerufenem Darmspasmus.* Kurzer Bericht über Verss. an Hunden. Es zeigte sich, daß *N-Allylnormorphin* gegenüber der Zunahme des Darmtonus durch *Morphium, Dromoran, Dilaudid, Metopon, Meperidin, Methadon* oder *Nisentil* eine vorbeugende oder antagonist. Wrkg. aufweist. (J. Pharmacol. exp. Therapeut. **109.** 157—58. Okt. 1953. Philadelphia, Pa., Jefferson Med. Coll., Dep. of Pharmacol.) RODERICH KÖNIG. 4628

H. Griessmann, *Die therapeutischen Möglichkeiten mit Muskelrelaxantien.* An Hand einer Einteilung der Muskelrelaxantien in Stoffe der Curaregruppe, der Dekamethoniumgruppe u. der Gruppe der Glycerinäther gibt Vf. eine Übersicht über ihre Verwendung in Therapie u. Diagnostik. Ausführlicher Hinweis auf therapeut. Möglichkeiten mit *My 301* (*Guajacol-Glycerinäther*; BRUNNENGRÄBER, Lübeck). (Therapiewoche **4.** 200—06. Febr. 1954. Neumünster/Holst., Chirurg. Abt. des Städt. Krankenhauses.) H. WUNDERLICH. 4628

W. Knipper, *Die Beeinflussung des Nierendruckes durch Buscopan. Buscopan* (**I**; *Hyoscin-n-butylbromid*) bewirkt eine sofort einsetzende Erniedrigung des Nierendruckes durch Blockierung der zugehörigen Ganglien. Das Intervall der rhythm. Kontraktionen wird gleichzeitig verlängert. Die Technik der Registrierung wird beschrieben u. diese in Kurvenform dargestellt. (Die Medizinische **1953.** 778—80. 6/6. Hamburg, Allg. Krankenhaus St. Georg.) L. BERGER. 4628

David A. Davis, *Pharmakologie und klinische Anwendung von Succinylcholin.* Bericht über histor. Entw. von *Succinylcholin* (**I**), pharmakol. Eigg. u. klin. Anwendung. Verlängerte Wrkg. oder Erhöhung des Blutdrucks in einigen Fällen werden auf partielle Hydrolyse von **I** zu Succinylmonocholin zurückgeführt. Als Ursache hierfür wird ein zu niedriger *Pseudocholinesterase* (**II**)-Spiegel des Plasmas diskutiert. Bei Patienten mit niedrigem **II**-Spiegel (chron. Lebererkrankungen, Unterernährung, akute Infektionskrankheiten) wird die Anwendung von **I** nicht empfohlen. (Southern med. J. **47.** 97—104. Febr. 1954. Chapel Hill, N. C.) H. WUNDERLICH. 4628

Leonard W. Fabian und **Cecil W. Shafer,** *Experimentelle Beurteilung eines neuen Dekamethoniumbromid-Antagonisten. Ein vorläufiger Bericht. Compound 49–204,* ein Stilbazolinabkömmling (**I**) (vgl. DANDAM u. Mitarbeiter, C. **1953.** 6929), hebt an Hunden die durch *Syncurin* (**II**) hervorgerufene Atemlähmung auf. Wegen seiner länger als **II** anhaltenden Wrkg. schützt **I** Hunde vor Atemlähmungen bei nachfolgenden **II**-Injektionen. Vff. schließen, daß die antagonist. Wrkg., die **I** auf **II** ausübt, befriedigender ist, als die durch Prostigmin–Curare ausgeübte. (Southern med. J. **47.** 93—97. Febr. 1954. Little Rock, Ark.) H. WUNDERLICH. 4628

S. Goldin, *Toxische Wirkungen von Primidone.* Vf. berichtet über Nebenwirkungen der Verabreichung von 0,25 g *Primidone* (**I**; „*Mysoline*") an 4 Patienten mit Epilepsie. Bes. in Fällen mit vorhergehender Medikation antikonvulsiv wirkender Präpp. kam es vorübergehend zu Benommenheit, Schwindel u. Erbrechen. Trotzdem empfiehlt Vf., **I** wegen seiner guten Erfolge bei „grand mal"-Epilepsie weiter zu verabreichen. (Lancet **266.** 102—03. 9/1. 1954. Wickford, Essex, Runwell Hosp.) KRUSEN. 4628

Karl R. Bacher, *Pendiomid „Ciba-9295" vor und während der Spinalanästhesie und weitere Beobachtungen.* Bei 63 Operationen wurde kontrollierte Blutdrucksenkung mit *Pendiomid* (CIBA) durchgeführt. Mehr als die Hälfte dieser Eingriffe wurde in Spinalanästhesie ausgeführt, wobei *Pendiomid* anfangs nach Eintritt der Anästhesie, später vor Anlegen der Spinalanästhesie gegeben wurde. Auf die sonst übliche Gabe von *Racedrin* zur Blutdruckstabilisierung wurde völlig verzichtet, da die pressor. Wrkg. von Adrenalinkörpern durch *Pendiomid* verstärkt u. verlängert wird. Nachblutungen u. sonstige Nebenwirkungen wurden bei guter Hypotension u. blutleerem Operationsfeld nicht beobachtet. (Zbl. Chirurg. **78.** 1391—1400. 1953. Neustadt/Weinstraße, Städt. Krankenhaus „Hetzelstift".) DAUTZENBERG. 4630

David H. Merrill und **Keith Kenyon,** *1-Hydrazinophthalazin (Apresolin) in der Behandlung der Hypertension. Eine klinische Prüfung mit einer Kontrollgruppe. Apresolin* wurde bei 37 Patienten mit Hypertension angewandt u. zeitigte einen beträchtlichen Abfall des systol. u. diastol. Druckes. Als Nebenwrkg. wurden öfter Kopfschmerzen beobachtet. Die Urämie gilt als Kontraindikation. Die Effekte des Medikamentes waren gegenüber der Kontrolle mit Placebos deutlich. (Amer. J. med. Sci. **226.** 623—31. Dez. 1953. Los Angeles, Calif., Univ. of Southern, County Hosp.) JORDAN. 4630

J. W. McCubbin und **Irvine H. Page,** *Änderung der blutdrucksenkenden Wirkung von 1-Hydrazinophthalazin (Apresolin) durch Priscolin, Hexamethonium und durch Trennung des Carotissinus sowie der Aortennerven bei normalen und renalen Hochdruckhunden. Apresolin* (**I**) verursacht bei intravenöser Zufuhr eine plötzliche Blutdrucksenkung. Vorherige Behandlung mit *Hexamethonium* (**II**) vermindert den **I**-Effekt wenig, *Priscolin* (**III**) erhöht ihn bei n. (A) u. renal-hypertensiven (B) Hunden. Die Wrkg. von **II** (Blutdrucksenkung) wird durch Vorbehandlung von **I** nicht geändert oder nur leicht vermindert. Die Kombination von **I** u. **II** ist additiv, die von **I** u. **III** jedoch im synergist. Sinne stärker. A- u. B-Hunde sind gegenüber **I** gleich empfindlich. Carotissinusdenervation vergrößert die **I**-Wirkung. Die Verss. bestätigen die klin. Erfahrungen mit **I**, nach denen es bes. bei neurogenem Hochdruck u. weniger bei renalem Hochdruck wirkt. **I** u. **III** werden auf Grund der Ergebnisse als therapeut.

Kombination empfohlen u. II + I oder I u. III allein vorgezogen. (Amer. J. med. Sci. **226.** 632—35. Dez. 1953. Cleveland, O., Educat. Inst., Res. Div. of Cleveland Foundat. and Frank E. Bunts.) JORDAN. 4630

Maurice H. Wald, Manuel I. Fierro und **Kenneth H. Keeton,** *Toxische Wirkungen von 1-Hydrazinophthalazin bei ambulatorisch behandelten Hypertonikern.* Mit *1-Hydrazinophthalazin* ließ sich nur bei 2 von 11 behandelten ambulanten Patienten ein deutlicher drucksenkender Effekt nachweisen. 8 dieser 11 Probanden zeigten tox. Erscheinungen ohne eine Besserung der hypertensiven Symptomatik. Größere Dosen als 500 mg täglich wurden von keinem Patienten vertragen, so daß man weit unter der sonst angegebenen Höchstmenge (900—1400 mg) bleiben mußte. Kopfschmerzen, Müdigkeit, Dyspnoe, Anorexie, Nausea, Angina pectoris, Parästhesie u. Epiphora wurden als tox. Zeichen beobachtet. Harnanalyt., hämatolog., elektrocardiograph. u. im Augenhintergrund wurden keine signifikanten Änderungen gefunden. Desgleichen änderte sich die Herzgröße nicht. Eine chron. Toxizität wurde nicht beobachtet. (Amer. Heart J. **46.** 861—64. Dez. 1953. Northwestern Univ., Med. School, Renal-Hypertens. Clinic; Evanston Hosp. Assoc.) JORDAN. 4630

A. L. Delaunois und **L. Martini,** *Adrenolytische Mittel und Wirkung von Adrenalin und Noradrenalin auf die Carotissinuswand und den Blutdruck.* Die Verss. wurden an anästhesierten Hunden durchgeführt. Die lokale Applikation von *l-Adrenalin* (**I**) oder *l-Noradrenalin* (**II**) im Bereich des Carotissinus führt zu einem Reflexabfall des systemat. arteriellen Drucks. Analoge Anwendung von *Hydergin* (**III**) ergibt jedoch eine leichte Reflexzunahme. *Ergotamin* (**IV**) u. *Dihydroergotamin* (**V**) verändern den systemat. arteriellen Druck nicht. Nach Applikation von **III, IV** u. **V** führt die lokale Anwendung von **I** oder **II** zu einer Reflexzunahme. Die untersuchten adrenolyt. Verbb. kehren also die lokale Wrkg. von **I** oder **II** auf die Carotissinuswand um. Die Spannung u. Widerstandsfähigkeit der Arterienwand haben somit eine äußerst wichtige Funktion als regulierende Faktoren. (Arch. int. Pharmacodynam. Thérap. **94.** 430—38. 1/8. 1953. Ghent, Belgien, Univ., Inst. J. F. Heymans of Pharmacol.) RODERICH KÖNIG. 4630

Carl W. Simon, *Über die Behandlung der Brachialgia paraesthetica nocturna mit Vasotonin. Vasotonin* (MERZ & Co., Frankfurt/M.) ist ein Gesamtauszug der Roßkastanie mit Vitamin-B-Komplex bei standardisiertem Geh. von *Vitamin* B_1 sowie Wirkstoffen der Arnica. Es erwies sich in der Therapie der Brachialgia paraesthetica nocturna als prompt wirksames Mittel (90% Erfolge an 52 Patienten). (Med. Mschr. **8.** 183—84. März 1954. München.) JORDAN. 4630

S. M. Belowa, *Erfahrung bei der Behandlung der Angina pectoris mit Adenosintriphosphorsäure.* Bei 24 von 40 behandelten Patienten bewirkte die Zufuhr von *Adenosintriphosphorsäure* (**I**) bei Angina pectoris deutliche Besserung. Die zweckmäßigste Dosis beträgt 20 mg/Tag intravenös oder intramuskulär als Na-Salz, die erforderliche Behandlungszeit 15—35, meist 28—30 Tage. Bei arteriosklerot. Grundlage muß die Anwendung von **I** in klin. Überwachung erfolgen. Die Anfälle werden seltener u. kürzer. Beim Stenocardieanfall ist die parenterale Anwendung von **I** unwirksam. (Клиническая Медицина [Klin. Med.] **31** (**34**). Nr. 12. 61—64. Dez. 1953. Moskau, 1. Med. Inst., Therapeut. Klinik.) R. K. MÜLLER. 4630

Gustav Buhr, *Zur Kreislauftherapie akuter Pneumonien.* Die durch eine Pneumonie geschädigten Kreislaufverhältnisse kennzeichnen sich durch verminderte Zirkulationsgröße, präparalyt. Kollaps oder Zentralisation des Kreislaufs, je nach dem Stadium der Erkrankung. Sie erfordern deshalb den Einsatz von Herz- u. Kreislaufmitteln. *Kombetin* beeinflußte die cardiale Dekompensation günstig. Mit *Effortil* konnten der Kollaps oder die Zentralisation hämodynam. vorteilhaft gewandelt werden. Der richtige Einsatz dieser Mittel verlangt eine eingehende hämodynam. Diagnostik in Längsschnitten, wie an Einzelbeispielen überzeugend dargelegt wird. (Ärztl. Forsch. **7.** I/161—67. 10/4. 1953. Bremen-Blumenthal, Städt. Krankenhaus.) JORDAN. 4630

A. J. Kerwin, *Antikoagulantien in der Behandlung des Herzinfarktes.* Aus den Ergebnissen einer vergleichenden Therapie (220 Infarktpatienten mit *Dicumarol*, 81 mit *Danilon*, 160 ohne Antikoagulantien) wird der Schluß gezogen, daß die Therapie des Herzinfarktes mit Antikoagulantien bei Patienten mit gleichzeitigen Herzfehlern, Hypertension, sowie im höheren Alter die Mortalitätsziffern deutlich senken kann. Auch thromboembol. Komplikationen waren seltener als in der Kontrollgruppe. Bei 18,6% traten Hämorrhagien als Folge der Antikoagulantien ein, bes. nach Dicumarol. Todesfälle ereigneten sich in diesem Zusammenhange nicht. (Amer. Heart **J. 46.** 865—82. Dez. 1953. Toronto, Can., Univ. and Hosp. Toronto Western.) JORDAN. 4630

Irving S. Wright, Dorothy Fahs Beck und **Charles D. Marple,** *Der Myocardinfarkt und seine Behandlung mit Antikoagulantien. Zusammenfassung von Beobachtungen an 1031 Fällen.* Statist. Auswertung von Beobachtungen an 1031 Fällen von Myocardinfarkt, der in üblicher Weise bzw. mit Antikoagulantien (**I**) behandelt wurde, zeigt, daß **I** bei vorsichtiger Anwendung unter Berücksichtigung von Kontraindikationen Komplikationen durch Thrombose u. Embolie u. Todesfälle verhindert. Nicht oder sehr zurückhaltend angewendet werden sollen **I** bei: Prothrombin- u. gleichzeitigem Vitamin K-Mangel, schweren Leberleiden, Vitamin-C-Mangel, Niereninsuffizienz, Blutdyscrasien mit Schädigung des n. Hämostasemechanismus, vorgeschrittener Gravidität, subakuter bakterieller Endocarditis, Ulcerationen u. offenen Wunden, nach operativen Eingriffen an Gehirn u. Rückenmark, nach Operationen unter obstruktiver Gelbsucht oder solchen, die Wundflächen zurückließen, bei Leberfisteln, bei postoperativer Drainage von Wunden oder Gefäßen u. bei intramuralem Aortenhämatom. Wenn bei Verabreichung von Cumarinpräpp. Hämorrhagien auftreten, empfehlen Vff. Unterbrechung der **I**-Medikation u. 1—2 mal 60—72 mg wasserlösl. Vitamin K, bei schweren Blutungen 250—500 mg Vitamin-K_1-oxyd peroral, danach etwa 300—500 ml frisches Vollblut oder Plasma. Die Behandlung mit **I** erfordert größte Sorgfalt u. Erfahrung. (Lancet **266.** 92—95. 9/1. 1954. New York, N. Y., Cornell Univ., School of Med.) KRUSEN. 4630

H. Kranz, *Nebenerscheinungen bei Anwendung von Depot-Thrombocid.* Bei ausschließlicher Verwendung von *Depot-Thrombocid* (**I**) kam es in einem mitgeteilten Falle frischer Thrombophlebitiden post partum zu fluktuierender Hämatombldg. vom Stichkanal ab bis in die Extremitäten, sowie flächenhaften petechialen Hauthämatomen u. Kreislaufkollaps. Angesichts solcher Nebenwirkungen wird die Verwendung von **I** vorerst nicht empfohlen. (Med. Klin. **49.** 412—13. 12/3. 1954. Würzburg, Univ., Frauenklinik.) JORDAN. 4630

Fr. Mainzer, *Die neuere Entwicklung der Euphyllinbehandlung des beginnenden Schlaganfalls.* (Vgl. auch C. **1953.** 3600 u. **1954.** 3749) *Euphyllin* (**I**; *Aminophyllin*) erzeugt zwar experimentell eine Verminderung der Hirndurchblutung, vermag aber die Blutliquorschranke im Sinne der Permeabilitätssteigerung zu beeinflussen. Mit dieser Wrkg. ließe sich die therapeut. Tatsache erklären, daß **I**, in der ersten Std. nach eingetretener Apoplexie verabreicht, sehr günstige Behandlungsergebnisse zeitigt. Prophylaxe u. Nachbehandlung der Apoplexie mit **I** wird deshalb empfohlen. (Dtsch. med. Wschr. **79.** 37—39. 1/1. 1954. Alexandrien, Ägypten, Anglo-Swiss-Hosp.) JORDAN. 4630

Sim P. Dimitroff, George C. Griffith, M. C. Thorner und **Joseph Walker,** *Klinischer Wert des Gitalin in der Behandlung dekompensierter Herzinsuffizienzen.* Bei 68 Fällen von Herzinsuffizienz verschiedenster Schwere u. Ätiologie wirkte *Gitalin* (*Gitaligin*, WHITE LABORATORIES INC.) gut, auch wenn andere Digitalispräpp. wegen tox. Nebenwirkungen abgesetzt worden waren. (Ann. intern. Med. **39.** 1189—99. Dez. 1953. Los Angeles, Calif., County Hosp., u. Univ. of Southern California, School of Med.) BROSEMANN. 4630

Alexander S. Nadas, Abraham M. Rudolph und **John D. L. Reinhold,** *Die Anwendung von Digitalis bei Säuglingen und Kleinkindern. Eine klinische Untersuchung bei Patienten mit dekompensiertem Herzfehler.* 41 Kinder mit Herzfehlern wurden auf die Ursache der Herzerkrankung u. auf die entsprechende Empfindlichkeit auf *Digitalis* (**I**) untersucht. Am besten sprachen auf **I** Myocarderkrankungen, paroxysmale Tachycardie u. rheumat. Carditis an, am schlechtesten angeborene Herzfehler. Die Dosis betrug bei Kindern unter 2 Jahren ca. 0,02—0,03 mg, bei älteren Kindern 0,01—0,02 mg *Digitoxin* auf 1 pound Körpergewicht. Das EKG zeigte keine für die Dosierung u. den Grad der Digitalisierung verwendbaren regelmäßig erscheinenden Anzeichen. (New England J. Med. **248.** 98—105. 15/1. 1953. Boston, Harvard Med. School.) L. BERGER. 4630

Arthur W. Seligmann, Frank C. Ferguson jr., Solomon Garb, Joseph L. Gluck, Seymour L. Halpern und **Maurice Goodgold,** *Auswertung der Hypertoniebehandlung: Die Wirkung der Cinchonaalkaloide.* Nach der „double-blind"-Meth. wurde der Effekt von *Chinidin* u. *Chinin* auf die Hypertension geprüft, wobei Kontrollen mit Placebos stattfanden. Dabei zeigte sich, daß die Placebos prakt. gleiche Effekte am Blutdruck u. hinsichtlich der Symptomatik entfalteten, weshalb ein spezif. Effekt der geprüften Substanzen abgelehnt wurde. Ein solches Vergleichsverf. sollte bei der Bewertung der Hypertonietherapie stets herangezogen werden, da dabei die subjektiven Beeinflussungen des Patienten u. Arztes wegfallen. (Amer. J. med. Sci. **226.** 636—44. Dez. 1953. New York, N. Y., Hosp. for Joint Diseases, Cornell Univ., Med. Coll., Dep. of Pharmacol.) JORDAN. 4630

Albrecht Moll, *Rhythmusstörungen durch herzwirksame Glykoside.* Übersichtsarbeit über die bekannten Rhythmusstörungen durch die herzwirksamen Glykoside, bes. *Digitalis* u. *Strophantin,* deren heutige Anwendung in größeren Dosen eine genauere Kenntnis dieser Nebenwirkungen erfordert. Die Störungen der Erregungsbldg. u. -leitung werden dabei, belegt durch 178 Literaturhinweise, vollständig besprochen. (Ärztl. Forsch. **7.** I/137—60. 10/4. 1953. Erlangen, Med. Poliklinik, Univ.)
JORDAN. 4630

E. Zeh, *Über die Behandlung der Extrasystolen bei Herzinsuffizienz und Herzglykosidtherapie mit Novocamid. Novocamid* HOECHST (= *Procainamid*) ist geeignet, die Herzrhythmusstörungen zu beseitigen (3—7 mal 0,25 g in 2std. Abstand). Gegenüber Chinidin ist seine Wirkungsdauer auf wenige Std. begrenzt, es ist daher therapeut. leichter steuerbar. Sein negativ inotroper Effekt ist geringer als der des Chinidins. Tox. Erscheinungen (Übelkeit oder länger anhaltende hochgradige Tachycardie) wurden gelegentlich beobachtet, allerg. Rkk. dagegen nicht. *Novocamid* kann mit Herzglykosiden zusammen verabreicht werden. (Med. Klin. **49.** 409—12. 12/3. 1954. Tübingen, Univ., Med. Klinik u. Poliklinik.) JORDAN. 4630

K. Wallenfels, „*Grundlagen der Ikterustherapie.*" In Entgegnung auf die Arbeit von BAUMGÄRTEL (vgl. C. **1952.** 5133) weist Vf. darauf hin, daß die Glucosebldg. aus Glykogen über Glucosephosphat erfolgt, daß Insulininsuffizienz eine Hemmung der Glykogenese bewirkt, u. daß die Phosphorylierung der Hexosen in der Darmschleimhaut durch Wrkg. der Hexokinase u. nicht der Phosphatase abläuft. Es wird auf das natürliche Vork. der Fructose hingewiesen u. festgestellt, daß Cholin als eine lipotrope Substanz die Phospholipoidsynth. der Leber aktiviert. (Med. Klin. **47.** 192—93. 8/2. 1952. Tutzing/Obb.) KRUSEN. 4640

E. Strauß und **J. Hiller,** „*Grundlagen der Ikterustherapie.*" In Entgegnung auf die Arbeit von BAUMGÄRTEL (vgl. vorst. Ref.) berichten Vff., daß nach eigenen Unterss. Glucosegaben den Blut-Bilirubin-Spiegel nicht beeinflussen. Die heute wieder eingeführte Kohlenhydratdiät bei akuter Gelbsucht hat nicht den Zweck einer kausalen Therapie, sondern soll die Leber in ihrer Stoffwechselleistung entlasten. (Med. Klin. **47.** 193—94. 8/2. 1952. Nürnberg, Städt. Krankenanstalten.) KRUSEN. 4640

T. Baumgärtel, „*Grundlagen der Ikterustherapie.*" (Vgl. vorst. Reff.) Antwort auf die vorgenannten Entgegnungen, in der Vf. die von ihm vertretene Ansicht, der Bilirubindiffusion mit dem Glucosestrom der Glykogenolyse in die Blutbahn, d. h. der Permeabilitätssteigerung der Zellen durch Glucose, weiterhin als richtig hinstellt. (Med. Klin. **47.** 194. 8/2. 1952. Gräfelfing b. München.) KRUSEN. 4640

Yumi Tokuoka, *Experimentelle Beobachtungen bei der Behandlung von Leberschäden.* Bei Kaninchen wirkte bei Leberschäden infolge Chlf. oder Tetrachlorkohlenstoff Tomatensaft günstig, auf die entgiftenden Funktionen mehr als auf die exkretorischen. In gleicher Weise wirkten Na-Thiosulfat, bes. kombiniert mit Glucoselsg., u. Glucuronsäure. (Tohoku J. exp. Med. **57.** 343—48. 25/4. 1953. Sendai, Tohoku Univ., Med. Clin. [Orig.: engl.]) BROSEMANN. 4640

Donald L. Cook, Lyle D. Calvin und **Mary Anne Kalm,** *Die Verwendung der Katze bei der biologischen Untersuchung choleretischer Mittel.* Als Versuchstiere erwiesen sich Katzen als bes. günstig. Es wurde zunächst der Einfl. verschied. Faktoren (Geschlecht, Gewicht des Körpers u. der Leber, Blutdruck usw.) auf den Gallenfluß u. die Ausscheidung von Gallensubstanzen näher untersucht. Unter Verwendung von Dehydrocholsäure als Standardreagens wird ein Verf. beschrieben, das es unter Zuhilfenahme der Best. der Zunahme des Gallenvol. gestattet, innerhalb von 5 Std. eine Prüfung der Wirksamkeit choleret. Mittel vorzunehmen. (J. Pharmacol. exp. Therapeut. **109.** 167—74. Okt. 1953. Chicago, Ill., G. D. Searle & Co., Div. of Biol. Res.)
RODERICH KÖNIG. 4640

H. McL. Gordon, *Die anthelmintische Wirksamkeit von Phenothiazin gegenüber unreifen Trichostrongylus colubriformis.* Bei experimentell mit Tr. colubriformis infizierten Schafen wurde durch einmal bis mehrmals 15 g *Phenothiazin* keine vollständige Abtötung der Parasiten erzielt. (Austral. veterin. J. **30.** 38—40. Febr. 1954. Sidney, C. S. R. I. O., Div. of Animal Health and Prod., Mc Master Animal Health Labor.)
KRUSEN. 4649

G. Veltman, *Zur Behandlung der Epidermophytien mit Bradex-Vioform.* Bei der Behandlung von 110 Fällen von Epidermophytien konnte Vf. mit *Vioform*-Crème (3% *Vioform* (**I**) = *5-Chlor-7-jod-8-oxychinolin*) oder *Bradex-Vioform* (3% **I,** 0,05% *Bradosol* = *β-Phenoxyäthyldimethyldodecylammoniumbromid,* 1% *Pyribenzamin*) sehr gute Erfolge, bes. bei gegenüber anderen Präpp. resistenten Fällen erzielen. In 3 Fällen traten Unverträglichkeitserscheinungen auf. (Dermatol. Wschr. **129.** 363—70. 1954. Bonn, Univ., Hautklinik.) KRUSEN. 4661

Martin Kramer, *Entzündungshemmung durch Eisenpräparate.* Die entzündungshemmenden Eigg. verschied. Fe-Verbb. u. von *Irgapyrin* (**I**) wurden an der Senfölchemosis des Kaninchenauges u. an der Eiklarhyperergie der Ratte untersucht. Eine 5%ig. $FeSO_4$-Lsg., der 5% Ascorbinsäure zur Stabilisierung zugegeben waren, ergab bei der Senfölchemosis keine Wrkg., während die Eiweißhyperergie der Ratte durch Vorbehandlung mit der tox. Dosis von 10 mg/kg gehemmt wurde. Das MOHRsche Salz hatte keinen Effekt, Eisenammoniakalaun dagegen eine deutlich hemmende Wirkung. *Ferritrat,* ein stabilisiertes Ferrisaccharat mit 20 mg Fe/cm³ (NORDMARK) beeinflußte in Dosen von 20 mg/kg die Ödembldg. nicht, auch das offizinelle *Ferrum oxydatum saccharatum* zeigte bei 10 mg/kg kaum einen Effekt. 100 mg **I**/kg vermögen jedoch die Ödembldg. vollständig zu hemmen. Die Ergebnisse werden diskutiert, wobei die entzündungshemmende Wrkg. der Fe-Verbb. mit ihrer eiweißfällenden Eig. in Verbindung gebracht wird. (Naunyn-Schmiedebergs Arch. exp. Pathol. Pharmakol. **220.** 391—97. 1953. Berlin, Freie Univ., Pharmakol. Inst.) RODERICH KÖNIG. 4670

Heinrich Tschakert, *Beitrag über Erfahrungen mit Glutaminsäuremedikation bei schwachsinnigen Kindern.* 5 schwachsinnige Patienten erhielten 10 Monate lang täglich 2 mal 5 g *Glutaminsäure* in Lsg. verabreicht. Nach ca. 6 Wochen traten bei den unterentwickelten Knaben Anzeichen einer sexuellen Aktivität auf, die mit *Hovaletten forte* bekämpft werden konnten. Vf. hatte den Eindruck, daß bes. die körperliche Entw. unter der Medikation Fortschritte machte, während die geistige Reifung nur begrenzte, wenn auch deutliche Erfolge ergab. (Die Medizinische **1953.** 781—85. 6/6. Ansbach, Heil- u. Pflegeanstalt.) L. BERGER. 4670

G. J. Erdmann-Müller und **Hans Hornbostel,** *Über BAL-Behandlung und Kupferausscheidung beim hepato-lenticulären Syndrom.* Bei 2 Fällen von hepato-lenticulärem Syndrom (Morbus WILSON) fanden Vff. nach dem Verf. von EDEN u. GREEN (Biochem. J. **34.** [1940.] 1202) tägliche urinale *Cu*-Exkretionswerte von 188,3 bzw. 139,3 γ (beim Gesunden 0—68 γ). Durch Verabreichung von 3 mal (bzw. bei einem Kind 1 mal) täglich 100 mg BAL wurde eine Steigerung der *Cu*-Ausscheidung auf 543,2 bzw. 649,9 erreicht. Gleichzeitig trat eine Besserung der klin. Symptome, bes. der neurolog. Erscheinungen auf, während eine ungünstige Beeinflussung der bereits geschädigten Leber nicht beobachtet wurde. (Klin. Wschr. **31.** 1102—03. 1/12. 1953. Hamburg-Eppendorf, Univ., I. Med. Klinik.) KRUSEN. 4670

H. Sroka, *Zur Gesundheitsbedeutung des Grünspans* (*Kupferacetat*). Auftreten u. Behandlung von gewerblichen u. akuten Vergiftungen (gegrüntes Gemüse, Haarfärbemittel, Zahnersatz) mit *Cu-Acetat.* (Münchener med. Wschr. **95.** 1104—05. 9/10. 1953.) KRUSEN. 4675

D. G. Wilder, *Die relative Giftigkeit gewisser Metalle bei Hummern.* Hummern wurden in mit verschied. Metallen ausgeschlagenen Holzkästen in Seewasser bis zu 240 Tage lang gehalten. Hierbei zeigten sich vor allem Cu, aber auch Monelmetall, Zn u. Pb als entschieden tox., während Fe, Al u. rostfreier Stahl erst nach 80—100 Tagen beginnende Schädigungen auslösten. (J. Fisheries Res. Board Canada **8.** 486—87. Mai 1952. Atlantic Biol. Stat.) GRIMME. 4675

C. Francke, P. Rookus und **W. Weyne,** *Ein Fall von Phosphorvergiftung, der mit Cortison behandelt wurde.* Eine Patientin, die aus Suicidabsichten insgesamt 150 mg weißen *P* (in Form von Rattenlatwerge) eingenommen hatte, wurde schnell nach Behandlung mit *Cortison* (4 mal 50 mg intramuskulär) wiederhergestellt. Fettige Infiltrationen oder beginnende Lebercirrhose wurde bei der Leberbiopsie 34 Tage nach der Gifteinnahme nicht gefunden. (Nederl. Tijdschr. Geneeskunde **98.** 1071—74. 17/4. 1954. 's-Gravenhage, Nebo-Ziekenhuis.) PATZSCH. 4675

Benedikt Taschen, *Zur Klinik und Therapie der Vergiftungen mit organischen Phosphorverbindungen.* Vf. beschreibt in einer kurzen Übersicht die Symptome der *E 605*-Vergiftung u. verweist bes. auf die lebensrettende Wrkg. von hohen *Atropin*-Dosen bei *E 605*-Intoxikationen mit letalen Mengen. Bei sachgemäßer Anwendung von *E 605* als Insekticid sind keine Gesundheitsschäden zu befürchten. (Med. Wschr. **8.** 11—12. Jan. 1954. Köln, St. Vinzenz-Krankenhaus.) KRUSEN. 4675

G. Wagenaar und **J. Hertgers,** *Vergiftungen bei Hühnern, verursacht durch TMTD, Zink- und Eisendithiocarbamate. TMTD* (*Tetramethylthiuramdisulfid*; *Pomasol*), *Zn-Dimethyldithiocarbamat* (*Fuclasin*; in Holland: *AAzira*) u. *Fe-Dimethyldithiocarbamat* (in Holland: *Ferbasept*) dienen als Sprühmittel bei der Bekämpfung von Schorf

(Venturia inaequalis), Apfelmeltau (Podosphaera leucotricha) u. Phythophthora infestans. Hühner, die ihren Auslauf in mit diesen Mitteln besprühtem Gebiete hatten (Obstplantagen), erkrankten, indem sie in ihrem Eierertrag nachließen, Windeier u. einige Tage später Eier mit deformierten Schalen legten. (Tijdschr. Diergeneeskunde **79.** 296—98. 15/4. 1954, Zeeland, Prov. Gezondheidsdienst voor Dieren; Goes, Plantenziektenkundige Dienst.) PATZSCH. 4675

James McD. Grayson, *Wirkung von DDT und Benzolhexachlorid auf über zwölf Generationen aus Überlebenden gezüchtete deutsche Schaben.* Vf. berichtet über Verss. an der deutschen Schabe, die durch Auswahl der Überlebenden bei DDT- u. Benzolhexachlorid (**I**)-Behandlung über 12 Generationen gezüchtet wurde (Kriterium für die Auswahl: Überlebende bei einer Todesrate von 75%). In der 12. Generation wurden für ♂ Tiere 22 mal, für ♀ 198 mal so viel DDT zur 50%ig. Abtötung benötigt wie beim unbehandelten Stamm; für **I** liegen dieselben Werte bei der 1,4—2,6fachen Menge. Von der 6.—9. Generation wurden von behandelten ♀ Tieren weniger Nymphen gebildet u. schlüpffähige Eier gelegt als bei unbehandelten, ebenso war in der 10. Generation das Gewicht des DDT-Stammes beträchtlich geringer als bei unbehandelten Tieren; ein Gewichtsunterschied zwischen Unbehandelten u. dem **I**-Stamm bestand nur in geringem Maße. (J. econ. Entomol. **46.** 124—27. Febr. 1953. Blacksburg, Va., Agricult. Exp. Stat.) GOEBEL. 4675

Edmund H. Burrows, *Alkohol–Barbiturat-Synergismus.* Additive oder sogar potenzierte Wrkg. von *A.* u. *Barbiturat.* Zwei Todesfälle werden beschrieben. Die diagnost., therapeut. u. forens. Bedeutung dieses Synergismus wird diskutiert. (South African med. J. **27.** 1057—59. 21/11. 1953. Cape Town.) HANS THIELE. 4675

Raoul Lecoq, *Neue Heilverfahren im Kampf gegen den Alkoholismus.* Übersicht über A.-Intoxikation, Entgiftung (intravenöse A.- u. Vitamintherapie), u. Präpp., die Widerwillen gegen A. hervorrufen: *Brechweinstein, Emetin, Apomorphin* u. *Tetraäthylthiuramdisulfid* (*Antabus*). (Produits pharmac. **8.** 461—71. Sept. 1953. St. Germain-en-Laye, Hôpital, Centre de Désintoxicat. alcoolique.) SCHULENBURG. 4675

Carlson, *Die Zuverlässigkeit der Blutalkoholbestimmung.* Bemerkungen zur A.-Best. im Blut nach WIDMARK u. zur Fahrfähigkeit nach A.-Aufnahme. (Dtsch. Wein-Ztg. **90.** 103—04. 1/3. 121—22. 11/3. 1954. Mainz.) KRUSEN. 4675

C. Carrié und **E. Kalthoff,** *Örtliche Schädigungen durch den beruflichen Umgang mit Trichloräthylen („Tri").* Bei einer 24jährigen Frau kam es infolge 2 Jahre andauernder intensiver Einw. von *Trichloräthylen* (**I**) an den Händen zu Zirkulationsstörungen u. zu nektrot. Veränderungen der Fingerkuppen. Die Angriffsstelle des **I** kann in diesem Falle nicht genau geklärt werden. (Dermatol. Wschr. **129.** 361—63. 1954. Düsseldorf, Med. Akad., Hautklinik.) KRUSEN. 4681

H. Robert Coler und **H. R. Rossmiller,** *Die Wirkungen von Tetrachloräthylen in der Kleinindustrie.* Vf. beschreiben die Wirkungen von Tetrachloräthylendämpfen auf Menschen in der Industrie. (A. M. A. Arch. ind. Hyg. occupat. Med. **8.** 227—33. Sept. 1953.) REPPEL. 4681

E. Cavayé Hazen, Farmacología para auxiliares sanitarios. Santander: Aldus. 1953. (286 S.) ptas 60,—.

R. San Martín Casamada, Valoraciones biológicas de drogas y medicamentos. Barcelona: M. Marín. 1953. (197 S. m. Abb.) ptas 100,—.

Georg Rodenacker, Die chemischen Gewerbekrankheiten und ihre Behandlung. 4. verb. Aufl. Leipzig: Barth. 1953. (214 S.) = Arbeitsmedizin H. 12. DM-Ost 12,60.

F. Pharmazie. Desinfektion.

Erik Sandell, *Die visuelle Kontrolle bei Ampullenherstellung.* (Vgl. C. **1952.** 3372.) Bei sorgfältiger Ampullenfüllung, z. B. nach dem früher beschriebenen Verf., kann die ohnehin nicht sehr zuverlässige visuelle Prüfung wegfallen. (Farmac. Revy **52.** 859—63. 29/12. 1953. Farmac. Inst., Avd. f. galen. farmaci.) R. K. MÜLLER. 4758

Bruno Sanquirico, *Suppositorien mit Chloralhydrat.* Die besten Ergebnisse werden mit Zäpfchen folgender Zus. (Mengen in g) erhalten: Chloralhydrat 1,0, Tween 61 0,70, Span 60 0,65, Stearylalkohol 1,67; F. 36—37°. Mit diesen wird in Fällen, in denen andere Mittel versagt haben, eine ohne Gewöhnung anhaltende sedative u. hypnot. Wrkg. erzielt. Nierenschäden oder Nachwirkungen beim Erwachen, Störungen am Rectum oder im Darm werden nicht beobachtet. (Boll. chim. farmac. **92.** 380—82. Okt. 1953. Genua, Univ., Ist. di Tecn. farmac.) R. K. MÜLLER. 4766

Eugène Bourdet, *Hydrobasen.* Es wird berichtet über Hydrobasen, die beim Vgl. mit Kakaobutter (**I**) heller u. völlig geruchlos sind u. aus Palmölen hergestellt werden, die eine geringe Hydrierung erfahren. Die Prodd. eignen sich für *Suppositorien* u. zeigen gegenüber I gewisse Vorteile. (France-Pharmacie **6.** 349. Sept. 1953.) BOYE. 4766

Sixten Ljungberg, *Rauwolfia serpentina, ein neues Arzneimittel bei Behandlung von Hypertonie.* Übersicht über Chemie, Pharmakologie u. Klinik der Rauwolfiapräpp. mit 59 Literaturhinweisen. (Farmac. Revy **52.** 584—91. 11/9. 1953.) R. K. MÜLLER. 4782

E. W. Heine, *Beiträge zur Kenntnis der Inhaltsstoffe der Aceraceen. Über die Rinde von Acer platanoides L.* Die Rinde enthält Saponin (vgl. C. **1954.** 2004), 36,5% Rohfaser, 5,3% Asche u. keine Alkaloide. — Längere Literaturübersicht. — 56 Zitate. (Pharmazie **8.** 954—62. Nov. 1953. Berlin-Köpenick.) K. HERRMANN. 4782

L. Reppel, *Über natürliche Cumarine.* Übersicht über Vork. der *Cumarine* im Pflanzen- u. Tierreich, ihre Chemie, Entstehung in der Pflanze, Biochemie u. Pharmakologie. — 152 Literaturangaben. (Pharmazie **9.** 278—99. April 1954. Halle/Saale, Univ., Pharmazeut. Inst.) BARZ. 4782

Mohammed Hassan Aboulwafa, Hussein Rohayem und **Abdel Wahhab Elsheehy,** *Isolierung eines gefäßerweiternden Alkaloidglucosids aus Dattelpollen.* (Vgl. C. **1953.** 6091.) Aus 1 kg Pollen der Dattelpalme (*Phoenix dactylifera*) wurde 1 Liter wss. Extrakt erhalten, dessen Rückstand nach dem Eintrocknen bei Dampftemp. mit 90%ig. A. ausgekocht wurde. Der nach Verdampfen des A. bei vermindertem Druck verbleibende Rückstand wurde in absol. A. gelöst u. mit Aceton das Pollensaponin gefällt. Das Filtrat hiervon wurde im Vakuumexsiccator getrocknet, erneut in absol. A. gelöst u. hieraus mit trockenem Ae. 1,2 g eines gelblichen amorphen Nd. erhalten. Der N-haltige, halogen- u. S-freie aromat. Nd. war lösl. in W., verd. Säuren u. Alkalien, unlösl. in Fettlösern; er war weder ein NH_4-Salz noch ein Amin (keine Diazotierung, keine Kupplung, keine LIEBERMANN-Rk.). Die Substanz gab keine Farb-Rkk. mit $FeCl_3$ oder SCHIFFs Reagens, dagegen Rkk. nach MOLISCH u. mit Alkaloidreagentien (MAYERs, VULSERs, WAGNERs Reagens, Phosphorwolframsäure, Bromwasser).- Säurehydrolyse ergab als Zuckerkomponente Glucose. Die Substanz zeigt eine Absorptionsbande bei 260 mμ mit sehr niedrigem Extinktionskoeff. $\left(E_{1\,\mathrm{ccm}}^{1\%} = 13\right)$. Die pharmakol. Wrkg. dieses Alkaloidglucosids in verschied. Verdünnung bestand in Darmrelaxation beim Huhn (1:10000), Uteruskontraktion bei Meerschweinchen (1:20000), Herzlähmung bei der Kröte (1:5000) u. Erniedrigung des Blutdruckes beim Hund (1:50). Es liegt weder Histamin noch Acetylcholin vor. (J. Roy. Egypt. med. Assoc. **35.** 448 bis 450. 1952. Kasr-el-Aini, Fac. of Med.) v. GIZYCKI. 4782

Roger Sillans, *Arzneipflanzen Zentralafrikas.* 2. Mitt. (1. vgl. C. **1952.** 2552.) Aufzählung von 190 zentralafrikan. Pflanzen mit kurzer Angabe ihrer Anwendung in der Heilkunde der Eingeborenen. (Ann. pharmac. franç. **11.** 364—83. Mai 1953.) v. GIZYCKI. 4782

H. Mühlemann und **G. Vegezzi,** *Einfluß der Qualität von Bolus alba auf seine Verwendbarkeit als Grundlage für Umschlagpasten und als orales Adsorbens.* 1. Mitt. *Allgemeines und chemische Untersuchung.* Die pharmazeut. Verwendung von Bolus bzw. Kaolin, ihre mineralog. Definition u. die zur chem. Unters. bestehenden Methoden werden erörtert. Die Ergebnisse der chem. Analyse von 20 verschied. Mustern, umfassend SiO_2, Al_2O_3, CaO, MgO, Kristallwasser, Feuchtigkeit u. Verunreinigungen, werden mitgeteilt. (Pharmac. Acta Helvetiae **29.** 13—22. Jan. 1954. Beilage zu: Schweiz. Apotheker-Ztg.) FRESENIUS. 4786

H. Mühlemann und **G. Vegezzi,** *Einfluß der Qualität von Bolus alba auf seine Verwendbarkeit als Grundlage für Umschlagpasten und orales Adsorbens.* 2. Mitt. *Physikalische Untersuchung.* (1. vgl. vorst. Ref.) Zur Beurteilung von Bolus sind physikal. Daten, wie Schüttvol., Sedimentation (S), S-Vol., S-Geschwindigkeit u. Adsorptionsvermögen (AV) von größerer Bedeutung als chem. Untersuchungen. Die genannten Werte gehen einander nicht parallel. AV ist zur Beurteilung prakt. ausschlaggebend. Die Meth. der Best. der Minimaladsorption nach Ph. H. V u. D. A. B. 6 gestattet keine feinere Differenzierung der Muster. (Pharmac. Acta Helvetiae **29.** 71—77. Febr. 1954. Beilage zu: Schweiz. Apotheker-Ztg. Bern, Univ., Pharmazeut. Inst.) FRESENIUS. 4780

A. Halpern, A. J. Montebovi, J. V. Powers, C. H. Bradney, A. B. Anderson und **R. J. Chase,** *Wirkungen von Verunreinigungen auf die Eigenschaften medizinischer Kaoline.* Unterss. über physikal. u. chem. Eigg. von 4 Kaolinen ergaben große Verschiedenheit der einzelnen Proben, obwohl alle den Vorschriften des „National Formulary" entsprachen. Vff. treten für Aufnahme einer Meth. ein, mit der sich grobkörnige Bestandteile sowie die Grenzwerte der Teilchengröße feststellen lassen. Am geeignetsten für eine medizin. Verwendung war ein durch den elektr. Strom gefällter Kaolin

Geprüft wurden u. a. das mkr. Bild des Sediments. Sedimentationsgeschwindigkeit, Teilchengröße, Farbstoff- u. Alkaloidadsorption. (J. Amer. pharmac. Assoc., sci. Edit. **41.** 189—93. April 1952. New York, N. Y., E. Fougera & Co.; Brooklyn, N. Y., St. John's Univ., School of Pharm.) SPITALER. 4786

Piero Papini, *Über den wässerigen Extrakt aus Muscari racemosum Mill.* Der durch 1—2 std. Kochen der feingeschnittenen Blumenzwiebeln erhaltene Extrakt liefert beim Eindampfen auf dem Wasserbad einen strohgelben, bei Abkühlung erstarrenden Brei, der in W. in jedem Verhältnis lösl. ist (Lsg. ohne Geschmack). Er enthält 25(%) W., 50 Dextrin, 0,6 N, linksdrehend, FEHLINGsche Lsg. schwach reduzierend, geeignet als Suspensions- u. Verdickungsmittel, Emulgiervermögen sehr gering. (Boll. chim. farmac. **92.** 285—86. Aug. 1953. Florenz, Univ., Ist. di Chim. farmac.) R. K. MÜLLER. 4786

Paolo Bertazzoni, *Emulgiertes Ricinusöl.* Eine 1 Jahr lang haltbare, nicht sehr viscose, angenehm schmeckende, leicht mit W. verdünnbare 40% ig. Ricinusölemulsion wird in folgender optimaler Zus. angegeben (Mengen in g): 2,5 Kelgin (Na-Alginat mittlerer Viscosität) 5 Gummi arabicum, 6 Traganthgummi pulverisiert, 15 Glycerin 30° Bé, 1 Benzoesäure, 5 Na-Benzoat, 460 dest. W., 160 Zucker, 6 offizineller Seifenextrakt, 400 Ricinusöl, 4 Blaufarbe (Ultramarin in Glycerin 1:20), dazu Aroma (Orangen-, Citronen-, Bergamotte-, Pfefferminz-, Cassia- oder Muskatessenz) 0,7 bis 0,8%. Die Folge der Herstellungsstufen wird beschrieben. (Boll. chim. farmac. **92.** 434—36. Nov. 1953.) R. K. MÜLLER. 4790

—, *Neue Arzneimittel. Cenat* (MADAUS & CO., Köln): Chlorophyllpuder mit einem Redoxkatalysator. — *Emedian* (E. MERCK, Darmstadt): Dragees mit 0,2 (mg) Dihydroergocristin, 0,2 Benzylpseudotropein, 30 Prominal. Indikation: Vegetative Dystonie. — *Glutisalsalbe* (RAVENSBERG GMBH., Konstanz): Glutisal 15(%), Nicotinsäurebenzylester 1, p-Aminobenzoyldiäthylaminoäthanolhydrochlorid 0,1. — *Vasoregulin* (LUITPOLD-WERK, München): Tabletten mit 0,03 (g) Papaverinhydrochlorid, 0,03 $CaBr_2$, 0,03 Phenyläthylbarbitursäure u. 0,11 Theobromin. Gegen Hypertonie u. ihre Folgen. (Arzneimittel-Forsch. **3.** Vorletzte Umschlagseite. Febr. 1953.) HOTZEL. 4800

—, *Neue Arzneimittel. Allercur* (SCHERING AKT.-GES., Berlin): 1-p-Chlorbenzyl-2-pyrrolidylmethylbenzimidazol. Dragees zu 20 mg. Antihistaminicum. — *Benzethacil* u. *Bicillin* (WYETH, Philadelphia, Pa.): N.N'-Dibenzyläthylendiamindipenicillin von sehr langer Wirkung. — *Milontin* (PARKE, DAVIS & CO., USA): N-Methyl-α-phenylsuccinimid, Antiepilepticum. — *Piromen* (BAXTER LABORATORIES, Canada): Aktive Polysaccharide von Pseudomonas aeruginosa zur Fiebertherapie. — *Testosteroncyclopentylpropionat* (UPJOHN CO., Kalamazoo): Besitzt protrahierte Wirkung. — *Spasman* (FAHLBERG-LIST, Magdeburg): β.β'-Diphenyldiäthylaminhydrochlorid. Tabletten zu 60 (mg), Suppositorien u. Ampullen zu 40. Spasmolyticum. (Subsidia med. [Wien] **5.** 68—77. April 1953.) HOTZEL. 4800

T. Higuchi und **D. A. Zuck,** *Lösungsvermittelnde Wirkung von Coffein auf Benzoesäure. Coffein* (**I**) u. *Benzoesäure* (**II**) bilden in W. einen Komplex, dessen Menge zu der Menge nicht komplex gebundener **II** in einem bestimmten Verhältnis steht, das in dem Gleichgewichtskoeff. K_c = [I-II-Komplex]/[I]·[II] seinen Ausdruck findet. Nach mitgeteilten Verss. beträgt K_c 37,5. Zur Best. von K_c wurde zunächst der Verteilungskoeff. von **II** in dem Syst. W./*Skellysolve C* (**III**) ermittelt, die Lsg. eines **I-II**-Gemisches in W. mit **III** bis zur Gleichgewichtsverteilung nicht komplex gebundener **II** in beiden Phasen geschüttelt, **II** in **III** durch Titration bestimmt u. in einfacher Weise K_c errechnet. (J. Amer. pharmac. Assoc., sci. Edit. **41.** 10—13. Jan. 1952. Madison, Wis., Univ. of Wisconsin, School of Pharm.) M.-D. LAUBSCHAT. 4806

A. G. Willsmer, *Zahnpaste. Beispiel eines praktischen Rezeptes.* Es wird gezeigt, wie aus den Geschmackstoffen, dem Trägerstoff u. den übrigen Prodd. unter Beachtung verschied. Arbeitsgänge u. ihrer Reihenfolge eine in jeder Weise vollkommene Zahnpaste hergestellt werden kann. (Soap, Perfum. Cosmet. **26.** 1127—28. Nov. 1953.) BOYE. 4822

A. Morette, *Bemerkung über den Nachweis von Arsenik im Kermes.* Kritik der vom Codex Medicamentarius Gallicus vorgeschriebenen Meth. zum Nachw. von Arsen im Kermes (Stibium sulfuratum rubeum). Vf. schlägt vor, die Zers. durch HCl durch einen oxydierenden Aufschluß mittels HNO_3 zu ersetzen. (Ann. pharmac. franç. **11.** 361—64. Mai 1953. Paris, Fac. de Pharmacie.) v. GIZYCKI. 4880

Giovanna Fenech und **Alessandro Tommasini,** *Chininbestimmung in Dragées des Handels.* In einer wss. Lsg. von reinem Chinin (0,02 g/10 cm^3) wird Chinin mit n/20-Pyridinbromsulfatlsg. bestimmt: Eine Lsg. von 2 cm^3 Br_2 in konz. Essigsäure (**I**) wird mit einer durch Lösen von 4 cm^3 Pyridin in 10 cm^3 I u. Zusatz (langsam unter Kühlen u. Rühren) von 2,75 cm^3 konz. H_2SO_4 hergestellten Lsg. gemischt u. nach Zugabe von 75 cm^3 I auf 1000 cm^3 aufgefüllt. 25 cm^3 dieser Lsg. werden der mit 300 cm^3 W. verd. Chininlsg. zugegeben, zweckmäßig mit einer zum Boden des 500 cm^3-Meßkolbens reichenden Pipette. Man schüttelt, läßt 10—15 Min. stehen, setzt 10 cm^3 20% ig. KJ-Lsg. zu, schüttelt um u. titriert mit n/20 $Na_2S_2O_3$-Lsg. unter Stärkezusatz. Die zu untersuchenden Dragées werden in mit H_2SO_4 angeäuertem W. gelöst, filtriert, auf 100 cm^3 verd. u. mit 10 cm^3 der Lsg. wie oben verfahren. (Boll. chim. farmac. **92.** 327—31. Sept. 1953. Messina, Univ., Ist. di Chim. farmac.) R. K. MÜLLER. 4880

Markovic, *Die Unterscheidung der Anthrachinonderivate in pharmazeutischen Präparaten und Drogen mit Hilfe der Kofler-Methoden.* Anthrachinonderivv. aus Drogen u. pharmazeut. Zubereitungen werden fraktioniert extrahiert, der Extraktrückstand wird von störenden Verunreinigungen durch Behandlung mit anderen Lösungsmitteln gereinigt u. dann der wiederholten fraktionierten Mikrosublimation unterworfen. Danach kann Identifizierung der Stoffe durch Mikro-F.-Best. nach KOFLER erfolgen. Untersucht wurden u. a. Rubia-Teep-Tabletten, die Rinden von Rhamnus frangula, purshiania, fallax, Sennesblätter u. -früchte, Rhabarberwurzel. — 14 Literaturangaben. (Österr. Apotheker-Ztg. **8.** 164—65. 27/2. 1954. Zagreb.) FRESENIUS. 4880

István Molnár und **Sarolta Szönyi-Reitzer,** *Beiträge zur Analyse der Mutterkornalkaloide.* 2. Mitt. *Die Bestimmung des Ergometrins in der abgetrennten Mischung des Ergometrins und Ergometrinins.* (1. vgl. C. **1954.** 3520.) Im Vgl. mit der 1. Mitt. konnte festgestellt werden, daß nach Entfernen der ergotoxinartigen Alkaloide aus der wss. Lsg. eine noch unbekannte Substanz zurückbleibt, die mit p-Dimethylaminobenzaldehyd eine sehr deutliche Farb-Rk. gibt. Dadurch wurde bei der bisherigen Meth. der Ergometrinwert um 15—25% zu hoch gefunden. Bei der verbesserten Meth. wird deshalb die mit NaCl gesätt. wss. Lsg. bei p_H 8,5—9,0 wiederholt mit phenolhaltigem Ae. ausgeschüttelt, wodurch das *Ergometrin* u. *Ergometrinin* quantitativ gewonnen wurde. Durch mehrmaliges Schütteln mit 0,1nHCl konnten die Alkaloide wieder in wss. Lsg. übergeführt u. bestimmt werden. (Magyar Kémiai Folyóirat [Ung. Z. Chem.] **59.** 44—45. Febr. 1953. Budapest, Pharmazeut. Forschungsinst.) BIRTHLER. 4880

A. Anastasi, E. Mecarelli und **L. Novacic,** *Quantitative Bestimmung des Citratpuffers in Penicillin. Penicillin* stört die direkte polarograph. Best. des Citrat–Antimonyl-Komplexes, der daher durch Fällung als Ca-Citrat abzutrennen ist. Man löst ca. 0,3 g Probe in 2 cm^3 W. in einem ca. 15 cm^3 fassenden Zentrifugenrohr, gibt 5 cm^3 96% ig. A., 2 cm^3 10% ig. $CaCl_2$-Lsg. zu u. erhitzt 5 Min. im Wasserbad auf 70°, zentrifugiert, dekantiert u. wäscht 2mal mit A.; den Nd. löst man mit 0,5 cm^3 konz. H_2SO_4, gibt 2 cm^3 alkoh. 3% ig. $SbCl_3$-Lsg. zu, dann 10 cm^3 W., neutralisiert mit 4nNaOH gegen Methylrot (1 Tropfen) u. läßt nach Zugabe von 5 cm^3 Pufferlsg. (p_H 4) 30 Min. stehen. Die in einen 50 cm^3-Meßkolben filtrierte, mit 0,5 cm^3 1% ig. Gelatinelsg. versetzte Lsg. wird aufgefüllt u. zwischen —0,2 u. —0,9 V im Vgl. mit gesätt. Hg_2Cl_2-Lsg. elektrolysiert, wobei die Höhe der Welle bei ca. —0,5 V der im Ausgangsgemisch vorhandenen Citronensäure proportional ist. (Boll. chim. farmac. **92.** **368**—69. Okt. 1953. Mailand, Labor. di Controllo Farmitalia.) R. K. MÜLLER. 4880

F. Monastero, *Eine colorimetrische Bestimmung von Streptomycin und Dihydrostreptomycin.* Vf. nutzt die orangerote Färbung, die *Streptidin* (**I**) mit einem alkal. Lösungsgemisch von Nitroprussid-Na (**II**) u. $K_3Fe(CN)_6$ gibt, zur Best. von *Streptomycin* (**III**) u. *Dihydrostreptomycin* (**IV**). Sie zeigt bei 490 mμ ein Absorptionsmaximum, ihre Konzentrationsabhängigkeit gehorcht auch bei **III** u. **IV** dem LAMBERT-BEERschen Gesetz innerhalb des gewählten Bereiches. Arbeitsweise: Gleiche Voll. 10% ig. II-Lsg., 10% ig. $K_3Fe(CN)_6$-Lsg. u. 10% ig. NaOH werden gemischt, man läßt durch 15 Min. langes Stehen bei Raumtemp. die tiefrote Farbe in Gelbgrün umschlagen, verd. davon 1 ml auf 100 ml u. schüttelt. Von dieser verd. Lsg. gibt man 10 ml zu 10 ml einer wss. Lsg. von **III** oder **IV**, enthaltend 200—1000 γ. Als Bezugslsg. dienen 10 ml der Reagenslsg. mit 10 ml Wasser. Gemessen wird nach 3 Min. bei 490 mμ, an einer Eichkurve die Konzz. abgelesen. Die Reproduzierbarkeit beträgt ±2%, die Färbung bleibt bis zu ½ Std. stabil. Die Hauptstörung verursacht I, es kann jedoch wegen seiner Schwerlöslichkeit leicht entfernt werden. Auch Methanol stört, methanol. Lsgg. müssen deshalb vorher zur Trockne verdampft werden. NaCl in Mengen über 0,5% verringert die Farbintensität. Vgll. mit der *Maltol*-Meth. u. mit mikrobiol. Verff. bestätigen die Brauchbarkeit der Methode. Ihre untere Grenze liegt bei 20 γ/ml. (J. Amer. pharmac. Assoc., sci. Edit. **41.** 322—24. Juni 1952. Brooklyn, N. Y., Chas. Pfizer & Co.) ENDRASS. 4880

E. I. du Pont de Nemours & Co., Wilmington, Del., übert. von: **Raymond Einnon Thomas**, Newburgh, N. Y., V. St. A., *Wasserfeste offene Gewebe für selbstklebende Verbände.* Man überzieht eine Gewebeseite mit der Lsg. eines Polyvinylacetat (**I**) enthaltenden Harzes in einem flüchtigen Lösungsm., ohne daß der Überzug die Gewebezwischenräume ausfüllt, bringt ein Gemisch von in einem nichtflüchtigen Weichmachungsmittel dispergiertem Polyvinylchloridpulver (**II**) auf u. gelatiniert **II** durch Erhitzen. — Geeignet ist z. B. eine Lsg. von **I** in einem Gemisch aus A. u. Äthylacetat u. als Überzug ein Ansatz aus 20,80 (Teile) **II**, 14,5 Propylenglykoladipinat, 3,6 Äthylacetat, 3,7 A., 2.2 Isopropylalkohol u. 40,8 Weichmachungsgemisch aus TiO_2, Baryt, Polypropylenglykoladipinat, Propylalkohol, A. u. Äthylacetat. Der auf der anderen Gewebeseite aufgebrachte selbstklebende Überzug besteht z. B. aus 8,1 Rohkautschuk, 7,7 Harz, 12,1 ZnO, 12,1 Wollfett u. 50 Benzin. (**E. P. 699 049** vom 31/8. 1951, ausg. 28/10. 1953. A. Prior. 18/9. 1950.) MÖLLERING. 4795

E. Merck (Erfinder: **Otto Zima** und **Fritz von Werder**), Darmstadt, *Cholinderivate* der Formel $R \cdot O \cdot CH_2 \cdot CH_2 \cdot N(\text{Halogen})(\text{Alkyl})_2 \cdot CH_2 \cdot S \cdot CH_3$, worin R = H oder Alkyl bedeutet, werden *therapeut.* verwandt. Sie entstehen beim Quaternisieren eines β-Dialkylaminoäthanols oder eines Esters davon mit einem Methylmercaptohalogenid. — *Dimethyl-(β-oxyäthyl)-methylmercaptomethylammoniumchlorid.* Beim Erwärmen von β-Dimethylaminoäthanol mit Chlordimethylsulfid auf 95—120°. F. 100 bis 101°. — Analog: *Diäthyl-(β-oxyäthyl)-* u. *Diäthyl-(β-acetoxyäthyl)-methylmercaptomethylammoniumchlorid.* (**D. B. P. 881 795** Kl. 12q vom 19/9. 1951, ausg. 2/7. 1953. Anmeldung bekanntgemacht 16/10. 1952. **Zusatz zu D. B. P. 816 099; C. 1952. 1539.**) LANGER. 4807

C. H. Boehringer Sohn, Chemische Fabrik (Erfinder: **Franz Adickes**), Ingelheim/Rh., *α.α-Diphenyl-α-äthoxyessigsäure-β'-dimethylaminoäthylester* dient als zentral wirkendes *Analgeticum.* Man veräthert Benzilsäure bzw. deren funktionelle Derivv. an der OH-Gruppe u. verestert mit Dimethylaminoäthylalkohol. *Hydrochlorid,* F. 166 bis 167°. (**D. B. P. 894 846** Kl. 12q vom 15/11. 1951, ausg. 29/10. 1953.) LANGER. 4807

L. A. Givaudan & Cie., Soc. An., Vernier-Genf, Schweiz, *Halogenamine* der Formel **A**, worin A = H, Alkyl oder Methoxy, B = Alkyl, Benzyl, 1-Naphthylmethyl, 2-Phenoxyäthyl, 2-Tolyloxyäthyl oder 2-(Methoxyphenoxy)-äthyl, R = H oder Methyl u. X Halogen bedeuten, wirken *sympatholyt., adrenolyt.* u. *antihistaminisch.*

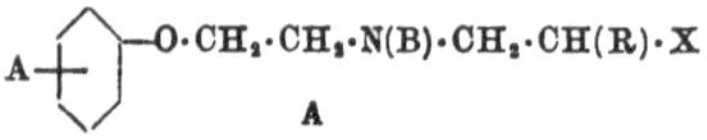

A

— *1-(N-Phenoxyäthyl)-benzylaminoäthanol* (**I**). Aus 2[1]-Chlorphenetol u. 2-Benzylaminoäthanol. $Kp._8$ 207 bis 213°. — *1-(N-Phenoxyäthyl)-benzylamino-2-chloräthanhydrochlorid.* Aus **I** u. $SOCl_2$ F. 105—108°. — Analog: *2-[Bis-(phenoxyäthyl)-amino]-äthanol,* Kp. 245—250°. — *1-[Bis-(phenoxyäthyl)-amino]-2-chloräthanhydrochlorid,* F. 129—130°. — *2-[Bis-(o-tolyloxyäthyl)-amino]-äthanol,* $Kp._3$ 223—243°. — *1-[Bis-(o-tolyloxyäthyl)-amino]-2-chloräthanhydrochlorid,* F. 139—142°. — *2-[Bis-(p-tolyloxyäthyl)-amino]-äthanol,* $Kp._3$ 230 bis 250°. — *1-[Bis-(p-tolyloxyäthyl)-amino]-2-chloräthanhydrochlorid,* F. 147—150°. — *2-(1-Naphthylmethyl)-aminoäthanol,* $Kp._4$ 194—205°. — *2-[(o-Tolyloxyäthyl)-(1-naphthylmethyl)-amino]-äthanol,* $Kp._4$ 265—285°. — *1-[(o-Tolyloxyäthyl)-(1-naphthylmethyl)-amino]-2-chloräthanhydrochlorid,* F. 172,8—175,8°. — *1-(N-o-Isopropylphenoxyäthyl)-aminoäthanol,* $Kp._4$ 175—185°. — *2-(N-o-Isopropylphenoxyäthyl)-benzylaminoäthanol,* $Kp._4$ 225—240°. — *1-(N-o-Isopropylphenoxyäthyl)-benzylamino-2-chloräthanhydrochlorid,* F. 127°. — *2-(o-Äthylphenoxyäthyl)-aminoäthanol,* $Kp._4$ 165—175°. — *2-(N-o-Äthylphenoxyäthyl)-benzylaminoäthanol,* $Kp._4$ 220—235°. — *1-(N-o-Äthylphenoxyäthyl)-benzylamino-2-chloräthanhydrochlorid,* F. 116—118°. — *2-(N-o-Tolyloxyäthyl)-äthylaminoäthanol,* $Kp._4$ 166—170°. — *1-(N-o-Tolyloxyäthyl)-2-chloräthanhydrochlorid,* F. 125—127°. — *2-(N-o-Tolyloxyäthyl)-benzylaminoäthanol,* $Kp._4$ 215—223°. — *1-(N-o-Tolyloxyäthyl)-benzylamino-2-chloräthanhydrochlorid,* F. 142,3—143,5°. — *2-(o-Methoxyphenoxy)-äthanol.* — *2-Chloräthyl-o-methoxyphenyläther,* F. 41—43°. — *2-(N-o-Methoxyphenoxyäthyl)-benzylaminoäthanol,* $Kp._5$ 230—245°. — *1-(N-o-Methoxyphenoxyäthyl)-benzylamino-2-chloräthanhydrochlorid,* F. 127,3—129,5°. — *2-Bromäthyl-o-methoxyphenyläther,* $Kp._4$ 120—130°. — *2-(o-Methoxyphenoxyäthyl)-aminoäthanol,* $Kp._4$ 185—200°. — *2-[(o-Methoxyphenoxyäthyl)-(o-tolyloxyäthyl)-amino]-äthanol,* $Kp._4$ 255—270°. — *1-[(o-Methoxyphenoxyäthyl)-(o-tolyloxyäthyl)-amino]-2-chloräthanhydrochlorid,* F. 121—123°. — *2-Bromäthyl-p-methoxyphenyläther,* $Kp._4$ 130 bis 138°. — *2-(p-Methoxyphenoxyäthyl)-aminoäthanol,* $Kp._4$ 193—200°. — *2-(N-p-Methoxyphenoxyäthyl)-benzylaminoäthanol,* $Kp._4$ 246—250°. — *1-(N-p-Methoxyphenoxyäthyl)-benzylamino-2-chloräthanhydrochlorid,* F. 140—142°. — *2-(N-o-Methoxyphenoxyäthyl)-äthylaminoäthanol,* $Kp._5$ 177—180°. — *1-(o-Methoxyphenoxyäthyl)-äthyl-*

amino-2-chloräthanhydrochlorid, F. 125—128°. — *1-[Bis-(o-tolyloxyäthyl)-amino]-2-propanol*, Kp.$_{5}$ 229—249°; *Hydrochlorid*, F. 124—126°; *Nitrat*, F. 153—155°. — *1-[Bis-(o-tolyloxyäthyl)-amino]-2-chlorpropanhydrochlorid*, F. 140—141,5°. — *1-(N-o-Tolyloxyäthyl)-benzylamino-2-chloräthan*. — *1-(N-o-Tolyloxyäthyl)-benzylamino-2-chloräthanmethansulfonat*. — *1-[N-(o-Isopropylphenoxyäthyl)-benzylamino]-2-bromäthanhydrobromid*, F. 140—142°. (**E. P. 674 072** vom 13/5. 1949, ausg. 18/6. 1952. A. Prior. 2/6. 1948.) LANGER. 4807

G. D. Searle & Co., Skokie, Ill., V. St. A., *Quaternäre Ammoniumsalze* der Formel R—COO—Alk—N(R^1)(R^2)(Z)(X), worin R 9-Fluorenyl, 9-Xanthyl, 10-Thiaxanthyl, 9.10-Dihydro-9-anthryl, 9-Acridanyl, 9-Phenanthryl, 9-Oxy-9-xanthyl u. 9-Oxy-9-fluorenyl, Alk = Alkylen mit 1—5 C-Atomen, R^1 u. R^2 Alkyl mit 1—5 C-Atomen, Z Alkyl oder niederes Oxyalkyl mit 1—5 C-Atomen u. X ein Anion bedeuten, wirken *oberflächenakt.*, *antisept.*, *sympatholyt.* u. *spasmolytisch*. — *Fluoren-9-carbonsäure-2-dimethylaminoäthylesterchlormethylat*. Aus Fluoren-9-carbonsäure, 2-Dimethylaminoäthylalkohol u. Methylchlorid, F. 205°; *Bromäthylat*, F. 210°. — *Fluoren-9-carbonsäurediäthylaminoäthylesterchlormethylat*. — *Xanthen-9-carbonsäure-2-dimethylaminoäthylesterchlormethylat*, F. 130°. — *Xanthen-9-carbonsäure-2-diäthylaminoäthylesterchlormethylat*, F. 162°; *Methosulfat*; *Jodmethylat*, F. 178—179°; *p-Toluolsulfonmethylat*, F. 137—138°; *Methylacetat*; *Methyltartrat*; *Methylcitrat*; *Methylmalat*; *Methylnitrat*, F. 142—143°; *Brommethylat*, F. 173—176°; *Methylmethylsulfat*, F. 114 bis 118°; *Bromoxyäthylat*; *Brombenzylat*; *Bromäthylat*. — *Xanthen-9-carbonsäure-2-di-n-butylaminoaminoäthylesterbrombutylat*. — *9.10-Dihydroanthracen-9-carbonsäure-2-dimethylaminoäthylesterchlormethylat*, F. 206°. — *9.10-Dihydroanthracen-9-carbonsäure-2-diäthylaminoäthylesterjodmethylat*, F. 159—160°. — *Phenanthren-9-carbonsäure-2-diäthylaminoäthylesterchlormethylat*. — *Thiaxanthen-10-carbonsäure-2-diäthylaminoäthylesterbrommethylat*. — *9-Oxyfluoren-9-carbonsäure-2-dimethylaminoäthylesterchlormethylat*, F. 180°. — *Acridan-9-carbonsäure-2-diäthylaminoäthylesterbromäthylat*. — *9-Oxyxanthen-9-carbonsäure-2-diäthylaminoäthylesterbrommethylat*. (**E. P. 680 925** vom 22/2. 1950, ausg. 15/10. 1952. A. Priorr. 9/3. 1940 u. 4/1. 1950.) LANGER. 4807

Sterling Drug, Inc., New York, N. Y., V. St. A., *Aminonitrile* der Formel R·C(R^1)·(CN)·Y·N:B, worin R Aryl, Thienyl, Pyridyl oder Furyl, Y Alkylen, —N:B eine aliphat. tert. Aminogruppe u. R^1 Cyclopentenyl oder Cyclohexenyl bedeuten, wirken *spasmolyt.* u. *antihistaminisch*. — *Cyclohexylidenphenylacetonitril* (I), aus Benzylcyanid, Na·O·C_2H_5 u. Cyclohexanon, Kp.$_{0,7}$ 125—131°. — *2-Piperidinoäthyl-Δ^1-cyclohexenylphenylacetonitril* (II), aus I, $NaNH_2$ u. Piperidinoäthylchlorid; *Hydrochlorid*, F. 206—208°. — *1-Piperidino-3-phenyl-3-(Δ^1-cyclohexenyl)-propan*, beim Verseifen von II mit $NaNH_2$, Kp.$_{1,5}$ 169—172°; *Hydrochlorid*, F. 244—246°. — Analog: *1-Piperidino-3-phenyl-3-(Δ^1-cyclopentenyl)-propan*, Kp.$_{0,4}$ 132—140°; *Hydrochlorid*, F. 227°. — *1-Diäthylamino-3-phenyl-3-(Δ^1-cyclohexenyl)-propan*, Kp.$_{0,7}$ 128—133°; *Hydrochlorid*, F. 127—129°. — *1-Dimethylamino-3-phenyl-3-cyclopentylidenpropan*, Kp.$_{0,5}$ 109—112°; *Hydrochlorid*, F. 202—204°. — *1-Dimethylamino-3-phenyl-3-(Δ^1-cyclohexenyl)-propan*, Kp.$_{1,0}$ 135—137°; *Hydrochlorid*, F. 141,5—144°. — *1-Piperidino-3-(m-methoxyphenyl)-3-(Δ^1-cyclohexenyl)-propan*, Kp.$_{0,7}$ 174—190°; *Hydrochlorid*, F. 192—193°. — *1-Piperidino-4-phenyl-4-(Δ^1-cyclohexenyl)-butan*, Kp.$_1$ 178—186°; *Hydrochlorid*, F. 162 bis 164°. — *1-Dimethylamino-3-(m-methoxyphenyl)-3-(Δ^1-cyclohexenyl)-propanhydrochlorid*, F. 126—128°. — *Hydrochlorid von 1-Pyrrolidino-3-phenyl-3-cyclohexylidenpropan* oder *1-Pyrrolidino-3-phenyl-3-(Δ^1-cyclohexenyl)-propan*, F. 189—191°. — *1-Dimethylamino-3-(p-methoxyphenyl)-3-cyclopentylidenpropanhydrochlorid*, F. 185,5—186,5°. — *Hydrochlorid von 1-Dimethylamino-3-(2-thienyl)-3-cyclopentyliden-*(oder *Δ^1-cyclopentenyl)-propan*, F. 200,5—203,5°. — *Hydrochlorid von 1-Piperidino-3-(2-thienyl)-3-(cyclopentyliden-* oder *Δ^1-cyclopentenyl)-propan*, F. 166—168,5°. — *1-Dimethylamino-3-phenyl-3-(Δ^2-cyclopentenyl)-propan*, Kp.$_1$ 116—117°; *Hydrochlorid*, F. 129—132°; *Jodmethylat*, F. 171—173,5°. — *1-Piperidino-3-phenyl-3-(Δ^2-cyclohexenyl)-propan*, Kp.$_{1,1}$ 163—170°; *Hydrochlorid*, F. 182—184°. — *(2-Piperidinoäthyl)-Δ^2-cyclopentenylphenylacetonitrilhydrochlorid*, F. 229,5—231°. (**E. P. 674 246** vom 11/8. 1949, ausg. 18/6. 1952. A. Prior. 1/10. 1948.) LANGER. 4807

Schering Akt.-Ges., Berlin, *Herstellung von p-Aminobenzolsulfonamidopyrimidinen*. Man behandelt Verbb. der Formel I, in der R eine Phenylgruppe bedeutet u. die in p-Stellung zur —S(O)$_n$-Gruppe eine kerngebundene Aminogruppe oder eine in diese umwandelbare Gruppe enthalten u. wobei n 0, 1 oder 2 bedeutet, mit Malondialdehydderivaten.

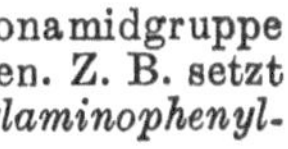

I

Falls notwendig, wird anschließend die Aminogruppe oder die Sulfonamidgruppe gebildet. Die Prodd. dienen zur Bekämpfung von bakteriellen Infektionen. Z. B. setzt man p-Acetylaminophenylsulfonylguanidid mit Diäthylacetal zu *p-Acetylaminophenyl-*

sulfonamido-2-pyrimidin um. Durch Verseifung erhält man *p-Aminophenylsulfonamido-2-pyrimidin*, F. 258°. Weiter wird die Herst. folgender Verbb. beschrieben: *2-(p-Aminobenzolsulfonamido)-4.6-dimethylpyrimidin*, F. 175—177°; *2-(p-Aminobenzolsulfonamido)-4-methylpyrimidin*, F. 235°, u. *2-(p-Aminobenzolsulfonamido)-pyrimidin*, F. 254—256°. (**Dän. P. 74 786** vom 15/5. 1942, ausg. 6/10. 1952. D. Prior. 23/5. 1941.) Jürgen Schmidt. 4807

S. A. Laboratories OM, Genf, Schweiz, *Herstellung von glucosidartigen α-naphthylamin-4-sulfonsauren Na- oder Ca-Salzen* mit Glucose (I), Galaktose oder Xylose erfolgt in Ggw. von wasserabspaltenden Mitteln, wie NH_4Cl (II), $ZnCl_2$, $KHSO_4$ u. dgl., indem man z. B. 12,26 (g) des sulfonsauren Na-Salzes mit 10 wasserfreier I in 600 cm^3 absol. A. u. in Ggw. von 1 II am Wasserbad unter Rühren u. Rückfluß 2 Std. kocht. Man erhält ein krist., in W. leicht, in A. u. Ae. schwer lösl., sich bei 200° ohne Schmelzen zers. Prod. vom $[\alpha]_D^{18}$ —115°. Ungiftige, *antihämorrhag.* wirkende, die Blutgerinnung beschleunigende Mittel. (**E. P. 699 332** vom 2/1. 1952, ausg. 4/11. 1953. Schwz. Prior. 20/4. 1951.) Müller-Meiningen. 4807

Roche Products Ltd., Welwyn Garden City, England, *Spontan dispergierbare Lösungen von fettlöslichen Vitaminen,* wie Vitamin A, D, E u. K dadurch, daß die Vitamine in einem Gemisch aus der acetonunlösl. Phosphatidfraktion von Sojaöl, N.N-Diäthylessigsäure- u. N-alkanolsubstituierten höheren Fettsäureamiden, Äthylenoxydkondensationsprodd. mit höheren Alkylphenolen oder mit Fettsäuren u. den Partialestern höherer Fettsäuren mit mehrwertigen Alkoholen, wie Propylenglykolmonolaurat, Sorbitanmonostearat oder Glycerinmonostearat, gelöst werden. Die Prodd. geben mit W. stabile, injizierbare Emulsionen. (**E. P. 706 607** vom 18/7. 1952, ausg. 31/3. 1954. Schwz. Prior. 31/7. 1951.) K. Heinze. 4809

Merck & Co., Inc., Rahway, übert. von: **Robert L. Clark,** Woodbridge, und **William H. Jones,** Elizabeth, N. J., V. St. A., *d-(—)- und l-(+)-1-Amino-2-propanol* (I). *1-Benzylamino-2-propanol* (II), aus dl-I, Benzaldehyd, H_2 u. Raney-Ni, Kp.$_3$ 120 bis 130°; n_D^{25} 1,5268. — *2-(1-Benzylaminopropyl)-p-nitrobenzoathydrochlorid* (III), aus II u. p-Nitrobenzoylchlorid, F. 222—223°. Wird mittels d-Weinsäure in die opt.-akt. Komponenten getrennt: *d-(—)-*III*-d-Tartrat,* F. 135—137°; *l-(+)-*III*-d-Tartrat,* F. 145—148°. — Die Tartrate liefern beim Kochen mit methylalkoh. KOH u. Ansäuern mit HCl *d-(—)-*II*-Hydrochlorid* (F. 124—125°; $[\alpha]_D^{25}$ —28,4° [c = 1 in Methanol]) bzw. *l-(+)-*II*-Hydrochlorid* (F. 125—126°; $[\alpha]_D^{25}$ +28,4° [c = 1 in Methanol]). Beim Behandeln mit H_2 u. Pd entstehen: *d-(—)-*I*-Hydrochlorid* (F. 94—95°; $[\alpha]_D^{25}$ —31,5° [c = 1 in Methanol]) bzw. *l-(+)-*I*-Hydrochlorid* (F. 93—95°; $[\alpha]_D^{25}$ +34° [c = 1 in Methanol]). — *Zwischenprodd. für Vitamin B_{12}.* (**A. P. 2 646 445** vom 1/12. 1950, ausg. 21/7. 1953.) Langer. 4809

N. V. Organon, Oss, Holland, *Herstellung von $\Delta^{5.6}$-3-Oxysteroiden bzw. ihren Derivaten.* In den Ringen A u. B gesätt. Steroide, welche in 3- u. 6-Stellung eine freie oder substituierte OH-Gruppe aufweisen, werden mit Mitteln behandelt, welche den Substituenten in 6-Stellung unter Bldg. einer Doppelbindung abspalten, z. B. alkoh. HCl, $POCl_3$ in Pyridin, Ag- oder K-Acetat. Gegebenenfalls läßt man auf die erhaltenen Prodd. hydrolysierende u./oder veresternde bzw. veräthernde Mittel einwirken. — Als Ausgangsstoffe sind z. B. genannt: Androstan-3.6.17-triole bzw. -3.6-diol-17-one, Androstan-3.6.17-triol-11-one bzw. -12-one, Androstan-3.6.12.17-tetrole, Pregnan-3.6-diol-20-one, Pregnan-3.6-diol-11.20-dione bzw. -12.20-dione, Pregnan-3.6.12-triol-20-one, 3.6-Dioxy-11-keto-, 3.6-Dioxy-12-keto-, 3.6.11-Trioxy- oder 3.6.12-Trioxycholansäuren, -norcholansäuren, -bis-norcholansäuren bzw. -ätiocholansäuren. — Cholestan-3β.6β-diol, F. 189—190°, wird mit alkoh. HCl gekocht u. die daraus isolierte ungesätt. Verb. wird mit Acetanhydrid in Ggw. von Pyridin verestert. Man erhält *Cholesterylacetat,* F. 111—114°. — 3β-Acetoxy-6-oxycholestan, F. 142—143°, wird in Pyridin gelöst u. mit $POCl_3$ 22 Std. unter Feuchtigkeitsausschluß bei Raumtemp. stehengelassen. Man erhält Cholesterylacetat, F. 113—114,5°. — Ebenso aus 3β-Methylsuccinoxy-6β-oxycholestan, F. 127—128°, der *Cholesterylbernsteinsäuremethylester,* F. 100—101°. — Aus 3β-Acetoxy-6β-oxyätioallocholansäuremethylester, F. 161 bis 163°, der *$\Delta^{5.6}$-3β-Acetoxyätiocholensäuremethylester,* F. 152—155°, u. durch Verseifung *$\Delta^{5.6}$-3β-Oxyätiocholensäuremethylester,* F. 187—189°. — Der 3β.6β-Dimesyloxyätioallocholensäuremethylester wird mit Ag_2O u. Eisessig 1 Std. gekocht. Dabei wird der *$\Delta^{5.6}$-3β-Acetoxyätiocholensäuremethylester* gebildet, F. 152—155°. — 3β-Methylsuccinoxy-6β-oxyätioallocholansäuremethylester, F. 202—205°, wird in Pyridin gelöst u. mit $POCl_3$ behandelt. Es entsteht *$\Delta^{5.6}$-3β-Methylsuccinoxyätiocholensäuremethylester,* F. 104—105°. Dasselbe Prod. erhält man durch Erhitzen mit Pyridin bei 135° aus der entsprechenden -6β-mesyloxy-Verbindung. — 3β-Methylsuccinoxy-

6β-oxy-11-ketoätioallocholansäuremethylester, F. 225—231°, liefert mit $POCl_3$ in Pyridin *$\Delta^{5,6}$-3-Succinoxy-11-ketoätiocholensäuredimethylester*, F. 118—119°. — *Zwischenprodd. zur Synth. hochwirksamer Steroidhormone.* (**Oe. P. 175 341** vom 31/12. 1947, ausg. 25/6. 1953. Schwz. Prior. 2/3. 1946.) M. F. MÜLLER. 4809

G. D. Searle & Co., Chicago, Ill., übert. von: **Max N. Huffmann,** Oklahoma City, Okla., V. St. A., *16-Ketosteroide* der allg. Formel **I** (R_1 = H oder niederer KW-stoffrest, R_2 = H) erhält man aus Verbb. der allg. Formel **II**, in der R_2 eine OH-Gruppe bedeutet, unter den Bedingungen der CLEMMENSEN-Reduktion. Das erhaltene 16-Ketosteroid wird über sein Semicarbazon abgetrennt. — 16-Keto-α-östradiol → *$\Delta^{1,3,5}$-Östratrien-3-ol-16-on* (**III**), F. 242,5—245,5° (Zers.); *Semicarbazon,* F. 246,5—248° (Zers.); *Benzoat,* F. 223,5—224,5° (Zers.); *Acetat,* F. 132 bis 133°; *Palmitat,* F. 110,5—111,5°; **III** + Dimethylsulfat → *3-Methoxy-$\Delta^{1,3,5}$-östratrien-16-on,* F. 124—124,5°; 3-Benzyloxyverb., F. 156 bis 156,5°. — **III**-Benzoat + Na_2SO_4 + $ZnCl_2$ + Äthylmercaptan → **III**-Diäthylthioacetal (**IV**), Öl. — **IV** + H_2/RANEY-Ni → *Desoxyöstron,* F. 133—134°; Benzoat, F. 169—169,5°. — 16-Oximino-17-isoandrosteron, F. 218—219,5° (Zers.) + 50%ig. Essigsäure + Zn-Staub → 3β.17-Dioxyandrostan-16-on, F. 217—218° (Gelbfärbung), welches bei Red. mit Zn + HCl + $HgCl_2$ in *16-Isoandrosteron,* F. 186—186,5°, übergeht; Benzoat, F. 208,5—209°; Oxim, F. 199°. — 3-Benzyloxy-$\Delta^{1,3,5}$-östratrien-17-ol-16-on, F. 196—198°, → *3-Benzyloxy-$\Delta^{1,3,5}$-östratrien-16-on,* F. ca. 154—156°. — *Zwischenprodd. für die Synth. von Steroidhormonen, Therapeutica.* (**A. P. 2 636 043** vom 31/8. 1951, ausg. 21/4. 1953.) SIEVERS. 4809

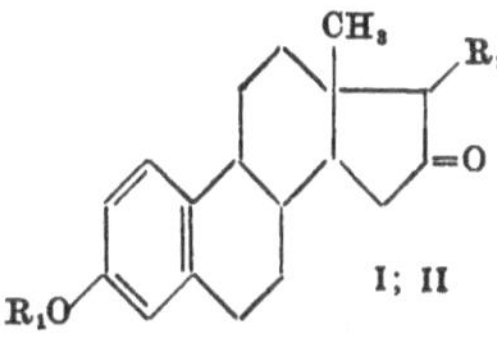

I; II

S. B. Penick & Co., New York, übert. von: **Ralph Salkin,** Jackson Heights, N. Y., V. St. A., *Wasserlösliche Hormonverbindungen.* Man setzt Hormone der Östranreihe unter Ausschluß von W. u. in Ggw. eines tert. Amins, wie Pyridin, in einem chlorierten KW-stoff, wie CCl_4, unter Kühlung mit einem Überschuß eines tert. Amin-SO_3-Addukts um, erhitzt zum Sieden, trennt dann das sich ausscheidende feste Prod. ab u. zers. zur Gewinnung des freien Östransulfates mit Alkali. — Das Verf. dient z. B. zur Herst. der Alkali- u. Erdalkalisalze des *Östrons, Equilenins,* sowie von natürlichen Östrogenen in verbesserter Ausbeute u. großer Reinheit. — *Therapeutica.* (**A. P. 2 636 042** vom 8/7. 1949, ausg. 21/4. 1953.) SIEVERS. 4809

Soc. des Laboratoires des Proxytases (Erfinder: **Hans Maier-Huser**), Paris, Frankreich, *Gewinnung von Oxytocin und Vasopressin* aus Hypophysenhinterlappen durch Extraktion eines Acetontrockenextraktes mit einer schwachen organ. Säure, z. B. 0,3%ig. Essig-, Propion-, Weinsäure oder dgl., Adsorption beider Hormone an SiO_2, Eluierung des Oxytocins mit schwacher organ. Säure, z. B. Essigsäure, Entfernung der Verunreinigungen aus dem Eluat mittels sek. Octanol, Chlf. oder dgl. u. Extraktion des Oxytocins mit n-Butanol. Das vasopressinhaltige Adsorbat wird mit NH_3-Lsg. vom p_H 10 behandelt u. dann das Vasopressin mit einer essigsauren Na_2SO_4-Lsg., die eine Spur Dimethylbenzylalkylammoniumchlorid enthält, eluiert. Nach Einengen der Lsg. auf $^1/_{10}$ wird Na_2SO_4 abfiltriert, Filtrat mit aceton. Salicylsäurelsg. versetzt. Die ausfallende Salicylsäure enthält das Vasopressin adsorbiert. Nach Auflsg. des Nd. in Ae. u. W. befindet sich reinstes Vasopressin in der wss. Phase. (**D. B. P. 911 325** Kl. 30h vom 22/5. 1952, ausg. 13/5. 1954. Anmeldung bekanntgemacht 25/6. 1953. F. Prior. 16/6. 1951.) K. HEINZE. 4809

N. V. Organon, Oss, Holland, *Herstellung von Insulinpräparaten aus saurer alkoholischer Pankreasdispersion.* Man stellt zunächst unter Entfernung der groben u. feindispergierten Teilchen aus der Dispersion einen klaren oder schwach opalisierenden Extrakt her, stellt dann den A.-Geh. auf ca. 45—55% u. den p_H-Wert auf 4—5,5 ein. Hierbei werden reduzierende Stoffe gefällt u. abgetrennt. Die Restlsg. wird dann auf einen p_H-Wert von ca. 7,0—8,5 eingestellt, wobei nichtfettartige, unerwünschte Bestandteile ausgefällt werden. Die Restlsg. wird dann bei p_H ca. 3,3 im Vakuum bis zur Entfernung des A. eingedampft, von Ndd. u. dispergierten Teilen befreit u. in bekannter Weise auf Insulin aufgearbeitet. (**Dän. P. 74 709** vom 10/3. 1950, ausg. 15/9. 1952. Holl. Prior. 31/3. 1949.) JÜRGEN SCHMIDT. 4809

N. V. Organon, Oss, Holland, *Protrahiert wirkendes Insulinpräparat* durch Fällung eines Metall–Insulin-Komplexes, indem zu einer gegebenenfalls NaCl, Puffersalze u. Entkeimungsmittel enthaltenden Insulinlsg. beim p_H 6,5—8 ein in W. lösl. Zn-, Fe- u./oder Al-Salz im Verhältnis 0,5—1 mg Metall auf 100 I.E. Insulin zugesetzt wird. (**E. P. 705 722** vom 15/11. 1951, ausg. 17/3. 1954. Holl. Prior. 22/11. 1950.) K. HEINZE. 4809

Parke, Davis & Co., Detroit (Erfinder: **George William Moersch**, Detroit, und **Allan Charlton Moore**, Grosse Pointe Woods), Mich., V. St. A., *Herstellung von Δ^2-Oxazolinen* der Formel I oder deren O-Acylderivv., wobei R ein niederer Alkyl-, halogenierter niederer Alkyl-, Phenyl-, Phenalkyl-, alkylierter Phenyl-, Alkoxyphenyl-, Nitrophenyl- oder Halogenphenylrest ist, dad. gek., daß ein Aminodiol der Formel $O_2N \cdot C_6H_4 \cdot CH(OH) \cdot CH(NH_2) \cdot CH_2OH$ mit einem Iminoäther der Formel $R \cdot C:(NH) \cdot OR'$ oder einem Salz desselben umgesetzt wird, wobei R die obige Bedeutung hat u. R' ein Alkyl-, Phenyl- oder Phenalkylrest ist, u. gegebenenfalls auf die so erhaltenen Δ^2-Oxazoline ein Überschuß an einem Halogenid oder Anhydrid einer organ. Säure zur Einw. gebracht wird. — Die Rk. zwischen Aminodiol u. Aminoäther soll bei <50° durchgeführt werden, u. die Acylierung mit dem Säurehalogenid bzw. Säureanhydrid soll in Ggw. eines bas. Katalysators, z. B. eines tert. Amins, Alkalihydroxyds oder -carbonats, erfolgen. — Man schüttelt z. B. bei Raumtemp. eine wss. Lsg. von D-trans-1-p-Nitrophenyl-2-aminopropan-1.3-diol (II) mit Benziminoäthylätherhydrochlorid u. erhält *D-trans-2-Phenyl-4-oxymethyl-5-p-nitrophenyl-Δ^2-oxazolin* (III), F. 226—227°. Durch Einw. von Essigsäureanhydrid auf eine Lsg. der Verb. in trockenem Pyridin erhält man das *D-trans-2-Phenyl-4-acetoxymethyl-5-p-nitrophenyl-Δ^2-oxazolin*, F. 80°. Analog aus der L-trans-Verb. von II u. Acetiminoäthylätherhydrochlorid das *L-trans-2-Methyl-4-oxymethyl-5-p-nitrophenyl-Δ^2-oxazolin*, F. 147°. Die entsprechend erhaltene *D-trans-Form* der Verb. hat F. 145°, die *DL-trans-Form* der Verb. F. 157—158°, die *DL-cis-Form* der Verb. hat F. 197 bis 198°. Analog erhält man aus der *DL-Form* von II u. Chloracetiminoäthylätherhydrochlorid *DL-trans-2-Chlormethyl-4-oxymethyl-5-p-nitrophenyl-Δ^2-oxazolin* u. mit m-Nitrobenziminoäthylätherhydrobromid das *DL-trans-2-m-Nitrophenyl-4-oxymethyl-5-p-nitrophenyl-Δ^2-oxazolin*. — *Zwischenprodd. für die Herst. von Chloramphenicol u. Therapeutica.* (**D. B. P. 896 808** Kl. 12p vom 27/4. 1951, ausg. 16/11. 1953. A. Prior. 29/4. 1950.) DERSIN. 4811

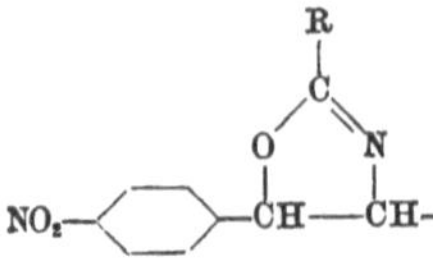

I

Fr. Rolf Preuss, Freiburg/Br., *Stabilisieren von Lösungen des 2-Äthoxy-6.9-diaminoacridinlactates* gegen Zusatz von Elektrolyten, bes. NaCl, durch Zusatz von 3.6-Diamino-10-methylacridiniumchlorid. (**D. B. P. 911 326** Kl. 30h vom 29/7. 1952, ausg. 13/5. 1954. Anmeldung bekanntgemacht 1/10. 1953.) K. HEINZE. 4815

Hefa-G. m. b. H. Chem.-pharm. Fabrik, Werne/Lippe (Erfinder: **Ernst Wiegert**, Münster), *Steigerung der Wasserlöslichkeit von Purinbasen*, bes. von Theophyllin u. Coffein, durch Verwendung von Glycerin-α-(2-methoxyphenyläther) als Lösungsvermittler. Die Purinbasen können mit dem Äther gemeinsam verschmolzen u. zu leicht lösl. Tabletten verpreßt werden. (**D. B. P. 859 354** Kl. 30h vom 31/10. 1950, ausg. 5/4. 1954. Anmeldung bekanntgemacht 6/3. 1952.) K. HEINZE. 4815

R. Graf & Co., Süddeutsche Catgutfabrik, Nürnberg, *Erhöhung der Wirkung von Desinfektionsmitteln.* Man mischt den Desinfektionsmitteln koll. aufgelöste Kieselsäure, z. B. Kieselsäuresol, vorzugsweise unter gleichzeitigem Zusatz von A. zu. (**Dän. P. 74 832** vom 27/9. 1949, ausg. 13/10. 1952. D. Prior. 1/10. 1948.) JÜRGEN SCHMIDT. 4833

General Aniline & Film Corp., New York, N. Y., V. St. A., *Keimtötendes Mittel*, bestehend aus einer Mischung aus einem Polyglykoläther eines Alkylphenols, wobei der Alkylrest 6—18 C-Atome hat, u. einer genügenden Menge Jod, um einen keimabtötenden Effekt auszuüben. Man erhält die Polyglykoläther durch Kondensation von Alkylenoxyden mit Alkoholen, Phenolen, prim. oder sek. Aminen. — Beispiele: die isomeren Dibutyl- u. Diamylphenole u. -kresole, Tripropylphenole u. -kresole. (**Schwz. P. 294 513** vom 24/4. 1951, ausg. 16/1. 1954. A. Prior. 19/5. 1950.) NEBELSIEK. 4833

Tullio Ambrosini, 1000 ricette pratiche d'officina. 3a ed. rinnovata e ampliata. Torino: G. Lavagnolo. 1953. (292 S. m. Abb.) L. 900,—.

G. Analyse. Laboratorium.

J. H. Förch, *Einige praktische Hilfsmittel für das Laboratorium.* Ein an der Mauer zu befestigendes Abstellregal, ein gläserner Wägeschuh u. ein Saugkolben mit geschliffener Glasplatte als losem Boden werden beschrieben (Abb.). (Chem. Weekbl. **49**. 381. 30/5. 1953.) WESLY. 5006

L. E. Preuss, *Eine selbstkalibrierende Pipette für die Überführung von kolloidalem ^{198}Au aus der Entfernung.* Beschreibung einer Vorr. zur Entnahme von therapeut.

Mengen an ^{198}Au (ca. 0,05 ml) mit einer Pipette unter Ausschaltung des zusätzlichen Vol. der Injektionsnadel. (Nucleonics **11**. Nr. 2. 66. Febr. 1953. Detroit, Mich., Henry Ford Hosp., Edsel B. Ford Inst. for Med. Res.) H. Hauswald. 5014

D. J. Trevoy und **W. A. Torpey**, *Ein Vakuumanemometer.* Es wird ein Vakuumanemometer zur Messung von strömenden Gasen u. Dämpfen im Vakuum beschrieben. Die Vorr. ist bes. nützlich zur Messung der Dampfemission von fl. Oberflächen u. des Gasflusses durch Röhren, z. B. zwischen einer Pumpe u. einem Gefäß. Das Anemometer besteht aus einem Propeller, der auf einem Schaft montiert ist, welcher sich mit seinen beiden Enden in Saphiren drehen kann; der Propeller wird durch den Gasstrom bewegt. Zur Messung der Geschwindigkeit des Propellers dient ein kleiner Wechselstromgenerator, dessen Leistung durch ein elektron. Voltmeter angezeigt wird. (Rev. sci. Instruments **24**. 676—82. Aug. 1953. Rochester, N. Y., Eastman Kodak Co.) Gottfried. 5016

Herbert A. Pohl, *Überempfindliche Thermoelemente.* Gewisse plast. Massen, wie *Nylon, Polythene* oder *Saran*, können durch mechan. Dehnen derart orientiert werden, daß die kettenartigen Moll. mehr oder weniger parallel zu der Zugrichtung liegen. Beim Erwärmen ziehen sich die Mol.-Ketten zusammen u. verursachen dadurch einen negativen Ausdehnungskoeffizienten. Dieselben, jedoch nichtorientierten Polymeren haben große u. positive therm. Ausdehnungsgeschwindigkeiten. Ein Thermoelement, welches aus einer orientierten u. nichtorientierten Probe eines gegebenen polymeren Stoffes aufgebaut ist, zeigt eine ungewöhnlich hohe Biegungsgeschwindigkeit pro Grad. Während bei den meisten bimetall. Kombinationen der Unterschied in den Wärmeausdehnungskoeffizienten ca. $3 \cdot 10^{-5}$ Einheiten beträgt, ist er bei einer Kombination von hoch- u. nichtorientiertem Nylon $3 \cdot 10^{-4}$ Einheiten. Hochempfindliche Nylon-Thermoelemente wurden sowohl aus Filmen wie aus Fasern durch Zusammenkitten von nichtorientierten u. orientierten Proben mittels Kautschukzementes hergestellt. Die Biegung ist bei kleinen Temperaturänderungen ΔT proportional zu ΔT. Auch Filme u. Fasern von *Polyäthylen* oder *Polyoxyalkanharzen* sind geeignet. Diese Elemente sind jedoch nur unterhalb einer gewissen Temp. verwendbar, da oberhalb dieser krit. Temp. dauernde Verformung eintritt. Bei Nylon beträgt diese krit. Temp. 150 bis 180°, bei Polythene ca. 80°. (Rev. sci. Instruments **22**. 345. Mai 1951. East Pittsburgh, Pa., Westinghouse Res. Labor.) Gottfried. 5016

George R. Thomas und **Norman N. Lichtin**, *Ein billiges, für reaktionskinetische Messungen geeignetes registrierendes Differentialmanometer.* Es wird ein Differentialmanometer beschrieben, welches photograph. den Druck als Funktion der Zeit registriert. Mit dem App. lassen sich Rkk. untersuchen, deren Halbwertszeiten zwischen wenigen Sek. u. mehreren Std. liegen. (Rev. sci. Instruments **24**. 661—64. Aug. 1953. Boston, Mass., Univ., Chem. Dep.) Gottfried. 5016

T. Wikén, O. Richard und **H. Aebi**, *Destillationsapparatur zur Bestimmung wasserdampfflüchtiger Gärprodukte.* Beschreibung von einigen Veränderungen an einer ursprünglich engl. App. zur Dampfdestillation. (Experientia [Basel] **6**. 114—15. 15/3. 1950. Zürich, ETH, Inst. für landw. Bakteriologie u. Gärungsbiologie.) Gottfried. 5038

K. Lehovec, J. Soled, R. Koch, A. MacDonald und **C. Stearns**, *Apparat zum Kristallziehen im Vakuum unter Verwendung eines Graphitwiderstandsofens.* Ausführliche Beschreibung des Vakuumofens, der bes. zum Ziehen von großen *Ge*-Einkristallen aus der Schmelze konstruiert worden ist. (Rev. sci. Instruments **24**. 652—55. Aug. 1953. Fort Monmouth, N. J., Signal Corps Engng. Labor.) Gottfried. 5048

Luther Davis jr., Lawrence Rubin und **W. D. Straub**, *Schreibgerät für die Temperaturabhängigkeit der elektrischen Eigenschaften von Halbleitern.* Kurze Beschreibung eines Schreibgerätes zur schnellen Messung der Änderung des elektr. Widerstandes u. der Hall-Konstante von Halbleitern mit der Temperatur. In 24 Sek.-Perioden werden die magnet. Feldstärke, die Temp. der Probe, die Stärke des elektr. longitudinalen Feldes (mit u. ohne Magnetfeld) u. die Hall-Feldstärken aufgezeichnet. Die Meßfehler der Temp. betragen 2° bei einer Erwärmungsgeschwindigkeit von 6°/Min. zwischen 77 u. 340° K. (Physic. Rev. [2] **91**. 490—91. 15/7. 1953. Raytheon Mfg. Comp.) Fuchs. 5052

C. Guerci, G. Tagliaferri und **L. Terra**, *Apparatur für die Untersuchung von Erscheinungen an Elektroden in elektrolytischen Zellen.* Mit Hilfe von regelbaren Stromimpulsen wird der Gang der Spannung gegenüber einer Bezugselektrode oscillograph. beobachtet u. photograph. registriert. Mittels eines entsprechenden Stromkreises gelingt es, den Beginn der oscillograph. Beobachtung gegenüber der Stromphase im Elektrolyten zu verschieben. Als Anwendungsbeispiel werden kathod. u. anod.

Spannungsaufnahmen in 0,5 mol. $Zn(ClO_4)_2$-Lsg. (+0,1 mol. $HClO_4$) in 20%ig. wss. A. mitgeteilt. (Nuovo Cimento [9] **10.** 971—83. 1/7. 1953. Milano, Politecn., Ist. di Elettrochim., u. Univ., Ist. di Sci. Fis.) R. K. MÜLLER. 5054

J. Dyson, *Ein Interferometermikroskop zur genauen Messung der optischen Dicke.* Abänderung der LEBEDEFFschen Anordnung (Rev. Opt. théor. instrument. **27.** [1930.] 385) zur Messung der opt. Dicke von Zellen durch Erhöhung des Objektabstandes im Mikroskop. Beschreibung des Meßprinzips, welches unter günstigen Bedingungen Messungen auf ±0,003 Wellenlängen gestattet. (Nature [London] **171.** 743—44. 25/4. 1953. Aldermaston, Berks., Res. Labor. Ass. Electric. Ind. Ltd., Aldermaston Court.) EICHHOFF. 5056

Hermann Specker und **Heinz Hartkamp,** *Zur chromatographischen anorganischen Analyse auf reinstem Aluminiumoxyd.* Vff. nehmen an, daß aus W. H^+-Ionen fest in die Oberfläche der Al_2O_3-Kristallite eingebaut werden unter sek. Ausbildung einer Schicht von OH^--Ionen. Charakterisierung durch Rk. mit Alkalifluoriden: Die dabei gebildete Alkalimenge ist abhängig von der Vorbehandlungstemp. der Al_2O_3-Proben u. ist ein Maß für die reagierende Oberfläche bei der Adsorption anorgan. Kationen, wie sich aus Vgl. mit der Cu^{2+}-Adsorption ergibt. (Naturwissenschaften **40.** 271. Mai 1953. Münster/Westf., Univ., Anorgan.-chem. Inst.) UMLAND. 5062

P. Bonet-Maury, *Automatische Registrierung der Chromatogramme radioaktiver Elemente.* Vf. beschreibt eine App. zur automat. Registrierung von Chromatogrammen radioakt. Elemente u. diskutiert im einzelnen die verschied. Faktoren, die die Form der aufgenommenen Kurven bedingen. An Hand bekannter Chromatogramme werden Fehlergrenze u. Empfindlichkeit der App. geprüft u. u. a. festgestellt, daß die Entfernungen zwischen den einzelnen in zerhackter Form auftretenden Kurvenmaxima konstant sind, sofern die Zeitkonstante des Integrators nicht 10 Sek. überschreitet. (Bull. Soc. chim. France, Mém. [5] **20.** 1066—67. Nov./Dez. 1953.) SURAWSKI. 5062

Franklin H. Branin jr., *Ein elektronischer Zwei-Richtungszähler zur Verwendung in der optischen Interferometrie.* (Sitzungsbericht.) Es wurde ein elektron. Zähler zur additiven u. subtraktiven Zählung elektr. Impulse im bin. oder Dezimalsyst. zur Zählung von Interferenzstreifen entwickelt, der auch für andere Zwecke verwendet werden kann u. Zählfrequenzen >200 kHz zuläßt. (Physic. Rev. [2] **90.** 345. 15/4. 1953. Los Alamos Sci. Labor.) EICHHOFF. 5063

E. F. Daly, *Optische Konstruktion von Doppelstrahlspektrometern.* Die Forderung nach einer völlig gleichen Lichtverteilung in den beiden Strahlengängen eines Doppelstrahlspektrometers schließt die oft verwendete Kammblende für die Intensitätsschwächung aus. Angabe von zwei anderen Methoden zum Nullabgleich. Die eine arbeitet mit einer rotierenden Sternblende in einem Fokus, die mit dem Strahlsteuerungsmechanismus synchronisiert ist, die andere wendet das multipass-Prinzip auf Doppelstrahlspektrometer an u. arbeitet mit einer Strahlschaltung aus rotierenden Sektorscheiben, welche eine Schaltfrequenz von 2 f liefern, u. einer damit synchronisierten Steuerblende der Frequenz f. Mit dieser Steuerblende ist ein Homodyne-Empfänger synchronisiert, während ein weiterer mit einer Phasenverschiebung von $\pi/2$ arbeitet. Die beiden Empfänger eliminieren das Streulicht u. liefern die Summe bzw. Differenz der Intensitäten in beiden Strahlengängen, wobei die Summe zur Steuerung der Registriergeschwindigkeit, die Differenz zum Nullabgleich u. zur Steuerung des Servo-Mechanismus benutzt wird. (Nature [London] **171.** 560—62. 28/3. 1953. Cambridge, Unicam Instruments Ltd.) EICHHOFF. 5063

J. K. Hurwitz, *Spektrographische Bestimmung von Restverunreinigungen.* Theoret. u. experimentelle Unterss. über die Best. von Restverunreinigungen u. Untergrundkorrektur. Letztere ist von Bedeutung, wenn das Intensitätsverhältnis von Linie zu Untergrund <80 : 1 ist, u. hat den gleichen Einfl. auf die Arbeitskurve wie eine Restverunreinigung. Angabe einer Modifizierung des üblichen Verf. zur Untergrundkorrektur. Aus der Abweichung der untergrundkorr. Arbeitskurve bei doppeltlogarithm. Auftragung von einer Geraden lassen sich noch Restverunreinigungen, die 20% der visuell nachweisbaren Menge betragen, bestimmen. (Analytic. Chem. **25.** 1028—31. Juli 1953. Ottawa, Ontario, Div. of Phys. Metall., Dep. of Min. and Techn. Surv.) EICHHOFF. 5063

R. Lennuier und **J. L. Cojan,** *Verwendung eines Pérot-Fabry-Etalons als Hyperfeinmonochromator (Methode Jacquinot-Dufour) im Spektralbereich der Linie 2537 Å.* Sitzungsbericht ohne Einzelheiten. (J. Physique Radium **14.** 19S. Mai 1953.) EICHHOFF. 5063

N. Astoin und **B. Vodar,** *Dünne, im fernen Ultraviolett durchlässige Schichten.* Unters. über die Eignung dünner Schichten aus *SiO*, *Al* u. *Be* für Fenster in Vakuumspektrographen. Eine *SiO*-Schicht von ~10 µg/cm² hat zwischen 200 u. 2000 Å eine nahezu konstante Durchlässigkeit von 63%. Eine Aufdampfschicht von Al auf eine Kollodiumfolie von 60—80 Å Dicke erwies sich als widerstandsfähig gegen Druckschwankungen von mehreren Torr bei einer Durchlässigkeit von ~10% zwischen 150 u. 400 Å; in der gleichen Größenordnung lagen die Resultate für Be. Beschreibung der Herst. der Schichten u. Wiedergabe der Extinktionskurven für *SiO* u. *Al*-Schichten im Bereich von 100—1500 Å. (J. Physique Radium **14.** 424—25. Juni 1953. Sorbonne, Labor. de Phys.-Enseign.) EICHHOFF. 5063

P. Jacquinot, *Bemerkungen über Spektrographen und Monochromatoren mit mehrfachem Durchgang (Sichtbares und Infrarot).* Hinweis darauf, daß derartige (multipass-) Instrumente auf einem Prinzip beruhen, welches bereits von COUDER angegeben wurde u. seit mehr als 15 Jahren in Bellevue benutzt wird. Diskussion der Eigg. solcher Apparate. (J. Physique Radium **14.** 19S. Mai 1953.) EICHHOFF. 5063

J. D. S. Goulden, *Wellenlängen- und Spaltverstellungsmechanismus für ein Infrarotspektrometer.* Beschreibung einer Einrichtung zur Wellenlängen- u. Spaltverstellung für ein GRUBB PARSONS-Infrarotspektrometer Mod. S 3. (J. sci. Instruments **30.** 139—40. April 1953. Nottingham, Boots Pure Drug Co. Ltd., Biochem. Div., Res. Dep.) EICHHOFF. 5063

Hans-Dieter Schulz, *Ein direkt anzeigendes p_H-Meßgerät.* Aufbau (Abb.) u. Wirkungsweise des p_H-Meßgerätes „Acidometer Modell IV" (Firma Dr. B. LANGE, Berlin-Zehlendorf) u. die entwickelten Meßelektroden werden besprochen. Das direkt anzeigende Gerät ist mit eingebautem Verstärker bes. für Messungen mit Glaselektrodenketten geeignet. Meßwerte des App. werden mit denen anderer Meßgeräte verglichen. (Dtsch. Apotheker-Ztg. **92.** Nr. 24. Beibl. Krankenhaus-Apotheke **1952.** 7—9. Berlin.) BOYE. 5066

G. Anderegg, H. Flaschka, R. Sallmann und **G. Schwarzenbach,** *Metallindicatoren.* 7. Mitt. *Ein auf Erdalkaliionen ansprechendes Phthalein und seine analytische Verwendung.* (6. vgl. C. **1954.** 7605.) Vff. stellen die Verb. „*Phthalein-Komplexon*" (**I**) durch Kondensation von Kresolphthalein mit Formaldehyd u. Iminodiessigsäure her. **I** bildet Metallkomplexe, wobei die Anlagerung des Metallkations von Farbänderungen begleitet ist. Auch durch Änderungen des p_H-Wertes werden Farbänderungen verursacht. Unterhalb p_H 6,5 ist **I** farblos, zwischen p_H 7 u. p_H 8 beginnt es, leicht rosa zu werden, oberhalb p_H 11 wird es kräftig rot. Die Absorptionsbande im sichtbaren Spektralbereich liegt zwischen $\lambda = 570$—580 mµ. Stark alkal. Lsgg. (p_H >12) bleichen beim Stehen langsam aus, da sich allmählich das farblose Carbinol bildet. Die Komplexbldg. mit Mg^{2+}, Ca^{2+}, Sr^{2+}, Ba^{2+} u. Zn^{2+} wurde quantitativ untersucht, u. die Absorptionsspektren der verschied. Komplexe werden wiedergegeben. **I** ist ein ausgezeichneter Indicator für die komplexometr. Titration von Erdalkalien; für diese Meth. ist eine ausführliche Vorschrift angegeben. Auch Sulfat kann mit Hilfe von **I** quantitativ bestimmt werden.

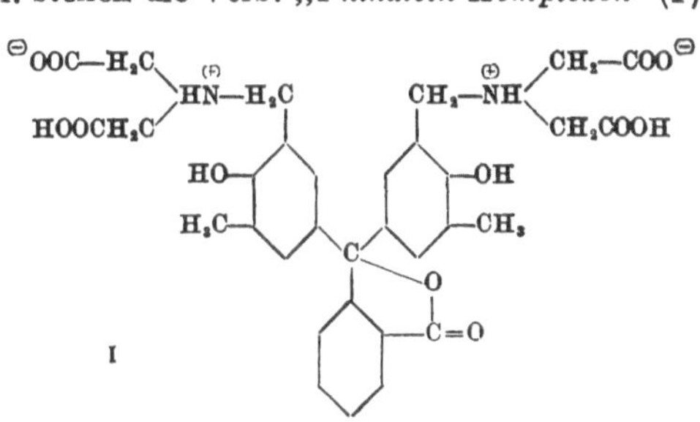

I

V e r s u c h e: *Phthalein-Komplexon* (**I**), $C_{32}H_{32}O_{12}N_2 \cdot H_2O$, F. 186°, aus Kresolphthalein in wss.-alkoh. NaOH durch Zugabe von Iminodiessigsäure in wss.-alkal. Lsg. unter Rühren, darauffolgende Zugabe von 37%ig. Formaldehydlsg. unter Eiskühlung u. 7std. Erwärmen der Lsg. unter Rühren auf 60—70°; Reinigung der Säure nach dem Aufarbeiten des Reaktionsgemisches durch fraktionierte Ausfällung mit HCl; Prüfung auf Einheitlichkeit durch Papierchromatographie; thermolabil. (Helv. chim. Acta **37.** 113—20. 1/2. 1954.) J. MATTNER. 5068

a) Elemente und anorganische Verbindungen.

G. E. Heggen und **L. W. Strock,** *Bestimmung von Spurenelementen. Kombination von chemischer Anreicherung mit spektrochemischen Methoden.* Bei der Best. von Spurenelementen in anorgan. u. organ. Materialien ist häufig ihre Abtrennung u. Anreicherung je nach dem Material auf verschied. Wege erforderlich, um sie mit Hilfe einer bestimmten Meth. zu bestimmen. Bes. günstig ist die Fällung mit organ. Reagentien, die nicht spezif. zu sein brauchen, wenn die Ndd. anschließend spektralanalyt. untersucht werden. Folgende Metalle fallen mit *8-Oxychinolin* aus: Ag, Al, Bi, Cd, Co, Cu, Fe, Ga, Ge, In, Mo, Ni, Ti u. Zn. Ein Zusatz von *Gerbsäure* macht die Fällung von Cr u. V, ein solcher von *Thionalid* die von Pb u. Sn quantitativ. Zur Fällung werden Proben, die ca. 100 mg Metalloxyd entsprechen, in 100 ml ca. 10%ig. HCl gelöst. Als innerer Standard für die Spektralanalyse u. gleichzeitig als Trägermaterial bei der Fällung der Spurenelemente dient ein Zusatz von ca. 5 mg In. Dann versetzt man die Lsg. mit 10 ml 5%ig. 8-Oxychinolinlsg. in 2nEssigsäure, neutralisiert mit NH_4OH auf p_H 1,8, wobei sich Fe durch Grünfärbung der Lsg. bemerkbar macht. Nach Zusatz von 45 ml $2nNH_4$-Acetatlsg. stellt man durch Zugabe von Essigsäure oder verd. NH_4OH genau auf p_H 5,2 ein, da dieser Wert krit. für die quantitative Fällung von Cr, Ni, Pb u. Sn ist. Bei zu hohem p_H fallen außerdem Mg u. Ca mit aus. Unter Rühren fügt man 2 ml frisch bereitete 10%ig. Gerbsäurelsg. in $2nNH_4$-Acetatlsg. u. anschließend 2 ml 1%ig. Thionalidlsg. in Eisessig hinzu, neutralisiert mit NH_4OH u. stellt, falls notwendig, wieder auf p_H 5,2 ein. Die Mischung wird gerührt, über Nacht stehengelassen u. unter Saugen durch ein Papierfilter filtriert. Den Nd. wäscht man sorgfältig mit verd. Lsg. von 8-Oxychinolin in doppelt dest. W., puffert auf p_H 5,2 mit NH_4-Acetatlsg. u. sammelt den Nd. in einem geglühten u. gewogenen Tiegel, der in einen kalten Muffelofen gestellt wird. Die Temp. wird langsam gesteigert, so daß die Zers. der organ. Substanz nicht zu schnell verläuft, u. man verascht über Nacht bei 450°. — Organ. Material wird vor der gesamten Behandlung naß durch $HNO_3 + H_2SO_4$ zerstört; dann wird zur Entfernung der HNO_3 bis zur SO_3-Entw. erwärmt, dann mit W. auf ca. 100 ml verd. u. gekocht, um NO_2SO_3H zu zers.; Abscheidungen ($CaSO_4$) werden mit HCl gelöst. — Bei der Spektralanalyse arbeitet man zweckmäßig mit einer Gleichstrombogenentladung unter Verwendung eines Stufensektors. Als Elektroden dienen hochgereinigte Kohlestäbchen, deren Anode zur Aufnahme der veraschten Probe (gemischt mit der doppelten Menge Kohle u. unter Zusatz von In_2O_3, so daß dessen Geh. auf 12,1% erhöht wird) mit einer Höhlung versehen ist. (Analytic. Chem. **25.** 859—63. Juni 1953. Albany, N. Y., Albany Med. Coll., u. Saratoga Springs, N. Y., Saratoga Springs Comm. Res. Labors.)

SCHLEGEL. 5100

Manning A. Smith und **Bennett R. Willeford jr.**, *Bestimmung von Perjodsäure in stark gefärbten Lösungen.* HJO_4 oxydiert quantitativ 1.2-Glykole unter Spaltung des Mol. zwischen den beiden C-Atomen, welche die OH-Gruppen tragen, zu Carbonylverbindungen. Beim Behandeln von *Flavonol* (I) u. *Quercetin* (II) mit HJO_4 entstehen stark gefärbte Lösungen. Es ist unmöglich, die Menge der durch I oder II verbrauchten HJO_4 zu bestimmen, weil die Erkennung des Endpunktes der Titration mit Hilfe der J_2-Stärke-Rk. unmöglich wird. Vff. trennen mittels Ionenaustauschern (*Amberlite IRA-400* in der Acetatform) das überschüssige JO_4^- von den gefärbten organ. Prodd. ab. Bei Verwendung eines organ. Lösungsm. wurde mit diesem vorher die Kolonne durchgespült. Das Reaktionsgemisch von HJO_4 u. I oder II wurde dann mit einer Geschwindigkeit von 1—3 ml pro Min. über die Kolonne gegeben. In allen Fällen wurde JO_4^- quantitativ zurückgehalten. Mit 5%ig. KOH-Lsg. ließ es sich rasch u. prakt. quantitativ eluieren. Dann wurde in bicarbonatalkal. Lsg. mit einer überschüssigen bekannten Menge AsO_2^--Lsg. u. KJ-Lsg. versetzt u. das überschüssige As^{3+} mit J_2-Lsg. unter Stärkezusatz titriert. Wird der Ionenaustauscher in der Chloridform benutzt, so tritt ein Verlust von 5—8% JO_4^- ein, der auf Red. des JO_4^- durch Cl^- zurückgeführt wird. Die Kapazität des Harzes gegenüber JO_4^- wurde bei verschied. Durchlaufgeschwindigkeiten bestimmt. Um sich zu vergewissern, daß die Verwendung des Ionenaustauschers nicht die stöchiometr. Verhältnisse zwischen JO_4^- u. der organ. Substanz beeinflußt, wurden Äthylenglykol, Diäthanolamin, Sorbit, Glucose, Methyl-d-glucopyranosid u. Benzoin, welche keine gefärbten Oxydationsprodd. liefern, mit u. ohne Verwendung des Austauschers untersucht; dabei stellte sich völlige Übereinstimmung zwischen beiden Methoden heraus. — Bei der Oxydation von I (F. 169°) mit HJO_4 in A.-Essigsäureäthylester-Lsg. bei Raumtemp., nachfolgender Durchgabe durch den Ionenaustauscher wurde eine hellgelbe, kristalline Substanz, F. 171—174°, erhalten. — Bei der Oxydation von II (F. 313—315°) wurden schnell 2 Mol HJO_4 pro Mol II verbraucht; bei 94 Std. Reaktionszeit wurden 3,5 Mol HJO_4 verbraucht. (Analytic. Chem. **26.** 751—53. April 1954. Levisburg, Pa., Bucknell Univ.)

R. MATTNER. G 249

A. R. Vasudeva Murthy, *Bestimmung von Sulfid, Sulfit und Thiosulfat mit Chloramin-T.* Vf. beschreibt eine Meth. zur Best. von Sulfid, Sulfit u. Thiosulfat in den entsprechenden Na-Salzlsgg. u. benutzt zur Titration *Chloramin-T* (I) als Oxydationsmittel. Hiedurch werden genauere Werte erhalten als bei der rein jodometr. Meth. (KURTENACKER u. WOLLACK, Z. anorg. allg. Chem. **161.** [1927.] 201), da S^{2-} u.

$S_2O_3^{2-}$ bis zum SO_4^{2-} oxydiert werden. — Es wird ein Teil der Lsg. in $2n H_2SO_4$ mit überschüssiger I-Lsg. geschüttelt u. der Überschuß nach KJ-Zusatz mit Thiosulfat zurücktitriert. In einem weiteren Teil wird mit alkal. $Cd(OH)_2$-Suspension gefällt, das filtrierte u. ausgewaschene CdS in saurem Medium mit überschüssigem I oxydiert u. der Überschuß wie oben ermittelt. Das Filtrat vom CdS wird angesäuert, mit überschüssiger J-Lsg. behandelt u. der Jodüberschuß mit Thiosulfat zurücktitriert. (Current Sci. **22.** 342. Nov. 1953. Bangalore, Indian Inst. of Sci., Dep. of Gen. Chem.) FEIT. G 253

Paul Close, Wm. E. Smith und **Marion T. Watson jr.**, *Bestimmung von Magnesiumoxyd durch Wasserstoffflammen-Spektralphotometrie.* Zur Best. von *MgO* in Zement, Kalkstein u. dgl. wird die Probe mit HCl aufgeschlossen, die Mg neben Ca enthaltende Lsg. mit einer Knallgasflamme angeregt u. die Emission für *Mg* bei 371 mμ, für *Ca* bei 422,7 mμ mit einem BECKMAN-Spektralphotometer mit Flammenphotometeransatz gemessen. Na u. K zeigen bei Konzz. bis 1% keinen Einfl., für Ca, das den Untergrund bei der Mg-Best. beeinflußt, muß eine entsprechende Korrektur angebracht werden. Im Konzentrationsbereich von 0,5—6% MgO wird eine Genauigkeit von $\pm$0,1% MgO erreicht. Bei Gehh. über 6% sind die Resultate, verglichen mit den chem. Bestimmungen, zu niedrig, jedoch noch brauchbar. Zeitbedarf für 1 Analyse $\sim$1 Stunde. (Analytic. Chem. **25.** 1022—25. Juli 1953. Toledo, O., Owens-Illinois Glass Co., Gen. Res. Div.) EICHHOFF. G 282

Harold F. Schaeffer, *Isochinolin in der chemischen Mikroskopie: Ein Reagens auf Zink und Cadmium.* (Vgl. C. **1953.** 1533.) Das zum Nachw. von *Zn* u. *Cd* unter dem Mikroskop benötigte Reagens erhält man durch Auflösen von 13 g Isochinolin in 75 cm³ n HCl, Zugabe von 19 g NH_4CNS u. Auffüllen mit W. auf 1 Liter. Beide Elemente bilden mit dem Reagens charakterist. Kristalle; die Empfindlichkeit der Rk. ist sehr groß. Störend wirken Ag, Hg(II), Ni, Co, Cu(II), Bi(III) u. Sb(III), ferner die Ggw. von Fe(III) infolge des Auftretens prakt undurchsichtiger kub. Kristalle u. einer roten Lösung. (Proc. Indiana Acad. Sci. **60.** 162—63. 1951. Valparaiso, Univ.) GOTTFRIED. G 288

R. M. Black, *Die Bestimmung von Cadmium in Kabelmantellegierungen durch eine direkte Titrationsmethode.* Das Verf. beruht darauf, daß das Cd amalgamiert, im Amalgam durch das elektropositivere Pb ersetzt wird u. daß der Endpunkt der Phasenaustausch-Rk. durch eine plötzliche Potentialänderung des Amalgams zum Ausdruck kommt. Die Umsetzung vollzieht sich in einem Strom von O_2-freiem N_2 in einem für den besonderen Zweck konstruierten Gefäß. Anzeige der Potentialänderung durch ein passendes Galvanometer. Die untere Grenze des Verf. liegt bei 0,5 mg Cd, u. das Verf. ist demnach geeignet zur Best. des Cd in Legierungen, die 0,05% Cd u. mehr enthalten. Die üblicherweise in den untersuchten Legierungen vorkommenden Mengen von Sn u. Sb stören nicht, u. die vorkommenden Gehh. von Zn, Ni, Co, Fe sind so gering, daß sich ihre Abtrennung erübrigt. Die Einwaage beträgt 1 g Legierung auf 7 cm³ Hg. Die Pb-Acetatlsg. soll 7,8570 g $(CH_3COO)_2Pb \cdot 3\,H_2O$ in 1 Liter W. enthalten. Bereits die Amalgamierung wird unter O_2-freiem N_2 vorgenommen. Als zweite Elektrode wird eine Pb-Amalgamelektrode verwendet, die mit der anderen Elektrode durch ein Agar-Röhrchen verbunden ist. Während der Titration mit der Pb-Acetatlsg. rühren. 1 ml 0,02nPb-Acetatlsg. entspricht 0,0012% Cd. (Analyst **77.** 148—54. März 1952. London, Shepherds Bush, Brit. Insulated Callender's Cables Ltd.) WERNER. G 289

Louis Silverman und **K. Trego**, *Bestimmung kleiner Cadmiumgehalte in Blei mit Hilfe einer Einfarben-Dithizon-Methode.* Im Anschluß an die Feststellung von WICHMANN (Ind. Engng. Chem. analyt. Edit. **11.** [1939.] 66), wonach Cd von Pb bei hohem p_H-Wert mit Hilfe von Dithizon getrennt werden kann, u. an die Arbeit von FISCHER u. LEOPOLDI (Mikrochim. Acta [Wien] **1.** [1937.] 30) wird ein Verf. der kombinierten Extraktion des Cd bei p_H 13 mit Dithizon–CCl_4 u. zuletzt mit Dithizon–$CHCl_3$ beschrieben, das eine direkte Best. von Cd-Gehh. im Bereich von 0,01—0,4% Cd ermöglicht. Für das Verf. werden 3 Modifikationen angegeben, u. zwar wird die Extraktion entweder direkt aus der HNO_3-Lsg. der Legierung vorgenommen, oder 2. das Pb vorher durch elektrolyt. Abscheidung aus der Lsg. entfernt, oder 3. durch H_2SO_4 abgetrennt. Für die Einzelheiten des Verf. wird auf die ausführliche Vorschrift im Original verwiesen. Die Farbe der roten Cd–Dithizon-Lsgg. wird im Colorimeter bei 520 mμ gemessen. Die Farbe ist mindestens 3 Std., teilweise sogar 24 Std. beständig. Die Ggw. von 50 mg des Grundmetalls Pb gibt unter den gewählten Bedingungen keine Färbung der Dithizon–$CHCl_3$-Lsg., noch ändert sie den Cd-Wert. Die gemeinsame Ggw. von 0,215% Cu, 10,12% Sb, 5,17% S, 0,095% Bi u. 0,042% As änderte den Cd-Wert um insgesamt 0,002%. Im Zuge der elektrolyt. Pb-Abscheidung werden

Ag, Cu, Pb, Bi aus der Lsg. entfernt. Bei sehr kleinen Cd-Gehh. (Einwaagen von >50 mg Legierung) ist die H_2SO_4-Trennung angezeigt. (Analyst **77.** 143—48. März 1952. Downey, Calif., Atomic Energy Res. Dep., North Amer. Aviat., Inc.) WERNER. G 289

A. Mayer und **G. Bradshaw,** *Die absorptiometrische Bestimmung von Thorium in Magnesiumlegierungen durch 1-(o-Arsonophenylazo)-2-naphthol-3.6-disulfonsäure.* Th gibt mit *1-(o-Arsonophenylazo)-2-naphthol-3.6-disulfonsäure* (I) eine rote Färbung. Mit Ausnahme von Zr, das durch Oxalatfällung vorher entfernt werden muß, stört keines der üblicherweise im Mg vorhandenen Legierungselemente. Zur Best. des Th wird dieses vom Mg durch NH_4OH-Fällung getrennt. Das Na-Salz von **I** ist unter dem Namen *APANS* oder *Thoronol* im Handel. Der absorptiometr. Teil des Verf. wurde von THOMASON, PERRY u. BYERLY beschrieben (Analytic. Chem. **21.** [1949.] 1239). Zur Herst. des Reagenses werden 11 g o-Aminophenylarsonsäure in 700 cm^3 W. gelöst, 100 cm^3 11,3nHCl zugefügt, unter Eiskühlung durch Zusatz von 3,5 g $NaNO_2$ in 25 cm^3 W. diazotiert. Dann werden 16 g R-Säure (2-Naphthol-3.6-disulfonsäure), in 200 cm^3 W. gelöst, hinzugegeben, sowie ca. 700 g CH_3COONa. Nach 1 Std. durch BÜCHNER-Trichter filtrieren. Zur Reinigung des Farbstoffes wird das Reaktionsprod. in 400 cm^3 heißem W. gelöst, filtriert u. 500 cm^3 heißer A. zu der sd. Lsg. zugegeben. Nach dem Abkühlen filtrieren, waschen mit A. u. bei 110° trocknen. Ausbeute ca. 18 g. Das Absorptionsmaximum der Th–**I**-Verb. liegt bei 555 mμ, entsprechend dem ILFORD 605-Filter. 1 Atom Th verbindet sich mit 2 Mol **I**. Für Konzz. von 0—1,4 mg Th in 100 cm^3 werden 10 cm^3 0,1%ig. **I**-Lsg. benötigt. Mehr als 3 mg Th sind unzulässig, da der Komplex dann unlösl. wird. Die Färbung ist mindestens 24 Std. stabil. Steigerung der Temp. von 15 auf 25° vermehrt die Absorption um ca. 4%. Der p_H-Wert soll ca. zwischen 0,5—1,2 liegen, dies entspricht ca. 1—5 cm^3 freier 11,3nHCl auf 100 cm^3 Lösung. Zur Ausführung der Best. werden 3—5 g Legierung in ca. 100 cm^3 W. unter Zusatz von je 10 cm^3 konz. HCl je g Metall gelöst. Lsg. filtrieren u. mit heißer HCl (1 : 19) waschen. Zum Filtrat 5 g NH_4Cl zugeben, zum Sieden bringen u. vorsichtig 25 cm^3 H_2O_2 (20%ig, phosphatfrei) zugeben. Dann mit NH_4OH gegen Lackmus schwach alkal. machen. Nach dem Absitzen Nd. abfiltrieren u. mehrmals mit NH_4OH (1 : 49) waschen. Nd. zurückspülen u. 5 cm^3 HCl zugeben, kochen, bis Lsg. klar ist. Mit W. auf 150 cm^3 auffüllen, sieden u. 10 g Oxalsäure darin auflösen. Nach längerem Absitzen des Nd. filtrieren. Becher u. Nd. mehrmals mit Lsg. von 1 g Oxalsäure u. 1 cm^3 11,3nHCl in 100 cm^3 W. waschen. Nd. in den Becher zurückgeben u. unter Zusatz von 10 cm^3 $HClO_4$ heiß lösen, mit W. auf 100 cm^3 verdünnen. Mit 0,1nPermanganatlsg. oxydieren. Tropfenweise Hydroxylaminhydrochloridlsg. zur Beseitigung des Permanganats zugeben u. noch Überschuß von wenigen Tropfen (10%ig. wss. $NH_2OH \cdot HCl$-Lsg.). Nach Abkühlen auf 500 cm^3 auffüllen. Davon 50 cm^3 auf 250 cm^3 auffüllen. Davon 25 cm^3 in 100 cm^3-Kolben geben, 4 cm^3 konz. HCl zugeben u. 10 cm^3 0,1%ig. **I**-Lsg., auf 100 cm^3 auffüllen. Leerwertsbest. mit 10 cm^3 0,1%ig. **I**-Lsg. u. 4 cm^3 konz. HCl in 100 cm^3 Wasser. (Analyst **77.** 154—58. März 1952. Manchester, Clifton Junction, Magnesium Electron Ltd.) WERNER. G 324

b) Organische Verbindungen.

C. J. de Wolff, *Die Jodoformreaktion.* Die Jodoform (**I**)-probe versagt oft, wenn sie auf verd. oder trübe Lsgg. angewandt wird, weil die mkr. Identifizierung der gebildeten winzigen Kristalle nicht möglich ist. Durch Erhitzen der zu untersuchenden Lsg. in einer geschlossenen Capillare auf 100° kann man das **I** abdest. u. am gekühlten Ende in Form weniger größerer Kristalle abscheiden, deren Identifizierung nicht schwer fällt. Man kann auf diese Weise noch 0,003 γ **I** in 1 mm^3 Aceton nachweisen. Die **I**-Rk. verläuft nicht nur mit den bekannten Verbb. positiv, sondern auch mit Verbb. der Zus. $CH_3 \cdot CH_2 \cdot N(R_1R_2)$ u. $CH_3 \cdot CH(CH_3) \cdot N(R_1R_2)$, wobei R_1 u. R_2 eine Alkyl-, Arylgruppe oder H darstellen. (Pharmac. Weekbl. **89.** 40—43. 16/1. 1954. Utrecht, Rijksuniv., Pharmaceut. Labor.) WESLY. 5364

Gilda Cavicchi, *Molybdyloxalate organischer Basen.* Das aus 20 g NH_4-Molybdat in 60 ml W. + 12,35 g Oxalsäuredihydrat + 2,97 g $N_2H_4 \cdot 2\,HCl$ hergestellte rotbraune *$NH_4[MoO_2 \cdot C_2O_4] \cdot 2{,}5\,H_2O$* (**I**) wird nach Verdünnung mit 60 ml W. zu einer blutroten Lsg. als Reagens auf Basen benutzt. So kann man damit 1 mg *Piperazin* (**II**) in 1 ml W. als krist., orangefarbenen Nd. nachweisen bzw. umgekehrt **I** durch **II**.

V e r s u c h e: *Hexamethylentetraminmolybdyloxalat,* $H[MoO_2 \cdot C_2O_4] \cdot C_6H_{12}N_4 \cdot 2\,H_2O$, winzige rostrote Kristalle, aus konz. neutraler *$C_6H_{12}N_4$*-Lsg. durch Zugabe der Reagenslösung. — *Piperazinmolybdyloxalat,* $H_2[MoO_2 \cdot C_2O_4]_2 \cdot C_4H_{10}N_2 \cdot 4\,H_2O$, glänzende, orangerote, prismat., schwer lösl. Kristalle aus neutraler **II**- + Reagenslösung. — *Dimethylpiperazinmolybdyloxalat,* $H_2[MoO_2 \cdot C_2O_4]_2 \cdot C_6H_{14}N_2 \cdot 4\,H_2O$, kleine, linsenförmige, orangegelbe Kristalle, durch Zugabe von verd. salzsaurer *Licetol* (Dimethyl-II)-Lsg. zum Reagens. — *Cholinmolybdyloxalat*, $[MoO_2 \cdot C_2O_4] \cdot C_5H_{14}ON$, prismat., granatrote Kristalle, aus 10%ig. *Cholinchlorhydrat*- oder *Acetylcholin*- + Reagenslösung. — *Trimethylaminmolybdyloxalat*, $H[MoO_2 \cdot C_2O_4] \cdot C_3H_9N \cdot 2\,H_2O$, kleine, nadelförmige, gelbbraune, später grün werdende Kristalle, aus 20%ig., mit HCl gegen Methylorange neutralisierter *Trimethylamin*- + Reagenslösung. — *Pyridinmolybdyloxalat*, $H[MoO_2 \cdot C_2O_4] \cdot C_5H_5N \cdot 2\,H_2O$, gelbbraune, sehr beständige Kristallblättchen, aus mit HCl neutralisiertem *Pyridin* + Reagenslösung. (Gazz. chim. ital. **83.** 402—06. Juni 1953. Ferrara, Univ., Ist. Chim. farmac. e tossicol.) METZENER. 5364

William M. MacNevin und **Paul F. Urone**, *Trennung von Wasserstoffperoxyd von organischen Hydroperoxyden. Anwendung auf die polarographische Analyse von Gemischen.* H_2O_2 läßt sich von organ. Hydroperoxyden abtrennen, indem es mit Ti^{4+} als Komplex gebunden u. dieser Komplex mit NH_4OH gefällt wird; die organ. Hydroperoxyde werden bei dieser Behandlung nicht angegriffen. Es ließ sich zeigen, daß bei der Polarographie eines Gemisches von H_2O_2 u. organ. Hydroperoxyden die H_2O_2-Stufe nach der obigen Behandlung verschwindet, während die den organ. Hydroperoxyden entsprechende Stufe erhalten bleibt. Nach dem Ansäuern erscheint die H_2O_2-Stufe wieder. Auf Grund dieser Befunde konnten Gemische aus H_2O_2 u. einem der folgenden Hydroperoxyde polarograph. bestimmt werden: *Pentyl-(3)-* (I), *tert.-Butyl-, Cyclohexen-(3)-yl-, Cyclohexyl-* u. *2.5.5-Trimethylhexyl-(2)-hydroperoxyd.* — Beispiel: Polarographie eines Gemisches aus H_2O_2 u. I: 0,8 mg I in 10 ml 0,1nKCl-Lsg. u. 0,02 ml 0,25%ig. H_2O_2-Lsg. (50 γ) werden mit 1 mg TiO_2 in 0,1 ml n HCl u. 1 Tropfen 6nNH_4OH versetzt u. im Bereich von 0—2,1 V polarographiert. Hierbei wird nur die I-Stufe erhalten. (Analytic. Chem. **25.** 1760—61. Nov. 1953. Columbus, O., State Univ., McPherson Chem. Labor.) K. F. MÜLLER. G 550

Frank Spagnolo, *Spektrophotometrische Bestimmung von Glycerin als Natrium-Cupri-Glycerin-Komplex.* Glycerin (I) wird durch Absorptionsmessung seines $Na-Cu^{2+}$-Komplexes bei 635 mμ in Mengen von 17—65 mg photometr. bestimmt. Verschied. Mengen I, in 10 ml W. enthalten, werden nach Zusatz von 10 ml wss. 21%ig. NaOH, 60 ml 95%ig. A., 6 ml einer Lsg. von 10 g $CuCl_2 \cdot 2\,H_2O$/100 ml A. zur Gewinnung der Eichlsgg. mit A. auf 100 ml aufgefüllt. Die Messung erfolgt im klaren Zentrifugat. Entsprechend werden wss. oder alkoh. Proben nach Neutralisation behandelt u. gemessen. Der Cu-Überschuß von 400—1800% sichert eine gute Stabilität der Färbung. Die Meth. ist auch anwendbar auf die I-Best. in I-Estern u. harzigen Substanzen (resinous vehicles), wobei Verseifung u. Extraktion eingeschaltet werden. Wenn auch das BEERsche Gesetz über einen größeren Bereich nicht befolgt wird, erhält man innerhalb der genannten Mengen von I eine lineare Eichkurve. Äthylenglykol u. 1.2-Propylenglykol stören die I-Bestimmung. (Analytic. Chem. **25.** 1566—68. Okt. 1953. Brooklyn, N. Y., Nat. Lead Co.) FRESENIUS. G 580

Sumio Sakai und **Toyotaka Date**, *Neue Farbreaktionen auf Acrolein mit aromatischen primären Aminen.* Bei der Darst. von Procain-Penicillin in Erdnußöl wurde Rot- u. Gelbfärbung durch geringe Acroleinmengen im Öl beobachtet. Diese Rk. auf *Acrolein* wird außer von *Procain-HCl* nur von aromat. prim. Aminen, wie z. B. Phenylendiamin, gegeben. (J. sci. Res. Inst. [Tokyo] **44.** 171. Juni 1950.) FAASS. G670

John E. Jackson, *Bestimmung von primären aliphatischen Aminen in Amingemischen. Potentiometrische Arbeitsweisen.* Die potentiometr. Meth. zur Best. von prim. u. sek. + tert. aromat. u. kurzkettigen aliphat. Aminen von WAGNER, BROWN u. PETERS (J. Amer. chem. Soc. **69.** [1947.] 2611), die auf der Best. der Gesamtamine u. der nach Salicylaldehydbehandlung noch titrierbaren Amine (= sek. + tert. Amine) beruht, wurde nach einer Modifikation auf die Best. prim. l a n g k e t t i g e r aliphat. Amine angewandt. An Stelle von CH_3OH verwendet Vf. Chlf. als Lösungsm., in dem die langkettigen Amine lösl. sind; zur Verbesserung des Aussehens der Titrationskurve wird die Lsg. noch mit 5%ig. Lsg. von W. in Isopropylalkohol versetzt. — A u s f ü h r u n g : B e s t. d e r G e s a m t b a s e n : 1 g carbonatfreies Amin wird in 90 ml Chlf. gelöst; die Lsg. wird nach Versetzen mit 10 ml 5%ig. Lsg. von W. in Isopropylalkohol mit 0,5 nHCl in Isopropylalkohol potentiometr. titriert. — B e s t. v o n s e k. + t e r t. A m i n : 5 g carbonatfreies Amingemisch werden in 90 ml Chlf. gelöst; nach Zusatz von 5—6 ml Salicylaldehyd läßt man 30 Min. bei Raumtemp. stehen. Dann gibt man 10 ml 5%ig. Wasserlsg. in Isopropylalkohol hinzu u. titriert mit 0,5 nHCl in Isopropylalkohol, die man in kleinen Portionen (0,1—0,2 ml) zufließen läßt. Das prim. Amin entspricht der Differenz zwischen den beiden Titrationen. (Analytic. Chem. **25.** 1764—65. Nov. 1953. Minneapolis, Minn., General Mills, Inc., Chem. Labors.) K. F. MÜLLER. G 910

D. Jerchel und **W. Jacobs,** *Papierchromatographische Analyse von Alkylpyridinen.* Vff. beschreiben eine Meth. zur papierchromatograph. Best. von Alkylpyridinen nach vorhergegangener Oxydation mit SeO_2 zur entsprechenden Pyridincarbonsäure. Die einzelnen Pyridincarbonsäuren sind auf Grund ihrer R_F-Werte sowie mit Hilfe von Farb-Rk. genau bestimmbar. *Pyridinaldehyde* lassen sich direkt oder nach Umsatz mit *Dimedon* (5.5-Dimethyldihydroresorcin) papierchromatograph. bestimmen. Zur Sichtbarmachung der chromatographierten Substanzen dienten: 1. Für *Pyridincarbonsäuren* u. -aldehyde Besprühen mit 0,05%ig. Fluoresceinlsg. u. Sichtbarmachen im UV-Licht. 2. Für Aldehyde Farb-Rk. mit Dimedon u. Fe(III)-Salz. Rkk. mit Bromphenolblau, 2.4-Dinitrofluorbenzol (zum Nachw. u. zur Unterscheidung von *Nicotin-* u. *Isonicotinsäure*) u. Bromcyan dienten zum Erkennen spezieller Pyridinderivv. (*Pyridin, α-, β-* u. *γ-Picolin, Chinolin, Aldehydcollidin*).

Versuche: Oxydation mit 4—6%ig. wss. $KMnO_4$-Lsg. mehrere Std. bei 60 bis 100° unter kräftigem Rühren u. Zutropfen von 1 g der zu oxydierenden Pyridinbase. 60° genügen zur Oxydation von Methyl- u. Äthylgruppen. Bei mehreren Alkylgruppen am Kern werden diese mit Sicherheit nur von SeO_2 zur Carboxylgruppe oxydiert. Dazu genügen 100 mg der Pyridinbase, die in wasserfreiem Pyridin (frei von Homologen) oder Bzl. gelöst wird. Die Oxydation mit SeO_2 erfolgt in sd. Lösungsm., unveränderte Pyridinbasen werden anschließend durch kurzes Kochen im Wasserdampfstrom entfernt. — Zur absteigenden Papierchromatographie wurde WHATMAN Nr. 4-Papier verwandt. Als Lösungsm. diente ein Gemisch von 75 (Teilen) sek. Butanol, 15 Ameisensäure u. 10 Wasser. (Angew. Chem. **65.** 342—44. 7/7. 1953. Mainz, Univ., Organ.-chem. Inst., u. Heidelberg, Univ., Inst. für Chem.)

TOEPSCH. G 3231

Alf Wickstrøm, *Quantitative Bestimmung von Zuckerarten und ihren Methylderivaten nach Trennung auf Papierchromatogrammen.* Überblick auf Grund der Literatur: Direkte Methoden; Methoden mit vorausgehender Elution (Elutionstechnik; titrimetr. Methoden mit Perjodat, mit alkal. Hypojodit u. jodometr.; colorimetr. Methoden. — 19 Literaturzitate. (Medd. norsk farmac. Selsk. **16.** 1—13. Jan. 1954.)

R. K. MÜLLER. G 3400

Sven Gardell, *Trennung von Glucosamin und Galaktosamin an einem Dowex 50-Ionenaustauschharz und ihre quantitative Bestimmung.* Durch Chromatographie an einer Dowex 50-Säule in 0,3 nHCl gelingt die quantitative Trennung von Glucosamin u. Galaktosamin bis zum Verhältnis 1:5 ohne Schwierigkeiten. Die quantitative Best. erfolgt nach der von BLIX modifizierten Meth. von ELSON u. Mitarbeitern (Acta chem. scand. **2.** [1948.] 467). Die Meth. wird beschrieben für Mengen von 60—600 μg (Säulendimensionen 0,6 × 40 cm), kann aber auch auf größere Mengen ausgedehnt werden. Günstigste Durchflußgeschwindigkeit ist 1,5—2 cm^3/Std.; Hexosen, Methylpentosen, Pentosen u. die gewöhnlichen Aminosäuren stören nicht. — Beleganalyse. (Acta chem. scand. **7.** 207—15. 1953. Stockholm, Karolinska Inst., Chem. Dep. II.)

GABRIELE GÜNTHER. G 3400

Norman F. Schulz, *Bestimmung gewisser organischer Stoffe durch Bichromoxydation.* Zur quantitativen Best. von geringen Mengen in W. gelöster oder suspendierter organ. Stoffe [*Stärke, Dextrin, oxydierte Stärke, Laurylaminacetat* (**I**)] werden diese bei erhöhter Temp. mit $K_2Cr_2O_7$ oxydiert, dessen Überschuß entweder titrimetr. oder colorimetr. ermittelt wird. — Best. von Stärke: Etwa 25 ml Stärkelsg. (mit $<$5 mg Stärke) werden mit 2,00 ml einer Lsg. von 25 g $K_2Cr_2O_7$ in 1 Liter H_2SO_4 (1:1) versetzt. Die auf 27 ml aufgefüllte Lsg. u. die Vergleichslsgg. werden 30 Min. im Autoklaven auf 120° oder 2 Std. auf 100° erhitzt. Nach dem Abkühlen werden 2 ml konz. H_3PO_4 hinzugegeben u. mit 0,05nFe(II)–NH_4-Sulfat titriert. Man gibt dann 4 ml Überschuß hinzu u. titriert den Fe^{2+}-Überschuß mit 0,1 n$KMnO_4$-Lsg.; der Geh. an Stärke wird aus Vergleichsverss. mit bekannten Lsgg. berechnet. — Best. von **I**: 10 ml oder weniger **I**-Lsg. (mit höchstens 2,5 mg **I**) werden mit 3,00 ml $K_2Cr_2O_7$-Reagens versetzt. Dann gibt man 10,0 ml konz. H_2SO_4 hinzu, ergänzt das Vol. auf 23,0 ml u. erhitzt, gleichzeitig mit Vergleichslsgg. von bekanntem **I**-Geh., 1 Std. auf 120°. Nach dem Abkühlen wird mit 50 ml W. verd. u. 3 ml konz. H_3PO_4 hinzugegeben; dann folgt die Titration wie oben beschrieben. — In klaren Lsgg. kann der $K_2Cr_2O_7$-Überschuß colorimetr. bestimmt werden. Der Autoklaveninhalt wird zu 100 ml verd.; die Absorptionsmessung erfolgt zwischen 422 u. 440 mμ. — Die Titrationsmeth. hat eine Genauigkeit, die $\pm$0,02 mg Stärke oder $\pm$0,01 mg **I** entspricht; auf Proben, die $>$0,02 mVal Chlorid enthalten, ist die Meth. nicht anwendbar. (Analytic. Chem. **25.** 1762—64. Nov. 1953. Minneapolis, Minn., Univ. of Minnesota.)

K. F. MÜLLER. G 4050

d) Medizinische und toxikologische Analyse.

C. I. Comar, R. A. Monroe, W. J. Visek und **Sam L. Hansard,** *Vergleich von zwei Isotopenmethoden zur Bestimmung von endogenem Calcium in den Fäces.* (Vgl. COMAR u. Mitarbeiter, C. **1953.** 561 u. früher). Vergleichende Unterss. zwischen der Isotopenverdünnungsmeth. u. einer Meth., die darauf beruht, daß durch den Austauschvorgang zwischen den Ca-Ionen im Blut u. in den Knochen eine selektive Entfernung von zugeführten Radiocalciumionen aus dem Blut u. Ablagerung in den Knochen erfolgt, werden beschrieben. Eine Reihe von Beleganalysen mit den beiden Methoden werden angegeben. Es wird dargelegt, daß die Isotopenverdünnungsmeth. dadurch vorteilhafter ist, daß sie unabhängig von der Verwertbarkeit des Nahrungs-Ca u. von den Unsicherheiten von Gleichgewichtsbestimmungen ist. (J. Nutrit. **50.** 459—67. 10/8. 1953. Oak Ridge, Tenn., Univ. of Tennessee, Atom. Energy Commiss. Agricult. Res. Program.) SCHWAIBOLD. 5734

Hans Meves, *Die Messung und Registrierung der Wasserstoffionenkonzentration an der durchströmten Froschlunge mit Durchflußglaselektroden.* Mit Hilfe zweier Durchflußglaselektroden (SCHOTT & GEN. 4073 III) wird in einem Durchströmungsvers. an einer Froschlunge das p_H der zu- u. abfließenden RINGER-Lsg. laufend gemessen. Zur Messung dient ein PHILIPS-Gerät GM 4491 mit elektrodynam. Registrierung. Als Ableite- u. Bezugselektrode dienten gesätt. Kalomelelektroden. (Pflügers Arch. ges. Physiol. Menschen Tiere **256.** 351—58. 1953. Hamburg, Univ., Physiol. Inst.) WALLIS. 5756

Wilhelm Völksen, *Nachweis der E 605-Vergiftung.* E 605 (**I**)-haltiges Erbrochenes bzw. Mageninhalt 1:1 mit W. verdünnen u. mit Ae. ausschütteln, Ae. abdampfen u. Rückstand mit NaOH auf dem Wasserbad erhitzen. Bei Anwesenheit von *p-Nitrophenol* (**II**) Gelbfärbung (Nitronsäure). Natronalkal. Lsg. mit H_2SO_4 ansäuern, farblos gewordene Lsg. mit Ae. ausschütteln, organ. Phase eindampfen (eisblumenartige Kristalle an den Gefäßwänden), Rückstand mit wenig Ae. aufnehmen u. mit Capillarpipette auf Objektträger überführen. Bei 100—110° sublimiert **II** in prismat. u. stengeligen Kristallen, F. 113°. Eutekt. Gemisch mit Benzil 64° (App. nach KOFLER). — In einem Tropfen W. gelöstes Sublimat gibt mit einer Spur Bromwasser eine Trübung. — Weiterer Nachw. durch Red. von **II** (mit 1—2 ml W. aufgenommen) mit $TiCl_3$ (mit einigen Tropfen konz. HCl ansäuern, 0,5 ml 15%ig. $TiCl_3$-Lsg. zugeben u. aufkochen) u. Versetzen der (noch kräftig violett gefärbten) nach dem Abkühlen mit NaOH alkal. gemachten u. filtrierten Lsg. mit einigen Tropfen einer Lsg. von 0,1 g α-Naphthol in 5 ml 10%ig. NaOH: Bei sehr wenig **II** nach ca. 1 Min. blaue Färbung, welche nach einigen Std. einen violetten Stich bekommt. — Mit PANDYS Reagens (Phenolwasser) ebenfalls blaue, aber beständigere Färbung. — **I**-Nachw. im Tiervers.: Rückstand des vom Ae. befreiten ursprünglichen Extraktes mit etwas W. aufnehmen u. damit befeuchteten feinen Haarpinsel über den Rücken von Kellerasseln streichen. Vgl. mit Kontrolltieren, welche mit W. bzw. mit wss. **I**-Lsg. behandelt sind. (Dtsch. Apotheker-Ztg. **93.** 393—94. 28/5. 1953. Hannover, Städt. Krankenhaus Nordstadt, Apotheke.) SCHEIBE. 5764

Hans Kaiser und **Walter Lang,** *Beitrag zur qualitativen und annähernd quantitativen Bestimmung von E 605 im Blut.* Das von SCHWERD u. SCHMIDT angegebene Verf. zum Nachw. von *E 605* (**I**) — vgl. C. **1953.** 573 — ist zu wenig spezifisch. Vff. wenden die von AVERELL u. NORRIS (C. **1949.** II. 1014) angegebene Meth. zum Nachw. von **I** an: Das Untersuchungsmaterial (*Blut*) (vorher mit 4 Teilen W. verdünnen!) wird mit dem gleichen Vol. heißer 20%ig. Trichloressigsäure versetzt. Nach dem Erkalten u. Zentrifugieren 2 ml der klaren Lsg. mit 0,5 ml rauchender HCl versetzen, ein Zn-Korn zugeben, im Wasserbad 20 Min. erwärmen, nach dem Abkühlen Zn entfernen u. abspülen, mit 0,5 ml frisch bereiteter 0,5%ig. $NaNO_2$-Lsg. versetzen, nach genau 2 Min. 2 ml frisch bereitetes Sulfamatreagens (0,5 g NH_4-Sulfamat u. 27,6 g $NaH_2PO_4 \cdot H_2O$ in 100 ml W. gelöst) zusetzen, nach weiteren 3 Min. 0,5 ml Kupplungsreagens [frische Lsg. von 0,2 g N-(1-Naphthyl)-äthylendiamin—HCl in 100 ml W.] zugeben u. mit A. auf 10 ml auffüllen. **I** (bzw. kernnitrierte Verbb.) gibt Azofarbstoff. Zur colorimetr. Best. ist Blindwert (mit nichtred. Ansatz) einer Vergleichslsg. zu benutzen. — Die Farbkurven von **I** u. dem aus dem Blut **I**-Vergifteter isolierter Nitrokörper (**II**) waren nicht identisch. Bei **II** handelt es sich auch nicht um p-Nitrophenol, woraus geschlossen wird, daß **I** im Körper eine Veränderung erfährt. Unter Bedingungen, bei denen **I** verseift wird, wurde **II** nicht aufgespalten. — Der Nachw. von **I** durch Cholinesterasehemmung gelang nur zum Teil. (Dtsch. Apotheker-Ztg. **93.** 394 bis 396. 28/5. 1953. Stuttgart, Katharinenhospital-Apotheke.) SCHEIBE. 5764

American Cyanamid Co., New York, N. Y., übert. von: **Shannon Mooradian**, Somerville, und **Henry E. Millson**, Plainfield, N. J., V. St. A., *Indicator für die p_H-Bestimmung in Proteinfasern*, bestehend aus einer wss. Lsg. mit einem Geh. an 0,0272(%) Bromthymolblau, 0,0128 m-Kresolpurpur u. 0,0004 Rosolsäure. Die Lsg. ist anwendbar im p_H-Bereich von 1—9 u. wird in der Papier-, Textil- u. Lederindustrie angewendet. (**A. P. 2 643 230** vom 12/9. 1950, ausg. 23/6. 1953.) SEIZ. 4070

Security Trust Co. of Rochester, in Fideikommiß für: **Harry L. Segal Medical Research Fund**, V. St. A. (Erfinder: **Harry L. Segal** und **Leon L. Miller**), *Indicatoren zur Bestimmung der Acidität des Magensaftes*. Man behandelt das Hydrochlorid eines Kationen austauschenden Harzes (z. B. „Amberlit XE-96") mit einer Lsg. von Chininhydrochlorid, Serenium oder Uranin (Na-Salz des Fluoresceins) oder das Na-Salz obigen Harzes mit einer Lsg. von Methylenblau. Hierbei gehen die Kationen der färbenden oder fluorescierenden Verbb. durch Kationenaustausch in das Harz über. Bei Einw. des Magensaftes auf diese Harze gehen die Kationen der färbenden u. fluorescierenden Verbb. wieder in Lsg., treten in das Blut über u. werden mit dem Urin ausgeschieden. Hierdurch ist es möglich, die Acidität des Magensaftes zu ermitteln. (**F. P. 1 041 630** vom 26/2. 1951, ausg. 26/10. 1953. A. Prior. 25/2. 1950.) OPPERMANN. 5747

Hervey Hubbard Barber and Thomas Ivan Taylor, Semimicro qualitative analysis. Rev. ed. New York: Harper. 1953. (415 S. m. Abb., Diagr.) $ 4,50.

Max-Planck-Institut f. Eisenforschung, Düsseldorf. Spektrochemische Analyse der Gefügebestandteile in Stählen nach ihrer Isolierung. Köln u. Opladen: Westd. Verl. 1953. (31 S. m. 11 Abb.) Maschinenschriftl. autograph. = Forschungsberichte d. Wirtschafts- u. Verkehrs-Ministeriums Nordrhein-Westfalen. Nr. 48. DM 7,80.

H. Angewandte Chemie.

I. Allgemeine chemische Technologie.

E. Riedel, *Die Bedeutung der Siebböden in der Siebtechnik*. 2. Mitt. *Stand der Technik bei Siebgeweben und Sondersiebböden*. (1. vgl. C. **1954**. 7482.) Beschreibung verschied. Typen von Siebböden, bes. für die Schwingsiebtechnik, u. Besprechung ihrer Eigenschaften. (Erdöl u. Kohle **5**. 222—26. April 1952.)
GERHARD GÜNTHER. 5828

—, *Hochvakuum in der Technik*. Übersicht über Begriffsbest., Vorteile, Begrenzung in der Praxis u. Erzeugung von Hochvakuum, Erhitzen von Vakuumeinrichtungen mit gesätt., überhitztem u. Brüdendampf u. Berechnung von Mehrfacheindampfanlagen. (Oliën, Vetten Zeep **38**. 83—90. 27/3. 1954.) WESLY. 5842

H. J. van Ebbenhorst Tengbergen, *Symposium „Cyclone"*. 2. Mitt. *Die Abscheidung von Flüssigkeiten aus Gasen in Cyclonen mit einer allgemeinen Betrachtung über die Wirkungsgrade*. (1. vgl. Ingenieur ['s-Gravenhage] **65**. [1953.] Ch 77.) Man verwendet Cyclone, wenn der Nebel nicht zu fein ist, ein gewisser Druckverlust in Kauf genommen werden kann u. große Flüssigkeitsmengen vorliegen. Mehrere Cyclonarten zur Trennung von W. u. Dampf in Dampfkesseln, von W. u. Gasen in den Zwischenkühlern von Kompressoren, von Öl u. Dampf u. von W. u. den in Papierfabriken evakuierten Dämpfen werden beschrieben. — 16 Literaturangaben. (Ingenieur ['s-Gravenhage] **65**. Ch 82—88. 18/9. 1953. Treebeek, Staatsmijnen in Limburg, Centr. Proefstat.)
WESLY. 5850

M. Pearce, *Neue Entwicklungen in der Tieftemperaturtrennung von Gasen*. Es wird über neue techn. Entw. der Tieftemperaturtrennung von Gasen u. der Herst. von O_2, N_2 u. Ar mit hoher Reinheit oder von „Tonnagesauerstoff" berichtet. Es werden 2 Anlagen, die Äthylen aus Erdölcrackgasen, gewinnen, miteinander verglichen u. kurz der Einsatz von automat. Kontrollen beschrieben. (Ind. Chemist **28**. 3—6. Jan. 1952. London, 8. Internationaler Kältekongreß.) KLEFFNER. 5856

F. Schulenberg, *Luft statt Wasser für Kühlung und Kondensation*. Laboratoriumsverss. an luftgekühlten Kondensatoren ermittelten die Wärmeübergangszahlen u. zeigten, daß die Vorteile hauptsächlich wirtschaftlicher Natur sind: Geringere Baukosten, keine Wasserkosten, wenig Korrosion u. daher weniger Reparaturen u. bes. vorteilhaft in der chem. Industrie mit schädlichen wasserlösl. Dämpfen. (Chemie-Ing.-Techn. **25**. 569—73. Okt. 1953. Bochum, Gea Luftkühler-Ges.) MIETHING. 5858

Adriaan Klinkenberg, H. J. Krajenbrink und **H. A. Lauwerier**, *Diffusion in einer Flüssigkeit, die mit gleichförmiger Geschwindigkeit in einem Rohr strömt*. Mathemat. Betrachtungen zur axialen u. radialen Diffusion in einem mit gleichförmiger Geschwindigkeit von einer Fl. durchströmten Rohr. Zum Studium der Vorgänge wurde der Fl.

an einer punktförmigen Quelle in der Rohrachse ein gelöster Stoff zugesetzt u. die Verteilung desselben experimentell ermittelt. Die mathemat. Lsg. wird mit Hilfe zweiseitiger LAPLACE-Integrale erreicht. (Ind. Engng. Chem. **45.** 1202—08. Juni 1953. Den Haag, N. V. de Bataafsche Petroleum Mij., u. Amsterdam, Royal Dutch Shell Labor.) GERHARD GÜNTHER. 5862

D. Payne, *Eine Methode zur angenäherten Bestimmung der Oberflächengröße von körnigen Feststoffen.* Vf. benutzt zur näherungsweisen Best. der Oberflächengröße von Festkörperschüttungen den Zusammenhang zwischen dem Feuchtigkeitsgeh. u. dem Unterdruck, der erforderlich ist, um die Feuchtigkeit abzusaugen. Durch graph. Integration dieser Funktion erhält man die während des Absaugens des W. geleistete Arbeit u. unter der Voraussetzung, daß der Prozeß isotherm durchgeführt wird, ist die Arbeit gleich der Zunahme der freien Oberflächenenergie des Wassers. Vf. benutzt eine einfache App., die im wesentlichen aus einem BÜCHNER-Trichter mit eingeschmolzener Glasfritte besteht, der die zu untersuchende Körnerschüttung enthält. Eine Bürette ist durch einen Vakuumschlauch mit dem BÜCHNER-Trichter so verbunden, daß ein U-Rohrsyst. entsteht. Im Anfangsstadium ist die Schüttung mit W. bedeckt; durch Absenken der Bürette werden verschied. Saughöhen eingestellt u. die aus der Schüttung abfließende Wassermenge wird an der Graduierung abgelesen. Zahlenwerte für Glaskugelschüttungen werden angegeben. (Nature [London] **172.** 261. 8/8. 1953. Leeds, Univ., Dep. of Agricult.) G. HEINRICH. 5886

Th. Gast, *Selbsttätige gravimetrische Registrierung von Staubgehalten.* (Vgl. C. **1951.** II. 3644.) Es wird ein kontinuierlich arbeitender App. zur Messung von Staubgehh. beschrieben, bei der in bestimmten Zeiträumen ein gleiches Gasvol. abgesaugt, der darin enthaltende Staub elektr. niedergeschlagen u. durch eine auf elektr. Prinzip arbeitende Mikrowaage gewogen wird. Der Staub wird anschließend selbsttätig entfernt u. sein Gewicht durch einen Punktschreiber automat. angezeigt. (Dechema Monogr. **16.** 210—18. 1951. Frankfurt/M., Dechema-Hauptversammlung, Vortrag.) LEHWALD. 5888

Ferdinand Victor Pupil, Frankreich, *Herstellung von Kitten und Überzugsmassen.* Sie bestehen im wesentlichen aus einem Gemisch von Gips, einer W.-Öl-Emulsion u. einem Schutzkoll. (z. B. Casein). (**F. P. 1 000 625** vom 12/3. 1946, ausg. 14/2. 1952.) OPPERMANN. 5813

Bernard Feldman, Rehovoth, Israel, *Homogenisieren.* Die zu behandelnden Pasten oder Fll. werden aus einem Trichter wenigstens einem schraubenförmigen Kanal unter Druck zugeführt, in dem sie innig unter rotierender Bewegung gemischt werden, u. in einem ringförmigen kon. Raum gepreßt, aus dem sie entleert werden. — Vorrichtung. (**Schwz. P. 286 850** vom 5/4. 1950, ausg. 2/3. 1953.) DEMMLER. 5823

Akt.-Ges. für Unternehmungen der Eisen- und Stahlindustrie, Essen (Erfinder: **Hans Schrader,** Jamshedpur, Indien), *Korrosionsbeständiger Filterwerkstoff* aus gesinterten, porösen Si–Fe-Legierungen mit 10—25(%) Si, denen noch einzeln oder zu mehreren bis zu 20 Ni, bis zu 20 Cr, bis zu 10 Mn, bis zu 6 Mo u. bis zu 6 Cu zugesetzt werden können. (**D. B. P. 906 928** Kl. 12d vom 18/2. 1949, ausg. 18/3. 1954. Anmeldung bekanntgemacht 21/9. 1950.) DEMMLER. 5831

Fish Engineering Corp., übert. von: **Arthur J. L. Hutchinson,** Houston, Tex., V. St. A., *Entfernen saurer Bestandteile aus Gasgemischen.* Man leitet CO_2 u. H_2S enthaltende Gase über ein Absorbens, das aus einem mehrwertigen Alkohol u. einem Alkyl- oder Cycloalkylamin besteht, verdrängt den absorbierten H_2S mit reinem CO_2, wäscht aus diesem den H_2S mit frischem Absorbens im Gegenstrom aus u. erhält reines CO_2 durch Auswaschen des verbrauchten Absorbers. — Zeichnung. (**A. P. 2 613 132** vom 21/4. 1949, ausg. 7/10. 1952.) LÜTTGEN. 5851

Max Henri Begouen und **René Vieussens,** Marokko, *Extraktion von vegetabilischen Ölen, Harzen oder Wachsen.* Man läßt das Lösungsm. im Kreislauf durch das fein zerteilte Pflanzenmaterial zirkulieren u. verdampft aus den mit lösl. Prodd. gesätt. Lsgg. das Lösungsm. in üblicher Weise. — Vorrichtung. (**F. P. 997 826** vom 2/8. 1945, ausg. 10/1. 1952.) OPPERMANN. 5863

Signal Oil & Gas Co., Los Angeles, übert. von: **Ronald W. Heath,** Long Beach, Calif., V. St. A., *Wasserdampfdestillation.* Man komprimiert die aus dem Destillationsgefäß entweichenden Dämpfe, erhitzt sie auf $>$ Destillationstemp., scheidet aus ihnen durch Abkühlen das W. ab, red. den Druck über diesem kondensierten W. auf den Druck, der im Destillationsgefäß herrscht, u. benutzt es indirekt zum Abkühlen der komprimierten Destillationsdämpfe. Ein Teil dieses W. wird nun verdampft u. zur Dest. u. der nicht verdampfte Teil des W. zur direkten Kühlung der komprimierten

Destillationsdämpfe benutzt. — Zeichnung. (**A. P. 2 640 018** vom 25/7. 1949, ausg. 26/5. 1953.) LÜTTGEN. 5865

Phillips Petroleum Co., übert. von: **Worth Gray,** Cactus, Tex., V. St. A., *Kristallisation.* Man dampft eine Lsg. unter Druck bis zur Übersättigung ein u. läßt sie dann unter Zusatz von Impfkristallen in eine Kristallisationszone eintreten. Man trennt den entstandenen Kristallbrei ab u. verwendet die Mutterlauge zum neuen Ansatz. — Zeichnung. (**A. P. 2 623 814** vom 26/8. 1949, ausg. 30/12. 1952.) NEBELSIEK. 5869

Luwa Akt.-Ges. und **C. Andermatt,** Zürich, Schweiz (Erfinder: **C. Andermatt** und **K. J. Sautter**), *Kühlen von Pulvern aus der Zerstäubungstrocknung von Flüssigkeiten.* Den von der Zerstäubungstrocknung kommenden Gasstrom mit den dabei verteilten Pulvern unterteilt man in mehrere Teilströme, trennt von diesen jeweils einen Teil der Gase unter Kühlung ab u. vereinigt dann die Restströme mit den Pulvern. Die Regelung erfolgt hierbei so, daß die Restpulver den gewünschten Feuchtigkeitsgeh. aufweisen, um bei der weiteren Behandlung ihr Gewicht nicht wesentlich zu verändern. (**Schwed. P. 137 467** vom 9/7. 1947, ausg. 7/10. 1952. Schwz. Prior. 9/7. 1946.) JÜRGEN SCHMIDT. 5875

Standard Oil Development Co., übert. von: **Charles N. Kimberlin,** Baton Rouge, La., V. St. A., *Al_2O_3-Gewinnung.* Auf metall. Al läßt man einen in W. unlösl. Alkohol, z. B. Amylalkohol, in Ggw. eines Verdünnungsmittels, z. B. eines Erdöldestillats, einwirken. Die entstandene Al-Alkoholatlsg. hydrolysiert man, so daß ein Schlamm aus wasserhaltigem Al_2O_3 u. Alkohol + Erdöldestillat entsteht. Hieraus isoliert man einen wasserhaltigen Al_2O_3-Schlamm, sowie Alkohol + Erdöldestillat. Diese beiden verwendet man nach dem Trocknen zum neuen Ansatz. Man läßt den Al_2O_3-Schlamm absitzen, dekantiert u. trocknet das Al_2O_3. Verwendung z. B. als *Katalysator.* (**A. P. 2 636 865** vom 19/11. 1948, ausg. 28/4. 1953.) NEBELSIEK. 5905

Richard Klar, Frankfurt/M., *Verbesserung der Wärmeabführung bei exothermen katalytischen Gasreaktionen mit staubförmigen Kontaktmassen.* Die Gas- u. Kontaktmassen werden durch ein gerades Kontaktrohr in Rotationsbewegung, die durch entsprechende Führungsbleche am Rohreintritt eingeleitet oder Anordnung entsprechender Züge an der Rohrinnenwand erzeugt wird oder bei bereits vorher erfolgter Einleitung im Rohr aufrechterhalten wird, hindurchgeführt. — Zeichnungen. (**D. B. P. 895 760** Kl. 12g vom 29/3. 1949, ausg. 5/11. 1953.) MATTHAES. 5905

Shell Development Co., San Francisco, Calif., V. St. A., übert. von: **Willem Frederik Engel** und **Han Hoog,** Amsterdam, Holland, *Wolfram- und Molybdän-Katalysatoren.* Poröse Trägerstoffe, wie SiO_2-Gel, Kaolin, Mg-Silicat, MgO, $MgCO_3$, Al_2O_3, Bauxit, Asbest u. Aktivkohle werden für die Herst. von Mo–Co, W–Ni u. W–Co enthaltenden Katalysatoren mit einer wss. Alkanolaminlsg. von wasserlösl. Verbb. dieser Metalle getränkt u. durch Calcinieren in die Oxyde übergeführt. Benutzt werden Mono-, Di- u. Triäthanolamin, Propanolamin (Butylamin, Äthylamin) u. als lösl. Metallverbb. $(NH_4)_2MoO_4$, $(NH_4)_2WO_4$, $Ni(NO_3)_2$ u. $Co(NO_3)_2$. Die Katalysatoren dienen für Dehydrierung, Hydrierung, Crackung, Isomerisierung, Entschweflung u. Oxydation. (**A. P. 2 650 906** vom 28/3. 1950, ausg. 1/9. 1953. Holl. Prior. 31/3. 1949.) MATTHAES. 5905

Badische Anilin-& Soda-Fabrik (Erfinder: **Wilhelm von Füner**), Ludwigshafen/Rh., *Herstellung von Katalysatoren aus aktiver Tonerde.* Al-Sulfat- oder Al-Sulfitlsg. wird mit Ammoniaklsg. bei mindestens 90, z. B. 95°, behandelt, wobei ein p_H von 7—8 eingehalten wird; darauf wird das Tonerdehydrat von der Fl. abgetrennt u. mit gegebenenfalls NH_3-haltigem W. ausgewaschen. Nach dem Trocknen wird durch Erhitzen auf ca. 300° aktiviert. Man erhält eine katalyt. bes. wirksame Tonerde, die ein ausgezeichneter Katalysator für Druckhydrierung, Spaltung, Dehydrierung, Aromatisierung, Dehydratisierung, Polymerisation u. Raffination C-haltiger Stoffe ist. (**D. B. P. 884 190** Kl. 12g vom 27/7. 1941, ausg. 23/7. 1953.) MATTHAES. 5905

Josef Krönert, Hrsg. Physikalisch-chemische Analyse im Betrieb. Bearb. v. **Theodor Gast** u. a. Leipzig: Geest & Portig. 1953. (XVI + 621 S. m. 421 Abb.) = Handbuch d. techn. Betriebskontrolle. Bd. 4. DM-Ost 48,—.

III. Elektrotechnik.

Steatite Research Corp., Keasbey, übert. von: **Ernst Albers-Schoenberg,** Metuchen, N. J., V. St. A., *Gewinnung von Schwermetalloxyden,* die als *elektrische Widerstände* Verwendung finden. Man mischt 2- u. 3wertige Metalloxyde ($MO \cdot M_2'O_3$; M u. M' sind 2- bzw. 3wertiges Metall), schm. das Gemisch u. erhitzt im O_2-Strom. Dann erhitzt man im Neutralgasstrom, z. B. N_2, u. kühlt hierin ab. (**A. P. 2 626 445** vom 7/6. 1950, ausg. 27/1. 1953.) NEBELSIEK. 5955

Sprague Electric Co., übert. von: **Preston Robinson,** North Adams, Mass., V. St. A., *Elektrischer Leiter.* Auf dem mit einer feuerfesten, porösen Isolation, wie Ton oder Talk, versehenen elektr. Leiter wird elektrophoret. ein synthet. Harz, z. B. Polyvinylbutyralharz, niedergeschlagen, wobei das Harz in die Poren eindringt u. anschließend gehärtet wird. (**Can. P. 481 709** vom 24/7. 1945, ausg. 11/3. 1952.) WITTHOLZ. 5957

VEB Ika Kabelwerk Oberspree (KWO) (Erfinder: **Paul Nowak** und **Hermann Hofmeier**), Berlin-Oberschöneweide, *Isoliermasse für Hochfrequenzkabel,* bestehend zu zwei Dritteln aus hochmol. Polyisobutylen („Oppanol B 200"), zu einem Sechstel aus Polystyrol u. zu einem Sechstel aus einem dielektr. hochwertigen Wachs, z. B. Ozokerit. (**D. P. [DDR] 1 428** Kl. 21c vom 5/7. 1944, ausg. 13/4. 1953 [Wirtschaftspatent].) M. F. MÜLLER. 5957

Raymond René Dammé, Seine-et-Oise, und **René Marcel Rosset,** Seine, Frankreich, *Korrosionsschutz an elektrischen Batterien.* Zum Schutz der Metallteile gegen Korrosion durch in der Batterie enthaltene Säure dient ein auf Steatit- u. Bakelitoberflächen fest haftender Anstrich von der Zus.: 12(%) Lackgummi; 70 A.; 14 Ricinusöl; 4 Butylphthalat. (**F. P. 1 028 740** vom 2/12. 1950, ausg. 27/5. 1953.) B. SCHMIDT. 5971

Badische Anilin- & Soda-Fabrik, Deutschland, *Poröse Elektroden für alkalische Sammler.* Vor oder während des Frittens wird Pulver aus magnetisierbarem Metall oder Metalloxyd oder ein pulveriges Gemisch aus magnetisierbarem u. nichtmagnetisierbarem Metall der Einw. eines magnet. Feldes unterworfen, damit das Pulver sich zu einer größeren Porosität auflockert. Es wird z. B. eine 20 × 10 cm große, 1,8 cm hohe Cr–Ni-Blechschachtel 1 cm hoch mit durch Zers. von Ni-Carbonyl erhaltenen Ni-Pulver angefüllt u. in ein lotrechtes magnet. Feld gebracht. Dadurch dehnt sich das Pulver aus u. hebt den Deckel der Schachtel. Nach Abschalten des Feldes bleibt die Ausdehnung größtenteils erhalten. Durch Fritten bei 950° während 1½ Std. entsteht aus dem gelockerten Pulver ein Elektrodenkörper mit einem Porenvol. von ca. 84%. (**F. P. 1 024 344** vom 6/9. 1950, ausg. 31/3. 1953. D. Prior. 10/9. 1949.) B. SCHMIDT. 5971

René Audubert und **Coriolan Calmar,** Seine, Frankreich, *Depolarisator in Stromsammlern.* Die Regeneration der beim Entladen des Sammlers zum Teil abgebauten Depolarisationsschicht der Anode geschieht elektrolyt. im Sammler selbst durch Neubildung eines unlösl. Salzes aus dem Anodenmetall u. einem Elektrolyten, der Cl-, SO_4-, J-, Br-, CO_3- PO_4- oder JO_3-Ionen enthält. — Eine gebrauchte Ag-Elektrode z. B. wird mit einem Wirkungsgrad von 95—98% neu mit AgCl als Depolarisator beschichtet, indem durch einen Elektrolyten von p_H 5—8 u. einer Cl-Ionenkonz. = n/10 bis 2n bei 10—80° ein Strom von 5—20 A/dm² geschickt wird. (**F. P. 1 023 812** vom 28/3. 1950, ausg. 24/3. 1953.) B. SCHMIDT. 5971

N. V. Philips' Gloeilampenfabrieken (Erfinder: **Johannes de Gier** und **Theodorus Hagenberg**), Eindhoven, Holland, *Verschmelzen eines Eisenkegels mit einem Glasfenster bei Elektronenstrahlröhren.* Auf das Fe des Hohlkegels wird, wenigstens in der Anschmelzzone, eine Ni-Schicht aufgebracht, die gegebenenfalls noch mit einer dünnen Cr-Schicht versehen wird. Nach dem Entgasen dieser Schichten in oxydierender Atmosphäre wird unmittelbar darauf das Glasfenster mit dem Kegel verschmolzen u. spannungsfrei gekühlt. (**D. B. P. 884 074** Kl. 23b vom 15/11. 1951, ausg. 23/7. 1953. Holl. Prior. 18/11. 1950.) HANS HOFFMANN. 5975

N. V. Philips' Gloeilampenfabrieken, Eindhoven, Holland, *Leitender Belag für Gas- und Dampfentladungsleuchtröhren.* Wird ein zur Erleichterung der Zündung in Entladungsröhren für Leuchtzwecke dienender elektr. leitender Belag zur Erzielung fester Haftung durch Aufsintern oder Schmelzen eines Gemisches von Graphit mit Glasurpulver auf die gewünschte Stelle der Luminescenzschicht hergestellt, so wird der elektr. Widerstand des Belags zu hoch. Er kann erniedrigt werden, wenn dazu eine Dispersion von Graphit u. Glasurpulver in einer organ. Lsg., z. B. Butylacetat, verwendet wird, der noch ein filmbildender Stoff, wie z. B. Celluloseäther, oder Ester, z. B. Cellulosenitrat, zugesetzt wird. Das Gewichtsverhältnis von Graphit zu Glasur kann dann vorzugsweise 1:2 gewählt werden, ohne daß der Widerstand des Belages zu hoch wird. (**Oe. P. 171 107** vom 30/6. 1950, ausg. 25/4. 1952. Holl. Prior. 2/7. 1949.) KLEIN. 5975

N. V. Philips' Gloeilampenfabrieken, Eindhoven, Holland (Erfinder: **W. Elenbaas** und **T. A. M. Gast**), *Anbringen von elektrisch leitenden Belägen auf der Innenseite von Entladungslampen, die mit luminescierenden Stoffen überzogen sind.* Man bringt auf die leitend zu machenden Stellen eine Dispersion eines leitenden Metalls oder einer Verb., die durch therm. Zers. leitend wird, gleichzeitig mit einem anorgan. Bindemittel u. dem Leuchtstoff. Z. B. trägt man eine Dispersion aus Ag_2O u. einer Glasur, die den

Leuchtstoff enthält oder unter der der Leuchtstoff bereits aufgebracht ist, auf. (**Schwed. P. 137 489** vom 14/3. 1949, ausg. 7/10. 1952. Holl. Prior. 16/3. 1948.) JÜRGEN SCHMIDT. 5975

General Electric Co. Ltd., London, England, *Herstellung von Kristallkontakten.* Für die Herst. von *Ge*-Gleichrichtern verwendet man ein Ge mit 99,9% Ge u. ätzt es mit sauren oder alkal. Stoffen, z. B. HF, HNO_3, NaOH oder NH_4OH. — Z. B. ätzt man mit einer Mischung 1 Vol. W., 1 Vol. 50%ig. HF u. 1—2 Vol. HNO_3, u. zwar werden bes. natürliche Spaltflächen geätzt. Vor der Ätze erhitzt man zweckmäßig in Luft auf 600—700°. (**Dän. P. 74 094** vom 26/3. 1947, ausg. 5/5. 1952. E. Prior. 16/7. 1941.) JÜRGEN SCHMIDT. 5977

A. Vogt, Vaduz, Liechtenstein, Schweiz (Erfinder: **M. Auwärter**), *Herstellung von Edelmetallschichten auf Dielektrika für Kondensatoren.* Man stellt auf die dielektr. Unterlage zunächst im Hochvakuum eine dünne Cu-Schicht her u. dampft auf diese das Edelmetall, z. B. Ag, auf. (**Schwed. P. 137 440** vom 2/5. 1950, ausg. 23/9. 1952. Schwz. Prior. 7/5. 1949.) JÜRGEN SCHMIDT. 5983

Dow Corning Ltd., London, England (Erfinder: **John Forsythe Dexter**, Midland, Mich., V. St. A.), *Isolierte Spulen für Motore* u. dgl. erhält man durch Isolierung der elektr. Leiter mit einem Glasgewebe, das einseitig mit einem hitzebeständigen u. vulkanisierbaren Überzug, z. B. einem Gemisch aus 105 (Teilen) fl. Dimethylpolysiloxan, 100 TiO_2 u. 5 Benzoylperoxyd versehen ist. Das in 15 Min. bei 150° vulkanisierte Gewebe wird zwischen die Spulenlamellen gelegt u. die Spule selbst damit umgeben. — Abbildungen. (**E. P. 688 602** vom 26/7. 1951, ausg. 11/3. 1953. A. Prior. 15/9. 1950.) MÖLLERING. 5983

IV. Wasser. Abwasser.

R. Rath, *Laugenbrüchigkeit in Dampfkesseln. Verwendung von alkalischen Phosphaten zum Schutz des Kesselmetalls vor gewissen Fällen von Spannungskorrosionen.* Die Bleche von Kesseln mit genieteten Trommeln können infolge interkristalliner Risse korrodieren, wenn sie hohen mechan. Beanspruchungen ausgesetzt sind, u. wenn außerdem das Kesselwasser sich sehr stark eindickt, so daß NaOH-Konzz. von 4% u. mehr auftreten, die das Fe unter Bldg. von Ferraten angreifen. Zur Abhilfe dieser in alten, im Betrieb seltener werdenden Kesseln auftretenden Erscheinung wird empfohlen, das NaOH des Kesselwassers durch Na_3PO_4 zu ersetzen. (Chem. and Ind. **1953**. 600—03. 20/6. Paris, Electricité de France, Labor.) WESLY. 6030

John H. Ashley, *Vorbehandlung von Industrieabwässern.* Neben allg. Anforderungen behandelt Vf. Fragen des p_H, der Betonzerstörung, hochkonz. Abwässer u. solcher aus Plattierbetrieben, Sandfilter u. Klärbecken. (Wastes Engng. **22.** 75—77. Febr. 1951. Los Angeles, Calif.) MÜHLMEISTER. 6036

I. M. Molokow, *Erfahrungen bei der Abwasserreinigung.* Beschreibung einer Reinigungsanlage für Abwässer einer Färberei. Den Abwässern wird Eisenvitriol (100 g auf 1 m^3) zugesetzt, wonach sie in bes. konstruierten Behältern u. Teichen geklärt werden. (Текстильная Промышленность [Textil-Ind.] **13.** Nr. 8. 41—43. Aug. 1953.) STSCHERBINA. 6042

Billib, *Technik der Bewässerung mit Abwasser.* Neben den erheblichen Düngewerten u. dem Wasserfaktor bes. zur Überbrückung der krit. Perioden der Pflanzen werden bei der landwirtschaftlichen Nutzung des Abwassers die in ihm enthaltene Wärme u. der Humuswert verwertet. Ihre verschied. Möglichkeiten, die sie beeinflussenden Voraussetzungen sowie die erforderlichen Anlagen werden ausführlich besprochen. (Desinfekt. u. Gesundheitswes. **45.** 140—54. Okt./Nov. 1953. Hannover.) MÜHLMEISER. 6044

H. Kaltofen, *Behandlung des Abwasserschlammes.* Herkunft, Arten, Eigg. u. Mengen des Abwasserschlammes verschied. Verfahren. Von den Behandlungsmöglichkeiten: Trocknen an der Luft, Kompostieren, Verbrennen u. Ausfaulen ist letztere die beste. Beschreibung der Verff., Hinweise auf Möglichkeiten zur Unterbringung des ausgefaulten Schlammes. (Desinfekt. u. Gesundheitswes. **45.** 91—96. Okt./Nov. 1953. Hannover.) MÜHLMEISTER. 6048

Daniel A. Okun, *Verwendung von Sauerstoff im Tonnendurchsatz bei der Abwasserbehandlung. Sauerstoffgas von 95% Reinheit kann die Grundlage eines neuen Bio-Fällungsverfahrens werden.* 95%ig. O_2, in Anlagen bis 100 t/Tag gewonnen u. ohne Verdichtung verbraucht, soll statt Luft zur Schlammbelüftung verwendet werden. Eine Abänderung des Verf. ist nötig, um Entweichen nicht ausgenutzten O_2 weitgehend einzuschränken u. die Löslichkeit von 60 mg O_2/Liter Abwasser bei 5,5 m Wassersäule auszunutzen. In einer Laboratoriumsanlage fließt das Abwasser aus einem Vorratsbehälter in einer Röhre im Gegenstrom zum O_2 nach unten, absorbiert ihn u. steigt unter Rühren in einer 2. Röhre wieder nach oben, um dort in Rückfluß u. Abfluß getrennt zu werden. Nach den Ergebnissen dieser Anlage könnten mit 1 t O_2 bei 50% Verlust 3758 m^3 Abwasser gereinigt werden, wobei die App. ca. $^1/_4$ der Ausmaße einer Belebtschlammanlage haben wird. (Water Sewage Works **100.** 374—79. Sept. 1953. Chapel Hill, N. C., Univ. of North Carolina.) MÜHLMEISTER. 6048

Richter, *Hygienische Untersuchung und Begutachtung des Abwassers.* An Hand der „Deutschen Einheitsverf. für die Abwasserunters." werden die Gesichtspunkte für die Beurteilung eines Abwassers u. die dafür erforderlichen chem.-physikal., biol. u. bakteriolog. Unterss. besprochen. (Desinfekt. u. Gesundheitswes. **45.** 47—51. Okt./Nov. 1953. Stade, Med. Untersuchungsamt.) MÜHLMEISTER. 6068

V. Anorganische Industrie.

Jaroslav Schneider, *Die Herstellung von Glühphosphaten.* Überblick über die Entw. der Herst. von *Tricalciumphosphat, Tetracalciumphosphat* u. *Silicophosphat, Calcium–Magnesium-Phosphat* u. von *Calcium–Alkali-Phosphaten.* Ferner wird eingehend auf den Aufschluß von Rohphosphat mit Soda, Na_2SO_4 u. Na_2S eingegangen. — 30 Literaturstellen. (Chem. Průmysl **2** (27). 10—17. 1952.) ROTTER. H 264

V. Pristoupil, *Neue Wege in der Industrie der Phosphorverbindungen.* Überblick über die Phosphorrohstoffe (Tabelle mit Analysen von 11 russ., 3 afrikan. u. 10 nordamerikan. Apatiten u. Phosphoriten), die industriellen u. technolog. Probleme bei der Verarbeitung der Rohphosphate; Düngemittelherst., Herst. von elementarem P nach dem elektrotherm. u. Generatorverf., Verwendung von P zur Düngemittelherst., sowjet. Fortschritte. — 24 Literaturangaben. (Chem. Průmysl **2** (27). 17—27. 1952.) ROTTER. H 264

Edwin Andrew Guthrie Liddiard, Farnham Royal, übert. von: **Esther Myriam Doris Eborall,** London, und **William Albert Baker,** Harrow Weald, England, *Herstellung von Wasserstoff.* Fein verteiltes Mg-Metall wird mit 1—40% fein gepulvertem Fe-Material, bestehend aus oberflächlich oxydiertem Fe-Metall u. Fe-Oxyd, gemischt u. mit W. in Berührung gebracht, wobei H_2 in der theoret. Menge entwickelt wird, die der Rk. des Mg mit dem W. entspricht. (**A. P. 2 623 812** vom 30/4. 1948, ausg. 30/12. 1952. E. Prior. 8/7. 1943.) DEMMLER. H 238

Air Reduction Co., New York, N. Y., übert. von: **Clark E. Thorp,** Chicago, und **Gustaf Panula,** Midlothian, Ill., V. St. A., *Erzeugung von Ozon.* An die durch einen Gasraum voneinander getrennten Elektroden werden während des Durchströmens von O_2 hohe Spannungsimpulse mit plötzlichem Anstieg von kleinster zu größter Spannung u. mit plötzlichem Abfall von größter zu kleinster Spannung gelegt, wobei jeder dieser Impulse eine vorherbestimmte Zeitdauer von 10—200 Mikrosek. pro 0,3 cm Elektrodenabstand hat. (**A. P. 2 615 841** vom 8/7. 1948, ausg. 28/10. 1952.) DEMMLER. H 239

Siemens-Schuckertwerke Akt.-Ges., Berlin und Erlangen (Erfinder: **Ludwig Schirmer,** Arzberg), *Herstellung von Schutzgas oder von Nitriergas aus NH_3* u./oder anderen spaltbaren N—H-Verbb., z. B. methylierten Derivv. des NH_3, durch Aufspaltung in N_2 u. H_2 mittels ultravioletter Strahlen, bes. mit kleiner Wellenlänge. Sie kann durch erhöhte Temp. oder einen Katalysator beschleunigt werden, wobei die Erwärmung durch die UV-Strahlungsquellen erfolgen kann. Die Zerlegung kann im Nitrierraum selbst stattfinden. — Vorrichtungen. (**D. B. P. 886 594** Kl. 12i vom 24/1. 1943, ausg. 17/8. 1953.) ZÜRN. H 243

Mathieson Chemical Corp., Baltimore, Md., V. St. A., *Herstellung von wasserfreiem Hydrazin.* Hydrazinsulfat wird in Ggw. einer Fl., die einen oder mehrere aliphat. Äther oder Alkohole mit einem Kp. unter ca. 85° enthält, mit NH_3 umgesetzt. (**E. P. 652 855** vom 20/1. 1950, ausg. 2/5. 1951. A. Prior. 21/1. 1949.) DEMMLER. H 243

Badische Anilin- & Soda-Fabrik Akt.-Ges. (Erfinder: **Kurt Jockers** und **Karl Wintersberger**), Ludwigshafen/Rh., *Herstellung von Hydroxylamin* durch katalyt. Red. von NO mit H_2 im sauren Medium. Die Ausbeute wird stark erhöht, wenn man bei erhöhter Temp., bes. 40—60°, reduziert. Durch Anwendung von erhöhtem Druck z. B. 5 at, wird die Geschwindigkeit der Rk. sehr gesteigert. (**D. B. PP. 900 212** u. **900 213** Kl. 12i vom 21/10. 1951, ausg. 21/12. 1953. Anmeldungen bekanntgemacht 19/3. bzw. 12/3. 1953.) ZÜRN. H 243

Chemische Werke Hüls G. m. b. H. (Erfinder: **Alfred Schmidt** und **Hermann Röhl**), Marl (Kr. Recklinghausen), *Herstellung von Hydroxylaminsulfat* durch Einw. von SO_2 auf eine gekühlte wss. Lsg. von Erdalkalinitrit u. -hydroxyd u. Hydrolysieren der erhaltenen Erdalkalihydroxylamindisulfonatlsg. durch Erwärmen. Man führt einen Teil der erhaltenen Disulfonatlsg. derart im Kreislauf, daß dieser Teil nach Zusatz einer gleichmäßig gekühlten wss. Erdalkalinitrit-hydroxyd-Dispersion einem Reaktionsturm aufgegeben wird, in dem das Gemisch mit von unten zugeführtem SO_2 bis zur Erreichung eines $p_H > 2$, bes. 3—4, behandelt u. am unteren Ende des Turmes abgezogen wird, worauf der andere Teil des Reaktionsgemisches hydrolysiert wird. — Abbildung. (**D. B. P. 900 337** Kl. 12i vom 25/8. 1951, ausg. 21/12. 1953.) Zürn. H 243

Bergwerksverband zur Verwertung von Schutzrechten der Kohlentechnik G.m.b.H. (Erfinder: **Otto Grosskinsky, Georg Huck, Walter Klemt** und **Helmut Umbach**), Dortmund, *Gewinnung von* $(NH_4)_2SO_4$ aus Kokereigasen unter Befreiung von H_2S u. CO_2 durch gegenüber CO_2 selektiv wirkende Wäsche. Man behandelt den Ablauf eines unter erhöhtem Druck mit höher konz. NH_3-Wassers beaufschlagten H_2S-Waschers, gegebenenfalls zusammen mit anderem konz. NH_3-Wasser, bei erhöhter Temp. u. Druck mit O_2-haltigen Gasen, dampft ein u. schleudert das $(NH_4)_2SO_4$ ab. Dabei kondensiert man die Eindampfschwaden in Form eines CO_2-freien NH_3-Wassers u. führt dieses dem H_2S-Wäscher wieder zu. — Schema. (**D. B. P. 905 243** Kl. 12k vom 23/3. 1952, ausg. 1/3. 1954.) Nebelsiek. H 243

Farbenfabriken Bayer Akt.-Ges. (Erfinder: **Franz Bencker** und **Richard Schlee**), Leverkusen, *Herstellung von Hyposulfiten.* Die Sulfit–Bisulfit enthaltenden wss. Lsgg. werden viel schneller, bes. 5—15mal so schnell, durch den Reaktionsraum geführt als das Amalgam, so daß das p_H von 4,5—6,5 an allen Stellen durch die Rk. kaum geändert wird. Nach Abtrennung des gebildeten Hyposulfits wird SO_2 ganz oder teilweise außerhalb der Reduktionszone zugeführt. Die hierbei entstandene Wärme wird an Ort u. Stelle durch Kühlung beseitigt; die wss. Lsg. wird erneut mit Amalgam umgesetzt. Die Ausscheidung des Hyposulfits kann durch Zusatz von Stoffen, wie NaCl oder A., begünstigt werden. Die Bldg. von H_2S-Verbb. wird vermieden. Das Endprod. ist völlig Hg-frei. Das Amalgam kann 0,1% Na enthalten. — Vorr., Abbildung. (**D. B. P. 900 336** Kl. 12i vom 20/7. 1951, ausg. 21/12. 1953.) Zürn. H 253

Standard Oil Development Co., Elizabeth, N. J., V. St. A., *Herstellung von Aktivkohle* für die Adsorption von für gewöhnlich gasförmigen KW-stoffen. Ein Gemisch aus Säureschlamm u. Teer, Pech, Bitumen, Asphalt oder dgl. wird verkokt, bes. nach Entfernung von W. u. flüchtigen Stoffen durch Dest. u. in inerter Gasatmosphäre. Der Koks wird durch Behandlung mit einem gasförmigen Aktivierungsmittel bei 595—985°, bes. mit Dampf bei 760—815°, aktiviert. (**D. B. P. 886 299** Kl. 12i vom 12/9. 1951, ausg. 13/8. 1953. A. Prior. 13/9. 1950.) Zürn. H 260

Deutsche Gold- und Silberscheideanstalt vormals Roessler, Frankfurt/M. (Erfinder: **Ernst Wagner**, Rheinfelden, **Harry Kloepfer**, Frankfurt/M., und **Konrad Paasch**, Offenbach/M.), *Herstellung von kolloidalem* SiO_2 *in Aerogelform.* Ein Gemisch einer flüchtigen Si-Verb., bes. $SiCl_4$, mit Luft u. einem brennbaren H_2 enthaltenden Gas, bes. Leuchtgas oder H_2, wird in einen Brennraum eingeführt u. in einer Flamme verbrannt, deren Temp. bei 700—1400°, bes. 800—1300°, liegt, worauf die Verbrennungsgase in einen Abscheidungsraum geführt werden, wo ein erheblicher Teil des SiO_2 sich absetzt, während der Rest aus den Verbrennungsgasen in keram. Filtern oder durch elektr. Gasentstaubung gewonnen wird. Zur Erzielung geringer Teilchengröße sollen die gebildeten SiO_2-Teilchen nicht länger als 3 Sek. in der Flamme verbleiben u. schnell abgekühlt werden, indem der Abscheidungsraum auf 360—600° gehalten wird. Bes. werden die Gase durch konzentr. ineinanderliegende Brennerrohre in laminarer Strömung dem Brennerraum derart zugeleitet, daß ein Teil der Luft innen mit den Si-Verbb., ein weiterer Teil als Mantel mit dem Brenngas u. der Rest der Luft als äußerste Schicht zugeführt werden, wobei die Verbrennung mit einem O_2-Überschuß $> 10\%$ erfolgt. Brenn- u. Abscheidungsraum werden bes. unter geringem Unterdruck gehalten. Abgeschiedenes SiO_2 kann in einer Nachbehandlungszone, z. B. durch Aufwirbeln in einem heißen Luftstrom bei 200—400° von Halogeniden befreit werden. Die Vorr. kann aus Metallen wie Fe, Al hergestellt sein. — Vorr., Abbildungen. (**D. B. P. 900 339** Kl. 12i vom 5/7. 1951, ausg. 21/12. 1953.) Zürn. H 261

American Potash & Chemical Corp., Trona, Calif., übert. von: **Jonas Kamlet**, Easton, Conn., V. St. A., *Herstellung von Borphosphat* (BPO_4). Äquimol. Mengen von B_2O_3 u. P_2O_5 werden bei Tempp. zwischen 577 u. 1000° umgesetzt. (**A. P. 2 646 344** vom 27/9. 1952, ausg. 27/7. 1953.) Zürn. H 264

État Français, *Herstellung von Phosphor.* Schwermetallphosphate, z. B. die Phosphate des Pb, Sn, Bi oder Pyrophosphate werden mit H_2 bei Tempp. zwischen 300 u.

1000° reduziert. Die Schwermetalle verbleiben im Reaktionsgefäß, während P abdest. u. im Kühler kondensiert wird. (**F. P. 987 053** vom 28/3. 1949, ausg. 8/8. 1951.) WITTHOLZ. H 264

Turner & Newall Ltd., übert. von: **Robert H. Kerlogue** und **Petter E. Bugge**, Montreal, Quebec, Canada, *Herstellung von wasserfreiem $MgCl_2$ bzw. von Mg-Metall.* Ein aus Abfallpech u. feinverteilten Mg-Verbb., z. B. MgO u. MgO-liefernden Verbb., bestehender Schlamm wird nach Trocknung u. Zerkleinerung auf Tempp. zwischen 450 u. 1000° in Abwesenheit von Luft erhitzt, bis alle flüchtigen Bestandteile entfernt sind. Dann wird der aus MgO u. C bestehende Rückstand bei 800—1000° mit Cl_2-Gas behandelt. Um Mg-Metall zu erhalten wird das so erhaltene $MgCl_2$ elektrolysiert. (**Can. P. 488 965** vom 25/11. 1946, ausg. 16/12. 1952. E. Prior. 8/12. 1945.) WITTHOLZ. H 282

Merck & Co., Inc., Rahway, N. J., übert. von: **William W. Mower**, Los Altos, Calif., V. St. A., *Gewinnung von Mg-Verbindungen.* In eine senkrechte, mit einer $Mg(OH)_2$-Aufschlämmung gefüllte Kolonne führt man unten CO_2 mit solchem Druck ein, daß dieses durch die M. hindurchperlt. Aus dem unteren Teil der Kolonne zieht man kontinuierlich carbonisiertes Material ab u. führt in demselben Maße oben neuen Schlamm zu. Die abgezogene M., die aus ausgefallenen Mg-Verbb. u. wss., gelöstem $Mg(HCO_3)_2$ besteht, wird filtriert u. die wss. Lsg. auf $Mg(HCO_3)_2$ aufgearbeitet. (**A. P. 2 630 371** vom 29/9. 1947, ausg. 3/3. 1953.) NEBELSIEK. H 282

Philip Carey Mfg. Co., Cincinnati, O., übert. von: **George M. Armstrong** und **H. Albert Cook**, Plymouth Meeting, Pa., V. St. A., *Gewinnung von $CaCO_3$ und $Mg(HCO_3)_2$.* Ein durch Calcination von Dolomit gewonnenes Gemisch aus $Ca(OH)_2$ u. $Mg(OH)_2$ wird stufenweise carbonisiert. Man zieht in der 1. Stufe das Ca heraus, indem man dem Schlamm wss. Mg-Salzlsg. zusetzt, wodurch $Mg(OH)_2$ ausflockt u. sich absetzt. Die überstehende, wss., klare $Ca(OH)_2$-Lsg. zieht man ab u. gewinnt durch CO_2-Einleiten reines $CaCO_3$. Der Restschlamm der 1. Stufe wird in 2 weiteren Stufen carbonisiert u. mit wss. Mg-Salzlsg. versetzt, bis zum Schluß alles Mg in $Mg(HCO_3)_2$ übergeführt ist. (**A. P. 2 626 853** vom 15/8. 1949, ausg. 27/1. 1953.) NEBELSIEK. H 283

General Electric Co., New York, N. Y., übert. von: **John F. Ross**, Shaker Heights, und **Harold W. Sloyer**, Willoughby, O., V. St. A., *Reinigen von $CaCl_2$.* Man fügt zu einer durch Fe u. andere Schwermetalle verunreinigten, schwach alkal. $CaCl_2$-Lsg. langsam verd. H_3PO_4 bis zum p_H 6,5 u. filtriert die erhaltene Suspension. Die unlösl. Verunreinigungen bleiben zurück u. man erhält eine reine $CaCl_2$-Lösung. (**A. P. 2 636 807** vom 9/10. 1951, ausg. 28/4. 1953.) NEBELSIEK. H 283

Klöckner-Humboldt-Deutz Akt.-Ges. (Erfinder: **Otto Diettrich**), Köln, *Gewinnung von Al_2O_3* aus calciumaluminathaltigen Schlacken, wobei Al_2O_3 mittels Na_2CO_3-Lsg. ausgelaugt u. $Al(OH)_3$ mittels $NaHCO_3$-Lsg. aus der Lauge gefällt wird. Dabei sollen $Al(OH)_3$-Lsg. u. $NaHCO_3$-Lsg. etwa gleiches Vol. haben u. der Alkaligeh. soll ebenfalls gleich sein. Die Lsgg. sollen bei ca. 40—70° miteinander verrührt u. nach Abtrennung der gefällten Tonerde ein Teil der restlichen Lsg. in den Laugeprozeß zurückgeführt werden, während der andere Teil in Rieseltürmen durch Behandeln mit CO_2 zu $NaHCO_3$-Lsg. regeneriert u. in den Fällprozeß zurückgeführt wird. (**D. B. P. 904 769** Kl. 12m vom 31/5. 1942, ausg. 22/2. 1954.) NEBELSIEK. H 294

National Lead Co., New York, N. Y., übert. von: **Leif Aagaard**, Plainfield, **Sand ford S. Cole**, Metuchen, und **Lancelot Watson Rowe**, Fords, N. J., V. St. A., *Chlorieren von Ti- und Fe-haltigem Material.* Ein Ti-Schlamm, der außer TiO_2 noch FeO, MgO, CaO u. andere Oxyde enthält, wird mit Fe-Phosphat bzw. H_3PO_4 oder H_2SO_4 gemischt erhitzt u. in Ggw. von C bei erhöhter Temp. chloriert. Das gebildete $TiCl_4$ wird von den entstandenen gemischten Phosphaten bzw. Sulfaten durch Verflüchtigen abgetrennt. (**A. PP. 2 622 005** u. **2 622 006** vom 5/4. 1951, ausg. 16/12. 1952.) NEBELSIEK. H 321

United States of America, übert. von: **Warren B. Blumenthal**, Niagara Falls, N. Y., V. St. A., *Gewinnung von $ZrCl_4$* durch $1^1/_2$std. Erhitzen von ZrF_4 u. $MgCl_2$ (ca. 1 : 2) auf ca. 750°. Man kondensiert die Dämpfe u. erhält so festes $ZrCl_4$. (**A. P. 2 626 203** vom 4/3. 1952, ausg. 20/1. 1953.) NEBELSIEK. H 322

Siemens & Halske Akt.-Ges., Berlin und München (Erfinder: **Georg Rosenberger**, Heidenheim/Brenz), *Herstellung sehr reiner Germanium- oder Siliciumhalogenide,* bes. für die Herst. von Ge u. Si für Gleichrichter, Transistoren. Dem Halogenid wird ein mit ihm ein azeotrop. Gemisch bildender Stoff, bes. eine organ. oder anorgan. Säure, in solcher Menge zugesetzt, daß der Kp. des Gemischs über oder unter den Kpp. des Halogenids bzw. des Zusatzstoffs liegt. Das Gemisch wird so lange u. nur so weit erwärmt, daß das Halogenid mit dem Zusatzstoff als gereinigtes Destillat oder

als gereinigter Rückstand gewonnen wird. Man dest. bes. bei Unterdruck. Zur Reinigung von $GeBr_4$ setzt man die 4—5fache Menge Essigsäure oder die 1—2fache Menge Essigsäureanhydrid zu. (**D. B. P. 900 340** Kl. 12i vom 22/8. 1950, ausg. 21/12. 1953.)
ZÜRN. H 326

Metal & Thermit Corp., New York, N. Y., übert. von: **Hartmut W. Richter**, Rahway, N. J., V. St. A., *Gewinnung von SnO_2*. Man erhitzt unter Druck eine wss. $Na_2SnO_3 \cdot 3\,H_2O$-Lsg. auf ca. 150—370° u. trennt nach dem Abkühlen das gebildete SnO_2 von der NaOH-Lsg. ab. (**A. P. 2 621 109** vom 28/5. 1947, ausg. 9/12. 1952.)
NEBELSIEK. H 327

VI. Silicatchemie. Baustoffe.

P. M. Cupido, *Temperaturmessung in Glasöfen und einige instrumentelle Anwendungen der elektrischen Messung.* Der Vf. beschreibt die Messung mittels Thermoelement u. Gesamtstrahlungspyrometer sowie Steuerungsschaltungen zur Ofenregelung. (Silicates ind. **18.** 405—10. Dez. 1953. Philips Glühlampenfabrik, Eindhoven, Holland.)
W. SCHÜTZ. 6172

R. Ramsauer, *Freie Grenzflächenenergie und Schleiffestigkeit von Glas.* Die Schleiffestigkeit gibt keinen eindeutigen Aufschluß über die Absorption von Fll. an festen Grenzflächen u. ist nicht geeignet zur relativen Best. der freien Grenzflächenenergie an festen Körpern. Der Abrieb von Glaskugeln bei verschied. Schleifmitteln u. in verschied. Fll. ist nicht nur abhängig von dem Einfl. der Fl. auf die Grenzflächenenergie des festen Körpers, sondern auch von dem Einfl. der Fl. auf das Schleifkorn. Daher auch die Invarianz der Schleiffestigkeit von Glas. (Kolloid-Z. **121.** 71—74. Febr. 1951. Witten/Ruhr, Deutsche Tafelglas Akt.-Ges., Hauptlabor.)
W. SCHÜTZ. 6200

Y. M. Agamawi und **J. White**, *Das quaternäre System CaO–Al_2O_3–TiO_2–SiO_2.* 2. u. 3. Mitt. (1. vgl. C. **1954.** 2691.) Nach Besprechung der Existenzgebiete von *Wollastonit* u. seiner Para- u. Pseudomodifikation sowie der betreffenden bin. Teilsysteme an Hand der Literatur wird in der 2. Mitt. mit Hilfe der früheren Untersuchungsmeth. — mkr.-petrograph. u. röntgenograph. — das tern. Syst. Metasilicat–Sphen–SiO_2 auf Grund ausgewählter Ausgangsmischungen, deren Zus. in den senkrechten Schnitten (parallel zu den Dreieckseiten) des Dreiecks-Phasendiagramms liegt, untersucht. Dieses Syst. gehört zum einfachen eutekt. Typ, u. sein eutekt. Punkt besitzt die Zus. 42,5% Pseudowollastonit, 41,5% Sphen, 16% SiO_2 u. schm. bei 1322 ± 2°. Aus den damit erhaltenen 4 tern. Teildiagrammen wird dann in der 3. Mitt. das quaternäre Syst. Ca-Metasilicat–Anorthit–Sphen–SiO_2 zusammengestellt. Auch bei diesem Syst. treten keine neuen Verbb. sondern nur ein quaternäres Eutektikum der Zus. 27,5% Ca-Metasilicat, 38,3% Anorthit, 9,3% Sphen u. 24,9% SiO_2 auf, F. 1157 ± 3°. Durch Aufnahme von CaO während des Betriebes (Anstieg des CaO-Geh. bis auf 5,52% gegenüber ursprünglich 2,05%) verschiebt sich die Zus. der Silcrete-Ofensteine in das Gebiet des untersuchten quaternären Systems. (Trans. Brit. ceram. Soc. **53.** 1—38. Jan. 1954.) HENTSCHEL. 6206

V. Charrin, *Das Talkum, seine Verwendung in der Keramik und Lagerstätten in Frankreich.* Nach einem kurzen Überblick über die mineralog. Zus. u. die Eig. des *Talkums* werden die Anwendungen desselben als Zusatz bei keram. Massen erörtert. An Stelle von MgO wird Talkum zur Herst. von feuerfesten Steinen zur Auskleidung metallurg. Öfen benutzt. Abschließend folgen nähere Angaben über die Talkumlagerstätten in Frankreich. (Ind. céram. **1953.** 183—84. Juli/Aug.) PISTOR. 6208

R. Miollany, *Studie über die Spannungen zwischen Grundkörper und Glasur unter Anwendung der Ringmethode.* Nach einem kurzen Überblick über die bekannten Methoden zur Best. der Spannung zwischen Glasuren u. keram. Körpern wird über die Vorteile der Ringmethoden von RIGBY sowie von SCHURECHT u. POLE an Hand von Verss. berichtet. — Abbildungen u. Diagramme. (Bull. Soc. franç. Céram. **1952.** 7—13. Okt./Dez. Soc. Française de Céram., Serv. des Rech. Techn.) MARKHOFF. 6212

S. Davidson und **J. White**, *Einwirkung von Wärme auf Tone und ihre Wirkung auf die „Lebensdauer" von Tonbindungen.* Alle lufttrockenen Tone verlieren beim Erhitzen Wasser. Dieses kann teils adsorbiert, teils chem. gebunden sein. Der größtenteils bei 110° auftretende Verlust des adsorbierten W. ist völlig reversibel; d. h. der Ton nimmt in feuchter Atmosphäre das verlorene W. wieder auf u. zeigt dann nur eine geringe oder gar keine Abweichung von seinen ursprünglichen Eigenschaften. Das chem. gebundene W. beginnt bei 400° zu entweichen; je nach der Art des Tones wird es bei hinreichend langer Erhitzung auf 550—700° völlig ausgetrieben. Dieser Wasserverlust geht einher mit einem Zerfall der Tonstruktur — er ist irreversibel — u. dem fast völligen Verlust der Fähigkeit, mit W. formbar zu werden. Die Einw. der Wärme auf Ton besteht demnach letztlich in der Zerstörung seiner Bindefähigkeit. Dieser Vorgang wird immer in einer Gießform in unmittelbarer Nähe der Berührungsfläche Form–Metall auftreten, wo die Temp. ausreicht, um den Ton vollständig u. fast augenblicklich zu zersetzen. In der Gießform gibt es jedoch eine tiefere Zone, in der die höchsten Tempp. zwischen 400 u. 700° liegen u. in der die verschied. stark entwässerten Tone auf Grund der Zeit–Temp.-Bedingungen nennenswerte Unterschiede in ihrer Strukturveränderung erleiden; diese werden sich innerhalb einer bestimmten Anwendungszeit zeigen. Diese Tatsachen sollten berücksichtigt werden, wenn Unterschiede in der „Lebensdauer" von Tonen auftreten. Die Ergebnisse der Unterss., bes. die Beziehungen zwischen Zerfall u. „Lebensdauer", bzw. den chem. u. physikal. Eigg. während der Wärmeeinw. sind in zahlreichen Zahlentafeln u. Diagrammen zusammengestellt. (Foundry Trade J. **95**. 165—74. 6/8. 235—45. 20/8. 1953.) WESLY. 6216

B. R. Jacobsen, *Leistung von Zementdrehöfen bei erhöhter Beschickung.* Es wird gezeigt, daß bei Beschickung von Zementdrehöfen weit über ihre Nennleistung hinaus der Brennstoffverbrauch unverhältnismäßig hoch ansteigt, schwierige Staubprobleme u. andere Schwierigkeiten auftreten. Es ist danach richtiger, einen zusätzlichen Ofen aufzustellen, der die geforderte Mehrleistung unter n. Verhältnissen bewältigt. (Rev. Matér. Construct. Trav. publ., Édit. C **1953**. 137—40. Mai. New York, N. Y., F. L. Smith & Co.) K. SEIDEL. 6222

E. Eipeltauer, *Tonerdezement aus österreichischen Rohstoffen.* Vf. hat die Verwertbarkeit des Bauxitvork. von Unterlaussa (Österreich) für die Herst. von Tonerdezement untersucht. An Hand von 16·Versuchsbränden aus diesem Material mit Ischler Kalk wird gezeigt, daß bei geeigneten Arbeitsbedingungen trotz des MgO-Geh. im verwendeten Kalkhydrat von 5,3% sowie eines SiO_2-Geh. im Bauxit von 9,5% Tonerdezemente gewonnen werden können. Es wurden 7 Tage Festigkeiten bis zu 495 kg/cm² Druck bei 69 kg/cm² Biegezug gefunden. Eine verschärfte Raumbeständigkeitsprüfung im Autoklaven bei 200° ließ keinerlei Treibneigung erkennen. Die Versuchsergebnisse sprechen demnach für die Eignung von Unterlaussa-Bauxit u. Ischler Kalk als Rohstoffe für Tonerdezement. (Berg- u. hüttenmänn. Mh. montan. Hochschule Leoben **98**. 256—60. Dez. 1953. Wien, TH, Inst. für Anorgan. Chem. Technol.) H. FISCHER. 6222

S.-G. Bergstrom, *Stabile Betonmischungen.* An Hand vieler Versuchsreihen wird die Verformbarkeit von verschied. Betonmischungen untersucht, um festzustellen, welche Mischung ihre Verformbarkeit über eine längere Zeitdauer beibehält, so daß sie auch bei verspätetem Einbringen noch gleichmäßig gut verarbeitbar ist. Es wird festgestellt, daß durch Hinzufügen von Mischölen die Verformbarkeit besser wird, die Mischung gleichmäßiger u. die Verarbeitbarkeit stabilisiert u. erhöht wird. (Rev. Matér. Construct. Trav. publ., Édit. C **1953**. 197—206. Juli.) K. SEIDEL. 6224

Rune Hedin und **Per-Åke Thorén,** *Untersuchungen über den Kalk.* Als Beitrag zur Kenntnis der Brenn- u. Löschvorgänge des Kalkes werden Verss. mitgeteilt, in deren Verlauf die Beziehungen zwischen der Hydratationsgeschwindigkeit des Kalkes einerseits u. der Brenndauer bzw. Brenntemp. andererseits untersucht werden. (Rev. Matér. Construct. Trav. publ., Édit. C **1953**. 159—60. Mai.) K. SEIDEL. 6226

H. Shumacher, *Die Ausweitung der Anwendung der Hochofenschlacke.* Beschreibung der Herst. von Schlackenbindern, der Erzeugung von Hüttenbims für Leichtbauzwecke u. Fertigbauteile, der Herst. von Dachsteinen u. Betonwaren u. der Nutzbarmachung des WECK-SCHOENHOFER-Verf. für die Herst. von Bauelementen. (Rev. Matér. Construct. Trav., publ., Édit. C **1953**. 222—24. Juli.) K. SEIDEL. 6228

Wilhelm Geilmann und **Hans Jenemann,** *Die Bestimmung geringer Phosphatgehalte in Gläsern.* Nach einem Aufschluß mit HF u. $HClO_4$ werden die Gehh. an P_2O_5 colorimetr. bis zu Mengen von 10^{-3}% bestimmt. Auf Basis der Molybdänblaumeth. wird ein Mikroanalysenverf. mitgeteilt, welches die Abschätzung des P_2O_5-Geh. gestattet. (Glastechn. Ber. **26**. 341—46. Nov. 1953. Mainz, Univ., Inst. für anorgan. u. analyt. Chem.) W. SCHÜTZ. 6242

P. Remy-Gennete, *Zur Schnellbestimmung der Magnesia im Dolomit.* Es wird vorgeschlagen, den Dolomit zu glühen, den Rückstand mit NH_4Cl zu versetzen, das entstehende NH_3 mit H_2SO_4 zu titrieren u. das CaO mit Na-Oxalat zu fällen, den Nd. in H_2SO_4 zu lösen u. mit $KMnO_4$ zu titrieren. MgO läßt sich dann errechnen. (Silicates ind. **18**. 151. April 1953.) K. SEIDEL. 6260

Comp. des Lampes, Seine, Frankreich (Erfinder: **John Edwin Stanworth** und **Alan Edward Dale**), *Gegen Alkalidämpfe widerstandsfähiges Borophosphatglas* als Überschicht für Lampen aus hartem Borosilicatglas, die in Alkaliverdampfungsanlagen Verwendung finden, aus ca. 10—33 (Gewichtsteilen) P_2O_5, 26—49 B_2O_3, 15—38 Al_2O_3, 15—25 CaO, MgO, BaO, 10 SiO_2 u. 3 Na_2O + H_2O. Besteht die Lampe z. B. aus einem Glas aus 66 SiO_2, 2 Al_2O_3, 24 B_2O_3 u. 8 Alkalioxyd, so wird zweckmäßig als Überzug ein Glas aus 16 P_2O_5, 39 B_2O_3, 23 Al_2O_3, 5 CaO, 12 MgO u. 5 SiO_2 gewählt. (**F. P. 1 027 316** vom 7/11. 1950, ausg. 11/5. 1953. E. Priorr. 11/11. 1949 u. 15/9. 1950.) BEWERSDORF. 6201

Edouard Casimir Veisblat, England, *Sicherheitsglas*. Man überzieht Mineral- oder organ. Glas ein- oder beidseitig mit einem synthet. Elastomeren, dessen Shorehärte 75 nicht übersteigt, wie Vinylchloridpolymere u. -mischpolymere zusammen mit Plastiziermitteln, Butadien–Acrylnitril- oder –Styrol-Mischpolymerisate, Kautschukhydrochlorid, Polyacrylnitril. Zur besseren Haftung der Elastomeren auf den Unterlagen kann man Dextrin, nachchloriertes Polyvinylchlorid, Polyurethane, Epoxydharze, Kautschuk–Maleinsäureanhydrid-Mischpolymere oder Mischpolymere von Vinylestern oder Acrylestern mit Maleinsäureanhydrid, Acryl- oder Methacrylsäuren verwenden. (**F. P. 1 040 919** vom 23/7. 1951, ausg. 20/10. 1953.) PANKOW. 6201

Bernhard Becker, Mühlhausen/Hegau, Baden, *Herstellung kristalliner Gesteinsschmelzen* aus einem Gemenge natrium-, calcium- u. kieselsäurehaltiger Stoffe unter Benutzung von Kristallisatoren in Dampfform, wie fluor- oder borsäurehaltige Stoffe. In dem Ofen werden in die die Schmelze nach außen abschließende Abkühlungskruste z. B. mittels Gebläsebrennern Öffnungen oder Kanäle geschmolzen, durch welche die gasförmigen Kristallisatoren mittels eingebrachter Rohre in den Schmelzkuchen eingeblasen werden. Dann wird das Rohr langsam zurückgezogen. Durch Erweichen des Oberrandes des Bohrkanales durch erneutes Erhitzen mittels der Brenner kann dann gegebenenfalls die obere Mündung des Kanals wieder geschlossen werden. (**Oe. P. 178 326** vom 27/2. 1950, ausg. 26/4. 1954.) BEWERSDORF. 6209

Foote Mineral Co., Philadelphia, übert. von: **John W. Donahey**, Drexel Hill, Pa., V. St. A., *Niedrigschmelzende Fritte für Emailüberzüge, besonders für Aluminium*, besteht aus 5—15 (Mol-%) Li_2O, 15—33 Na_2O, 3—12 CuO, CoO, NiO oder CdO, 15—23 Al_2O_3, 20—32 P_2O_5 u. F in einer Menge, die 2—15 Na_2F_2 äquivalent sind. Die Summe der Mole an B_2O_3 u. Al_2O_3 dividiert durch die Mole an P_2O_5 soll 0,6—1,6 ergeben u. die Summe der Mole an B_2O_3, Al_2O_3 u. P_2O_5 dividiert durch die Summe der Mole an Li_2O, Na_2O u. CuO oder den anderen leicht reduzierbaren Oxyden soll 1—1,5 sein. — Beispiel: 2,9 (Gew.-%) Li_2O, 11,8 Na_2O, 8 NaF, 20,3 Al_2O_3, 6,9 B_2O_3, 42,5 P_2O_5 u. 7,5 CuO. (**A. P. 2 608 490** vom 1/8. 1950, ausg. 26/8. 1952.) MARKHOFF. 6213

Willy Fontaine, Bas-Rhin, Frankreich, *Kaltglasieren von Fliesen, Mauern usw. aus Zementmörtel*. Vor dem Abbinden des Mörtels wird auf die Oberfläche eine Lage Zementglasur aufgebracht. Sie besteht aus gleichen Teilen sehr fein gemahlenem Zement, dem geringe Mengen Bentonitpulver beigefügt sein können, u. Quarzpulver, dem außer einem Farbstoff noch $CaCl_2$ beigemischt sein kann. Das Gemenge wird mit der erforderlichen Menge W. u. ca. 3% Bitumenemulsion angeteigt. (**F. P. 1 016 261** vom 14/4. 1950, ausg. 6/11. 1952.) BEWERSDORF. 6213

VEB Silikonchemie, Radebeul-Dresden (Erfinder: **Richard Müller** und **Max Kahlert**), *Herstellung von gebranntem Schaumton*. Z. B. werden 200 (g) Löthainer Ton mit 5 eines Treibsatzes trocken vermischt, der zu 40% aus Dioxodisiloxan u. zu 60% aus gelöschtem Kalk besteht. Das Gemisch wird mit 110 cm^3 W. angeteigt, 40 cm^3 Entwicklerlsg., bestehend aus Sodalsg. mit 100 Na_2CO_3 im Liter, zugegeben, u. das Ganze zu einer gleichmäßigen Mischung verrührt. Die M. wird darauf in ein flaches schalenartiges Gefäß gegeben. Nach kurzer Zeit beginnt das Treiben u. die M. bläht sich auf. Nach Beendigung wird die M. in der Schale bei mäßiger Wärme getrocknet u. schließlich bei 1100° gebrannt. Unter Schwinden entsteht eine poröse M. von erheblicher Festigkeit u. gut ausgebildeter, annähernd geschlossener Blasenstruktur. (**D. P. [DDR] 2 381** Kl. 80b vom 23/2. 1952, ausg. 6/10. 1952 [Wirtschaftspatent].) BEWERSDORF. 6217

Soc. An. des Manufactures des Glaces et Produits Chimiques de Saint-Gobain, Chauny & Cirey, Seine, Frankreich, *Herstellung von feuerfesten Aluminiumsilicatkörpern hoher Qualität*. Z. B. erhitzt man kaolinhaltigen Ton so lange auf 600—750°, bis jede kristalline Struktur zerstört ist. Nach dem Erkalten kann die M. bequem zerkleinert werden. Es werden unter Druck Formkörper hergestellt, die bei ca. 1500° so lange gebrannt werden, bis die M. vollständig in Mullit umgewandelt ist. (**F. P. 1 016 689** vom 25/4. 1950, ausg. 19/11. 1952.) BEWERSDORF. 6219

Comp. Générale d'Électro-Céramique, Seine, Frankreich, *Herstellung Al_2O_3-reicher elektrothermischer Keramikkörper* aus elektr. geschmolzenem Al_2O_3, gebranntem Al_2O_3

des Handels, Sillimanit oder Cyanit unter Zusatz eines Schmelzzementes als Mineralisator u. unter weiterem Zusatz von Ton, Feldspat oder alkal. Erden. — Z. B. vermischt man 75 (%) gebranntes Al_2O_3, 18 Ton u. 7 Schmelzzement, formt u. brennt bei ca. 1450°. Die Biegungsbruchfestigkeit solcher Körper beträgt 2850 kg/cm². (**F. P. 1 037 739** vom 26/5. 1951, ausg. 22/9. 1953.) BEWERSDORF. 6221

René Marie Berthier, Isère, Frankreich, *Herstellung eines Mischzementes.* Man vermischt Zemente verschied. Mahlung miteinander. — Z. B. setzt man einen Portlandzement aus 5 (%) Körnchen 15—20 μ, 17,5 Körnchen 20—25 μ, 27,5 Körnchen von 25—33 μ u. den Rest aus Körnchen von 33—150 μ zusammen (I). Fügt man dieser Mischung ca. 5 desselben Zementes in ultrafeiner Mahlung zu, so erhält man ein Zementgemenge, dessen Mörtel nach dem Abbinden sowohl schon nach **24** Std., als auch nach 7 Tagen gute Festigkeiten aufweist. Wenn z. B. eine noch schnellere Abbindung u. Erhärtung erwünscht ist, gibt man zu **I** 5 Schmelzzement ultrafeiner Mahlung hinzu. (**F. P. 1 038 990** vom 22/6. 1951, ausg. 2/10. 1953.) BEWERSDORF. 6223

Robert Alexis Auguste Louis Le Lan, Seine, Frankreich, *Herstellung von Leichtbetonkörpern.* Man umhüllt die Zuschlagstoffe Puzzolane, Bimsstein, Schlacken mit einem Zementmörtel, der zahlreiche Luftblasen enthält. Man macht den Mörtel mit einer wss. Emulsion aus „Teepol" u. Wasserglas an. Beim innigen Mischen entwickeln sich Luftblasen. (**F. P. 1 032 258** vom 9/2. 1951, ausg. 30/6. 1953.) BEWERSDORF. 6225

Victor Trief, Belgien, *Behandlung einer wässerigen Mischung aus Natur- oder Abfallgipsdoppelhydrat zum Zwecke der Bildung von Gipshemihydrat.* Gips wird mit W. fein vermahlen. Die fl. Paste wird dann gegebenenfalls mit gewünschten Zuschlagstoffen vermischt. Der Mörtel wird im Autoklaven bis zu einem Druck von 5 at ca. 1½ Std. erwärmt. Noch warm wird der fl. Mörtel in Formen gegossen u. der Abbindung überlassen. (**F. P. 1 040 273** vom 1/8. 1951, ausg. 14/10. 1953.) BEWERSDORF. 6227

Jules André Grenet, Seine, Frankreich, *Verwendung von kälte- und hitzebeständigem Zellenbeton (Schaumbeton) als Füllmasse für den Zwischenraum der Wände von Kühlschränken und als Ofenfutter.* Man benutzt zweckmäßig einen Spezialschmelzzement als Bindemittel. Der Mörtel wird so angemacht, daß er bequem eingegossen werden kann. Man kann auch Blöcke in Holzformen daraus gießen. Für Öfen können Futtersteine hergestellt werden, oder der Mörtel wird so hergerichtet, daß er als Stampfmasse Verwendung finden kann. Der erhärtete Zellenbeton weist eine genügende mechan. Widerstandsfähigkeit auf, ist unverbrennbar, unverweslich u. unverformbar. Der Mörtel bietet guten Ersatz für alle Zwecke, in denen sonst Glaswolle oder Mineralwolle benutzt wird. (**F. P. 1 038 912** vom 21/9. 1951, ausg. 2/10. 1953.) BEWERSDORF. 6229

A. Cereseto e **A. Rio,** Nouvelles recherches sur les ciments pouzzolaniques. Roma: U. Quintily. 1953. (13. S. m. Abb.)

VII. Agrikulturchemie. Schädlingsbekämpfung.

C. Antoniani, G. Cerutti und **P. L. Farfaletti Casali,** *Experimentelle Beobachtungen über das Verhalten von „Superphosphat Reno" im Boden. Superphosphat Reno* zeigt eine gute Düngerwrkg. u. wird infolge seiner chem. Zus. im Boden nur wenig festgelegt, sondern bleibt carbonatlöslich. (Agric. ital. **53** ([N. S.] **8**). 1—7. Jan. 1953. Mailand, Landwirtsch. Inst. der Univ.) GRIMME. 6282

J. P. J. van Vuren, *Kompost.* Überblick über Gewinnung, Pflege u. Verwendung eines guten Kompostes. Als Mittelwerte für den Geh. an ausnutzbaren Nährstoffen werden angegeben bei Bauernkompost (in %): 1,05 N, 0,67 P_2O_5, 1,32 K_2O, die entsprechenden Werte für Stadtkompost waren 1,81, 0,80 u. 1,05. (Farming South Africa **28.** 304—10. Sept. 1953. Pretoria, Div. of Soil Conservat. and Extens.) GRIMME. 6294

H. J. Sims, *Bemerkungen zur Bodenfruchtbarkeit in den Getreidebaugebieten von Viktoria.* Allg. Überblick über den Kulturzustand verschied. landwirtschaftlich genutzter Böden Australiens unter Berücksichtigung der folgenden Gesichtspunkte: Nährstoffzustand (P-, Zn-, N-Bedürfnis), Möglichkeit der Einschaltung von Fruchtfolgesystemen bes. des Grünlandbaues, Humuszustand, Bodenstruktur, Mikroorganismen, Beeinflussung der Qualität durch Kulturmaßnahmen u. Fruchtfolge. Die Besonderheiten der lokalen Verhältnisse u. Verbesserungsmaßnahmen werden besprochen. — 58 Literaturangaben. (J. Austral. Inst. agric. Sci. **19.** 89—98. Juni 1953. Victoria, Dep. of Agric.) LENHARD. 6304

A. N. Pathak, *Wirkung jahreszeitlicher Änderungen auf den Gehalt an Nitrat und wasserlöslichen Salzen.* Bei der Nitratanhäufung in der Bodenoberschicht zeigten sich

Maxima im Oktober u. im Sommer, woraus auf Zusammenhänge mit Regenfall u. Wärme geschlossen wird. Bei den wasserlösl. Salzen (mit Ausnahme der Phosphate) zeigte sich ein Optimum im Sommer, ein Minimum während der Regenzeit. (Madras agric. J. **40.** 344—51. Aug. 1953. Bihar, Sabour.) GRIMME. 6304

Didier Bertrand, *Über den Galliumgehalt von Ackerböden.* 20 Böden mit bekanntem Geh. an anderen Spurenelementen wurden auf Ga geprüft. Der Ga-Geh. lag zwischen 0,4 u. 6,0 mg/kg u. damit höher als der Li-Gehalt. (C. R. hebd. Séances Acad. Sci. **37.** 578—80. 14/9. 1953.) GRIMME. 6304

S. Gericke, *Beziehungen zwischen den Wachstumsfaktoren Kalk und Phosphorsäure.* (Vgl. C. **1951.** I. 1369.) Vorliegende Arbeit bestätigt Erfahrungen, wonach die P-Ausnutzung im Boden u. Dünger wesentlich von dem Kalkzustand des Bodens abhängt. Die schlechte Ausnutzung der Phosphorsäure (I) in stark sauren Böden, wie sie in NEUBAUER-Verss. ermittelt wurde, ist einmal begründet in physiol. ungünstigen Bedingungen, zum anderen durch Festlegung der wurzellösl. P_2O_5 zu schwerlösl. P-Verbb. mit den Sesquioxyden bei steigender H-Ionenkonzentration. Die Menge der in 1%ig. Citronensäure lösl. I ist größer als die des NEUBAUER-Vers. u. gibt daher nicht die wahre wurzellösl. P-Menge an. Chem. Unterss. zeigten, daß die Gesamt-I im sauren Boden etwas ansteigt, was auf Fortfall der Auswaschung infolge der größeren Stabilität der unter diesen Bedingungen vorliegenden P-Form zu erklären ist. Es wurde durch zahlreiche Düngungsverss. gezeigt, daß in sauren Böden durch entsprechende Kalkung die wurzellösl. Fraktion der I erhöht werden kann. Der Einfl. der Kalkung auf die P-Aufnahme in sauren Böden ist von der Säureempfindlichkeit der betreffenden Pflanzen abhängig. Er ist um so größer, je säureempfindlicher die angebaute Pflanze ist. Ohne Kalkung hatte eine P-Düngung zu Kartoffeln eine größere Wrkg. als zu Getreide. In neutralen Böden wird die relativ große Menge an wurzellösl. I durch Kalkung vermindert. (Z. Acker- u. Pflanzenbau **93.** 141—68. Febr. 1951. Essen, Bredeney.) LENHARD. 6304

John L. Parsons, Mack Drake und **Wm. G. Colby,** *Ernteertrag sowie vegetative und chemische Zusammensetzung von Futterpflanzen nach Bodenbehandlung.* Durch 150 lbs K_2O/acre, in 3 Gaben während der Vegetation zu Klee u. Gräsern verabreicht, wurde der Heuertrag um 30—80% erhöht. Die Wrkg. einer P_2O_5-Gabe war nur gering; 50—100 lbs/acre waren als Vorratsdüngung für 3—4 Jahre ausreichend. Da von der reichlichen K_2O-Düngung im Jahr 79—94% von den Pflanzen aufgenommen wurden, ist eine K_2O-Vorratsdüngung nicht möglich. Durch genügende P- u. K-Versorgung wird der Bestand an wertvollen Gräsern wie Timothee während der ersten 3 Jahre gegenüber den Unkrautgräsern gefördert. (Proc. Soil Sci. Soc. America **17.** 42—46. Jan. 1953. Amherst, Mass., Massachusetts Agric. Exp. Stat.) LENHARD. 6304

A. Je. Kotschergin und **Je. I. Schtscherbakowa,** *Der Einfluß von granulierten Düngemitteln auf den Ernteertrag und die Qualität des Heues mehrjähriger gesäter Gräser.* Das mit Stallmist granulierte *Superphosphat* ergab einen höheren Mehrertrag an Heu (Luzerne in Gemenge mit Trespe, Quecke oder *Agropyrum cristatum*) als das fabrikmäßig hergestellte granulierte Superphosphat. In ersterem Falle war auch der Protein- u. N-Geh. sowie der P_2O_5-Geh. in der geernteten M. ein höherer als im zweiten. (Земледелие [Ackerbau] **1953.** Nr. 4. 103—04. Sept. Sibir. Wiss. Forschungsinst. für Getreidewirtschaft.) M. GORDIENKO. 6304

M. G. Valdeyron, *Betrachtungen zur Anwendung von Phosphatdünger in Tunesien.* Bericht über Erfahrungen mit Phosphatdüngern. — 10 Literaturhinweise. (Engrais **26.** Nr. 29. 8—10. Febr. Nr. 30. 10—11. März 1950. Serv. Bot. et Agronom. de Tunisie.) WINIKER. 6304

Lenglen, *Rohammoniak.* Überblick über bei der Verwendung des bei der Leuchtgasherst. anfallenden Rohammoniaks in der Landwirtschaft gemachte Erfahrungen. (Engrais **26.** Nr. 29. 21. Febr. Nr. 30. 5—8. März 1950.) WINIKER. 6304

W. H. Foote und **F. C. Batchelder,** *Wirkung verschiedener Mengen und Anwendungszeiten von Stickstoffdüngern auf den Ertrag von Hannchen-Gerste.* Von 1950—1952 wurde die Wrkg. von im Frühjahr verabreichten N-Gaben auf den Ertrag von auf humosem Lehm angebauter Hannchen-Gerste untersucht. N wurde als $(NH_4)_2SO_4$ (I; Bodendüngung) bzw. Harnstoff (II; Blattspray) in Höhe von 20—100 lbs.N/acre gegeben. — Da die Niederschlagsmenge 1950 weit unter dem Durchschnitt lag, blieben alle N-Gaben prakt. wirkungslos. Dagegen wurden 1951 u. 1952 infolge besserer Regenmengen u. besserer Verteilung die Erträge durch 25 u. 50 lbs. N/acre in Form von I beträchtlich erhöht. Verabreichung zur Saatzeit oder bei einer Pflanzenhöhe von 6 in. wirkt günstiger als Einbringung mit dem Pflug. Spritzen mit II (bes. bei 6 in. Pflanzenhöhe) brachte in zwei Versuchsjahren höhere Erträge als sie von den ungedüngten Kontrollen erzielt wurden. Die Bodendüngung mit I ist jedoch bei Verabreichung gleicher N-Mengen wirkungsvoller als Blattsprays mit II. (Agronomy J. **45.** 532—35. Nov. 1953. Oregon Agric. Exp. Stat., Dep. of Farm Crops.) RANG. 6304

L. I. Korablewa, *Ein Verfahren zur wirksamen Anwendung von Kalk auf sauren sandigen Böden. Kalk* zeigte in Feldverss. mit Hafer, Gerste, Hirse u. Kartoffeln die beste Wrkg., wenn er in kleinen Dosen u. gleichzeitig mit Mg eingebracht wurde. In diesem Falle stellte sich der Ertragszuwachs bei Kartoffeln gegenüber der Kalkung ohne Mg auf das Doppelte. Schorferscheinungen wurden nicht beobachtet. (Земледелие [Ackerbau] **1953.** Nr. 3. 116—17. Aug. Inst. für Bodenkunde der Akad. der Wiss. der UdSSR.) M. GORDIENKO. 6304

C. A. Eaves und **A. Kelsall,** *Chemische Zusammensetzung der Blätter von Cortland-Apfelbäumen in Beziehung zur Düngung.* Düngungen mit N, P_2O_5, K_2O u. MgO (als Dolomit) zeigen sich gut in der chem. Zus. der Blätter an. MgO-Mangel zeigt sich vor allem bei stärkerem Regenfall, beginnender K_2O-Mangel bei alleiniger CaO–N-Düngung. Es scheint ein Ionenantagonismus zu bestehen zwischen N–P u. K–Mg, vielleicht auch bei N–Ca, nicht aber bei N–K u. N–Mg. (J. horticult. Sci. **29.** 59—71. Jan. 1954. Kentville, Neuschottland, Dominion Exp. Farm.) GRIMME. 6304

J. W. Pendleton, A. L. Lang und **G. H. Dungan,** *Reaktion von Sommergerstenarten auf verschiedene Düngeverfahren und jahreszeitliche Wachstumsbedingungen.* Neun Sommergerstensorten wurden auf humosem Lehm bei 4jähriger Versuchsdauer unter Düngung nach folgendem Plan angebaut: N–P–K: 8–8–8 (a), 0–8–8 (b), 8–0–8 (c), 8–8–0 (d); jeweilige Gesamtmenge 750 lbs./acre. — Ergebnisse: Die einzelnen Sorten reagieren auf die verschied. Nährstoffgemische durch unterschiedliche Ertragssteigerungen. — N ist der wichtigste Düngungsfaktor. Zwischen den Parzellen a u. b bestand während der Gesamtdauer ein durchschnittlicher Ertragsunterschied von 11,1 bushels/acre, von a u. c von 3,6 u. von a u. d von 1,9 bushels. — Nur 2 von den 9 Sorten lagerten nach Volldüngung nicht. — Zwischen dem Herkunftsgebiet der Sorten u. ihrer festgestellten Leistung unter jährlich wechselnden klimat. Bedingungen besteht eine statist. gesicherte Beziehung. (Agronomy J. **45.** 529—32. Nov. 1953. Urbana, Ill., Illinois Agric. Exp. Stat., Dep. of Agron.) RANG. 6304

F. G. Viets jr., L. C. Boawn, C. L. Crawford und **C. E. Nelson,** *Zinkmangel bei Mais in Zentral-Washington.* Sprosse von auf feinsandigem Lehm verschied. Herkunft angebauten Maispflanzen mit mäßigen Zn-Mangelsymptomen (**a**) haben etwa gleich hohen Zn-Geh. wie n. Pflanzen (**b**). Die K- u. P-Gehh. sind dagegen bei **a** erhöht. Die **b** sind viel größer u. enthalten in der gesamten Pflanze mehr Ca, Mg, Mn, N, Cu, K, P u. Zn als die **a**. — Die Blätter von **a** enthalten viel weniger als Zn n. Blätter. Bei **a** u. **b** sind die oberen Blätter Zn-reicher als die unteren. — Bei Feldverss. wurden durch Blattsprays mit $ZnSO_4$ (I) bei **a** die Erträge trotz Stimulierung des vegetativen Wachstums nicht verbessert. Bodendüngung mit I wirkte ebensowenig ertragsfördernd, obwohl durch Blattanalysen die Resorption beträchtlicher Zn-Mengen festgestellt wurde. Ein Geh. von 15 p.p.m. in reifen, zur Blütezeit gepflückten Blättern zeigt einen angemessenen Zn-Spiegel für Erträge von 100—125 bushels/acre an. — Durch Düngung mit $MnSO_4$, $CuSO_4$ (II) oder Superphosphat (III) wurden die Erträge nicht beeinflußt, ebensowenig die Zn-Gehh. der Blätter durch Stallmist, II oder III. Der Geh. der **a** an P, Cu u. Mn ist jedoch hoch. — Es wurde keine spezif. Wrkg. des Zn-Mangels auf die Resorption anderer Elemente festgestellt. Die Anhäufung von P u. K in den **a** ist eine Folge der Wachstumshemmung bei Zn-Mangel. — Die Versuchsböden mit Zn-Mangelerscheinungen bei Mais haben sehr niedrigen Geh. an mit Ammoniumacetat–Dithizon extrahierbarem Zn, bei einem Geh. an Gesamt-Zn von 60—70 p.p.m. — 22 Literaturangaben. (Agronomy J. **45.** 559—65. Nov. 1953. U. S. Dep. of Agric., B. P. I. S. A. E., Div. of Soil-Management-Irrigated and Dry-Land Regions, u. Prosser, Wash., State Coll. of Washington, Irrig. Exp. Stat.) RANG. 6304

J. C. Holman, *Jod bei der Pflanzenkultur.* Eine Spritzung des Saatbeetes (Versuchspflanzen Salat, Zwiebelgewächse u. Tomaten) 3 Tage vor Einsetzen der Keimpflanzen mit sehr stark verd. Jodlsg. (LUGOLsche Lsg.) bewirkte nicht nur eine Sterilisation des Bodens, sondern auch eine starke Wachstumsstimulierung. Bei Samenaussaat kann die Jodbehandlung auch noch 14 Tage nach dem Auflaufen erfolgen. Konz. der Jodlsg. 1:5000 bis 1:20000. Auffallend war auch das Ausbleiben von Schädlingsbefall. (Fertiliser, Feeding Stuffs Farm Suppl. J. **40.** 181—82. 3/3. 1954.) GRIMME. 6304

M. E. Highlands, J. J. Licciardello und **C. E. Cunningham,** *Gehalt von mit Maleinsäurehydrazid behandelten, in Maine gezüchteten Kartoffeln an reduzierenden Zuckern.*

Kartoffelpflanzen mehrerer Sorten wurden 20—37 Tage vor der Ernte mit *Maleinsäurehydrazid* (Konz. 2500 bzw. 1000 p.p.m.) gespritzt, um die Wrkg. dieser Behandlung auf den Geh. der Knollen an reduzierenden Zuckern (I) festzustellen. Nach 6 monatiger Lagerung bei 40° F hatten die behandelten Knollen einen I-Geh., der im Vgl. zu den Kontrollen nicht wesentlich vermindert war. (Amer. Potato J. **29.** 225—27. Sept. 1952. Orono, Me., Maine Agric. Exp. Stat.) RANG. 6304

D. K. Salunkhe, S. H. Wittwer, E. J. Wheeler und **S. T. Dexter,** *Der Einfluß einer vor der Ernte vorgenommenen Blattsprühung mit Maleinsäurehydrazid auf das spezifische Gewicht von Kartoffeln und die Qualität von Kartoffelchips.* Kartoffelpflanzen, die 7 Wochen vor der Ernte mit einer 2500 p.p.m. *Maleinsäurehydrazid* (150 Gallonen/acre) enthaltenden Lsg. besprüht worden waren, lieferten Kartoffeln mit einer höheren durchschnittlichen D. als solche von nicht besprühten Feldern. Kartoffeln von behandelten Flächen ergaben bei der Verarbeitung Chips von etwas besserer Farbqualität. (Food Res. **18.** 191—96. März/April 1953. East Lansing, Mich., Michigan State Coll., Dep. of Farm Crops and Horticult.) KRUSEN. 6304

Paul Münchberg, *Chemie und Technologie der Fungicide.* Zusammenfassender Überblick. Behandelt werden: Fungicide aus S- u. Cu-Basis sowie Fungicide mit organ. Wirkstoffen. (Chemiker-Ztg. **77.** 38—40. 20/1. **66**—68. 5/2. 1953. Soest/Westf.) WINIKER. 6312

J. E. C. Aberdeen, *Untersuchungen über die Phytotoxizität von Bordeauxbrühen für Tomaten.* Der Kalkgeh. von Bordeauxbrühe (I) ist von Bedeutung für ihre Phytotoxizität gegenüber Tomaten. Die Phytotoxizität wird durch Jahreszeit, Kulturbedingungen u. Entwicklungsstand der Pflanzen zur Zeit des Spritzens beeinflußt. Unter Umständen wirkt I auf Tomaten stimulierend, anscheinend bei Cu-Mangel im Boden. (Queensland J. agric. Sci. **9.** 1—40. März 1952.) GRIMME. 6312

G. C. Treggi, *Einige Versuche mit einem neuen Mittel gegen Getreidebrand.* Als Saatgutbeizmittel wird *Mercurigamma,* ein Gemisch eines organ. Hg-Salzes mit Gammexan, empfohlen. (Agric. ital. **53** ([N. S.] **8**). 21—26. Jan. 1953. Pisa, Univ., Inst. für Pflanzenpathol.) GRIMME. 6312

R. M. Moore, *Unterschiedliche Wirkungen einiger Phenoxyessigsäureverbindungen und Phenylcarbamate auf Pflanzenarten.* 2. Mitt. *Die Wirkung der Blattbehandlung mit besonderer Berücksichtigung der Erträge von Weizen.* (1. vgl. C. **1954.** 2256.) Die früher mit Bohnen durchgeführten Verss. hat Vf. an Weizen fortgesetzt. Gearbeitet wurde mit 4 verschied. Verbb. der Phenoxyessigsäuren bei Weizen in den verschiedensten Entwicklungsstadien. Dabei zeigte sich, daß die Behandlung im Frühstadium den Körnerertrag vermindert, vor allem bei Verwendung des Butylesters u. des Aminsalzes der 2.4-D. Bei dem Na-Salz war die schädigende Wrkg. nicht so groß. Bei weiterer vegetativer Entw. zeigte sich die schädigende Wrkg. nicht, wohl aber bei einer Spritzung während der Blütezeit. Gerste reagierte in gleicher Weise. Flachs ließ sich in allen Stadien, außer in der Blüte, durch das Na-Salz von 2.4-D wirksam stimulieren. (Austral. J. agric. Res. **1.** 401—12. Okt. 1950. Canberra, Div. of Plant. Ind.) GRIMME. 6312

P. S. Hewlett, *Insekticid-Synergismus mit Valone. Valone* (**I**; 2-Isovaleryl-1.3-indandion) tötet in letalen Dosen Insekten sehr rasch, in subletalen Dosen lähmt es die Insekten nur, die danach wieder gesunden u. **I** also wohl entgiften können. Durch geeignete Synergisten kann die Wrkg. von **I** intensiviert werden. Für Tribolium castaneum waren Mischungen von **I** u. *Pyrethrin* (**II**) bzw. *γ-Hexachlorcyclohexan* (**III**) als Spray erheblich toxischer als die getrennten Bestandteile. Gegen Trogoderma granarium-Larven, die äußerst resistent gegen Insekticide sind, waren Mischungen von **I** u. **II** bzw. **III** als Spray von rasch letaler Wrkg., der Synergismus aber nur mäßig. Hingegen zeigte eine Mischung von **I** mit **III** als Staub auf Talkum raschere letale Wrkg. u. merklichen Synergismus. (Nature [London] **173.** 132. 16/1. 1954. Slough, Pest Infest. Labor., Dep. of Sci. and Ind. Res.) K. BÖHM. 6312

Jean Lhoste, *Die Phosphorsäureester, eine neue Kategorie insekticider Verbindungen.* Überblick über Eigg. u. Anwendung von *HETP, TEPP* u. *Parathion.* — 13 Literaturhinweise. (Engrais **26.** Nr. 28. 23—25. Dez. 1949 u. Jan. 1950. Nr. 29. 17—19. Febr. 1950.) WINIKER. 6312

W. A. McDougall, *Mitteilung über Gefäßversuche mit „Gammexan" (Benzolhexachlorid) im Boden.* Bericht über Topfkulturverss. mit Zuckerrohrkeimpflanzen in mit Gammexan gemischtem Boden (das verwendete „Gammexan" war ein Staub mit 10% BHC = 1,3% γ-Isomerem). Konzz. 1:250 bis 1:50000. Hierbei zeigte sich, daß noch Konzz. von 1:10000 wurzelzerstörend wirken. Gammexan eignet sich gut zur

Drahtwurmvernichtung in Zuckerrohrböden. (Queensland J. agric. Sci. 9. 41—45. März 1952.) GRIMME. 6312

W. J. Roulston und **L. F. Hitchcock,** *Erschöpfung des Gamma-Isomeren von Benzolhexachlorid in Viehbadeflüssigkeiten.* Lsgg. von Benzolhexachlorid (I) sind sehr geeignete Bade-Fll. für Vieh als Abwehrmittel gegen Zecken. Die anfänglich hohe Giftigkeit nimmt jedoch oft recht bald ab, ohne daß eine chem. nachweisbare Abnahme der I-Konz. im Bad erfolgt. Dies wird auf ein Absinken des hochtox. γ-Isomeren von I unter die Wirksamkeitsgrenze von 100 p.p.m. in den Bädern zurückgeführt. (Nature [London] **172.** 546—47. 19/9. 1953. Queensland, Yeerongpilly S. 4, Veter. Parasitol. Labor., Div. of Entomol.) GERDA SCHULZE. 6312

Howard Reynolds, Gladys L. Gilpin und **Irwin Hornstein,** *Geschmacks- und chemische Untersuchungen an Erdnüssen, die abwechselnd mit Baumwolle angebaut wurden, die mit BHC-haltigen Mitteln behandelt worden war.* Wurde Baumwolle mit mehr als der üblichen Menge BHC-Staub behandelt, so stellten geübte Prüfer in Erdnußbutter aus Erdnüssen, die als Folgefrucht zur Baumwolle angebaut wurden, Geschmacksabweichungen fest. Chem. Unterss. ergaben, daß der BHC-Geh. im allg. mit der erteilten Punktzahl u. der angewandten BHC-Menge in Übereinstimmung stand. Wurde BHC in einer den Geh. solcher Erdnußbutter um das Mehrfache übersteigenden Menge unmittelbar in n. Erdnußbutter verarbeitet, so konnten keine Geschmacksabweichungen festgestellt werden. (J. agric. Food Chem. **1.** 772—76. 2/9. 1953. Washington, D. C., U. S. Dep. of Agric., Bur. of Human Nutrit. and Home Econom., Bur. of Entomol. and Plant Quarantine.) FRESENIUS. 6312

Keizô Yasumatsu, Kanehiro Umeda und **Toshinori Kaku,** *Bekämpfung von Kieferkäfern mit Hilfe organischer Chemikalien.* Verss. zum Schutz lebender Nadelbäume gegen den Befall durch Borken- u. andere Schadkäfer in einem Waldgebiet, das unter dem Befall von *Myelophilus piniperda* LINNÉ (a), *Cryphalus fulvus* NIIJIMA (b), *Xylebory validus* EICHHOFF, *Cryptorhinchidius insidiosus* ROELOFS (c), *Pissodes nitidus* ROELOFS (d), *Pissodes obscurus* ROELOFS, *Sipalus hypocrita* BOHEMAN (e) u. *Monochamds tesserula* WHITE (f) litt. BHC erwies sich als wss. Sprühmittel wirksam gegen a u. d, DDT als wss. Suspension gegen c, unwirksam waren diese Mittel gegen e u. f. Es erwies sich als zweckmäßig, vor allen anderen Schadkäfern b zu bekämpfen, da diese Art stets allen anderen voranging. Wirksam waren Sprühmittel mit 0,01% DDT bzw. 0,005% BHC, wobei die Schutzwrkg. bis zu 2 Monaten anhielt. Beide Mittel hatten keinen Einfl. auf das Pflanzenwachstum. (J. Fac. Agric., Kyushu Univ. **10.** 151—62. Sept. 1953.) LÜPNITZ. 6312

M. Trottmann, *Die Obstbaumzikade.* Die Bekämpfung am Baume selbst erfolgt vorteilhaft durch Gelbspritzung (Weißöl + Dinitrokresol), auch Frühjahrsspritzungen mit Parathion hatten Erfolg. Desgleichen bewährten sich im zeitigen Frühjahr DDT, ACH u. SPC. Spritzungen dürfen wegen Gefährdung der Bienen keinesfalls während der Blüte erfolgen. (Progr. agric. viticole **140 (70).** 344—47. 6.—13/12. 1953. Antibes, École d'Agriculture.) GRIMME. 6312

T. M. Matwejenko, *Die Anwendung von DDT-Stäubemitteln und -Suspensionen zur Bekämpfung von Schädlingen in den Rohtabaklagern.* 5,5% ig. *DDT*-Stäubemittel u. 2,5% ig. DDT-Suspensionen töten in Tabaklagern die Vorratsschädlinge vollständig ab. Die Wirkungsdauer beträgt mehr als 20 Tage. Gegen Eier sind die Mittel unwirksam. Behandlung mit DDT-Staub ist billiger u. wirksamer als Spritzung mit der Suspension. (Табак [Tabak] **13.** Nr. 1. 41—43. Jan./Febr. 1952. Allunions Wiss. Mikojan-Forschungsinst. für Tabak u. Machorka.) LÜBKE. 6312

I. H. Gilbert, M. D. Couch und **W. C. McDuffie,** *Entwicklung von Resistenz gegen Insekticide bei natürlicher Vermehrung der Hausfliegen.* Bericht über Resistenzunterss. an frei lebenden Fliegen im Vgl. zu solchen aus einem Laborstamm mit Präpp. von *Chlordane, Toxaphene, DDT, DDT + Synergist K-3926* = 1.1-Bis-chlorphenyläthan, *Lindane, Lindane + Synergist R-1901* = 2-Oxydekachlor-4.7-methanoindanon-(1). (J. econ. Entomol. **46.** 48—50. Febr. 1953. U. S. D. A. Agric. Res. Admin., Bur. of Entomol. and Plant Quarantine.) GOEBEL. 6312

A. R. Roth, Arthur W. Lindquist und **L. C. Terriere,** *Wirkung von Temperatur und Aktivität von Hausfliegen auf ihre Aufnahme von DDT.* Resistente Fliegen (Musca domestica L.), die mit abgemessenen radioakt. *DDT*-Mengen behandelt wurden, absorbierten in 24 Std. bei 32° u. geringer Mortalität 64% mehr des Wirkstoffes als bei 21°. Absorption von DDT begann innerhalb der ersten Std. der Behandlung u. stieg dann weiter an. Die DDT-Aufnahme war etwa gleich, ob die Fliegen mit CO_2 bewegungsunfähig gemacht werden oder ob sie in Bewegung waren. Die Exkremente zeigten Radioaktivität; innerhalb von 7 Tagen wurden ca. 15% der aufgenommenen

DDT-Menge im Kot ausgeschieden. Im von behandelten Fliegen ausgeschiedenen CO_2 konnte keine Radioaktivität nachgewiesen werden. (J. econ. Entomol. **46**. 127–30. Febr. 1953. U. S. D. A. Agric. Res. Admin., Bur. of Entomol. and Plant Quarantine, u. Oregon State Coll.) GOEBEL. 6312

Henkel & Cie. G. m. b. H. (Erfinder: **Bruno Blaser, Wolfgang Gündel** und **Alfred Kirstahler**), Düsseldorf, *Pflanzenphysiologisch wirksame Verbindungen*, gek. durch einen

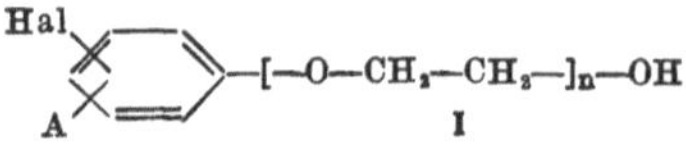

Geh. an halogensubstituierten Aryloxyalkoholen der allg. Formel I, worin n > 1 ist u. A eine oder mehrere Substitutionen bedeutet, oder deren Schwefelsäureestersalzen. Fettlösende u. weitere, das Pflanzenwachstum beeinflussende Stoffe können zugesetzt werden. — Beispiele: Die aus p-Chlorphenol, 4-Chlor-2-methylphenol, 1-Chlornaphthol-(2) oder 2.4-Dichlornaphthol-(1) durch Oxyäthylierung mit Äthylenoxyd gewonnenen Kondensationsprodd., in ca. 2%ig. wss. Lsg. oder bei trockenen Zubereitungen in Mengen von 10–30 kg/ha. *Unkrautvertilgungsmittel.* Keine Wuchsstoffeigenschaften. (**D. B. P. 873 174** Kl. 451 vom 2/11. 1948, ausg. 13/4. 1953.) KARST. 6313

Leon O. P. E. Dewme, Frankreich, *Unkrautvernichtungsmittel.* Als Wirkstoffe enthält das Prod. 2.4-Dichlorphenoxyessigsäure in Form des Na-Salzes, als Amid oder Ester u. $NaClO_3$, gegebenenfalls NaCl u. KCl als Zusatzstoffe. 5 kg des Mittels in 100 Liter W. gelöst werden in Mengen von 20 Liter je ar versprüht. (**F. P. 1 025 760** vom 9/10. 1950, ausg. 20/4. 1953.) WITTHOLZ. 6313

Ward, Blenkinsop & Co. Ltd., London, und **Murphy Chemical Co. Ltd.,** Wheathampstead, Hertfordshire (Erfinder: **Peter Paul Hopf,** Orpington, Kent, und **Geoffrey Leigh Hey,** Luton, Bedfordshire), England, *Mittel zur Behandlung von Saatgut und Pflanzen.* Das Mittel besteht aus einem N-Monoarylthioharnstoff, z. B. *N-Phenyl-*, *N-α-Naphthyl-*, *N-Tolyl-* oder *N-Xylylthioharnstoff* (**I**) u. *p-Aminobenzoesäure* (**II**), deren Amid, Na-, K- oder NH_4-Salzen oder niedrigerem Alkylester u. feinverteilten festen Inertstoffen oder fl. Trägerstoffen. Konz. der akt. Stoffe mindestens 0,1%. Verhältnis von **I**:**II** in dem Mittel 1:0,5–2, bes. 1:1. Schädlingsbekämpfungsmittel, Fungicide u. Farbstoffe können dem Gemisch zugesetzt werden. Hohe Ertragssteigerungen. (**D. B. P. 904 414** Kl. 16 vom 24/11. 1951, ausg. 18/2. 1954. E. Prior. 24/11. 1950.) KARST. 6313

Henry L. Brownback, V. St. A., *Pflanzenschutzmittel.* Pflanzliche Öle, wie Lein-, Ricinus-, Baumwollsaat- oder Sojaöl, werden 4–5 Std. auf 200–210° erhitzt, u. während dieser Zeit wird das 6fache Vol. Luft (bezogen auf die angewandte Ölmenge) pro Min. eingeblasen. Wenn die M. zähfl. geworden ist, wird das Verblasen abgebrochen, u. während des Abkühlens der M. werden 0,5–1,5% eines Antioxydans, z. B. Phenyl-α-naphthylamin, Hydrochinon oder J_2, zugesetzt. Zur Anwendung wird die M. mit flüchtigen Lösungsmitteln verd., wie Propyl- Äthylalkohol oder CCl_4, u. auf die Pflanzen- oder Baumteile aufgetragen. Nach Verdunsten des Lösungsm. behält die M. ihre Elastizität u. bewirkt schnelle Vernarbung von beschädigten Baumstellen. (**F. P. 1 029 368** vom 11/12. 1950, ausg. 2/6. 1953.) WITTHOLZ. 6313

Pest Control Ltd., England, *Kupferhaltiges Fungicid.* Man mischt trocken Cu-Oxyfluorid oder -Oxyd mit Leim-, Gelatine- oder Sulfitablaugen-Pulver, oder man trägt in eine wss. Lsg. bzw. Suspension von Cu-Oxychlorid Gelatine u. Na-Tripolyphosphat ein, löst in der Hitze u. trocknet die Suspension auf einem Walzentrockner. Das trockne Prod. besitzt eine gute Haftfähigkeit u. läßt sich gut dispergieren. (**F. P. 1 032 033** vom 3/2. 1951, ausg. 29/6. 1953. E. Prior. 6/2. 1950.) WITTHOLZ. 6313

Allied Chemical & Dye Corp., New York, N. Y., übert. von: **Mearl A. Kise,** Portsmouth, Va., V. St. A., *Fungicides Mittel,* bes. zum Bespritzen von *Blättern* von *Tomaten,* bestehend aus einer wss. Dispersion eines zweibas. Ag-Salzes von Alkenylbernsteinsäuren der Formel **I**, in der R eine Alkenylgruppe mit 4–24 C-Atomen bedeutet. Man erhält **I** durch Rk. von Alkenylbernsteinsäureanhydrid mit NaOH u. Umsetzen des Reaktionsprod. mit einem wasserlösl. Ag Salz. (**A. P. 2 655 460** vom 1/12. 1949, ausg. 13/10. 1953.) NEBELSIEK. 6313

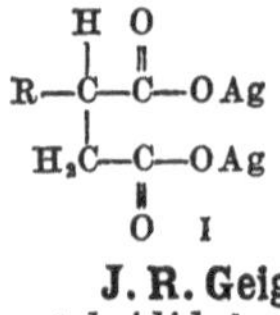

J. R. Geigy Akt.-Ges., Basel, Schweiz, *Herstellung von Dimethylacrylsäure-N-äthyl-p-toluidid* durch Rk. eines Salzes der *β.β*-Dimethylacrylsäure mit Chlorameisensäure-N-äthyl-p toluidid, oder von *β.β* Dimethylacrylsäurechlorid mit N Äthyl-p-toluidin, $Kp._{11}$ 160–163°. — *Fungicides* Mittel. (**Schwz. P. 267 572** vom 28/6. 1946, ausg. 17/7. 1950. **Zusatz zu Schwz. P. 257 648; C. 1949. E. 1727.**) M. F. MÜLLER. 6313

J. R. Geigy Akt.-Ges., Basel, Schweiz, *Herstellung von α.β-ungesättigten Carbonsäureamiden* durch Umsetzung eines Säurederiv. der Formel $CH_3 \cdot CH{=}CH{-}CO{-}X$

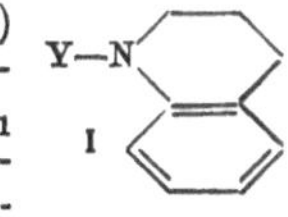
I

mit einer heterocycl. N-Verb. der Formel I (X u. Y sind abspaltbare Reste) oder einem N-Alkylarylamin. — Aus Crotonsäurechlorid (II) u. Tetrahydrochinolin (III) entsteht das *Crotonsäuretetrahydrochinolid*, Kp.$_{0,1}$ 140—144°. — Die gleiche Verb. erhält man aus III u. Crotonsäureanhydrid oder aus dem Na-Salz der Crotonsäure (IV) u. Chlorameisensäuretetrahydrochinolid. — Aus II u. N-Methyl-o-toluidin wird das *Crotonsäure-N-methyl-o-toluidid* erhalten, Kp.$_{13}$ 144—148°, ebenso aus IV u. Chlorameisensäure-N-methyl-o-toluidid. — II wird mit N-Äthyl-m-toluidin umgesetzt unter Bldg. von *Crotonsäure-N-äthyl-m-toluidid*, Kp.$_{11}$ 157—160°. Dieselbe Verb. entsteht aus IV u. dem Chlorameisensäure-N-äthyl-m-toluidid. — Genannt ist ferner das *Crotonsäure-N-methyl-p-toluidid*, Kp.$_{12}$ 153—158°, u. ebenso wird das *Crotonsäure-N-äthyl-p-toluidid*, Kp.$_{11}$ 159—163°, hergestellt. — Aus II u. N-Methyl-o-chloranilin wird das *Crotonsäure-N-methyl-o-chloranilid*, Kp.$_{13}$ 169—173°, gebildet, welches auch aus IV u. dem Chlorameisensäure-N-methyl-o-chloranilid erhältlich ist. — Mit N-Äthyl-3.4-dichloranilin wird dabei das *Crotonsäure-N-äthyl-3.4-dichloranilid* erhalten, Kp.$_{0,1}$ 138—141°, ebenso mit N-Methyl-p-anisidin das *Crotonsäure-N-methyl-p-anisidid*, Kp.$_{0,1}$ 135—140°. — Weiter ist genannt das *Crotonsäure-N-methyl-3.4-dimethylanilid*, Kp.$_{0,6}$ 136—139°. Die erhaltenen Verbb. haben *fungicide* Wrkg. u. dienen zur Insektenvergrämung. (**Schwz. PP. 267 560** vom 16/11. 1946, ausg. 1/7. 1950, **267 561, 267 562, 267 563, 267 564, 267 565, 267 566, 267 567** u. **267 568** vom 28/6. 1946, ausg. 16/6. 1950. **Zusätze zu Schwz. P. 257 648; C. 1949. E. 1727.**) M. F. MÜLLER. 6313

J. R. Geigy Akt.-Ges., Basel, Schweiz, *Herstellung von α.β-ungesättigten Carbonsäureamiden* durch Umsetzung eines N-Alkylarylamins der Formel A mit einer Verb. der Formel $(CH_3)_2C{=}CH{-}COX$, worin X u. Y abspaltbare Reste sind R′ u. R″ CH_3 oder C_2H_5, R″ auch OCH_3 oder Cl ist. — β.β-Dimethylacrylsäurechlorid (I) u. N-Methyl-o-toluidin werden bei Tempp. bis 170° umgesetzt unter Bldg. von *Dimethylacrylsäure-N-methyl-o-toluidid*, Kp.$_{12}$ 145—150°; auch aus Na-β.β-Dimethylacrylat (II) u. Chlorameisensäure-N-methyl-o-toluidid bei 180° zu erhalten. — Eine Abänderung besteht in der Umsetzung von Salzen der β.β-Dimethylacrylsäure mit z. B. einem reaktionsfähigen Halogenid der N-Methyl-N-o-tolylcarbaminsäure. — Aus I u. N-Äthyl-o-toluidin entsteht das *Dimethylacrylsäure-N-äthyl-o-toluidid*, Kp.$_{13}$ 150—152°, welches ebenfalls aus II u. Chlorameisensäure-N-äthyl-o-toluidid erhalten wird. — Ebenso wird das *Dimethylacrylsäure-N-methyl-p-toluidid*, Kp.$_{12}$ 152—155°, hergestellt, ferner das *Dimethylacrylsäure-N-methyl-o-chloranilid*, Kp.$_{13}$ 168—172°, *Dimethylacrylsäure-N-äthyl-3.4-dichloranilid*, Kp.$_{0,05}$ 120—126°, *Dimethylacrylsäure-N-äthyl-o-anisidid*, Kp.$_{0,2}$ 126—130°. — Die Verbb. haben *fungicide* Wrkg. u. dienen zur Insektenvergrämung. (**Schwz. PP. 267 569, 267 570, 267 571, 267 573, 267 574** u. **267 575** vom 28/6. 1946, ausg. 17/7. 1950. **Zusätze zu Schwz. P. 257 648; C. 1949. E. 1727.**)

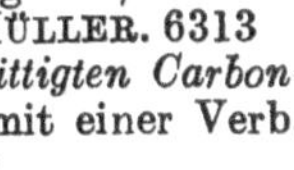
A

M. F. MÜLLER. 6313

J. R. Geigy Akt.-Ges., Basel, Schweiz, *Herstellung* von *α.β-ungesättigten Carbonsäureamiden* durch Umsetzung eines N-Alkylarylamins der Formel I mit Verbb. der Formel II, worin X u. Y bei der Rk. sich abspaltende Reste sind. — Trimethylacrylsäurechlorid (III) u. N-Äthyl-o-toluidin werden zusammengegeben, wobei die Temp. auf 130—140° steigt. Dabei entsteht das *Trimethylacrylsäure-N-äthyl-o-toluidid*, Kp.$_{12}$ 152—156°. — Dieselbe

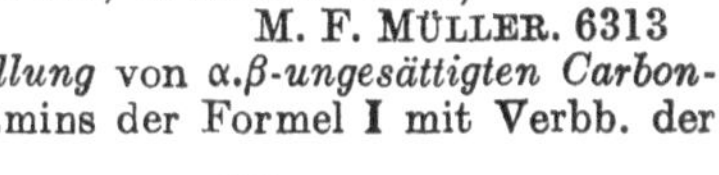
I R=CH_3 oder C_2H_5 II

Verb. wird erhalten durch Rk. von trocknem Na-Salz der Trimethylacrylsäure (IV) mit der berechneten Menge Chlorameisensäure-N-äthyl-o-toluidid, — oder durch Rk. von Salzen der Trimethylacrylsäure mit reaktionsfähigen Derivv. der N-Äthyl-N-o-tolylcarbaminsäure. — Aus III u. N-Äthyl-m-toluidin entsteht das *Trimethylacrylsäure-N-äthyl-m-toluidid* (V), Kp.$_{12}$ 153—157°. An Stelle von III können auch die Anhydride, Ester, Amide oder Salze der Trimethylacrylsäure verwendet werden. — Die Verb. IV liefert mit der berechneten Menge Chlorameisensäure-N-äthyl-m-toluidid ebenfalls die vorgenannte Verb. V. — Ebenso wird das *Trimethylacrylsäure-N-methyl-p-toluidid*, Kp.$_{12}$ 153—157°, erhalten. — Die erhaltenen Prodd. besitzen *fungicide* Wrkg. u. dienen zur Insektenvergrämung. (**Schwz. PP. 267 576, 267 577** u. **267 578** vom 28/6. 1946, ausg. 17/7. 1950. **Zusätze zu Schwz. P. 257 648; C. 1949. E. 1727.**) M. F. MÜLLER. 6313

J. R. Geigy Akt.-Ges., Basel, Schweiz, *Herstellung eines α.β-ungesättigten Carbonsäureamids* durch Umsetzung eines Salzes der β.β-Dimethylacrylsäure mit einem reaktionsfähigen Deriv. des N-Carboxytetrahydrochinolins. Es entsteht dabei das *β.β-Dimethylacrylsäuretetrahydrochinolid*, Kp.$_{0,1}$ 139—143°. Mittel zur *Insektenver-*

grämung. (**Schwz. P. 267 580** vom 16/11. 1946, ausg. 1/7. 1950. **Zusatz zu Schwz. P. 257 648; C. 1949. E. 1727.**) M. F. MÜLLER. 6313

Schering Akt.-Ges. (Erfinder: **Herbert Schotte, Robert Ebert, Karl Schöllkopf,** Berlin, und **Karl Görnitz,** Seehof bei Teltow), Berlin, *Schädlingsbekämpfungsmittel,* enthaltend α.α-Diphenyläthane der allg. Formel **I**, worin S_n (n bedeutet eine ganze Zahl) H oder beliebige Substituenten, wie Alkyl-, Aralkyl-, Aryl-, Oxy-, Alkoxy-, Nitro-, Halogen- oder Rhodangruppen, Hal Halogen u. X_1 H oder Halogen bedeuten. — Beispiel: *α.α-Bis-(p-chlorphenyl)-β-monochloräthan.*

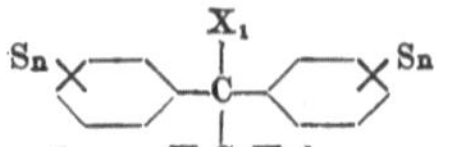

I

(**D. B. P. 892 254** Kl. 451 vom 27/6. 1944, ausg. 5/10. 1953. **Zusatz zu D. B. P. 885 327; C. 1954. 1813.**) NEBELSIEK. 6313

United States Rubber Co. (Erfinder: **Walter Donald Harris,** Naugatuck, **Herman Douglas Tate,** Woodbridge, und **John William Zukel,** Hamden, Conn.), New York, N. Y., V. St. A., *Insekticide.* Man verwendet, gegebenenfalls mit einem Trägerstoff vermischt, eine oder mehrere Verbb. der Formel [R—O—SO—O—A—O—R'], worin R einen Chloralkylrest darstellt, der 2—4 C- u. 1—3 Cl-Atome (keines mit dem α-C-Atom verbunden) enthält, A einen Alkylenrest bedeutet, der 2—4 C-Atome besitzt, u. R' ein aromat. Rest ist. — Beispiele: *2-Chloräthyl-2'-phenoxyäthylsulfit; 2-Chloräthyl-1'-methyl-2'-(p-tert.-butylphenoxy)-äthylsulfit.* (**D. B. P. 892 836** Kl. 451 vom 3/10. 1950, ausg. 12/10. 1953. A. Prior. 29/10. 1948.) NEBELSIEK. 6313

Soc. des Usines Chimiques Rhône-Poulenc (Erfinder: **Maximilien Grunfeld** und **Pierre A. R. Marchand**), Frankreich, *Insekticid.* Verwendung von Chlorierungsprodd. des 6-Chlorbicyclo-[1.2.2]-heptan-(2) (Chlornorbornylen; **I**) oder der Kondensationsprodd. aus Cyclopentadien u. Vinylchlorid, welche **I** enthalten, als Insekticide in der Landwirtschaft, Veterinärmedizin u. im Hausgebrauch. (**F. P. 1 020 872** vom 6/6. 1950, ausg. 11/2. 1953.) WITTHOLZ. 6313

Imperial Chemical Industries Ltd., London, übert. von: **Leslie J. Burrage,** Liverpool, England, *Reinigen von Benzolhexachlorid* unter Entfernung der δ-isomeren Verb. durch Extraktion mit einem nicht-wss. Lösungsm., wie Methyl- oder Äthylalkohol, welches befähigt ist, das γ-isomere Benzolhexachlorid aufzunehmen, u. das α-Isomere größtenteils ungelöst zu lassen. Die Extraktionslsg. wird filtriert u. das Lösungsm. von dem Filtrat abdestilliert. Der verbleibende Rückstand wird mit wss. Methyl- oder Äthylalkohol, welcher 10—30 Gew.-% W. enthält, extrahiert, wobei die δ-Isomerverb. aufgenommen u. herausgelöst wird, während das γ-Isomere ungelöst bleibt. (**Can. P. 486 728** vom 14/11. 1947, ausg. 23/9. 1952.) M. F. MÜLLER. 6313

Paul Lecompte, Frankreich, *Insekten- und Nagetierbekämpfungsmittel.* Als Wirkstoff wird das α-Isomere des Hexachlorcyclohexans in einem Lösungsm. verwendet, welches sowohl den Insektenpanzer als auch die Darmschleimhaut der Ratten u. anderen Nager durchdringt. Als Lösungsm. wird Klauenöl, desodoriertes Erdnußöl usw. vorgeschlagen. Der Köder, z. B. Brotstückchen, wird mit dieser Lsg. getränkt. Bes. wirksam gegen Ratten. (**F. P. 1 020 618** vom 21/6. 1950, ausg. 9/2. 1953.) WITTHOLZ. 6313

René Michel, Frankreich, *Insekticide Mischungen,* enthaltend neben Lösungsmitteln oder inerten Trägerstoffen γ-Hexachlorcyclohexan u. Oktachlordiphenyl oder 2.2-Bis-(p-methoxyphenyl)-1.1.1-trichloräthan. (**F. P. 1 020 805** vom 6/2. 1950, ausg. 11/2. 1953.) WITTHOLZ. 6313

Rohm & Haas Co., Philadelphia, übert. von: **Sidney Melamed,** Philadelphia, und **Willard J. Croxall,** Bryn Athyn, Pa., V. St. A., *Heterocyclen,* die S- u. N-Atome im Ring enthalten. Durch Rk. von SO_2Cl_2 (**I**) mit N.N'-Dimethyläthylendiamin in PAe. erhält man *2.5-Dimethyl-1.2.5-thiadiazolidin-1.1-dioxyd;* aus **I** u. N.N'-Dicyclohexyläthylendiamin analog: *2.5-Dicyclohexyl-1.2.5-thiadiazolidin-1.1-dioxyd.* N.N'-Di-(2-äthylhexyl)-trimethylendiamin (**II**) u. SCl_2 reagieren unter Bldg. von *2.6-Di-(2'-äthylhexyl)-perhydro-1.2.6-thiadiazin* (**III**); **II** u. $SOCl_2$ unter Bldg. von *2.6-Di-(2'-äthylhexyl)-perhydro-1.2.6-thiadiazin-1-oxyd.* Ferner werden dargestellt: *2.5-Di-(3'.5'.5'-trimethylhexyl)-1.2.5-thiadiazolidin; 3.6-Di-(3'.5'.5'-trimethylhexyl)-tetrahydro-1.2.3.6-dithiadiazin; 2.5-Didodecyl-1.2.5-thiadiazolidin; 2.5-Dibenzyl-3-methyl-1.2.5-thiadiazolidin-1-oxyd.* — *Pesticide* Wirkung. (**A. P. 2 624 729** vom 1/12. 1950, ausg. 6/1. 1953.) BRÖSAMLE. 6313

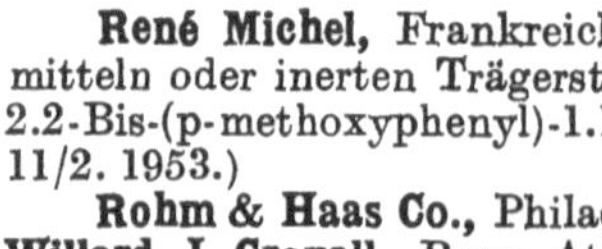

III

National Aluminate Corp., übert. von: **George W. Luvisi,** Chicago, Ill., V. St. A., *Emulgiermittel,* bes. für die Herst. wss. Emulsionen öliger *Insekticide,* stellen *Salze* des *1-(2'-Oxyäthyl)-2-heptadecenylglyoxalidins* mit Benzoesäure, Salicylsäure, Anthranilsäure. Chlorbenzoesäure, Nitrobenzoesäure usw. dar. Man erhält diese durch Rk. äquimol. Mengen der Salzbildner bei n. oder erhöhter Temperatur. (**A. P. 2 659 731** vom 26/9. 1950, ausg. 17/11. 1953.) BRÖSAMLE. 6313

Ciba Akt.-Ges., Basel, Schweiz, *Schädlingsbekämpfungsmittel.* Um die Haftfestigkeit von Schädlingsbekämpfungsmitteln bes. zu erhöhen, werden diese mit in W. lösl. Kondensationsprodd. aus CH_2O u. Harnstoff oder solchen verwandten Amidderivv. der Kohlensäure, die höchstens zwei C-Atome enthalten u. mit CH_2O zu hochmol. Prodd. kondensierbar sind, vermischt. (**Oe. P. 177 014** vom 30/3. 1949, ausg. 28/12. 1953. Schwz. Prior. 30/12. 1943.) WITTHOLZ. 6313

Otto Appel, Hans Blunck und **Harald Richter**, Hrsg., Handbuch der Pflanzenkrankheiten. Begr. v. **Paul Sorauer**. Berlin u. Hamburg: Parey. 1954. In 6 Bden. Bd. 2, Lfg 1. Bd. 2. Die Virus- u. Bakterienkrankheiten. Lfg. 1. Viruskrankheiten. Bearb. v. **Erich Köhler** u. **Maximilian Klinkowski**. 6. Aufl. (XVI + 770 S. m. 326 Abb.) DM 150,—.

VIII. Metallurgie. Metallographie. Metallverarbeitung.

Otto Uher, *Die mechanische Zerkleinerung von Baryt und Fluorit.* Beschreibung u. Zus. des mit *Fluorit* u. *Quarz* durchsetzten *Baryts* der ČSR. Aufbereitungsverff. u. App. (Skizzen) mit 5 Tabellen über Ausbeuteergebnisse. (Chem. Průmysl **2 (27)**. 27—32. 1952.) ROTTER. 6360

Otto Uher, *Die elektrostatische Vorzerkleinerung von Baryt–Fluorit in der Apparatur nach Sutton.* (Vgl. vorst. Ref.). Beschreibung der SUTTON-App. (Skizze), die für die Aufbereitung des *Baryt–Fluorits* geeignet ist. Die Zerlegung dieses Minerals ergibt 4 Fraktionen: 1. Konzentrat von Quarz u. stark leitfähigen Stoffen (Metalle, Sulfide, Schwermetallminerale); 2. Baryt mit wenig Fluorit u. viel Quarz; 3. Zwischenprod. mit Baryt, Fluorit u. Quarz; 4. hauptsächlich Fluorit. — 12 Tabellen mit Arbeitsbedingungen u. -ergebnissen. 40 Literaturstellen. (Chem. Průmysl **2 (27)**. 55—61. 1952.) ROTTER. 6360

Mario Carta und **Paolo Piga**, *Beitrag zur Trennung von Fluorit und Baryt enthaltenden Rohstoffen durch Flotation.* Von den verschied. Verff. der Flotation von Flußspat (**I**)–Schwerspat (**II**)-Gemischen mit Flotieren des **I** u. Drücken des **II** oder umgekehrt hat in Laboratoriumsverss. erstere Arbeitsweise mit Na-Ligninsulfonat gute Ergebnisse gezeigt. Zur Verminderung des Flotierens von **II** eignet sich als Sammler u. Schäumer alkoh. Ölsäurelösung. Nach Abtrennung von SiO_2 u. Oxyden bei p_H 9—10 führt selektive Flotation bei p_H 4,6—4,8 bei Erwärmen der Trübe auf 45° zu einem Konzentrat mit 98,3% **I** (Ausbeute 83,3%) u. 0,6% **II**. (Ind. mineraria **4**. 267—69. Juni 1953. Cagliari.) R. K. MÜLLER. 6362

Thomas A. Dickinson, *Keramische Gießformen.* Es werden die für Dauergießformen geeigneten Formstoffe behandelt. Für die verschied. Metalle werden Zus. u. Eigg. der Formstoffe angegeben. (Foundry Trade J. **94**. 333—35. 10/9. 1953.) BÜLTMANN. 6382

D. N. Buttrey und **Y. W. Rayden**, *Die synthetischen Harze in der Gießerei.* Anwendung von Harnstoff–Formaldehyd- u. Phenolharzen als Bindemittel bei der Kernherstellung. (Fonderie belge **1953**. 167—74. Sept.) RUMPF. 6382

J. Girard, *Phenolharze in der Gießerei, das Croning-Verfahren.* Kurze Beschreibung des in Deutschland von CRONING ausgearbeiteten Verf. zur Herst. von Gießformen aus Phenolharzmischungen mit Formsand. (Ind. Plast. mod. **5**. Nr. 6. 65—67. Juni 1953. Soc. La Bakélite, Labor.) SCHÄFF. 6382

Je. B. Stolper und **S. I. Budanzewa**, *Anwendung von schnelltrocknendem Verstärker SsB für Gießformen und Kerne.* Als Verstärker wird eine wasserfreie Emulsion von Sulfitmelasse verwendet, für deren Herst. als Emulsion die Schwerfraktion von Gasgeneratorenteer verwendet wird. Für Kerne werden Gemische verwendet, die aus 95 (Gewichtsteile) Quarzsand, 5 Ton u. 5 Verstärker *SsB* oder aus 86 Quarzsand, 10 staubförmigem Quarz, 4 Ton u. 5 *SsB* bestehen. (Литейное Производство [Gießereiwesen] **1952.** Nr. 7. 8—9. Juli.) HOCHSTEIN. 6382

A. Ja. Rosenberg, *Derzeitige Verfahren zur Herstellung von Schalenhartguß mit weichem Kern.* Überblick mit Angaben von erreichbaren Härtewerten bei Schalenhartguß in Abhängigkeit von der Einhärtetiefe. (Литейное Производство [Giessereiwesen] **1953.** Nr. 2. 4—7. Febr.) HOCHSTEIN. 6382

K. E. Mann, *Betriebliche Beobachtungen beim Wasserguß von Leichtmetallblöcken.* Es wird über Fehlermöglichkeiten, bes. Seigerungen, Spannungsrisse, Oberflächen- u. Gefügefehler, sowie Festigkeitswerte beim Strangguß von *Al*- u. *Mg*-Legierungen berichtet. (Aluminium **29.** 497—508. Dez. 1953. Meinerzhagen, Otto Fuchs K.G. Metallwerke.) APEL. 6382

Andre Michel, *Feste, hitzebeständige Legierungen und metallische Verbindungen.* Überblick unter besonderer Berücksichtigung der ferrit. u. austenit. *Stähle*, der Zusätze zur Erhöhung der Dauerstandfestigkeit, der Legierungen auf der Basis *Ni* oder *Co* u. der Sinterlegierungen aus *Carbiden*, *Siliciden* u. *Boriden* hochschm. Metalle. (Metal Progr. **63.** Nr. 1. 120—24. Jan. 1953. Paris, Union of Fine and Special Producers.) APEL. 6388

F. Richter, *Über die Auswahl von Lagerwerkstoffen.* Tabellen über die physikal. u. mechan. Eigg. der gebräuchlichsten Lagerlegierungen. Folgende Richtlinien werden gegeben: 1. Belastbarkeit unter Berücksichtigung des Gleitverh., 2. Empfindlichkeit gegen dynam. Beanspruchung unter Berücksichtigung des Gleitverh., 3. Empfindlichkeit gegen Kantenpressung. Für jedes dieser 3 Gebiete werden geeignete Legierungen angegeben. — Schrifttumsangaben. (Industrie-Anz. **75.** 1281—83. 27/11. 1953. Frankfurt/M.) APEL. 6388

Werner Gilde, *Thermodynamische Betrachtungen zur Desoxydation mit Aluminium.* Einige Näherungslösungen zur Berechnung der freien Enthalpie werden besprochen. Die einfache erste Näherung erweist sich für die metallurg. Praxis als ausreichend. Die Enthalpie–Temperatur-Funktionen für die Rk. des *Al* mit *O*, *S*, *N* u. *C* wurden berechnet. Die analyt. gefundenen Werte entsprechen dem Gleichgewicht nahe dem Erstarrungspunkt. — Schrifttumsangaben. (Metallurgie u. Giessereitechn. **3.** 324—28. Aug. 1953. Henningsdorf.) APEL. 6408

—, *Richtlinien für die Herstellung von hochbeanspruchten Stahlgußteilen.* (Giesserei **40.** 684—85. 24/12. 1953.) HOCHSTEIN. 6408

Kurt Born, *Die Entstehung von Oberflächenfehlern bei der Warmverarbeitung von Stahl durch Kupfer- und Zinnverunreinigungen.* Durch Heißbiegeverss. wird festgestellt, daß eine *Cu*-Verunreinigung des Stahles zwischen 950 u. 1150° zu Oberflächenrissen führen kann. Die metallograph. Unters. ergab, daß in den äußersten Kristalliten u. Korngrenzen offenbar eine Metallanreicherung (**I**) durch bevorzugte Oxydation des Eisens erfolgt. Je nach der Höhe der Cu-Verunreinigung u. den Verzunderungsbedingungen werden die Korngrenzen des Stahles dadurch mehr oder weniger geschwächt u. rißanfällig. Das meist sprunghafte Zurückgehen der Rißempfindlichkeit beim Übergang zu höheren Biegetempp. (1150—1200°) wird durch eine dann an Stelle der **I** auftretende weitgehende Verzunderung der Oberflächenkorngrenzen erklärt. Hieraus wird geschlossen, daß hinsichtlich der Rißanfälligkeit eine **I** wesentlich gefährlicher sein muß. Nur 0,05% Sn zusätzlich im Stahl verursachen eine wesentliche Verstärkung der Oberflächenrisse u. eine Erweiterung des krit. Temperaturbereiches. Durch Sn wird der F. der an der Oberfläche angereicherten Metallphase erniedrigt. (Stahl u. Eisen **73.** 1268—80. 24/9. 1953. Mülheim/Ruhr.) HOCHSTEIN. 6408

Paul Cabolet, *Verwendung von Stahltübbingen.* Ein Vgl. ergab, daß Schacht-Tübbingauskleidungen aus *Stahl* infolge der größeren Verformbarkeit des Stahles dem gußeisernen Ausbau infolge der Starrheit u. Zerbrechlichkeit des *Gußeisens* überlegen sind. (Glückauf **87.** 689—94. 21/7. 1951. Bochum.) HABBEL. 6408

Hans Burckhardt, *Blindschachtausbau in Stahl.* Überblick über Anfangsschwierigkeiten u. Vorteile des stählernen Ausbaues unter Angabe der verwendeten Stähle. — Schrifttumsangaben. (Glückauf **90.** 201—15. 13/2. 1954. Aachen.) HABBEL. 6408

Heinrich Arend, *Der Einfluß von Mangan, Nickel und Vanadin im Zusammenwirken mit Kohlenstoff auf das Verschleißverhalten von normalgeglühten Stählen.* Die an *V*-, *Mn*- u. *Ni*-Vergütungsstählen in normalgeglühtem Zustand durchgeführten Verss. zeigten, daß bei diesen Stählen bes. der C-Geh. für den Verschleiß von Bedeutung ist. Bei den V-Stählen ergab sich, daß nur der nicht an V gebundene C ihr Verschleißverh. bestimmt. Die Gegenüberstellung der Ergebnisse von einem Mn- u. einem Ni-Stahl mit etwa gleichem C-Geh. u. gleich hohen Legierungszusätzen (im einen Fall Mn, im anderen Ni) lassen deutlich die stärkere Wrkg. von Mn erkennen. Bis zu einer Härte HB = 300 ist mit zunehmender Härte der Stähle eine Abnahme des Verschleißes zu beobachten. Während bei Härten HB $\geqq$ 300 den V-Stählen der Vorzug zu geben ist, verhalten sich bei Härten HB $<$ 300 die Mn-Stähle günstiger. (Arch. Eisenhüttenwes. **24.** 529—33. Nov./Dez. 1953. Aachen, TH.) HOCHSTEIN. 6410

E. Folkhard, *Die Riß- und Sprödbruchanfälligkeit hochfester Baustähle.* Bei geschweißten Stahlbauwerken wird Rißanfälligkeit durch starke Aufhärtung des Grundwerkstoffes in der Übergangszone bedingt. Ursachen von Sprödbrüchen sind Kerbe u. hohe mehrachsige, durch das Schweißen entstandene Spannungen. Zu ihrer Vermeidung werden *Al*-haltige Stähle empfohlen. — Schrifttumsangaben. (Schweißen u. Schneiden **4.** 139—54. Mai 1952. Linz/Donau.) HOCHSTEIN. 6410

G. D. Rahrer, *Verhalten von Borstählen während der Ver- und Bearbeitung.* Es wird nachgewiesen, daß die Kalt- u. Warmverformbarkeit, die Schweißbarkeit u. bes.

die spanabhebende Bearbeitbarkeit von B-haltigen Stählen mindestens ebenso gut sind wie die von einigen neuen legierten Stählen. Durch B-Zusatz zu einem Stahl mit 0,63 (%) C u. 0,87 Mn werden dessen ZTU-Kurven nach rechts verschoben. Ein B-haltiger Stahl kann schneller bearbeitet werden als ein höher legierter Stahl von derselben Härte u. demselben Gefüge. (Metal Progr. **63.** Nr. 5. 85—89. Mai 1953. Pittsburgh, Pa., United States Steel Corp.) HOCHSTEIN. 6410

W. W. Krysko, *Die Entkrätzung des Bleies.* Das Problem des O_2-Geh. in Pb u. des beim Vergießen mechan. mitgerissenen Pb-Oxyds wird erörtert. Danach werden Versuchsergebnisse mit einer diskontinuierlichen u. einer kontinuierlichen Meth. zur Entkrätzung des Pb auf Grund der Rk. $3 PbO + 2 Al = Al_2O_3 + 3 Pb$ u. der Unlöslichkeit des Al in Pb unterhalb 600° mitgeteilt. (Z. Erzbergbau Metallhüttenwes. **6.** 442—45. Nov. 1953. Adelaide, Süd-Australien, St. Peter's Coll.) APEL. 6430

M. Vollprecht, *Blei in der Zellstoffindustrie.* Die mechan., physikal. u. chem. Eigg. von Pb u. Pb–Sb-Legierungen werden beschrieben. Für die Zellstoffindustrie kommt ihre Verwendung für Vorrichtungen in Frage, in denen kalte oder heiße Kochsäuren (Calciumbisulfit), Ablaugen (Ligninsulfonsäure) u. Abgase gefördert, gelagert, erhitzt oder gekühlt werden. (Technik **8.** 517—23. Aug. 1953. Pirna/Elbe.) APEL. 6430

—, *Raffinieren von geringwertigem Kupfer.* Beschreibung einer Raffinationsanlage, in der unreines Cu, Cu-Abfälle aller Art, Aschen u. Gekrätz in Hoch- u. Flammöfen geschmolzen, zu Anoden gegossen u. elektrolyt. zu hochreinem Kathoden-Cu von 99,96% Reinheit verarbeitet werden. (Metal Ind. [London] **83.** 441—42. 27/11. 1953. Walsall, James Bridge Copper Works Ltd.) APEL. 6432

K. N. Kadmow, *Bekämpfung der Porosität von Buntmetallguß.* Nach Erörterung der verschied. Ursachen der Erzeugung von porigen *Bronze-* u. *Messing-*Gußstücken erscheint als Hauptbedingung für die Vermeidung der Porosität das Schmelzen der Legierungen bei möglichst niedrigen Temperaturen. — Schrifttumsangaben. (Литейное Произволсво [Gießereiwesen] **1952.** Nr. 7. 28—29. Juli.) HOCHSTEIN. 6432

—, *Stranggießen von Kupferlegierungen.* Nach einer Beschreibung des Verf. u. der Vorr. werden die physikal. Eigg. von Stranggußproben verschied. *Cu–Sn–Pn–Zn-*Legierungen mit Kokillen- u. Sandgußproben entsprechender Zus. verglichen. Die Stranggußstücke zeichnen sich durch gleichmäßigere Struktur, Freiheit von Schlacken- u. Gaseinschlüssen aus u. gestatten dadurch bei der Bearbeitung höhere Schnittgeschwindigkeiten. (Metal. Ind. [London] **83.** 235—36. 18/9. 1953. Perth Amboy, N. J., American Smelting and Refining Comp.) APEL. 6432

E. R. Thews, *Wirtschaftliches Schmelzen von Messing- und Bronzelegierungen in Gießereiflammöfen.* Die Behandlung der Metalle vor dem Einschmelzen, die Schmelzöfen u. die Schmelz- u. Gießverff. unter Berücksichtigung der Fluß- u. Abdeckmittel werden beschrieben. (Giesserei **40.** 658—63. 10/12. 1953. Berlin-Schmargendorf.) APEL. 6432

Edmund R. Thews, *Die Sondergußmessinge.* Überblick über die Gesichtspunkte bei der Entw. von Sondermessingen, wie Wahl der Ausgangsstoffe, die von höherem Reinheitsgrad sein müssen als bei einfachem Messing, Maßnahmen, den Reinheitsgrad der Ausgangsstoffe durch Vorbehandlung (Umschmelzen) zu verbessern, Notwendigkeit der Verwendung von Vorlegierungen, Schmelz- u. Gießverfahren. (Giessereipraxis **72.** 61—64. 25/2. 1954.) APEL. 6432

Max Hempel und **Eduard Houdremont,** *Beitrag zur Kenntnis der Vorgänge bei der Dauerbeanspruchung von Werkstoffen.* Metallograph. Unterss. an kaltverformten u. wechselbeanspruchten Proben zeigen, daß während der Wechselbelastung Gefügeveränderungen, u. zwar Ausscheidungen u. Zwillingsbildungen, eintreten. Verss. über die unter Wechselbeanspruchung einsetzende Wärmeentw. u. über den Einfl. der Prüftemp. auf die Gefügeänderungen weisen darauf hin, daß sich örtliche Fließvorgänge, verbunden mit irreversiblen Atomplatzwechseln, abspielen, die als Vorstufe einer Werkstofftrennung oder **Rißbldg.** anzusehen sind. (Stahl u. Eisen **73.** 1503—11. 5/11. 1953. Düsseldorf.) HOCHSTEIN. 6480

P. A. Lovett, *Einbetten metallographischer Proben.* Das Einbettungsmittel besteht aus feinem weißem Harzpulver u. einer klaren Fl., die zusammen ein kalt oder warm trocknendes Acrylkunstharz bilden. Die Mengenverhältnisse sind 5 g Harzpulver u. 3—4 cm^3 Lösung. Es entstehen so in 2 Min. bei 100° oder in 12—30 Min. bei Raumtemp. gute Probestücke. (Metal Ind. [London] **83.** 70. 24/7. 1953.) APEL. 6482

E. Wood, „*Betriebs*"-*Metallographie.* Es wird eine Vorr. beschrieben, mit der in einfacher Weise eine große Anzahl von Schliffen für die Gefügeunters. zur qualitativen Betriebsüberwachung hergestellt werden kann. (Metallurgia [Manchester] **48.** 212. Okt. 1953. Midland Research Co., Ltd.) K. STEIN. 6482

F. J. Burger und **V. F. G. Tull,** *Gasgehalt und elektrolytisches Ätzverhalten von Aluminium.* Beim elektrolyt. Ätzen von gewalzter Al-Folie in einer 0,2 nNaCl-Lsg. bei 90° u. Stromdichten von 0,1—0,2 A/cm² wurde ein verschied. Ätzverh. der Folien beobachtet. Während bei einem Teil der Folien die ganze Oberfläche gleichmäßig angegriffen war, traten auf anderen Folien unregelmäßig verteilte tiefe Ätzgrübchen auf, während die restliche Oberfläche nicht angegriffen wurde. Eine Beziehung zwischen den Verunreinigungen der Proben u. ihrem Ätzverh. konnte nicht festgestellt werden. Erhitzte man das Al wenigstens 1 Std. auf 600°, dann trat bei einer Reihe von Proben Blasenblsg. auf. Für diese Fälle konnte eine enge Beziehung zu dem Ätzverh. beobachtet werden: Auf Folien, die Blasenbldg. zeigten, wurden beim Ätzen Grübchen gebildet. Mkr. Unters. von Querschnitten nicht erhitzter Folien ließen keine Blasen oder innere Hohlräume erkennen. Da bekannt ist, daß Blasenbldg. bei wärmebehandeltem Al auf H_2 zurückzuführen ist, ist anzunehmen, daß auch das verschied. Ätzverh. auf H_2 in dem Sinne aufzufassen ist, daß, je höher der H_2-Geh. ist, desto lokalisierter der Angriff des Ätzens ist. (Nature [London] **172.** 729—30. 17/10. 1953. London, British Dielectric Res. Ltd.) GOTTFRIED. 6482

T. Broom, *Schmiermittel zur Metallbearbeitung. Anwendung in der Industrie der Nichteisenmetalle.* Übersicht über die bei der Bearbeitung, bes. beim Walzen von Nichteisenmetallen, bes. *Al* u. *Al*-Legierungen, verwendeten Schmiermittel u. deren Eigenschaften. (Metal Treatment Drop Forging **21.** 61—65. Febr. 1954. Birmingham, Univ., Dep. of Ind. Metallurgy.) WESLY. 6490

D. V. Wilson, *Betrachtungen über die Metallurgie des Tiefziehens von Metallen.* Die Tiefziehfähigkeit hängt von der chem. Zus., der Korngröße, der Orientierung u. Verteilung der verschied. Phasen im Mikrogefüge, von makrostrukturellen Fehlern u. Unhomogenitäten, die vom Gießen oder Warmverformen herrühren, u. von der Oberflächenbeschaffenheit ab. Es wird ein Überblick über die Methoden zur Unters. der Tiefziehfähigkeit gegeben. Sodann wird auf den Einfl. anderer als der obengenannten Faktoren eingegangen, wie Besserung der Ziehwerkzeuge, der Verfahrensstufen u. Schmierung. Zum Schluß wird angegeben, welche Anforderungen an die Eigg. der Fertigstücke zu stellen sind. — Schrifttumsangaben. (Sheet Metal Ind. **30.** 621—29. 640. Aug. 1953. Birmingham, Univ., Dep. of Ind. Metallurgy.) APEL. 6490·

—, *Über die Wärmebehandlung und das Glühen der Kohlenstoffstähle.* Überblick. (Giessereipraxis **71.** 138—41. 25/4. 1953.) HOCHSTEIN. 6492

A. M. Glikstern, *Gefüge und Härte einer gehärteten Schicht bei Oberflächenhärtung von Stahl durch eine Sauerstoff-Erdöl-Flamme.* Bei der Oberflächenhärtung eines Stahles *45* betrug die Einhärtetiefe 8 mm, die zur Hälfte ein martensit. u. martensit.-troost. Gefüge aufwies. Die reine Martensitschicht betrug ca. 2 mm. Eine Überhitzung der Oberflächenschicht wurde nicht beobachtet. Es werden die erreichten Härtewerte u. Eindringtiefen der Härtung angegeben. (Автогенное Дело [Autogene Ind.] **24.** Nr. 6. 10—12. Juli 1953.) HOCHSTEIN. 6492

I. W. Ssamolow, *Beschleunigtes Glühen von zementierten Gegenständen aus Stahl 18 ChNWA.* Stahl mit 0,16 (%) C, 1,56 Cr u. 4,5 Ni wurde in Holzkohle bei 950° zementiert. Die Zementationstiefe betrug 3,8 mm. Nach einer Abschreckhärtung von 950° in Luft schwankte die Härte der Proben in den Grenzen von 555—601 HB. Durch kurzzeitiges Anlassen bei Tempp. von 600—640° konnte die Härte nicht vermindert werden. Erst durch Glühen bei 620—650° bei mindestens 24std. Dauer wurde die Härte der zementierten Proben verringert. Eine verkürzte Glühbehandlung mit wesentlicher Härteminderung wurde durch ein mehrfaches Anlassen bei 650°, jedoch jeweils nur von 6—4std. Dauer erzielt. Je dicker die zementierte Schicht war, um so öfter mußte das Anlassen wiederholt werden. Metallograph. Unterss. ergaben, daß die Umwandlung von Restaustenit in Martensit am intensivsten während des Haltens bei 650° verläuft. Die Härteverminderung hierbei erfolgt in der Hauptsache durch das Anlassen des Martensits. (Вестник Машиностроения [Nachr. Maschinenbau] **33.** Nr. 7. 42—43. Juli 1953.) HOCHSTEIN. 6492

Börge Lunn, *Die Beilby-Schicht.* Die durch mechan. Polieren erzeugte BEILBY-Schicht besteht wahrscheinlich aus einem Gemisch von Metall u. Metalloxyden. Durch Verss. mit Lagermetallen wurde nachgewiesen, daß Gleitflächen auf Sn-Weißmetall große Mengen Oxyd enthielten, wobei die Gleitschichten aus einer typ. BEILBY-Schicht bestanden. Die Tatsache einer O_2-Anreicherung in den Gleitflächen unterstützt die Hypothese von der Bedeutung der Oxydation für die Grenzflächenprozesse, da diese oberflächenchem. Rkk. offenbar die richtige Funktion der Lagerwerkstoffe u. Lagerschmiermittel bedingen. (Z. Metallkunde **45.** 92—93. Febr. 1954. Kopenhagen.) MARKHOFF. 6510

H. Günther, *Vergleichende Versuche über Porenprüfungen nach der Ferroxylprobe.* Verglichen werden die rein chem. Meth. von VOLLMER u. die elektrochem. von GARRE für die Porenprüfung von Metallniederschlägen. Die Prüflsg. nach GARRE weist insofern günstige Eigg. auf, als sie längere Zeit haltbar ist, während die VOLLMERsche Prüflsg. sich rasch zersetzt. Die Lsg. nach VOLLMER greift stärker an u. erzielt größere Streuwerte als die von GARRE. Eine Angleichung der Versuchswerte ist möglich, wenn bei beiden Verff. die Expositionszeit auf 60—130 Sek. verkürzt wird. — Diagramme, Tabellen. (Technik **8.** 524—26. Aug. 1953. Leipzig.) MARKHOFF. 6514

Hans Reininger, *Weiterentwicklung der Metallspritztechnik.* Überblick über neue techn. Hilfsmittel u. Haftgrundvorbehandlung. (Metalloberfläche, Ausg. B **8.** 6—11. Jan. 1954. Bad Schandau/Elbe.) MARKHOFF. 6516

W. Diesler, *Aus der Praxis des Metallspritzens in einem Großbetrieb der Maschinenindustrie.* Der Vorgang beim Spritzen wird erörtert, u. Beispiele für die Anwendbarkeit des Spritzverf. werden gegeben. Die Spritzkügelchen haben beim Aufprallen auf das Werkstück nur noch eine Temp. von 100—180°, so daß nur ein Haften auf dem Werkstück eintritt u. sich dieses nicht wesentlich verziehen kann. Die Härte u. Festigkeit der Spritzschicht sind sehr verschieden. Die gespritzte Metallschicht verträgt keine Schlag- u. Stoßbeanspruchungen. (Werkstatt u. Betrieb **86.** 590—96. Okt. 1953. Oberhausen-Sterkrade.) VIER. 6516

G. Luft und **A. Perrone,** *Korrosionswiderstand des Aluminiums und seiner Legierungen in der Industrieatmosphäre.* Proben von Al (99,5%, AP 5 Uni 3020), *Peraluman 35, Anticorodal 11, Avional Av D, Chitonal, Ergal 60, Ergalplat 60* u. gewöhnliches *Eisen* wurden der Atmosphäre des Werks S. Giuseppe di Cairo (Savona) u. den borsäurehaltigen Dämpfen der Soffioni von Lardarello teils unbehandelt, teils mit Schutzüberzügen versehen, ausgesetzt. Die Industrieatmosphäre ist agressiver als die Soffionidämpfe. Verss. zeigen, daß bei sorgfältiger Wahl der Legierungen u. der Schutzschichten die Probleme der Korrosion durch Industrieatmosphäre sehr gut gelöst werden können. (Alluminio **22.** 256—69. Mai 1953. Mailand-Novara, Ist. Sper. dei Metalli Leggeri.) RUMPF. 6538

Everard F. Kohl, Lakewood, O., V. St. A., *Herstellung von schalenförmigen Gießformen unter Verwendung von Modellen aus erstarrtem Quecksilber.* Auf das Modell aus erstarrtem Hg wird mindestens eine Schale aus einer M. aufgebracht, die aus einem hitzebeständigen Stoff (I), einem Bindemittel (II) u. einer Anmache-Fl. (**III**) hierfür besteht. Als **I** kommen feinverteilte feuerfeste Stoffe, wie Silica, Zirkon, Chromit, MgO, CaO, Sillimanit, Mullit, Al_2O_3, SiC oder dgl., in Frage. **II** soll an dem gefrorenen Hg haften, zugleich aber die feuerfesten Stoffe binden. **III** soll unterhalb des F. von Hg noch fl. sein, bei höheren Tempp. aber verdampfen. Als **II** wird z. B. eine Mischung aus polymerisiertem Vinylacetat u. einer Äthylcellulose benutzt, welche bis mindestens 46,5% äthyliert ist. Auch Polymerisationsprodd. von Butadien u. Acrylonitril können für diesen Zweck verwendet werden. **III** besteht aus Stoffen, wie Monochlordifluormethan, Dichlorfluormethan, Trichlormonofluormethan, Dimethyläther, Methylchlorid, oder aus Gemischen hiervon. Der M. zum Aufbau der Schalen kann ferner noch ein erst bei hohen Tempp. wirksam werdendes Bindemittel, wie gepulvertes Ammoniumphosphat, bes. $(NH_4)H_2PO_4$, zugesetzt werden. Bei Herst. von zwei Schichten wird der inneren Schicht ein Alkalimetallfluorid u. der äußeren Schicht ein Ammoniumphosphat als keram. Bindemittel beigemischt. (**E. P. 689 658** vom 28/11. 1950, ausg. 1/4. 1953.) HANS HOFFMANN. 6383

Vereinigte Österreichische Eisen- und Stahlwerke Akt.-Ges., Linz, Österreich, *Frischen von schmelzflüssigen Metallbädern, insbesondere von Eisenbädern mit Hilfe von auf das Bad geblasenem Sauerstoff.* Das Verhältnis von Badtiefe zur Badoberfläche wird so gehalten, daß der auf die Oberfläche der Schmelze gerichtete Gasstrahl eine Strömung des schmelzfl. Materials von der Mitte der Badoberfläche nach unten u. entlang der Wand der zur Anwendung gelangenden Einrichtung wieder nach oben bewirkt u. daß das Unterteil der feuerfesten Auskleidung der Einrichtung in einer diese Strömung angepaßten Form ausgebildet ist. (**Oe. P. 175 585** vom 13/4. 1950, ausg. 25/7. 1953.) HOCHSTEIN. 6409

Giuseppe Spagnoli und **Romualdo Rossi,** Italien, *Herstellung eines zur Kohlung und Frischung von Stahlbädern bestimmten Produktes.* Gußeisen oder ein ähnlicher Werkstoff wird auf mindestens eine Schicht aus Kohle oder aus Kalk oder aus einer Mischung von beiden derart gegossen, daß das so erhaltene Prod. ein inniges Gemisch von Eisen mit Kohlenstoff oder Kalk oder mit beiden, vorzugsweise mit Koks u. Kalk, darstellt. (**F. P. 1 025 284** vom 29/9. 1950, ausg. 13/4. 1953. It. Prior. 1/10. 1949.) HOCHSTEIN. 6409

Deutsche Edelstahlwerke Akt.-Ges. (Erfinder: **Robert Scherer** und **Karl Bungardt**), Krefeld, *Herstellung von Gegenständen aus borhaltigem Stahl.* Austenit. Stähle mit 0,01—0,50, bes. 0,04—0,10 (%) *C*, 15—25 (bes. 16—18) *Cr*, 10—35 (bes. 12—20) *Ni*, 0,01—0,30 (bes. 0,02—0,15) *B*, Rest Eisen mit den üblichen Gehh. an *Si*, *Mn*, *P* u. *S* werden bei Tempp. unterhalb von 1180°, vorzugsweise im Temperaturgebiet von 1000 bis 1100°, geschmiedet, darauf schnell von Tempp. zwischen 1100 u. 1170°, bes. von Tempp. zwischen 1130 u. 1150°, abgekühlt u. darauf während mehrerer Std. bei Tempp. unterhalb von 800°, vorzugsweise bei Tempp. von 700—750°, geglüht. Die Stähle besitzen nach der Behandlung eine hohe Dauerstandfestigkeit u. eine verringerte Neigung zu verformungslosen Brüchen. (**F. P. 1 030 791** vom 8/1. 1951, ausg. 17/6. 1953. D. Prior. 9/1. 1950.) HOCHSTEIN. 6411

Crucible Steel Co. of America, New York, N. Y., übert. von: **Peter Payson**, New York, und **Alvin E. Nehrenberg**, Bloomfield, V. St. A., *Niedriglegierter Stahl mit hoher Streckgrenze* besteht aus 0,05—0,15 (%) *C*, 1—2 *Mn*, 0,9—2 *Si*, 1,5—2,5 *Ni*, 0,14 bis 1,2 *Cr*, 0,05—0,6 *Mo*, 0,2—0,6 *Cu*, bis zu maximal 0,05 *S* oder *P*, Rest Eisen. Der Stahl besitzt eine Streckgrenze von ca. 63 kg/mm² sowohl im gewalzten als auch normalisierten Zustande. (**A. P. 2 634 205** vom 17/8. 1950, ausg. 7/4. 1953.) HOCHSTEIN. 6411

Stanley Works, New Britain, Conn., übert. von: **Robert L. Baldwin**, Bridgeport, V. St. A., *Legierter Rasierklingenstahl* besteht aus 1,35—1,50 (%) *C*, 0,2—0,50 *Si*, 0,70—1,00 *Cr*, 0,3—0,45 *V*, Rest Eisen mit den üblichen Verunreinigungen. Bevorzugt besteht der Stahl aus 1,35—1,50 C, 0,70—1,00 Cr, 0,30—0,45 V, 0,20—0,50 Si, 0,25 bis 0,40 Mn, bis 0,02 P, bis 0,02 S, Rest Eisen. Außer Rasierklingen kann der Stahl mit Vorteil auch für Bandsägen u. Messer verwendet werden. (**A. P. 2 634 206** vom 30/1. 1951, ausg. 7/4. 1953.) HOCHSTEIN. 6411

Rheinische Röhrenwerke Akt.-Ges., Mülheim/Ruhr (Erfinder: **Hermann Josef Schiffler**, Düsseldorf, und **Ewald Baerlecken**, Düsseldorf-Oberkassel), *Stahllegierung für Vorrichtungen zur Behandlung von Kohlenwasserstoffen*, bei denen unerwünschte Rkk., bes. C-Abscheidungen, nicht auftreten sollen, enthält bis 0,4%, vorzugsweise 0,2% *C*, 4,5—8% *Al* u. die üblichen Eisenbegleiter. Zweckmäßig beträgt der Al-Geh. 5—6%. (**D. B. P. 900 944** Kl. 18d vom 15/4. 1943, ausg. 4/1. 1954.) HOCHSTEIN. 6411

James Neill & Co. Ltd., Sheffield, England (Erfinder: **Kurt Hoselitz** und **Wilfred Wright**), *Dauermagnetstahl* besteht aus 12—14(%) *Co*, 16—18 *Mo*, 0,3—0,7 *Ti*, Rest *Eisen* u. Verunreinigungen. Zweckmäßig beträgt der Ti-Geh. 0,4—0,5. Der Stahl kann auch noch *Mn*, *Si*, *Al*, *V* oder *Zr* in den für Desoxydationsmittelzusatz üblichen maximalen Gehh. enthalten, wobei der Mn-Geh. in den Grenzen von 0,5—1, bes. 0,6 bis 0,8, beträgt. (**E. P. 697 740** vom 16/11. 1950 u. 24/10. 1951, ausg. 30/9. 1953.) HOCHSTEIN. 6411

N. V. Philips' Gloeilampenfabrieken, Holland, *Eisen-Nickel-Kupfer-Legierung.* Einer Fe-Cu-Legierung mit 1—7% Cu wird eine derartige Menge Ni zugesetzt, daß der Ni + Cu-Geh. zusammen 48—56% beträgt u. der Rest Fe ist. Diese Legierung besitzt einen Ausdehnungsbeiwert von über $80 \cdot 10^{-7}$ u. eignet sich für in Glas eingeschmolzene Stahlteile. — Kurvenbilder. (**F. P. 1 041 688** vom 3/4. 1951, ausg. 26/10. 1953. Holl. Prior. 4/4. 1950.) HOCHSTEIN. 6411

Willi Lohmann, Berlin (Erfinder: **Gustav Weissenburg**, Marburg/Lahn), *Werkzeuge mit Flächen aus Hartmetall.* Metallcarbide, -nitride oder -boride werden in feinkörnigem Zustand in eine Metallschmelze, deren spezif. Gewicht von dem der Carbide usw. abweicht, z. B. Fe, eingetragen. Die Hartmetalle steigen in der Schmelze auf u. bilden die Oberfläche. Die Schmelze kann auch mit C, B oder N_2 angereichert u. darauf die das Carbid usw. bildenden Metalle in die Schmelze unter Rühren eingebracht werden, gegebenenfalls unter Wiederholung des Vorgangs. (**D. B. P. 891 324** Kl. 31c vom 11/10. 1941, ausg. 28/9. 1953.) GÖTZE. 6477

Félix Gérin, Frankreich, *Aufbringen von Metallcarbidschichten auf metallische Oberflächen.* Die gepulverten Metallcarbide werden, gemischt mit einem bei der Schweißtemp. flüchtigen Harz, auf den Gegenstand, z. B. ein Werkzeug, aufgebracht u. mittels des elektr. Lichtbogens aufgeschweißt. Dabei kann das Metallcarbid-Harz-Gemisch als Elektrode dienen. Als Beispiel für die Zus. einer solchen Elektrode wird angegeben: 67—69 (%) *WC*, 16—22 *TaC*, 8—12 *TiC*, 3—5 *Co* oder *Ni*, 2—10 *Harz.* Als Harz kann ein Phenol-Formaldehyd-Harz verwendet werden. (**F. P. 1 020 107** vom 13/6. 1950, ausg. 2/2. 1953.) VIER. 6477

Deutsche Edelstahlwerke Akt.-Ges., Krefeld (Erfinder: **Franz Skaupy**, Berlin-Lichterfelde), *Rasches Abkühlen von hocherhitzten Körpern.* Hochschm. Metallverbb., bes. Carbide, werden in ein fl. Metallbad eingetaucht, das aus einer Schmelze von Ag,

Cu, Al, Be, Cr, Mo, W oder ähnlichen, die Wärme gut leitenden u. hochsd. Metallen oder Legierungen besteht. (**D. B. P. 876 748** Kl. 31 c vom 21/4. 1940, ausg. 18/5. 1953.) BÜLTMANN. 6477

Laborde Hermanos, S. A. (Erfinder: **Manuel Laborde Werlinden** und **Enrique Laborde Werlinden**), Andoain, Guipúzcoa, Spanien, *Schlagstempel zum Einschlagen von Ziffern usw. in Stahl oder anderes Material.* Ein Pulvergemisch aus *Carbiden* des *W, Ti, Ta, Mo* oder *V* mit *Fe, Co* oder *Ni* wird gepreßt u. bei Tempp. zwischen 1200 u. 2000° gesintert. Die so hergestellten Hartmetalle besitzen Härtewerte von ca. 80 Rockwell u. zeigen geringe Abnutzung. (**D. B. P. 889 837** Kl. 40b vom 30/10. 1951, ausg. 14/9. 1953. Span. Prior. 28/2. 1951.) GÖTZE. 6477

Maxence Meyer, Paris, Frankreich, *Politurprüfgerät,* bestehend aus in Matrizen verschied. Rauheitsgrade auspolymerisierten Kunstharztafeln, z. B. aus *Phenol-Aldehyd-Harzen.* Durch Fühlungsvgl. mit dem Finger läßt sich die Politur bzw. Rauheit eines Werkstückes gegenüber dem Prüfgerät festlegen. — 2 Abbildungen. (**E. P. 689 908** vom 14/3. 1950, ausg. 8/4. 1953. F. Priorr. 15/3. u. 2/11. 1949.) MÖLLERING. 6481

Robert Émile Halut, Paris, Frankreich, *Formen eines Metallkörpers.* Nach dem anod. Polieren wird der Gegenstand über das n. Maß der Streckgrenze hinaus mechan. kalt bearbeitet. Durch wiederholtes Bearbeiten, vorteilhaft nach wiederholtem Polieren, bes. in einer Lsg. von H_3PO_4, wird die Formbarkeit noch erhöht. (**Schwz. P. 283 132** vom 3/4. 1948, ausg. 16/9. 1952. F. Prior. 12/7. 1947.) HOLM. 6491

Industrie-Werke Karlsruhe Akt.-Ges., Karlsruhe (Erfinder: **Georg Dahlke** und **Josef Pawlak,** Berlin-Reinickendorf), *Glühverfahren zur Vorbehandlung kalt zu verformender Metallkörper.* Die Körper, z. B. aus Stahl, werden während der Glühbehandlung einem Gas oder Gasgemisch ausgesetzt, durch das eine C-Abscheidung auf den zu verformenden Körpern bewirkt wird. Zweckmäßig wird ein Gasgemisch verwendet, das durch Verbrennung von Leuchtgas mit Luft bei einem Verhältnis von Luft zu Gas unter 2,4 zu 1 hergestellt worden ist. (**D. B. P. 888 400** Kl. 18c vom 3/12. 1941, ausg. 31/8. 1953.) HOCHSTEIN. 6493

Deutsche Edelstahlwerke Akt.-Ges., Krefeld (Erfinder: **Herbert Gumprecht,** Idstein), *Wärmebehandlung von Metallteilen, insbesondere Stahl- und Eisenteilen.* Die Wärmebehandlung zwischen u. nach Kaltverformungen wird mit Hilfe von Induktionserwärmungseinrichtungen auf einem kleinen Raum kontinuierlich während des Fabrikationsablaufs vorgenommen. Die Anwendung des Verf. eignet sich bes. bei der Verarbeitung von Stabstahl, nahtlosen Rohren, Profilstäben, Bandstahl u. Drähten u. geschweißten Rohren. (**D. B. P. 878 504** Kl. 18c vom 22/4. 1944, ausg. 5/6. 1953.) HOCHSTEIN. 6493

Deutsche Edelstahlwerke Akt.-Ges., Krefeld (Erfinder: **Helmut Treppschuh,** Geisweid), *Anlassen von vergüteten Warmloch- und Warmziehwerkzeugen.* Der rückwärtige Teil des auf hohe Festigkeit vergüteten Werkzeugkörpers wird an der Oberfläche elektroinduktiv auf niedrigere Festigkeit angelassen. Warmriß- u. Spannungsrißbldg. werden hierdurch vermieden. — Abbildung. (**D. B. P. 886 010** Kl. 18c vom 23/11. 1943, ausg. 10/8. 1953.) HOCHSTEIN. 6493

American Brake Shoe Co., übert. von: **Richard A. Flinn** und **Raymond H. Schaefer,** V. St. A., *Wärmebehandlung einer übereutektoiden Stahlgußlegierung.* Verschleißfester Stahlguß mit hoher Zugfestigkeit u. Dehnung sowie hoher Schlagfestigkeit in der Wärme mit 1,2—1,9% C sowie mit im Gleichgewichtsverhältnis befindlichen Mitteln zur Carbidbldg., Graphitisierung u. Desoxydation wird zwecks Erzielung eines feinverteilten Kugelzementits in einer feinperlit. oder martensit. Grundmasse auf 870—1040° erhitzt, hier mindestens 2 Std., z. B. 5 Std., gehalten, auf eine Temp. unterhalb der Austenitumwandlungstemp., z. B. auf 730—815°, abgekühlt, hier mindestens 2 Std. gehalten u. sodann mit geregelter Abkühlungsgeschwindigkeit ganz abgekühlt. (**F. P. 1 019 042** vom 24/5. 1950, ausg. 15/1. 1953. A. Prior. 28/5. 1949.) HOCHSTEIN. 6493

Rolls-Royce Ltd. (Erfinder: **Eric James Whitehead**), Derby, England, *Wärmebehandlung von hitzebeständigen Legierungen.* Für die Wärmebehandlung vom hitzebeständigen *Stählen* bei Tempp. über 700°, z. B. bei Tempp. von 1050—1070°, wird borhaltiges Kryolithbad verwendet. Zweckmäßig besteht das Bad aus 85—95 (%) B_2O_3 u. 5—15 Na_3AlF_6. Die Wärmebehandlung eignet sich bes. für hochlegierte Stähle für Turbinenstähle. (**E. P. 698 425** vom 21/11. 1950, ausg. 14/10. 1953.) HOCHSTEIN. 6493

Stahlwerke Röchling-Buderus Akt.-Ges. (Erfinder: **Jost Rietveld**), Wetzlar, *Wärmebehandlung von ferromagnetischen Stoffen.* Zur Vermeidung einer spröden, grobnadeligen Martensitbldg. bei der Härtung von Stahl durch magnet. Kraftlinien werden die *Stähle* während der Gefügeumwandlungen, welche mit einer Änderung der ferromagnet. Eigg. verbunden sind, der Einw. des magnet. Kraftfeldes ausgesetzt. Vorzugsweise wird das Verf. bei Werkzeugstählen, Baustählen, Einsatzbaustählen u. aushärtungsfähigen Stahllegierungen angewendet. (**D. B. P. 904 546** Kl. 18c vom 7/4. 1939, ausg. 18/2. 1954.) HOCHSTEIN. 6493

Allgemeine Elektricitäts-Gesellschaft, Berlin-Grunewald (Erfinder: **Franz Pawlek,** Berlin), *Veränderung der magnetischen Eigenschaften von ferromagnetischen Werkstoffen.* Durch vollständiges oder teilweises elektrolyt. Überziehen mit einem oder mehreren Metallen mit unedlerem Verh. als H_2 oder mit einem oder mehreren Metallen aus Kolloide enthaltenden Lsgg. auf einer oder zwei Seiten von band-, draht- oder blechförmigen Werkstoffen etwa in derselben Dicke wie die des Grundmetalls werden Druckspannungen erzeugt. Zweckmäßig wird der so behandelte Werkstoff noch einer unterhalb der Rekristallisationstemp. des Überzugsmetalls liegenden Anlaßbehandlung unterworfen. (**D. R. P. 752 117** Kl. 18c vom 12/5. 1939, ausg. 31/8. 1953.) HOCHSTEIN. 6493

Vereinigte Deutsche Metallwerke Akt.-Ges., Frankfurt/M.-Heddernheim (Erfinder: **Herbert Schulze,** Altena), *Vergüten von Halbzeug aus Eisen.* Eisenblech, aus dem Ziehkörper, z. B. Näpfchen für Kartusch- u. Patronenhülsen, hergestellt werden, wird auf Tempp. oberhalb der Ac_3-Umwandlung, vorzugsweise auf Tempp. zwischen 950 u. 1000°, erhitzt, dann bis zu einer Temp. von 750—800° abgewalzt u. anschließend durch Behandlung mit Kühl-Fl. auf eine Temp. von 670—720° abgekühlt. Hierauf wird das Blech entweder langsam noch weiter bis auf Tempp. von ca. 150° abgekühlt oder bei 650—680° 1—8 Std., vorzugsweise 2—3 Std., geglüht. (**D. B. P. 886 153** Kl. 18c vom 28/4. 1944, ausg. 10/8. 1953.) HOCHSTEIN. 6493

Oil Well Supply, V. St. A., *Nitrierverfahren.* In ein Stahlrohr, dessen innere Oberflächen nitriert werden sollen, wird eine fl. NH_3 enthaltende Kapsel eingeführt, worauf das Rohr luftdicht, vorzugsweise durch Zuschweißen, verschlossen u. auf eine Temp. von 430—650° erhitzt wird. Bei dieser Temp. entweicht NH_3 in Dampfform der Kapsel. Durch ein 15std. Halten auf dieser Temp. werden die inneren Rohrflächen nitriert, wobei NH_3 im geschlossenen Rohr unter einem Druck von 100 at steht. — Abbildung. (**F. P. 1 048 109** vom 13/9. 1951, ausg. 21/12. 1953.) HOCHSTEIN. 6493

Robert Lionel Samuel, England, *Herstellen von Chromdiffusionsschichten.* Der zu überziehende Gegenstand aus *Eisen* oder *Stahl* wird in Ggw. von CrJ_2 u. eines Katalysators aus *Cu*-Pulver auf 900—1150° erhitzt. CrJ_2 kann während der Behandlung durch Rk. von NH_4J mit metall. Cr hergestellt werden. — Beispiel: Eine Probe aus Flußstahl wird in einer Mischung von 50 (%) Kaolin, 15 Cu-Pulver u. 35 Ferrochrompulver unter Zugabe einer kleinen Menge von NH_4J auf 1050° 6 Std. lang erhitzt. Der Überzug wird durch heiße HNO_3 nicht angegriffen. (**F. P. 1 040 177** vom 28/7. 1951, ausg. 13/10. 1953.) VIER. 6493

Robert Lionel Samuel, England, *Herstellen von Diffusionsschichten auf Metallen.* Die zu überziehenden Gegenstände, z. B. aus *Eisen* oder *Stahl,* werden in einer Silicatschmelze, z. B. aus Na_2SiO_3, bei Tempp. von 900—1300° getaucht, die ein Halogenid des einzudiffundierenden Metalles, z. B. CrF_3, u. das einzudiffundierende Metall, z. B. *Cr,* in Pulverform enthalten. — Beispiel: 75 (Gewichtsteile) SiO_2 u. 43 Na_2CO_3 werden bis zum ruhigen Schmelzfluß erhitzt. Dann werden 10 *Cr*-Pulver, 5 CrF_3 u. 1 K_2SiF_6 zugesetzt. Gegenstände aus Stahl erhalten nach einer Tauchdauer von 1 Std. bei 1200° eine Cr-reiche Diffusionsschicht von 0,2 mm Dicke, mit einem mittleren Cr-Geh. von 30%, die gegen HNO_3 jeder Konz. beständig ist. (**F. P. 1 040 219** vom 31/7. 1951, ausg. 13/10. 1953.) VIER. 6493

Soc. An. le Phénix, Frankreich, *Herstellung von verzinkten Wellblechen.* Die Bleche werden unmittelbar nach dem Walzen u. ohne Glühen mit HCl gebeizt u. unter Vermeidung von Biegungen bei 500° verzinkt. Danach erhalten die Bleche in einem Walzwerk Wellenform. Die so hergestellten Bleche haben eine höhere Festigkeit als Wellbleche, die vor dem Verzinken geglüht sind. (**F. P. 1 003 801** vom 26/2. 1947, ausg. 24/3. 1952.) VIER. 6523

Wean Engineering Co., Inc., übert. von: **Raymond J. Wean,** Warren, O., V. St. A., *Galvanische Erzeugung von Zinküberzügen.* Glänzende, duktile Zn-Überzüge werden aus sauren Zn-Elektrolyten erhalten, die ca. 0,005—0,2 oz/gal (0,038—1,5 g/Liter) Ti enthalten, z. B. als $TiCl_2$. (**A. P. 2 646 397** vom 18/11. 1950, ausg. 21/7. 1953.) MARKHOFF. 6523

De Yarman Wallace, Canfield, und **Leland R. Mansell,** Poland, O., V. St. A., *Schmelzflüssiges Verzinken.* Zwischen dem schmelzfl. Zn u. dem Fe der Verzinkungspfanne besteht eine Potentialdifferenz. Der dadurch entstehende elektr. Strom führt zu Lochfraß am Behälter u. zur Verschlackung im Zn-Bad. Durch Anlegen eines Gegenpotentials wird die Spannung aufgehoben u. Lochfraß- u. Schlackenbldg. verhindert. (**A. P. 2 642 368** vom 19/1. 1950, ausg. 16/6. 1953.) VIER. 6523

Max-Planck-Institut f. Eisenforschung, Düsseldorf. Untersuchungen für den Ablauf der Desoxydation und die Bildung von Einschlüssen in Stählen. Köln u. Opladen: Westd. Verl. 1953. (45 S. m. 19 Abb.) = Forschungsberichte d. Wirtschafts- und Verkehrsministeriums Nordrhein-Westfalen. Nr. 49. DM 12,40.

G. Sachs, Fundamentals of the working of metals. London: Pergamon Pr. 1954. (VII + 158 S. m. Abb.) 30 s.

IX. Organische Industrie.

A. G. Arend, *Entwicklungen auf dem Gebiet der Fluorkohlenwasserstoffe.* Kurze Hinweise auf die Verwendung der durch Fluorierung von KW-stoffen mit CoF_3 dargestellten Verbb. als Schmiermittel, Lösungsmittel, Wärmeüberträger, Schutzanstriche für Metalle u. Holz u. als Ausgangsmaterialien für Kunststoffe, sowie von Na-Fluoracetat als Rattengift u. von SF_6 als Feuerlösch-, Kälte- u. Isoliermittel. (Chem. Products, chem. News [N. S.] **16.** 303—04. Aug. 1953.) FORCHE. 6564

R. J. Haefeli, *Darstellung der Fettalkohole durch katalytische Hydrierung unter hohem Druck.* Vortrag über die Hydrierung von Estern, Triglyceriden u. Fettsäuren zu *Fettalkoholen* unter besonderer Berücksichtigung der vom Vf. ermittelten günstigsten Darstellungsbedingungen u. die Zus. des Katalysators ($Cr_2O_3 \cdot 2\,CuO$) sowie die Abhängigkeit der Rk. von Zeit, Temp. u. Druck. (Chimia [Zürich] **7.** 255—58. 14/11. 1953. Zürich, De Roll S. A.) FECHTER. H 560

H. S. Kemp, L. T. Mullen und **A. P. Guess**, *Die Konstruktion von Säuregewinnungsanlagen. In einer Halle oder im Freien?* Bei dem BREWSTER-Prozeß, der Gewinnung von *CH_3COOH* durch Extraktion mit Ae. u. nachfolgender Dest. von Ae. u. Konz. der CH_3COOH werden Überlegungen angestellt, ob die offene Ausführung oder wie bisher eine eingebaute Anlage günstiger ist. Obwohl die offene Ausführung einige Nachteile aufweist, sprechen doch viele Gründe für dieselbe: Fortfall von Mauern u. Fundamenten, Reduzierung von Licht- u. Heizungskosten, Fortfall der Entlüftung. Die neue offene Ausführung bedingt eine zuverlässige H_2O-Berieselung der Ae.-Tanks im Sommer, um die Temp. gleichmäßig niedrig zu halten, u. eine Dampfbeheizung der Säureleitungen, um das Festwerden der Essigsäure (+ 16,7°) zu verhindern. Die notwendigen Kontrollräume sind feuersicher u. mit Klimaanlage versehen. (Chem. Engng. Progr. **47.** 339—40. Juli 1951. Wilmington, Del., Du Pont Co.) KLEFFNER. H 810

—, *Neues Vanillinverfahren.* Die bei der Alkoholgewinnung aus Sulfitablauge erhaltene ligninhaltige Ablauge wird mit Kalk auf $p_H > 12$ eingestellt u. unter Umrühren bei geeignetem Druck u. Temp. belüftet, wobei Ca-Vanillat gebildet wird. Aus der vom Schlamm getrennten Fl. wird das *Vanillin* nach Ansäuern mit CO_2 mit Bzl. oder Toluol extrahiert. Beiprodd. sind Acetovanillon u. bestimmte aromat. Verbindungen. Aus dem Schlamm wird *Lical* gewonnen: in W. unlösl., leicht benetzbares Pulver mit hohem Absorptionsvermögen. — Zeichnung. (Canad. Chem. Processing **36.** Nr. 11. 58—60. Okt. 1952.) RANG. H 1140

N. V. de Bataafsche Petroleum Mij., Den Haag, Holland, *Gewinnung von geradkettigen mikrokristallinen Paraffinen.* Rohe Paraffingemische (F. 68°) werden, bes. in 5%ig. Methylisobutylketonlsg. bei 55—60°, mit Harnstoff (**I**) versetzt, die ausgeschiedenen **I**-Paraffin-Komplexverbb. abgetrennt u. durch Erwärmen mit W. zersetzt. Ausbeute: ca. 10% mikrokristallin. Paraffine mit dem Carnaubawachs ähnlichen Eigg. u. gutem Ölbindevermögen. (**E. P. 681 263** vom 23/9. 1949, ausg. 22/10. 1952. A. Prior. 27/9. 1948.) LÜTTGEN. H 510

Gesellschaft für Linde's Eismaschinen Akt.-Ges., Höllriegelskreuth bei München (Erfinder: **Albert Feller**, Mülheim/Ruhr, und **Rudolf Becker**, München), *Gewinnung von Äthylen* (**I**) oder stark **I**-haltigen Gasgemischen aus **I**-armen Rohgasen erfolgt durch Tiefkühlung unter Verwendung von wechselweise betriebenen Regeneratoren, in denen das Gas nur bis zum Taupunkt des **I** abgekühlt u. ein Teil der CO_2 ausgeschieden wird, wobei das **I** zusammen mit dem Rest-CO_2 durch zusätzliche Kälte kondensiert wird. — Zeichnung, schemat. Apparatur. (**D. B. P. 885 844** Kl. 12o vom 9/2. 1940, ausg. 10/8. 1953.) KRAUSS. H 520

Imperial Chemical Industries Ltd., London, übert. von: **Donald McNeil** und **Peter William Reynolds**, Norton-on-Tees, England, *Isomerisierung von geradkettigen Olefinen zu verzweigtkettigen* erfolgt durch Erhitzen in der Gasphase auf 350—600° u.

höher in Ggw. eines B-Orthophosphates (das z. B. durch Erhitzen von H_3BO_3 mit H_3PO_4 hergestellt wurde u. das durch Behandeln mit einem O_2-haltigen Gas regeneriert wird). — n-Buten → *Isobuten.* — Penten-(2) → *Isopenten.* — Octen-(1) → *3-Methylhepten.* (**E. P. 635 508** vom 21/10. 1947, ausg. 12/4. 1950.) KRAUSS. H 520

Imperial Chemical Industries Ltd., London, und **Robert Charles Chuffart**, Widnes, England, *1.2-Dichlorbuten-(3)* u. *1.4-Dichlorbuten-(2)* erhält man durch Anlagerung von 1 (Vol.) Cl_2 an 2 Butadien in Ggw. von höchstens 1% O_2 oder Luft u. eines feinverteilten Fließbett- bzw. Schwebebettkatalysators (Koks, 50—200 Maschen) bei 180 bis 240, bes. 220—230°. (**E. P. 676 691** vom 2/3. 1949, ausg. 30/7. 1952.) KRAUSS. H 520

Comp. Française de Raffinage (Soc. An.), Frankreich, *Herstellung von Isopropylalkohol.* Man läßt Propylen in Ggw. eines Katalysators bei einer geeigneten Temp. u. erhöhtem Druck mit W. reagieren. — Vorrichtung. (**F. P. 1 018 201** vom 19/5. 1950, ausg. 30/12. 1952.) OPPERMANN. H 560

Imperial Chemical Industries Ltd., London, England, *Herstellung von Ameisensäure* durch Rk. von Erdalkaliformiat (I) mit der äquimol. Menge H_2SO_4, dad. gek., daß man auf I eine wss. Lsg. von H_2SO_4 u. HCOOH derart einwirken läßt, daß eine pastenförmige M. entsteht, die man, um HCOOH abzudest., auf die geheizte Innenfläche (II) einer rotierenden Trommel leitet u. darauf umwälzt, wobei man die sich bildenden Körner kontinuierlich von II entfernt, sammelt u. die abdest. HCOOH abführt. — Vorr., Zeichnung. (**Schwz. P. 283 051** vom 25/5. 1949, ausg. 1/9. 1952. E. Prior. 26/5. 1948.) MÜLLER-MEININGEN. H 810

Badische Anilin- & Soda-Fabrik Akt.-Ges., Deutschland, *Herstellung von kristallwasserhaltigem Aluminiumformiat* durch Rk. von Formamid mit $AlCl_3$ in Ggw. von freier CH_2O_2 bei 70° unter Rühren (ca. 3—4 Std.) u. anschließend durch Abkühlen auf ca. 10° u. Abfiltrieren des ausgeschiedenen NH_4Cl. Durch Impfen der erhaltenen Lsg. scheidet sich $Al(HCOO)_3 \cdot 3\,H_2O$ aus. (**F. P. 998 352** vom 31/10. 1949, ausg. 17/1. 1952. D. Prior. 12/2. 1949.) M. F. MÜLLER. H 810

Imperial Chemical Industries Ltd., London (Erfinder: **George Edwin Wainwright** und **Joseph Horsefield Brown**, Norton Hall), England, *Methacrylsäureester* erhält man durch Behandeln des Reaktionsprod. aus Acetoncyanhydrin u. H_2SO_4 mit W. u. einem Alkohol ROH (R = Alkyl mit höchstens 4 C-Atomen), wobei W. u. ROH bei einer oberhalb des Kp. des verwendeten ROH liegenden Temp. allmählich zugefügt werden, bei der die Veresterung u. Dest. des gebildeten Esters gleichzeitig erfolgen. — *Methacrylsäuremethylester*, Kp. 100°. — *Äthylester*, Kp. 118—120°. — *Butylester*, Kp. 162 bis 163°. (**D. R. P. 761 283** Kl. 12o vom 29/10. 1938, ausg. 16/2. 1953. E. Prior. 28/10. 1937.) KRAUSS. H 810

Allied Chemical & Dye Corp., New York, N. Y. (Erfinder: **Joyce Homer Crowell**, Pittsburgh, Pa.), V. St. A., *Reinigen von rohem Maleinsäureanhydrid.* Durch Dampfphasenoxydation von organ. Verbb. oder durch therm. Dehydratisierung von Maleinsäure gewonnenes Anhydrid wird in geschmolzenem Zustand längere Zeit mit nicht über 10% Sauerstoffsäuren von P, As oder Sb bzw. deren Anhydriden oder Salzen auf 140—200° erhitzt. (**D. B. P. 843 254** Kl. 12o vom 17/9. 1950, ausg. 7/7. 1952. A. Prior. 6/6. 1941.) LÜTTGEN. H 820

Morton Salt Co., Chicago, Ill., übert. von: **Howard F. Reeves jr.**, Chattanooga, Tenn., V. St. A., *Herstellung von Estern der Aconitsäure* aus deren rohen Erdalkalisalzen (I), wie sie z. B. aus Zuckermelasse erhalten werden können, erfolgt durch stufenweise Veresterung mit prim. Alkoholen C_3—C_{12} in Ggw. eines inerten Lösungsm. wie Toluol. — Zeichnung. (**A. P. 2 645 658** vom 21/2. 1949, ausg. 14/7. 1953.) MÜLLER-MEININGEN. H 830

Badische Anilin- & Soda-Fabrik Akt.-Ges., Deutschland, *Herstellung von Estern der H_2CO_3 und der Chlorkohlensäure* durch Einw. von Phosgen auf Alkohole, welche in einem Gefäß mit inerten Verteilungskörpern, z. B. mit RASCHIG-Ringen, herabrieseln. Von den Ausgangsalkoholen sind genannt Butanole, Hexanole, Dodecanole, Cyclohexanol, 1.3-Propylenglykol, 1.3- u. 1.4-Butylenglykol, 1.6-Hexylenglykol, Propenol, Butenole, Pentenole, Cyclohexenol, Butendiol, Pentendiol, Hexendiol, Hexadiendiol, Glycerin u. Erythrit. — Aus einem mehrwertigen Alkohol u. 1 Mol Phosgen pro OH-Gruppe entsteht ein Prod. der allg. Formel $Cl \cdot CO-(O-R-O-CO-)_n-Cl$, worin R der Rest des zweiwertigen Alkohols ist; n = eine ganze Zahl. — Durch ein mit RASCHIG-Ringen gefülltes Porzellanrohr, welches von außen beheizbar ist, rieselt 1.4-Butylenglykol, gleichzeitig wird $COCl_2$ hindurchgeleitet. Temp. 100°. Man erhält ein öliges Esterprod. mit 22,37% Cl-Gehalt. — Aus n-Butanol u. Phosgen entsteht *Di-n-butylcarbonat* u. *n-Butylchlorcarbonat.* (**F. P. 1 003 262** vom 30/12. 1946, ausg. 17/3. 1952.) M. F. MÜLLER. H 880

Emil Bertalanffy Chemisch-Pharmazeutische Fabrik (Erfinder: **Vinzenz Rieger**), Unterach a. A., Oberösterreich, *Herstellung von Carbaminsäureestern tertiärer Aminoalkohole.* Ein Gemisch von Harnstoff u. tert.-Aminoalkanolen wird in Ggw. von W. unter Rückfluß erhitzt. Vorteilhaft wird der Alkohol im Überschuß angewandt. Der Ester wird durch Vakuumdest. in reiner Form gewonnen. — Aus Dimethylaminoäthanol u. Harnstoff entsteht dabei der *Carbaminsäuredimethylaminoäthylester,* F. 69,5°. — In gleicher Weise kann die Esterbldg. mit Dimethylaminopropanol oder sonstigen N.N-dialkylsubstituierten homologen Aminoalkoholen ausgeführt werden. (**Oe. P. 175 571** vom 24/12. 1951, ausg. 25/7. 1953.) M. F. MÜLLER. H 880

Imperial Chemical Industries Ltd., London, England, *Carbamate und Allophanate.* Man läßt einen mehrwertigen Alkohol mit einem Alkalicyanat in einem wasserfreien Lösungsm. (Dioxan, Bzl., Ae., Äthylendichlorid) unter Einleiten von HCl reagieren. — Aus Äthylenglykol u. NaOCN erhält man *Äthylenglykol-bis-carbamat,* F. 166°. Verwendet man größere Mengen NaOCN u. HCl, so erhält man *Äthylenglykolcarbamatallophanat,* $NH_2COO\cdot CH_2CH_2OCONHCONH_2$, F. 202°. — Glycerin liefert die Verb. I vom F. 171°. — *Pentaerythrittetracarbamat,* F. 245—250°. — *Hexamethylenglykol-bis-carbamat,* F. 192°. — *Triäthylenglykolcarbamatallophanat,* F. 95—100°. (**E. P. 704 851** vom 12/1. 1950, ausg. 3/3. 1954.) BRÖSAMLE. H 880

CH_2OCONH_2
|
CHOH   I
|
$CH_2OCONHCONH_2$

Badische Anilin- & Soda-Fabrik, Akt.-Ges., Deutschland, *Herstellung von Organosiliciumverbindungen* aus Halogen-KW-stoffen, Mg-Metall u. Si-Halogeniden durch Aufeinandereinwirken in einer inerten Gasatmosphäre, wobei zunächst unter erhöhtem, später unter red. Druck gearbeitet wird. — In einen Drehautoklaven wird Mg-Metall, $SiCl_4$, eine größere Menge Ae. u. ein wenig Jod eingetragen, dazu wird fl. CH_3Cl gegeben. Der Druck wird durch Zuleiten von N_2 auf 5 at gesteigert. Nach $^1/_2$ Std. ist die Temp. auf 59° u. der Druck auf 8 at gestiegen. Anschließend wird die Temp. mehrere Std. bei 38° gehalten. (**F. P. 1 002 992** vom 15/11. 1946, ausg. 12/3. 1952.) M. F. MÜLLER. H 980

Universal Oil Products Co., übert. von: **Herman S. Bloch,** Chicago, Ill., V. St. A., *Dialkylhydrogenphosphite* erhält man durch Rk. eines Alkanols mit 1—5 C-Atomen mit PCl_3 bei —20 bis +10° in fl. Butan, wobei die Reaktionstemp. durch Verdampfen eines Teils des Butans konstant gehalten wird; z. B. aus wasserfreiem Methanol *Dimethylhydrogenphosphit,* $HPO(OCH_3)_2$, in 91%ig. Ausbeute, $Kp._6$ 37—43°. — Zwischenprodukte. (**A. P. 2 570 512** vom 26/3. 1949, ausg. 9/10. 1951.) KRAUSS. H 980

Karl Ziegler (Erfinder: **Karl Ziegler** und **Konrad Nagel**), Mülheim/Ruhr, *Aluminiumtrialkyle* erhält man durch Einw. von Halogenalkylen in unverd. Form oder bei Ggw. von indifferenten Lösungsmitteln (Hexan) auf Al–Mg-Legierungen mit 57 bis 65 (%) Mg u. 43—35 Al bei 30—170°. — $Al(C_2H_5)_3$ wird unter Verwendung von C_2H_5Br oder C_2H_5Cl dargestellt, $Al(C_4H_9)_3$ unter Verwendung von C_4H_9J, $Al(CH_3)_3$ unter Verwendung von CH_3Br. (**D. B. P. 911 731** Kl. 12o vom 14/5. 1952, ausg. 17/5. 1954. Anmeldung bekanntgemacht 8/10. 1953.) BRÖSAMLE. H 980

Imperial Chemical Industries Ltd. (Erfinder: **Robert R. Coats** und **William Ingram**), England, *Gewinnung von p-Xylol* aus einem KW-stoffgemisch, welches wenigstens ein Xylol in der Dampfphase enthält, durch Behandlung mit einem Isomerisationskatalysator bei 400—500°. Als Katalysatoren dienen $SiO_2\cdot Al_2O_3$, Oxyde von Al, Zr, Ti, Th oder Be, welche gegebenenfalls mit Fluor behandelt worden sind. Das p-Xylol wird durch Ausfrieren bei Tempp. von minus 75° u. darunter u. durch anschließendes Zentrifugieren abgetrennt. (**F. P. 1 018 030** vom 17/4. 1950, ausg. 24/12. 1952. E. Prior. 25/4. 1949.) M. F. MÜLLER. H 1010

N. V. de Bataafsche Petroleum Mij., Holland (Erfinder: **Alan C. Nixon, Carl H. Deal jr.** und **Raymond A. Wilson**), *Trennen von mehrfach substituierten aromatischen Kohlenwasserstoffen,* bes. von m- u. p-Xylol. Man vermischt ein 2—15% p-Xylol enthaltendes Gemisch von m- u. p-Xylol mit einer 35 Mol-% nicht überschreitenden Menge CBr_4 u. kühlt auf eine Temp. ab, bei der sich die Komplexverb. von p-Xylol u. CBr_4 abscheidet. Aus der nach Abtrennung der festen Komplexverb. verbleibenden Mutterlauge scheidet man einen Teil des CBr_4 ab, so daß bei erneutem Abkühlen sich nur eine Komplexverb. von CBr_4 u. m-Xylol ausscheidet. Die Komplexverbb. werden durch Erhitzen in ihre Bestandteile zerlegt. Man kann zur Trennung von m- u. p-Xylol auch CCl_4 verwenden. (**F. P. 1 037 648** vom 29/3. 1951, ausg. 22/9. 1953. A. Prior. 31/3. 1950.) OPPERMANN. H 1010

Lever Brothers & Unilever Ltd. (Erfinder: **Reginald Furness,** und **Alan D. Scott**), England, *Sulfonierung von Alkylarylkohlenwasserstoffen,* welche einen Alkylrest mit

6—18 C-Atomen enthalten, z. B. Dodecylbenzol, Dodecyltoluol, Dodecylxylol, Hexylnaphthalin, in fl. Phase mit einem Gemisch von SO_3 u. einem inerten Gas, z. B. Luft, CO_2, SO_2 oder N_2. Zur Sulfonierung benutzt man ein Gasgemisch, welches bis zu 60% SO_3 enthält. Man verwendet 1,2—1,3 Mol SO_3 auf 1 Mol KW-stoff. Sulfonierungstemp. 40—60°. Die Sulfonierung geschieht in Ggw. einer geringen Menge H_2SO_4 oder H_3PO_4. — Dodecyltoluol wird z. B. mit einem Gemisch von 15% SO_3 u. 85% Luft in einer mit Porzellanringen gefüllten Kolonne, durch welche ein 25%ig. Oleum in langsamem Strom herabfließt, sulfoniert. Beim Aufarbeiten erhält man 31,1% Na-Salz der Monosulfonsäure, 1,83% Polysulfonat u. 0,30% nicht sulfonierte Anteile. (**F. P. 1 015 620** vom 14/2. 1950, ausg. 16/10. 1952. E. Prior. 16/2. 1949.)
M. F. Müller. H 1090

Michel Jelenevski und **Jacques Davidovsky,** Frankreich, *Elektrochemische Herstellung von Benzaldehyd und seinen Derivaten.* Man elektrolysiert die Na- oder K-Salze der den Aldehyden (z. B. *Benzaldehyd, Salicylaldehyd*) entsprechenden Säuren (Benzoesäure, Salicylsäure) in einer schwach sauren (p_H 5,5—6,5) W.-Bzl.- oder W.-Toluol-Emulsion in Ggw. von H_3BO_3 u. Na_2SO_4 bei 10—12° mit einer Pb-Anode u. einer Pb-Amalgamkathode. Hierbei werden die Säuren durch den gebildeten H_2 zu den Aldehyden reduziert. (**F. P. 997 877** vom 17/8. 1945, ausg. 11/1. 1952.)
Oppermann. H 1120

Soc. An. des Manufactures des Glaces et Produits Chimiques de Saint-Gobain, Chauny & Cirey, Frankreich, *Reinigen von Phthalsäureanhydrid* durch Vakuumdest. in zwei Stufen, wobei in der ersten Stufe aus einer aus Al bestehenden App. bei ca. 60mm unter milderen Bedingungen der größere Teil des Anhydrids in reiner Form destilliert wird. In einer zweiten Destillationsstufe wird in einer App. aus einer Eisenlegierung der restliche Teil des Anhydrids unter stärkeren Bedingungen abdest., wobei ein Teer zurückbleibt. (**F. P. 1 004 319** vom 4/4. 1947, ausg. 28/3. 1952.)
M. F. Müller. H 1220

N. V. de Bataafsche Petroleum Mij. (Erfinder: **Walter R. Haefele, George W. Haerne** und **Seaver A. Ballard**), V. St. A., *Herstellung von Benzoldicarbonsäuren* durch katalyt. Oxydation von aromat. Verbb., welche oxydierbare Seitenketten enthalten, mit O_2 oder O_2-haltigen Gasen in fl. Phase. — Aus m- oder p-Dialkylbenzol, wie m- oder p-Xylol oder Gemischen davon, ebenso aus m- oder p-Toluolcarbonsäure entstehen *Isophthalsäure, Terephthalsäure* oder Gemische davon. (**F. P. 1 017 881** vom 5/4. 1950, ausg. 19/12. 1952. A. Prior. 5/4. 1949.) M. F. Müller. H 1220

Charles Mentzer, Frankreich, *Herstellung von α-Chlormethylnaphthalin.* Man löst Naphthalin in einer Lsg. von Trioxymethylen in Essigsäure in Ggw. von HCl u. erhitzt das Ganze ca. 48 Std. unter langsamem Rühren auf 55—60°. (**F. P. 1 011 680** vom 2/3. 1949, ausg. 25/6. 1952.) Oppermann. H 2700

Centre National de la Recherche Scientifique, Frankreich, *Herstellung von Oxy-2-naphthochinonen-1.4* durch Oxydation von α-Naphtholen mit H_2O_2 in einem alkal. Medium. — Aus 5-Methoxy-α-naphthol entsteht dabei *2-Oxy-5-methoxynaphthochinon-(1.4).* (**F. P. 995 716** vom 2/8. 1949, ausg. 6/12. 1951.) M. F. Müller. H 2700

American Cyanamid Co., New York, übert. von: **Mario Scalera** und **Hugh W. Stewart,** V. St. A., *Herstellung von Anthrimiden* durch Rk. eines Aminoanthrachinons, z. B. 2.6-Diaminoanthrachinon, mit einem Halogenanthrachinon, z. B. einem α-Halogen-α-benzoylaminoanthrachinon, in einem organ. Lösungsm. in Ggw. eines Cu u. J enthaltenden Katalysators, dessen J-Geh. nicht weniger als 1 u. nicht mehr als 2 Atome pro Cu-Atom beträgt. (**Can. P. 475 634** vom 30/11. 1945, ausg. 31/7. 1951. A. Prior. 25/9. 1945.)
Hoppe. H 2800

X. Färberei. Organische Farbstoffe.

E. V. Burnthall, *p_H-Bestimmung und Betriebsüberwachung.* Besprochen wird die Bedeutung des p_H u. die prakt. Durchführung der Best. des p_H-Wertes. Bes. wird auf die Anwendung des p_H-Meßgerätes in der Färberei zur Überwachung der Färbevorgänge hingewiesen. (Vgl. auch C. **1954.** 6833.) (Textile J. Australia **28.** 1195—97. 21/12. 1953.)
P. Eckert. 7000

R. Rometsch und **K. Miescher,** *Exakte Färbmethode für Farbversuche.* Mitt. eines Verf. zur Herst. von abgestuften Farbmustern auf Papier. Es wird ein mit einer Gelatineschicht versehenes Papier verwandt, welches im angesäuerten Bad ähnlich wie Wolle gefärbt werden kann. Angabe der genauen Färbebedingungen u. von 12 Farbstoffen, mit welchen ein über 400-teiliger Farbkreis hergestellt wurde. Wiedergabe der Farborte im IBK-Dreieck, von Remissionskurven sowie der Abhängigkeit der Remissionsmaxima u. -minima von der Farbstoffkonz., welche zur farbmetr. Kennzeichnung benutzt werden. (Experientia [Basel] **9.** 307—09. 15/8. 1953. Basel, Ciba Akt.-Ges., Forschungslabors.) EICHHOFF. 7000

—, *Über das Umfärben nachbehandelten Textilgutes.* Nachbehandlungsmittel, die zur Verbesserung der Naßechtheiten der ursprünglichen Färbung sich auf den Fasern befinden, müssen vor dem Umfärben entfernt werden, da sonst reibunechte Färbungen erhalten werden. (Färber-Ztg. **6.** Nr. 11. 8. Nov. 1953.) A. v. KÖNIG. 7016

—, *Neue Farbstoffe und Hilfsmittel.* Prodd. der CIBA AKT.-GES., Basel: *Chlorantinlichtgrau NGLL* färbt native u. regenerierte Cellulosefasern gut lichtecht. Der Farbstoff ist gut lösl., egalisiert ausgezeichnet u. reserviert Effekte auf Acetatreyon. Er färbt Baumwolle u. Viscose fasergleich. (Zirkular Nr. 722.) — *Cibanondruckblau CB* Ⓟ Mikroteig für Baumwolle u. regenerierte Cellulose. Die Lichtechtheit sowie die Allgemeinechtheiten sind sehr gut. (Zirkular Nr. 728.) — *Cibascharlach 3B* Ⓟ Mikroteig für native u. regenerierte Cellulosefasern. Die Allgemeinechtheiten sind gut bis sehr gut. Geeignet für Direkt u. Buntätzdruck. (Zirkular Nr. 713.) — *Cibabrillantrosa 3B* Ⓟ Mikroteig für Baumwolle u. Celluloseregeneratfasern. Die Lichtechtheit der Färbungen sind gut, die Wasch- u. Chlorechtheit sehr gut. (Zirkular Nr. 723.) — *Lyofix EW* ist ein sehr wirksames Mittel zur Verbesserung der Naßechtheiten der Färbungen von substantiven, Diazo-, S- u. Halbwollfarbstoffen sowie von Drucken mit substantiven u. Säurefarbstoffen. (Zirkular Nr. 2097.) — *Ultravon JFN* ist ein ionenfreies Waschmittel mit sehr guter Wirksamkeit in der Leviathanwäsche u. beim Auswaschen von Mineralölschmelzen aus Wolle. (Zirkular Nr. 2100.) — *Echtlederdunkelblau BR* (Zirkular Nr. 718). — Prodd. der J. R. GEIGY AKT.-GES., Basel: *Garnfärbung auf Polyamidfasern mit Igalan- u.- Iganol-S-Farbstoffen.* Neue Musterkarte Nr. 1212. Beschreibung der Eigg. u. der Verwendungsmöglichkeiten dieser Farbstoffreihe. — Prodd. der BADISCHEN ANILIN- & SODA-FABRIK, Ludwigshafen/Rh.: *Palatinechtfarbstoffe auf Mischgewebe Wolle–Perlon 70 : 30.* Neue Musterkarte. (Textil-Rdsch. [St. Gallen] **9.** 94—95. Febr. 1954.) P. ECKERT. 7018

Walter Justus, *Färben bei Temperaturen über 100° C.* Kurz zusammengefaßt ist, welches für die verschied. Fasern u. Farbstoffklassen die Möglichkeiten u. die wesentlichen Vorteile des Hochtemperaturfärbens für die Praxis sind. (SVF Fachorgan. Textilveredlung **8.** 487—88. Nov. 1953.) P. ECKERT. 7020

Max Bräuer, *Das Pigmentier-Färbeverfahren mit Indanthrenfarbstoffen auf Apparaten.* Inhaltsgleich mit der C. **1953.** 5741 referierten Arbeit. (Tinctoria [Milano] **50.** Sonderh. 69—74. 1953.) R. K. MÜLLER. 7020

A. Okada, *Beobachtungen über das Färben von synthetischen Fasern mit dispergierten Acetatfarbstoffen. Vinylon, Amilan* u. *Kurehalan* (Saran) wurden mit gereinigtem *o-Nitroanilin* gefärbt. Bei niedriger Konz. beruht das Färben auf einer Lösung des Farbstoffs in der Faser, bei höherer Konz. jedoch auf Adsorption. (J. Soc. Textile Cellulose Ind., Japan [Sen-i Gakkaishi] **9.** 243—46. Mai 1953. Gumma Univ. [Orig.: japan.; Auszug: engl.].) SCHULER. 7020

—, *Das Färben von Polyacrylnitrilfasern mit anionischen Farbstoffen.* Besprochen wird das Färben mit sauren u. substantiven Farbstoffen. Zur Erzielung dieses Effektes werden Copolymerisate aus Acrylnitril u. bas. Monomeren, wie Vinylpyridin, verwendet. Es werden dadurch im Polymerisat bas. Gruppen eingebaut, die Affinität zu den angegebenen Farbstoffgruppen besitzen. Da das Acrylnitrilpolymerisat einwertiges Cu adsorbiert, so besteht die Möglichkeit anion. Farbstoffe, die Affinität zu der entsprechend vorbereiteten Faser besitzen, zu verwenden. Genaue Angaben hierüber werden gemacht. (Textile Manufacturer **79.** 492. Sept. 1953.) P. ECKERT. 7020

M. Louis Gord, *Neuere Entwicklungen in der Färberei und Ausrüstung von Polyvinylchloridfasern.* Ergänzende Ausführungen zu der C. **1954.** 888 referierten Arbeit. (Textil-Rdsch. [St. Gallen] **9.** 70—76. Febr. 1954. Meuse, Soc. „Rhovyl" Tronville en Barrois.) E. WAGNER. 7020

—, *Neues Küpendruckverfahren.* Das Verf. ist von der E. I. DU PONT DE NEMOURS entwickelt worden. Es entspricht ungefähr dem DU PONT pad-steam-Verf., unterscheidet sich jedoch in der Anwendung von NaOH u. Hydrosulfit. Die Auswertung der Farbstoffe ist bei dem neuen Verf. um 10—15% höher als bei den sonst üblichen. Genaue Angaben über die Arbeitsweise werden gemacht. (Dyer, Textile Printer, Bleacher, Finisher **110.** 717—18. 13/11. 1953.) P. ECKERT. 7022

—, *Radioaktive Isotope im Rouleauxdruck.* Besprochen werden die beim Drucken auftretenden Verschmutzungen der Druckwalzen u. die sich hieraus ergebenden Probleme. Zur Überwachung des Färbevorganges werden Radioisotope, z. B. ^{32}P, verwendet. Die Anwendungsmeth. wird eingehend beschrieben. (Canad. Textile J. **70**. Nr. 24. 70—71. 20/11. 1953.) P. Eckert. 7022

Hermann Egli und **Max Perrig**, *Eine chromatographische Methode zur Untersuchung der färberischen Eigenschaften saurer Wollfarbstoffe.* An früherer Stelle (vgl. C. **1954**. 1121) wurde ein Kurzbericht des gleichen Vf. über das gleiche Thema besprochen. Die nun vorliegende Veröffentlichung enthält ausführliche Angaben über die prakt. Durchführung der Untersuchung. An Hand von zum Teil farbigen Abbildungen werden App. u. Prüfergebnisse aufgezeichnet. Die Zusammenhänge zwischen Ziehvermögen, Ziehgeschwindigkeit, Migration, p_H-Wert der Flotte, Temp., Elektrolytzusatz u. a. sind durch diese Testmeth. zu erkennen. Die Darstellung der Resultate in Kurvenform gibt hinreichende Möglichkeit zum Vgl. von Farbstoffen hinsichtlich ihres färber. Verhalten. Die Meth. läßt sich weitgehend variieren, so daß auch andere Fasermaterialien u. andere Farbstoffklassen diesem Test unterzogen werden können. (Textil-Rdsch. [St. Gallen] **9**. 61—69. Febr. 1954. Basel, Sandoz Akt.-Ges.) E. Wagner. 7030

Deutsche Hydrierwerke Akt.-Ges., Düsseldorf (Erfinder: **Ernst Götte**, Dessau), *Verhinderung des Aufziehens anionaktiver Waschmittel auf Textilgut, Pelze, Leder usw.* Man verwendet Lsgg. von in wss. Lsg. nicht dissoziierenden Netzmitteln (I) mit einem Zusatz von 5—60% (bezogen auf I) anion. Seifen. — Bei Wollsträngen, die mit 4 (%) Echtsäureblau unter Zusatz von 12 Na_2SO_4 u. 3 H_2SO_4 gefärbt werden, setzt man als Netzmittel 2 g/Liter Na-Salz von Laurylsulfat zu. Um ein Aufziehen von I zu verhüten, verwendet man 1 g/Liter perhydriertes Kondensat aus sek. Alkylkresol u. 16—17 Mol Äthylenoxyd mit. (**D. R. P. 755 516** Kl. 8o vom 6/5. 1938, ausg. 23/3. 1953.) Mölleringg. 7017

Karl Schmidt, Krefeld, *Herstellung von Anilinschwarz auf Textilstoffen.* Man verwendet Klotzbäder oder Druckpasten, die neben Anilinsalz, einem Oxydationsmittel, katalyt. wirkenden Metall- u. organ. Verbb. noch Harnstoff in Mengen von $>$100%, berechnet auf die Anilinsalzmenge, enthalten. (**D. R. P. 767 845** Kl. 8m vom 31/3. 1935, ausg. 8/3. 1954. **Zusatz zu D. R. P. 734 702; C. 1943. II. 2331.**) v. Schiller. 7021

Franz Nestelberger, Fahrnau/Baden, *Herstellung haltbarer Leukoverbindungen von Küpenfarbstoffen* nach D. B. P. 897 992, dad. gek., daß man die freien Leukosäuren der Küpenfarbstoffe oder deren Alkalisalze mit organ. quaternären Phosphonium-, Arsonium- oder Stiboniumbasen umsetzt. (**D. B. P. 906 806** Kl. 8m vom 28/10. 1951, ausg. 18/3. 1954. **Zusatz zu D. B. P. 897 992; C. 1954. 5402.**) v. Schiller. 7021

Durand & Huguenin Akt.-Ges. (Erfinder: **Karl Stier** und **Jacques Duport**), Basel, Schweiz, *Beständiges, wasserlösliches Farbstoffpräparat* zum Färben u. Bedrucken von Textilien mit Diphenylaminschwarz, gek. durch einen Geh. an einem Salz einer Sulfaminsäure des p-Aminodiphenylamins u. mindestens einem in alkal. bis neutralem Medium wirksamen Reduktionsmittels, z. B. Na_2SO_3, $Na_2S_2O_4$, Natriumformaldehydsulfoxylat oder Phenylhydrazinsulfonsäuren. Es kann noch zusätzlich Harnstoff enthalten. (**D. B. P. 887 636** Kl. 8m vom 17/11. 1951, ausg. 24/8. 1953. Schwz. Prior. 29/11. 1950.) v. Schiller. 7021

Farbwerke Hoechst Akt.-Ges., vormals Meister Lucius & Brüning (Erfinder: **Franz Nestelberger**), Frankfurt/M., *Fixieren von Pigmenten auf Faserstoffen.* Man verwendet als Bindemittel neben Harnstoffabkömmlingen der Formel $(CH_2)_2{=}N{-}CO{-}NH{-}R{-}NH{-}CO{-}N{=}(CH_2)_2$ (R = aliphat. oder isocycl. Rest), oder deren Homologen oder Derivv. noch Polymerisate, z. B. von Vinylestern von organ. oder anorgan. Säuren, Vinyläthern, Styrol, Acrylsäureestern, aliphat. oder alicycl. KW-stoffen, auch Butadien, Isopren u. dgl., u. unterwirft die Ware nach Aufbringen des Pigmentes u. der Bindemittel einer Wärmebehandlung. (**D. B. P. 887 333** Kl. 8n vom 6/3. 1941, ausg. 24/8. 1953. **Zusatz zu D. B. P. 879 086; C. 1954. 4268.**) v. Schiller. 7023

Soc. An. de Matières Colorantes et Produits Chimiques Francolor, Frankreich, *Herstellung von 7-Aminoindazol-4-sulfonsäure und 7-Aminoindazol-4.6-disulfonsäure.* Man gewinnt die 7-Aminoindazol-4-sulfonsäure (I) durch Sulfonieren von 7-Aminoindazol mit einem mehr als 20% (65%) SO_3 enthaltenden Oleum bei weniger als 30°, die 7-Aminoindazol-4.6-disulfonsäure (II) mit dem gleichen Oleum bei 80—90°. Zur Herst. von I kann man auch 7-Acetylaminoindazol bei weniger als 30°, zur Herst. von II auch I mit 40% SO_3 enthaltendem Oleum bei 110—125° sulfonieren. Beide Säuren werden bei der Herst. von *Farbstoffen* verwendet. (**F. P. 1 005 327** vom 2/7. 1947, ausg. 9/4. 1952.) Oppermann. 7049

Naphtolchemie Offenbach (Erfinder: **Ernst Fischer**), Offenbach/M., *Wasserunlösliche Monoazofarbstoffe.* Diazoverbb. von Aminen der allg. Zus. **I** werden mit Acetessigsäurearylaminen der allg. Zus. **II** gekuppelt. Hierbei bedeutet A einen Phenylrest, der durch Alkyl- oder Alkoxygruppen oder Halogenatome weitersubstituiert sein kann u. eines der beiden X eine Alkyl-, das andere eine Alkoxygruppe wobei beide Komponenten keine wasserlösl. machenden Gruppen enthalten dürfen. Die Reaktionsprodd. färben Polymerisationsprodd. aus Vinylchlorid, ohne in ungefärbte Teile auszubluten. — Beispiel: 15,4 (Teile) 1-Amino-2.5-dimethoxybenzol-4-sulfonsäurephenylamid werden mit 12,8 Acetoacetylamino-2-methyl-4-chlor-5-methoxybenzol gekuppelt, gelbes Pulver. (**D. B. P. 855 432** Kl. 22a vom 23/3. 1950, ausg. 13/11. 1952. **Zusatz zu D. B. P. 845 374; C. 1953. 3799.**)

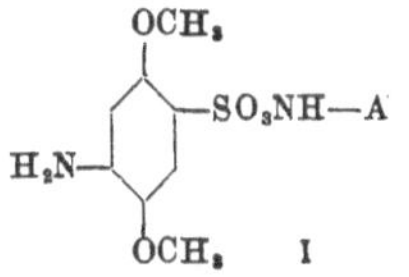

I

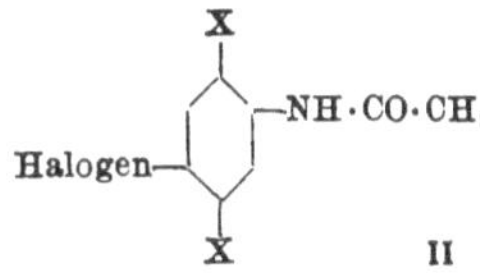

II

KALIX. 7053

Badische Anilin- & Soda-Fabrik Akt.-Ges., Ludwigshafen/Rh. (Erfinder: **H. Krzikalla, T. Toepel** und **B. Eistert**), *Herstellung von sauren Disazofarbstoffen.* Man kuppelt 1 Mol tetrazotierter 2.6-Diamino-1-chlorbenzol-4-sulfonsäure in saurem Medium mit 1 Mol 2-Amino-8-oxynaphthalin-6-sulfonsäure, anschließend in schwach saurem oder neutralem Medium mit einer weiteren Kupplungskomponente, die höchstens eine Sulfonsäuregruppe enthält. Hierfür sind geeignet *2-Oxynaphthalin-6-sulfonsäure, 1-Phenyl-3-methylpyrazolon-(5), 1-[3'-Sulfophenyl]-3-methylpyrazolon-(5), 2.4-Dioxychinolin* oder *1.3-Diketocyclohexan.* Die Farbstoffe dienen bes. zum *Färben von Leder* (**Schwed. P. 137 491** vom 17/10. 1951, ausg. 7/10. 1952. D. Prior. 2/11. 1950.)

JÜRGEN SCHMIDT. 7055

E. I. du Pont de Nemours & Co., übert. von: **Joseph F. Laucius** und **Stanley B. Speck**, Wilmington, Del., V. St. A., *1.4-Diamino-2.3-anthrachinondicarboximide* der allg. Zus. **I** (R = H oder Alkyl, Oxalkyl, Cycloalkyl oder Aralkyl mit nicht mehr als 7 C-Atomen) besitzen eine gute Affinität zur neuen Polyäthylenterephthalatfaser, „Dacron"-Faser (P) u. färben sie gegebenenfalls in Ggw. von Benzoesäure oder p-Phenylphenol in lichtechten grünstichigblauen Tönen. Man erhält die Farbstoffe entweder dadurch, daß man 1.4-Diamino-2.3-anthrachinondicarbonsäureamide in 96%ig. H_2SO_4 auf 75—80° erhitzt, nach dem Abkühlen auf 40—50° langsam mit W. versetzt, die erhaltenen Kristalle mit 75%ig. H_2SO_4 wäscht u. dann mehrere Min. in sd. W. verrührt, worauf der erhaltene Farbstoff (**II**) (blaue Kristalle, F. über 300°) zur Herst. weiterer Farbstoffe noch mit Alkyl-, Oxalkyl-, Cycloalkyl- oder Aralkylaminen umgesetzt werden kann, oder daß man 1.4-Diamino-2.3-anthrachinondicarbonsäurenitrile in Ggw. oder in Abwesenheit (R = H) eines sek. Alkohols in konz. H_2SO_4 erhitzt. — Ein Gemisch von 46,2 (Teilen) **II**, 40 einer 21%ig. Methylamin-Lsg. in CH_3OH, 390 o-Dichlorbenzol u. 238 CH_3OH erhitzt man unter Rühren im Stahlautoklav 4 Std. auf 175—180°. Das erhaltene 1.4-Diamino-N-methyl-2.3-anthrachinondicarboximid, blaubronzene Kristalle, F. über 300°, kann in seiner Affinität zu P durch Zumischund gleicher Teile **II** verbessert werden. Analog kann erhalten werden [1.4-Diamino = **a**, 2,3-Anthrachinondicarboximid = **b**]: **a**-N-n-butyl-**b**, F. 210—216°; **a**-N-isobutyl-**b**; **a**-N-benzyl-**b**, F. 290°; **a**-N-(2-oxäthyl)-**b**, F. 281—286°; **a**-N-cyclohexyl-**b**, F. über 290°; **a**-N-n-hexyl-**b**; **a**-N-(3-oxypropyl)-**b**. — Zu einer Lsg. von 29 1.4-Diamino-2.3-anthrachinondicarbonsäurenitril gelöst in 290 96%ig. H_2SO_4 gibt man tropfenweise unter schnellem Rühren bei 15—20° 13 Isopropylalkohol, rührt nach 2 Std. bei 20—25°, läßt über Nacht stehen u. versetzt dann mit 107 Wasser. Analog wie das so erhaltene **a**-N-isopropyl-**b** kann auch **a**-N-sek.-butyl-**b** hergestellt werden. (**A. P. 2 628 963** vom 5/12. 1951, ausg. 17/2. 1953.)

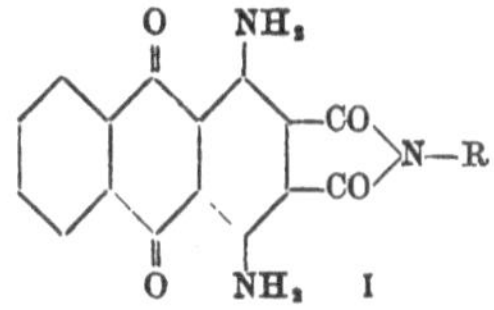

I

ROICK. 7059

Ciba Akt.-Ges. (Erfinder: **Raymond Gunst**), Basel, Schweiz, *Azofarbstoffe der Stilbenreihe.* Farbstoffe der allg. Formel **I** werden mit den üblichen Cu abgebenden Mitteln behandelt, bis die in den o-Oxy-o'-methoxyazogruppierungen enthaltenen Methoxygruppen aufgespalten sind. Hierbei bedeuten: X ein H-Atom oder eine CH_3O-Gruppe, Z eine Azo- oder Azoxygruppe, Y eine NO_2-Gruppe oder den Rest $R_1-N_2-R_2-Z-$, in welchem R_1 den Rest einer Diazokomponente R_2 einen aromat. Rest der Benzolreihe darstellt, in dem N_2 u. Z in p-Stellung zueinander stehen. Die Cu-haltigen Farbstoffe eignen sich zum Färben u. Bedrucken von Fasern aller Art u. Leder in

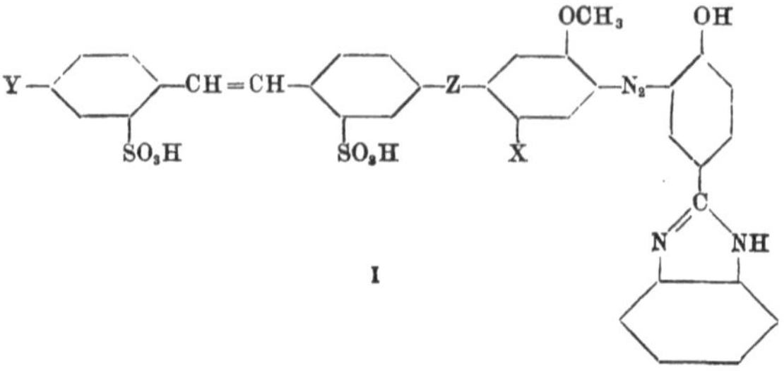

I

gelbbraunen, braunvioletten u. olivfarbenen Tönen. — 21,1 (Teile) 2-(3'-Amino-4'-oxyphenyl)-benzimidazol werden diazotiert, mit 1-Amino-3-methoxybenzol gekuppelt u. der so erhaltene Monoazofarbstoff mit 24 des Di-Na-Salzes der 4.4'-Dinitrostilben-2.2'-disulfonsäure kondensiert. Das Reaktionsprod. wird in bekannter Weise mit $CuSO_4$ + NH_3 + Monoäthanolamin in die Cu-Komplexverb. umgewandelt. Dunkles, wasserlösl. Pulver, das Baumwolle braunviolett färbt. (**D. B. P. 853 323** Kl. 22a vom 11/3. 1950, ausg. 23/10. 1952. Schwz. Prior. 28/4. 1949.) KALIX. 7065

XIa. Farben. Anstriche. Lacke. Naturharze.

Rathindra Chandra Basu Roy Choudhury, Sushil Kumar Das und **A. N. Saha,** *Fraktionieren von Ricinusöl.* Um das reine Triglycerid der Ricinolsäure für die Herst. trocknender Öle zu gewinnen, wurde mit PAe. (40—60°) fraktioniert. Von den erhaltenen zwei Schichten bestimmte man den Ölgeh. u. die AZ. Bei steigendem Verhältnis PAe./Öl sinkt die AZ. des Extraktes. — Tabelle, Diagramm. (J. Indian chem. Soc., ind. News Edit. **16.** 24—26. 1953. Calcutta, Univ. Coll. of Sci., Appl. Chem. Dep.) H.-J. HAASE. 7096

B. N. Tjutjunnikow und **K. M. Goldberg,** *Über Änderungen einiger Anstricheigenschaften von Ölen durch Luftoxydation oder thermische Verdichtung.* Durch Erhitzen auf 250—300° wird die Benetzungsfähigkeit von *Lein-* oder *Sonnenblumenöl* infolge der Anhäufung polarer Gruppen bis zu **36**% erhöht. Die Trocknungszeit wird durch Oxydation bei 100—300° oder therm. Verdichtung bei 250 u. 300° erniedrigt, bes. bei niedriger Reaktionstemp. (100 bzw. 250°). (Маслобойно Жировая Промышленность [Öl- u. Fett-Ind.] **18.** Nr. 7. 22—23. Juli 1953. Charkow, Polytechn. Inst.) SCHMEISS. 7096

A. A. Ponomarew, *Über die Ausnutzung flüchtiger Produkte bei der Gewinnung von oxypolymerisiertem Firnis aus Pflanzenöl.* Durch Behandeln der sich bei der Oxypolymerisation pflanzlicher Öle bildenden Destillate mit gesätt. Wasserdampf werden Aldehyde u. Fettsäuren als ölige Fl. erhalten. Durch Behandeln mit Soda werden die Fettsäurebeimengungen von den Aldehyden getrennt. Durch weitere Behandlung mit überhitztem Dampf werden fl. u. feste Fettsäuren erhalten. Die Aldehyde werden im Vakuum fraktioniert oder bei 80—160°/100—150 at am Ni-Katalysator hydriert. Die Säuren werden wie üblich getrennt. Der Rückstand wird in üblicher Weise unter Zusatz von Sikkativen zu Firnis verarbeitet. (Маслобойно-Жировая Промышленность [Öl- u. Fett-Ind.] **18.** Nr. 7. 24. Juli 1953. Saratow, Tschernyschewski-Univ.) SCHMEISS. 7106

David E. Hartman, *Neue Überzüge auf Harzgrundlage geben einen besseren Schutz für Behälter.* Überblick über eine Reihe von Überzugsstoffen u. ihre Eigenschaften. — Abbildungen. (Iron Age **171.** Nr. 24. 129—32. 11/6. 1953. Rutherford, N. J., Vorac Co.) MARKHOFF. 7106

André Guilhaudis und **Régine Bourbon,** *Der Schutz von Aluminium und seinen Legierungen durch Anstrich.* 1. Mitt. Untersucht wurden die Einw. der verschied. Vorbehandlungsverff. u. das Verh. verschied. Grund- u. Deckanstriche auf die Haftfestigkeit- u. Korrosionsbeständigkeit. (Rev. de l'Aluminium **31.** 7—10. Jan. 1954. Montpellier, Univ., u. Grenoble, Inst. d'Électro-Chimie et d'Électro-Métallurgie.) MARKHOFF. 7106

R. Tilney, *Elektrostatische Anstrichverfahren.* Vf. beschreibt die drei Methoden der Anwendung von stat. Elektrizität bei der Herst. von Teilen, wobei fl. Anstrichmittel erforderlich sind. Die Weiterentw. dieser Meth. hat zu einer techn. Anwendung geführt, im ersten Fall durch Einführung von Anstrichmaterial, das durch Druckluft in einem elektrostat. Feld zerstäubt wird, im zweiten Fall durch die Entfernung des überschüssigen Materials von Teilchen, die durch Eintauchen einen Überzug erhalten haben, im dritten Fall durch unmittelbare Anwendung des Anstrichmaterials, zerstäubt u. niedergeschlagen durch elektrostat. Kräfte. Die Prinzipien dieser drei Methoden sowie mechan. u. elektr. Anordnung für ihre techn. Anwendung werden beschrieben. (Brit. J. appl. Physics, Suppl. **1953.** Nr. 2. 51—54. London, H. W. Peabody (ind.) Ltd.) ——————— v. HARLEM. 7106

Byk-Gulden, Lomberg, Chemische Fabrik G. m. b. H., Konstanz (Erfinder: **Christian Hansen**, Bochum, und **Hermann Hempel**, Falkensee-Finkenkrug), *Herstellung von härtbarem Kunstharz* durch Kondensation von aus Steinkohlenschwelteeren oder Mitteltemperaturteeren gewonnenen Phenolen mit Aldehyden, bes. CH_2O, dad. gek., daß zur Erreichung hoher u. vollkommener Öllöslichkeit die Gesamtmenge der von ca. 260° aufwärts bis zu 360° übergehenden freien Phenole oder der phenolhaltigen Teeröle zur Kondensation herangezogen wird. Im Falle der Verarbeitung von phenolhaltigen Teerölen wird die Abscheidung der nach der Kondensation im Neutralöl zurückbleibenden öllösl. Harzanteile durch Zusatz von Leichtbenzin oder Gasöl bewirkt. — Z. B. werden 1000 (Teile) eines Schwelteeröles, sd. 180—360°, Phenolgeh. ca. 39 Vol.-%, gewonnen aus oberschles. Gasflammkohle, durch Behandeln mit H_2SO_4 von den bas. Bestandteilen u. danach durch Waschen mit W. von Säure befreit u. dann mit 600 CH_2O (40% ig.) nach Zugabe von 10 NaOH (35% ig.) 1 Std. in der Siedehitze kondensiert. Es setzen sich 3 Schichten ab, die obere Neutralöl die mittlere eine wss. Schicht, die untere Resolharz. Dieses wird im Vakuum entwässert, mit PAe. von Öl befreit, worauf der zum Waschen benutzte PAe. zum Ausfällen gelösten Harzes aus der oberen Ölschicht benutzt wird. Die Harze sind öllösl. u. härtbar, Ausgangsmaterial für *Lackgrundstoffe*. (**D. B. P. 904 350** Kl. 39c vom 25/3. 1941, ausg. 18/2. 1954.) HERBST. 7097

Postans Ltd., übert. von: **Michael Henry Miller Arnold**, Birmingham, England, *Pigmentdispersionen*. Feinzerteilte Pigmente werden in einem flüchtigen Medium, wie Xylol, durch Ultraschall dispergiert, wobei die auftretende Wärme zur Verdampfung des Mediums u. Konz. der Dispersion verwendet wird. Nach dem Verf. lassen sich *Anstrichmittel* sowie Dispersionen zum *Färben von plast. Massen* herstellen. (**A. P. 2 637 534** vom 10/4. 1951, ausg. 5/5. 1953. E. Prior. 6/5. 1950.) HERBST. 7107

United States Rubber Co., New York, N. Y., übert. von: **Frank J. Carlin**, Upper Saddle River, N. J., V. St. A., *Herstellung härtbarer Harze*. Man polymerisiert eine Mischung aus 1 (Mol) eines mehrfach ungesätt. Esters, bes. Diallylfumarsäureester, u. 0,1—8 eines polymerisierbaren ungesätt. KW-stoffes, z. B. Styrol, sowie einem Katalysator, z. B. Benzoylperoxyd, durch Erhitzen auf 25—150°, bes. 125°, in Ggw. von 0,2—8 eines 3. polymerisierbaren, fl. monoolefin. KW-stoffes, z. B. Cyclohexen oder bes. Diisobutylen. 35% ig. Lsgg. in z. B. Xylol mit Mn-Naphthenat u. Pigment eignen sich als *Einbrennemaillen*. (**A. P. 2 626 945** vom 11/7. 1949, ausg. 27/1. 1953.) LÜTTGEN. 7107

United States Rubber Co., New York, N. Y., übert. von: **Pliny O. Tawney**, Passaic, N. J., V. St. A., *Harz für feuerhemmende Anstriche*, bestehend aus einem Mischpolymerisat von 10—90 Mol-% Trichloralken, z. B. 3.3.3-Trichlorpropen-(1) u. einem Dialkenylester einer β-ungesätt. Äthylendicarbonsäure, z. B. Diallylfumarat. (**A. P. 2 626 252** vom 12/11. 1948, ausg. 20/1. 1953.) LÜTTGEN. 7107

Chemie-Produkte Akt.-Ges., Basel, Schweiz, *Herstellung von Feuchtwetterfarben*. Den Rostschutzfarben wird ein wasser- u. öllösl. Emulgator (Na- oder K-Erdölsulfonat, Mg-Naphthenylsulfonat) u. ein Quellmittel (SiO_2-Gel, Stärke, Dextrin) zugesetzt. (**Schwz. P. 294 024** vom 11/8. 1950, ausg. 4/1. 1954. D. Prior. 27/5. 1950.) GRÄGER. 7107

Integrated Mica Corp., übert. von: **Moses D. Heyman**, Woodmere, N. Y., V. St. A., *Schutzüberzug aus Glimmer* auf Metallen oder anderem Material. Man bringt auf dem zu schützenden Material als Unterschicht eine plast. Schicht an u. auf dieser eine Suspension aus Glimmerplättchen u. einer schnell verdampfbaren Fl., z. B. Methylalkohol, Xylol oder Toluol. Dann verdampft man die Fl., so daß sich eine Schicht von Glimmerplättchen ablagert. Dann überzieht man mit einer Lackschicht, wodurch sich auch die Lücken der Glimmerschicht füllen. — Zeichnung. (**A. P. 2 568 004** vom 13/2. 1950, ausg. 18/9. 1951.) NEBELSIEK. 7107

Walter Hunziker, Zürich, Schweiz, *Masse zur Herstellung von Überzügen*, an Stelle von Tapeten oder Ölfarbanstrichen, bestehend aus einer Mischung, die auf 10 (Teile) eines Wachses oder einer wachsartigen Substanz, z. B. Paraffin oder Stearin, mindestens 1 Gips oder Zement enthält. Als Füllstoffe können Sägemehl, Glaspulver, Marmorpulver, Metallpulver u. a. zugefügt werden. (**Schwz. P. 277 027** vom 22/7. 1949, ausg. 1/11. 1951.) ——————— NEBELSIEK. 7107

Erich Stock, Analyse der Körperfarben. Stuttgart: Wissenschaftl. Verlagsges. 1953. (XII + 183 S. m. 144 Abb.) DM 27,50.

XIb. Plaste (Kunstharze. Plastische Massen).

G. Fabre, *Über das Fließen der Kunststoffe.* Allg. Überblick über das Fließen (kalter Fluß, Kriechen) der Kunststoffe mit Resultaten eigner Verss. an Polystyrol, Phenoplasten, Celluloseacetat u. Polyestern. (Ind. Plast. mod. **4.** Nr. 9. 38—43. Nov.; Nr. 10. 36—39. 41. Dez. 1952.) BURMEISTER. 7170

Raymond B. Seymour, *Kunststoffe.* Überblick über neuere Anwendungen der Kunststoffe. — 224 Literaturhinweise. (Ind. Engng. Chem. **45.** 2237—41. Okt. 1953. Mertztown, Pa., Atlas Mineral Products Co.) SPINDLER. 7170

L.-C. Barreil, *Kunststoffe und Biologie.* Die bei der Anwendung von Kunststoffen auftretenden biol. Probleme (Toxizität, Geruch, Befall durch Mikroorganismen usw.) werden kurz aufgezeigt. (Ind. Plast. mod. **5.** Nr. 5. 26—27. Mai 1953.) SCHÄFF. 7170

Abb L. Scarbrough, W. L. Kellner und **P. W. Rizzo,** *Die Rolle der Chlorwasserstoffsäure beim Abbau von Polyvinylchlorid.* Vff. untersuchten die Rolle von HCl beim Abbau von Polyvinylchlorid (I) u. den Einfl. von O_2 auf diesen Abbau, versuchten die beobachteten Unterschiede zwischen dem Wärme- u. Lichteinfl. auf den Abbau zu deuten u. schlagen Untersuchungsmethoden für Stabilisatoren vor. Während der Wärmeeinw. findet prakt. so lange keine Oxydation statt, bis eine bestimmte Mindestmenge an abgespaltener HCl erreicht ist. Unter Lichtausschluß katalysiert HCl die Oxydation nicht. HCl ist ein Katalysator für die HCl-Abspaltung. UV katalysiert die Oxydation nach einer sehr kurzen Induktionsperiode. Die Oxydation zeigt 3 verschied. Effekte: sie verzögert die HCl-Abspaltung, vermindert die UV-Absorption u. verhindert die Verfärbung. Ein Oxydationsschutzmittel muß als guter Lichtstabilisator für I bis zu einem gewissen Maße ein Neutralisationsmittel für die Säure sein oder muß in Verbindung mit einem solchen verwendet werden. Die therm. Instabilität von bestrahltem I wird auf vorzeitigen Abschluß der Induktionsperiode, die dem Angriff durch Oxydation vorhergeht, zurückgeführt. (Ind. Plast. mod. **4.** Nr. 9. 32—37. Nov. 1952. National Lead Co., Labor. de Rech.) SCHÄFF. 7172

Walter Reppe, *Polyvinylpyrrolidon.* Die Darst. des *Poly-N-vinylpyrrolidons* (Kollidons) (I) erfolgt auf folgendem Wege: CH_2O u. Acetylen werden unter der katalyt. Wrkg. von Cu-Acetylid zum Butin-(2)-diol-(1.4) umgesetzt u. dieses am Ni-Kontakt zum Butandiol-(1.4) hydriert. Am Cu-Kontakt wird hieraus γ-Butyrolacton erhalten, das mit NH_3 unter Druck in α-Pyrrolidon übergeführt wird. Seine K-Verb. wird mit Acetylen in das *N-Vinyl-α-pyrrolidon,* $Kp._{13-14}$ 94—96°, übergeführt, das in wss. Lsg. in Ggw. von NH_3 oder aliphat. Aminen mit H_2O_2 polymerisiert wird. I stellt ein weißes Pulver dar, das heute mit einem mittleren Mol.-Gew. von 28000 hergestellt wird u. dessen höchstmol. Fraktionen ein Mol.-Gew. von 60000 besitzen. In isoton. NaCl-Lsg. wird es als *Periston* als Blutplasma-Ersatzmittel verwandt. Hochmol. Fraktionen sind zu diesem Zweck nicht geeignet, da diese im Körper gespeichert werden, I vom Mol.-Gew. unter 60000 wird dagegen innerhalb weniger Tage durch die Nieren ausgeschieden. Periston übernimmt auch die Transportfunktionen des Blutplasmas. Weitere Verwendungen liegen in der Serum- u. Gewebswäsche (Periston N) u. in der Anwendung als Depotsubstanz verschied. Therapeutica. I wird ferner zum Abziehen von Küpenfärbungen auf Cellulosefasern u. zum Aufhellen substantiver Färbungen verwandt (Albigen A), es ist ebenfalls als Bindemittel in der Anstrichtechnik geeignet. (Angew. Chem. **65.** 577—78. 7/12. 1953. Ludwigshafen/Rh., Badische Anilin- & Soda-Fabrik, Hauptlabor.) RUSKE. 7172

British Dielectric Research Ltd., England (Erfinder: **Russell Swale Vincent**), *Schmier- und Dichtungsmaterial.* Polytetrafluoräthylenpulver (0,5—1 mm Durchmesser) wird bei 327—400° locker gelagert u. dabei gefrittet, in der Form gepreßt u. erneut gefrittet. Das poröse Material saugt Schmiermittel wie Mineralöle mit u. ohne Polyisobutylen oder fl. Silicone auf u. bleibt dabei fest. Man kann auch faserförmiges Polytetrafluoräthylen in gleicher Weise mit Schmiermittel imprägnieren u. erhält ein halbfestes mastikartiges Produkt. Verwendung für Dichtungen, Lager, Stopfbüchsen, in Geräten für Hochfrequenz. (**F. P. 1 036 435** vom 2/5. 1951, ausg. 8/9. 1953. E. Prior. 5/5. 1950.) PANKOW. 7173

Soc. An. des Manufactures des Glaces et Produits Chimiques de Saint-Gobain, Chauny & Cirey, Seine, Frankreich, *Verbesserung der mechanischen und elektrischen Eigenschaften von Polyvinylchlorid* durch Zusatz (etwa im WERNER-Mischer mit nachfolgendem Auswalzen bei 160—170°) von bis zu 10 Gew.-% Polythen. (**F. P. 1 037 565** vom 26/1. 1951, ausg. 21/9. 1953.) PANKOW. 7173

Monsanto Chemical Co., St. Louis, übert. von: **Joachim Dazzi**, Dayton, O., V. St. A., *Weichmacher für Polyvinylchlorid* oder dessen Mischpolymerisate mit Vinylalkylmaleat bzw. -fumarat, bestehend aus einem Dialkylester der Biphenyldicarbonsäuren (**I**), worin der Alkylrest 2—10 C-Atome aufweist, z. B. einem Gemisch von n-Butylestern verschied. **I**. (**A. P. 2 634 248** vom 14/9. 1949, ausg. 7/4. 1953.) SALZMANN. 7173

Monsanto Chemical Co., St. Louis, übert. von: **William S. Emerson** und **Raymond I. Longley jr.**, Dayton, O., V. St. A., *Plastische Masse aus Polyvinylchlorid.* Als Weichmachungsmittel dient ein Ester aus Diäthylenglykol u. einer Mischung aus einer Monoolefinsäure mit 10—20 C-Atomen (z. B. 10—50% Citronell-, Undecylen-, Palmitin-, Elaidin- oder Ölsäure) u. einer aromat. Säure (z. B. Benzoesäure, 2-, 3- oder 4-Toluylsäure bzw. das handelsübliche Gemisch). (**A. P. 2 637 714** vom 26/5. 1951, ausg. 5/5. 1953.) SALZMANN. 7173

Arthur D. Little, Inc., Cambridge, übert. von: **Raymond W. James**, Lexington, und **David W. Lovering**, Needham, Mass., V. St. A., *Polyvinylchloriddispersionen* für Überzüge, z. B. auf Geweben (Kunstleder, Regenmäntel). 100 (Teile) Polyvinylchlorid (Teilchengröße 10 μ) werden mit 50—80 eines Gemisches von lösenden u. nichtlösenden Weichmachern vermahlen u. mit bis zu 25 eines flüchtigen aliphat. KW-stoffs versetzt. — 100 eines 95% Vinylchlorid enthaltenden Mischpolymerisats, 75,2 „Flexol 4 GO" (Tetraäthylenglykoldi-2-äthylhexoat), 4,8 Dioctylphthalat, 12 bas. $PbCO_3$, 18 Cr_2O_3 u. 30 Mg-Silicat werden vermahlen u. 20 PAe. zugesetzt. Nach dem Aufstreichen der Dispersion wird die M. auf 177° erwärmt. — An Stelle des lösenden Weichmachers kann auch ein Lösungsm., wie Cyclohexanon, Methyl-n-amylketon, Nitrobenzol, Acetonylaceton oder Hexandion-(2.5) treten. (**A. PP. 2 636 871** vom 12/8. 1950 u. **2 636 872** vom 13/9. 1950, beide ausg. 28/4. 1953.) SALZMANN. 7173

Pierre Louis René Amiot, Loiret, Frankreich, *Schwämme aus plastischen Massen mit reinigender Wirkung.* Man mischt in die plast. Massen oder Kautschukmilch bzw. den Kautschuk Seifen oder andere oberflächenakt. Stoffe, auch je nach Bedarf Abbeizmittel, Lösungsmittel, wie Trichloräthylen, Panamaholzpulver, u. verarbeitet auf Schwämme, wobei man mit Wasserdampf behandeltes Holzmehl als Treibmittel verwenden kann. — Man nimmt 65 (Teile) Polyvinylchlorid, 20 Trikresylphosphat, 14 Butylphthalat, 1 Dinitrosopentamethylentetramin, 1 Ca-Stearat, 10 Arylpolyäthersulfat, 8 Isopropanol, 6 Panamaholzpulver, 5 höhere Alkylsulfatsalze.) Ähnlich kann man auch Polyvinylalkohol mit Zusatzstoffen mischen. (**F. P. 1 031 329** vom 24/1. 1951, ausg. 23/6. 1953.) PANKOW. 7173

Soc. des Usines Chimiques Rhône-Poulenc, Seine, Frankreich (Erfinder: **Maurice Louis Fluchaire** und **Jean Auguste Phelisse**), *Herstellung gut färbbaren Polyacrylnitrils.* Man polymerisiert Acrylnitril zusammen mit Vinylalkylaminoxyden der Formel $CH:CH\cdot O\cdot(CH_2)_n\cdot NR_1R_2$ (n = ganze Zahl <6; R_1 u. R_2 = H, gleiche oder verschied. aliphat. KW-stoffreste, die auch über ein N-Atom zu einem heterocycl. Ring vereinigt sein können), wie Vinyldimethyl- oder -diäthylaminoäthyloxyd, Vinyloxäthyl-N-pyrrolidonoxyd, u. erhält mit sauren Farbstoffen gut färbbare Polymere. (**F. P. 1 027 340** vom 8/11. 1950, ausg. 11/5. 1953.) PANKOW. 7173

Cassella Farbwerke Mainkur Akt.-Ges., Deutschland, übert. von: **Herbert Rein**, *Herstellung von Polyacrylnitrillösungen.* Man stellt aus Polyacrylnitril u. Lösungsm. (Dimethylformamid) eine Suspension her u. führt laufend kleine Mengen der Suspension in eine Rührvorr., in der sie unter starkem Rühren schnell erhitzt u. sogleich nach dem Auflösen abgekühlt wird. — Vorrichtung. (**F. P. 1 039 575** vom 11/12. 1950, ausg. 8/10. 1953. D. Prior. 17/12. 1949.) PANKOW. 7173

Badische Anilin- & Soda-Fabrik Akt.-Ges., Deutschland, *Herstellung poröser Polymerisate.* Man polymerisiert die Monomeren oder deren Lsgg. mit Blähmitteln so, daß das Blähmittel sich unter Porenbldg. im Polymeren zersetzt. Man kann die Polymerisation zunächst beenden, dann das Polymere zerkleinern, in Formen geben u. porös machen. — Man läßt 160 (Teile) Polystyrol, 240 Styrol, 35 Azodiisobuttersäurenitril u. 3,5 Benzoylperoxyd in einer Form 6 Tage bei 25° stehen u. erhitzt das Polymerisat 1 Std. auf 112°. (**F. P. 1 026 615** vom 27/10. 1950, ausg. 29/4. 1953. D. Prior. 4/11. 1949.) PANKOW. 7173

Farbenfabriken Bayer Akt.-Ges., Deutschland, *Polymerisieren von Styrol in Gegenwart von Ölen.* In Ester mehrwertiger Alkohole mit ungesätt. Säuren (z. B. Oliven-, Palm-, Baumwollsamen-, Leinöl, ölmodifizierte Alkydharze, geblasene Öle, Ester mit 2-wertigen Alkoholen), die oberhalb ihres Kp. im geschlossenen Umlauf gehalten werden, wird an einer oder mehreren Stellen Styrol (Methyl-, Halogenstyrol, Vinylnaphthalin) eingeführt. — Man gibt in 6,09 (kg) Leinöl von 200°, das von einem Gefäß in ein anderes unter N_2 umgepumpt wird, in 24 Std. 4,8 Styrol u. heizt noch 6 Std. weiter. Verwendung der Polymeren als Lack. (**F. P. 1 039 811** vom 12/7. 1951, ausg. 9/10. 1953. D. Prior. 4/8. 1950.) PANKOW. 7173

Farbenfabriken Bayer Akt.-Ges., Deutschland, *Polymerisieren aromatischer Vinylverbindungen* in Ggw. der Ester mehrwertiger Alkohole mit ungesätt. Fettsäuren u. von Regulatoren (Amine, Azodicarbonsäureester, hochchlorierte KW-stoffe, Phenole, Chinone, Nitroverbb., Oxime, Thioäther, Thiocarbonsäuren, Xanthogensäurederivv., Mercaptane, organ. Disulfide). — Man erhitzt 333 (Gewichtsteile) Holzöl, 66 Leinöl, 1000 Styrol u. 10 Diisopropylxanthogendisulfid steigend auf 145—200° u. hält 2 Std. bei 200°. Klare, transparente, harzartige Masse. (**F. P. 1 045 381** vom 22/11. 1951, ausg. 25/11. 1953. D. Prior. 29/11. 1950.) PANKOW. 7173

Allied Chemical & Dye Corp., New York, N. Y., übert. von: **Mearl A. Kise**, Portsmouth, Va., V. St. A., *Fließ- und lagerfähige Lösungen von Formaldehyd* (I) *und Harnstoff* (II). Zu einer wss., 30—50%ig. I-Lsg., die 10% CH_3OH als Polymerisationsinhibitor enthalten kann u. auf 60° erwärmt ist, setzt man **II** zu, so daß auf 1 (Mol) **II** 4,4—7,3 **I**, zweckmäßig 4,6—5,9 **I**, entfallen. Man stellt auf p_H 8,8—8,9 ein u. dest. im Vakuum bei 45—60° so viel W. ab, daß die Lsg. 60—90, bes. 80—85% Festgeh. aufweist. Das noch gut fließende u. sehr lagerfähige Prod. dient als *Zwischenprod.*, z. B. für die Herst. von *Kunstharzen.* (**A. P. 2 652 377** vom 12/6. 1951, ausg. 15/9. 1953.) MÖLLERING. 7181

American Cyanamid Co., New York, N. Y., übert. von: **John F. Blais**, Norwalk, Conn., V. St. A., *Stabilisieren von Melamin-CH_2O-Harzen.* Zum Schutz gegen weitere Polymerisation setzt man den Harzen 0,025—5, bes. 0,2—1% *Diguanidincarbonat* zu. (**A. P. 2 633 459** vom 23/11. 1951, ausg. 31/3. 1953.) LÜTTGEN. 7181

Süddeutsche Kalkstickstoff-Werke Akt.-Ges., Deutschland, *Harzartige Melaminkondensationsprodukte.* Man läßt Melamin (5—50%) mit Alkoholen oder Äthern der Formeln $(RO \cdot CH_2NH) \cdot CX \cdot NH_2$ oder $(RO \cdot CH_2 \cdot NH)_2CX$ reagieren (R = Alkyl, Alkoxyl oder H, X = NH, O, S, NCN oder $NCONH_2$). Als solche Stoffe sind genannt: Dimethylolthioharnstoff, Monomethylolthioharnstoff, Dimethylolguanidinnitrat, Dicyandiamiddimethyloldimethyläther oder -dibutyläther, Thioharnstoffmonomethylolisopropyläther. Die Harze können mit CH_2O nachbehandelt werden u. dienen als Preßmassen zum Imprägnieren von Faserstoffen, zur Herst. von Filmen u. Lacken. — Man schm. eine Mischung aus 50 (Teilen) Melamin, 100 Dimethylolthioharnstoff u. 100 Cellulosematerial bei 85—100°, walzt mit 15 Glykol, 2,5 Stearinsäure u. 30 Lithopone u. preßt. (**F. P. 1 030 935** vom 12/1. 1951, ausg. 18/6. 1953. D. Prior. 24/8. 1950.) PANKOW. 7181

Cassella Farbwerke Mainkur Akt.-Ges. (Erfinder: **Werner Zerweck** und **Wilhelm Kunze**), Frankfurt/M., *Mischpolymerisate aus Allylsulfonen.* Verbb. der Formel $CH_2{=}CH{-}CH_2{-}SO_2{-}R$ (R = Alkyl-, Aryl- oder Aralkylrest) werden mit anderen Vinylverbb. in üblicher Weise polymerisiert. — 60 (Teile) Äthylallylsulfon ($Kp._2$ 105—108°) u. 40 Acrylsäurenitril (I) werden in 100 W. mit Dibutylnaphthalinsulfonsäure emulgiert u. in Ggw. von 5 $K_2S_2O_8$ bei 80° zu einem zähplast. *Harz* polymerisiert. — 50 p-Tolylallylsulfon u. 100 I ergeben ein bei 200° erweichendes Polymerisat. (**D. B. P. 878 718** Kl. 39c vom 8/8. 1940, ausg. 5/6. 1953.) MÖLLERING. 7185

Rütgerswerke Akt.-Ges., Frankfurt/M. (Erfinder: **Georg Alaschewski**, Mannheim-Waldhof, und **Otto Kölbl**, Sollenau, Österreich), *Verbesserung der Eigenschaften von Thioplasten*, dad. gek., daß ihnen oder ihren Mischungen mit Füll- oder anderen Zusatzstoffen Verbb. des Ammoniums oder der Amine mit H_2SiF_6, z. B. Ammonium-, Äthylendiamin-, Anilin-, p-Toluidin-, Xylidin- oder Diphenylguanidinsilicofluorid, zugesetzt werden. (**D. B. P. 903 993** Kl. 39b vom 23/9. 1944, ausg. 13/2. 1954.) SALZMANN. 7185

Union Chimique Belge, Soc. An., Belgien, *Herstellung von Organopolysiloxanharzen* durch Kondensation von Organo-Si-Verbb. mit 2 funktionellen Gruppen mit einem Si-Deriv. mit 4 funktionellen Gruppen, also von Verbb. der Formel $R_2Si(OR')_2$ mit SiX_4 oder von R_2SiX_2 mit $Si(OR')_4$ (R u. R' = Alkyl, Aryl, Aralkyl oder Alkaryl; X = Halogen). Man kann eine der Rkk. einleiten u. nach Mischung mit einer angefangenen Rk. der 2. Art fertig kondensieren. Man kann auch die bi- oder tetra-funktionelle Verb. teilweise durch eine tri-funktionelle ersetzen. — 51,6 (g) $(CH_3)_2SiCl_2$ u. 17 $SiCl_4$ werden mit 55,2 A. erhitzt u. in $(CH_3)_2Si(OC_2H_5)_2$ u. $Si(OC_2H_5)_4$ umgewandelt; hierzu gibt man 107,6 $(C_6H_5)_2SiCl_2$, 17 $SiCl_4$, 0,04 $FeCl_3$ u. 4 $AlCl_3$ u. heizt langsam hoch, so daß in 4 Std. 150° erreicht sind. Zwischen 100 u. 150° entweicht C_2H_5Cl. Man läßt erkalten u. versetzt mit 400 cm^3 Toluol, gießt in Eiswasser u. erhält ein wenig viscoses klares Harz, das nach Kochen bei 250° ziemlich harte, glänzende

Überzüge gibt. (**F. P. 1 037 411** vom 22/5. 1951, ausg. 16/9. 1953. Belg. Prior. 31/5. 1950.) PANKOW. 7189

Interwood Akt.-Ges., Schweiz, *Herstellung biegsamer Preßmassen aus Hobelspänen*, Holzfasern u. dergleichen. Man mischt sie mit geringen Mengen plast. oder thermoplast. Stoffe, wie Polyvinylderivv. oder Kautschukmilch, bes. nachdem man sie mit Harzen, Paraffinen, härtenden Ölen, Bitumen oder deren Emulsionen oder Dispersionen vorbehandelt hat. Das biegsame Material dient als Fußbodenbelag. (**F. P. 1 030 370** vom 30/12. 1950, ausg. 12/6. 1953.) PANKOW. 7205

Commercial Plastics Ltd. und **Ruberoid Co. Ltd.**, England, *Wasserfeste Folien.* Man verbindet Glasgewebe, Papier, Rayon-, Drahtgewebe u. dgl. mit Hilfe eines Bindemittels (z. B. Bitumen, eines Klebemittels aus Polyvinylacetat, Polyvinylchlorid, Natur- oder synthet. Kautschuk) mit einer Folie aus plast. Material (z. B. Polyvinylchlorid, Celluloseacetat, Kautschukhydrochlorid) u. imprägniert oder überzieht das Ganze mit Bitumen. Man kann die Gewebe vorher mit wasserdichtmachenden u./oder konservierenden Substanzen (z. B. Cu-Naphthenat, Na-Pentachlorphenolat) behandeln oder besser solche Substanzen dem Bitumen zusetzen. — Bekleidungs- u. Verpackungsmaterial. (**F. P. 1 042 107** vom 11/9. 1951, ausg. 29/10. 1953. E. Priorr. 12/9. 1950 u. 10/9. 1951.) OPPERMANN. 7205

Bakelite G. m. b. H., Frankfurt/M. (Erfinder: **Georg Meder**, Scharzfeld, Südharz, und **Otto Süßenguth**, Letmathe), *Herstellung von Kondensationsprodukten* durch Erhitzen von aus einwertigen Phenolen u. CH_2O erzeugten Phenolalkoholen (**I**) in saurem Medium mit mehrwertigen Phenolen, dad. gek., daß die **I** mit mehrwertigen einkernigen Phenolen bzw. mit diese Phenole enthaltenden Gemischen bis zur Bldg. eines schmelzbaren, durch Zusatz von Härtungsmitteln härtbaren Harzes erhitzt werden. Als mehrwertige Phenole enthaltende Gemische können die bei der Braunkohlenhydrierung anfallenden, Brenzcatechin (**II**) enthaltenden Phenolöle verwendet werden. — Z. B. werden 1000 (Teile) Phenol, 900 CH_2O (40%ig.) u. 100 NaOH, gelöst in 100 W., so lange auf Temp. bis 40° erwärmt, bis der CH_2O-Geruch verschwunden ist; dann werden 1000 Phenolöl mit einem Geh. von 45% **II** zugesetzt, worauf mit HCl angesäuert u. so lange gekocht wird, bis das abgeschiedene Harz nach dem Erkalten fest ist. Dieses ist dann unter Zusatz von Hexamethylentetramin zur Herst. schnellhärtender *Preßmassen* geeignet. (**D. B. P. 897 160** Kl. 39c vom 24/1. 1943, ausg. 19/11. 1953.) HERBST. 7205

Bakelite G. m. b. H., Frankfurt/M. (Erfinder: **Georg Meder**, Scharzfeld, Südharz, und **Otto Süßenguth**, Letmathe), *Herstellung von Phenolharzen* durch Umsetzung von ein- u. mehrwertige Phenole enthaltenden Gemischen mit weniger als äquimol. Mengen CH_2O, dad. gek., daß die aus den Abwässern der Braunkohlenschwelerei extrahierten Phenolöle (**I**) zunächst bei Tempp. bis 60° in wss. alkal. Medium mit höchstens 0,7 Mol CH_2O je Mol Phenole kondensiert werden, worauf die hierbei gebildeten Phenolalkohole entweder durch Ansäuern abgeschieden u. durch Erhitzen in feste Resole übergeführt werden oder ihre wss. Reaktionslsg. bis zur Entstehung eines sich beim Ansäuern abscheidenden u. bei Raumtemp. festen Harzes zum Sieden erhitzt wird. Zweckmäßig werden CH_2O-Lsgg., die schwächer als 40%ig. sind, verwendet. — Z. B. werden 1000 (Teile) **I** mit ca. 45% Brenzcatechin, 480 CH_2O (40%ig.) u. 100 NaOH, gelöst in 1000 W., 40 Min. auf 60° erwärmt. Beim Ansäuern mit HCl scheidet sich ein fl. Harz ab, das bei 650 mm Vakuum bis 80° eingedampft wird, F. 55°, geeignet zur Herst. von *Preßmassen.* (**D. B. P. 897 161** Kl. 39c vom 19/2. 1943, ausg. 19/11. 1953.) HERBST. 7205

Soc. d'Études pour Revêtements Chimiques et Imprégnations, Seine, Frankreich, *Isoliermasse aus Asbest* (ca. 70%) u. einem wärmehärtenden Harz (ca. 30%). Man mischt Bakelit mit einem Härtungsbeschleuniger (Säure, saures Salz) u. danach in den genannten Mengen mit Asbestfasern, bes. solchen mit hohem MgO-Geh., u. gegebenenfalls weiteren Füllstoffen (ca. 25% der Gesamtmischung), wie Glimmer oder SiO_2, unter Vermeidung der Erhitzung u. preßt bei 150° u. 300 hpz. (**F. P. 1 037 539** vom 25/5. 1951, ausg. 17/9. 1953.) PANKOW. 7205

Jean Maurice Pistre, Gironde, Frankreich, *Belag und Überzugsmaterial.* Lagen aus Fasermaterial, wie Papier, Asbest, Glasfaser-, Metallfasertuch, werden in einem heißen Bad aus Erdölbitumen, Steinkohlenteer, Harzteer, Steinkohlenschweröl u. Harzöl mit dieser Mischung überzogen, eine dünne Metallfolie, z. B. aus Al, auch durch Spritzen aufgebracht u. gemustert; auf die andere Seite wird eine Papierschicht aufgebracht u. die M. auf Faserplatten aller Art als Wärme- u. Feuchtigkeitsschutz angebracht. Man kann sie auch zu Dachrinnen verpressen. (**F. P. 1 030 080** vom 23/12. 1950, ausg. 9/1. 1953.) PANKOW. 7205

Walter Edouard Warburton, Var, Frankreich, *Belagmaterial* für Fußböden, Wände u. andere Bauteile aus einer Mischung wärmehärtender oder wärmeplast. Harze u. Öltrestermehl. — Man stellt z. B. aus 20 (%) Kunstharz, 70 Öltrestermehl, 8 Glasfaser u. 2 Farbstoff Fliesen oder Parketteile her. (**F. P. 1 026 785** vom 21/7. 1950, ausg. 4/5. 1953.) PANKOW. 7205

Hansjürgen Saechtling, Kunststoff-Bestimmungstafel. 2. neubearb. Aufl. München: Hanser. 1954. DM 2,—.

XII. Kautschuk. Guttapercha. Balata.

C. J. Baker, *Siliconelastomere.* Nach einem kurzen Überblick über die Entw. der Siliconchemie wird die Herst. der Chlorsilane, der Einfl. ihrer Struktur auf die daraus gewonnenen Siliconpolymeren, sowie die Herst., die Eigg. u. die Verwendung von Silicongummi im Vgl. mit Natur- u. anderen synthet. Gummiarten beschrieben. Es wird die Wrkg. der Füll- u. Vulkanisiermittel, sowie des Luftsauerstoffs beim Erhitzen erläutert. Silicongummi kann kalandriert, friktionskalandriert u. in organ. Lösungsmitteln versprüht werden. Die physikal., chem. u. elektr. Eigg. werden wiedergegeben, zum Teil an Hand von Tabellen u. Kurven. (Research **6.** 458—64. Dez. 1953. Midland Silicones Limited, Barry.) ROCH. 7224

G. A. Bloch, *Untersuchung des Mechanismus der Wirkung von Vulkanisationsbeschleunigern des Kautschuks. Vulkanisation des Kautschuks mit einem Radioisotopen des Schwefels.* Es wurden die Austausch-Rkk. zwischen den S-haltigen Vulkanisationsbeschleunigern (**III**), *Mercaptobenzothiazol, Tetramethylthiurammonosulfid, Tetramethylthiuramdisulfid, Benzothiazolyl-(2)-sulfencyclohexylamid, Natriumdimethyldithiocarbamat, Bis-[benzothiazolyl-(2)-disulfid, Benzothiazolyl-(2)-sulfendiäthylamid,* u. dem im Kautschuk gebundenen S untersucht. In gereinigtem *Naturkautschuk* (**I**) u. *Buna* (**II**) wurden je 2% radioakt. ^{35}S eingeführt. Die Gemische von ^{35}S mit **I** u. **II** wurden bei 145° 300 Min. unter Druck vulkanisiert, wobei der Gesamt-S im Vulkanisat gebunden wurde. Die Vulkanisate von **I** u. **II** wurden in den A.- u. Xylollsgg. der Beschleuniger gekocht. Aus der Xylollsg. wurde das Vulkanisat mit A. ausgefällt; **III** wurde auf die Radioaktivität untersucht. Danach betrug der ^{35}S-Austausch zwischen Vulkanisat u. **III** bis zu 8%. Es wird angenommen, daß unter dem Einfl. der hohen Temp. (78—138°) ein Teil der Polysulfidbindungen im Kautschuk unter Bldg. von freiem S zerfällt. Dieser beteiligt sich an den Rkk., nicht aber der im Kautschuk gebundene S. Außerdem wurde das radioakt. Vulkanisat nach Kochen mit 5—10%ig. Na_2SO_3 (Zerstörung des Polysulfid-S) untersucht. Hier fand beim 2-, 4- u. 10std. Kochen mit Xylollsg. von Captax kein Austausch von S-Atomen statt. (Доклады Академии Наук СССР [Ber. Akad. Wiss. UdSSR] [N. S.] **91.** 1107—10. 11/8. 1953. Kiew, Technolog.-Inst. für Leichtind.) AMBURGER. 7228

A. M. Gessler und **F. P. Ford,** *Verstärkung von Butylkautschuk mit Ruß.* 3. Mitt. *Der Einfluß von beschleunigend wirkenden Agentien.* (2. vgl. C. **1954.** 5640.) Vff. untersuchen den Einfl. von beschleunigend wirkenden Agentien (I; promoting agents), bes. Schwefel u. p-Dinitrosobenzol, auf die Verstärkung von Ruß–Butylkautschuk-Mischungen bei Wärmebehandlung. Mit ihrer Hilfe werden auch bei Ofenrußen durch Wärmebehandlung die Spannungs–Dehnungs-, Dämpfungs- u. Abriebeigg. der Vulkanisate verbessert. Ihre Wrkg. ist mit der des Oberflächen-O_2 bei Kanalrußen vergleichbar. In Channelruß–Kautschuk-Mischungen erhöht ein Zusatz von **I** die Reaktionsgeschwindigkeit der therm. Reaktion. Neben S sind auch anorgan. u. organ. S-Verbb. als **I** wirksam, in geringerem Maße auch Se u. Te. Polynitroso-Verbb. können statt p-Dinitrosobenzol eingesetzt werden. (Rubber Age [New York] **74.** 397—408. Dez. 1953.) CANTOW. 7230

John Rehner jr. und **A. M. Gessler,** *Verstärkung von Butylkautschuk mit Ruß.* 4. Mitt. *Einfluß der Zusammensetzung des Polymeren und des Molekulargewichtes auf die Wirksamkeit der Wärmebehandlung.* (3. vgl. vorst. Ref.) Im Rahmen ihrer Unterss. über die Wirksamkeit einer Wärmebehandlung auf Butylkautschuk–Ruß-Systeme führten Vff. Verss. mit Butylkautschuken verschied. Mol.-Gew. (278000—920000) u. unterschiedlicher Ungesättigtheit (etwa zwischen 1—2 Mol-%) durch u. kamen hierbei zu folgenden Feststellungen: Bei Vulkanisaten mit annähernd konstantem Mol.-Gew. nimmt der Modul 300% sowohl ohne wie mit Wärmebehandlung proportional dem Grad der Ungesättigtheit zu, wobei er bei Wärmebehandlung einen jeweils höheren Wert erreicht. Für nicht wärmebehandelte Vulkanisate nimmt der Modul 300% bei jeweils konstantem Grad der Ungesättigtheit umgekehrt proportional dem Mol.-Gew. ab, während er bei Wärmebehandlung konstant bleibt. Vff. erklären die Effekte durch ihre Annahme, daß durch die Wärmebehandlung eine verstärkte Wechselwrkg. zwischen den Polymermolekülen u. dem Ruß auftritt, die vom Dispersionsgrad der Rußpartikeln abhängt. Sie geben eine Theorie der Wärmebehandlung von Kautschuk–Ruß-Systemen, die die Wirksamkeit der Behandlung quantitativ mit der Zahl der Kautschuk–Ruß-Bindungen u. der Größe der Aggregate der Rußpartikeln verknüpft. Es gehen außerdem die Parameter ein, die sich auf die Eigg. des Rußes u. des Polymeren beziehen. Die Theorie wird durch den experimentellen Befund befriedigend bestätigt. (Rubber Age [New York] **74.** 561—66. Jan. 1954.) CANTOW. 7230

V. H. Vodra und **L. A. Jarvis,** *Herstellung billiger Mischungen in der Praxis.* An Hand von Mischungsrezepturen werden die Möglichkeiten des Austausches von Naturkautschuk gegen synthet. Kautschuk sowie synthet. Kautschuke untereinander zwecks Herst. billigerer Mischungen bei möglichst gleichbleibender Qualität diskutiert. (India Rubber Wld. **127.** 633—39. 650. Febr. 1953. Wyandotte, Mich., Wyandotte Chem. Co.) SCHÄFF. 7230

United States Rubber Co., New York, N. Y., übert. von: **Robert W. Brown,** Naugatuck, Conn., V. St. A., *Herstellung von synthetischem Kautschuk.* Die Emulsionspolymerisation von synthet. Kautschuk gebenden Monomeren läßt sich bei Tempp. von $< 0^0$ mit Hilfe von NH_3 durchführen, wenn man neben dem Peroxydkatalysator noch ein Polyalkylenpolyamin als Aktivator benutzt. (**A. P. 2 628 956** vom 15/3. 1951, ausg. 17/2. 1953.) LÜTTGEN. 7225

Farbenfabriken Bayer Akt.-Ges., Leverkusen (Erfinder: **Alfred Blömer,** Imbach bei Opladen, und **Kurt Desamari,** Leverkusen), *Chlorierungsprodukte synthetischer kautschukähnlicher Butadien-Polymerisate* werden in Ggw. eines Lösungsm. hergestellt, indem man gegen Schluß der Chlorierung säurebindende Mittel zusetzt, wenn so viel Cl angewendet ist, wie die im Ausgangsmaterial vorhandenen Doppelbindungen aufzunehmen vermögen. (**D. B. P. 905 201** Kl. 39b vom 2/12. 1939, ausg. **1/3. 1954.**) OVERBECK. 7225

United States Rubber Co., New York, N. Y., übert. von: **Byron A. Hunter,** Oxford, Conn., V. St. A., *Phenylendiaminoxalate* wirken als *Antioxydantien* für native u. synthet. Kautschukarten. — *N.N'-Di-sek.-butyl-p-phenylendiaminmonooxalat.* Aus den Komponenten, F. 170—171°. (**A. P. 2 632 770** vom 18/1. 1949, ausg. 24/3. 1953.) LANGER. 7227

Wingfoot Corp., Akron, übert. von: **Marion D. Coulter,** Cuyahoga Falls, O., V. St. A., *Stabilisieren von Kautschukhydrochloridfilmen* gegen Licht durch 1—10%ig. Zusatz eines Piperonylalkylcarbityläthers der Formel I, wobei R = Alkylen mit 1—8 C-Atomen, A = H oder Alkyl mit 1—8 C-Atomen, A' = Alkylen mit 1—8 C-Atomen, R' = Alkyl, Cycloalkyl, Aryl, Aralkyl oder carbocycl. Rest, n = 1—3.

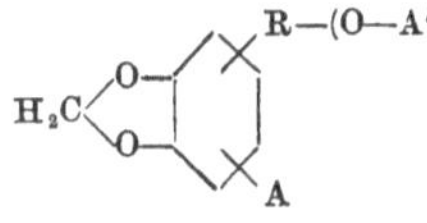
I

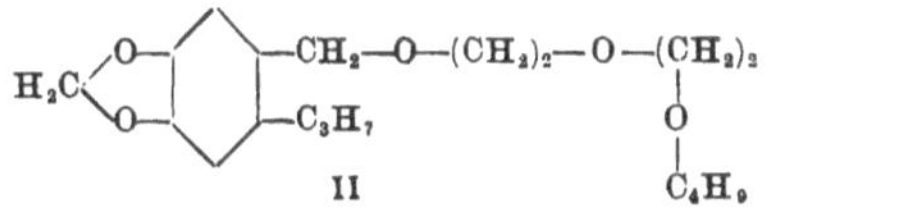
II

Genannt sind Butylcarbityl-(6-propylpiperonyl)-äther der Formel **II**, auch (3.4-Methylendioxy-6-propylbenzyl)-(butyldiäthylenglykol)-äther, ferner Methylcarbitylpiperonyläther, Octylcarbitylpiperonyläther, Methylcarbityl-(6-äthylpiperonyl)-äther, Pentylcarbityl-(6-butylpiperonyl)-äther, Äthylcarbityl-(6-äthylpiperonyl)-äther, Cyclohexylcarbityl-(6-octylpiperonyl)-äther, Benzylcarbityl-(6-propylpiperonyl)-äther, Naphthylcarbityl-(6-butylpiperonyl)-äther, Phenylcarbityl-(6-propylpiperonyl)-äther, Tolylcarbityl-(6-propylpiperonyl)-äther u. Äthylenglykolphenyl-(piperonyl)-äther. (**A. P. 2 602 094** vom 5/3. 1951, ausg. 1/7. 1952. **E. P. 690 457** vom 27/7. 1951, ausg. 22/4. 1953. A. Prior. 5/3. 1951.) OVERBECK. 7227

Metallgesellschaft Akt.-Ges. (Erfinder: **Otto Schweitzer**), Frankfurt/M., *Verbesserung von Butadienmischpolymerisaten* hinsichtlich Verarbeitbarkeit der Mischungen u. Qualität der Vulkanisate durch einen mehr als 5%ig. Zusatz von bei der Mineralölraffination mit selektiven Lösungsmitteln, wie Furfurol, Nitrobenzol, Phenol, SO_2 oder SO_2 u. organ. Lösungsmitteln, erhaltenen, zum Teil ungesätt. u. in H_2SO_4 lösl. KW stoff-Gemischen, bes. mit einem F. von 160—380° bei 12 mm Hg. (**D. B. P. 883 638** Kl. 39b vom 24/11. 1938, ausg. 20/7. 1953.) OVERBECK. 7227

Deutsche Shell Akt.-Ges., Hamburg, und **Metallgesellschaft Akt.-Ges.,** Frankfurt/M. (Erfinder: **Carl Zerbe,** Hamburg), *Kautschukmischungen* mit einem Zusatz von Verbindungsgemischen, die bei der Dest. u. Hydrierung von Pechen entstehen, bes. nach Fraktionierung, Raffination oder selektiver Extraktion. (**D. B. P. 883 340** Kl. 39b vom 27/5. 1943, ausg. 16/7. 1953.) OVERBECK. 7227

Continental Gummi-Werke Akt.-Ges., Hannover (Erfinder: **Richard Kaufel**, Otze bei Burgdorf), *Herstellen von Schaumkautschuk* aus agglomerierter, mechan. verschäumter u. vulkanisierter Kautschukmilch (I), wobei hochstabilisierte I u. als Agglomerisierungsmittel wasserlösl. Salze von $NH_4^{\cdot}$ im Gemisch mit solchen 2wertiger Metalle (z. B. Ca) verwendet werden. Vor dem Verschäumen kann Zucker zugesetzt werden. Als Beschleunigerkombination kann das Zn-Salz der Äthylphenyldithiocarbaminsäure u. das Cyclohexyläthylaminsalz der Cyclohexyläthyldithiocarbaminsäure dienen. (**D. B. P. 883 342** Kl. 39b vom 12/7. 1951, ausg. 16/7. 1953.) OVERBECK. 7227

United States Rubber Co., New York, N. Y., übert. von: **Byron A. Hunter**, Oxford, Conn., V. St. A., *Thio-bis-4.4'-(benzolsulfonylhydrazid)* (I) entwickelt beim Erhitzen N_2 u. dient als *Schaummittel für Kautschuk* u. *Kunstharze.* — *Thio-bis-(4.4'-benzolsulfonylchlorid)* (II), aus Diphenylsulfid u. HSO_3Cl bei 60—80°, F. 155—156°. — I, aus II u. Hydrazin in A. bei 20°, F. 163°. (**A. P. 2 626 280** vom 7/5. 1952, ausg. 20/1. 1953.) LANGER. 7227

Metallgesellschaft Akt.-Ges. (Erfinder: **Hermann Clasen**), Frankfurt/M., *Verfestigen von organischen oder anorganischen schaumigen Massen* aus z. B. Kautschuk, Kunststoffen, Cellulosederivv., Eiweißstoffen, Zement usw. durch Zusatz eines Verfestigungsmittels während oder nach der Schaumbldg., von dem ein Bruchteil auch schon vor der Verschäumung zwecks Agglomerierung zugesetzt werden kann; bei Kautschukmilch z. B. Na-Silicofluorid. (**D. B. P. 883 343** Kl. 39b vom 14/8. 1951, ausg. 16/7. 1953.) OVERBECK. 7227

Farbenfabriken Bayer Akt.-Ges., Leverkusen (Erfinder: **Walter Bock** †, Köln, und **Otto Schmauss**, Leverkusen), *Kohlenwasserstoffbeständige Kautschukartikel*, bestehend aus Emulsionspolymerisaten von Butadien–KW-stoffen u. Acryloxyessigsäureestern, letzteren bes. zu $\geqq$30%. (**D. B. P. 883 492** Kl. 39b vom 21/6. 1942, ausg. 16/7. 1953.) OVERBECK. 7227

XIII. Ätherische Öle. Parfümerie. Kosmetik.

Karl Bergwein, *Die Grundstoffe für die Parfümherstellung.* Allg. Ausführungen. (Seifen-Öle-Fette-Wachse **80.** 89—90. 17/2. 111—12. 3/3. 1954.) WINIKER. 7276

Günther Lindemann, *Gedanken über die Lavendelparfümierung.* (Seifen-Öle-Fette-Wachse **80.** 257—58. 12/5. 1954.) WINIKER. 7276

Faber, *Über die neuzeitliche Parfümierung kosmetischer Fabrikate.* Vf. schlägt vor, bei der Parfümierung kosmet. Präpp. blumige Noten in modernisierter Form anzuwenden u. gibt entsprechende Rahmenrezepte an. (Seifen-Öle-Fette-Wachse **80.** 11—12. 7/1. 109—10. 3/3. 1954.) WINIKER. 7284

Stefan Karas, *Tönung und Farbe in Kosmeticis.* Tönung soll das Prod. anziehender machen, Farbe wird beim Gebrauch benötigt. Gesichtspunkte für die Auswahl, Besprechung der einzelnen Verwendungszwecke u. der Verarbeitung bei Lippenstiften, Gesichtspudern, Nagellack, Haarfarben, Grundcremes u. Augenschönheitsmitteln. (Amer. Perfumer essent. Oil Rev. **61.** 39—41. Jan. 1953.) MÜHLMEISTER. 7284

E. Benk, *Über die Verwendung kationaktiver Verbindungen in der Kosmetik.* Vf. berichtet über bei der Verwendung kationakt. Verbb. in Kosmeticis gemachte Erfahrungen. (Seifen-Öle-Fette-Wachse **80.** 283. 26/5. 1954. Reutlingen.) WINIKER. 7284

E. Benk, *Polyvinylpyrrolidon als Verdickungs- und Bindemittel in der Kosmetik.* Überblick über die Eigg. des Polyvinylpyrrolidons, seine Verwendung in der Kosmetik sowie seines Nachw. in kosmet. Präparaten. (Seifen-Öle-Fette-Wachse **80.** 254—55. 12/5. 1954.) WINIKER. 7284

Hilde Kaethe Bornemann, *Über die Anwendung weiblicher Geschlechtshormone in der Kosmetik.* Allg. Ausführungen. (Seifen-Öle-Fette-Wachse **80.** 277—80. 26/5. 1954.) WINIKER. 7284

—, *Rasierpräparate, Aufbau und Wirkung.* Zusammenfassender Überblick mit Rahmenrezepten. (Seifen-Öle-Fette-Wachse **80.** 33—34. 20/1. 57—58. 3/2. 85—88. 17/2. 112. 3/3. 1954.) WINIKER. 7284

Badische Anilin- & Soda-Fabrik Akt.-Ges. (Erfinder: **Karl Maier**, Ludwigshafen/Rh., und **Ernst Gassenmeier**, Mannheim), *Geruchsverbesserung von Riechstoffen.* Man behandelt die Riechstoffe mit solchen Metallen oder Metallsalzen, z. B. RANEY-Ni, die die den Beigeruch verursachenden Verunreinigungen durch chem. Rk. binden, ohne mit dem Riechstoff zu reagieren. (**D. B. P. 884 536** Kl. 23a vom 26/8. 1951, ausg. 27/7. 1953.) LÜTTGEN. 7277

Centre d'Études pour l'Industrie, Frankreich, *Herstellung von Alkylaminsalzen von Benzylestern zweibasischer aliphatischer Carbonsäuren* der allg. Formel **I**, worin R, R' u. R'' gleich H, Alkyl- oder Oxyalkylreste sind. n ist eine ganze Zahl. — 238 (Teile) des Adipinsäuremonobenzylesters, F. 16,8°, Kp.₁ 205°, 1160 W. u. 149 Triäthanolamin liefern eine klare Lsg. des Estersalzes. Die Lsg. besitzt Netz- u. Durchdringungseigg. u. wird wegen der antiparasitären u. hautweichmachenden Eigg. in der *Kosmetik* verwendet. — Weitere zur Salzbldg. geeignete Alkylamine sind Mono- u. Diäthanolamin, Monomethyldiäthanolamin, Mono-, Di- u. Tripropanolamin, Äthylendiamin. (**F. P. 1 001 555** vom 29/5. 1946, ausg. 25/2. 1952.) M. F. MÜLLER. 7285

$$C_6H_5 \cdot CH_2 \cdot OCO \cdot (CH_2)_n \cdot COON{<}(H, R, R', R'')$$

I

André Albert Samuel, Frankreich, *Herstellung von hygienischen und Schönheitsmitteln.* Man setzt den Cremen, Kopfwassern, Zahnpasten usw. eine fluorescierende Substanz zu, z. B. Cumarinverbb., Umbelliferone, Stilbenverbb. (4.4'-Dibenzoylaminostilbensäure), Benzimidazole, fluorescierende Naphthylamine, Thiazolverbb., Verbb. der Terephthalsäure, Anthrachinonverbindungen. — Z. B. löst man in einem Kopfwasser $\frac{1}{2}$‰ β-Methylumbelliferon. (**F. P. 1 025 142** vom 13/7. 1950, ausg. 10/4. 1953.) OPPERMANN. 7285

Mas & Cie. (Soc. à r. l.), Seine, Frankreich, *Mittel zur Herstellung von Dauerwellen.* Sie enthalten kationakt. Substanzen (z. B. Salze eines Alkylamins, eines Carbonsäureamidoalkylamins, einer quatern. NH_4-Base oder ein Deriv. des Urethans, des Pyridins oder des Chinolins). Man kann auch Sulfonium-, Phosphonium-, Antimonium- u. Arsoniumverbb. verwenden. Ein solches Mittel hat z. B. die Zus.: 100 (g) wasserfreies $NaSO_3$, 100 Netzmittel (NH_4-Sulforicinat), 20 20%ig. Lsg. von Cetyldimethylbenzylammoniumbromid in einem Keton, das Ganze gelöst u. aufgefüllt mit W. auf 1000. (**F. P. 1 038 179** vom 7/6. 1951, ausg. 25/9. 1953.) OPPERMANN. 7285

Laboratoires Scientifiques de Neuilly, Frankreich, *Frisiercreme für Dauerwellen,* bestehend aus einer akt. Substanz, z. B. Alkalisulfit-, -bisulfit oder -metabisulfit, für Kaltwelle Alkalithioglykolat (I), in einer wss. Emulsion eines Prod. der Fettreihe mit 12—18 C-Atomen u. mindestens einer freien alkoh. OH-Gruppe. — Man gibt z. B. zu 10—20(%) Cetylalkohol (**II**) oder einem Gemisch von **II** u. Stearinalkohol 1—2 Emulgierungsmittel, z. B. sulfonierten **II**, Glykolstearat, vermischt mit 4—9 einer wss. I-Lsg. u. stellt mit einer alkal. Base auf p_H 8,5—10 ein. Man fixiert die Frisur mit einem Oxydationsmittel, z. B. H_2O_2, das man dem Schaumpon zusetzt. (**F. P. 1 005 119** vom 5/6. 1947, ausg. 7/4. 1952.) OPPERMANN. 7285

XV. Gärungsindustrie.

G. A. Ledingham, *Industrielle Gärungen.* Übersichtsbericht (bis Februar 1953). *Antibiotica* (I): *Penicillin, Streptomycin,* I mit breitem Wirkungsspektr. (*Chloramphenicol, Terramycin, Aureomycin*), u. a.; *Alkohole* (**II**): *A., Butanol* u. *Aceton,* mehrwertige **II**; *organ. Säuren*: *Citronensäure, Milchsäure* u. a.; *Vitamine*: *Riboflavin, Vitamin* B_{12}; *Bakterienpolysaccharide*: *Dextran*; *Enzyme*: *Schimmelpilzamylase, Proteasen,* mikrobiol. Oxydation von *Steroiden.* — 235 Literaturangaben. (Annu. Rev. Microbiol. **7.** 433—60. 1953. Saskatoon, Can., Prairie Reg. Labor.) K. MAIER. 7500

F. N. Woodward, *Industrielle Biosynthesen.* Techn. Übersichtsbericht über alkoh. Gärung, Hefezüchtung auf Sulfitablaugen, bakterielle Fettgewinnung, Aceton–Butanol-, Milchsäure-, Citronensäuregärung, Penicillin- u. Streptomycingewinnung sowie Fett- u. Eiweißgewinnung aus Algen. (Times Rev. Ind. **5.** 20—22. 25. April 1951.) KRUSEN. 7500

—, *Äthylalkohol aus Sulfitablauge.* Die auf ca. 90° F abgekühlte Sulfitablauge der Papierfabrikation mit einem Geh. an zu ca. 75% vergärungsfähigen Zuckern wird mit 15%ig. Kalkschlamm bis zu p_H 4—5 neutralisiert u. mit Hefe 14—15 Std. lang vergoren. Durch Dest. im Kolonnenapp. wird als Endprod. ca. 97%ig. A. gewonnen. — Zeichnung. (Canad. chem. Processing **36.** Nr. 11. 32—34. Okt. 1952.) RANG. 7536

Georg Haeseler, *Zur Theorie und Praxis der Weinbrennerei unter besonderer Berücksichtigung der Temperatureinflüsse.* Diskussion der verschied. Faktoren, die bei dem auf verschied. Weise vorgenommenen Brennprozeß eine Temperaturerhöhung u. dadurch eine Begünstigung der Aromabldg. (z. B. durch Veresterung u. Umesterung) beim Weinbrand bewirken können. Von diesem Standpunkt aus ist die Vakuumdest. für die Weinbrennerei abzulehnen, die Erhitzung des Brennweines dagegen vor seiner Einführung in den Brennapp. durch die ablaufende Schlempe vorteilhaft. (Branntweinwirtschaft **75.** 249—52. 10/7. 1953. Berlin, Inst. für Gärungsgewerbe.) KIELHÖFER. 7536

E. Dobislaw, *Spezielle Verwendung der Wacholderbeere in der Spirituosenindustrie.* Rezepte für die Herst. von Wacholderbeerbranntwein. (Branntweinwirtschaft **75.** 426—31. 25/11. 1953. Berlin, Inst. für Gärungsgewerbe.) KIELHÖFER. 7536

H. Olbrich, *Über Topinamburanbau und die Herstellung von Trinkbranntwein aus Topinamburknollen in einer Obst- und Weinbrennerei.* Auszugsweise Wiedergabe der Versuchsergebnisse von MANTE mit im Stadtbezirk von Berlin angepflanztem Topinambur: Maischung, Vergärung, Saftausbeute, Alkoholausbeute (Rohausbeute 6—7,5 Liter reiner Alkohol pro 100 kg Knollen), Qualität. (Branntweinwirtschaft **76.** 92—93. 10/3. 1954.) KIELHÖFER. 7536

Haeseler, *Spirituosenschönung durch Tiefkühlung.* Vorteile u. Nachteile der Tiefkühlung (bis —15°). (Branntweinwirtschaft **75.** 342—43. 25/9. 1953.) KIELHÖFER. 7536

H. W. Berg, *Gegenwärtige Verfahren in der kalifornischen Weinindustrie.* Es werden die derzeitigen in Californien angewandten Verff. bei folgenden Arbeitsprozessen beschrieben: Ernte u. Transport der Trauben, Zerquetschen derselben, Farbstoffextraktion, Schwefelung, Zusätze zum Most, Verwendung von Reinzuchthefe, Temperaturkontrolle u. Kühlung bei der Gärung, Weißweingärung, Rotweingärung, Tresterbehandlung u. A.-Gewinnung daraus. (J. agric. Food Chem. **1.** 152—57. 15/4. 1953. Davis, Calif., Univ. of California, Dep. of Viticult.) KIELHÖFER. 7554

Dan Uchimoto und **W. V. Cruess,** *Einfluß der Temperatur auf einige Produkte der Weingärung.* Die Gärung wurde hierbei (im Laboratoriumsmaßstab) mit verschied. Traubenmosten, darunter auch verd. Konzentrate, unter Reinzuchthefezusatz, meistens bei ca. 30—32, 18—24 u. 12,8° durchgeführt, ausnahmsweise auch noch bei höheren u. niedrigeren Temperaturen. In den dabei erhaltenen Weinen wurde ermittelt: Alkohol (**I**), Glycerin (**II**), Milchsäure (**III**), flüchtige Säure (**IV**), Neutralester (**V**), Aldehyd (**VI**). Der Geh. an **I** ist bei höherer Temp. etwas geringer, nach Ansicht des Vf. bedingt durch Verflüchtigung, an **II** bei niedriger Temp. geringfügig niedriger (im Gegensatz zu anderweitigen Befunden), ebenso an **III** u. an **VI**, an **V** dagegen etwas höher. Bei **IV** läßt sich keine Beziehung zur Gärtemp. feststellen. Die Gesamtsäure ist bei niedriger Gärtemp. etwas geringer, vermutlich durch erhöhte Weinsteinausscheidung. (Food Res. **17.** 361—66. Juli/Aug. 1952. Berkeley, Calif., Univ. of California, Food Technol. Div.) KIELHÖFER. 7554

H. Olbrich, *Über die Anwendung von künstlicher Kälte zur Behandlung von Mosten und Weinen.* Auf Grund von Literaturangaben Hinweise auf die diesbzgl. Möglichkeiten u. Vorteile: Konzentrierung von Most u. Wein, Stabilisierung des Weines, bes. gegen Weinsteinausscheidungen. (Branntweinwirtschaft **75.** 343—44. 25/9. 1953.) KIELHÖFER. 7554

Alberto Bertuzzi, *Eine neue Behandlung für den Wein: Die Blitzpasteurisierung.* Beschreibung einer App. des Vf. (Abb.) für die Kurzzeitpasteurisierung (schnelles Erhitzen auf ca. 105° u. nach 20—60 Sek. (abhängig vom p_H-Wert) schnelle Rückkühlung. Kein Kochgeschmack, günstige Wrkg. auf den Wein, auch auf seine enzymat. u. koll. Stabilisierung. (Coltivatore Giorn. vinicolo ital. **99.** 310—12. Aug. 1953.) KIELHÖFER. 7554

Maynard A. Amerine, *Die Zusammensetzung des Weines.* Überblick über die wichtigsten Bestandteile des Weines, ihre Menge u. Bedeutung. (Sci. Monthly **77.** 250—54. Nov. 1953.) KIELHÖFER. 7554

R. Fischer und **F. Kolmayr,** *Eine Schnellmethode zur Bestimmung des Äthanolgehaltes von Tinkturen, Spirituspräparaten, Branntwein, Wein, Bier und Most.* Der A.-Geh. in Tinkturen, Spirituspräpp., wie Campher-, Senf- oder Melissenspiritus, in Most, Bier, Wein u. Branntwein wird nach Aussalzen mit K_2CO_3 u. Aufnehmen in Bzl. refraktometr. bestimmt. Glycerin stört nicht. Substanzen, die die Refraktion beeinflussen, werden ausgefällt. Als Fällungsmittel dienen bei Tinkturen Pb-Acetat, $Na_2S_2O_3$, Pikrinsäure oder NaOH. Gelöste äther. Öle werden durch Verdünnen mit W. ausgeschieden. Benötigt werden für eine Best. 5 cm^3 der A.-haltigen Flüssigkeit. Die Best. des A. kann auch statt im Refraktometer nach der Einbettungsmeth. bzw. Glaspulvermeth. von KOFLER bzw. FISCHER u. KOCHER erfolgen. (Pharmaz. Zentralhalle Deutschland **93.** 54—61. Febr. 87—92. März 1954. Graz, Univ., Pharmakognost. Inst.) FRESENIUS 7590

V. Faltings, *Eine Anwendung der natürlichen ^{14}C-Aktivität in der Lebensmittelchemie.* Die Tatsache der schwachen ^{14}C-Radioaktivität in biol. gegenüber fossilem C kann zur Unterscheidung von natürlichen u. synthet. Stoffen herangezogen werden. Allerdings sind wegen der geringen Intensität u. der Weichheit der Strahlung leistungsfähige Verstärker am Zählrohr notwendig. Bei den vom Vf. durchgeführten Unterss. an A.- u. Essigproben wurden diese Stoffe zunächst nach verschied. Verff. in gasförmige KW-stoffe (Methan, Äthan) übergeführt u. als solche gemessen. Wurde zur Ausschaltung des inkonstanten Leerwertes eine Vergleichsprobe in einem 2. Zählrohr mitgemessen, so konnte mit relativ großer Genauigkeit in Essigsäure der Geh. an Gärungsessigsäure u. in A. der Geh. an synthet. A. ermittelt werden. Weiterhin konnte Vf. wahrscheinlich machen, daß es im Verlauf der alkoh. Gärung zu einer Änderung des Isotopenmischungsverhältnisses im Sinne einer schwachen Anreicherung von ^{14}C im A. kommt. (Angew. Chem. **64**. 605—06. 21/11. 1952. Hamburg, Univ., Inst. für physikal. Chem.) KRUSEN. 7590

E. Garino-Canina und **P. Falchi**, *Chemisch-biologische und physikochemische Untersuchungen beim Weinessig.* Um Zusatz von Essig anderer Herkunft, bes. synthet. Essigsäure, zu Weinessig nachzuweisen, werden verschied. bekannte einschlägige Untersuchungsverff. herangezogen u. geprüft: Best. des Sorbitgeh., von Acetylmethylcarbinol u. Butylenglykol, des Jodindex (nach PRATOLONGO), des Extraktgeh.; bes. aber auch physikochem. Methoden: p_H-Wert, Pufferungsvermögen, Verhältnis Gesamtsäure/H-Ionenkonz., spezif. Leitfähigkeit. Aus der Gesamtheit dieser Ergebnisse läßt sich nach Ansicht des Vf. die Herkunft eines Essigs beurteilen. (Ann. Sperimentaz. agrar. [N. S.] **7**. 501—15. 1953. Asti, Staz. Enolog. Speriment.) KIELHÖFER. 7612

William L. Owen, Baton Rouge, La., V. St. A., *Konservieren von Mikroorganismen.* Um Hefe (Saccharomyces cerevisiae) im lebensfähigen Zustand zu erhalten, wird sie in einer wss., ca. 10—20% Lactose u. gegebenenfalls ein fungicides Mittel, z. B. Diphenyl, enthaltenden Lsg. suspendiert u. die Suspension an ihrer Oberfläche mit einer Schicht eines Gemisches aus Mineral- u. Nelkenöl abgeschlossen. (**A. P. 2 624 692** vom 6/9. 1949, ausg. 6/1. 1953.) KETTNER. 7507

Irene Maal, Birsfelden, Schweiz, *Kulturen des Termobacteriums mobile Lindner.* Wss. Pflanzenextrakte, gegebenenfalls mit vergärbaren Zuckern, werden mit dem Bacterium geimpft, der Gärung überlassen u. der so erhaltene Gäransatz wird gegebenenfalls noch einer zur Vermehrung der Bakterien geeigneten Behandlung, z. B. durch Zusatz zu einer Melasselsg. u. mehrstd. Stehenlassen, unterworfen. (**D. B. P. 888 833** Kl. 6a vom 30/11. 1949, ausg. 3/9. 1953. Schwz. Prior. 27/8. 1943.) KETTNER. 7507

Eugen G. Stich, Heidelberg, *Züchtung von Hefe* nach dem Schwz. Patent 276 707, dad. gek., daß ein senkrecht in mehrere Abteile unterteilter Verhefungsbottich verwendet wird u. daß die Maische getrennt aus jedem Abteil in der Nähe seines Bodens entnommen, außerhalb des Bottichs unter Druck gesetzt, während des Hochdrückens abgekühlt u. unter Zusatz von Nährlsg. von oben in einen Verteiler geleitet wird, aus dem das Maische-Nährlsg.-Gemisch in Strahlen zerteilt auf den bei der Verhefung entstehenden Schaum zur Einw. gebracht wird, wobei die Maische aus dem einen Abteil in das nächste strömt u. aus dem letzten Abteil die dem sekundlichen Hefezuwachs entsprechende Menge der verheften Maische abgezogen wird. — Einrichtung. (**Schwz. P. 289 881** vom 18/7. 1950, ausg. 16/7. 1953. D. Prior. 6/3. 1950. **Zusatz zu Schwz. P. 276 707; C. 1952. 4235.**) KETTNER. 7507

Lesaffre & Cie., Marcq-en-Baroeul, Frankreich, *Lufthefegewinnung* aus Melasse unter Mitverwendung von Schlempen. Die Gärung bzw. Verhefung wird so geführt, daß das p_H des Nährsubstrates über dem isoelektr. Punkt im Höchstwert der Mischung aus der Melasse mit den Schlempen liegt, wobei der Wert dieses Punktes vor Beginn des Gärprozesses ermittelt werden muß. (**Schwz. P. 288 404** vom 15/5. 1950, ausg. 15/5. 1953. F. Prior. 28/1. 1950.) KETTNER. 7507

Ben L. Sarett, übert. von: **Dwight L. Baker**, Chicago, Ill., V. St. A., *Gewinnung von Katalase aus Schimmelpilzen.* Mycel von Schimmelpilzen, wie Penicillium chrysogenum, P. notatum oder Aspergillus niger, wird mit einem Antiseptikum (Toluol, Xylol, Äthylacetat, Chlf. oder $CuSO_4$) behandelt, das tote Mycel bei p_H 7 der Autolyse unterworfen, das neutrale Autolysat zur Gewinnung eines von säurelösl. Bestandteilen u. ungelösten Zellrückständen freien Katalaseextraktes filtriert, das p_H des Extraktes zur Ausfällung u. Abtrennung von säureunlösl. Verunreinigungen auf 3,5—4,5 eingestellt; anschließend wird das p_H des gereinigten Extraktes auf 4,5—6,0 gebracht u. derselbe zur Fällung roher Katalase mit etwa der gleichen Menge Aceton behandelt, die gesammelte Rohkatalase in W. gelöst, das p_H der Lsg. auf ca. 4,5 eingestellt u. die Katalase erneut mit etwa der Hälfte des Vol. der Lsg. an Aceton ausgefällt, abgetrennt u. damit eine beständige wss. Lsg. hergestellt. (**A. P. 2 635 069** vom 25/11. 1947, ausg. 14/4. 1953.) KETTNER. 7509

XVI. Nahrungs-, Genuß- und Futtermittel.

Horace Campbell, *Die Methoden der Qualitätskontrolle bei Herstellung und Verteilung von gefrorenen Lebensmitteln.* Zusammenfassender Bericht. — 40 Literaturangaben. (Advances in Chem. **1950.** Nr. 3. 29—36. 13/9. Los Angeles, Calif., American Fruit Growers, Inc.) FRESENIUS. 7636

J. Gordon Hay, *Die Qualität von Getreiden und ihre industrielle Verwendung. Die Nebenprodukte des Weizens und ihr Nährwert.* Vortrag über die Nebenprodd. von der Weizenverarbeitung, wie Kleie, Keimlinge, Häcksel, Unkrautsamen. Die Zus. u. volkswirtschaftliche Bedeutung dieser Stoffe wird erläutert. (Chem. and Ind. **1953.** 185—90. 28/2. London, Joseph Rank & Co. Ltd., Central Labor.) FRESENIUS. 7664

A. R. Wilson und **J. A. Dawson**, *Rückstände von Tetrachlornitrobenzol auf eingelagerten Kartoffeln.* Kartoffeln wurden zur Verhinderung des Auskeimens im Herbst mit 10 lbs./t 3%ig. Tetrachlornitrobenzol (I)-Staub behandelt. An 9 Sorten wurde festgestellt, daß nach 4—5 Monaten Lagerung ein Rest von 2 p.p.m. u. nach 6 Monaten noch 1 p.p.m. von den aufgebrachten 134 p.p.m. mit Leichtbenzin von den Knollen abwaschbar war. Im Fleisch geschälter Kartoffeln wurde kein I gefunden. Die I-Best. erfolgte polarograph. nach WEBSTER u. DAWSON (Analyst **77.** [1952.] 203). (J. Sci. Food Agric. **4.** 305—10. Juli 1953. Sutton Bonington, Loughborough, Leics., Nottingham School of Agricult., u. London, Fungicide and Insecticide Res. Co-ordination Serv.) FRESENIUS. 7678

D. E. Brooks, *Produkte aus gekochten Kartoffeln.* Kurze Übersicht mit Hinweisen auf Auswahl, Lagerung u. Verarbeitungstechniken. (Food **23.** 104—07. März 1954.) KRUSEN. 7678

L. W. Metlitzki, *Über einige Grundfragen der Biologie der Aufbewahrung von Früchten.* Nicht immer sind niedrige Tempp. günstig für die Aufbewahrung von Früchten. Bei Früchten (Apfelsinen, Mandarinen, Citronen), deren Stoffwechsel sich ihrer bei hohen Tempp. erfolgten Entw. angepaßt hat, ist zu beachten, daß sich für diese Tempp. von ca. 0^0 nicht eignen. Die Erniedrigung der Temp. vermehrt relativ den Verbrauch an organ. Säuren als Atmungsmaterial, wodurch ein fader Geschmack entsteht. Bei 0^0 wird ferner die Bldg. brauner Flecken auf der Schale begünstigt; diese wird luftundurchlässig; anaerobe Prozesse treten auf. Der Alkoholgeh. ist dann 5—6mal so hoch wie in gesunden Früchten. Man muß das richtige Gleichgewicht zwischen anaerober u. aerober Atmung einhalten u. darf keine übertriebene Anhäufung von Prodd. des anaeroben Zerfalls zulassen. Welken muß verhütet werden, man muß also neben der Temp. auch die relative Luftfeuchtigkeit regeln. (Известия Академии Наук СССР, Серия Биологическая [Nachr. Akad. Wiss. UdSSR, biol. Ser.] **1954.** Nr. 1. 83—94. Jan./Febr. Allunions-Wiss. Forschungsinst. für Konservenind.) A. JACOB. 7688

José M. R. de la Borbolla y Alcalá, C. Gómez Herrera und **Rosario Guzmán**, *Puffersystem in Salzlaken für eingesäuerte grüne Oliven.* Die Pufferindexkurven von Salzlaken, in denen Oliven eingelegt sind, zeigen mit zunehmender Gärung im Gebiet von p_H 3,7—3,8 steigende Maxima. Die höhere Pufferkapazität entsteht durch das in den Oliven (von der Alkalibehandlung vor dem Einlegen) zurückbleibende NaOH, das mit den in den Früchten vorhandenen u. während der Gärung gebildeten schwachen Säuren puffernde Salze bildet. Durch das hohe Pufferungsvermögen wird ein für die Entw. der Milchsäurebakterien günstiger p_H-Wert eingehalten, während bei nicht vorher durchgeführter Alkalibehandlung rasch ein zu hoher p_H-Wert erreicht wird, der die Organismen hemmt. Andererseits kann durch ungünstige Umstände ein verändertes Verhältnis in der Zus. der organ. Säuren entstehen, so daß trotz hoher Titrationsacidität nur ein p_H-Wert von 4,2 erreicht wird. Es kommt dann zur Entw. von unerwünschten Organismen (Zapateria), wodurch starker Qualitätsabfall eintritt. (Ind. Engng. Chem. **44.** 2227—28. Sept. 1952. Sevilla, Inst. de la Grasa, Secc. de Quim.) KRUSEN. 7688

Francis Joseph Weiss, *Nahrung aus der See.* Die Bedeutung von Algen, Plankton, Muscheln, Fischen u. ihren Verarbeitungsprodd. für die direkte oder indirekte menschliche Ernährung wird besprochen. (J. agric. Food Chem. **1.** 822—28. 16/9. 1953. Washington, D. C.) FRESENIUS. 7690

Alan G. Ross, *Einige typische Analysen von Meeresrotalgen.* Die Analyse von 26 verschied. Meeresrotalgen ergab Gehh. an Asche von 18,1—53,3%, Gesamtsulfat 0,5—19,1%, N 1,5—4,8%, Fette u. CCl_4-lösl. Stoffe 0,4—3,2%, A.-lösl. 2,2—12%, Uronanhydrid 1,2—5,8%, Cellulose 1—9%, reduzierende Zucker 10,8—42,8%. An Zuckern wurden gefunden Galaktose, Glucose, Xylose, Mannose, Fucose. Die Zahlen beziehen sich auf die gemahlene Trockenmasse. (J. Sci. Food Agric. **4.** 333—35. Juli 1953. Edinburgh, Univ., Chem. Dep.) FRESENIUS. 7690

Heinrich Fincke, *Gebrannte Mandeln, Pralinen und Liköre und Süßwaren mit branntweinhaltigen Füllungen.* (Vortrag.) Behandelt werden geschichtliche Fragen der Süßwarenherstellung. (Zucker- u. Süßwaren-Wirtsch. **6.** 411—13. 20/5. 1953. Köln.) WINIKER. 7704

R. Illies, *Die Aufarbeitung von Bonbonabfällen.* Allg. Ausführungen. (Zucker- u. Süßwaren-Wirtsch. **7.** 391—92. 8/5. 1954. Köln-Marienburg, Wiss. Forschungs- u. Beratungsstelle des Fachverbands der Süßwaren-Ind. Detmold.) WINIKER. 7704

K. Kappeller, *Nordamerikanische Süßwarenriegel (Bar.).* Überblick über Handelsnamen u. Zus. nordamerikan. Riegelerzeugnisse. (Zucker- u. Süßwaren-Wirtsch. **6.** 414. 20/5. 1953. Villa Maria/Cdb., Argentinien.) WINIKER. 7704

A. Dehmel, *Die Herstellung weichbleibender Einlagen bei Pfefferminzartikeln.* Allg. Ausführungen mit Rahmenrezepten. (Zucker- u. Süßwaren-Wirtsch. **6.** 440. 20/5. 1953.) WINIKER. 7704

K. P. Dimick und **Marion J. Simone,** *Eine kontinuierliche Laboratoriumskolonne zur Konzentrierung wässeriger Lösungen von flüchtigen Aromen.* Vff. beschreiben eine kontinuierliche Destillationsapp. aus Glas mit 40 Böden, die es erlaubt, Fruchtaromen aus verd. wss. Lsgg. zu Essenzen zu konzentrieren. Die Wirksamkeit der Trennung wird an einem Phenol–W.-Gemisch mit 0,005% Phenol u. an einer verd. Lsg. von Erdbeeraroma in W. geprüft. (Ind. Engng. Chem. **44.** 2487—90. Okt. 1952. Paulsboro, N. J., Socony-Vacuum Labors.) HACKSTEIN. 7714

W. Spoon, *Butterfett in Schokolade.* Vielfach wird Kakaobutter in Schokolade durch Butterfett ersetzt. Milchschokolade enthält stets Butterfett, das aus der zugesetzten Milch stammt. Die wichtigsten Kennwerte von Kakaobutter u. Butterfett sowie die Zus. mehrerer Schokoladesorten sind aufgeführt. (Oliën, Vetten Zeep **38.** 92—93. 27/3. 1954. Amsterdam, Koninklijk Inst. voor de Tropen.) WESLY. 7726

R. Hamm, *Die p_H-Messung in der Fleischwirtschaft.* Allg. Ausführungen. (Fleischwirtschaft **6.** 144—48. April 1954. Kulmbach, Bundesforschungsanst. für Fleischwirtsch.) KRUSEN. 7750

Gerhard Schaper, *Das Luftkochen.* Vf. stellt die Vorteile des Luftkochens von Fleisch heraus: 40—50%ig. Energieeinsparung; Verminderung der Kochverluste; um 30% kürzere Kochzeit, dadurch geringere Nährstoffverluste; höhere biol. Wertigkeit, leichtere Verdaulichkeit. (Fleischwirtschaft **6.** 121—24. April 1954. Hannover.) KRUSEN. 7750

H. Keller, *Die bakterielle Aromatisierung der Rohwurst.* Aus Rohwürsten nach Braunschweiger Art wurden 5 Arten von Aromabakterien isoliert, u. zwar Alcaligenes, Pseudomonas, Achromobacter, Aerobacter u. Escherichia. Die Züchtung gelang nur bei ca. 12°, bei höheren Tempp. trat Überwucherung durch Mesentericus subtilis-Bakterien ein. Mit einigen dieser Aromabakterien hergestellte Rohwürste zeigten gegenüber Kontrollwürsten weit höhere Geschmacks- u. Geruchsqualität. Die Trocknung wurde dabei während 17 Tagen bei 12°, die Räucherung während 3 Tagen bei 13—15° durchgeführt. (Fleischwirtschaft **6.** 125—26. April 1954. Giessen, Justus-Liebig-Hochsch., Inst. für tierärztl. Lebensmittelkunde.) KRUSEN. 7750

K. G. Ellinger, *Feuchtrauch- und Klimareifeverfahren für Rohwurst.* Vf. empfiehlt das Feuchtrauchverf. zur Reifung von Rohwurst, bei dem Würste 2—7 Tage bei Tempp. von höchstens 15—18° u. einer relativen Luftfeuchte von 90% unter Luftzufuhr geräuchert werden. Die Gewichtsverluste betragen 6—12%. Das Klimareifeverf. ist eine techn. Vervollkommnung des vorst. Verf., bei dem die Würste durch temperierte, mittels UV-Bestrahlung entkeimte Luft zunächst getrocknet u. in derselben Kammer dann geräuchert werden. (Fleischwirtschaft **6.** 130—31. April 1954. Hamburg.) KRUSEN. 7750

G. H. Porter, R. E. Johnson, H. D. Eaton, F. I. Elliott und **L. A. Moore,** *Der relative Wert von feldgetrocknetem und -gebündeltem, künstlich getrocknetem und gehacktem, gemahlenem und zu Preßlingen geformtem Alfalfa für die Milchleistung bei Fütterung als einzige Rauhfutterquelle an Milchvieh.* Vergleichende Fütterungsverss. zeigten, daß Alfalfa-Preßlinge zu einem Rückgang des Heuverbrauchs u. des Fettgeh. der Milch führten, während die anderen genannten Prodd. keine wesentlichen Veränderungen brachten. (J. Dairy Sci. **36.** 1140—49. Okt. 1953. Storrs, Conn., Univ. of Connecticut, Agric. Exp. Stat., Animal Ind. Dep.) KRUSEN. 7756

J. K. Loosli und **R. G. Warner,** *Brennereirückstände als Proteinzusatz in Konzentratgemischen für Milchkühe.* In Fütterungsverss. mit getrockneten Kornbrennereirückständen (I), I u. „Solubles" (II) u. getrockneten II allein zeigten I hinsichtlich Milchleistung sowie Gesamtprod. von Milch mit eingestelltem Fettgeh. („fat corrected milk") eine geringe Überlegenheit. Der Fettgeh. der Milch wurde durch I leicht erhöht. Die Brennereirückstände sollen 40% des Konzentratgemisches ausmachen. (J. Dairy Sci. **36.** 1135—39. Okt. 1953. Ithaca, N. Y., Cornell Univ., Dep. of Animal Husbandry.) KRUSEN. 7756

K. G. Weckel, *Die Bekämpfung coliformer Bakterien in der Milch.* Die Verseuchung der Milch mit coliformen Bakterien kann nur verhindert werden durch Verwendung sehr guter Rohmilch, sorgfältige Pasteurisation u. Abkühlung der Milch, Beachtung größter Sauberkeit der Geräte u. Lagerung der Milch bei niedrigen Temperaturen. (Proc. annu. State Coll. Washington Inst. Dairying **1951.** 77—80. 12—16/3. Univ. of Wisconsin.) KRUSEN. 7756

George E. Holm, *Qualitätsbeeinträchtigung bei Molkereiprodukten durch Oxydation.* Prakt. Hinweise zur Vermeidung von durch Oxydation hervorgerufenen Geschmacksbeeinträchtigungen bei Frischmilch, Trockenmilch u. Butterfett. (Proc. annu. State Coll. Washington Inst. Dairying **1951.** 93—99. 12—16/3. U. S. Dep. of Agric., Agric. Res. Admin., Bur. of Dairy Ind.) KRUSEN. 7756

R. Dawidow und **W. Anissimowa,** *Der Jodgehalt der Milch.* Vff. untersuchten die Milch verschied. Kühe über längere Zeiträume. Sie fanden den höchsten durchschnittlichen *J*-Geh. von 111 (γ/Liter) im Dez., den niedrigsten von 41 im Oktober. Durch die n. Meiereibehandlung gehen durchschnittlich 22% J verloren. (Молочная Промышленность [Milch-Ind.] **14.** Nr. 8. 33—35. Aug. 1953. Moskau, Landw. Timirjasew-Akad.) SCHMEISS. 7756

K. G. Weckel, *Die Herstellung von Milch mit niedrigem Fettgehalt.* Vf. propagiert im Hinblick auf Diät- u. wirtschaftliche Fragen die Verarbeitung von Qualitätsmilch zu einer Milch mit höchstens 0,5% Fett unter Zusatz von Vitaminen A u. D u. Serumfeststoffen in Form von kondensierter Magermilch oder bei niedrigen Wärmegraden hergestelltem Magermilchpulver. Pasteurisieren für 30 Min. bei 150—165° F u. Homogenisieren werden empfohlen. (Proc. annu. State Coll. Washington Inst. Dairying **1951.** 7—10. 12—16/3. Univ. of Wisconsin.) KRUSEN. 7756

M. Demurow, T. Romanowitsch und **L. Miljutina,** *Kontinuierliche Milchvorbereitung bei der Gewinnung von Sauermilchdiätprodukten.* Betrachtungen über eine Arbeitsweise, bei der die Milch kontinuierlich auf 94—95° erwärmt, im Wärmeaustauscher zunächst auf 35—40°, dann auf die gewünschte Temp. u. in den Säuerungsbehälter gebracht wird. (Молочная Промышленность [Milch-Ind.] **14.** Nr. 9. 21—23. Sept. 1953. Allunions Wiss. Forschungsinst. für Milchind.) SCHMEISS. 7756

E. D. McGlasson, *Verbesserte Methoden zur Wiedergewinnung von Käsemolkefeststoffen.* Die Rückgewinnung von einigermaßen gut lösl. Protein aus Käsemolke geschieht am besten, indem diese durch Kationen- u. Anionen-Kunstharzaustauscher geleitet wird, bevor mittels Hitze u. $CaCl_2$ Fällung des Proteins stattfindet. Aus so behandelter Molke wird allerdings eine weniger reine Lactose (93,9%) gewonnen als aus unbehandelter (98,7%). (Proc. annu. State Coll. Washington Inst. Dairying **1951.** 55—57. 12—16/3. Moscow, Idaho, Univ. of Idaho.) KRUSEN. 7756

V. E. Graham, D. L. Gibson, H. W. Klemmer und **J. M. Naylor,** *Steigerung des Nährwertes von Molke durch Hefegärung.* 1. Mitt. *Vorläufige Untersuchungen über die Verwendbarkeit verschiedener Hefen.* Von den untersuchten Mikroorganismen erwies sich Torula cremoris als am geeignetsten für die Vergärung von Käsereimolke. Den günstigsten Nährboden liefert mit anorgan. NH_4-Salzen oder Harnstoff angereicherte Molke von mit Lab geronnener Magermilch. Die Beimpfung erfolgt am besten mit 5—10% einer 24 Std. alten Molkenkultur der Hefe, nach 24 Std. ist Belüftung zur reichlichen Vermehrung der Zellen von Vorteil. Das p_H-Optimum liegt bei 4,4, die optimalen Tempp. bei 25—30°. (Canad. J. Technol. **31.** 85—91. April/Mai 1953. Saskatoon, Univ. of Saskatchewan, Dep. of Dairy Sci.) KRUSEN. 7756

V. E. Graham, D. L. Gibson und **H. W. Klemmer,** *Steigerung des Nährwertes von Molke durch Hefegärung.* 2. Mitt. *Untersuchungen mit kleinen Laboratoriumsgärgefäßen.* (1. vgl. vorst. Ref.) Beschreibung von 2 kleinen Gärapparaten zur laboratoriumsmäßigen Vergärung von Molke mit Torula cremoris. Durch die Vergärung wird bei Verbrauch der Lactose eine Vermehrung der Zellen bis zu 1,5 Milliarden/ml u. Erhöhung des Protein- u. Riboflavingeh. der Molke erzielt. Verdünnen oder Konzentrieren der Molke ist ohne Vorteil. Durch starke Belüftung wird die Bldg. von A. niedrig gehalten. (Canad. J. Technol. **31.** 92—97. April/Mai 1953.) KRUSEN. 7756

V. E. Graham, D. L. Gibson und **W. C. Lawton,** *Steigerung des Nährwertes von Molke durch Hefegärung.* 3. Mitt. *Ergebnisse einer Versuchsanlage.* (2. vgl. vorst. Ref.)

In einem halbtechn. Gärapp. wurde Cheddarkäse-Molke mit Torula cremoris unter reichlicher Belüftung vergoren. Die erhaltene lactosefreie Fl. wurde getrocknet u. lieferte ein nicht hygroskop. Prod. folgender Zus.: 10,6% W., 27,0% Asche, N-Substanz 40,2%, Fett 20,1%, Riboflavin 12,5 mg%, Thiamin 1,29 mg%. (Canad. J. Technol. **31.** 109—13. April/Mai 1953.) KRUSEN. 7756

N. S. Golding, *Die Aktivität von Startern für die Käserei.* Vf. bespricht die Faktoren, die die Aktivität von Käsereistartern beeinflussen können, wie unbrauchbare Milch, Anwesenheit von hemmenden Bakterien, von bakteriostat. u. baktericiden Substanzen, von Bakteriophagen u. Anwendung falscher Temperaturen. Tests zur Aktivitätsprüfung werden abschließend erwähnt. (Proc. annu. State Coll. Washington Inst. Dairying **1951.** 45—53. 12—16/3.) KRUSEN. 7760

C. W. Raadsveld, *Reifungsvorgänge in Käse vcm Edamer Typ mit verschiedenem Wasser- und Salzgehalt.* Durch Variation der Herstellungsbedingungen von Käse des Edamer Typs wurden der Eiweißabbau, der Säuregrad des Fetts u. die Aromabldg. bei der Reifung von Käsen verschied. Wasser- u. Salzgeh. in der Molke ermittelt. Bei gleicher Salzkonz. ergab sich der weitestgehende Eiweißabbau in Käsen mit hohem Wassergeh., wobei steigendes p_H den Abbau begünstigte. Allg. ergab sich eine Verzögerung des Abbaus durch den Salzgehalt. Zwischen den Säuregraden des Fetts in Käsen mit hohem u. niedrigerem Wassergeh. zeigte sich während der Reifung kein erheblicher Unterschied. Die speziellen Geschmacksentwicklungen der Käse gingen Hand in Hand mit dem Salz/W.-Verhältnis, dem Säuregrad des Fetts u. dem Geh. an Aminosäure-N. Ein bitterer Geschmack entwickelte sich bei keinem Vers. bevorzugt. Ein Süßgeschmack wurde bei einigen Käsen mit hohem Wasser- bei geringem Salzgeh. u. ziemlich hohem p_H beobachtet. (Nederl. Melk- en Zuiveltijdschr. **6.** 342—55. Okt./Dez. 1952. Hoorn, Netherlands Inst. for Dairy Res.) FRESENIUS. 7760

A. E. Abrahamson, Edwin Ludewig und **Paul Corash,** *Die Pasteurisation von „Mozzarella"-Käse.* Es wird berichtet über die Herst. von italien. „Mozzarella"-Käse u. Schwierigkeiten bei Umstellung derselben auf pasteurisierte an Stelle von roher Milch als Ausgangsprodukt. (J. Milk Food Technol. **17.** 22—24. 38. Jan. 1954. New York City, Dep. of Health, Div. of Milk and Milk Prod. Inspect.) KRUSEN. 7760

Tara Pandit, V. Iyer und **J. V. Bhat,** *Einige Beiträge zur Mikrobiologie von Landkäse (Cottage-Cheese).* Vff. isolierten aus ind. Landkäse (Cottage-Cheese) Bacillus cereus, B. subtilis, B. pumilus, Micrococcus varians, M. caseolyticus, Bact. zenkeri u. einige Aspergillus- u. Penicillium-Arten u. konnten diese experimentell als Verderbniserreger aufdecken. Bei Verss. zur Verlängerung der Haltbarkeit von Landkäse bewies frischer Citronensaft gute konservierende Eigenschaften. (J. Univ. Bombay [N. S.] **21.** Nr. 5. Sect. B 61—66. März 1953. Bombay, St. Xavier's Coll.) KRUSEN. 7760

H. R. Lochry, *Überprüfung der Qualität und Zusammensetzung von Käse.* Prakt. Hinweise zur Erzielung guter Käsequalität durch Verwendung einwandfreier, sorgfältig pasteurisierter Milch u. gesunder, akt. Starter mit Aciditäten zwischen 0,70 u. 0,85% im Moment des Zusatzes zur Milch. Vf. weist auf die Bedeutung der genauen Einhaltung von Zeitdauer u. Temp. im Verlaufe der einzelnen Verarbeitungsprozesse hin. (Proc. annu. State Coll. Washington Inst. Dairying **1951.** 37—43. 12—16/3. Port Orchard, Wash.) KRUSEN. 7760

G. E. Mann, W. H. Hoffman jr. und **Anthony M. Ambrose,** *Entgiftung und toxikologische Untersuchungen von Tungmehl.* Mit Hexan extrahierte Tungkerne (I) u. handelsüblicher Tungpreßkuchen (II) wurden nach verschied. Bearbeitung hinsichtlich ihrer Giftwrkg. bei 5—20%ig. Zulage zum Futter an Ratten geprüft. Ohne weitere Behandlung war I wesentlich toxischer als II u. führte bei 20%ig. Beifütterung bei allen Tieren innerhalb von 11 Tagen zum Exitus. Extraktion von I mit A. verminderte nicht ihre Toxizität, wohl aber Autoklavierung bei 114 u. 127° für 30 Minuten. Wurden mit A. extrahierte I anschließend autoklaviert, so konnten davon 5—10% ohne Beeinträchtigung der Gewichtszunahme beigefüttert werden. Bei allen mit — auch entgifteten — I gefütterten Tieren wurden Entzündungen des Verdauungstraktes beobachtet. Bei II wurde die Toxizität durch A.-Extraktion oder Autoklavierung stark vermindert, durch beide Behandlungen völlig aufgehoben. Hierbei traten auch keine gastrointestinalen Irritationen auf. Zusatz von Tungöl bis zu 10% zum Futter bewirkte verminderte Gewichtszunahme infolge geringerer Futteraufnahme, sonst keine tox. Schäden. Aus I isoliertes Protein, wie auch der Rückstand davon, zeigten tox. Eigenschaften. (J. agric. Food Chem. **2.** 258—63. 3/3. 1954. New Orleans, La., Southern Reg. Res. Labor.; Albany, Calif., Western Reg. Res. Labor.) KRUSEN. 7786

A. H. Sim, D. R. Browning und **W. A. Walsh,** *Trockenfutterrüben als Schweinefuttermittel.* Im Nährwert drei verschied. Trockenfutterrüben, mit wechselndem Trockensubstanzgeh., wurden nur geringfügige Unterschiede festgestellt. Die Futterrüben mit dem höchsten Trockengeh. besaßen geringe Vorteile im Fütterungswert. Das Wachstum der Schweine bei Trockenfutterrüben- u. Kleiefütterung war nur wenig geringer gegenüber dem bei Kleiefütterung allein. Die Speckqualität war bei Verwendung beider Futtermittel gleich. (Agriculture [London] **59.** 469—73. Jan. 1953. South-Eastern Province, Nat. Agricult. Advisory Serv.) W. LORENZ. 7786

H. Wenzel Eskedal, *Fettarmes und fettreiches Kraftfutter für Milchkühe.* In Vergleichsverss. mit Leinkuchen, Leinsamenschrot u. Leinsamen, mit Zufütterung von Rapsöl, Sojaöl, Schweinefett, Rindertalg, Rapssamen u. Sojabohnen ergibt sich in allen Fällen eine Steigerung des Milchertrags bei fettreicherer Nahrung. Eine Steigerung des Fettgeh. der Milch wird durch fettreiche Lein- u. Rapskuchen nicht mit Sicherheit erzielt. Leinkuchen mit 7,5% Fett regen die Milcherzeugung mehr an als Leinsamenschrot mit 1% Fett. Die Härte der Winterbutter wird durch Kraftfutter mit „weichem" Fett (Lein-, Rapskuchen) gemildert. (Beretn. Forsøgslab. [Statens Husdrybrugsudvalg] **268.** 1—45. 1953.) R. K. MÜLLER. 7786

H. Wenzel Eskedal und **Jens Nielsen,** *Versuche zur Mästung von Schlachtvieh.* Bei Verabreichung von Methylthiouracil (I) kann mit 1,75—3,5 kg I eine Erhöhung des Schlachtgewichts bis 40 kg erzielt werden. Es werden 15—20 kg mehr schieres Fleisch u. eine um 1—2 kg schwerere Leber erhalten. Der Schwund beim Schlachten ist größer. Im Geschmack des Fleischs ist kein nachteiliger Einfl. von I festzustellen. (Beretn. Forsøgslab. [Statens Husdyrbrugsudvalg] **269.** 1—80. 1953.) R. K. MÜLLER. 7786

E. J. Eastmond, *Die Messung von Farbänderungen bei Lebensmitteln.* Zusammenfassender Bericht über die Meth. der Farbmessung durch Best. der Lichtdurchlässigkeit u. Lichtreflexion. (Advances in Chem. Ser. **1950.** Nr. 3. 3—12. 13/9. Albany, Calif., Western Reg. Res. Labor.) FRESENIUS. 7788

Doris H. Tilden, *Mikroanalytische Schmutzbestimmung in Nahrungsmitteln.* Besprechung von mikroanalyt. bzw. mkr. Methoden zum Nachw. des Befalls von Lebensmitteln durch Schimmel oder tier. Schädlinge. (Advances in Chem. Ser. **1950.** Nr. 3. 61—67. 13/9. San Francisco, Calif., U. S. Food and Drug Admin.) FRESENIUS. 7788

R. G. Eeckhaut, *Ein neues Antisepticum, Dehydracetsäure und ihr Nachweis in Lebensmitteln.* Vf. berichtet zunächst über Darst. u. Eigg. der bakericid wirkenden *Dehydracetsäure* (I; *3-Acetyl-6-methyl-2.4-pyrandion*) u. gibt dann ein Nachweisverf. an. 200 ml Wein, Bier, Limonade, nach CARREZ geklärte Milch oder sonstiger Extrakt eines Lebensmittels werden mit 10 ml 25%ig. H_2SO_4 versetzt u. 3mal mit 30 ml Ae. geschüttelt. Nach Schichtentrennung behandelt man die Ae.-Extrakte mit 5 g wasserfreiem Na_2SO_4 u. dampft den Ae. ab. Der Rückstand wird in 5 ml Ae. gelöst, in einen Seesand enthaltenden Porzellantiegel übergeführt, der Ae. verdampft u. unter Bedeckung mit einem Uhrglas 1 Std. auf dem sd. Wasserbad erhitzt, wobei I sublimiert. Das Sublimat wird in 1 ml n/10 NaOH gelöst u. mit 3 ml Chlf. u. 3 Tropfen $CuSO_4$-Lsg. (Fehling 1) kräftig geschüttelt. Bei Anwesenheit von mindestens 50 mg I/Liter entsteht in der Chloroformschicht eine violette Färbung. (Fermentatio [Gand] **1952.** 123—33. Gent, Belgien, Inst. Sup. des Fermentations, Labor. de Chim. et de Bactériol.) KRUSEN. 7790

J. E. Eastoe und **B. Eastoe,** *Die Bestimmung von Arsen in Gelatine mittels der Molybdänblaureaktion.* 5 g Gelatine werden mit 20 ml W. u. 10 ml HCl (D. 1,18) auf dem Dampfbad 1 Std. erhitzt. Nach Abkühlen u. Zusatz weiterer 10 ml HCl, 2 ml KJ-Lsg. 15%ig u. 1 ml $SnCl_2$-Lsg. (20%ig in HCl) bleibt das Gemisch 15 Min. stehen. Dann werden 3 g Zn zugegeben u. das entwickelte Gas wird durch Bleiacetatwatte in eine Vorlage geleitet, die 20 ml 0,00125n J-Lsg. enthält. Die Einleitung wird 2 Std. fortgesetzt. Dann werden der Fl. in der Vorlage 2,5 ml NH_4-Molybdatreagens (1%ig in 5nH_2SO_4) zugesetzt u. nach Mischen noch 0,5 ml einer Lsg. von 12,5 g Na-Metabisulfit, 5 g krist. Na_2SO_3 u. 0,5 g 1-Amino-2-naphthol-4-sulfosäure/250 ml W. zugegeben. Das Gemisch wird nach Auffüllen 10 Min. im sd. Wasserbad erhitzt. Nach Abkühlen wird spektrophotometriert. Durch Vgl. mit einer anderen Meth. (Zerstörung mit HNO_3, Dest. mit NaCl-Hydrazinsulfat-KBr + HCl in eine Vorlage mit HNO_3, Abdampfen zur Trockne u. Lösen in Molybdat–Hydrazin-Reagens) wird die Zuverlässigkeit des Verf. geprüft, bes. die Art des Aufschlusses mit HCl. Phosphate stören nicht, SO_2 in möglicher Konz. wird als H_2S durch die Pb-Watte zurückgehalten. Die opt. D. der Lsg. ist der As-Konz. von 0—25 γ proportional. (J. Sci. Food Agric. **4.** 310—21. Juli 1953. London, British Gelatine and Glue Res. Assoc.) FRESENIUS. 7820

Siemens-Schuckertwerke Akt.-Ges., Berlin und Erlangen (Erfinder: **Andreas Lembke,** Sielbeck), *Verfahren zum Vitaminisieren und/oder Entkeimen von flüssigen Lebensmitteln, besonders Milch, Fruchtsäften und Heilstoffen,* bei dem die in der Fl. vorhandenen Schwebeteilchen, wie Fett- oder Fruchtmasse, durch Ultraschall zerkleinert werden. Man verwendet zur Erzeugung der Schall- oder Ultraschallschwingungen eine Pfeife bzw. eine Düse mit vorgelagerter Schneide, die durch die zu behandelnde Fl. angeblasen bzw. angeströmt wird. (**D. B. P. 899 447** Kl. 53e vom 20/1. 1944, ausg. 10/12. 1953. **Zusatz zu D. B. P. 892 109; C. 1954. 3364.**) MAASS. 7643

Emulsol Corp., übert. von: **Albert K. Epstein** und **Bernard M. Shaffer,** Chicago, Ill., V. St. A., *Veredelung von Hühnereiweiß.* Flüssiges Eiweiß mit p_H ca. 8,5 wird ca. 96 Std. bei 70° F einem Gär- u. Reifungsprozeß unterzogen, wobei sich allmählich ein p_H von ca. 5,5 einstellt. Nach Entfernung des gebildeten Schaumes wird das p_H durch Zugabe von z. B. Milchsäure auf 4,8—5,1 eingestellt. Die vom Nd. abgetrennte Fl. wird im Luftstrom bei Tempp. unter 120° F getrocknet. (**A. P. 2 630 387** vom 13/10. 1947, ausg. 3/3. 1953.) KRANZ. 7647

American Lecithin Co., Inc., Woodside, übert. von: **Albert Scharf,** New York, N. Y., V. St. A., *Lecithinpräparat* zur Weiterverarbeitung in Nahrungsmittel, Backmittel, Textilhilfsstoffe u. dergleichen. Sojalecithin wird im Verhältnis von z. B. 1 : 0,5 mit Glycerinmonostearat zusammengeschmolzen u. in noch heißem Zustand bei 125° mit 3 Teilen eines verkleisterten Stärkemehles gemischt. Weitere Zusätze zum verkleisterten Stärkemehl sind Zucker, Salz, Seife, Holzmehl, Kohle, Kieselsäuregel. (**A. P. 2 632 705** vom 2/6. 1949, ausg. 24/3. 1953.) KRANZ. 7647

Paul Breunig (Erfinder: **Elisabeth Tornow**), München, *Trennmittel für Backpulver.* Cellulosehaltige Stoffe, z. B. Maisspindelmehl, werden mit schwachen organ. Säuren, z. B. Weinsäure, in der mehrfachen Menge W. gekocht, getrocknet u. mit den üblichen Backpulverbestandteilen gemischt. (**D. R. P. 752 600** Kl. 2c vom 21/3. 1943, ausg. 21/9. 1953.) KRANZ. 7675

New England Spectrochemical Laboratories, übert. von: **Daniel P. Norman,** Ipswich, Mass., V. St. A., *Pektingewinnung.* Citrusfruchtrückstände, z. B. zerkleinerte Orangenschalen, werden mit der wss. Lsg. eines Erdalkalisalzes bei n. Temp. u. p_H von z. B. 12,7 kurze Zeit behandelt. Der von der Fl. abgetrennte Rückstand wird mit NaOCl zwecks Aufhellung behandelt, nach dem Filtrieren mehrmals gewaschen, gegebenenfalls noch mit einem Alkohol, z. B. Isopropylalkohol, behandelt, getrocknet u. vermahlen. Weitere Pektinextraktion in bekannter Weise. (**A. P. 2 635 095** vom 8/4. 1949, ausg. 14/4. 1953.) KRANZ. 7703

Pomosin-Werke G. m. b. H. (Erfinder: **Rudolf Otto** und **Gerhard Winkler**), Frankfurt/M., *Pektinhaltige Extrakte und Trockenpräparate.* In nach D. B. P. 892 271; C. **1954.** 2520 entbasten pektinhaltigen Hydrolysendünnsäften werden die Pektinstoffe durch Bldg. von $Al(OH)_3$ oder durch Zusatz von Ca-Salzen niedergeschlagen, abgetrennt, ausgewaschen u. abgepreßt. Die wasserunlösl. Koagele werden in ebenfalls entbasten u. mit Säure versetzten Dünnsäften aufgelöst, gegebenenfalls sprühgetrocknet. (**D. B. P. 899 448** Kl. 53k vom 11/2. 1943, ausg. 10/12. 1953. Anmeldung bekanntgemacht 29/1. 1953.) KRANZ. 7703

Benjamin Raack, Buch bei Höchstadt/Aisch, *Alkoholfreies Gärungsgetränk* aus Biertrebern durch Milchsäuregärung. Malztreber werden mit entcarbonisiertem W. von ca. 75° gemaischt u. die Maische wird dann stehengelassen, wobei durch Einw. der aus der Luft zutretenden Milchsäurebakterien bei absinkender Temp. eine Gärung einsetzt, die bis zur Grenze der Milchsäureentw. fortgeführt wird, woran sich eine Filtration schließt. (**D. B. P. 890 634** Kl. 6b vom 23/2. 1943, ausg. 21/9. 1953.) KETTNER. 7707

Algin Corp. of America, New York, N. Y., übert. von: **Victor Charles Emile Le Gloahec,** Rockland, Maine, V. St. A., *Gewinnung von Pflanzenschleimstoffen.* Meerespflanzen, z. B. Irisch Moos, werden zunächst mit einer 20—25%ig. NaCl-Lsg. bei p_H 6,5—10,5 unter 12 maliger Erneuerung der Lsg. je 24 Std. behandelt. Nach Neutralisieren der Lsg. wird das Material herausgenommen, mehrmals mit W. ausgewaschen, im nassen Zustand fein vermahlen, bei 40—65° filtriert u. gegebenenfalls in ein Trockenprod. übergeführt. (**A. P. 2 624 727** vom 9/12. 1947, ausg. 6/1. 1953.) KRANZ. 7709

James B. Gordon, Burlingame, Calif., V. St. A., *Süßungsmittel für Diätnahrung.* Bei der Zubereitung von Dosenfrüchten, Fruchtsäften, Salatwürzen u. dgl. wird der Zuckersirup durch eine sirupartige wss. Fl. ersetzt, die z. B. 3,4 (%) einer 70%ig. Sorbitlsg., 0,3 Na-Cyclamat ($C_6H_{12}O_6NSNa$) oder Ca-Cyclamat, 0,3 Carboxymethylcellulose u. 0,04 Saccharin enthält. (**A. P. 2 629 665** vom 31/10. 1951, ausg. 24/2. 1953.) KRANZ. 7713

Swift & Co., übert. von: **George E. Brissey**, Chicago, Ill., V. St. A., *Verhinderung der Gasbildung von unbehandeltem Bacon in evakuierten Dosen.* Man setzt eine zur Einstellung auf p_H 4,5—5,2 ausreichende Menge Gluconsäure zu. (**A. P. 2 627 473** vom 9/10. 1950, ausg. 3/2. 1953.) MAASS. 7751

Olav Notevarp, Drontheim, und **Kare Johan Bakken**, Bergen, Norwegen, *Konservieren von Fischen* für die Weiterverarbeitung zu Fischmehl u. Öl. Das Rohmaterial wird in verschlossenen Behältern unter Zusatz von anaerob. wirksamen Konservierungsmitteln, z. B. Nitriten, Äthylenoxyd, HN_2OH oder Lsgg. von HNO_2 gelagert. (**D. B. P. 898 539** Kl. 53g vom 24/4. 1951, ausg. 30/11. 1953. N. Prior. 25/4. 1950.) KRANZ. 7753

Algin Corp. of America, New York, N. Y., übert. von: **Victor Charles Emile Le Gloahec**, Rockland, Me., V. St. A., *Stabilisator für Eiscrem.* Gelose (**I**) wird aus Meerespflanzen, wie Caragheen oder Chondrus crispus, extrahiert u. mit einem Kationenaustauscher zwecks Austausch von Ca gegen Na oder K, gegebenenfalls schon während der Extraktion, behandelt. **I** wird dann in wss. Lsg. bei n. oder erhöhter Temp. mit Ca-Alginat oder Ca-Caseinat unter starkem Rühren bei p_H von ca. 6,0 gemischt. Das Reaktionsprod. dient als solches oder nach dem Trocknen oder Ausfällen mit A. als Stabilisator. (**A. P. 2 624 677** vom 8/1. 1946, ausg. 6/1. 1953.) KRANZ. 7757

XVII. Fette. Seifen. Wasch- u. Reinigungsmittel. Wachse. Bohnermassen usw.

A. Dangoumau und **H. Debruyne**, *Studium der Ölpflanze „Lallemantia iberica“.* Umfassende Darst. der *Lallemantia iberica* hinsichtlich ihres botan. Charakters, ihrer Kultur (die Pflanze ist genügsam) in verschied. Ländern (Frankreich, Marokko), des Geh. an Öl (28—32%) u. dessen Zus. u. Kennzahlen (Gesamtfettsäuren bestehen zu ca. 5% aus gesätt. Fettsäuren, zu 18% aus Öl-, zu 13% aus Linol-, zu 63% aus Linolensäure), der Verwendung in der Industrie der Farben, Lacke u. Firnisse. Ausführungen über die Verwendung des Preß- bzw. Extraktionskuchens als eiweißreiches (30%) Futtermittel; hierzu werden Fütterungsverss. an Ratten durchgeführt, woraus sich die Gleichwertigkeit mit Arachis- oder Baumwollsaatkuchen ergibt. (Oléagineux **8.** 567—79. Aug./Sept. 1953. Bordeaux, Labor. Municipal.) TÄUFEL. 7894

M. O. Farooq und **M. Saleem Siddiqui**, *Chemische Untersuchung des Samenöles von Leucaena glauca, Benth.* (Vgl. C. **1953.** 5363.) Unter Hinweis auf das Schrifttum wird das Öl der Samen von *Leucaena glauca*, BENTH., eines in Indien heimischen, zur Gattung der Leguminosen gehörigen Baumes nach der üblichen Arbeitsweise (TWITCHELL-Trennung, BERTRAM-Meth., fraktionierte Dest. der Methylester der Fettsäuren) untersucht. Die zerkleinerten Samen liefern bei der Extraktion mit PAe. (Kp. 40—60°) 8,8% eines dunkelgrünen Öles: Spezif. Gewicht bei 28° 0,91648; Brechungsindex bei 28° 1,4674; VZ. 184,95; JZ. (HANUŠ) 110,11; SZ. (% Ölsäure) 2,97; Unverseifbares 4,7%. Die Gesamtfettsäuren haben folgende Zus.: Palmitin- (12,74%), Stearin- (5,01), Behen- (3,64), Lignocerin- (0,67), Öl- (23,63), Linolsäure (54,31); das Unverseifbare (F. 139—140°) erweist sich als Sitosterin. (J. Amer. Oil Chemists' Soc. **31.** 8—9. Jan. 1954. Aligarh, Indien, Muslim Univ.) TÄUFEL. 7894

M. O. Farooq, S. M. Osman und **M. S. Ahmad**, *Das fette Öl aus den Saaten von Carum copticum Benth.* (*Ptychotis ajowan*). 2 Proben des fetten Öles aus Saaten von Carum copticum BENTH., einem Glied der Familie Umbelliferae ind. Ursprungs, wurden analysiert u. die Zus. der Fettsäuren durch Fraktionierung u. thiocyanometr. Methoden bestimmt. Petroselinsäure bildet den Hauptanteil der Fettsäuren. Linolensäure u. gesätt. Säuren außer Palmitinsäure fehlen. Die Analyse der Öle ergab folgende Werte: Fettgeh. % 29,5 (24), $D.^{25}$ 0,9209 (0,9201), Brechungsindex bei 25° 1,4694 (1,4635), VZ. 145,8 (174,3), JZ. (HANUŠ) 103,1 (89,5), SZ. 4,0 (4,9), EZ. 141,8 (169,4), Unverseifbares % 14,0 (2,2). Die Zus. der Säuren ist folgende: Harzsäuren 2,6 (2,6), Palmitinsäure 5,3 (8,8), Petroselinsäure 48,1 (47,2), Oleinsäure 23,9 (21,2), Linolsäure 20,1 (20,2). Die fl. (44,9%) u. festen (52,5%) Fettsäuren wurden unter CH_3OH-Zusatz getrennt verestert u. die Fettsäuren in den Esterfraktionen nach oben angegebenen u. ausführlich beschriebenen Methoden identifiziert. (J. Sci. Food Agric. **4.** 132—34. März 1953. Aligarh, Indien, Muslim Univ., Dep. of Chem.) BÖSS. 7894

H. Stüpel, *Nomenklatur und Begriffsbestimmung auf dem Gebiet der Waschmittelchemie.* Erläuterungen u. Abgrenzung der in der Waschmittelchemie üblichen Begriffe u. Bezeichnungen. Angabe gebräuchlicher Abkürzungen. (Seifen-Oele-Fette-Wachse **78.** 599—601. 3/12. 628—29. 17/12. 1952; **79.** 4—5. 7/1. 1953. Mochdorf, Schweiz, Seifenfabrik.) SCHOENMANN. 7912

Walter Kling, *Über die Ionogenität von grenzflächenaktiven Verbindungen und über ihre Auswirkungen bei Veredlungsvorgängen, insbesondere beim Waschvorgang.* Nach kurzen Ausführungen über die Ionogenität grenzflächenakt. Verbb. geht Vf. auf das Verh. von grenzflächenakt. Verbb. verschied. Ionogenität ein, behandelt die Aufladung von Fasern u. von Schmutz im wss. Medium u. äußert sich dann über die Wechselwirkungen, welche durch die elektr. Aufladung von Faser u. von Schmutz bedingt sind. (SVF Fachorgan Textilveredlung **8.** 483—86. Nov. 1953.)
P. ECKERT. 7912

—, *Anionaktive, kationaktive und nichtionogene Reinigungsmittel.* Kurze Übersicht über Klassifizierung u. Eigg. obiger Produkte. Verss. über Reizwirkungen auf das Auge ergaben ein Absinken von kationakt. über anionakt. zu nichtionogenen Körpern im Verhältnis 10 : 1 : 0,5—1. (Perfum. essent. Oil Rec. **44.** 83. 120. März 1953.)
BÖSS. 7912

A. J. Stirton, J. K. Weil und **R. G. Bistline jr.,** *Oberflächenaktive Eigenschaften von Salzen der α-sulfonierten Säuren und Ester.* In Fortsetzung früherer Unterss., wonach bei Behandlung gesätt. Fettsäuren mit SO_3 die Sulfonierung in α-Stellung u. als Monosulfonierung erfolgt, werden nach der gleichen Darstellungsweise die Mono- u. Dinatriumsalze der α-sulfonierten Laurin-, Myristin-, Palmitin- u. Stearinsäure hergestellt u. hinsichtlich Löslichkeit, Oberflächenaktivität u. Reinigungswrkg. geprüft. Die Darst. einer Reihe von Estern der α-sulfonierten gesätt. Fettsäuren erfolgt in der Weise, daß zuerst mit SO_3 sulfoniert u. dann in üblicher Weise verestert wird (s. Original); Prüfung der Präpp. auf Oberflächenaktivität u. Reinigungswirkung. Es zeigt sich, daß die weniger lösl. α-Sulfonpalmitin- u. -stearinsäure wie auch das Natriumsalz der α-Sulfonmyristinsäure die beste Reinigungswrkg. entfalten, während das leicht lösl. Dinatriumsalz der α-Sulfonlaurinsäure als Elektrolyt prakt. sehr wenig oberflächenakt. ist; die entsprechenden Ammonium- sowie Triäthanolammoniumverbb. sind gut lösl. in W., oberflächenakt. u. reinigend. Die leicht darstellbaren Na-Verbb. der Alkyl-α-sulfonfettsäuren sind als Ester mit prim. Alkoholen (1 bis 6 C-Atome) leicht lösl., stabil gegen Hydrolyse vor allem in saurer Lsg.; die analogen Ester mit sek. Alkoholen sind sowohl in saurer als auch in alkal. Lsg. hydrolysenfest; dieses Verh. erweitert den Bereich der möglichen prakt. Verwendung. (J. Amer. Oil Chemists' Soc. **31.** 13—16. Jan. 1954. Philadelphia, Pa., Eastern Reg. Res. Labor.)
TÄUFEL. 7912

H. L. Sanders und **E. A. Knaggs,** *Alkylolamide als Schaumstabilisatoren.* Ident. mit der C. **1954.** 4056 referierten Arbeit. (Tinctoria [Milano] **50.** 301—05. Aug. 1953.)
R. K. MÜLLER. 7912

J. Obłój, *Synthetische Wachse.* Nach einer kurzen Betrachtung der Naturwachse (Erd-, Pflanzen-, Insekten- u. Großtierwachse), von denen in Polen Bienenwachs u. Lanolin anzutreffen sind, werden die synthet. Wachse in ihren beiden Hauptgruppen aufgezählt, wobei manche ihrer Eigg. u. chem. Zahlen (in Tabellen) aufgeführt werden: A. Wachse esterartigen Charakters: die ausländ. (vor allem I. G. FARBEN) Marken S, L, E, EG, O, OP, KP, KPS, CR, BJ, N, „Spezial", ferner die in Polen hergestellten Marken L, LC, T, WC „Kara" (tschech.), Lanette-, Penta-, Opalwax. B. Nichtesterartige Wachse: 1. KW-stoffwachse: Marken Z (I. G.), OZK, Lupolen N- „A" (I. G.), Santowax O u. P. 2. Chlorhaltige Wachse: Nibren D 88 u. D 130 (I. G.), Halowax, Seekay, Clophen A 50, endlich das poln. „Woskol". 3. Nichtesterartige Wachse mit Sauerstoffbindungen (Fettalkohole, Ketone, Polyäther): Lanette, Rilan, Carbowax, „V" (I. G.). 4. Wachse mit N-Verbb. (hochschm. aliphat. Amine, Amide, Imide u. Phthalamide): AD-Amid, Armowax, Acrawax, Aminseifen, TES. Zum Schluß Wachsgemische: Gemische einzelner (natürlicher) Wachse mit Erdölparaffin (Hauptgruppe: Ceresinwachse), mit synthet. Wachsen, mit Harzen, mit Harzen u. Kautschuk, mit Celluloseäthern. Zwecks Unabhängigkeit vom Import wird die Herst. synthet. Wachse für Polen empfohlen. (Przemysł chem. **7** (**30**). 445—53. Juli/Aug. 1951.)
v. WILPERT. 7924

R. F. Paschke, J. R. Kerns und **D. H. Wheeler,** *Ein Mikromolekulardestillierapparat.* Zur Durchführung von Mikrodest. zwecks Differenzierung von Gemischen aus mono-, di- u. trimeren Estern polyolefin. Fettsäureester wird die App. nach BOOY u. WATERMAN (Analytica chim. Acta [Amsterdam] **3.** [1949.] 440) abgewandelt; an Stelle der dort angewandten Erhitzung mit Infrarotlampen erfolgt die Erwärmung mittels eines thermostat. kontrollierten Aluminiumblockes; die Untersuchungsprobe wird auf Glaswolle fein verteilt, welch letztere an einem Quarzfaden im Destillationsraum hängt; es ist Vorsorge getroffen, daß die Fraktionen in verschlossener Ampulle aufgefangen werden können. Einzelheiten über App. u. Arbeitsweise s. Original. Die Arbeitsweise, die seit 1951 im Gebrauch ist, hat sich bei Unterss. über die Polymerisierung von Methylelaeostearaten sowie bei kinet. Verss. über die Dimerisation von Methyllinolat bewährt; die bei anderen Destillationsapparaten drohenden sek. Polymerisationen werden prakt. vermieden. (J. Amer. Oil Chemists' Soc. **31.** 5—7. Jan. 1954. Minneapolis, Minn., Gen. Mills Res. Labor.) TÄUFEL. 7930

K. G. Bergner und **H. Sperlich,** *Der papierchromatographische Nachweis von Fett.* Das Fett wird mit alkoh. KOH verseift, das Glycerin nach der aufsteigenden Papierchromatographie abgetrennt u. durch Reduktionsprobe mit $AgNO_3$ nachgewiesen. Blindprobe mit unverseiftem Fett u. Glycerinvergleichslösung. — 2 Abbildungen. (Dtsch. Apotheker-Ztg. **93.** 676—77. 10/9. 1953. Stuttgart, Chem. Landesuntersuchungsanstalt.) WALLIS. 7932

Hermann Bensmann K.-G., Bremen (Erfinder: **Otto Thümmel,** Wildau), *Extraktionsverfahren.* Man wendet ein kombiniertes Gegenstromverf. zwischen ölhaltigem Gut (I) u. Lösungsm. (II) an, indem man in einer Rührkolonne das in II aufgeschwemmte I in der Mitte der Kolonne einführt u. durch frisches II das ölhaltige II nach oben zum Überfließen u. das extrahierte I nach unten zum Ablaß befördert. — Zeichnung. (**D. B. P. 884 675** Kl. 23a vom 18/5. 1951, ausg. 30/7. 1953.) LÜTTGEN. 7873

M. W. Kellogg Co., Jersey City, übert. von: **George H. Palmer,** Fanwood, N. J., V. St. A., *Raffinieren fetter Öle.* Die mit Hilfe eines niedrigsd. Lösungsm., dessen krit. Temp. <450° F ist, bes. C_3H_8, durchgeführte Raffination erfolgt in 2 Stufen, wobei ein Teil des Extraktes der 2. Stufe nach Abdest. eines Teiles des Lösungsm. in diese als Rücklauf zurückkehrt. — Zeichnung. (**A. P. 2 658 907** vom 12/4. 1950, ausg. 10/11. 1953.) LÜTTGEN. 7875

Lever Brothers Co., New York, N. Y., übert. von: **William J. Paterson,** Newton Highlands, Mass., V. St. A., *Ni-Al_2O_3-SiO_2-Katalysator.* Wss. Lsgg. eines Ni- u. Al-Salzes, z. B. $NiCl_2$, $Ni(NO_3)_2$, $AlCl_3$, $Al(NO_3)_3$, werden bei 75—90° mit einer wss. Alkalisilicatlsg. versetzt, mit einer Alkalicarbonatlsg. ausgefällt u. der ausgewaschene Nd. nach Trocknen u. Pulverisieren bei 425—550° wird mit H_2 red.; z. B. enthält der Katalysator 46,5% Ni, 8,1 Al_2O_3 u. 45,4 SiO_2 u. kann mit Schutzöl vermischt sein. Bes. geeignet für Fetthärtung; gibt in Farbe, Haltbarkeit u. Geruch verbesserte Prodd., ist nicht koll. u. leicht abtrennbar. (**A. P. 2 645 620** vom 1/11. 1947, ausg. 14/7. 1953.) MATTHAES. 7881

Jean François André Bruzac, Frankreich, *Erhöhung der Acidität von Fischölen und Fischleberölen, insbesondere Lebertran.* Man behandelt die Öle mit Luft, ozonisierter Luft, O_2 oder O_3 in Ggw. von Bakterien. (**F. P. 998 607** vom 8/8. 1949, ausg. 21/1. 1952.) OPPERMANN. 7899

Marcelle Hilaire, Marokko, *Im Süßwasser und Meerwasser schäumende Seifen.* Man verseift Ricinusöl (I) oder ein Gemisch von I u. Cocosöl oder ein Gemisch von I, Karitébutter u. Palmkernöl mit NaOH oder einem anderen verseifenden Mittel unter Zusatz von Na_3PO_4 u. NaCl. (**F. P. 999 166** vom 21/11. 1945, ausg. 28/1. 1952.) OPPERMANN 7911

Colgate-Palmolive-Peet Co., Jersey City, N. J., V. St. A., *Toiletteseife, bestehend* aus einer Mischung von mindestens 60% wasserfreier Seife u. wasserlösl. Salzen höherer Fettsäuremonoglyceridmonosulfate. (**Schwz. P. 292 812** vom 24/2. 1951, ausg. 16/11. 1953. A. Prior. 24/2. 1950.) LÜTTGEN. 7911

American Machine & Foundry Co., N. J., übert. von: **Delbert F. Jurgensen jr.,** Tuckahoe, und **John A. Abbott jr.,** Brooklyn, N. Y., V. St. A., *Waschmittelpackung für einmaligen Gebrauch.* In eine rohrförmige Packung (aus Zigaretten- oder Toilettepapier) wird eine Mischung von Waschmittelpartikeln (natürliche oder künstliche Waschmittel in Form von Pulver oder Flocken) u. einem Bindemittel (Wachse, Harze, trocknende Öle, bes. Stearinsäure) eingefüllt u. durch Erhitzen zu einer kompakten M. verbunden. Nach der Verfestigung der M. durch Kühlen wird in Portionen geschnitten. Die M. verteilt sich durch die offenen Enden der Packung rasch im Wasser. — Zeichnung. (**A. P. 2 636 007** vom 8/9. 1948, ausg. 21/4. 1953.) G. VOGEL. 7913

Th. Goldschmidt Akt.-Ges. (Erfinder: **Adolf Schmitz**), Essen, *Desinfizierendes Körperreinigungsmittel,* gek. durch den Geh. von Salzen amphoterer Verbb. der Formel $R_1 \cdot NH \cdot R_2 \cdot COOH$ (R_1 = niedermol. Alkyl-, Aralkyl- oder Arylrest, der OH-, NH_2-, NH-, COOH-Gruppen oder Halogen tragen kann, R_2 = höhermol. aliphat. KW-stoffrest), bes. von Aminoäthylaminolaurinsäure u. Aminoäthylaminoäthylaminopalmitinsäure. (**D. B. P. 884 991** Kl. 23e vom 9/10. 1951, ausg. 30/7. 1953. **Zusatz zu D. B. P. 862477; C. 1953. 4621.**) LÜTTGEN. 7917

Franz Wichert, Hamburg, *Herstellung eines festen, blockartigen Reinigungsmittels,* bes. für Badewannen u. andere Gefäße u. Geräte. Eine Mischung von Schmierseife,

Bleichsoda u. calcinierter Soda im Verhältnis von ca. 2 : 1 : 1 wird mit etwas W. homogen angeteigt u. dann in Formen, bes. in Blöcken, gepreßt. (**D. B. P. 906 004** Kl. 22g vom 26/11. 1950, ausg. 8/3. 1954.) GRÄGER. 7917

Badische Anilin- & Soda-Fabrik Akt.-Ges., Deutschland, *Herstellen von Hartwachsen* für Schuhcreme u. Bohnerwachs von glatter Oberfläche u. schönem Glanz. Zu Amiden aus Naturwachsen u. ein- oder mehrwertigen Aminen setzt man Ca-Salze von Fettsäuren mit wenigstens 18 C-Atomen in solcher Menge, daß die erhaltene Mischung ca. 1—4% Ca-Salze enthält; gegebenenfalls werden noch freie Fettsäuren der angegebenen Art in solcher Menge zugegeben, daß die SZ. zwischen 10 u. 30 liegt. Die so erhaltenen Wachse besitzen im Vgl. mit den Naturwachsen u. ihren Amiden ein höheres Bindevermögen für Lösungsmittel u. eine bessere Verträglichkeit mit Paraffin. Man erhitzt z. B. 76 Teile einer Mischung von Amiden aus Cyclohexylamin u. Carnaubawachs mit 18 Teilen montansaurem Ca auf 110—120° u. fügt zu der noch warmen M. 4 Teile gehärtete Rüböl-, 1 Teil Ricinusölfettsäure u. 1 Teil Montansäure. Das so erhaltene Wachs wird vorteilhaft für Schuhcreme verwendet. (**F. P. 1 033 877** vom 12/3. 1951, ausg. 16/7. 1953. D. Prior. 13/3. 1950.) RIEPE. 7925

XVIIIa. Holz. Cellulose. Zellstoff. Papier. Papierdruck. Celluloid. Linoleum.

Ruben von Konow, *Die sauren Eigenschaften der Cellulose.* Die Auffassung von VALKOV, der in der Rk. der Cellulose (**I**) mit starkem Alkali eine osmot. Erscheinung sieht, wird abgelehnt, dafür aber nach NEALE die **I** als 1-wertige Säure vom Mol.-Gew. 162 angesehen. Es werden Bldg. u. Eigg. der durch verschied. Oxydationsmittel erhaltene Präpp. von **I** im Sinne von HÜCKEL über die Organsäure besprochen; hierbei führt Vf. statt der H-Ionendissoziation den Begriff Protonendruck ein. Hinweise über den Einfl. der Vorbehandlung auf die **I** u. des Geh. an Feinfasern in der **I** sowie Anschauungen über den Ionenaustausch der **I** an Hand neuer Literatur werden gegeben. (Paperi ja Puu **35.** 220—28. 20/5. 1953. Helsingfors, Techn. Inst.) BORCHERS. 7954

Terje Enkvist und **Bo Alfredsson**, *Einige Sulfat-, Soda- und Hydrosulfidkochungen von Espenholz.* Bei der Kochung von Espenholz mit NaOH bei 140° wird ebenso wie beim Fichtenholz das Lignin nicht ganz herausgelöst, während es bei der Sulfatkochung nach 5 Std. gelöst ist. Eine Kochung bei 100° mit NaHS in W. oder mit H_2S in Pyridin gab einen Anteil von 33% in A. lösl. Thiolignin (**I**) des Gesamtlignins gegen 10% beim Fichtenholz. Die beiden **I** haben denselben S-Geh., der OCH_3-Geh. ist bei Espenholz-**I** höher. (Svensk Papperstidn. **57.** 159—61. 15/3. 1954.) H. BECKER. 7960

L. Hannunkari, *Sulfatzellstoffentlaugung.* In USA u. Canada haben sich zur Entlaugung von Sulfatkraftzellstoff Vakuum- oder neuerdings Lindblad-Filter bewährt, weniger gut Schneckenpressen. Vf. beschreibt die Verbesserung der in Finnland üblichen Diffuseurwäsche durch kon., gelochte Zwischenböden im Sulfatzellstoffwerk Oulu, wodurch die Leistung um 55—60% zunahm. (Paperi ja Puu **35.** 251—58. 15/6. 1953. BORCHERS. 7960

Gustaf Ranhagen, *Gesichtspunkte der Sortierung von ungebleichtem Sulfitzellstoff.* Die in 7 Gruppen systemat. eingeteilten Plan- u. Zentrifugalsortierer für Sulfitzellstoff werden bzgl. techn. Daten u. Sortierleistung beschrieben. Weiter werden die wichtigsten mechan. Verunreinigungen ungebleichten Zellstoffs an Hand von 16 Mikrophotos beschrieben u. 10 Schaltbilder zweckmäßigster Anordnung der Sortierertypen bei Vor- u. Nachsortierung angegeben. Zur Erzielung höchster Reinheit müssen grobe Verunreinigungen möglichst zu Beginn des Sortiervorganges ohne Zerschlagen entfernt werden. Es ist günstig, mindestens 2 verschied. gebaute Sortierertypen hintereinander zu schalten. (Svensk Papperstidn. **56.** 565—76. 15/8. 1953.) BORCHERS. 7962

Horst Schmidt, *Studien zur Halbzellstoffablaugen-Regenerierung.* Bei den Verss. wurde die neutrale Sulfitablauge eingedampft u. verbrannt. Die entstehende Schmelze aus 70% Na_2CO_3 u. 30% Na_2S wird gelöst, das Na_2S mit CO_2 zu Na_2CO_3 umgesetzt u. in die Lsg. SO_2 bis zur Bldg. von Na_2SO_3 eingeleitet. Der bei der Carbonisierung entstehende H_2S wird zur Verbesserung der S-Bilanz zu SO_2 verbrannt. In Neben-Rkk. bildet sich $NaHCO_3$, das zum Auskristallisieren neigt u. $Na_2S_2O_3$, das nachteilig beim Na_2SO_3-Aufschluß sein soll. (Papier u. Druck **3.** Zellstoff u. Papier 49—53. März 1954. Heidenau, Inst. für Zellstoff u. Papier.) H. BECKER. 7962

Sven-Erik Hägglund, *Einige Probleme bei der Herstellung von Papier-Zellstoffen hoher Ausbeute.* Vf. berichtet über Fortschritte u. Vorteile der Halbzellstofferzeugung sowie an Hand von Laboratoriumsverss. über die beim Bau eines Halbzellstoffwerkes wichtigen Gesichtspunkte, wie Wahl des Kochverf. u. der Ausrüstung, der Aufbereitung u. Betriebskontrolle. Er schlägt vor, die nach n. chem. Aufschluß erzeugten Zellstoffe hoher ROE-Zahl mit bis zu 65% Ausbeute als Hochausbeutezellstoffe (high-yield) zu bezeichnen, die von 65—90% Ausbeute durch chem.-mechan. Aufschluß gewonnenen Stoffe aber als Halbzellstoffe (I). Bei der Zerfaserung der **I** ist zweckmäßige Zerkleinerung in Scheibenraffineuren bei niedrigem Kraftverbrauch wesentlich. Weiter wird ein Schema für die Aufbereitung von **I** aus 5 Laubholzarten mitgeteilt. Die Herstellungsmöglichkeit ungebleichter u. gebleichter **I** aus Birke u. Buche in Schweden beurteilt Vf. günstig. Hochausbeutesulfitzellstoff aus Nadelholz mit 63% bezogen auf Holz, wird bes. in Kanada hergestellt, während man in USA Hochausbeutesulfatzellstoff aus Kiefer mit 60—62% Ausbeute erzeugt, dessen Festigkeitsdaten höher als von n. Sulfatzellstoff sind. (Svensk Papperstidn. **56.** 651—59. 15/9. 1953.) BORCHERS. 7964

J. E. Stone und **K. G. Tanner,** *Lignin des Weizenstrohs.* Es wurde versucht, Lignin (I) mit A. bei Raumtemp. zu extrahieren u. anschließend daraus die wasser- u. ätherlösl. Fraktionen zu entfernen. Es wurde auf diese Weise ein geringerer %-Satz an **I** als aus Rottanne u. Espen nach BRAUNS, aus Eiche, Birke u. Ahorn nach KUDZIN u. NORD gefunden. Es wurde festgestellt, daß **I** teilweise in W. u. Ae. lösl. ist. Diese wasser- u. ätherlösl. **I**-Fraktion unterscheidet sich von der ursprünglichen **I**-Fraktion u. von dem im Stroh zurückbleibenden **I**. Die Ausbeute an Syringaldehyd aus dem rohen u. dem teilweise gereinigten nativen **I** ist wesentlich niedriger als die Ausbeute an **I**, welche im Stroh zurückbleibt. Die Ergebnisse werden diskutiert. Sie sind bes. auch für den techn. Aufschluß des Strohes von Interesse. (Canad. J. Chem. **30.** 166 bis 167. Febr. 1952.) P. ECKERT. 7966

V. B. Nicolaysen und **Karl Borgin,** *Die Bedeutung von Lignin, Kohlenhydraten und Harzen für die Verfärbung von Celluloseacetat.* Vff. bestimmten in verschied. techn. Cellulosetriacetaten u. von mehreren selbst im Labor. mit CH_2Cl_2 dargestellten Acetaten von verschied. Geh. an Lignin, Harz u. Hemicellulose im BECKMAN-UV-Spektrophotometer die *UV*-Absorption. Sie folgern daraus, daß das hochmol. Restlignin, das mit Stoffen, wie z. B. Furfurol u. Oxymethylfurfurol kondensiert sein kann, gelb gefärbte Acetate bildet, bes. beim Behandeln hemicellulosereicher Zellstoffe mit Säure u. Alkali in der Wärme oder beim Trocknen. Der Harzgeh. im Zellstoff geht in das Acetat über u. färbt es gelb. Wenn man aber aus dem Zellstoff die kurzen harzreichen Fasern entfernt, erhält man ein fast farbloses Acetat. — 11 UV-Absorptionskurven u. 19 Schrifttumshinweise. (Norsk Skogind. **7.** 134—42. Mai 1953. A/S. Borregaard.) BORCHERS. 7970

Manuel N. Fineman, *Die Rolle der Hemicellulosen im Mechanismus der Naßfestigkeit.* Inhaltlich ident. mit der in C. **1953.** 4623 referierten Arbeit. (Paper Mill News **76.** Nr. 49. 62—64. 66. 70. 74. 5/12. 1953.) P. ECKERT. 7984

J. Smelik und **H. Habiger,** *Über die Verwendung von Antimonelektroden zur elektrometrischen Titration von Schwarzlaugen der Sulfatzellstoffindustrie.* Nach vorheriger Oxydation des Na_2S u. bei Verwendung eines Galvanometers mit genügend geringem Stromverbrauch ist die Sb-Elektrode gut zur Titration der Schwarzlauge geeignet. Best. der Summe NaOH u. $\frac{1}{2}Na_2CO_3$: 50 cm^3 Kochlauge werden auf 200 cm^3 verd., mit H_2O_2 in der Hitze oxydiert, auf 500 cm^3 aufgefüllt u. 100 cm^3 mit 1nHCl bis p_H 7,6 titriert. Best. der NaOH: Zu 100 cm^3 der Probe werden 10 cm^3 gesätt. $BaCl_2$-Lsg. gegeben u. mit 1nHCl bis p_H 7,6 titriert. Best. der Summe NaOH, Na_2CO_3, organ. gebundenes Na: 100 cm^3 Kochlauge werden mit H_2O_2 oxydiert, mit A. auf 100 cm^3 aufgefüllt u. mit 1nHCl bis p_H 3,6 titriert. (Prakt. Chem. [Wien] **4.** 130—32. Juli 1953. Wien, TH, Elektrochem. Inst.) H. BECKER. 8006

Atlasmaste K. G. Dr.-Ing. Hermann Gewecke (Erfinder: **Hermann Gewecke**), Bamberg, *Imprägnierung von Holz mittels Vakuum und Druck in geschlossenen, druckfesten Behältern* nach D. B. P. 862 663, wobei Vakuum u. Druck gleichzeitig derart angewendet werden, daß die unter Druck stehende Imprägnierlsg. nur auf 2 begrenzte Stellen, bes. die Stirnflächen der zu tränkenden Holzstücke, Maste, Schwellen u. dgl., einwirkt, während der die zu imprägnierenden Holzstücke enthaltende Kessel weitgehend evakuiert wird. — Vorrichtung. (**D. B. P. 879 013** Kl. 38h vom 6/1. 1951, ausg. 8/6. 1953. **Zusatz zu D. B. P. 862 663; C. 1953. 4791.**) KARST. 7953

N. V. Onlerzoekingsinstituut Research, Holland, *Gewinnung von Cellulose aus Stroh.* Stroh wird mit einer wss. Lsg. von NaOH u. Na_2S bei einem Gewichtsverhältnis von Stroh zu Lauge wie 1 : 2 während 3 Std. bei 115—130° behandelt. Der Gesamtalkaligeh. beträgt 7—9 Gew.-% der Trockenfasersubstanz u. enthält ca. 80% NaOH u. 20% Na_2S. Nach Ablassen der Kochlauge wird die Fasermasse einer Behandlung mit Chlor unterzogen. (**F. P. 1 021 964** vom 12/7. 1950, ausg. 26/2. 1953. Holl. Prior. 29/7. 1949.) GLAFEY. 7961

Research Corp., V. St. A., übert. von: **L. M. Roberts, A. N. Crowder** und **S. Rabkin,** *Aufarbeiten der Schwarzlauge.* Die beim Verbrennen der Schwarzlauge entstehenden, von den Verbrennungsabgasen mitgeführten Aschen werden auf den senkrecht stehenden plattenförmigen Elektroden eines elektr. Staubabscheiders niedergeschlagen u. fallen in einen unter den Elektroden vorgesehenen Behälter, durch welchen Schwarzlauge in ständigem Strom hindurchgeführt wird. Die unter Konstanthaltung des Laugenspiegels in diesem Behälter hindurchgeführte Schwarzlauge reichert sich dadurch mit den niedergeschlagenen Aschen an u. verläßt den Abscheider in Form einer angereicherten Schwarzlauge, welche dem Verbrennungsofen zugeführt wird. (**F. P. 1 028 074** vom 9/10. 1950, ausg. 19/5. 1953. A. Prior. 27/10. 1949.) GLAFEY. 7967

Usines de Melle (Erfinder: **Firmin Boinot**), Melle, Frankreich, *Verzuckerung cellulosehaltiger Stoffe* mit verd. Mineralsäuren, dad. gek., daß die aufeinanderfolgenden Hydrolysiervorgänge in Richtung vom frischen zum erschöpften Material bei steigenden Tempp., z. B. 150—200°, aber bei fallenden Säuregraden, z. B. 6—2 g/Liter HCl bzw. 10—3 g/Liter H_2SO_4 ausgeführt werden. Die an Pentosen reiche 1. Diffusionslsg. kann für sich auf Furfurol aufgearbeitet werden. Zwischen je 2 Hydrolysen kann die M. z. B. mit verd. Säure durch Diffusion vom gebildeten Zucker befreit werden. (**D. B. P. 883 730** Kl. 89i vom 27/3. 1942, ausg. 20/7. 1953. F. Prior. 27/3. 1941.) SCHINDLER. 7969

Kalle & Co. Akt.-Ges., Wiesbaden (Erfinder: **Paul Landmann,** Gernsheim, **Walter Meskat,** Dormagen, und **Arthur Schade,** Wiesbaden), *Herstellung von Celluloseäthern* durch Behandeln von Cellulose mit festen oder fl. Verätherungsmitteln ($ClCH_2COOH$, $NaCH_3SO_4$) in Ggw. von Alkali. Man schickt das Reaktionsgemisch durch eine Druckschnecke, bes. eine solche, die durch einen linearen Druckanstieg u. eine Volumenverdichtung zwischen ca. 1:3 u. 1:8 gek. ist. (**D. B. P. 905 611** Kl. 12o vom 8/6. 1941, ausg. 4/3. 1954.) FABEL. 7971

Eastman Kodak Co., Rochester, N. Y., übert. von: **Alan Bell** und **George C. De Croes,** Kingsport, Tenn., V. St. A., *2.2-Dimethylmalonsäure* (**I**)*-ester.* Man behandelt z. B. die Lsg. von 75 (Teilen) **I**-Chlorid u. 94 Phenol (**II**) in 300 $(CH_3)_2CO$ bei 40° mit 40 NaOH (in 500 W.), rührt 4 Std. bei 25—40° u. erhält 125 (97%) rohen **I**-*Diphenylester*; F. 108—110° (aus CH_3OH). — p-tert.-Butyl-**II** + **I**-Chlorid → **I**-*Di-p-tert.-butylphenylester*; F. 140—142° (aus A.–Bzl.). — Weichmacher für Derivv. von Cellulose, bes. ihre Ester von niedermol. Fettsäuren. (**A. P. 2 632 769** vom 5/4. 1952, ausg. 24/3. 1953.) MÜLLER-MEININGEN. 7971

Emil Mecke (Erfinder: **Boris von Kruglewsky**), Hamburg, *Gewinnung von Zellstoff für Papier und Pappe.* Als Rohstoff wird *Pansen*-Dung verwendet. Zur Entfernung der Magensäure wird der Rohstoff zweckmäßig mit einer 0,3—0,5%ig. Alkalilsg. behandelt u. nach bekannten Methoden aufgeschlossen. (**D. B. P 887 730** Kl. 55b vom 9/11. 1950, ausg. 29/10. 1953.) G. VOGEL. 7975

Chemloch Corp., Springfield, Mass., übert. von: **Donald K. Pattiloch,** New York, N. Y., V. St. A., *Stufenweises Imprägnieren von Papierstoff mit thermoplastischen und wärmehärtbaren Harzen.* Die Fasern werden in wss. Suspension mit 5—9,6(%) eines kation. Netzmittels (ionisierbarer, polarer Stoff mit positiv geladenem wasserlösl. Rest mit verhältnismäßig langer Alkylkette) kation. umgeladen, mit 5—6 eines wasserlösl. Salzes eines dreiwertigen Metalls (Chlorid, Sulfat, Acetat, Formiat, Phosphat, Nitrat von Cr., Al, Fe, Au) imprägniert, mit 5—300 einer anion. wss. Dispersion des Harzes gemischt u. zur Bahn geformt. Netzmittel u. Salz werden bes. während des Aufschlagens, die Harzdispersion nachher zugesetzt. (**A. P. 2 658 828** vom 15/9. 1948, ausg. 10/11. 1953.) G. VOGEL. 7970

Riegel Paper Corp., New York, N. Y., übert. von: **George C. Borden jr.,** Milford, N. J., V. St. A., *Herstellung von superkalandriertem durchsichtigem Papier.* Die Bahn wird, z. B. in einer Leimpresse, mit einer Invertzucker enthaltenden, plastifizierenden M. versehen, im Kalander auf $>71°$ erhitzt u. zur Vermeidung von Verfärbungen (durch Caramelbldg. usw.) sofort auf $<60°$ abgekühlt. Die M. kann auch Glycerin oder Glykole enthalten. — Zeichnungen. (**A. P. 2 636 833** vom 7/11. 1952, ausg. 28/4. 1953.) G. VOGEL. 7987

Astra Ivanowna Sark, Knutsford, England, *Erzeugung von wasserfesten Mehrfarbendrucken in einem einzigen Druckvorgang* unter Verwendung einer Druckform, die aus einer M. besteht, welche die Farbstoffe mustergerecht enthält. Der M. werden Polyvinylharze, Cellulosederivv., modifizierte Harnstofformaldehydharze (I) oder Wachse beigegeben. Zum Anlösen der M. werden Cyclohexanon, Terpentin, Toluol, Butylalkohol, Aceton, Amylacetat oder W., z. B. bei I, verwendet. Im letzteren Fall werden die Drucke zum Härten der Harze erhitzt. (**D. B. P. 905 854** Kl. 15k vom 20/12. 1950, ausg. 8/3. 1954.) LAASS. 7991

XVIIIb. Textilfasern.

B. K. Easton, *Das Bleichen mit einigen Peroxydchemikalien.* Besprochen wird das Bleichen von Textilien, Baumwolle, Wolle u. Reyon mit H_2O_2, Peressigsäure u. Ammoniumpersulfat. Eingehend behandelt werden die Anwendung der verschied. Bleichmittel sowie die entsprechenden Bleichvorschriften. (Textile J. Australia **28.** 550—54. 20/7. 1953. New York, N. Y., Buffalo Electro-Chemical Co.) P. ECKERT. 8032

D. C. R. Miller, *Silicone und ihre Anwendung auf Textilfasern.* Übersicht über die Anwendung der Silicone zur wasserabweisenden u. wasserdichten Ausrüstung von Geweben. Es wird einiges über die prakt. Durchführung dieser Ausrüstungen mitgeteilt. Neben der wasserabweisenden Wrkg. ergibt die Ausrüstung mit Siliconen eine Verbesserung der Reißfestigkeit u. Scheuerfestigkeit. Letzterer Effekt kann durch Kombination der Silicone mit Harnstoff-CH_2O-Harzen noch verbessert werden. (Canad. Textile J. **71.** Nr. 1. 61—65. 15/1. 1954.) A. v. KÖNIG. 8032

Mary Hamlin, *Hilfsmittel für einen dauerhaften Schutz von Cellulosetextilien gegen mikrobiologischen Angriff. — Eine Literaturübersicht.* Im Rahmen einer krit. Literaturübersicht mit 44 Zitaten wird festgestellt, daß man Cellulosefasern prinzipiell nach 2 Methoden permanent gegen mikrobiol. Angriff schützen kann: Aufbau eines dünnen Filmes aus resistentem Material auf der Faseroberfläche als Barriere oder chem. Modifizierung der Cellulose selbst durch Veresterung oder Verätherung. (J. Textile Inst. **44.** P745—53. Nov. 1953. Manchester, Shirley Inst., Brit. Cotton Ind. Res. Assoc.) ZAHN. 8036

C. S. Grove jr., Joseph L. Vodonik und **Robert S. Casey,** *Fasern.* Umfassende Zusammenstellung über die Entw. der Fasern, vor allem der synthet. Fasern. — 163 Literaturzitate. (Ind. Engng. Chem. **45.** 2199—2204. Okt. 1953.) A. v. KÖNIG. 8040

L. Merlo und **G. Vitelli,** *Das Beuchen von Baumwolle.* In Vergleichsverss. wird gezeigt, daß beim Beuchen unter 2 atü mit 10 (g/Liter) NaOH + 21 Na-Silicat „(2P)" + 4 $NaHSO_3$ in 4 Std. ein besserer Weißgrad bei geringerem Materialaufwand erzielt wird als mit 20 NaOH in 8 Stunden. Auch die Homogenität u. die Hydrophilie werden verbessert. (Tinctoria [Milano] **51.** 75—79. März 1954. Linate [Milano], Labor. di Applicazione Montecatini.) R. K. MÜLLER. 8044

A. E. Martin jr., *Ultraschallbehandlung von Baumwollinters.* Baumwolle u. in der Kugelmühle dargestellte amorphe Cellulose wurden in einer 0,1%ig. Decerosol OT-Lsg. (0,1%ig) mit Ultraschall bei den Frequenzen 400, 500 u. 800 Kilocyclen/Sek. 2,5 bis 10 Min. behandelt. Die Proben erwärmten sich auf höchstens 80°. Feinheit, Stapellänge, Festigkeit, mkr. Aussehen, Polymerisationsgrad (in Cuprammonium ermittelt) waren nach der Beschallung unverändert. Die röntgenograph. ermittelte Kristallinität schien zugenommen zu haben. Der in den untersuchten Frequenzbereichen erzeugte Schall eignet sich zur Abtrennung von Fremdsubstanzen von Baumwolle nicht. (Textile Res. J. **23.** 727—30. Okt. 1953. New Orleans, La., Southern Reg. Res. Labor.) ZAHN. 8044

David H. Simmonds, *Leucin- und Isoleucingehalt von Wolle.* Eine Probe 64's-Merinowolle wurde nach MOORE u. STEIN (Chromatographie des Hydrolysates von Proteinen am Kunstharzionenaustauscher Dowex 50) analysiert u. als Mittel von 8 Verss. wurden 4,90% Leucin sowie 1,97% Isoleucin gefunden. (Nature [London] **172.** 677—78. 10/10. 1953. Melbourne, Australien, Wool Text. Res. Labor.) ZAHN. 8060

—, *Flecken auf Wollwaren.* Einleitend werden die Schwierigkeiten, die sich aus der Fleckenbldg. auf Wollwaren ergeben, besprochen u. Hinweise auf deren Ursachen gegeben. Zurückgeführt können diese Flecken auf die Einw. von Metallen, Ölen, Meltau, auf das Bleichen, Carbonisieren, Krabben u. Drucken werden. Angaben über die Vermeidung der Fleckenbldg. sowie über die Entfernung der Flecken werden gemacht. (Textile Manufacturer **79.** 480—82. Sept. 1953.) P. ECKERT. 8060

S. Okamoto, *Die Zersetzung von Seidenfibroin durch Sonnenlicht.* Die Analyse der Zersetzungsprodd. erfolgte papierchromatographisch. Im nichtkrist. Anteil des *Seidenfibroins* werden Tyrosin, Threonin u. Leucin verändert, aber nur bei den in HCl löslichsten Anteilen. Die Zers. durch Sonnenlicht ist im ganzen ähnlich wie mit H_2O_2. Aus unbelichteter u. aus belichteter Seide wurden niedrige Peptide mit weit voneinander abweichender Zus. isoliert. Erörterung der Lsg. von Peptidbindungen durch Sonnenlicht. (J. Soc. Textile Cellulose Ind., Japan [Sen-i Gakkaishi] **9.** 284 bis 288. Juni 1953. Tokyo, Landwirtsch. Hochschule.) SCHULER. 8068

J. Kobayashi und **S. Okajima,** *Untersuchungen über die Erniedrigung des Quellungsgrades von Reyon.* 1. Mitt. *Mikroskopisch beobachteter Quellungsgrad eines Modellfadens.* Der Quellungsgrad (QG) eines lufttrockenen Modellfadens von regenerierter *Cellulose* (nach dem Kupferammonverf.) ist nur durch die Temp. des W. bestimmt, in die er getaucht wird, u. wird durch nachträgliche Temperaturänderung des W. nicht mehr verändert. Je höher die Temp. beim 1. Eintauchen, desto geringer der QG. (J. Soc. Textile Cellulose Ind., Japan [Sen-i Gakkaishi] **9.** 214—17. Mai 1953. Tokoy, Munic. Univ. u. Yamagata Univ. [Orig.: japan.; Auszug: engl.]) SCHULER. 8074

Y. Kobayashi und **S. Okajima,** *Untersuchungen über die Erniedrigung des Quellungsgrades von Reyon.* 2. Mitt. *Gravimetrische Bestimmung des Quellungsgrades von handelsüblicher Viscose.* (1. vgl. vorst. Ref.) Die gequollene Probe wurde durch 10 Min. Zentrifugieren (1000 g) von freiem W. befreit u. der Quellungsgrad gravimetr. bestimmt. Behandlung u. Ergebnis wie in der 1. Mitteilung. (J. Soc. Textile Cellulose Ind., Japan [Sen-i Gakkaishi] **9.** 217—19. Mai 1953. Tokyo, Munic. u. Yamagata Univ. [Orig.: japan.; Auszug: engl.]) SCHULER. 8074

Seizo Okamura und **Takao Yamashita,** *Untersuchungen über die synthetischen Fasern aus Acrylnitril.* 1. Mitt. *Über die Copolymerisation von Acrylnitril und Methylacrylat und über die aus dem Copolymerisat erhaltenen Fasern.* Für die Emulsionscopolymerisation von *Acrylnitril* (I) u. Methylacrylat wurden monomere Reaktivitätsverhältnisse von $r_1 = 0{,}84$ u. $r_2 = 0{,}83$ gefunden. Die Zus. des Copolymeren schien homogener als die mit Vinylacetat. Prodd. mit ca. 40—64 Mol-% **I** waren leicht in Aceton lösl., u. die Lsg. konnte gut in W. versponnen werden. Durch Zugbehandlung in W. von 60—70° auf ca. $5—30 \cdot 10^2$% Streckung wurden Zugfestigkeiten von 2 bis 2,5 g/den. u. Dehnungen von 20—40% erhalten. (J. Soc. Textile Cellulose Ind., Japan [Sen-i Gakkaishi] **9.** 444—46. Sept. 1953. Kyoto, Univ. [Orig.: japan.; Auszug: engl.]) SCHULER. 8080

Seizo Okamura und **Takao Yamashita,** *Untersuchungen über die synthetischen Fasern aus Acrylnitril.* 2. Mitt. *Über Copolymere aus Acrylnitril und Isobutylen und Acrylnitril mit Methacrylnitril.* (1. vgl. vorst. Ref.) Die monomeren Reaktivitätsverhältnisse der Copolymerisation zwischen *Acrylnitril* (**I**) u. *Isobutylen* (**II**) waren $r_1 = 1{,}02$ u. $r_2 = 0$, zwischen **I** u. *Methacrylnitril* (**III**) $r_3 = 0{,}32$ u. $r_4 = 2{,}88$ bei Blockpolymerisation. Erniedrigung der Erweichungstemp. erfolgte in abnehmender Reihe der Wrkg. durch Vinylacetat, **II** u. **III**. (J. Soc. Textile Cellulose Ind., Japan [Sen-i Gakkaishi] **9.** 446 bis 448. Sept. 1953. [Orig.: japan.; Auszug: engl.]) SCHULER. 8080

—, *„Acrilan", eine Acrylfaser. Acrilan* wird von der CHEMSTRAND CORP. OF DECATUR, Alabama, hergestellt. Kurz besprochen werden die Entw. der Faser, ihre Herst., die physikal.-chem. u. technolog. Eigg. sowie die Verarbeitung. (Textile Weekly **52.** 1496. 1498. 1500. 13/11. 1953.) P. ECKERT. 8080

I. G. Farbenindustrie Akt.-Ges., Frankfurt/M. (Erfinder: **Gerhard Balle,** Frankfurt/M., und **Kurt Eisfeld,** Mannheim), *Quaternäre Ammoniumverbindungen,* die als *Textilhilfsmittel* dienen, entstehen, wenn man Ester von niedrigmol. α-Halogenmonocarbonsäuren der aliphat. u. araliphat. Reihe, gegebenenfalls in Ggw. von Verdünnungsmitteln, mit wasserlösl. tert. Aminen umsetzt, die durch Einführung von Polyglykolätherresten in aliphat. Monoamine entstehen, u. die entstehenden, quaternär gebundenen N enthaltenden Ester gegebenenfalls verseift oder mit prim. oder sek. Aminen oder Oxyaminen oder deren Substitutionsprodd. in die entsprechenden Säureamide überführt. — Man setzt Stearylamin mit 10 Mol Äthylenoxyd (**I**) zu einem tert. Amin um, das am N 2 Polyglykolätherreste enthält, erhitzt mit Chloressigsäuremethylester (**II**) auf 120—130°, versetzt mit der äquivalenten Menge $CH_3 \cdot NH_3$ in Methanol u. dest. das Lösungsm. ab. Leichtlösl. in Wasser. — Analoge Prodd. aus: Octadecylamin (**III**), **I** u. **II**; **III**, **I** u. Chloressigsäuredodecylester; Butylamin, Glycid, **II** u. Oleylamin (**IV**); **IV**, **I**, Bromessigsäuremethylester u. Cocosfettsäureaminen;

Cyclohexylamin, I, α-Chlorpropionsäuremethylester u. III. (**D. R. P. 763 064** Kl. 12q vom 1/8. 1935, ausg. 30/11. 1953.) LANGER. 8029

Ciba Akt.-Ges., Basel (Erfinder: **Richard Sallmann**, Gelterkinden, und **Charles Graenacher**, Riehen), Schweiz, *Textilhilfsmittel und Netzmittel* entstehen, wenn man in acetalartigen cycl. Äthern von mindestens 2 Hydroxylgruppen enthaltenden prim. u. sek. Aminen mindestens 1 am N sitzendes H-Atom durch einen organ. Rest ersetzt u. gegebenenfalls die Acetalgruppe mit Säuren verseift. — *Stearinsäure-N-bis-[α.β-dioxypropyl]-amid.* Man behandelt *Imino-di-(γ-propylenisopropylidendioxyd)* (I) mit Stearinsäurechlorid u. verseift das Reaktionsprod. mit alkoh. HCl. — Analoge Kondensationsprodd. aus I oder *(γ-Aminopropylen)-isopropylidendioxyd* mit Ölsäurechlorid, Cocosfettsäurechlorid, Stearinsäurechlorid, Dodecylbromid, Octadecylbromid, Buttersäurechlorid oder p-Nitrobenzoylchlorid. (**D. B. P. 880 304** Kl. 12q vom 1/1. 1949, ausg. 22/6. 1953. Schwz. Prior. 26/10. 1945.) LANGER. 8029

Badische Anilin- & Soda-Fabrik Akt.-Ges., Ludwigshafen/Rh. (Erfinder: **Joachim Naggatz**, Krefeld), *Wasserlösliche Kondensationprodukte*, die bes. als *Textilhilfsmittel* geeignet sind, entstehen durch Rk. von halogenierten Ketonen, die in α-Stellung zur Ketogruppe eine Methylen- oder Methingruppe enthalten, mit niedrigmol. Aminosulfonsäuren, Aminocarbonsäuren oder Aminopolyglykoläthern. — Beispiel: Kondensationsprodd. aus einem chlorierten Keton mit 7—9 C-Atomen, das aus einem Vorlauffettsäuregemisch gewonnen wurde, mit Methyltaurin bzw. Sarkosin. (**D. B. P. 895 152** Kl. 12q vom 23/9. 1942, ausg. 2/11. 1953.) LANGER. 8029

Soc. An. Manufactures de Produits Chimiques du Nord Établissements Kuhlmann, Seine, Frankreich, *Schlichtemittel für Textilien*, bestehend aus Lsgg. oder Emulsionen von trocknenden Harzen aus ungesätt. KW-stoffen mit hoher JZ. u. hohem Mol.-Gew., die bei der Erdölraffination anfallen, z. B. die Handelsmarke „Petropon 2.138". Zum Entschlichten behandelt man die Textilien mit Seifenlösung. (**F. P. 1 026 798** vom 4/8. 1950, ausg. 4/5. 1953.) PANKOW. 8031

Meyer Mendelsohn, Frankreich, *Appretieren von Geweben*, dad. gek., daß man sie mit einer wss. Emulsion von Kunstharz (I) (z. B. *Polyvinylchlorid, Polystyrol, Polyacrylsäureharz*), einem Verdickungsmittel (II) (z. B. einer Celluloseverb.) u. einer antifermentativen Substanz (III) (z. B. Chlorphenol) behandelt. Die Emulsion hat z. B. die Zus.: I 3—15%, II 0,5—4%, III 0,1%, Rest Wasser. (**F. P. 1 000 895** vom 29/11. 1949, ausg. 18/2. 1952.) OPPERMANN. 8033

E. I. du Pont de Nemours & Co., V. St. A. (Erfinder: **Jefferson Adger Stokes**), *Adhäsive Appretur, besonders für Fäden aus regenerierter Cellulose (Reyon) zur Herstellung von Gummiartikeln.* Die Appretur besteht aus einem Gemisch von aminhaltiger Seife (Triäthanolamin-, Morpholin-, Äthylendiaminstearat, Isopropanolaminmyristat), Resorcin–CH_2O-Harz u. Butadien-2-vinylpyridinmischpolymerisat. Das Mischpolymerisat kann statt aus 2-Vinylpyridin z. B. auch aus 4-Äthyl-2-vinylpyridin, 5-Vinyl-2-methylpyridin, Acrylnitril oder Vinylidenchlorid hergestellt werden. Der Geh. dieser Polymerisate an Butadien beträgt mindestens 50%. (**F. P. 1 040 766** vom 27/4. 1951, ausg. 19/10. 1953. A. Prior. 12/5. 1950.) OPPERMANN. 8033

Leo Beer, Montreal, Can., *Krumpffreie Ausrüstung von Textilien* aus Cellulose mit einem Geh. von 50% Celluloseacetat. Man imprägniert das Gut mit einer 1—7 %ig. wss. Lsg. von Monomethyloldimethylhydantoin oder Dimethylhydantoin–CH_2O u. Dimethylolharnstoff bei p_H 2—2,5, quetscht ab u. erhitzt nach dem Trocknen auf 212—310° F, worauf man die restliche Säure u. Nebenprodd. der Rk. auswäscht. (**E. P. 689 102** vom 7/2. 1950, ausg. 18/3. 1953. Can. Prior. 22/12. 1949.) MÖLLERING. 8033

Anton Bopp, Meilen, Schweiz, *Lagerfähiges Produkt zur schrumpffreien Textilausrüstung*, bestehend aus einer wss. Dispersion von *Diallylphthalat* (I) u. einem in W. lösl. *Polyvinylharz.* — 100 (g) I werden in einer Homogenisiermaschine mit einer Lsg. von 15 Polyvinylalkohol in 285 W. zu einem sahnigen beständigen Prod. verarbeitet. (**Schwz. P. 286 455** vom 10/10. 1949, ausg. 16/2. 1953.) MÖLLERING. 8033

Dr. Th. Böhme K.-G., Chem. Fabrik, Gartenberg b. Wolfratshausen/Obb., *Knitterfeste Textilien* erhält man durch eine Behandlung mit wss. Lsg. von Alkalisilicaten u. Persalzen, zweckmäßig in Ggw. von organ. oder anorgan. Kolloiden. — 100 (g) Li-Wasserglas, 20 H_2O_2-Lsg. (20%ig), 100 Eiweißhydrolysat u. 30 Weichmacher werden gemischt. Mit einer Lsg. von 50 (g) Gemisch in 1000 W. wird ein Cellulose–Kunstseiden-Gewebe imprägniert u. bei 50—60° getrocknet. Die Appretur ist knitter- u. waschfest. (**D. B. P. 894 987** Kl. 8k vom 12/10. 1951, ausg. 29/10. 1953.) MÖLLERING. 8033

Sandoz Akt.-Ges., Schweiz, *Aufhellung von Faserstoffen* durch Behandlung mit einem organ. Lösungsm., welches kleine Mengen (0,1%) einer Verb. der nebenst. Formel gelöst enthält, worin X_1 u. X_2 Wasserstoff, Alkyl, Aralkyl, Aryl, —CH_2COO-Alkyl, u. Y_1 u. Y_2 dasselbe wie X_1 u. X_2 u. außerdem noch —COO-Alkyl bedeuten, z. B. 7-Monomethylamino-, 7-Dimethylamino-, 7-Monoäthylamino-, 7-Diäthylamino-4-methylcumarin, 7-Diäthylamino-3.4-dimethylcumarin. Als Lösungsmittel eignen sich bes. Trichloräthylen u. CCl_4. Die Behandlung wird mit einer Trockenreinigung verbunden, u. die behandelten Faserstoffe werden anschließend gedämpft. (**Oe. P. 175 871** vom 11/6. 1952, ausg. 25/8. 1953. Schwz. Prior. 22/3. 1950.) HEYNE. 8033

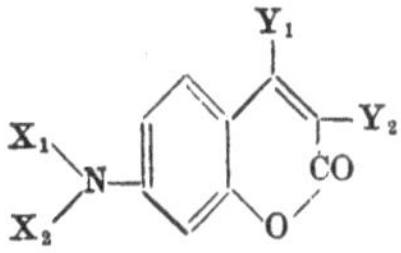

Soc. pour le Traitement et l'Amélioration des Tissus, Frankreich, *Erhöhung der Widerstandsfähigkeit von Faserstoffen (Garn, Gewebe, Filz, Papier, Pappe)*. Um solche Stoffe widerstandsfähig gegen Abnutzung oder Waschen zu machen, imprägniert man sie mit einer in der Wärme dissoziierenden Si-Verb. von der allg. Formel $Si(OR)_4$, worin R Methyl, Äthyl, Propyl, Octyl usw. bedeutet. — Z. B. taucht man ein Wollgewebe in ein Bad, das auf 100 Teile Trichloräthylen 5 Gewichtsteile Äthylsilicat enthält, wringt es aus u. trocknet es bei 120°. (**F. P. 1 032 187** vom 7/2. 1951, ausg. 30/6. 1953.) OPPERMANN. 8037

Établissements Agache (Soc. An. de Pérenchies), Frankreich, *Erhöhung der Widerstandsfähigkeit von Textilien.* Man behandelt die Textilien mit einem wss., Alkalifluorsilicat u. Hexamethylentetramin (**I**) enthaltenden Bade u. erhitzt sie danach auf eine Temp., bei der Zers. des Fluorsilicats erfolgt. Ein solches Bad hat z. B. die Zus.: 1000 (Teile) W., 50 Magnesiumfluorsilicat u. 25 **I**. (**F. P. 1 033 736** vom 8/3. 1951, ausg. 15/7. 1953.) OPPERMANN. 8037

S. à r. l. Flandé Frères, Frankreich, *Herstellung wasserdichter Tuchüberzüge.* Man trägt zuerst eine klebende Schicht von der Zus.: 418—462 (g) dest. W., 47,5 bis 52,5 starke Base (z. B. n/2 KOH), 9,5—10,5 Na-Fettalkoholdoppelsalz einer Sulfonsäure, 475—525 60%ig. Latex u. dann ein Prod. auf, das beim Gebrauch durch Mischen von 60—66 (Gew.-%) Prod. 1, 30—33 Prod. 2 u. 5,2—5,8 Prod. 3 hergestellt wird. Prod. 1 hat z. B. die Zus.: 314—347 (g) dest. W., 19—21 Casein, 142—158 starke Base (z. B. n/2 KOH) u. 427—473 Bentonit oder weißen Kaolin; Prod. 2 besitzt die Zus.: 28,5—31,5 (g) ZnO, 19—21 S, 9,5—10,5 Vulkanisationsbeschleuniger (z. B. Zn-Diäthyldithiocarbamat) u. 57—63 dest. W. mit einem Netzmittel; Prod. 3 besteht besteht aus zentrifugiertem Latex. Die Vulkanisation des Ganzen erfolgt einige Min. unter 100° u. die Trocknung 1 Std. bei einer Temp. unterhalb der Vulkanisationstemperatur. (**F. P. 1 018 707** vom 22/5. 1950, ausg. 12/1. 1953.) OPPERMANN. 8037

Soc. Agricola Industriale Lombarda, Italien, *Wasserfestmachen von Geweben aus Natur- oder Kunstfasern.* Man imprägniert die Gewebe ein- oder beidseitig mit einer 50%ig. wss. Acryl- oder Vinylharzemulsion, der man 15—40 (%) Wachs- oder Paraffinemulsion, 1—2 Plastifizierungsmittel u. gegebenenfalls 10—20 Pigment u. Füllstoff zugesetzt hat. Dann trocknet man sie bei 60—90° u. kalandert sie bei gleicher Temp. u. einem Druck von 15—20000 kg. Die Gewebe sind für Gase, bes. Luft, durchlässig. (**F. P. 1 019 596** vom 26/12. 1947, ausg. 23/1. 1953.) OPPERMANN. 8037

Ciba Soc. An., Schweiz, *Wasserfestmachen von Stoffen.* Man behandelt sie mit einer Lsg., bestehend aus einem Kondensationsprod. von Stearinsäure-N-methylolamid mit teilweise durch aliphat. Alkohole von niedrigem Mol.-Gew. veräthertem Methylolmelaminen, anderen wasserabstoßenden Substanzen (z. B. Paraffin, Bienenwachs, Montansäureestern), einem organ. Lösungsm. (z. B. Chlf., CCl_4, Bzn., Bzn.-Trichloräthylen-Gemisch), in Ggw. eines sauren oder sauer wirkenden Katalysators (z. B. Ameisen-, Essigsäure, Triacetin). Dann erhitzt man die Stoffe auf 125—150°. (**F. P. 1 028 148** vom 31/10. 1950, ausg. 19/5. 1953. Schwz. Priorr. 3/11. 1949 u. 18/8. 1950.) OPPERMANN. 8037

Monsanto Chemical Co., St. Louis, Mo., übert. von: **Morris L. Nielsen**, Dayton, O., V. St. A., *Ammelinphosphoryldichlorid* (**I**) erhält man durch Rk. von 1 (Mol) Ammelin mit 1—2 $POCl_3$ bei 100—200°. **I** reagiert mit NH_3 unter Bldg. von *Ammelinphosphoryldiamid* (**II**). — Verwendung von **I** u. **II** zum *Feuerfestmachen von Textilien.* (**A. P. 2 634 270** vom 29/12. 1950, ausg. 7/4. 1953.) BRÖSEMLE. 8037

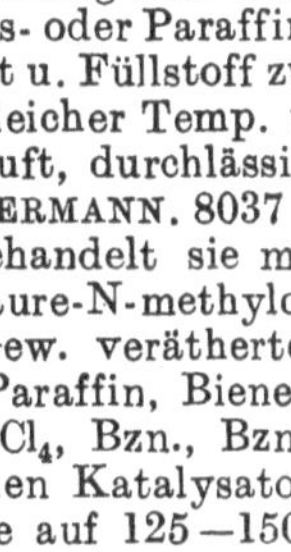

I

Alfred Rudolf Hug, Zürich, Schweiz, *Beflocken von nicht bandförmigen Gegenständen*, z. B. aus Papier, Holz, Metall, Glas, Kunstmassen, Kork, Leder, Textilien, mit *Fasern*, z. B. von Baumwolle, Wolle, Seide, Reyon, Nylon, Filz, Cellulose, Asbest, im elektr. Feld, dessen Kraftlinien senkrecht zum Gegenstand stehen. Ein Pol der Stromquelle ist ständig mit dem mit Klebstoff versehenen Gegenstand, z. B. durch einen Leiter von verschied. Widerstand oder einen menschlichen Körper, u. der andere Pol mit dem Faserstoffbehälter leitend verbunden. Zweckmäßig werden die Gegenstände unter dem Faserbehälter fortbewegt. Die D. der Faserschicht kann durch Änderung der Fasermenge u. der Stromstärke verändert werden. — Vorr., Zeichnungen. (**E. P. 691 061** vom 12/4. 1950, ausg. 6/5. 1953. Schwz. Priorr. 14/4., 5/7 u. 11/9. 1949. **Schwz. PP. 264 391** vom 14/4. 1949, ausg. 1/5. 1950 u. **269 878** vom 5/7. 1949, ausg. 1/11. 1950.) G. VOGEL. 8041

Cyril Eastman (Furs) Ltd., Richmond, England, *Schutz von Pelzen gegen Insektenbefall.* Feingemahlene oder granulierte feste Stoffe, z. B. Sägemehl oder Korkschrot, werden mit ca. 3%ig. Lsgg. von DDT in PAe. angefeuchtet. Die Pelze werden mit der M. in einer geschlossenen Drehtrommel ca. 30 Min. behandelt. Sie werden dann in einer rotierenden Siebtrommel unter Einw. von Wärme oder warmer Luft von dem Sägemehl oder dgl. u. dem Lösungsm. befreit. Haare u. Leder des Pelzwerks werden mottenecht gemacht. (**E. P. 647 069** vom 29/10. 1947, ausg. 6/12. 1950.) KARST. 8067

Comptoir des Textiles Artificiels (S. à r. l.), Frankreich, *Trockenspinnen von Viscose.* Man verspinnt an der freien Luft bei Raumtemp. Viscosen, die 8—25% Cellulose enthalten u. eine Viscosität von mindestens 1000, vorzugsweise 2000 Poisen, besitzen, unter sehr starkem Strecken u. Fixierung mit kalten verd. Säuren oder warmen neutralen wss. Flüssigkeiten. Die Viscosen gewinnt man durch Behandeln von Cellulosexanthat mit mit W. mischbaren Fll. (Aceton, Pyridin) oder durch Bearbeiten von Cellulosexanthat im Kalander mit kleinen Mengen W. oder verd. Alkali. (**F. P. 1 023 194** vom 10/8. 1950, ausg. 16/3. 1953.) OPPERMANN. 8075

Phrix-Werke Akt.-Ges., Deutschland, *Herstellung von Viscose*, dad. gek., daß man den Zellstoff mit einer ein Netzmittel enthaltenden 8—24%ig. NaOH bei höherer Temp. behandelt u. bei einem NaOH-Geh. von 8—12% in Cellulosexanthogenat überführt. Zur Herst. z. B. von Kunstseidefäden von einem Polymerisationsgrad 750 tränkt man 700 g Sulfitzellstoff bei 80° mit einem Gemisch von 2,3 Litern NaOH (240 g NaOH/Liter), 2 Litern W. u. 5 cm³ „Brillant Monopol-Öl„ oder einem anderen Netzmittel. Nach 1 Std. kühlt man das Reaktionsprod. auf 20° ab, versetzt es mit 260 g CS_2, fügt nach 90 Min. im Laufe von 3 Std. 3 Liter W. zu u. löst zu einer Viscose von 8% Cellulose, 7% NaOH u. 35% CS_2 (bezogen auf α-Cellulose). (**F. P. 1 000 440** vom 29/11. 1949, ausg. 12/2. 1952. D. Prior. 7/5. 1949.) OPPERMANN. 8075

Phrix-Werke Akt.-Ges., Deutschland, *Herstellung poröser Fäden aus Cellulosederivaten.* Man gibt zu der Spinnlsg. eine Öl–Luft-Emulsion, die wasserunlösl. Fettstoffe, wie Fette, Öle, Wachse, Paraffine, u. wasserlösl. Emulgiermittel in Mengen von 0,5—3,5% der Spinnlsg. enthält; zusätzlich können noch Stoffe, wie Alkalicarbonate oder -bicarbonate, anwesend sein, die sich im Fällungsbad unter Gasentw. zersetzen. — Man schm. 500 g Triäthanolmonostearat als Emulgator in ½ Liter W., mischt 300 g Paraffin u. 1 Liter einer 20%ig. Hostapallsg. (Isooctylphenol–Äthylenoxyd-Reaktionsprod.) zu, mischt bei 20° in 30 kg Viscose, rührt 30 Min. mit 1400 Umdrehungen/Min. u. gibt zu 170 kg spinnreifer Viscose mit 8% Cellulose, rührt mit 80 Umdrehungen/Min. ½ Std. durch u. verspinnt. (**F. P. 1 029 279** vom 8/12. 1950, ausg. 1/6. 1953. D. Priorr. 8/12. 1949 u. 27/2. 1950.) PANKOW. 8075

Thüringisches Kunstfaserwerk „Wilhelm Pieck“ Schwarza VEB, Rudolstadt (Erfinder: **Hans-Joachim Schmidt**, Rudolstadt/Thür., und **Walter Voigt**, Saalfeld/Saale), *Herstellung von künstlichen Fäden, Fasern, Bändern und dergleichen mit guter Quellfestigkeit und geringer Alkalilöslichkeit.* Man verspinnt eine geringe Menge Harze, bes. Kunstharze, enthaltende wss. Celluloselsg. u. behandelt die geformten Gebilde vor der ersten Trocknung mit Aldehyden oder solche abspaltenden Verbindungen. Man kann die Gebilde auch mit den Harzen nachbehandeln. Verbesserung der Quellfestigkeit u. Verringerung der Alkalilöslichkeit. — Man rührt in Viscose mit 7% Cellulose u. 6,3% Alkali ³/₄—1% eines Harnstoff–CH_2O-Harzes, verspinnt u. behandelt 3 Min. bei 30° mit 3%ig. CH_2O-Lsg. nach. (**D. P. [DDR] 2 049** Kl. 29b vom 26/1. 1943, ausg. 9/10. 1952 [Wirtschaftspatent].) PANKOW. 8075

Thüringisches Kunstfaserwerk „Wilhelm Pieck“ Schwarza VEB, Rudolstadt/Thür. (Erfinder: **Walter Voigt**, Saalfeld/Saale, und **Ernst Bresigke**, Schwarza/Thür.), *Herstellung von gekräuselter Zellwolle von guten Gebrauchseigenschaften.* Man führt die koagulierenden Fäden aus harzhaltiger Viscose von üblicher Spinnreife mit geringer Abzugsgeschwindigkeit aus einem salzhaltigen Spinnbade, das 8,0—9,5% H_2SO_4 enthält, wandelt sie anschließend in einer heißen, wss. $Al_2(SO_4)_3$- oder $ZnSO_4$-Lsg. unter starker Verstreckung vollständig in Cellulosehydrat um u. behandelt sie schließlich durch Auswaschen, Entschwefeln, gegebenenfalls Bleichen, Avivieren u. Trocknen in bekannter Weise fertig. Man erhält so eine wollähnliche Zellwollfaser von bes. hoher Festigkeit, genügender Dehnbarkeit, bes. feinbogiger u. beständiger Kräuselung u. guten Gebrauchseigenschaften. (**D. P. [DDR] 1 251** Kl. 29b vom 23/3. 1941, ausg. 21/6. 1952 [Wirtschaftspatent].) RAETZ. 8075

N. V. Onderzoekingsinstituut Research, Arnhem, Holland, *Behandlung von Viscosefäden.* Zur Abspaltung von nach dem Spinnen zurückbleibenden Xanthogenatresten behandelt man die Fasern mit einer Salzlsg., die Säure u. Ionen abspaltet, wobei das Molverhältnis zwischen Säure u. Neutralsalz unter 1 liegen soll, wäscht mit W., behandelt dann mit einer Säurelsg., die nur sehr wenig oder kein Salz enthält. Bei der 1. Behandlung soll die Xanthogenatkonz. auf unter 0,1 sinken, in der 2. Stufe soll bei höchstens 60°, bes. bei Raumtemp., gearbeitet werden, wobei der Xanthogenatgeh. auf unter 0,003 herabgesetzt wird. (**Finn. P. 26 524** vom 7/12. 1950, Auszug veröff. 30/9. 1953. Holl. Prior. 11/1. 1950.) JÜRGEN SCHMIDT. 8075

Bobingen Akt.-Ges. für Textil-Faser (Erfinder: **Paul Schlack**), Bobingen, Kr. Schwabmünchen, *Schlichtemittel für die Textilindustrie,* bestehend aus einem Alkalisalz der Carboxymethylcellulose (I), einem Alkalisalz eines Paraffinsulfonates mit 10—20 C-Atomen u. geringen Mengen nichtionogenem Weichmachungsmittel, hygroskop. Salzen u. NaCl. — Ansatz: 33% Na-Salz von **I**, 10,2 Na-Glykolat, 11 paraffinsulfonsaures Na, 2,4 Stearoylpolyglykol, 1,3 Na-Acetat u. Rest (auf 100) NaCl. Der mit W. verd. Ansatz eignet sich z. B. zum Schlichten feiner Viscosekunstseideketten, wobei gefärbte Ketten nicht verschleiert werden. (**D. B. P. 886 881** Kl. 8k vom 4/9. 1949, ausg. 17/8. 1953.) MÖLLERING. 8075

I. P. Bemberg Akt.-Ges., Wuppertal (Erfinder: **Josef Nüsslein,** Frankfurt/M.), *Für das Kreppzwirnen vorbereitete Fäden.* Während oder nach Aufbringen der Fadenschluß verleihenden Präparation behandelt man zusätzlich mit in W. lösl., wachsartigen Polyäthylenoxyden oder Polyglycerinen, z. B. vom Mol.-Gew. 700. — Geeignet ist z. B. eine wss. Lsg., die 0,5 (%) Talgsulfonat u. 1 Polyäthylenoxydwachs mit Mol.-Gew. 1200 enthält. Das nach der Imprägnierung gezwirnte Garn wird ohne Dämpfung verwebt u. gibt ein einwandfreies Kreppgewebe. (**D. B. P. 886 589** Kl. 8k vom 30/6. 1951, ausg. 17/8. 1953.) MÖLLERING. 8075

Badische Anilin- & Soda-Fabrik Akt.-Ges. (Erfinder: **Kurt Beideck, Hans Brandeis** und **Wilhelm Rümens**), Ludwigshafen/Rh., *Knitterfeste Cellulosetextilien* erhält man durch Behandlung mit wss. Lsgg. von Dicarbonylverbb. u. Alkanolaminverbb. mit mindestens 1 reaktionsfähigen H-Atom sowie Erwärmen auf höhere Temperatur. — Mit einer Lsg. von 4 (Teilen) Glyoxal u. 1 Monostearinsäureester des Triäthanolamins in 100 W. imprägniert man *Zellwoll*-Gewebe, quetscht ab u. trocknet bei 90—100°. Das wollige, weiche Gewebe hat erhöhte Knitterfestigkeit. (**D. B. P. 887 332** Kl. 8k vom 26/7. 1951, ausg. 24/8. 1953.) MÖLLERING. 8075

— (Erfinder: **Paul Schlack,** Berlin), *Herstellung von Kunstfasern, Bändchen, Roßhaar und anderen geformten Gebilden* aus *Celluloseestern* oder *-äthern* oder anderen hochpolymeren hydrophoben filmbildenden Stoffen unter Zusatz von Mischpolymerisaten, die freie oder bei gelinder Hydrolyse frei werdende Säuregruppen enthalten; man verwendet solche Mischpolymerisate, die mit dem Hauptbaustoff im Film keine Trübung u. eine Verbesserung der visuellen Kochbeständigkeit des Films ergeben. — Man mischt in eine Lsg. von 13,5 (Teilen) trockener Acetylcellulose in 85 trocknem Aceton 1,5 eines Mischpolymerisats aus 1 Mol Vinylmethyl- oder -äthyläther u. Maleinsäureanhydrid, gießt zu einem dünnen Film aus, trocknet u. kocht 1 Std. in dest. W., wonach es klar sein muß. (**D. P. [DDR] 2 420** Kl. 29b vom 20/6. 1936, ausg. 28/9. 1953 [Ausschließungspatent].) PANKOW. 8077

Courtaulds Ltd. (Erfinder: **Leslie Clunn**), London, England, *Gewinnung und fortlaufende Wiederverwendung von Essigsäure und Kaliumacetat, gegebenenfalls zusammen mit Natriumacetat, aus Spinnbädern der Acetatcelluloseherstellung.* Man rektifiziert das Fällbad mittels Abziehen eines Teiles der Bad-Fl., Wiedergewinnen der CH_3COOH (**I**) aus der abgezogenen Fl. u. Rückführen einer gegebenenfalls CH_3COONa (**II**) enthaltenden CH_3COOK (**III**)-Lsg. in das Bad; die Wiedergewinnung der **I** aus der Bad-Fl. erfolgt durch Einbringen der letzteren — bes. nach teilweiser Verdampfung bei 80 bis 130° — in ein erhitztes Gefäß, dessen Temp. man auf ca. 297° hält, wodurch die Fl. einerseits in eine Flüssigkeitsphase verwandelt wird, die hauptsächlich aus **III** besteht u. die aufgelöst u. in das Bad zurückgeführt wird, u. andererseits in eine Dampfphase, deren Dämpfe aus einem Gemisch aus **I** u. W. bestehen u. die nach dem Kondensieren für die Wiedergewinnung der I verfügbar sind; zweckmäßig setzt man hierbei dem Spinnbad II in einer Menge von 5—10 Gew.-% (auf das Gewicht des III berechnet) zu, hält das erhitzte Gefäß auf ca. 277° u. löst das erhaltene geschmolzene Gemisch aus II u. III auf u. führt es in das Bad zurück; zum Erhitzen der Fl. im Niedertemperaturverdampfer können die warmen Dämpfe aus dem erhitzten Gefäß verwendet werden. — Beispiel, Zeichnung. (**D. P.** [DDR] **1 250** Kl. 29b vom 31/3. 1951, ausg. 28/6. 1952 [Ausschließungspatent].) Raetz. 8077

Courtaulds Ltd., London (Erfinder: **Claude Leonard Knight,** Lara, Australien, **William Walker,** Leamington, **Leonard Ernest Hodges** und **Robert Louis Wormell,** Coventry), England, *Fäden aus tierischen oder pflanzlichen Proteinen* mit erhöhter Widerstandsfähigkeit gegen heißes W. oder heiße verd. Säuren. Die frisch gesponnenen Fäden werden in einem 40—70° warmen, ein oder mehrere Metallsalze u. 5—15 (g/Liter CH_2O enthaltenden Bad (p_H 3—8) gehärtet u. anschließend in einem 35—60° warmen, 500—800 $NaHSO_4$, 5—15 CH_2O u. bis zu 200 H_2SO_4 enthaltenden Bad behandelt. (**D. B. P. 875 705** Kl. 29b vom 29/5. 1949, ausg. 4/5. 1953. E. Priorr. 27/5. 1941 u. 15/6. 1948. **Zusatz zu D. B. P. 822 000; C. 1952. 2281.**) Salzmann. 8079

N. V. de Bataafsche Petroleum Mij., Den Haag (Erfinder: **Willem Leendert Johannes de Nie** und **Gottfried Ernst Rumscheidt,** Amsterdam), Holland, *Herstellen von Fäden* aus Lsgg. hochmol. mehrfach ungesätt. Verbb. mit Lsgg. anorgan. Säuren oder deren Anhydriden bei nicht der höchsten Valenzstufe des Säurebildners, wobei die Lösungsmittel so ausgewählt werden, daß das der einen Komponente nicht mit dem der anderen mischbar ist. (**D. B. P. 899 708** Kl. 39b vom 28/3. 1944, ausg. 14/12. 1953. Holl. Prior. 11/12. 1943.) Overbeck. 8081

E. I. du Pont de Nemours & Co., Wilmington, Del., übert. von: **Thomas Alderson,** New Castle, Del., V. St. A., *Herstellung von kristallorientierten Oxypivalinsäure* (**I**)-*Polymerisaten.* Man erhitzt **I** (F. mindestens 122, bes. 124—125°) oder ihre Ester mit niedrigsd. aliphat. Alkoholen zunächst in inerter Atmosphäre u. bes. in Ggw. von 0,1—1% eines Veresterungskatalysators, wie Sb-Oxyd, H_3PO_4 oder Dibutyl-Sn-dilaurat bei 760—300 mm auf 150—200°, um bes. W. zu entfernen, u. anschließend bei <1 mm so lange auf 200—275°, bis ein Prod. mit einer inneren Viscosität von mindestens 0,5 erhalten wird. Ausgangsstoff zur Herst. von *Fasern* im Schmelzspinnverfahren. (**A. P. 2 658 055** vom 24/8. 1951, ausg. 3/11. 1953.) Müller-Meiningen. 8081

—, *Herstellung von hochmolekularen Polyamidverbindungen.* Man kondensiert Diurethane, die mindestens einmal den Carbamidsäurerest mit einer benzoiden oder enol. OH-Verb. verestert enthalten, mit etwa äquivalenten Mengen bifunktioneller, acylierbarer NH_2, OH-, SH- oder COOH-Gruppen enthaltender Verbb.; die bei der Rk. abgespaltenen Benzoide oder enol. OH-Verbb. können zum Schluß abdest. werden. — Durch Lösen von 1 Mol Hexamethylendiisocyanat in Phenol erhält man in der Hitze Hexamethylen-bis-carbamidsäurediphenylester (F. 138°), den man mit 1 Mol 1.4-Butandiol u. $^1/_{200}$ Mol Li-Phenolat 3 Std. bei 160° erwärmt, bei 1—2 mm Phenol abdest., dann die Schmelze bei 220° als Film durch einen evakuierten Trichter fließen läßt u. bei 175° *verspinnt.* Statt Butandiol kann man Oktamethylendiamin, Hexamethylendimercaptan oder dessen Li-Verb. oder $\beta.\beta'$-Diaminodiäthyläther als Reaktionskomponente verwenden. (**D. P.** [**DDR**] **2 296** Kl. 12o vom 7/5. 1939, ausg. 30/3. 1953.) Pankow. 8081

Soc. An. Anciens Établissements May, Rhône, Frankreich, *Herstellung von Kräuselfäden aus Superpolyamiden.* Der Polyamidfaden wird mit Schlichte überzogen, bei 28—30° u. 50% Feuchtigkeit getrocknet, unter Rechts- u. Linksdrehung gezwirnt, bei 80—120° getrocknet, bei 90—120° mit Dampf behandelt, erneut mit Schlichte überzogen u. langsam getrocknet. (**F. P. 1 029 403** vom 12/12. 1950, ausg. 2/6. 1953.) Pankow. 8081

E. I. du Pont de Nemours & Co., Wilmington, Del., übert. von: **Howard A. Van Etten,** Monroe, N. Y., V. St. A., *Überziehen von Polyamidgeweben mit Polyvinylchlorid.* Das Gewebe wird mit einer Dispersion von z. B. 35 (%) N-Methoxymethylpolyhexamethylenadipamid, 45,5 A. u. 19,5 W. imprägniert u. mit einer Weichmacher u. Pigmente enthaltenden Lsg. von Polyvinylchlorid (**I**) in Cyclohexanon, Fenchon oder Isophoron überzogen. Das Verf. kann auch so ausgeübt werden, daß Baumwoll-, Leinen-, Kunstseide- oder Glasfasergewebe erst mit **I** oder anderen Vinylharzen, dann mit der Zwischenschicht u. mit Polyamid überzogen werden. (**A. P. 2 606 845** vom 9/4. 1949, ausg. 12/8. 1952.) Salzmann. 8081

British Celanese Ltd., London, England, *Mischpolymerisate zur Herstellung von Fäden oder Filmen.* Man polymerisiert Vinylchlorid (**I**) u. Methacrylnitril (**II**) in wss.

Emulsion in Ggw. von anion. Emulgiermitteln [sek. Octadecylsulfat (III)] u. Peroxyden, Reglern (Dodecylmercaptan, Acetaldehyd) u. Stabilisatoren (Pb-Stearat). Das Verhältnis von W.: Monomerem ist 3 : 1 bis 10 : 1, bes. 3 : 1 bis 6 : 1. Die Prodd. werden in Aceton gelöst u. zur Herst. von Fäden, Filmen, Anstrichen für Papier, Gewebe, Holz u. Metalle, sowie von isolierten Drähten verwendet. — Z. B. werden 80 (Teile) **II**, 20 **I**, 1 Persulfat, 40 einer Lsg. enthaltend 20 (%) **III**, 6 Na_2SO_4, 40 Octadecylalkohol u. 500 W. bei 40—50° unter Rühren polymerisiert, das Mischpolymerisat wird mit A. ausgefällt, mit W. gewaschen u. bei 50° getrocknet. Geh. an **II** = 82%. (**E. P. 696 066** vom 15/3. 1951, ausg. 26/8. 1953.) SEIZ. 8081

Phrix-Werke Akt.-Ges., Hamburg, *Herstellung von Gebilden aus Polymerisaten oder Mischpolymerisaten des Acrylnitrils.* Die Polymerisatlsg. wird nach dem Trockenspinnverf. mit einem Verzug von mehr als 1 : 3 versponnen u. das Gebilde gegebenenfalls einer zweiten Heißbehandlung unterworfen. — Man spinnt eine 25%ig. Polyacrylnitril–Dimethylformamid-Lsg. durch eine Düse mit 0,2 mm Lochdurchmesser mit 21 cm³ Spinnlsg./Min. in einen beheizten Schacht u. zieht den Faden mit 350 m/Min. ab. Die Fäden können dann bei 100° auf das 4fache verstreckt werden u. daraus hergestellte Stapelfasern mit heißem W. behandelt werden. (**Oe. P. 177 874** vom 2/2. 1952, ausg. 10/3. 1954. D. Priorr. 8/10. u. 31/10. 1951.) PANKOW. 8081

Deutsche Gold- & Silberscheideanstalt vormals Roessler (Erfinder: **Wilhelm Hundt**), Frankfurt/M., *Bleichen von Textilien aus künstlichen Fasern* durch Tränken mit H_2O_2 oder andere Perverbb., gegebenenfalls auch neutrale oder schwach saure Puffersubstanzen, wie Salze mehrbas. anorgan. oder organ. Säuren, enthaltenden Lsgg., Entfernen der überschüssigen Bleich-Fl. u. Trocknen. Die Wärmebehandlung des imprägnierten Gutes wird unter Aufrechterhaltung von p_H-Werten zwischen 5 u. 7 bei $>60°$, z. B. 70—100°, durchgeführt. (**D. B. P. 903 812** Kl. 8i vom 21/9. 1940, ausg. 11/2. 1954.) SALZMANN. 8081

XIX. Brennstoffe. Erdöl. Mineralöle.

J. Zingg, *Kohlen aus der Molasse und Erdgas.* Es werden kurze Angaben über die Rufi-Kohlen gemacht, aus denen hervorgeht, daß sie für eine Verwendung im Gaswerk nicht zu gebrauchen sind. Kurze Angaben über das Vork. von Erdgas (reich an CH_4) in Oberitalien. Erdgasvork. in der Schweiz bei Altstätten (CO_2 10%, H_2 1%, CH_4 76%, N_2 13%). Der hohe Geh. an CH_4 deutet auf Alluvialgas hin, also auf Gase, die erst in jüngerer Zeit durch Verbrennung unter Luftabschluß in Torffeldern u. Mooren entstanden sind. Vorschläge über die Durchführung von Erdölforschungsbohrungen in der Schweiz. (Schweiz. Ver. Gas- u. Wasserfachmännern, Monatsbull. **33.** 68—71. März 1953.) ROSENDAHL. 8126

I. G. C. Dryden, *Einwirkung von Lösungsmitteln auf Kohlen bei niederen Temperaturen.* 2. Mitt. *Mechanismus der Extraktion von Kohlen bei Verwendung spezifischer Lösungsmittel und Beschreibung quantitativer Bestimmungen.* (1. vgl. C. **1953.** 3664.) Beschrieben werden die experimentellen Methoden, der App. zur Trocknung der Kohlen u. die Einrichtung zur Extraktion. Als Lösungsmittel fanden *Äthylendiamin, Monoäthanolamin, Benzylamin, Diäthylentriamin, Pyridin, Piperidin* Verwendung. Untersucht wurden: Die Genauigkeit der Messungen, die Messungen bei Raumtemp. u. die Abhängigkeit der Messungen von der Teilchengröße, Schüttelzeit u. Temp., die Messungen nahe beim Kp. der Extraktions-Fll. u. die Abhängigkeit von der Teilchengröße, Extraktionszeit u. Temp., Vgl. der Extraktion im Soxhlet u. in der Röhre, die Ergebnisse bei Raumtemp. unter verschied. Bedingungen der Extraktion sowie die Löslichkeiten der Extraktionsrückstände. (Fuel **30.** 145—58. Juli 1951. Surrey, Leatherhead, Brit. Coal Utilis. Res. Assoc.) BOYE. 8126

C. R. Kinney und **Elsio Delbel,** *Das pyrolytische Verhalten von nichtsubstituierten aromatischen Kohlenwasserstoffen.* Bei der Verkokung der Kohle werden die anfallenden nichtsubstituierten Aromaten im Verkokungssyst. außerordentlich hohen Tempp. unterworfen, Diese Aromaten besitzen eine hohe therm. Stabilität. Zweck der Arbeit ist es, das Verh. von 5 Aromaten im Temperaturbereich 800—1000° kennenzulernen. Das Ausmaß der Zers., gemessen als % C, bezogen auf die Menge der bei 1000° durchgesetzten KW-stoffe bei einer Reaktionszeit von 10 Sek., war 60, 76, 88, 90 u. 95 für Bzl., Naphthalin, Chrysen, Pyren u. Anthracen. Es zeigt sich, daß Bzl. am stabilsten gegenüber der Verkokung ist. Trotz der experimentell ermittelten Werte glauben Vff., daß ein direkter Vgl. der relativ therm. Beständigkeit der genannten Aromaten auf Grund der gebildeten C-Menge nicht befriedigend ist, weil diese KW-stoffe allem Anschein nach sich nicht unmittelbar in C u. H_2 umwandeln, sondern einer schrittweisen Kondensation der aromat. Struktur unter Eliminierung von H_2 unterliegen, bis ein nicht verdampfbarer C vorliegt. Da dieser C einer weiteren inneren Umwandlung unterliegt, wird als charakterist. Nebenprod. CH_4 erhalten, dessen Menge um so größer ist, je höher die Temp. ist. Da sich bei diesen pyrolyt. Rkk. überhaupt kein Teer oder Pech bildet, nehmen Vff. an, daß das in Teeren der Kohleverkokung gefundene Pech aus anderen Quellen entstammt. Verss. im Original, zahlreiche Literaturhinweise. (Ind. Engng. Chem. **46.** 548—56. März 1954. State College, Pa., Pennsylvania State Univ.) K. O. MÜLLER. 8142

R. Delsol, R. Billion und **M. Pilloy,** *Die Einrichtungen zur Erzeugung eines Stadtgases durch beschleunigtes Cracken von schweren Heizölen (Verfahren O. N. I. A. — G. E. G. I.) und Behandlung des erhaltenen Gases nach den Erfahrungen in Cahors.* Aus der Darst. der Vff. geht hervor, daß die in Cahors durchgeführten Verss. ergaben, daß die techn. Ausbldg. des Verf. noch vervollständigt werden muß; doch ist es möglich ein Gas zu erzeugen, das im Haushalt verwendet werden kann. Die durchgeführten Verss. werden durch Beigabe zahlreicher Fließbilder erläutert. (J. Usines Gaz **77.** 182—90. Juni 1953.) ROSENDAHL. 8156

—, *Der Semet-Solvay-Öl-Gas-Prozeß.* An Hand einer Skizze wird das Verf. beschrieben. Das Öl wird im Gegenstrom zu einem aufsteigenden Gas in eine geheizte Umsetzungskammer eingeblasen u. wandert mit dem Gasstrom in eine weitere Kammer. wo die Umwandlung des Öles in Gas vollendet wird. Die sich hier absetzenden geringen Mengen an C werden beim Umschalten verbrannt, wobei die Verbrennungswärme zum Aufheizen des Regenerators verwendet wird, in dem das erwähnte Gas vorgewärmt wird, bevor es mit dem Öl beladen wird. (Gas J. **274** (**105**). 861. 24/6. 1953.) ROSENDAHL. 8162

A. P. C. Cumming, *Trennung von Phenolen von Steinkohlenteerkohlenwasserstoffen mit Hilfe von Glycerin und wässerigem Triäthylenglykol. Entwicklung eines Verfahrens.* Vf. bestimmte das Gleichgewicht zwischen Phenolgemischen, KW-stoffen u. Glycerin (ein Gemisch von Glycerin u. Glykol) (I), Triäthylenglykol (II) u. 37%ig. wss. Triäthylenglykol (III). Die Mischungen wurden jeweils 2 Std. geschüttelt u. dann zwecks Schichtenbldg. stehengelassen. Die Phenole wurden durch Auszug mit NaOH bestimmt, die KW-stoffe durch Behandlung des Gemisches mit 37%ig. NaOH u. anschließender Destillation. Bei einem Gemisch von KW-stoffen mit 30% Phenol war die beste Wrkg. von I bei einer Zugabe von 1 : 1, dabei spielte es keine Rolle, ob reines Phenol oder ein Gemisch von 60% Phenol u. 40% Kresolen zur Anwendung kam. Mit III konnten 97% reine Phenole gewonnen werden, mit II nur 92%. Für die restliche Entfernung von Phenol u. Kresolen mußten 3 Stufen zur Anwendung kommen, während bei reinem Phenol 5 Stufen erforderlich waren. Der Neutralölgeh. der Phenole betrug ca. 0,1 bis 0,3%. Auf Grund dieser guten Erfolge wurden zwei techn. Verff. entwickelt, von denen eins I u. das andere III als Lösungsm. verwendet. Teerbasen müssen vor der Behandlung mit den Lösungsmitteln entfernt werden. Die Verff. werden schemat. dargestellt. Bei Verwendung von I u. beim Vorliegen eines Phenolgeh. von 25—30% wurden Öl u. Lösungsm. im Verhältnis von 1 : 2 gemischt. 4 Stufen waren erforderlich, um die Phenole bis auf einen Rest von 0,1—0,2% zu gewinnen. Der anfallende Auszug bestand aus 90% Phenolen u. 10% KW-stoffen. Mit III wurde Öl u. Lösungsm. 1 : 1 vermischt in 3 Stufen. Das Öl hatte noch Spuren an Phenolen, während der Auszug aus 82% Phenolen u. 18% KW-stoffen bestand. Das Lösungsm. wurde von den Auszügen durch Dest. im Vakuum getrennt. Lediglich bei Verwendung von III wurde die Bldg. eines Azeotrops zwischen Phenol u. W. beobachtet. Zur Entfernung des Neutralöles aus den lösungsmittelfreien Auszügen wurde die Wasserdampfdest. angewendet. Die KW-stoffe konnten so bis auf Spuren entfernt werden. Das Wasserdampfdestillat zerfällt in zwei Schichten, eine phenolreiche u. eine wss. phenolhaltige. Die erstere wird zur Extraktion zurückgegeben. Aus der wss. Lsg. konnten die Phenole restlos durch Behandlung mit dem durch Dest. gewonnenen Lösungsm. erhalten werden. Bei beiden Verff. sind außer dem Ersatz von in Verlust geratenen Lösungsmittelmengen keinerlei Chemikalien erforderlich. (J. appl. Chem. **3.** 98—106. März 1953.) ROSENDAHL. 8174

A. R. Myhill, *Die Möglichkeiten des Steinkohlenteers.* Es werden die verschied. Möglichkeiten aufgezeigt, um aus dem Steinkohlenteer wertvolle Erzeugnisse zu gewinnen. Vgl. mit dem Erdöl. Kurze Schilderung der Deutschen Praxis. Tabellar. Zusammenstellung der wichtigsten Erzeugnisse mit Angaben über Gewinnung u. Verwendung. (Coke and Gas **15.** 285—91. Aug. 1953.) ROSENDAHL. 8176

S. Lj. Jovanović (†) und **D. K. Vitorović,** *Beitrag zur Untersuchung der Ölschiefer von Alexinac. Bestimmung der organischen Substanz im Ölschiefer sowie des gebundenen Kohlenstoffs und der flüchtigen Bestandteile im Halbkoks.* Für Serienanalysen von Öl-

schiefer wurde folgendes Verf. ausgearbeitet: 1. Die 2 Std. bei 105° getrockneten Proben wurden zwecks Best. der organ. Substanz mit verd. HCl (1 : 1) extrahiert (Sulfate u. Carbonate herausgelöst), dann wurde die organ. Substanz durch Glühen entfernt: da jedoch dabei Pyrit mit oxydiert wurde, mußte anschließend noch Fe_2O_3 in der Asche bestimmt werden, um die notwendige Korrektur für das tatsächlich vorhandene oder veränderte Pyrit anzubringen. 2. Best. des gebundenen Kohlenstoffs u. der flüchtigen Bestandteile im Halbkoks (aus dem Ölschiefer). Auch hier werden Carbonate, Sulfate sowie FeS mit HCl (1 : 1) extrahiert, dann im N_2-Strom die flüchtigen Substanzen abdest., anschließend die Kohle im O_2-Strom verbrannt, endlich wieder die Pyritkorrektur durch Best. von Fe_2O_3 in der Asche angebracht. — Die Analyse des Alexinac-Ölschiefers ergab 52,75% organ. Substanz u. 28% Öl (53% der organ. Substanz). Der Halbkoks enthielt 4,9% flüchtige Stoffe u. 17,35% gebundener Kohle. (Гласник Хемиског Друштва Београд [Ber. chem. Ges. Belgrad] **17.** 347—60. 1952. Belgrad, Univ., Mathemat.-Naturwiss. Fak., Chem. Inst.) v. WILPERT. 8180

Ss. I. Mironow, *Die Probleme der Erdölentstehung und die Wege zu ihrer Lösung.* Zusammenfassende Betrachtung der Arbeiten von GUBKIN u. Mitarbeitern über die Erdölentstehung. — 25 Literaturstellen. (Известия Академии Наук СССР, Серия Геологическая [Nachr. Akad. Wiss. UdSSR, geol. Ser.] **1952.** Nr. 2. 19—29. März/April.) TROFIMOW. 8188

R. L. Humphreys, *Raffination durch cyclische Adsorption.* Das zunehmende Interesse, Aromaten in reiner Form aus Erdöl abzutrennen, hat zur techn. Entw. der adsorptiven Raffination geführt. Silicagel erwies sich gegenüber den gebräuchlichen Adsorbenten als überlegen. Die adsorptive Abtrennung ist im Hinblick auf Art u. Siedeverh. der Rohprodd. in weiten Grenzen anwendbar u. erlaubt aus ihnen trotz der komplexen Zus. viele chem. Zwischenprodd. zu gewinnen. Ausbeuten u. Reinheitsgrade liegen beträchtlich höher als bei den üblichen Verff. der Dest., Extraktion oder Säurebehandlung. Substanzverluste sind unwesentlich, Rauch- u. Schlammbildungen treten nicht auf. Es wird gezeigt, daß bei Anwendung einer cycl. Arbeitsweise unter optimalen Bedingungen die erforderliche Menge an Adsorptionsmittel u. die apparative Einrichtung auf ein Minimum herabgesetzt werden kann. Weiterhin werden wesentliche techn. Merkmale besprochen u. Fließbilder für die Gewinnung von Aromaten aus Erdöl u. für die Raffination von Kerosinen dargelegt. (Petroleum Refiner **32.** Nr. 9. 99—102. Sept. 1953. San Francisco, Calif., California Res. Corp.) GEISELER. 8194

A. N. Basu und **R. A. Glenn,** *Die chemische Natur von Kohlehydrierungsprodukten.* 4. Mitt. *Anwendung von Molekulardestillation unter Rückfluß und von Eluierungschromatographie.* (3. vgl. WOLFARTH u. GLENN, C. **1950.** II. 840.) In den durch Adsorption an Al_2O_3 u. Extrahieren mit Pentan erhaltenen Teilen der Fraktionen III u. IV eines Hydrierungsprod. wurden die O- u. N-reichen u. wenig akt. H enthaltenden Verbb. durch doppelte chromatograph. Trennung an Silicagel, Waschen mit 20%ig. H_2SO_4 u. 10%ig. NaOH angereichert. Das erhaltene Prod. wurde weiter durch Molekulardest. u. Adsorption an Al_2O_3 durch Eluieren mit verschied. organ. Fll. in 4 bzw. 88 Fraktionen (größter Teil blieb adsorbiert) zerlegt. Durch Elementaranalyse, Mol.-Gew.-Best., Infrarot- u. UV-Adsorptionsspektren konnte die Ggw. von NH- u. OH-Bindungen, CH_3-, CH_2- u. CH-Gruppen, Pyrenderivv. usw. in diesen immer noch sehr uneinheitlichen Fraktionen nachgewiesen werden. (Fuel **29.** 134—37. Juni 1950. Pittsburgh, Pa., Carnegie Inst. of Technol., Coal Res. Labor.) BLUMRICH. 8198

H. W. Wainwright, G. C. Egleson, C. M. Brock, J. Fisher und **A. E. Sands,** *Selektive Absorption von Schwefelwasserstoff aus Synthesegasen.* Es werden Verss. über die H_2S-Entfernung aus Synthesegasen in techn. Versuchsanlagen beschrieben, bei denen Trikaliumphosphat (I) u. K-N-Dimethylglycin (II) verwendet wurden. Dabei erwies sich **I** als wenig wirksam u. zur vollständigen H_2S-Entfernung unwirtschaftlich. **II**, in Deutschland unter dem Namen „*Alkazid*" bereits vor dem 2. Weltkrieg weitgehend benutzt, besitzt großes Absorptionsvermögen für H_2S u. CO, ist für verschied. Industriegase anwendbar u. gestattet anschließend Wiedergewinnung des Schwefels. (Ind. Engng. Chem. **45.** 1378—84. Juni 1953. Morgantown, W. Va., Bur. of Mines, Abt. Synthesegase.) LUCHSINGER. 8200

George F. Hornaday, *Das Houdry-Dehydrierungsverfahren unter neuen Gesichtspunkten.* Vf. betrachtet das HOUDRY-Verf. unter den Gesichtspunkten des Mangels an Butylen für die Herst. von alkylierten Fliegertreibstoffen u. der zunehmenden Nachfrage nach Butadien (I) durch die synthet. Kautschuk-, Textil-, Farben- u. chem. Industrie. Das Verf. wird in seinen Grundlagen als „adiabat." Kreisprozeß u. in seiner techn. Ausführung beschrieben. Die für die endotherme Rk. benötigte Wärme wird bei der exothermen Regeneration des Al–Cr-Katalysators (Verbrennen der C-Ablagerung) in mit ihm vermischtem großoberflächigem Inertmaterial von hoher Wärmekapazität gespeichert. Je nach den Arbeitsbedingungen kann n-Butan (**II**) im Betrage von 55,8 (%) zu **I**, von 68,2 zu n-Butylen (**III**) oder gleichzeitig von 32,7 zu **I** u. 33,1 zu **III** umgesetzt werden. (Petroleum Refiner **32.** Nr. 9. 131—34. Sept. 1953. Philadelphia, Houdry Proc. Corp.) BERNDT. 8204

J. C. Livengood und **W. A. Leary,** *Selbstzündung durch Schnellkompression.* Vff. befassen sich mit der Unters. der Druck-Zeit-Beziehungen u. der Verbrennungseigenarten von durch Schnellverdichtung zur Zündung gebrachten Mischungen von Luft u. verdampften fl. Brennstoffen. Die Untersuchungstechnik besteht im wesentlichen aus Filmaufnahmen des Verbrennungsvorganges. Diese zeigen, daß die örtliche Verteilung der Verbrennungsvorgänge ungleichförmig ist. Schlieren-Photographien zeigen örtlich verschied. Temperaturgradienten an, die physikal. erklärt werden können. Als Brennstoffkomponenten wurden bei den Verss. H_2, C_6H_6, Isooctan, n-C_4H_{10} u. n-C_7H_{16}, teilweise bei Ggw. von Bleitetraäthyl verwendet. Auf Grund des photograph. empir. Materials glauben Vff., neue Definitionen für solche Begriffe wie Zündverzug, Explosion u. Flammenfront schaffen zu müssen. Für den Zündverzug wird bereits eine rohe Definition gegeben u. auf Grund derselben die Eignung verschied. Meßgeräte zur Unters. von Selbstzündungserscheinungen beurteilt. (Ind. Engng. Chem. **43.** 2797 bis 2805. 10/12. 1951. Cambridge, Mass., Inst. of Technol.) GERHARD GÜNTHER. 8204

F. H. Garner, M. F. Mohtadi und **C. W. Nutt,** *Über die Stabilität und das Absetzen von Kohlendispersionen in organischen Medien.* Im Rahmen einer Unters. über die Wrkg. von oberflächenakt. Mitteln (detergents) als Zusatz zu Maschinenschmierölen untersuchten Vff. das Sedimentationsverh. von Kohlenstoffsuspensionen in verschied. organ. Lösungsmitteln. Sie fanden, daß das Sedimentationsverh. in Abhängigkeit von den Eigg. der Fll. in 2 scharf getrennte Gruppen zerfällt. Grüppe 1 umfaßt die Mehrzahl der reinen organ. Fll. u. die Lsgg. schwach oberflächenakt. Stoffe in KW-stoffen. Diese Gruppe ist durch einen Sedimentationsprozeß charakterisiert, bei dem sich eine scharfdefinierte Grenzfläche zwischen der überstehenden klaren Fl. u. der undurchsichtigen Dispersion bildet. Gruppe 2 enthält alle Systeme, in denen die gesamte fl. Phase immer gleichmäßig undurchsichtig ist. Diese Erscheinung tritt bei stark entspannenden Ölzusätzen u. bei bestimmten stark polaren organ. Fll., z. B. Nitrobenzol u. Anilin, auf. Eine Sedimentation wurde in dieser Gruppe 2 selbst bei Verss. über mehrere Monate niemals beobachtet. Basierend auf der Voraussetzung einer verhinderten Aggregation durch die BROWNsche Bewegung der Teilchen, geben Vff. eine Erklärung der beschriebenen Phänomene. Theoret. Einzelheiten, die auch elektr. Erscheinungen an der Grenzfläche Kohle–Fl. berücksichtigen, werden diskutiert. (Nature [London] **172.** 259—60. 8/8. 1953. Birmingham, Univ., Dep. of Chem. Engng.) G. HEINRICH. 8220

Standard Oil Development Co., übert. von: **Byron M. Vanderbilt,** Westfield, N. J., V. St. A., *Reinigung von Erdölen mit Alkalimetall.* Um die Oxydationsbeständigkeit von Erdölen zu erhöhen, behandelt man sie bei $>150^0$ in fl. Phase mit 0,25—2,0 Gew.-% feinverteilten Na u. mit 5—30 Mol-% eines Aktivators (berechnet auf Na), bestehend aus Äthern u. Ketonen, z. B. Isopropyläther. Teilchengröße des Na: $<50\ \mu$. Durch das Verf. sollen die Harzbildner entfernt werden, sowie eine Entschwefelung u. Farbverbesserung der Öle stattfinden. (**A. P. 2 614 966** vom 1/5. 1950, ausg. 21/10. 1952.) UNGER. 8195

Standard Oil Development Co., Del., übert. von: **Byron M. Vanderbilt** und **Anthony H. Gleason,** Westfield, N. J., V. St. A., *Erdölreinigung.* Um die Oxydationsbeständigkeit u. die Motorsauberkeit eines Spaltbenzins zu erhöhen, fügt man zu dem Öl nacheinander ca. 1 Gew.-% eines Metalls, wie Na, K oder Li, u. 5—25 Mol-% (berechnet auf die Menge des Metalls) eines sek. oder tert. Alkohols mit <7 C-Atomen. Man mischt das metallhaltige Bzn. mit dem Alkohol 10 Min. bis 2 Std. bei $>70^0$ u. trennt anschließend das Bzn. von dem Niederschlag. — Beispiele für die Alkohole: Isopropylalkohol, sek.-Butylalkohol, tert.-Butylalkohol. Die Metallteilchen sollen $<50\ \mu$ im Durchmesser haben. (**A. P. 2 614 967** vom 28/7. 1949, ausg. 21/10. 1952.) UNGER. 8195

Standard Oil Development Co., Elizabeth, N. J., übert. von: **Morris R. Morrow,** Baytown, Tex., V. St. A., *Gewinnung von Naphthenen aus Gemischen mit Paraffinen.* Die KW-stofffraktion (Kp. 80—300° F), welche naphthen. u. paraffin. KW-stoffe enthält, wird mit Furfurol (im Verhältnis 10:1 u. 30:1) zwischen 40 u. 300° F in Ggw. eines Phenolextraktes einer naphthen. Schmierölfraktion (Kp. 570—850° F), die eine größere Menge Aromaten u. Naphthene u. eine kleinere Menge Paraffine enthält, wobei die Naphthene im Überschuß über die Aromaten sind, extrahiert. Es bildet sich eine Extrakt- u. eine Raffinatphase. Man gewinnt die Naphthene aus der Extraktphase. — Zeichnung. (**A. P. 2 628 990** vom 28/10. 1950, ausg. 17/2. 1953.) UNGER. 8195

Standard Oil Development Co., übert. von: **Leo F. Blatz,** Elizabeth, N. J., V. St. A., *Raffination von Leuchtöl* aus Mittelost-Rohöl mit einem S-Geh. von 1,9% oder mehr durch Behandlung in fl. Phase mit ca. 25—100 Vol.-% SO_2 bei ca. —40 bis +25° F u. unter 0—100 lbs./sq. in. Man erhält ein Raffinat mit einem Dochtverkohlungswert größer als 10. Anschließend behandelt man das Raffinat mit 0,1—4 lbs. eines festen Adsorbens (Bleicherde) pro Barrel Öl. — Zeichnung. (**A. P. 2 651 594** vom 26/5. 1949, ausg. 8/9. 1953.) UNGER. 8195

Standard Oil Co., Cleveland, übert. von: **Stanley Arthurs,** Solon, O., V. St. A., *Entfärben von Öl.* Man gibt pulverförmiges Kontaktmaterial (I) vom Boden eines Vorratsbehälters zum Boden eines Trichters mittels einer Druckgasförderleitung u. hält **I** im Trichter in fluidisiertem Zustand. Überfließendes **I** gelangt vom oberen Teil des Trichters zurück in den Vorratsbehälter. Das Öl gelangt durch eine Leitung in eine Schleppzone, ebenso **I** aus der Mittelzone des Trichters. Man gibt zusätzliches Druckgas in diese Leitung, um **I** in turbulentem Zustand zu erhalten u. eine Verstopfung zu vermeiden. Man stimmt die Menge **I** u. die Ölmenge aufeinander ab, indem man zusätzliches Öl in die Schleppzone einbringt. Die Mischung von **I** u. Öl wird in einer Schlange auf 250—500° F für 15—90 Min. erhitzt u. anschließend auf einem Filter getrennt. — Zeichnung. (**A. P. 2 641 574** vom 21/7. 1949, ausg. 9/6. 1953.) UNGER. 8195

Standard Oil Development Co., übert. von: **Norman F. Linn,** Summit, **Arthur R. Scott,** Westfield, und **Walter H. Rupp,** Mountainside, N. J., V. St. A., *Entsäuern von Kohlenwasserstoffen mit Hypochlorit* in einer Behandlungszone mit einer Lsg., deren Hypochloritgeh. 1—12 g/Liter, deren NaOH-Geh. 100—360 g/Liter u. deren NaCl-Geh. 50—100 g/Liter beträgt. Um die Konz. der Lsg. bei der Rückführung durch die Behandlungszone u. beim Abziehen verbrauchter Lsg. (100 g NaCl/Liter) u. bei Zugabe frischer Lsg. konstant zu halten, soll die frische Lsg. 1—12 g NaOCl/Liter, 100—300 g NaOH/Liter u. ca. 50 g NaCl/Liter enthalten. Das Behandlungsgut soll mit Alkalilsg. vorgewaschen werden. — Zeichnung. (**A. P. 2 631 121** vom 13/8. 1949, ausg. 10/3. 1953.) UNGER. 8195

Standard Oil Development Co., übert. von: **Harold A. Ricards jr.,** Cranford, **Byron M. Vanderbilt** und **Erving Arundale,** Westfield, N. J., V. St. A., *Entsäuern von Erdölen* durch Behandlung mit einem O_2-haltigen Gas in Ggw. von NaOH (Konz. 0,5—10 Gew.-%), worin ca. 0,05—0,5% eines Alkaliresinats u. 0,05—0,5% Erdölphenole enthalten sind. Man rührt die Mischung mechan. bis zur Emulsionsbldg. u. kühlt die Emulsion auf 10—50°, wobei sich die Emulsion in eine ölige u. eine wss. Phase trennt. (**A. P. 2 641 570** vom 4/3. 1950, ausg. 9/6. 1953.) UNGER. 8195

Standard Oil Co., Chicago, Ill., übert. von: **Jack H. Krause,** Hammond, Ind., V. St. A., *Entsäuern von Kohlenwasserstoffölen* durch Behandlung in Ggw. von gasförmigem O_2 mit trockenem $CuCl_2$ auf einem Trägeradsorbens. Die behandelten Öle bringt man in innige Berührung mit W. in Abwesenheit von Stoffen, die mit $CuCl_2$ bei mindestens 100° F reagieren. Nach der Wäsche mit W. setzt man dem Öl ca. 0,0002 bis 0,01 Gew.-% (bezogen auf die Ölmenge) eines metall. Cu-Desaktivators (z. B. N.N'-Disalicyliden-1.2-diaminopropan) zu. Wäsche mit W. dauert 30 Sek. bis 60 Min., Temp. 110—220° F. — Zeichnung. (**A. P. 2 653 124** vom 24/11. 1950, ausg. 22/9. 1953.) UNGER. 8195

Standard Oil Co., Chicago, Ill., übert. von: **Jack H. Krause,** Hammond, Ind., V. St. A., *Entsäuern von Kohlenwasserstoffölen* durch Behandlung in fl. Phase mit einem Katalysator, bestehend aus einem inerten Adsorbens, einem Cu-Salz u. mindestens 8 Gew.-% W. bei 190—230° F in Ggw. eines freien O_2 enthaltenden Gases (Cu-Salze: $CuSO_4$ u. wasserlösl. Cu-Sulfonate, z. B. Cu-Toluolsulfonat). Das entsäuerte Öl wird mit W. gewaschen. — Zeichnung. (**A. P. 2 653 125** vom 27/12. 1950, ausg. 22/9. 1953.) UNGER. 8195

Standard Oil Development Co., Elizabeth, N. J., übert. von: **Roger D. Barr,** Baytown, Tex., V. St. A., *Destillation entsäuerter Erdöldestillate.* Man mischt eine zum größten Teil entsäuerte Fraktion vom *Leichtbenzin-* oder *Leuchtöl*-Siedebereich, die durch Hitze zersetzbare Disulfide enthält, mit einem Behandlungsmittel, bestehend aus einer *Schmieröl*-Fraktion, einem Alkalimetallsulfonat u. einem Alkalihydroxyd, dest. das Gemisch u. gewinnt eine Kopffraktion, die frei von Mercaptanen u. Disulfiden ist. (**A. P. 2 636 842** vom 19/2. 1951, ausg. 28/4. 1953.) UNGER. 8195

Standard Oil Development Co., übert. von: **Ralph Burgess Mason,** Baton Rouge, La., V. St. A., *Entschwefelung schwerer Erdöle.* Man behandelt die schwefelhaltige hochsd. Fraktion in einer Hydrierzone mit einem H_2-haltigen Gas in Ggw. eines Carbonylkatalysators der Eisengruppe (Ni-Carbonyl) u. eines Halogenreaktionsbeschleunigers (J_2). In der Hydrierzone herrscht ein Druck von 500—5000 lbs./sq.in. u. eine Temp. von 300—900° F. Man erhält ein Prod., das weniger S enthält als das Ausgangsmaterial. Das H_2-haltige Gas kann auch CO enthalten, das Erdölprod. kann ein Rückstand sein. — Zeichnung. (**A. P. 2 636 841** vom 10/11. 1950, ausg. 28/4. 1953.) UNGER. 8195

Standard Oil Development Co., übert. von: **Ralph Burgess Mason** und **Harold J. Rose**, Baton Rouge, La., V. St. A., *Entschwefelung von schweren Erdölen*, wie schwefelhaltigen Erdölrückständen, durch Behandlung in einer Hydrierungszone mit H_2 in Ggw. eines Katalysators aus $TiCl_4$ oder $SnCl_4$. Man arbeitet unter einem Druck von 100 bis 5000 lbs/sq.in. u. bei Tempp. von 300—900° F. Als Reaktionsbeschleuniger kann man HCl einführen. Das Prod. enthält weniger S als das Ausgangsmaterial. — Zeichnung. (**A. P. 2 640 011** vom 17/11. 1950, ausg. 26/5. 1953.) UNGER. 8195

Standard Oil Co., Chicago, Ill., übert. von: **Jack H. Krause**, Hammond, Ind., V. St. A., *Reinigung von Rohöldestillaten mit Schwefelsäure und Sulfurylchlorid* zwecks Entfernung der *Mercaptane*. Man behandelt die Destillate mit einer wirksamen Menge H_2SO_4 (2—20 lbs. per Dest.; 85—100 Gew.-% H_2SO_4 in W.) in Ggw. einer wirksamen Menge SO_2Cl_2 (0,05—1 Gew.-%) u. trennt die restliche Säure u. den Säureschlamm vom behandelten Öl ab. — Zeichnung. (**A. P. 2 651 596** vom 4/4. 1952, ausg. 8/9. 1953.) UNGER. 8195

Standard Oil Development Co., übert. von: **E. Arundale** und **J. P. Haworth**, Elizabeth, N. J., V. St. A., *Raffinieren von gecrackten Erdölfraktionen*, welche bei ca. 370° sd., durch Erhitzen mit CH_2O bei 100—400° ca. 5—60 Min. lang u. durch Abtrennung der dabei gebildeten höhersd. Anteile. (**Can. P. 487 110** vom 5/12. 1949, ausg. 7/10. 1952. A. Prior. 24/1. 1949.) M. F. MÜLLER. 8195

Socony-Vacuum Oil Co., Inc., übert. von: **John A. Crowley jr.**, Scarsdale, N. Y., V. St. A., *Regenerierung von natürlichen und synthetischen SiO_2-, Al_2O_3- oder SiO_2–Al_2O_3-Kontaktmassen*, dad. gek., daß man die z. B. beim Filtrieren, Reformieren, Entschwefeln, Hydrieren von KW-stoffen gebildeten Harz- oder Kohlen-Ndd. mit Luft oder einem anderen O_2-haltigen Gas bei Tempp. von 700—1200° F verbrennt, wobei die Katalysatorteilchen (I) durch Vermischen mit heißen, mindestens teilweise regenerierten I auf eine Temp. von über 700° F erhitzt werden. — Vorrichtung. (**A. P. 2 506 545** vom 2/11. 1945, ausg. 2/5. 1950.) OPPERMANN. 8195

Socony-Vacuum Oil Co., Inc., übert. von: **Thomas P. Simpson**, Woodbury, N. J., V. St. A., *Regenerierung von Al_2O_3-, SiO_2-, SiO_2–Al_2O_3-Filtermaterial*, dad. gek., daß man die bei der *Filtration von Erdöl* ausgeschiedenen harzigen u. teerigen Prodd. mit Luft bei 700—1200° F verbrennt, wobei das Filtermaterial (I) durch Vermischen mit bereits regeneriertem I auf eine Temp. von über 700° F erhitzt wird. — Vorrichtung. (**A. P. 2 506 552** vom 27/11. 1945, ausg. 2/5. 1950.) OPPERMANN. 8195

Socony-Vacuum Oil Co., Inc., übert. von: **Alfred W. Francis**, Woodbury, N. J., V. St. A., *Lösungsmittelextraktion* einer KW-stoffmischung (Gasöl- bis Schmierölsiedebereich) u. Trennung in Fraktionen, von denen mindestens eine einen höheren Viscositätsindex hat als die ursprüngliche Mischung, durch Behandlung derselben mit fl. CO_2 u. einem Lösungsm. unter genügendem Druck, um die CO_2-reiche Phase in fl. Zustand zu halten. Es bilden sich eine CO_2-Extraktphase, eine Lösungsmittelextraktphase u. eine Ölphase. Das Lösungsm. besteht aus Aldol, Anilin, β-Chloräthanol, α-Chlorpropionsäure, Zimtalkohol, Diäthylenglykol, Dipropylenglykol, Äthylenglykol, 2.4-Dinitrochlorbenzol, Formamid, Formanilid, Furfurylalkohol, Glycerin, β-Oxyäthylacetat, β-Oxypropionitril, Milchsäure, Maleinsäureanhydrid, Monoacetin, o-Nitroanisol, Phenyläthanolamin, Piperonal, Bernsteinsäurenitril, Propylenglykol, Triäthylenglykol usw. Man bewirkt Phasentrennung unter Druck in CO_2-Extrakt, Lösungsmittelextrakt u. Ölphase u. entfernt CO_2 u. Lösungsm. aus dem CO_2-Extrakt, wobei man eine KW-stofffraktion mit höherem Viscositätsindex erhält als die ursprüngliche KW-stoffmischung. — Zeichnung. (**A. P. 2 632 030** vom 19/5. 1950, ausg. 17/3. 1953.) UNGER. 8195

Socony-Vacuum Oil Co., Inc., übert. von: **Franklin L. Dennis**, Clayton, **William H. King** und **Harold C. Myers**, Woodbury, N. J., V. St. A., *Abscheidung von Asphalt und Paraffin aus Kohlenwasserstoffölen*. Man behandelt Schmierölrückstände mit einer Harnstofflsg., wobei das Paraffin ein Harnstoffaddukt bildet, das von dem verbleibenden Öl abgetrennt wird. Lösungsm.: Mischung von Kresylsäuren (60 Gew.-% Phenol + 40 Gew.-% Kresole, davon 35% p-Kresol). — Zeichnung. (**A. P. 2 642 379** vom 13/9. 1949, ausg. 16/6. 1953.) UNGER. 8195

Socony-Vacuum Oil Co., Inc., N. Y., übert. von: **Everett Gorin,** Castle Shannon, Pa., V. St. A., *Trennung von Kohlenwasserstoffen verschiedener Konfiguration,* z. B. einer geradkettigen Verb. der Formel (I) $X'(CH_2)_{r+1}CXH(CH_2)_m \cdot CH_3$, worin X u. X' einwertige Gruppen mit einer geringeren Länge als 2,3 Å, r u. m Zahlen sind, deren Summe >4, aus einer Mischung von I mit einer geradkettigen Verb. der Formel (II) $H_3C \cdot (CH_2)_s \cdot CHX'' \cdot (CHX''')_t \cdot CHX'''' \cdot (CH_2)_u \cdot CH_3$, worin X'', X''' u. X'''' einwertige Gruppen bedeuten, s, t u. n Zahlen sind, deren Summe > 4 ist u. in der mindestens 2 der Gruppen X'', X''' u. X'''' anwesend sind. Man behandelt die Mischung mit Harnstoff unter Bedingungen, die für die Komplexbldg. aus der Verb. I geeignet sind. Man trennt den Komplex von der Reaktionsmischung. — Zeichnung. (**A. P. 2 642 422** vom 13/9. 1949, ausg. 16/6. 1953.) UNGER. 8195

N. V. de Bataafsche Petroleum Mij., Den Haag, Holland (Erfinder: **David Louis Yabroff,** Berkeley, und **Ellis Ross White,** Albany, Calif., V. St. A.), *Reinigen von Kohlenwasserstoffdestillaten* mit wss. Laugen, denen als Hilfsstoff ein Alkalisalz einer Fettsäure (bzw. ihrer Amino- oder Oxyderivv.) mit 3—8 C-Atomen zugesetzt ist, nach D. R. P. 750 499, wobei man Laugen verwendet, die außer dem Hilfsstoff noch Alkaliphenole enthalten. — Zeichnung. (**D. B. P. 897 609** Kl. 23b vom 31/12. 1938, ausg. 23/11. 1953. A. Prior. 15/7. 1938. **Zusatz zu D. R. P. 750 499; C. 1947. 1436.**) UNGER. 8195

Rheinpreußen Akt.-Ges. für Bergbau und Chemie, Homberg/Niederrh. (Erfinder: **Walter Grimme,** Moers, und **Ernst Koch,** Darmstadt), *Reinigung von Benzinkohlenwasserstoffen,* die bei der Herst. sek. Alkohole aus Olefinen mittels H_2SO_4 als Nebenprod. anfallen, durch Behandlung in fl. oder dampfförmigem Zustande bei hoher Temp. mit alkal. Lsgg. von Phenol, Naphthol oder ihren Homologen, wobei die S-haltigen Verunreinigungen entfernt werden. (**D. B. P. 900 985** Kl. 23b vom 22/1. 1942, ausg. 7/1. 1954.) UNGER. 8195

Dr. C. Otto & Co. G. m. b. H., Bochum (Erfinder: **Heinrich Tramm,** Mülheim/Ruhr), *Destillative Aufbereitung von Ölen.* Aus dem der Kolonne als Dicköl zugeführten Material gewinnt man am Boden die Pechbestandteile, am Kopf dampfförmig die aufgearbeiteten Öle. Ein Teil der letzteren wird in einem Röhrenofen wiedererhitzt, u. zwar so hoch, daß seine Mischung mit dem Dicköl die Behandlungstemp. der Kolonne hat. — Zeichnung. (**D. B. P. 902 292** Kl. 23b vom 11/6. 1944, ausg. 21/1. 1954.) UNGER. 8195

Franz Gerhard Schröder, Wiesbaden, *Entfernung von harzbildenden Stoffen und anderen Verunreinigungen aus Kohlenwasserstoffölen,* wie Rohbenzolen, Erdöldestillaten, Schwelölen u. Syntheseprodd., durch Behandlung mit einer Fl., die einen Sauerstoffüberträger (Katalysator; I) u. einen mit O_2 beladenen, diesen wieder abgebenden Körper (Acceptor; II) enthält. Fl. = wss. Lsg. mit p_H 7—10, I = Oxybenzole in Ggw. von Mo, V, W; II = Thiosulfat. Man behandelt die wss. Fl., die I u. II enthält, vor der Raffination mit O_2. (**D. B. P. 903 331** Kl. 12o vom 7/9. 1950, ausg. 4/2. 1954.) UNGER. 8195

Atlantic Refining Co., Philadelphia, Pa. (Erfinder: **James Henry McCullough,** Philadelphia, Pa., **Edwin Ray Birkhimer,** Laurel Springs, N. J., und **Leonard Norman Leum,** Media, Pa.), V. St. A., *Entfernung von Mercaptanen und Phenolen aus Kohlenwasserstoffölen* durch Behandlung mit wss. alkal. Lsg. im Gegenstrom, wobei die KW-stoffe zunächst mit einer wss. Alkalilsg., die ein organ. Hilfslösungsm. (Methanol) enthält, u. anschließend mit einer wss. alkal. Lsg. extrahiert werden, wobei man in beiden Lsgg. als Alkalihydroxyd NaOH u. als organ. Hilfslösungsm. der ersten Alkalilsg. niedrige aliphat. Alkohole, bes. Methanol, verwendet. — Zeichnung. (**D. B. P. 907 105** Kl. 23b vom 21/9. 1950, ausg. 22/3. 1954. A. Prior. 13/2. 1941.) UNGER. 8195

Anatole Vassilievsky, Frankreich, *Wiedergewinnung der Rückstandsöle aus den Entfärbungserden von der Mineralölbleiche oder vom Bleichen von Fettstoffen.* Zur Anreicherung der ölarmen Erden werden diese in einem Autoklaven mit einer wss. $CaCl_2$-Lsg. von 30—35° Bé bei 2—3 at Druck 1 Std. lang erhitzt. Der abgelassene Inhalt wird 12 Std. lang absitzen gelassen. Dabei scheidet sich die eine Hälfte der Bleicherden als Bodensatz u. die andere Hälfte mit dem Öl als Oberschicht ab. Letztere wird abgetrennt u. in einem Dreh- oder mit Rührern versehenen Autoklav mit einer wss. Lsg. von 16% NaCl u. 3—5% Na_2CO_3 behandelt. Danach wird der Autoklav geschlossen u. die M. erhitzt, bis der Druck 2—3 at beträgt. Das Gemisch läßt man in einem zylindr. Behälter absitzen u. 24 Std. stehen. Dabei scheidet sich das Öl als Oberschicht ab, welche abgetrennt wird. (**F. P. 978 967** vom 29/12. 1942, ausg. 20/4. 1951.) M. F. MÜLLER. 8195

Standard Française des Pétroles (Soc. An.), Frankreich (Erfinder: **Victor Jevanoff**), *Raffination und Polymerisation von Kohlenwasserstoffgemischen,* dad. gek., daß man sie mit $AlCl_3$ behandelt, wobei Bzn., Leuchtpetroleum, Gasöl u. Schmieröl gewonnen werden. — Man verrührt z. B. 100 Gewichtsteile einer von 150—320° dest. Schieferölfraktion nach Waschen mit NaOH u. H_2SO_4 bei 90° 1 Std. mit dem Al-Schlamm einer vorangegangenen Polymerisation. Das Raffinat wäscht man mit NaOH u. W. u. erhitzt das bis 320° übergehende Destillat mit 3% frischem $AlCl_3$ 4 Std. auf 90°. Nach Behandlung mit 1—2% akt. Erde bei 110°, Filtrieren u. Neutralisieren mit NaOH oder festem Carbonat dest. man das polymerisierte Öl fraktioniert bei 2 mm Hg. (**F. PP. 983 925** u. **983 926** vom 1/9. 1943, ausg. 29/6. 1951.) OPPERMANN. 8195

Standard Française des Pétroles, Frankreich, *Behandlung von Petroleumdestillaten.* Um den S-Geh. der Benzinfraktionen von Rohölen mit Kp. zwischen 32—150° weitgehend herabzusetzen u. die Verträglichkeit für Bleitetraäthyl zu erhöhen, werden die Benzine zunächst mit Sodalauge u. dann mit Na-Plumbit, ohne Zugabe von S, behandelt. Die PbS-Verbb. werden dann durch Dest. der Benzine entfernt oder durch Filtration über akt. Kohle oder Bleicherde entfernt. (**F. P. 1 011 234** vom 31/12. 1948, ausg. 20/6. 1952.) WITTHOLZ. 8195

Institut Français du Pétrole (Erfinder: **Georges Souillard**), Frankreich, *Trennung oder Reinigung von Gemischen organischer Stoffe durch selektive Chlorierung.* Man behandelt das Stoffgemisch mit solchen Mengen von Cl_2 (durch vorherige Analyse zu ermitteln) u. unter solchen Bedingungen (z. B. Belichtung, Erwärmung, Verwendung von Katalysatoren), daß nur die zu trennende Verb. chloriert wird. Die Abscheidung aus dem Stoffgemisch kann dann durch physikal. Methoden erfolgen. Das Verf. eignet sich z. B. zur Entschwefelung des Bzl., zur Trennung von Bzl. u. Cyclohexan, zur Reinigung von KW-stoffen, die Olefine oder heterocycl. Verbb. enthalten. (**F. P. 1 022 411** vom 22/7. 1950, ausg. 4/3. 1953.) HEYNE. 8195

Henkel & Cie. G. m. b. H., Düsseldorf-Holthausen, *Abtrennung von Schwefelverbindungen aus ihren Gemischen mit Kohlenwasserstoffen* durch Extraktion mit selektiven Lösungsmitteln, z. B. niedermol. einwertigen aliphat. Alkoholen, wie A., Propyl- oder Butylalkohol. (**Schwz. P. 286 116** vom 6/7. 1949, ausg. 2/2. 1953. D. Prior. 1/10. 1948.) M. F. MÜLLER. 8195

American Cyanamid Co., New York, N. Y., übert. von: **Edwin O. Hook,** Old Greenwich, Conn., und **Philip H. Moss,** Seldovia, Alaska, V. St. A., *Dialkyldithiophosphorsäure–Formaldehyd-Kondensationsprodukte,* hergestellt durch Vermischen von 1 Mol O.O-Dialkyldithiophosphorsäureester mit 0,5—1 oder mehreren Mol. CH_2O (37%ig. Lsg.), gegebenenfalls in Anwesenheit von inertem Lösungsm., wie Bzl., Toluol oder höhersd. KW-stoffen, u. bei zweckmäßig 25—60°, sind *Antioxydantien* für mineral.-pflanzliche, einschließlich techn. Öle (Schmier-, Bohr-, Diesel-, Turbinenöle u. andere). Zusatz je nach Verwendungszweck 0,1 bis 4—5%, in Automobilölen z. B. 0,2—2%. Gute Verträglichkeit mit üblicherweise in Ölen verwendeten sonstigen Zusätzen. (**A. P. 2 577 966** vom 26/3. 1948, ausg. 11/12. 1951.) SCHMAUSER. 8221

Cities Service Research & Development Co., New York, N. Y., übert. von: **John D. Morgan,** South Orange, und **Russel E. Lowe,** East Orange, N. J., V. St. A., *Kunstharzdispersionen und synthetische Schmierfette.* Die Dispersionen enthalten ca. 2—20 (Gew.-%) eines wärmehärtbaren Phenol-CH_2O-Harzes (**I**) in 80—98 einer Fl. (**II**), wie Triorthokresylphosphat, Tributylphosphat oder Dibutylphthalat gelöst, wobei die Wärmehärtung, während das Harz in **II** dispergiert ist, vorgenommen wird. Zu **II** können Triäthylenglykol usw. zugemischt werden. **I** kann CH_2O im Überschuß über das Molverhältnis 1:1 enthalten u. braucht nicht wesentlich über das A-Stadium polymerisiert zu sein. Die Prodd. sind dünnfl. Öle oder zähe Gele, noch bei tiefer Temp. fl., oxydationsbeständig u. inert gegen Cu, Al, Stahl, unlösl. in heißem Bzn., Kerosin, A. u. den meisten aromat. u. aliphat. Lösungsmitteln des Handels u. nur wenig lösl. in Toluol. (**A. P. 2 612 474** vom 4/5. 1948, ausg. 30/9. 1952.) MATTHAES. 8221

Monsanto Chemicals Ltd., London (Erfinder: **Alun Angus Jones,** Wrexham, und **Maurice James Rose,** Llangollen, Wales), England, *Herstellung von Polystyrolderivaten,* gek. durch die Alkylierung eines Polystyrols mit Mol.-Gew. 20000—150000, bes. 50000—100000, bes. ca. 70000, mit einem Polyisobutylen, z. B. Di- oder Triisobutylen, wobei die verwendete Isobutylenmenge im Gewicht gleich der Diisobutylenmenge ist, die sich aus dem mol. Verhältnis des Diisobutylens zu den monomeren Styroleinheiten im Polystyrol in der Größenordnung von 0,5—1,25:1, bes. 0,75:1, ergeben würde. Als Lösungsm. dient z. B. Monochlorbenzol, $AlCl_3$ als Katalysator u. Nitrobenzol oder wss. Essigsäure als Katalysemodifikator. Das Reaktionsprod. kann zur Verbesserung von *Schmierölen* dienen. (**D. B. P. 889 694** Kl. 39c vom 22/5. 1951, ausg. 14/9. 1953. E. Priorr. 25/5. 1950 u. 1/5. 1951.) SCHINDLER. 8221

Julius Pintsch K. G. (Erfinder: **Karl Hassel**), Berlin, *Schmieröl aus Rückstandsöl* durch Behandlung mit Bzn. zwecks Entasphaltierung u. Abkühlung zwecks Entparaffinierung. Man gibt die doppelte Menge Bzn. zu, trennt die Hauptmenge des Asphalts ab, befreit die zurückbleibende Lsg. unter hohem Vakuum (20 mm Hg oder weniger) so weit von Bzn., bis eine Temp. von -10^0 (Auskristallisieren des Paraffins) erreicht ist, trennt das abgeschiedene Paraffin ab u. dest. die Öllsg. im Vakuum unter Zufuhr von Wärme auf Schmieröl. (**D. R. P. 757 556** Kl. 23b vom 8/2. 1939, ausg. 14/12. 1953.) UNGER. 8221

Badische Anilin- & Soda-Fabrik Akt.-Ges. (Erfinder: **Hans Engel, Walter Simon** und **Fritz Christmann**), Ludwigshafen/Rh., *Schmieröle.* Salze von mehr als 5 C-Atome enthaltenden Fettsäuren mit Metallen der 2.—4. Gruppe des Period. Syst. werden zur Erzielung einer reinigenden Wrkg. Schmierölen zugesetzt, bes. geeignet sind Salze der Propionsäure, z. B. Zn-Propionat, ferner der Ameisen-, Essig-, Buttersäure. Die Wrkg. wird erhöht, wenn die Salze durch Erhitzen in Öl leichter lösl. gemacht wurden. Salze von Sn, Ba, Sr, Ca, Al, Mg u. Pb sind verwendbar. Menge: $1^0/_{00}$ bis einige %. Vorteilhaft gibt man noch Umsetzungsprodd. von P_2O_5 mit organ. Verbb., wie organ. Basen, Oxyverbb. oder Salze der Prodd. mit mehrwertigen Metallen, z. B. die durch Rk. von P_2S_5 mit KW-stoffen, wie Schmieröl, Isobutylenpolymerisaten, Stilben, Aminen, wie Stearylamin, Oxyverbb., wie Hexanol, Decanol, Stearylalkohol, erhaltenen Prodd. zu, die bes. als Zn-, Sn- oder Erdalkalisalze angewandt werden; ferner Antioxydantien, Schaumverhütungsmittel u. andere Verbesserungsmittel, wie Salze mehrwertiger Metalle mit Laurin-, Palmitin-, Naphthen-, Montan-, Ölsäure usw. (**D. B. P. 870 153** Kl. 23c vom 28/4. 1951, ausg. 12/3. 1953.) MATTHAES. 8221

A/B Separator-Nobel, Stockholm, übert. von: **Bruno Kuno Engel,** Hoglandstorget, und **Fredrik Teodor Emanuel Palmqvist,** Stockholm, Schweden, *Raffinieren von Schmieröl* (I). Bei der Behandlung von I mit H_2SO_4 findet zunächst seine selektive Extraktion von ungesätt. u. aromat. Verbb. statt. Man trennt innerhalb von 2—5 Min. das Raffinationsgemisch durch Zentrifugieren u. verhindert so einen chem. Angriff der Säure auf **I.** — 2 Abbildungen. (**A. P. 2 547 629** vom 16/10. 1946, ausg. 3/4. 1951. Schwed. Prior. 1/4. 1946.) MÖLLERING. 8221

Stratford Engineering Corp., übert. von: **Charles Walcott Stratford,** Kansas City, Mo., V. St. A., *Raffination von Schmierölen.* Öl wird zuerst unter Erhitzen entwässert u. entlüftet, dann mit H_2SO_4 in mehreren Stufen unter Abtrennung des Säureschlammes gewaschen, worauf flüchtige S-Verbb. im Vakuum entfernt u. das Öl mit Wasserdampf behandelt wird. Das Öl wird dann mit W. gewaschen u. neutralisiert, worauf die Feuchtigkeit u. das Neutralisationsmittel entfernt werden. (**A. P. 2 585 874** vom 27/5. 1949, ausg. 12/2. 1952.) DERSIN. 8221

Lummus Co., New York, N. Y., übert. von: **Wheaton W. Kraft,** Scarsdale, N. Y., V. St. A., *Raffination von Mineralschmierölen.* Das Öl wird mit Absorptionston gemischt, auf 400^0 F erhitzt u. mittels eines Dampfstrahles in einem zylindr. Kessel (**I**), dessen oberer u. unterer Teil durch ein Außenrohr verbunden ist, dadurch im Kreislauf geführt, daß das Öl–Ton-Gemisch in das Außenrohr eingeleitet wird, während gleichzeitig noch am Boden des **I** durch Düsen Dampf eingeblasen wird, um den Ton in der Schwebe zu halten u. leichter sd. Bestandteile abzudest., die am oberen Ende des **I** abgeführt werden. (**A. P. 2 590 872** vom 25/8. 1949, ausg. 1/4. 1952.) DERSIN. 8221

Cities Service Oil Co., Bartlesville, übert. von: **Robert G. Mastin,** Okmulgee, Okla., V. St. A., *Schmieröl für Dampfturbinen,* bestehend aus viscosen Mineralölen unter Zusatz von 0,1—10% p-Methoxybenzyl-m-toluidin. (**A. P. 2 566 289** vom 13/7. 1948, ausg. 28/8. 1951.) DERSIN. 8221

Texas Co., New York, N. Y., übert. von: **Jack L. Little,** Port Arthur, Tex., V. St. A., *Entparaffinierung von Schmierölen.* In dem bis nahe an seinen Fließpunkt abgekühlten Öl rotiert ein durch Kühlsole, fl. NH_3 u. dgl. von innen tiefgekühlter Metallzylinder, an dem sich ein Gemisch von festem Paraffin u. Öl abscheidet, das laufend entfernt wird. Das Paraffin–Öl-Gemisch wird mit Hilfe von Lösungsmitteln, wie aliphat. Ketonen, Bzl. oder fl. Propan, in reines Paraffin u. Öl zerlegt. (**A. P. 2 567 646** vom 2/6. 1949, ausg. 11/9. 1951.) DERSIN. 8221

C. C. Wakefield & Co. Ltd., übert. von: **Elliott A. Evans** und **John Sc. Elliott,** Beaconsfield, England, *Hochdruckschmieröl,* bestehend aus einem KW-stofföl mit einem Zusatz von 0,5—20% eines Hochdruckzusatzes, bestehend aus einem Di-(3-carbomethoxy-4-oxyphenyl)-polysulfid u. 2-Mercaptobenzothiazol oder Benzothiazoldisulfid. Vgl. F. P. 929 611; C. **1949.** II. 271. (**Can. P. 479 793** vom 9/8. 1943, ausg. 25/12. 1951. E. Prior. 29/7. 1942.) M. F. MÜLLER. 8221

Atlantic Refining Co., übert. von: **W. Schreiber**, Philadelphia, Pa., V. St. A., *Herstellung eines verbesserten Schmieröls* durch Zusatz einer organ. Phosphorverb. des dreiwertigen Phosphors, z. B. eines Alkylarylmischesters der H_3PO_3 oder Octylphenoxyäthyldikresylphosphit, zu einem Schmieröl. Das Gemisch wird in Abwesenheit O_2-haltigen Gases bei 300—500° F so lange erhitzt, bis ein lösl. P-haltiges Reaktionsprod. entstanden ist, welches keine unlösl. Ablagerungen bildet. (**Can. P. 484 054** vom 5/1. 1944, ausg. 17/6. 1952.) M. F. MÜLLER. 8221

American Cyanamid Co., New York, übert. von: **Elmer W. Cook**, New York, N. Y., und **William D. Thomas jr.**, Stamford, Conn., V. St. A., *Schmieröl*, bestehend aus einem Mineralöl mit einem Zusatz von 0,1—3,0% eines Reaktionsprod., welches erhalten wird durch Erhitzen von 100 (Gewichtsteilen) eines öllösl. Petroleumsulfonats mit 10—25 P_2S_5 bei 90—110° unter Abspaltung von H_2S. Vgl. A. P. 2 329 436; C. **1945**. II. 103. (**Can. P. 489 574** vom 25/8. 1943, ausg. 13/1. 1953.) M. F. MÜLLER. 8221

Azienda Nazionale Idrogenazione Combustibili (A. N. I. C.), Italien, *Entfärben von Schmierölen* durch katalyt. Hydrierung unter Verwendung von Katalysatoren der Elemente der 6. u. 8. Gruppe des Period. Syst. bei 250—420° u. einem Druck von 20—200 at. — Vgl. F. P. 958 951; C. **1950**. II. 2995. (**F. P. 979 050** vom 17/11. 1947, ausg. 20/4. 1951. It. Prior. 3/12. 1946.) M. F. MÜLLER. 8221

Dérivés Réseniques et Terpéniques, Frankreich (Erfinder: **Louis Desalbres**), *Herstellung von Schmieröl*, dad. gek., daß man Harzprodd. in Ggw. eines Katalysators decarboxyliert u. kondensiert. Man leitet z. B. in ein Gemisch von 100 kg Kolophonium u. 10 kg Zn-Spänen oder -Pulver bei 200° HCl-Gas ein, bis die SZ. kleiner als 1 ist. (**F. P. 995 455** vom 6/3. 1945, ausg. 3/12. 1951.) OPPERMANN. 8221

Aktiebolaget Centrallaboratorium, Helsingfors, Finnland (Erfinder: **T. U. E. Enkvist**), *Herstellung von Schmierölen* u. anderen Prodd. aus Holzteer, Tallöl oder deren Fraktionen. Holzteer, wie Kiefernholzteer, Tallöl-, bes. Tallölpech, werden in Ggw. von ca. 1—2% CaO, $Ca(OH)_2$, $CaCO_3$ oder von Alkalien 0,5—3 Std. auf 275—325° erhitzt, wobei weitgehende Decarboxylierung erfolgt. Anschließend wird mit Wasserdampf fraktionierend destilliert. (**Schwed. P. 134 809** vom 6/3. 1945, ausg. 11/3. 1952.) JÜRGEN SCHMIDT. 8221

Standard Oil Development Co., Del., V. St. A., übert. von: **John Harold Putman**, Enfield, **James Scott**, West Wimbledon, und **Denis William Ervine**, Teddington, England, *Nichtkorrodierende Ölgemische*, bes. auf Mineralölgrundlage, die Na-Benzoat neben einem öllösl. Metallsulfonat, z. B. Na-Petroleumsulfonat, u. gegebenenfalls einem Stabilisierungsmittel enthalten. Als Stabilisierungsmittel dienen Metallnaphthenat, Diäthylenglykol oder ein aliphat. Alkohol mit 1—4 C-Atomen, wie Methyl-, Äthyl-, Isopropyl- oder Butylalkohol. Die Gemische dienen als Rostschutzmittel, emulgierbare Schneidöle u. Textilöle. Schmieröle sollen 0,05—5 (Gew.-%) Na-Benzoat u. 0,02—2 öllösl. Metallsulfonate, ein Rostschutzöl, 0,02—20 öllösl. Metallpetroleumsulfonate neben 0,05—5% Stabilisator enthalten. Ihm kann auch ein Alkalisulfonat, Lanolin oder Wachs u. ein flüchtiges Lösungs- oder Verdünnungsmittel zugesetzt werden. Zu Schneid- u. Textilölen werden Erdalkalisulfonate, für Herst. transparenter Emulsionen Na-Resinat zugesetzt. Die Gemische können Hochdruckzusätze u. fungicide Stoffe enthalten. (**A. P. 2 610 151** vom 17/12. 1949, ausg. 9/9. 1952. E. Prior. 22/8. 1949.) MATTHAES. 8221

Standard Oil Development Co., übert. von: **Thomas Stanford Tutwiler**, Elizabeth, N. J., V. St. A., *Polymerisation von Methacrylsäureestern.* Man polymerisiert bes. Methacrylsäureester (I) von C_8-Alkoholen, die durch Oxosynth. von Monoolefinen gewonnen wurden, zusammen mit I von Cocosfettalkoholen in Ggw. von Redoxkatalysatoren. Diese bestehen aus 0,2—3, bes. 1,5% Benzoylperoxyd, 0,1—1,5, bes. 0,5% Benzoin u. 0,005—0,1, bes. 0,03% Ferrilaurat. Die Rk. wird durch 3—35 std. Erhitzen auf 25—75° u. 1 std. Erhitzen auf 95—110° durchgeführt. Die Prodd. polymerisieren nicht nach u. werden als *Zusätze zu Schmieröl* benutzt. (**A. P. 2 628 225** vom 10/12. 1949, ausg. 10/12. 1953.) LÜTTGEN. 8221

Standard Oil Development Co., übert. von: **Eugene Lieber**, Chicago, Ill., und **Aloysius F. Cashman**, Staten Island, N. Y., V. St. A., *Fließpunktserniedriger für wachsartige Stoffe* (I), z. B. *Schmieröle*, erhält man durch 1—20, bes. 4—10 std. Erhitzen von aliphat. Carbonsäuren C_{10}—C_{30}, bes. C_{12}—C_{22}, z. B. Stearinsäure (II), auf 400—800, bes. 500—700° F in Ggw. von Stahlwolle (III). — Man erhitzt z. B. 400 (g) II mit 10 III 6 Std. auf 600° F, dest. bei dieser Temp. u. 75 mm Hg flüchtige Stoffe ab, filtriert den Destillationsrückstand von III ab u. erhält 247 des wachsartigen Endprod., das gewöhnlich in 0,1—5%ig. Menge den I zugesetzt wird. (**A. P. 2 633 471** vom 1/12. 1949, ausg. 31/3. 1953.) MÜLLER-MEININGEN. 8221

Aktiebolaget Speedoil, Limhamn, Schweden, *Korrosionsschutzmittel für Motortreibstoffe oder Schmieröle.* Man setzt diesen Additionsprodd. von Dicyclohexylamin u. Cyclohexanol oder Cyclohexandiol in Form von Kugeln oder Tabletten zu, die sich in den KW-stoffen leicht auflösen, z. B. *Dicyclohexylamin-1.4-cyclohexandiol,* F. 90 bis 91°, *Dicyclohexylamin-1.2-cyclohexandiol,* F. 64—66°, oder *Dicyclohexylamincyclohexanol,* F. 47—48°. (**E. P. 658 795** vom 7/12. 1948, ausg. 10/10. 1951. Schwed. Prior. 5/1. 1948.) DERSIN. 8221

Handelsbolaget under Firma A. Johnson & Co., Stockholm, Schweden (Erfinder: **J. H. O. Lindhe**), *Verhinderung des Ausfallens von Paraffin aus Schmierölen.* Man setzt den paraffinhaltigen Schmierölen hochmol. Stoffe zu mit einem großen Assoziationsvermögen, so daß sich im Öl lösl. Molekülaggregate aus Paraffin u. den Zusatzstoffen bilden. Man kann aber auch das Öl sehr schnell bis kurz über seinen E. abkühlen. Als Zusatzstoffe eignen sich bes. hochsd. Extrakte, die man durch erneute Lösungsmittelextraktion von *Selektivextrakten* gewinnt oder auch Extraktionsprodd. aus *Montanwachs.* Die Menge der Zusatzstoffe ist außerordentlich gering. Oft genügen 0,01 Gew.-%. (**Schwed. P. 136 128** vom 26/9. 1950, ausg. 17/6. 1952.) JÜRGEN SCHMIDT. 8221

Ironsides Co., übert. von: **Robert C. Williams,** Columbus, O., V. St. A., *Schmiere für die Metallbearbeitung durch Walzen,* bestehend aus 4 (Teilen) Tallöl u. 96 Rinder- oder Hammeltalg. Der Geh. an freier Säure soll 6—8% betragen. Die Mischung kann auch als wss. Emulsion u. unter Verdünnung mit Kerosin verwendet werden. (**A. P. 2 565 938** vom 11/5. 1949, ausg. 28/8. 1951.) DERSIN. 8221

Michael W. Freeman, Detroit, Mich., V. St. A., *Wasserlösliches Zieh- und Schneidöl für die Metallbearbeitung.* Bei der Raffination von Mineralölen mit H_2SO_4 in der Säureschicht enthaltene, wasserlösl., sogenannte grüne Sulfonsäuren werden entwässert, mit 10—40% P_2S_5 auf 250—375° F bis zum Aufhören der H_2S-Entw. erhitzt u. darauf mit Triäthanolamin oder Alkali neutralisiert. Verwendung in 1—50%ig. wss. Lsg., gegebenenfalls unter Zusatz von Nitriten zur Korrosionsverhütung. (**A. P. 2 578 689** vom 27/8. 1946, ausg. 18/12. 1951.) DERSIN. 8221

Yacco S. A. F., Frankreich, *Herstellung von Bohr- und Kühlölen,* dad. gek., daß man bei 50—60° eine 30%ig. wss. Seifenemulsion, bes. Ricinusölseifenemulsion, mit 5—10% einer schleimhaltigen Substanz, bes. Psylliumöl, oder deren Emulsion versetzt. Der Zusatz verhindert gleichzeitig Schaumbildung. (**F. P. 976 627** vom 9/5. 1942, ausg. 20/3. 1951.) OPPERMANN. 8221

Plombit (Soc. des Produits Chimiques), Frankreich, *Herstellung von Kühl-, Zieh- und Schmierölen,* dad. gek., daß man Mineralölen, Pflanzen- u. tier. Ölen (z. B. Schieferöl, Lebertran, Ricinusöl, Leinöl) bei 80—140° in Ggw. eines Alkalisulfids S zuführt u. sie nach starker Abkühlung mit ungeschwefelten Prodd. vermischt. — Man erhitzt z. B. Schieferöl mit 12% S u. 6% Na_2S 20 Min. auf 140° u. kühlt sofort unter 75° ab. (**F. P. 984 039** vom 5/2. 1949, ausg. 2/7. 1951.) OPPERMANN. 8221

Soc. les Émulgateurs Industriels (S. à r. l.), Seine, Frankreich, *Öle* wie sie bei der *Bearbeitung von Metallen* verwendet werden, die mit W. keine milchigen Emulsionen bilden, werden durch Behandeln von Ricinolsäure bzw. Ricinusöl mit K-Hydroxyd oder K-Carbonat hergestellt. (**F. P. 1 001 383** vom 29/4. 1946, ausg. 22/2. 1952.) ASMUS. 8221

Dow Chemical Co., übert. von: **Eldon F. Graves,** Midland, Mich., V. St. A., *Reinigung von gebrauchten Schmierölen.* Zur Abscheidung dispergierter Verunreinigungen verrührt man in dem Öl 0,2—1 Gew.-% N-Phenylalkylolamine, z. B. N-Phenyläthanol-, -diäthanol- oder -isopropanolamin bei, 220—240° F u. läßt die Feststoffe absitzen. (**A. P. 2 568 583** vom 18/6. 1949, ausg. 18/9. 1951.) DERSIN. 8221

Fram Corp., übert. von: **Clarke A. Rodman,** Garden City, N. Y., und **Norman L. Tewksbury,** Fall River, Mass., V. St. A., *Schmierölfiltration zur Entfernung fester und kolloider Teilchen.* Durch Pyrolyse oder Oxydation entstandene Zersetzungsprodd., die das Öl verunreinigen, werden auf einem Filter gesammelt, nachdem man das Öl mit Stoffen in Berührung gebracht hat, die mindestens eine der Verbb. folgender Formel als Hauptbestandteil enthalten: $R-CO\cdot NH(R_1NH)_nR_1NHX$, worin $X = H$ oder RCO (Fettsäurerest), R_1 = Alkylen- oder Olefingruppe, $n = 0$ oder eine ganze Zahl. Man erhält die Verbb. durch Rk. eines Alkyleenpolyamins mit Fettsäuren u. Fettsäureamiden bei erhöhter Temp. (z. B. $^1/_3$—$^2/_3$ Mol Ölsäureglycerid + 1 Mol Diäthylentriamin). (**A. P. 2 613 813** vom 27/1. 1950, ausg. 14/10. 1952.) UNGER. 8221

Edgar Schindler, Lima, Peru, und **Harry Coghlan Distin,** Luton, Beds, *Reinigen von Schmier- und anderen industriellen Ölen.* Aus einem Ölkreislaufsyst. wird ein Teilstrom abgezogen, nach Kühlung durch eine Filterpresse geleitet u. gegebenenfalls über eine Zentrifuge in den Kreislauf zurückgeführt. Die Filtration, bei der Nylongewebe als Filtermittel verwendet werden kann, wird zweckmäßig in einer vollständig geschlossenen Filterpresse durchgeführt. (**E. P. 663 836** vom 3/12. 1947, ausg. 27/12. 1951.) DEMMLER. 8221

Gabriel Jean Marie Fournier Le Ray, Frankreich, *Regeneration von Altölen, besonders Schmierölen, von Verbrennungsmotoren.* Nach Abscheidung der festen Verunreinigungen, des W. u. der leichten Bestandteile durch Klären u. Dest. der Altöle (**I**) bei 130—140° werden die **I** einer fraktionierten Dest. bei ca. 350° u. 18—20 mm Hg unterworfen. Als Nebenprod. wird bei der Dest. *Gasöl* gewonnen. — Vorrichtung. (**F. P. 977 768** vom 5/11. 1942, ausg. 5/4. 1951.) OPPERMANN. 8221

Soc. An. Lautrette & Co., Frankreich, *Reinigung von gebrauchten Schmierölen,* dad. gek., daß die Schmieröle in der Wärme durch Verrühren mit akt. Erde, durch Filtration durch keram. oder aus akt. Erde bestehende Filterkerzen u. imprägnierte Filterpapier- bzw. Baumwollschichten unter Druck von festen u. viscosen Verunreinigungen (Straßenstaub, Kohle, Teer, Asphalt) u. durch Herabrieseln an Wellrohrwänden in dünner Schicht bei 100—150° u. Unterdruck von flüchtigen Verunreinigungen (Bzn., Gasöl, W.) gereinigt werden. (**F. P. 983 968** vom 14/9. 1943, ausg. 29/6. 1951.) OPPERMANN. 8221

Fram Corp., East Providence, V. St. A., *Filter,* bes. zum Filtrieren von Schmierölen von Verbrennungskraftmaschinen u. von Verbrennungsölen für Dieselmaschinen. — Vorrichtung. (**Schwz. P. 267 381** vom 30/4. 1945, ausg. 16/6. 1950. A. Priorr. 21/5. 1942 u. 10/7. 1943.) OPPERMANN. 8221

United States of America, übert. von: **William T. Miller**, Ithaca, N. Y., V. St. A., *Polymerisierte Halogenkohlenwasserstoffe.* Trifluormonochloräthylen (**I**) oder Difluordichloräthylen werden bei 40—150° in Ggw. von elementarem O_2 polymerisiert. Einige Prodd. sind als hochbeständige *Schmiermittel* geeignet, andere sind fest. — 89,3 g **I** werden nach der Reinigung durch Dest. über P_2O_5 bei —78° in ein Bombenrohr gefüllt u. im offenen Rohr bei —190° im Dunkeln 3 Tage in reiner O_2-Atmosphäre zur Aufnahme von O_2 belassen. Das dann geschlossene Rohr wird in einer Schüttelvorr. im Dunkeln langsam auf 70° erwärmt u. 19 Std. bei 54—70° belassen. Man erhält 24,6 g *Polytrifluormonochloräthylen* mit einem Erweichungspunkt von 208—212°. — 3 weitere Beispiele. (**A. P. 2 564 024** vom 21/5. 1948, ausg. 14/8. 1951.) MÖLLERING. 8223

Elgin National Watch Co., Elgin, Ill., übert. von: **George E. Barker**, Newport, Del., V. St. A., *Schmiermittel für Präzisionsinstrumente in Flugzeugen,* enthaltend isomere Tripeläther der allg. Formel ASBOB'SA', in der A, B, A' u. B' gesätt. aliphat. Gruppen mit 2—18 C-Atomen, S u. O Ätherbindungen darstellen u. die Gesamtzahl der C-Atome 10—32 betragen soll, enthaltend ferner ein Polystyrol- oder -acrylharz (Mol.-Gew. 300 000—100 000), einen Aralkylester mit 10—24 C-Atomen, eine alkylsubstituierte Piperidinseife u. ein Oxydationsschutzmittel. Man mischt z. B. 60 (Teile) $\beta.\beta'$-prim.-Diamyldithiodiäthyläther mit 40 n-Butylphenylundecanat, 0,2 Dodecylpiperidinstearat, 0,1 tert.-Butylbrenzcatechin u. 1,5 Polystyrol mit Mol.-Gew. 50000 bis 100000. (**A. P. 2 566 157** vom 9/10. 1946, ausg. 28/8. 1951.) DERSIN. 8223

Soc. des Usines Chimiques Rhône-Poulenc, Paris, Frankreich, übert. von: **Auguste Florentin Bidaud**, Serezin-du-Rhône, und **Pierre Pascal Peyrot**, Feyzin, Frankreich, *Wasserabstoßende Schmiermittel.* Leichtes u. voluminöses SiO_2, das z. B. durch Verbrennen von $SiCl_4$ in Ggw. von H_2 erhalten wurde, wird mit einer organ. Si-Verb., z. B. mit rohem Dimethylchlorsilan, getränkt, worauf alle Spuren von HCl entfernt werden. 9 (Teile) des getränkten SiO_2 werden in 91 eines organ. Siliconöles, z. B. Methylsiloxan, zu einer Paste verrührt. Durch Bestreichen mit der M. werden Papier, Gewebe, Porzellan, Metallteile u. dgl. wasserabstoßend. (**A. P. 2 567 315** vom 7/4. 1947, ausg. 11/9. 1951. F. Prior. 30/11. 1946.) DERSIN. 8223

Socony-Vacuum Oil Co., Inc., übert. von: **Bernard A. Orkin**, Philadelphia, Pa., V. St. A., *Disilane* der Formel $(RO)_3SiSi(RO)_3$, wobei R Alkyl- oder Arylreste bedeutet, erhält man durch Rk. von 1 wertigen Alkoholen oder Phenolen mit einem Hexahalogendisilan in einem aromat. KW-stoff als Lösungsm. bei 80—140°. Hexachlordisilan u. Hexanol-(1) liefern in Bzl. *Hexahexoxydisilan,* $(C_6H_{13}O)_3SiSi(OC_6H_{13})_3$. Analog werden dargestellt: *Hexa-(2-äthylhexoxy)-* u. *Hexaoctoxydisilan.* — *Schmiermittel.* (**A. P. 2 612 511** vom 22/9. 1948, ausg. 30/9. 1952.) BRÖSAMLE. 8223

Standard Oil Co., übert. von: **John D. Bartleson**, Cleveland, O., V. St. A., *Umsetzungsprodukte aliphatischer Amide mit Phosphorsulfiden und diese enthaltende Schmiermittel.* Aliphat. Amide (12—20 C-Atome), die keine S-haltigen Gruppen aufweisen, der Formel R·CO·N(X)(X') (I), worin R aliphat. Radikal, X u. X' gleich H oder Alkyl mit maximal 5 C-Atomen, werden bei 250—600° F mit 0,5—1 Mol eines Phosphorsulfids, wie P_2S_5, zu in Öl lösl. Prodd. umgesetzt u. diese als Zusatzmittel (0,25 bis 10 Gew.-%) für Motorenöle zur Korrosionsverhütung u. als Reinigungsmittel verwendet. Die Prodd. können bei 100—600° F mit einer Metallverb. aus der 1., 2. oder 3. Gruppe des Period. Syst., z. B. mit KOH oder $Ba(OH)_2$, umgesetzt werden. I ist z. B. Dodecanoyl-, Tetradecanoyl-, Octadecanoyl- oder Eikosanoylamid. (**A. P. 2 614 075** vom 28/5. 1949, ausg. 14/10. 1952. Can. Prior. 10/6. 1947.) MATTHAES. 8223

Standard Oil Development Co., Elizabeth, N. J., V. St. A., *Synthetische Schmierstoffe* erhält man durch Verestern von 1 Mol Pentaglycerin (I) mit 2 n-Buttersäure (II) u. Rk. von 2 Mol des erhaltenen Teilesters mit 1 Mol Adipinsäure (III). — Beispiel: Man mischt 2 (g) Propionaldehyd mit 854 wss. 37%ig. CH_2O, kühlt auf 5°, gibt innerhalb 40 Min. 140 festes NaOH bei 15—20° zu, rührt bei dieser Temp. 30 Min., hält dann 25 Std. bei 26°, neutralisiert mit CO_2, dest. W. im Vakuum ab, extrahiert Rückstand mit 800 cm³ A., filtriert, löst Eindampfrückstand in 300 cm³ absol. A. u. erhält I durch Kristallisation im Eisbad, F. 110—145° (absol. A.). — Man erhitzt nun 48 I, 70,4 II, 100 Toluol (IV) u. 0,7 p-Toluolsulfonsäure (V) 53 Std. unter Rückfluß u. Abdest. des Reaktionswassers, setzt nach Abkühlen 29,2 III u. 0,2 V zu, erhitzt wie oben 16 Std., kühlt ab, wäscht mit 5%ig. $NaHCO_3$-Lsg. u. W., dest. W. ab u. erhält nach Abdest. des IV bei 35°/5 mm als Rückstand ein Prod. vom Fließpunkt —50° F, „flash"-Punkt 420° F, kinemat. Viscosität 161,2 centistokes (bei 100° F), 31,54 (bei 210° F), Viscositätsindex (DEAN & DAVIS) 144. (**E. P. 697 412** vom 27/6. 1951, ausg. 23/9. 1953. A. Prior. 22/12. 1950.) MÜLLER-MEININGEN. 8223

California Research Corp., San Francisco, Calif., V. St. A., *Hexaalkoxydisiloxan.* Man setzt 3 (Mol) eines Alkohols mit 1 $SiCl_4$ zu einem Trialkoxychlorsilan (I) um, reinigt dieses durch Dest. u. hydrolysiert es mit W. (1 W. auf 2 I) in Ggw. eines geringen Überschusses eines säurebindenden Mittels, wie Pyridin. — Es werden dargestellt: *Hexa-(1.3-dimethylbutoxy)-disiloxan*, $Kp._{0,05}$ 168—169°; *Hexa-(2-äthylhexoxy)-disiloxan*; *Hexa-(1-äthylpentoxy)-disiloxan.* — *Schmiermittel*, Wärmeübertragungsmittel. (**E. P. 703 420** vom 30/1. 1951, ausg. 3/2. 1954. A. Prior. 24/2. 1950.) BRÖSAMLE. 8223

Robert L. Merker, Washington, D. C., und **Curtis R. Singleterry,** Arlington, Va., V. St. A., *Schmierfett* für hohe Tempp. bis 500°, bestehend aus 55—85 (%) Mineralöl, Siliconöl, Polyäthylen oder synthet. Diesterschmieröl, z. B. Ditetradecylsebacat, das durch Zusatz von 10—45 Phthalocyanin oder seinen Cl-, Zn-, Ni-, Al- oder Cu-Verbb. zu einem Gel verdickt ist. (**A. P. 2 597 018** vom 18/5. 1948, ausg. 20/5. 1952.) DERSIN. 8223

Aluminum Co. of America, Pittsburgh, übert. von: **Egbert Mason Kipp,** New Kensington, Pa., V. St. A., *Schmiermittel*, bestehend aus einem KW-stoffschmieröl, das mit einem Reaktionsprod. einer Fettsäure (4—21 C-Atome) mit gasförmigem BF_3, beim Erwärmen BF_3 abgebenden Verbb., wie $NH_4·BF_4$, $BF_3·NH_3$ oder Schwermetallfluoboraten, vermischt ist (0,001—3 Gew.-%, bezogen auf BF_3). — Z. B. werden Prodd. von Stearin-, Olein-, Laurin-, Capron-, Ricinol- u. Linolinsäure zugesetzt. (**A. P. 2 611 743** vom 17/12. 1949, ausg. 23/9. 1952.) MATTHAES. 8223

Aluminum Co. of America, Pittsburgh, übert. von: **Egbert Mason Kipp,** New Kensington, Pa., V. St. A., *Schmiermittel*, bestehend aus synthet. oder natürlichem KW-stoffschmieröl, das mit 0,001—3 Gew.-%, bezogen auf BF_3, eines Umsetzungsprod. von Fettsäureestern (erhalten aus ein- u. mehrwertigen Alkoholen mit Fettsäuren von 4—18 C-Atomen) mit gasförmigem BF_3 oder BF_3 in der Wärme abspaltenden Verbb., wie NH_4BF_4, $BF_3·NH_3$ oder Schwermetallfluoboraten, vermischt ist. — Z. B. werden Reaktionsprodd. von Butyllaurat, Methyloleat, Cyclohexylstearat, Butylstearat, Butylacetylricinoleat, Glyceryllaurat, Diglykolstearat zugesetzt. Die Hochdruckeigg. werden verbessert. (**A. P. 2 611 744** vom 17/12. 1949, ausg. 23/9. 1952.) MATTHAES. 8223

Aluminum Co. of America, Pittsburgh, übert. von: **Egbert Mason Kipp,** New Kensington, Pa., V. St. A., *Schmiermittel*, bestehend aus KW-stoffschmieröl, das mit 0,001—3 Gew.-% eines Umsetzungsprod. von Alkoholen (wenigstens 3 C-Atome) oder Äthern mit gasförmigem BF_3, NH_4BF_4, $BF_3·NH_3$ oder Schwermetallfluoboraten, vermischt ist (bezogen auf BF_3-Geh.). — Z. B. werden Umsetzungsprodd. von Cetyl- u. Octylalkohol, Tetradecanol, Polyäthylenglykol, Äthylenglykolmonophenyläther oder Diäthylenglykolmonoäthyläther zugesetzt. Verbesserte Hochdruckbeständigkeit. (**A. P. 2 611 745** vom 17/12. 1949, ausg. 23/9. 1952. Can. Prior. 10/6. 1947.) MATTHAES. 8223

Aluminum Co. of America, Pittsburgh, übert. von: **Egbert Mason Kipp,** New Kensington, Pa., V. St. A., *Schmiermittel,* bestehend aus KW-stoffschmieröl, das mit einem Umsetzungsprod. von aliphat., aromat. u. heterocycl. Mono- u. Polyaminen, Aminoalkoholen u. Amiden mit gasförmigem BF_3 oder BF_3 beim Erwärmen abgebenden Verbb. vermischt ist (0,001—3 Gew.-%, bezogen auf BF_3). — Z. B. werden Prodd. von Acetamid, Stearinsäureamid, Tetraäthylenpentamin, Mono-, Triisopropanolamin, Chinolin, Morpholin, Harnstoff u. 2-Amino-2-methyl-1.3-propandiol zugesetzt. Hochdruckeigg. werden verbessert. (**A. P. 2 611 746** vom 17/12. 1949, ausg. 23/9. 1952. Can. Prior. 10/6. 1947.) MATTHAES. 8223

Tide Water Associated Co., Bayonne, übert. von: **Leonard R. Churchill,** Cranford, N. J., V. St. A., *Schmiermittel.* Um die bei der Vermischung von Mineralöl mit sulfurierten fetten Ölen, wie sie zur Verbesserung der Hochdruckeigg., der Öligkeit usw. vorgenommen wird, auftretende Dunkelfärbung des Öls zu beseitigen, wird bei erhöhter Temp., z. B. bei 160—180° F, ein O_2-haltiges Gas, z. B. Luft oder O_2, in Ggw. eines organ. Metallsalzes (Pb-, Mn- oder Co-Salze der Öl-, Stearin- oder Naphthensäure) als Katalysator durch das Gemisch geleitet. (**A. P. 2 614 078** vom 10/12. 1949, ausg. 14/10. 1952.) MATTHAES. 8223

Chemieprodukte G. m. b. H., Leverkusen, übert. von: **Eduard Orno-Ornefeld,** Bonn, *Herstellung von Schmierfetten* durch Verseifen eines ungesätt. tier. Öls, z. B. Fischöl, mit NaOH, Zusatz der gleichen Menge Mineralöl, Erhitzen der Mischung nach Zusatz von 2—4 (%) Bienenwachs auf ca. 170° bis zur Filmbldg. beim Abkühlen, Lösen der Mischung in einem KW-stoff, z. B. Tetralin oder Benzol. Nach ca. 24 std. Rühren wird 2—5 Mineralöl, z. B. Petroleum, zugesetzt. (**A. P. 2 658 037** vom 26/9. 1950, ausg. 3/11. 1953.) DREWS. 8223

Georges A. Bohn, Léon La Motte und **Henri Campistron,** Frankreich, *Schmiermittel,* bestehend aus einem Schmierstoff, wie Graphit, u. einem Trägerstoff, wie Bentonit, mit weiteren Zusätzen, welche z. B. eine Oxydation der zu schmierenden Metallteile verhindern, wie Na_2CO_3 oder Na_3PO_4, u. welche Netzeigg. besitzen, z. B. Na-Sulforicinoleat u. NH_4-Ricinoleat. Als weiteres Zusatzmittel ist Methylcellulose genannt. — Im Beispiel ist folgende Zus. angegeben: W. 1000 (Teile), Bentonit 15—35, Na_2CO_3 30,0, oder Na_3PO_4 20,0, koll. Graphit 2,5, Na-Sulforicinoleat 10,0 oder ein Gemisch von 5,0 Methylcellulose u. 2,0 Na-Sulforicinoleat. (**F. P. 974 127** vom 27/12. 1941, ausg. 19/2. 1951.) M. F. MÜLLER. 8223

Enterprise Albert Cochery (Erfinder: **Roger Sentz**), Frankreich, *Herstellung von Schmierölen und konsistenten Schmierfetten,* dad. gek., daß man Anthracenöl (**I**) oder Rohanthracen in der Wärme mit Bitumen, Erdölpech, dest. Teer oder Pech vermischt. Zur Herst. von Schmieröl gibt man z. B. zu 2 Tonnen warmem u. fl. Pech bei 120° 8 Tonnen von Anthracen befreites **I**. Zur Herst. von Schmierfett vermischt man z. B. in der Wärme 60% Rohanthracenbrei mit 40% Bitumen. (**F. P. 976 608** vom 4/5. 1942, ausg. 20/3. 1951.) OPPERMANN. 8223

François Saunier, Frankreich, *Verbesserung von Schmierölen und Schmierfetten,* dad gek., daß diesen *Polierrot, Tonerde* oder *Tripel* zugesetzt wird. (**F. P. 977 834** vom 23/11. 1942, ausg. 5/4. 1951.) OPPERMANN. 8223

Gustave Beckmann, Frankreich, *Herstellung transparenter und konsistenter Schmierfette,* dad. gek., daß man Pflanzenöl (Rüböl) oder tier. Öl (Walfischtran) in zwei Stufen mit Al-Stearat (**I**), Wachs u. Kolophonium (**II**) oder Vaseline u. **II** mischt. — Z. B. vermengt man bei 120° 50 kg neutrales Rüböl (**III**) mit 15 kg **I**, setzt ein Gemisch von 40 kg **III** u. 2 kg Carnaubawachs zu u. dann noch 500 g dest. **II**. Andere Zusätze sind Bienenwachs, Graphit, Kaolin. (**F. P. 985 474** vom 4/11. 1943, ausg. 19/7. 1951.) OPPERMANN. 8223

Märkische Seifen-Industrie o. H. G. und **Karl-Heinz Imhausen** (Erfinder: **Arthur Imhausen** und **Karl-Heinz Imhausen**), Witten/Ruhr, *Schmiermittel,* bestehend aus einem Gemisch von noch freie Hydroxylgruppen enthaltenden Estern des Pentaerythrits mit niedermol. Fettsäuren. Als saure Komponente wird zweckmäßig das zwischen 100 u. 140° bei 3—4 mm Hg sd. Gemisch von niedermol. Fettsäuren aus der KW-stoff-Oxydation benutzt. Durch die freien OH-Gruppen der Ester werden Stockpunkt u. Viscosität günstig beeinflußt. (**D. B. P. 870 733** Kl. 23c vom 6/3. 1941, ausg. 16/3. 1953.) MATTHAES. 8223

Allgemeine Elektricitäts-Gesellschaft (Erfinder: **Carl Bosch**), Berlin, *Vakuumfettaustauschstoff für Vakuumteile,* bes. Vakuumhähne u. andere Vakuumdichtungen, bestehend aus einem Weichmacher (**I**) mit niedrigem Dampfdruck u. einem oder mehreren sich hochviscos in diesen **I** lösenden Stoffen (**II**). — Als **I** eignen sich Triphenyl-, Trikresyl- oder Tributylphosphat, Phthalsäure- oder Adipinsäureester, als

II: Polystyrol, Methacrylsäure- oder Celluloseester oder -äther. (**D. B. P. 872 243** Kl. 23c vom 4/9. 1943, ausg. 30/3. 1953.) DERSIN. 8223

Märkische Seifenindustrie o. H. G. und **Karl-Heinz Imhausen,** Witten/Ruhr (Erfinder: **Arthur Imhausen** und **Karl-Heinz Imhausen**), *Schmiermittel,* bestehend aus Mischungen von Reaktionsprodd. von Oxyalkylaminen u. Fett- oder Naphthensäuren von wenigstens 20% im Gemisch berechnet auf die Mischung, u. Alkoholen, Estern in Mengen oder Ketonen, die in den Reaktionsprodd. lösl. sind u. einen Flammpunkt $>70^0$ aufweisen. — Beispiel: 70 (Teile) einer Triäthanolaminseife einer C_{8-12}-Fettsäure der Paraffinoxydation mit 0,3% freiem Triäthanolamin u. 55 Nonylalkohol ergeben ein Schmieröl vom Flammpunkt 119°, 22° E, Trübungspunkt —15°. (**D. B. P. 903 497** Kl. 23c vom 14/3. 1942, ausg. 8/2. 1954.) DREWS. 8223

C. C. Wakefield & Co. Ltd., London, *Schmiermittel aus Ricinusöl* oder aus Mischungen von Ricinusöl u. Mineralöl, in denen Ricinusöl in einem größeren Anteil vorhanden ist. Als Zusatzmittel dienen a) organ. Sn- oder Sb-Verbb., bes. in Mengen von 0,05—2,0%, u. b) ein aromat. oder heterocycl. sek. Mono- oder Polyamin, das mindestens drei cycl. Kerne besitzt, von denen wenigstens zwei aromat. Kerne sind, u. die direkt an das N-Atom gebunden sind, bes. in Mengen von 0,1—5,0%; c) neutrale organ. Phosphitester von OH-substituierten aromat. Thioäthern oder Disulfiden; d) Reaktionsprodd. von Aldehyden oder Ketonen mit einem bas. wasserlösl. prim. oder sek. Amin; e) ein oxydationsverhinderndes Mittel, z. B. ein Metallsalz einer organ. Dithiophosphorsäure oder ein Metallderiv. eines alkyl. Phenolthioäthers. — Als organ. Sn- u. Sb-Verbb. werden z. B. die Salze organ. Carbon- u. Sulfonsäuren, organ. Dithiophosphorsäuren verwendet, ferner die Sn- oder Sb-Derivv. von Phenolen, Phenolthioäthern oder Mercaptanen. Genannt sind Sn-Laurat, -Oleat, -Naphthenat, -Petroleumsulfonat; das Sn-Deriv. des tert.-p-Amylphenolthioäthers u. des o-Stearylphenolthioäthers sowie das Sn-Salz des Äthylenglykolmononaphthenatkresylthiophosphats I. Von den unter b) genannten Aminen sind z. B. aufgeführt: N-Phenyl-β-naphthylamin, N-Phenyl-α-naphthylamin, $\beta.\beta$-Dinaphthylamin, N-Xylyl-β-naphthylamin, N.N'-Di-(β-naphthyl)-p-phenylendiamin, Phenothiazin, Benzonaphthothiazin-(1.4) — Schmierölmischungen der beschriebenen Art sind z. B. 1. Ricinusöl + 0,5% N-Phenyl-β-naphthylamin + 0,2% Sn-Petroleumsulfonat. — 2. 90% säurefreies Ricinusöl, 10% mineral. Schmieröl einer Viscosität von 44" REDWOOD bei 60° + 1,0% N-Phenyl-β-naphthylamin + 0,2% Sn-Petroleumsulfonat. — 3. 87,5% Ricinusöl, 12,5% mineral. Schmieröl einer Viscosität von 44" REDWOOD bei 60° + 1,0% N-Phenyl-β-naphthylamin + 0,2% Sn-Petroleumsulfonat + 0,2% Di-(3-carbomethoxy-4-oxyphenyl)-thioätherkresylphosphit + 0,2% Dimorpholinylphenylmethan. Sie dienen für Verbrennungsmotoren u. zum Schmieren von Lagern, Getrieben u. dgl. u. besitzen eine erhöhte Widerstandskraft gegen Oxydation u. Verharzung. (**Oe. P. 173 783** vom 8/5. 1951, ausg. 26/1. 1953. E. Prior. 12/5. 1950.) M. F. MÜLLER. 8223

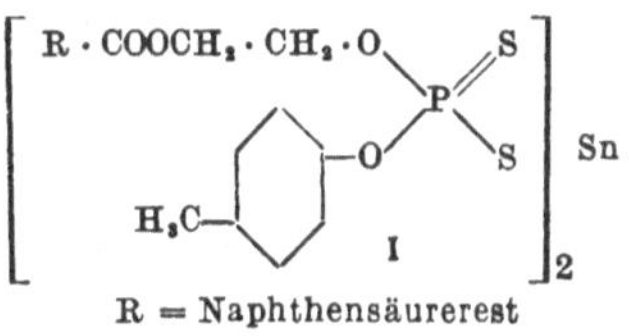

R = Naphthensäurerest

Desmarais Frères, Frankreich, *Schmiermittel zum Bearbeiten von Leichtmetallen und ihren Legierungen,* bestehend aus einem organ. Lösungsm., wie Mono- oder Dinonylnaphthalin, Nonylbenzol oder Amyldiphenyl (Kp. 250—450°), u. höheren Fettsäuren mit 8—16 C-Atomen. (**F. P. 980 058** vom 8/12. 1948, ausg. 8/5. 1951.) M. F. MÜLLER. 8223

Comp. Générale du Duralumin et du Cuivre, Frankreich, *Werkzeugschmiermittel für das Ziehpressen von Metallen,* bes. Aluminium, unter Verwendung einer hydraulischen Presse bei Tempp. unterhalb des F. des durchzupressenden Metalls. Als Schmiermittel für die Preßöffnung u. für das gleitende Metall wird bes. ein hochschmelzendes pflanzliches oder synthet. Mineralwachs verwendet, dem mindestens 5%, bes. 20%, eines feinen Metallpulvers, z. B. Aluminium, zugesetzt werden, welches von derselben Metallart ist wie das, welches z. B. durch Pressen in eine Drahtform übergeführt werden soll. (**F. P. 1 005 266** vom 26/6. 1947, ausg. 8/4. 1952.) M. F. MÜLLER. 8223

Gerhard Lehmann, Erdöl-Destillation. Zeichn. von **Martin Schwemer.** Heidelberg u. Mainz: Hüthig u. Dreyer. 1953. (57 S.) = ADC des Erdöls. Bd. 4 = Die Shell-Bücherei. DM 4,80.

XXI. Leder. Gerbstoffe.

D. Woodroffe, *Eine verbesserte Methode zum Entwollen von Schafsfellen. Verwendung von Kalk und Natriumhydrosulfid.* An Stelle der früher verwendeten Schwöde [$Ca(OH)_2$ u. Na_2S] zum Entwollen von Schafsfellen wird eine solche bestehend aus $Ca(OH)_2$ u. NaHS empfohlen, da auf diese Weise die Schädigung sowie die Schwellung der Haut herabgesetzt werden kann. Sollte kein NaHS zur Verfügung stehen, so setzt man pro 5% Na_2S 1,5% $(NH_4)_2SO_4$ zur Schwöde. Auf diese Weise kann die unerwünschte Schwellung der Haut prakt. verhindert werden. (Leather Trades' Rev. **110.** 459. 25/11. 1953.) H. G. FRÖHLICH. 8334

W. P. Sheltow, *Pickeln der Rohhäute statt der Weich-Äscherprozesse.* Vf. hat folgendes Verf. in größerem Maßstabe durchgeführt. Die rohen Häute oder Felle kommen in einen Pickel mit 7% NaCl u. 2,5% K_2SO_4 (75%ig.) u. 0,2% Na_2SiF_6 bei 30° auf 3–4 Std., wonach mit 2%ig. Na_2CO_3 entsäuert wird. Nach dem Strecken werden die Haare mit einer elektr. Schermaschine abgeschoren, Haarwurzeln u. Grundhaare durch 3std. Äschern mit 300% Flotte, die 10–12 g/Liter Na_2S enthält, entfernt. Die weiteren Operationen werden wie üblich vorgenommen. Die Vorteile dieses Verf. bestehen in der besseren Qualität der erzeugten Ware; die Leder sind voller u. gleichmäßiger in der Struktur. (Легкая Промышленность [Leicht-Ind.] **13.** Nr. 8. 46–49. Aug. 1953.) v. SCHROEDER. 8334

—, *Büffelrohhautleder und seine Anwendung.* Die Herkunft u. die Natur der Büffelhäute wird besprochen. Büffelhäute werden häufig zu Rohhautleder verarbeitet, aus dem Friktionsrollen, Zahnräder, Pickers u. a. hergestellt werden. — Die Weiche der Häute wird zweckmäßig unter Zusatz eines kationakt. Netzmittels durchgeführt. Bei schwer zu weichenden Häuten kann es vorteilhaft sein, mit der Temp. auf 25–30° zu gehen. Zum Enthaaren bringt man die Häute erst kurze Zeit in 30%ig. Na_2S-Lsg. u. dann in reinen Kalkäscher. Besonderer Wert ist auf sorgfältige Entfleischung zu legen. Nach Reinigung der Fleisch- u. Narbenseite wird öfter mit W. gewaschen, um den Kalk aus der Haut zu entfernen. Getrocknet wird auf Rahmen unter leichter Spannung. (Rev. techn. Ind. Cuir **45.** 72–74. April 1953.) O. ENGEL. 8340

Pierre Gourlay, *Über die Zurichtung von Schwedenleder, Schleifmittel und Schleifmaschinen.* Die Schleifmaschinen für Leder u. die Anforderungen an die Schleifpapiere u. Schleifleinwand werden besprochen. (Rev. techn. Ind. Cuir **45.** 70–72. April 1953.) O. ENGEL. 8340

—, *Metallisiertes Leder.* Metallisierte Leder werden durch Aufspritzen eines farblosen Lackes hergestellt, dem ein Prod. zugesetzt wird, welches das metall. Aussehen bewirkt. Als solche Prodd. werden angewandt: gemahlene Fischschuppen, synthet. Prodd. wie „Glanzpigment", Al-Pulver oder Graphit. Bes. geeignet für metallisierte Leder sind schwarze Lackleder, doch können auch andere beliebig gefärbte Leder angewandt werden. (Rev. techn. Ind. Cuir **45.** 69–70. April 1953.) O. ENGEL. 8340

W. Grassmann und **P. Stadler,** *Zur Frage der Schimmelbekämpfung auf Leder.* Nach einer vorangehenden ausführlichen Besprechung der einschlägigen Literatur wird über eigene Arbeiten berichtet. Hierbei wurde gefunden, daß im Kulturvers. immer höhere Wirkungen erzielt werden, als im Praxisvers. bei der Bekämpfung des Schimmelwachstums auf Leder. Bes. hohe Wrkg. auf Leder zeigten *Raschit, Raschitol, KM 11* (auf Basis von p-Chlor-m-kresol), ferner *Preventol O* (0-Phenylphenol) u. *Preventol fl* (Trichlorphenol). Sehr gut bewährte sich auch die Hg-Verb. *Sch.101* u. zwar sowohl im Kulturvers. als auch in der Praxis. (Leder **4.** 103–08. 15/5. 1953. Regensburg, Max-Planck-Gesellschaft, Inst. für Eiweiß u. Leder.) H. G. FRÖHLICH. 8340

Standard Dyewood Co., Medford, übert. von: **Kenneth Potter Monroe,** Boston, Mass., V. St. A., *Aufhellen von pflanzlichen Gerbstoffextrakten.* Quebracho-, Mimosa- u. Mangroveextrakte werden mit reduzierend wirkenden Verbb., wie Sulfiten oder Hydrosulfiten, u. Formiaten in Ggw. von Alkalivanadaten in Mengen von 0,003–0,5% als Aktivatoren behandelt. — Z. B. werden 3000 (g) Quebrachoextrakt im Wasserbad auf 45–50° zusammen mit einer Mischung aus 60 Na-Formiat, 16 NaOH, 45 $NaHSO_3$ u. 0,25–1,0 Ammoniummetavanadat auf 90° erhitzt u. 1 Std. gerührt. Der erhaltene Extrakt zeigt gute Bleichwrkg. u. hat seinen Rotstich verloren. (**A. P. 2 653 967** vom 20/3. 1951, ausg. 29/9. 1953.) SEIZ. 8337

C. F. Roser G. m. b. H., Stuttgart (Erfinder: **Hans Roser,** Leonberg), *Herstellung von Gerbstoffauszügen aus gerbstoffhaltigen Früchten,* dad. gek., 1. daß das Ausgangsmaterial im trockenen Zustand einige Zeit auf höhere Tempp. erhitzt u. danach in üblicher Weise auf Gerbstoffauszüge verarbeitet wird; 2. daß die Früchtegerbmittel vor dem Wärmebehandlungsverf. zerkleinert werden; 3. daß die Erhitzung im Bereich von 110–150°, zweckmäßig bei 130°, während mehrerer Std. erfolgt. (**D. B. P. 905 054** Kl. 28a vom 16/1. 1942, ausg. 25/2. 1954.) SEIZ. 8337

Henry Rose, Gloversville, N. Y., V. St. A., *Zurichten von Fischleder.* Geweichte Fischhäute werden in einem Schwellbade, welches 2–10% Alkali enthält, 1–3 Tage behandelt, dann entfleischt, mit Enzymbeizen gebeizt, gebleicht durch Behandlung mit 0,5—1 (%) $KMnO_4$ u. 2—3 $NaHSO_3$, mit Quebracho u. Sumach oder synthet. Gerbstoffen gegerbt, gefettet, gefärbt u. nach dem Pasten aufgetrocknet. Vor der weiteren Zurichtung werden die Häute auf der Fleischseite mit elektr. Platten, Rollen oder mit Gasflammen abgesengt u. die Leder nach dem Schleifen u. Bügeln fertig zugerichtet. (**A. P. 2 633 730** vom 2/2. 1951, ausg. 7/4. 1953.) SEIZ. 8341

Jacques Wolf & Co., N. J., übert. von: **William O. Dawson**, East Paterson, und **Lucien Sellet**, Saddle River, N. J., V. St. A., *Imprägnieren von Chromledern*, dad. gek., daß zunächst ein anionakt. Mittel (**I**) u. hierauf ein in W. lösl. Dicyandiamid CH_2O-Harz (**II**) oder ein Guanidincarbonat–CH_2O-Harz so eingelagert wird, daß im Leder ein in W. unlösl. Reaktionsprod. in situ entsteht. Als **I** verwendet man Kondensationsprodd. aus Naphthalinsulfosäure u. CH_2O, aus Phenolen u. CH_2O, Sulfonierungsprodd. aus Dioxydiphenylsulfon, Ligninsulfosäure, sulfoniertes Ricinus-, Klauen- u. Teesaatöl, sulfonierten Cetyl-, Lauryl- u. Stearylalkohol; **II** wird durch Erhitzen von 3,6—5 (Mol) CH_2O auf 1 Dicyandiamid bei p_H 7 erhalten. — 100 (Teile) Chromleder werden nach dem Falzen mit 80 W. von 42° unter Zusatz von 3 CH_2O 30 Min. gewalkt, 5 Min. mit 45° warmem W. gewaschen u. nach dem Zusatz von 3% **II** (in Pulverform) 45 Min. im Faß bewegt. Nach dem Waschen wird mit 80 W. u. 3—4 sulfoniertem Öl bei 45° 30 Min. im Faß gefettet. Man erhält ein gut gebleichtes u. wasserbeständiges Leder. (**A. P. 2 637 622** vom 24/3. 1950, ausg. 5/5. 1953.) SEIZ. 8341

Luciano Valentini, Turin, *Sämischledersatz*. Man vulkanisiert eine Mischung aus 48 (Teilen) smoked sheets, 32 gefärbten Baumwollfasern, 0,15 Stearinsäure, 4,0 ZnO, 1,5 S, 0,15 Tetraäthylthiuramdisulfid, 0,55 Mercaptobenzothiazoldisulfid, 1,5 Mineralöl, 0,45 Phenyl-β-naphthylamin, 11,5 Ruß in einer Vulkanisierpresse bei 125° u. 50 kg Druck/cm². (**A. P. 2 637 752** vom 16/9. 1949, ausg. 5/5. 1953. It. Prior. 25/11. 1948.) SEIZ. 8353

XXIII. Tinte. Hektographenmassen und andere Spezialpräparate.

L. Offer, *Kohlepapier mit Velourrücken*. Kurze Beschreibung der Herstellung. (Seifen-Oele-Fette-Wachse **80**. 61. 3/2. 1954.) WINIKER. 8422

M. Lipson, *Entwicklung von Schaf-Bezeichnungsflüssigkeiten, die durch Wäsche entfernbar sind*. Die gefärbten Fll., mit denen die Vließe der Schafe zwecks Kennzeichnung bezeichnet werden, müssen für 1 Jahr witterungsbeständig u. durch die n. Wollwäsche entfernbar sein. Die letztere Bedingung wird selten erfüllt. Die erforderliche Wetterechtheit wurde durch Verwendung von Lanolin, Stearinsäure u. Harz erzielt, z. B. 400 g Lanolin + 200 g Stearinsäure + 90 g Harz, geschmolzen u. mit 25 cm³ NH_3 (spezif. Gewicht 0,88) + 375 cm³ W. versetzt u. dann mit 300 g Pigment u. 2330 cm³ W. gemischt. Das Pigment spielt eine große Rolle: Zinnober, Ultramarin u. Schwarz sind nicht wetterecht, wohl aber Fe_2O_3. Auch *Monolite Scarlet* RBS u. *Monastrol Blue* BS bewährten sich. Die obengenannte Mischung mit den beiden Teerfarbstoffen oder Fe_2O_3 ist wetterecht u. n. auswaschbar. (Austral. J. appl. Sci. **2**. 200—04. März 1951.) FRIEDEMANN. 8498

Jean Baptiste Birgy, Frankreich, *Kugelschreibertinte*, bestehend aus geschwefelten Fettsäuren, S-Verbb. (Thioäthern, Sulfocyanaten, Thioharnstoffderivv., Thiophenprodd.), Antioxydationsmitteln (Phenolen, Thiophenolen), UV-Licht absorbierenden Substanzen, z. B. β-Methylumbelliferon (**I**), Chinin, u. einem bas. Farbstoff. — Sie hat z. B. die Zus.: 200 (Teile) einer 1,5—4% S enthaltenden gekochten Ricinolsäure, 50 Farbstoffbase u. je 2 β-Naphthol, Thiophenol u. **I**. (**F. P. 1 015 161** vom 3/2. 1950, ausg. 28/8. 1952.) OPPERMANN. 8421

E. I. du Pont de Nemours & Co., Wilmington, Del., übert. von: **Roy Clifford Locke**, Salem, N. Y., V. St. A., *Alkohollösliche, rotblaue bis rote Hektographen-Farbstoffe*, welche die Hände nicht beschmutzen. Als Farbstoff dient das in W. unlösl. Reaktionsprod. von $^1/_3$ (Mol) Magenta (Fuchsin) (**I**) mit $^3/_8$ Kristallviolett (**II**) u. $^1/_8$ Victoriablau (**III**), welches frei von nicht umgesetzten Komponenten sein muß. — An Stelle von **I** können die Farbstoffe Safranin u. Phosphin 2 G treten. Von der Mischung **II** u. **III** können beide oder eine Komponente durch Ketonimine, Xanthene, Acridine, Thiazole oder Triphenylmethanfarbstoffe ersetzt werden. (**A. P. 2 621 184** vom 26/9. 1949, ausg. 9/12. 1952.) LAASS. 8421

Günther Wagner Verwaltungs-Ges. m. b. H. der Pelikan-Werke, Hannover, *Verfahren zur Herstellung von Kohlepapier*. Auf anders als schwarz eingefärbte Rohseide wird zunächst eine das Licht abschirmende, Farbstoff nicht abgebende Schicht, die Ruß oder andere lichtundurchlässige Pigmente enthält, u. dann auf diese die Kohlepapierfarbe aufgetragen. (**E. P. 697 307** vom 28/3. 1951, ausg. 16/9. 1953. D. Prior. 11/5. 1950.) ZIERHOLD. 8423

Soc. Civile d'Étude des Brevets Hycar, Frankreich (Erfinder: **Charles Pierre**), *Herstellung von Kohlepapier und Durchschreibformularen,* dad. gek., daß man auf das Papier bei n. Temp. eine Farbemulsion (**I**), bestehend aus einem Mineralöl oder Cl-KW-stoff-Gemisch, einem Emulgierungsmittel [z. B. Distearin-, Diarachidinglycerid, Dioleinphosphat (**II**), Monooleinphthalat], einem Farbstoff u. gegebenenfalls einem Füllstoff, einseitig aufträgt u. dann das Ganze auf 100° erwärmt, wobei die **I** koaguliert. Die **I** hat z. B. die Zus.: 100 (Gewichtsteile) Vaselinöl, 20 **II**, 30 Oleat der Victoriablau 4R-Base, 100 Bentonit u. 75 Ölruß oder z. B. 100 Spindelöl, 300 Preußischblau u. 15 **II**. (**F. PP. 1 000 579** u. **1 000 583** vom 5/3. 1946, ausg. 13/2. 1952.)
OPPERMANN. 8423

W. Koreska, Wien, Österreich, *Vervielfältigungsschablone,* bestehend aus einem Unterlagsbogen mit daran befestigtem Schablonenblatt aus faserigem Material, das einen Geh. von mehr als 11% Nitrocellulose in der Trockensubstanz aufweist. Als Auflageblatt wird ein Blatt aus dünnem, widerstandsfähigem, filmartigem Material, z. B. polymerisiertem Kautschuk-Hydrochlorid von der Bruttoformel $[C_5H_8HCl]_n$, verwendet. (**Oe. P. 175 266** vom 5/7. 1950, ausg. 25/6. 1953.) OPPERMANN. 8423

Product Development Laboratories, Inc., New York, übert. von: **Karlis V. Ozols,** Brooklyn, N. Y., V. St. A., *Wärmeempfindliches Registrierpapier.* Papier wird mit einer M. aus einem bei Hitze die Farbe wechselnden Salzgemisch u. einem Bindemittel überzogen. Die M. besteht aus 60—80 (Teilen) Pb-Formiat (**I**), 5—30 Hg-Oxalat (**II**) u. 2—15 Äthylcellulose (**III**). — Beispiel für die Zus. der M.: Eine Lsg. von 1 **III** in 100 cm³ CCl_4 wird mit 10 **I** u. 1 **II** versetzt. (**A. P. 2 637 657** vom 10/6. 1946, ausg. 5/5. 1953.) G. VOGEL. 8423

XXIV. Photographie.

A. J. Axford und **J. D. Kendall,** *Phenidon.* 1. Mitt. *Der Mechanismus seiner Entwicklungswirkung und seine Superadditivität mit Hydrochinon. 1-Phenyl-3-pyrazolidon* ILFORD, unter dem Namen *Phenidon* geschützt, besitzt die Eigg. einer photograph. Entwicklungssubstanz. Es kann allein oder in Mischungen mit *Hydrochinon* Verwendung finden. Vff. können als Ergebnis zahlreicher Versuchsreihen feststellen, daß Phenidon in Mischung mit Hydrochinon dieses aktiviert u. daß ihm ein Superadditivitätseffekt zuzuschreiben ist. Der Metol-Hydrochinon-Entwickler I.D. 2 wird in seinen photograph. Eigg. mit dem Phenidonentwickler folgender Zus. verglichen: 0,242 g Phenidon, 75 g Na_2SO_3 wasserfrei, 8,08 g Hydrochinon, 37,5 g Na_2CO_3, 2 g KBr, 0,15 g Benztriazol u. W. auf 1000 cm³. — Es wird nachgewiesen, daß beim

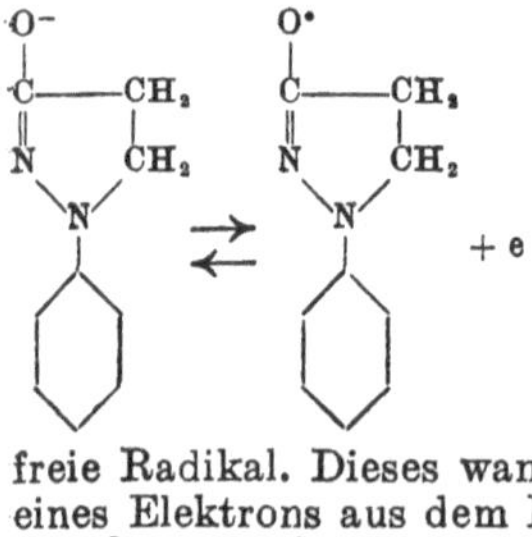

Entwickeln Phenidon quantitativ zu dem photograph. unwirksamen *1-Phenyl-3-pyrazolon* oxydiert wird. In Ggw. von Sulfit wird hierbei das Phenidon nicht sulfoniert. Die Oxydation von Phenidon durch belichtetes AgBr verläuft in Abwesenheit von Hydrochinon u. unter Ausschluß von Luftsauerstoff über ein instabiles gefärbtes Zwischenprodukt. Für dieses wird ein freies Radikal diskutiert, das sich unter Verlust eines Elektrons aus dem Pyrazolidonion bildet (s. nebenst. Formel). In dem Syst. Phenidon/Hydrochinon bildet sich im Anfang der Entwicklungs-Rk. zuerst das freie Radikal. Dieses wandelt sich sofort in das Pyrazolidonion um unter Aufnahme eines Elektrons aus dem Hydrochinon, das anschließend sulfoniert wird. (J. photogr. Sci. **2.** 1—7. Jan./Febr. 1954. Ilford Ltd., Res. Labor.) W. GÜNTHER. 8618

H. Sauvenier, *Ein Sensitometer für sehr kurze Belichtungszeiten.* Vf. beschreibt ein Sensitometer für Belichtungszeiten zwischen 10^{-6} bis 0,6 Sekunden. — Schemaskizze. (Bull. Soc. roy. Sci. Liège **20.** 634—38. Nov. 1951. Lüttich, Univ., Labor. de Physique Générale.) W. GÜNTHER. 8660

Herausgeber u. verantwortlich für den Inhalt: Prof. Dr. Maximilian Pflücke, Berlin NW 7, Schiffbauerdamm 19, Fernsprecher: 42 55 71. Redaktion: Chefredakteure Dr. Eugen Klever und Prof. Dr. Maximilian Pflücke. Verlag: Akademie-Verlag GmbH, Berlin W 8, Mohrenstraße 39 (Fernsprecher 20 03 86, Postscheckkonto Berlin 350 21), u. Verlag Chemie GmbH, Weinheim/Bergstraße (Postscheckkonto Frankfurt/M. 145314 u. Berlin [West] 7430, Fernsprecher: Weinheim 2017). Bestell- u. Verlags-Nr. dieses Heftes: 1007/125/34. Das Chemische Zentralblatt erscheint wöchentlich.
Satz u. Druck: VEB Leipziger Druckhaus, Leipzig, III/18/203. VIII. 54.
Veröffentlicht unter der Lizenznummer 1212 des Amtes für Literatur und Verlagswesen der Deutschen Demokratischen Republik.
Printed in Germany DDR.

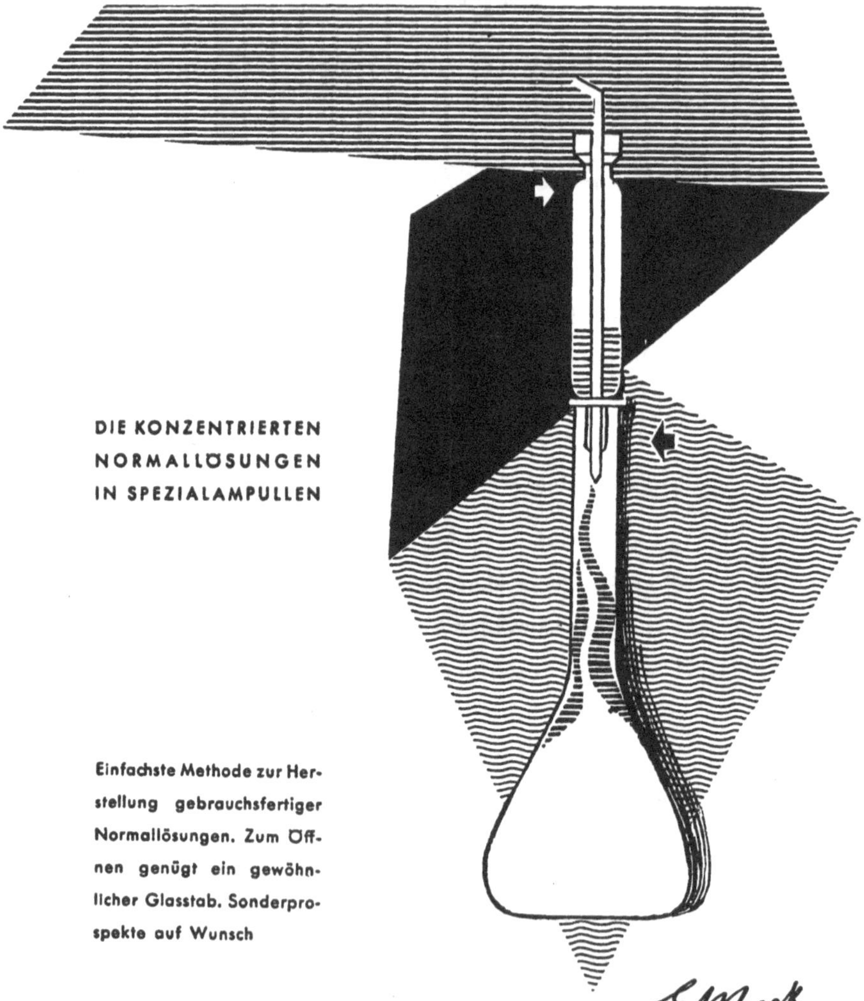

FSC
www.fsc.org
MIX
Papier | Fördert
gute Waldnutzung
FSC® C083411

Kolibri 360 GmbH
Ferdinand-Jühlke-Straße 7
99095 Erfurt, Deutschland
produktsicherheit@kolibri360.de